地下空間利用ガイドブック 2013

一般財団法人エンジニアリング協会
地下開発利用研究センター
ガイドブック編集委員会 [編]

A Guide to
Geo-Space Utilization
and Planning

清文社

発刊に寄せて

　2011年3月11日、東日本を襲った大地震と大津波（東日本大震災）は、甚大な被害をもたらし多大な人命が失われたことについて、深く遺憾の意を表すとともに一刻も早い復興を願ってやみません。

　ここ数年、日本を取り巻く国内外の環境は厳しくなる一方ですが、日本の未来を考えれば、少子高齢化して低迷化する経済社会への危惧はもとより、半世紀を過ぎた社会基盤の老朽化の顕在化がさらに日本の将来を暗くしているのが現状です。将来の憂慮に打ち勝ち、世界的な温暖化防止対策に貢献する新たな国土形成は、深慮すべき重大な時期にあると考えてよいでしょう。そういった社会環境下において、地下空間の利用は様々な都市機能の飽和化を解決し、ゆとりを創出する大きな利点を有しています。

　地下空間の持つ大きな特性は、遮蔽性、恒温恒湿性、耐震性という優れた特徴がありますが、この特性を生かすことで、社会基盤の安定化と優れた都市機能を発揮できることが期待されます。現在の萎縮する社会から脱却するためには、広く世界に活路を求めることも重要ですが、地下空間利用により国内の都市機能の再生、地方経済の再生を図ることができれば、明るく強い日本の復活が見えてくるものと考えます。

　一般財団法人エンジニアリング協会は、社会経済の発展と環境と調和した社会システムの構築を目指すフロントランナーとして、産・学・官の協力のもとに、エンジニアリングに携わる多くの企業が集結し、エンジニアリング能力の向上、技術開発の推進など幅広い事業を行っておりますが、新たな日本の再生を願い、国民が安心と安全なくらしができるよう、生活の豊かさと自然との共生のために『地下空間利用ガイドブック2013』を発刊することは、社会資本の形成促進につながる地下空間利用の普及を図り、時代の要求にこたえる土地利用の立体化や、新たな地下空間利用の創出に資するものと自負しております。

　『地下空間利用ガイドブック』は、1994年9月に初版として発刊しましたが、地下空間利用技術の発達と社会経済など、取り巻く環境の変化によってその後の地下空間利用がどう変わって、将来的にどのような展望が見込まれるのかを本書は詳しく紐解いています。

　『地下空間利用ガイドブック2013』を発刊するにあたり期待しておりますことは、都市計画はもとより、地域開発や産業立地計画のうえで地下空間利用の指針として、また、実務者にとって必携の書として広く活用され、地下空間利用に初めて携わる方々や、地下空間利用を研究される方々に幅広い知識を提供できるものと信じております。

2013年3月

一般財団法人エンジニアリング協会

理事長　久保田　隆

序　文

　2009年に、地下開発利用研究センター設立20周年を記念して開催した座談会において、「1994年に発刊した『地下空間利用ガイドブック』は、広く利用されてきたが、15年以上経過しているので、この間の多くの事例を紹介する改訂版を発行することが望まれる。」とのご意見をいただきました。その後、研究企画委員会で検討された後、初版は、地下空間利用に関して網羅的に掲載されており、現在でも有益であるので、20周年記念事業の一環として、初版以降の変遷を盛り込む初版の追補版として発刊することとなりました。

　2011年は、準備段階として、編集の基本方針を作成し、2012年から本格的に目次を固めて編集に入りました。初版の執筆者は、現役の方もおられるものの大多数は、現役を引退されており、編集委員会は、新たに会員企業から選抜して編成しました。

　例えば、大深度地下使用法が制定され、建築の基礎より深い大深度地下を公共的な目的で使用する制度が整備されるなど都市の再開発に伴う地下空間利用に関して、複数の制度を利用して、地下空間を有効に活用する事例が増えてきていることなどがあげられます。

　読者の対象としては、中堅の土木・建築技術者、若手を対象として、業務において必携の参考資料となるように努め、官公庁などの発注者をはじめ、コンサルタント、建設会社、エンジニアリング企業の技術者の方々を対象とした内容に腐心しております。そのため、学術的な内容より、実務に役に立つ内容になるように心がけて編集いたしました。

　「初版ありき」の追補版であるので、第1章では、初版発刊以降の社会・経済情勢の変化、法制度の変遷について記述し、第2章では、最近の国内外の地下空間利用事例を法制度、事業方法、建設技術などについて紹介し、第3章では、地下空間利用の将来展望などについて論じております。第1章が『過去』、第2章が『現在』、第3章が『未来』というイメージでの編集となっています。

　特に、第2章の事例に関しては、プロジェクトを成立させるために、計画・設計段階で法制度を駆使している事例も多くあるため、発注者に執筆を依頼しました。そのため、読者が、具体的な事例を参考にして、技術提案書や企画書の作成、法制度の活用方法などに役立てることができると信じております。

　また、海外の事例もできる限り掲載するように努めましたので、今後、増大が予想される海外建設工事の参考になるとともに、海外事例を国内のプロジェクトに応用するために大いに参考になると考えております。

　本書が、会員企業をはじめ多くの方々のお役に立つことを祈念いたします。

　末筆ながら、本書の編集に際し、執筆はもとより原稿執筆依頼、校正などご尽力いただいた「ガイドブック編集委員会」委員の皆様に心より感謝申し上げます。

2013年3月

　　　　　　　　　　　　　　　　　　　　　　　　　一般財団法人エンジニアリング協会
　　　　　　　　　　　　　　　　　　　　　　　　　地下開発利用研究センター
　　　　　　　　　　　　　　　　　　　　　　　　　　　　所長　奥村　忠彦

ガイドブック編集委員会

■編集委員

委員長	領家　邦泰	大成建設(株)土木本部 土木技術部 トンネル技術室 参与	
委　員	天野　悟	(株)大林組 生産技術本部 トンネル技術部 副部長	
委　員	三好　悟	(株)大林組 技術本部 技術研究所 環境技術研究部 主任研究員	
委　員	春木　隆	(一社)海洋環境創生機構 プロジェクト推進部長	
委　員	谷利　信明	鹿島建設(株)土木管理本部 土木技術部 専任部長	
委　員	木村　育正	(株)技研製作所 工法事業部 工法推進課 リーダー 課長	
委　員	野村　貢	(株)建設技術研究所 道路・交通部 部長	
委　員	岡田　滋	清水建設(株)土木技術本部 地下空間統括部 担当部長	
委　員	寺本　哲	大成建設(株)土木本部 土木技術部 トンネル技術室 次長	
委　員	西原　潔	(株)竹中土木 環境・エンジニアリング本部 部長	
委　員	川瀬　健雄	千代田化工建設(株)技術顧問 技術開発事業部門付	
委　員	加藤　雅史	千代田化工建設(株)ガス貯蔵プロジェクトユニット プロジェクトエンジニアリングセクション ガスシステムグループ グループリーダー	
委　員	西本　吉伸	電源開発(株)土木建築部 審議役	
委　員	鈴木　祥三	東急建設(株)土木総本部 土木技術部 専任部長	
委　員	秋葉　芳明	東京電力(株)電力流通本部 設備渉外・調整グループ マネージャー	
委　員	角川　順洋	東京電力(株)電力流通本部 設備渉外・調整グループ 課長	
委　員	粕谷　太郎	(一財)都市みらい推進機構 都市地下空間活用研究会 主任研究員	
委　員	関根　一郎	戸田建設(株)土木本部 岩盤技術部 部長	
委　員	平野　孝行	西松建設(株)土木事業本部 土木設計部 部長	
委　員	中森　純一郎	三井住友建設(株)技術研究開発本部 技術企画部 次長 技術管理・知財グループ グループ長	
委　員	河合　康之	(株)三菱地所設計 執行役員 都市環境計画部長	
委　員	草間　茂基	(株)三菱地所設計 都市環境計画部 副部長	
前委員	竹内　友章	東京電力(株)電力流通本部 設備渉外・調整グループ 部長	
前委員	岡　滋晃	東京電力(株)埼玉支店 埼玉工事センター 管路グループ	

■事務局（一般財団法人エンジニアリング協会 地下開発利用研究センター）

事務局	奥村　忠彦	所長
事務局	三井田英明	技術開発部長
事務局	秋山　充	技術開発部 研究主幹
事務局	和田　弘	技術開発部 研究主幹
事務局	岡本　達也	技術開発部 主任研究員
事務局	高鍋　公一	技術開発部 主任研究員
前事務局	浅沼　博信	技術開発部 主任研究員

（所属および役職は2012年10月現在）

地下空間利用ガイドブック2013

発刊に寄せて
序文
ガイドブック編集委員会

第1章 社会背景と法制度

第1節 社会・経済の変遷 … 3

1.1 1990年代 … 3
 1.1.1 社会情勢の変遷　3
 1.1.2 経済の変遷　4
 1.1.3 社会資本整備の変遷　4

1.2 2000年代 … 6
 1.2.1 社会情勢の変遷　6
 1.2.2 経済の変遷　7
 1.2.3 社会資本整備の変遷　9

第2節 気候の変化と災害の変遷 … 11

2.1 気候の変化 … 11
2.2 災害の変遷 … 11

第3節 地下空間利用関連法制度 … 15

3.1 地下空間関連法規 … 15
 3.1.1 道路法　15
  1 道路の附属物　15
  2 道路占用　16
  3 道路占用の特例　20
  4 兼用工作物　21
  5 自動車専用道路との連結施設　21
  6 道路の立体的区域　22
  7 道路外利便施設　22

 3.1.2 河川法　22
  1 河川管理施設　22
  2 土地の占用　23
  3 兼用工作物　23
  4 河川の立体区域　25

3.1.3 都市計画法　26
1　都市施設　26
2　都市計画の表示　26
3　建築の許可　27
4　特定工作物　27
5　都市の立体活用　29

3.1.4 都市公園法　30
1　公園施設　30
2　都市公園の占用　30
3　都市公園の占用制限　31
4　兼用工作物　31
5　立体都市公園　32

3.1.5 大深度地下使用法（大深度地下の公共的使用に関する特別措置法）　32
1　大深度地下　32
2　対象とする事業　34
3　事前の事業間調整　34
4　使用の認可　35

3.1.6 その他関連法規　36
道路法外の道路　36

3.2　地下空間利用関連事業制度 …………………………………………………44

3.2.1 立体道路制度　44
1　概要　44
2　内容　45
3　特徴　46
4　制定の背景・経緯　48
5　適用にあたっての留意点　48
6　適用事例　49

3.2.2 河川立体区域制度　50
1　概要　50
2　内容　50
3　特徴　51
4　制定の背景・経緯　52
5　適用にあたっての留意点　52
6　適用事例　52

3.2.3 立体都市計画制度　53
1　概要　53
2　内容　53
3　特徴　54
4　制定の背景・経緯　54
5　適用にあたっての留意点　55
6　適用事例　55

3.2.4 立体都市公園制度　55
1　概要　55
2　内容　55
3　特徴　56
4　制定の背景・経緯　57
5　適用にあたっての留意点　57
6　適用事例　58

3.2.5 大深度地下使用制度　58
1　概要　58
2　内容　58
3　特徴　59
4　制定の背景・経緯　59
5　適用にあたっての留意点　60
6　適用事例　60

第4節　社会・経済・災害・法制度の変遷　　62

4.1　社会・経済の変遷 …………………………………………………………………62

4.2　気候の変化と災害の変遷 ……………………………………………………………62

4.3　地下空間利用関連法制度 ……………………………………………………………62

第2章　最近の地下空間利用

第1節　国内外における地下空間利用の動向　　73

1.1　国内における地下空間利用の動向 …………………………………………………73

　　1.1.1　商業・生活関連施設　73

　　1.1.2　交通施設　74

　　1.1.3　都市再開発　74

　　1.1.4　都市内エネルギー施設　75

　　1.1.5　エネルギー施設　76

　　1.1.6　防災・環境対策施設　78

　　1.1.7　文化施設・実験施設　79

1.2　海外における地下空間利用の動向 …………………………………………………80

　　1.2.1　商業・生活関連施設　80

　　1.2.2　交通施設　80

　　1.2.3　エネルギー施設　81

　　1.2.4　防災施設　82

　　1.2.5　実験施設　82

第2節　商業・生活関連施設の事例　　83

2.1　地下街 ………………………………………………………………………………83

　　2.1.1　天神地区地下街・地下歩道　85

　　　　1　天神地区の特徴　85

　　　　2　天神地下街の位置付けと概要　85

　　　　3　地下空間整備とまちづくり　88

　　　　4　天神地下街延伸後の歩行者交通量について　88

　　　　5　地下利用のガイドプラン（天神地区）（1996年12月策定）　89

　　　　6　官民連携による地下街の整備の推進　91

　　2.1.2　大阪駅周辺地区地下経路案内サービス　92

　　　　1　大阪駅周辺地区地下空間の特徴　92

　　　　2　来街者の利便性、回遊性向上の取組み　93

　　　　3　ゲリラ豪雨等に対する浸水対策　95

2.2 官民連携複合施設・地下通路 ································98

2.2.1 汐留地下歩行者道路　98
1　事業の目的　98
2　汐留地下歩行者道路の概要　100
3　事業概要　101
4　事業計画、建設中の特筆する留意事項　102

2.2.2 丸の内地下ネットワーク　103
1　事業の目的　103
2　事業概要　105
3　地下歩行者ネットワークの施設概要　106

2.2.3 アメリカ山公園整備事業　110
1　アメリカ山公園　110
2　アメリカ山公園整備事業の概要　110
3　施設諸元　112

2.3 地下歩道 ································115

2.3.1 札幌駅前通地下歩行空間　115
1　事業内容　115
2　事業の特徴　115
3　主要設備の紹介　115
4　事業効果　118

2.4 地下駐車場 ································119

2.4.1 新川地下駐車場　120
1　事業の目的　120
2　事業概要　120
3　駐車場の概要　122
4　その他特筆する留意事項　124

2.4.2 上野中央通り地下駐車場　125
1　事業の目的　125
2　事業概要　125
3　駐車場の概要　126
4　その他特筆する留意事項　128

2.5 地下駐輪場 ································129

2.5.1 江戸川区葛西駅東口、西口駐輪場　129
1　事業の目的　129
2　事業概要　131
3　駐輪場の概要　132
4　その他特筆する留意事項　134

2.6 トンネル式下水処理場 ································135

2.6.1 葉山浄化センター　135
1　事業の目的　135
2　事業概要　135
3　処理場の概要　136

2.7 上水道 ································140

2.7.1 神戸市大容量送水管整備事業　奥平野工区　140
1　事業の目的　140
2　奥平野工区事業概要　142
3　施設の概要　142
4　大深度地下使用法適用　143

第3節　交通施設の事例　　146

3.1　地下道路 …………………………………………………………………146

3.1.1　首都高速道路中央環状新宿線・品川線　146
1　首都高速中央環状線の概要　146
2　中央環状新宿線　146
3　中央環状品川線　149

3.1.2　創成川通アンダーパス連続化　151
1　整備概要　152
2　整備効果　153
3　今後の展望　157

3.1.3　那覇うみそらトンネル　157
1　事業の目的　157
2　期待する事業効果　157
3　事業概要　158
4　建設概要　160
5　他の事業との関連　162

3.1.4　新潟みなとトンネル　162
1　事業の目的　162
2　事業概要　165
3　建設概要　166
4　新潟みなとトンネルの特徴　167

3.2　地下鉄道 …………………………………………………………………167

3.2.1　副都心線　167
1　事業概要　167
2　建設概要　169

3.2.2　小田急電鉄小田原線の複々線化事業　172
1　事業の目的　172
2　事業概要　174
3　建設概要　175

3.2.3　仙台市営地下鉄（東西線）　178
1　事業の目的　178
2　事業概要　179
3　建設概要　180

第4節　都市再開発の事例　　183

4.1　道路事業と再開発事業 ……………………………………………………183

4.1.1　環状第二号線新橋・虎ノ門地区市街地再開発事業　183
1　事業の目的　183
2　事業概要　184
3　道路事業と再開発の事業概要　184
4　立体道路制度を活用した虎ノ門街区　185
5　立体道路制度の活用による課題と対応　186

4.2　鉄道事業と再開発事業 ……………………………………………………188

4.2.1　みなとみらい線　188
1　事業の目的　188
3　建設概要　190

2 事業概要　189
- 4.2.2　東急東横線（渋谷駅～代官山駅間）地下化事業　192
  - 1 事業の目的　192
  - 2 事業概要　193
  - 3 建設概要　194
  - 4 事業計画の特徴ほか　197
- 4.2.3　新横浜駅北口交通広場・駅前広場　198
  - 1 事業の背景・目的　198
  - 2 事業概要　199
  - 3 立体都市計画制度の適用　200
  - 4 事業効果　202
  - 5 今後の取組み　202

第5節　都市内エネルギー施設の事例　203

5.1　地域冷暖房　203
- 5.1.1　東京駅周辺（大手町、丸の内、有楽町地区）の熱供給施設　204
  - 1 供給区域の概要　204
  - 2 熱供給事業の概要　204
  - 3 熱供給プラントの概要　205
  - 4 熱供給配管・洞道の概要　206
  - 5 配管ネットワークによる地域全体の高効率化　207
  - 6 耐災害性と熱の安定供給　208
  - 7 将来の展望　209
- 5.1.2　中之島3丁目熱供給　209
  - 1 供給区域の概要　209
  - 2 熱供給事業の概要　210
  - 3 熱供給プラントの概要　211

5.2　共同溝　215
- 5.2.1　日比谷共同溝　216
  - 1 事業の目的　216
  - 2 事業概要　217
  - 3 建設概要　218
  - 4 日比谷到達立坑、東京都との連携事業　219
- 5.2.2　御堂筋共同溝　220
  - 1 事業の目的　220
  - 2 事業概要　220
  - 3 道路事業と再開発事業の概要　221
  - 4 新技術・新材料の採用　223

5.3　地中熱利用　224
- 5.3.1　小田急電鉄複々線化事業における地中熱利用システム　225
  - 1 事業の目的　225
  - 2 事業概要　226
  - 3 地中熱利用施設の概要　226

5.4　複合利用施設　231
- 5.4.1　東京スカイツリー®地区熱供給（地域冷暖房：DHC）　231
  - 1 事業の目的　231
  - 2 事業概要　231
  - 3 施設の概要　232

第6節　エネルギー施設の事例　　236

6.1　地下石油備蓄基地　………………………………………………236

6.1.1　久慈国家石油備蓄基地　236

1　事業の目的　236
2　事業概要　237
3　基地の概要　238
4　東日本大震災による被害・緊急対応ならびに基地の復旧計画　239

6.2　地下石油ガス備蓄基地　………………………………………………242

6.2.1　波方国家石油ガス備蓄基地　243

1　事業の目的　243
2　事業概要　244
3　基地の概要　245

6.2.2　倉敷国家石油ガス備蓄基地　247

1　事業の目的　247
2　事業概要　247
3　基地の概要　248

6.3　LNG地下タンク　………………………………………………249

6.3.1　扇島工場 TL22 LNGタンク　250

1　概要　250
2　仕様　251
3　地盤条件　252
4　構造の特徴　252
5　建設工事　252
6　今後の展望　253

6.4　天然ガス幹線パイプライン　………………………………………………253

6.4.1　新潟―仙台ライン　255

1　事業の目的　255
2　事業概要　256
3　パイプライン設備の概要　257
4　2011年3月11日 東日本大震災　260
5　経済性（建設費）　260

6.4.2　新東京ライン　261

1　事業の目的　261
2　事業概要　263
3　パイプライン設備の概要　264
4　今後の計画　266

6.5　天然ガス地下貯蔵　………………………………………………267

6.5.1　関原ガス田　267

1　事業の目的　267
2　事業概要　268
3　関原ガス田の概要　268

6.5.2　紫雲寺ガス田　272

1　事業の目的　272
2　事業概要　273
3　天然ガス地下貯蔵の概要　273

6.6　地下発電所 ……………………………………………………………………………… 277

- 6.6.1　沖縄やんばる海水揚水発電所　278
  1. 建設の目的と課題　278
  2. 事業概要　279
  3. 地下発電所の概要　280
  4. 事業計画、建設中の特筆する留意事項　284

- 6.6.2　京極発電所　286
  1. 建設の目的　286
  2. 事業概要　287
  3. 地下発電所の概要　287
  4. 事業計画、建設中の特筆する留意事項　292

第7節　防災・環境対策施設の事例　294

7.1　治水関連施設 ……………………………………………………………………………… 294

- 7.1.1　首都圏外郭放水路　294
  1. 事業概要　294
  2. 新技術の導入　297
  3. 事業計画・建設中の特筆する留意事項　298
  4. 維持・管理上の課題　299
  5. 計画から着手・供用開始に至るまでの社会的トピック　300

- 7.1.2　寝屋川北部・南部地下河川、寝屋川流域下水道増補幹線　300
  1. 流域の概要　300
  2. 寝屋川流域総合治水対策　300
  3. 地下空間を活用した治水対策　302
  4. 事業概要・規模　304
  5. 事業の経過　305
  6. 事業計画上の関連法規　306

- 7.1.3　神田川・環状七号線地下調節池　307
  1. 事業概要　307
  2. 維持・管理上の課題　313
  3. 事業計画・建設中の特筆事項　313

7.2　地下水利用 ………………………………………………………………………………… 313

- 7.2.1　JR総武快速線地下水利用　314
  1. 事業の目的　314
  2. 事業概要　315
  3. JR総武快速線地下水利用の概要　316

- 7.2.2　御茶ノ水ソラシティ　318
  1. 事業概要　318
  2. 地下鉄湧出水の活用について　320
  3. 行政機関への届け出について　322

第8節　文化施設・実験施設の事例　323

8.1　美術館・観光施設 ………………………………………………………………………… 323

- 8.1.1　MIHO MUSEUM　323
  1. 施設概要　323
  2. 地下施設の概要　324

8.1.2 大塚国際美術館　327
　1　施設概要　327　　　　　　　　　　　　2　地下施設の概要　328
8.1.3 高山祭りミュージアム　331
　1　施設概要　331　　　　　　　　　　　　2　地下施設の概要　332

8.2　実験施設 ……………………………………………………………………………338

8.2.1 大強度陽子加速器施設（J-PARC）　338
　1　施設概要　338　　　　　　　　　　　　2　地下施設の概要　339
8.2.2 スーパーカミオカンデ　346
　1　施設概要　346　　　　　　　　　　　　2　地下施設の概要　346
8.2.3 幌延深地層研究所　350
　1　施設概要　350　　　　　　　　　　　　2　地下施設の概要　351
8.2.4 瑞浪超深地層研究所　354
　1　施設概要　354　　　　　　　　　　　　2　地下施設の概要　355
8.2.5 ANGAS（天然ガス高圧貯蔵技術実証試験施設）　357
　1　施設概要　357　　　　　　　　　　　　2　地下施設の概要　358
8.2.6 圧縮空気地下貯蔵発電実証プラント　362
　1　建設の目的　362　　　　　　　　　　　3　地下発電所の概要　364
　2　事業概要　363　　　　　　　　　　　　4　パイロットプラントとしての成果　367

第9節　海外における地下空間利用の最新動向　　　　　　　　　　　　　　369

9.1　商業・生活関連施設 ………………………………………………………………369

9.1.1 カンピ地下バスセンターと地下物流トンネル　369
9.1.2 パハン・セランゴール導水トンネル　371
9.1.3 ソウル特別市　中区資源再活用処理場　373

9.2　交通施設 ……………………………………………………………………………375

9.2.1 ボスポラス海峡横断鉄道　375
9.2.2 台北地下鉄空港線　377
9.2.3 台湾高雄地下鉄　379

9.3　エネルギー施設 ……………………………………………………………………382

9.3.1 原油・石油（LP）ガス水封式岩盤貯槽　382
9.3.2 LPガス低温岩盤貯槽　383
9.3.3 デジョンパイロットプラント　384
9.3.4 プルリア揚水式発電所　387
9.3.5 アッパーコトマレ水力発電所　389
9.3.6 高レベル放射性廃棄物処分地下実験施設（ONKALO）　392

9.3.7 ロビーサ低中レベル放射性廃棄物処分場　394
9.3.8 オルキルオト低中レベル放射性廃棄物処分場（通称：VLJ 処分場）　396
9.3.9 SFR 処分場　398

9.4 防災施設 ……401
9.4.1 BMA 洪水防護トンネル　401
9.4.2 香港放水路　403

9.5 実験施設 ……405
9.5.1 CERN（欧州原子核研究機構）大型ハドロン衝突型加速器（LHC）　405

第3章 地下空間利用の将来展望

第1節 今後予測される社会・経済情勢と地下空間利用　413

1.1 今後の社会・経済情勢 ……413
1.1.1 人口　413
1.1.2 グローバリゼーション　414
1.1.3 エネルギー・食糧　415
1.1.4 経済　415
　1 世界経済　415　　2 わが国の経済　415
1.1.5 自然環境と災害　415

1.2 地下空間利用の展望 ……418
1.2.1 わが国の国家戦略　418
1.2.2 今後の社会資本整備　418
1.2.3 今後の地下空間利用のあり方　419

第2節 今後の地下空間利用の方向　420

2.1 防災・減災 ……420
2.1.1 近年の災害の現状　420
2.1.2 地下空間における被害事例　421
　1 地震被害　421　　3 火災被害　422
　2 浸水被害　421
2.1.3 防災・減災対策に向けた現行法制度　422
　1 地震対策　422　　3 防火対策　425
　2 浸水対策　423

2.1.4 事例からみる防災・減災の課題と対策の考え方　425
1　地下空間利用のための防災・減災　425
2　防災・減災のための地下空間利用　426

2.1.5 災害対策の将来構想　428
1　洪水対策（環七・環八地下河川）　428
2　内水氾濫対策、非常時の生活用水確保の一環としての地下貯留　430

2.2　インフラストラクチャー（社会基盤）の再構築　431

2.2.1 老朽化の進む首都高速道路　432
1　老朽化の進展　432
2　安全な高速走行ができない道路構造　432
3　景観への影響・水辺空間の喪失　432
4　首都直下型地震への対応　432

2.2.2 成田空港、羽田空港、都心のアクセス向上による一体運用　434

2.2.3 都市景観　437
1　日本橋地域から始まる新たな街づくりに向けて（提言）　437
2　外堀通りの地下化提案　438

2.2.4 東海道新幹線代替の幹線鉄道　440

2.3　エネルギー　441

2.3.1 天然ガスインフラの整備　442
1　日本のエネルギー環境　442
2　わが国の天然ガスインフラ設備の現状　443
3　諸外国の天然ガスインフラ設備の現状　443
4　今後のわが国の広域パイプラインネットワークの整備と連携した貯蔵設備の整備　445
5　地下岩盤空洞を利用した貯蔵方式　445
6　天然ガスインフラ整備による効果　447

2.3.2 二酸化炭素地中貯留　448
1　二酸化炭素地中貯留の目的　448
2　日本における二酸化炭素地中貯留　448
3　地中貯留の形式　449
4　CCSの今後の展開　449

2.3.3 放射性廃棄物処分施設　450
1　放射性廃棄物処分施設の概要　450
2　地層処分の仕組み　451
3　世界の放射性廃棄物処分施設整備の動向　452
4　わが国の放射性廃棄物処分施設整備の方向　453

2.3.4 地熱発電　453
1　地熱発電とは　453
2　日本の地熱発電　455

2.4　科学技術　455

2.4.1 国際リニアコライダー（ILC）計画　456
1　国際リニアコライダー（ILC）計画とは　456
2　地下に計画される理由　457
3　ILC計画の概要　457
4　ILC計画の波及効果　459

第3節　地下空間利用の課題と将来展望　　462

3.1　東日本大震災後の課題　……………………………………………………462
3.1.1　防災・減災　462
3.1.2　エネルギー安定供給　463

3.2　わが国における今後の喫緊の課題　…………………………………………463
3.2.1　環境対策（地球温暖化対策）　463
3.2.2　景観・地上空間有効活用　464
3.2.3　安全・安心の社会構築、高齢化対策・人口減少　464
3.2.4　インフラ老朽化対策　465
3.2.5　競争力のある経済社会構築　465
3.2.6　インフラ再構築　466
3.2.7　地下利用施設ビジネスの海外展開　466

3.3　世界共通の課題　……………………………………………………………466
3.3.1　環境対策（地球温暖化対策）　467
3.3.2　人口増加・都市化対策　467
3.3.3　食糧問題・水不足問題　467
3.3.4　エネルギー確保　467

3.4　地下空間利用の将来展望　……………………………………………………468

あとがき　471

索引　473

第 1 章
社会背景と法制度

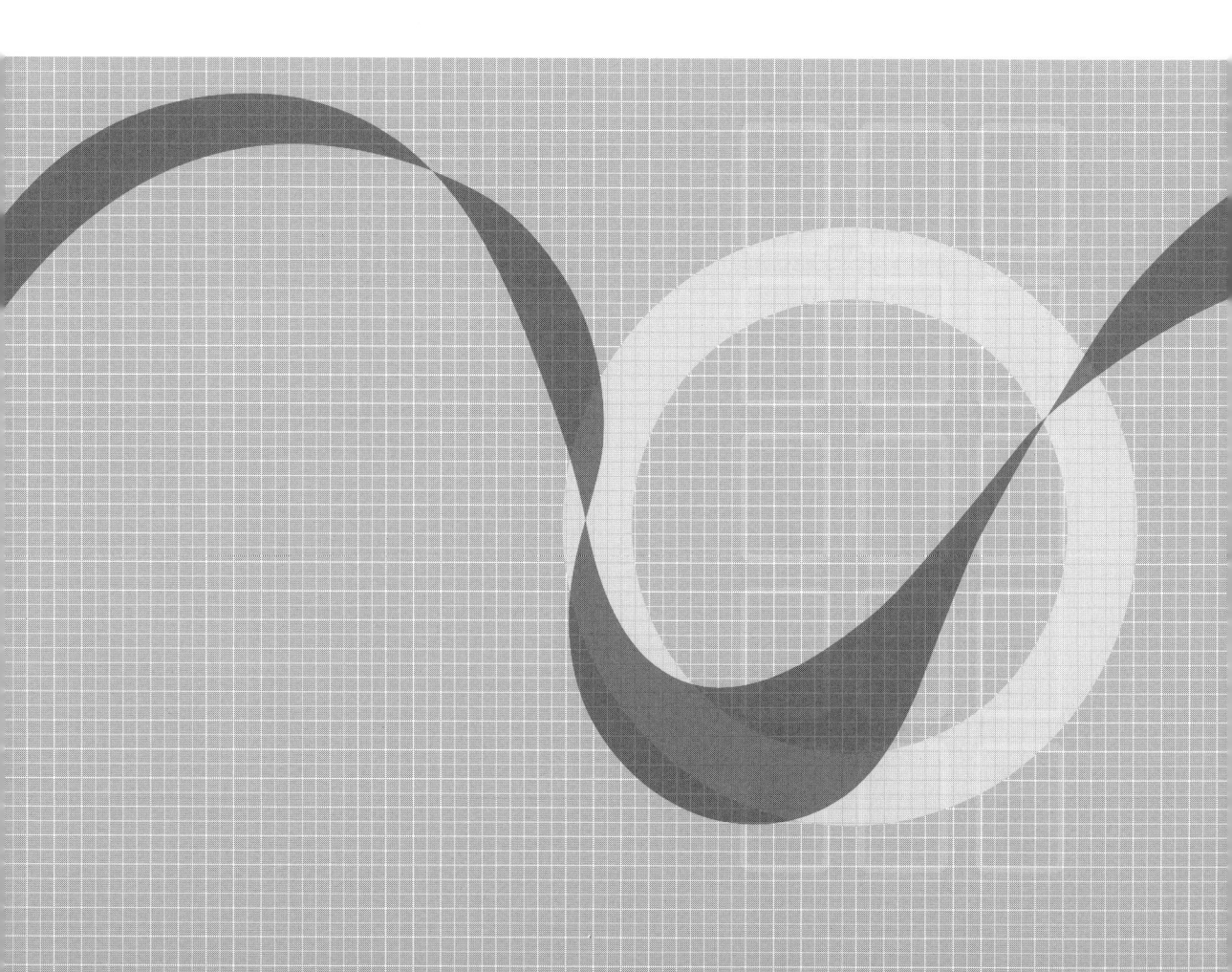

■第1章担当編集委員

主　査	谷利　信明	鹿島建設(株)土木管理本部 土木技術部 専任部長	
委　員	春木　　隆	(一社)海洋環境創生機構 プロジェクト推進部長	
委　員	野村　　貢	(株)建設技術研究所 道路・交通部 部長	
委　員	角川　順洋	東京電力(株)電力流通本部 設備渉外・調整グループ 課長	
委　員	中森純一郎	三井住友建設(株)技術研究開発本部 技術企画部 次長 技術管理・知財グループ グループ長	
前委員	岡　　滋晃	東京電力(株)埼玉支店 埼玉工事センター 管路グループ	
事務局	岡本　達也	(一財)エンジニアリング協会 地下開発利用研究センター 技術開発部 主任研究員	

（所属および役職は2012年10月現在）

第1節 社会・経済の変遷[1]

『地下空間利用ガイドブック』の初版は1994年に発刊された。編集にあたった財団法人エンジニアリング振興協会 地下開発利用研究センター(以下「地下センター」という)は1989年9月に設立され、地下利用マスタープラン専門委員会設置(1989年)や大深度地下空間開発委員会設置(1990年)、地下利用推進部会、備蓄プロジェクト室設置(1994年)等々を経てガイドブックの発刊に至り、その後大深度地下空間開発技術「ミニドーム」の構築実験が1994年から1998年にかけて行われた。

地下センター設立当時は、1974年からの安定成長期、バブル景気と続き、都市圏では急激に地価が高騰していた。このため、都市機能整備、環境整備等への地下空間の利用が期待され、大規模な地下空間利用プロジェクトの研究・開発が行われた。しかし、1991年のバブル景気崩壊によって、その後20年余に及ぶ安定成長期に入った。特に、2001年以降の公共投資の見直しとともに大規模な地下空間の利用気運は後退を余儀なくされた。しかし、一方では、1997年末の京都議定書採択に伴う新たな社会ニーズとして、CO_2の地中貯留に関する調査・技術開発等の環境保全やエネルギーに関連する地下利用に関する様々な課題への取組みも始められた。

本節では、初版発刊から現在までの社会・経済、社会資本整備の変遷を振り返り、新たに『地下空間利用ガイドブック2013』を編集するに至った時代背景を遠望する。

1.1 1990年代

1.1.1 社会情勢の変遷

この時代は「失われた10年」という言葉に象徴される。17年間継続した安定成長が1991年に終焉を迎え、停滞期に突入した。政治においては、結党以来38年間続いた自民党政権が1993年8月の細川連立内閣発足により崩れたが、非自民政権は1年足らずで崩壊し、自社さきがけ連立による村山内閣を経て、1996年1月の橋本内閣発足により再び自民党政権に戻った。

低迷する経済、安定さを欠く政治を反映するかのような様々な事件が発生し、社会不安がわが国を覆った。オウム真理教による一連の事件(1994年「松本サリン事件」、1995年「地下鉄サリン事件」等)、未成年による凶悪事件(1997年「神戸児童連続殺傷事件(酒鬼薔薇聖斗)」等)や無差別殺傷事件(1999年「JR下関駅無差別殺人事件」)が特徴的といえる。

雇用においては、人口で2番目のボリュームゾーンである団塊ジュニア(1970年代生まれ)が社会に出る時期であったにもかかわらず、景気低迷により企業が採用を削減したことから就職難

が深刻化する状況が続き、多くの派遣労働者やニート※が発生する事態となり、就職氷河期世代もしくは失われた世代（ロストジェネレーション）と呼ばれた。

一方、情報技術においては1995年にマイクロソフトからまったく新しい概念のOS「Windows 95」が販売されるとともに、一般家庭にまでパソコンが普及した。その後90年代後半以降の技術進歩に伴ってインターネットも浸透し、情報のグローバル化が急速に進行していった。

こうした社会状況の中、1995年1月には淡路島を震源地とするマグニチュード7.3の直下型地震・兵庫県南部地震が発生し、死者・行方不明者6,000人を超える都市部における未曾有の災害が発生した。

海外では、1990年8月のイラクによるクウェート侵攻が引き金となり、1991年1月には第二次世界大戦後初となるアメリカを中心とする多国籍軍（連合軍）が参戦する湾岸戦争勃発へと拡大した。1990年10月の東西ドイツ統一、1991年12月のソビエト連邦崩壊や1991年の韓国、北朝鮮国連加盟、1991年から2000年にわたる数々の紛争（1991年クロアチア紛争、1992年ボスニア紛争、1999年コソボ紛争等）を経た旧ユーゴスラビア連邦の崩壊、1997年の英国から中国への香港返還、1999年のパナマ運河返還、マカオ返還等と続き、東西冷戦から民族・宗教間での新たな対立へ、旧体制から新体制へ、まさに20世紀から21世紀へ移行するエポック的な10年であった。

※　ニートとは、15～34歳の若者で、仕事に就いておらず、家事も通学もしていない人をいう（厚生労働省ホームページより）。

1.1.2　経済の変遷

1985年9月のプラザ合意後の急激な円高に対する公共事業拡大政策や税制改革等の経済政策、製造業の海外生産への切り替えや原油価格の急落等々により、1986年12月以降、株価と不動産価格の高騰によるバブル景気（経済）と呼ばれる好景気が続いたが、1991年3月に破綻した。

バブル経済の原動力であった株価と不動産価格の暴落で金融機関に多額の不良債権が発生し、その損失を取り戻すための企業融資見直しにより貸し渋り・貸し剥しが横行し、その余波によって、通常の不況では淘汰されなくてもよい企業にまで倒産が相次ぎ、長期にわたる経済停滞が発生した。さらに、バブル経済崩壊によって生じた不良債権問題に1997年のアジア通貨危機が重なり、アジア金融危機に発展して多くの金融機関も破綻に至った（日産生命、山一証券ほか）。

1991年のバブル経済崩壊から始まった不況（平成不況）は、1999年からのITバブルを経て、2002年1月を底とした外需先導での景気回復により一応の終結をみた。

1.1.3　社会資本整備の変遷

わが国の公共事業予算（＝一般政府総固定資本形成）は、1980年代後半には4％台（対GDP比率）であったが、1991年から1993年にかけては6％を超えた（**図表1・1・1**）。

図表1・1・1　公共事業の動向

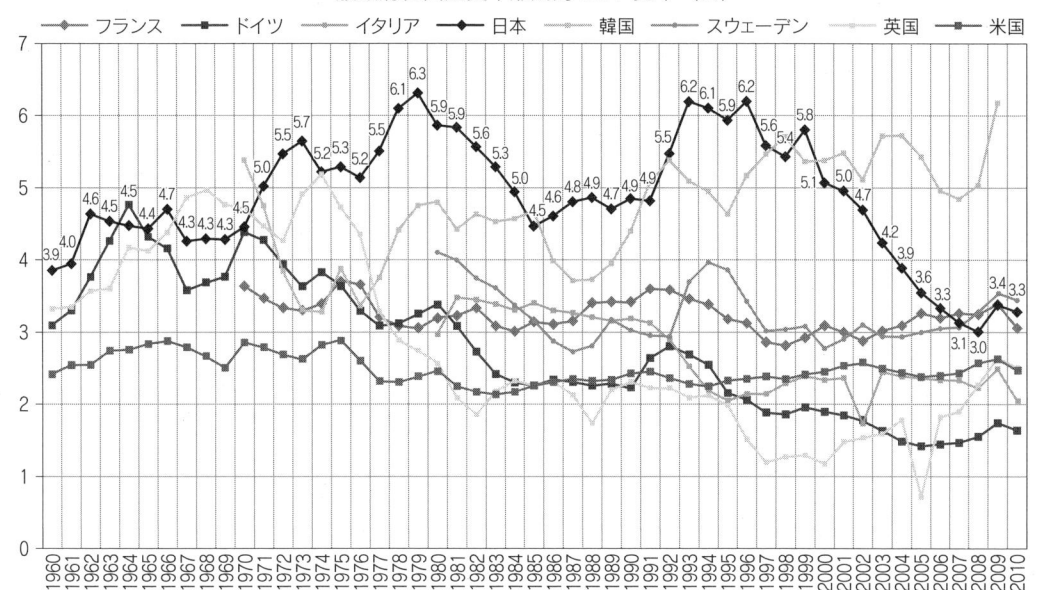

一般政府総固定資本形成対GDP比率（％）

凡例：フランス、ドイツ、イタリア、日本、韓国、スウェーデン、英国、米国

日本の値：3.9, 4.0, 4.6, 4.5, 4.5, 4.4, 4.7, 4.3, 4.3, 4.3, 4.5, 5.0, 5.5, 5.7, 5.2, 5.3, 5.2, 5.5, 6.1, 6.3, 5.9, 5.9, 5.6, 5.3, 5.0, 4.5, 4.6, 4.8, 4.9, 4.7, 4.9, 4.9, 5.5, 6.2, 6.1, 5.9, 6.2, 5.6, 5.4, 5.8, 5.1, 5.0, 4.7, 4.2, 3.9, 3.6, 3.3, 3.1, 3.0, 3.4, 3.3

（注）数字は日本の値。1991年までのドイツは西ドイツの値
（資料）OECD, "National Accounts of OECD Countries" 1999 (CD-ROM), OECD. Stat (data extracted on 27 Dec 2011)
（出典）社会実情データ図録[2]

　これは、米国の対日貿易赤字の累積が膨らんだため、1990年の日米構造協議の中で内需拡大、すなわち公共投資の拡大を米国がわが国に迫り、その結果、対米公約として1991年度から10年間で総額430兆円という公共投資基本計画が策定された。バブル経済の崩壊による深刻な景気低迷の時期でもあり、数度にわたる大型の景気対策予算が組まれ、中央、地方を通じた公共事業の拡大が行われた。

　この期間における全国総合開発計画は、1987年に制定された「第4次全国総合開発計画」（四全総）であり、地域開発法制度（例：地方拠点法（1992年）、大阪湾臨海地域開発整備法（1992年）等）を利用し、東京圏の臨海部開発や業務核都市整備などの大規模な都市開発プロジェクト、関西学術研究都市や地方都市でのソフトパークなどの研究開発拠点の整備、さらには42地域ものリゾート地域整備を含め全国各地で様々なプロジェクトが民間活力の導入も図りながら計画・事業着手された。しかしながら、それらの多くはバブル経済崩壊後の金融不安、国および地方公共団体の財政悪化などによって大きな影響を受け、見直しを余儀なくされた。

　1998年には、目標年次を2010年から2015年までと定めた第5次の中期的な国土総合開発計画「21世紀の国土のグランドデザイン」が決定された。これは、それまでの国中心、開発中心の国土計画の考え方とは一線を画す意味を込めており、地球時代（グローバリゼーションの時代）、人口減少・高齢化時代、高度情報化時代の到来など、大きな時代の転換期を迎える中で、一極一軸型の国土構造から多軸型の国土構造への転換が長期構想として位置付けられており、2005年の国土総

合開発法が国土形成計画法へと名称を変更するなど国土計画行政転換の流れの先駆けとなった。

　地下空間利用に関連しては、1989年「立体道路制度」、1995年「河川立体区域制度」が制定され、さらに、民有地の地下空間への公共施設整備推進の環境が整えられ、神戸市長田区北町駐車場、古川地下調節池整備事業、白子川地下調節池整備事業等に適用された。

　基幹的な交通体系は、整備新幹線のスキームに基づいて長野新幹線（1997年開通）などの建設が進展し、地方空港の新設や滑走路の延長によるジェット化が進められ、ジェット機就航空港数は1999年末には60空港にまで増加し、高速道路（高規格幹線道路）延長は2000年には7,500kmを超え、肋骨路線も順次開通し、全国一日交通圏の構築が進展した。

　一方、都市と地方の格差の拡大、過密・過疎化の進行といった従来の社会構造自体の歪みが表面化し、その問題は深刻化していった。社会資本整備においては、経済活動の低迷化の中で、その投資と整備効果における評価が従来にも増して厳しく求められることとなった。

1.2　2000年代

1.2.1　社会情勢の変遷

　この時代は「改革」という言葉に象徴される。2001年4月に「聖域なき構造改革」を旗印に登場した自民党の小泉内閣は、「小さな政府」「官から民へ」「中央から地方へ」などの理念を掲げ、既得権に縛られた硬直的予算配分にメスを入れ、郵政民営化法（2005年成立）に代表される公共サービスの民営化など民間活力による日本経済の再生を目指した。

　しかし、1990年代の長期不況によって生じた貧富の格差はさらに拡大し、"勝ち組・負け組"という言葉が流行するような状況をも引き起こすなど、改革は必ずしも期待された成果を実現できたとは言い切れない。2006年9月の小泉内閣退陣後、国民生活の格差拡大、行き過ぎた市場・競争原理による拝金主義の台頭、社会保障制度見直しによる弱者切り捨てなどへの批判の高まりとともに、毎年入れ替わる自民党政権（2006年9月安倍内閣、2007年9月福田内閣、2008年9月麻生内閣）への嫌気から、2009年8月の第45回衆議院議員選挙で「国民の生活が第一」とのスローガンを掲げた民主党が大勝し、16年ぶりに政権が交代した。

　情報分野においては高速インターネット回線が普及した。2000年代初頭のダイアルアップ回線、ISDN回線に代わり2002年頃からADSLやCATV、2005年頃からはFTTHなどの高速インターネット回線が一般の家庭でも利用されるようになった。これにより情報収集・発信の大衆化、ボーダレス化が進み、それに伴い既存メディアが持つ影響力の低下が加速するとともに、政治、社会、経済のさらなるグローバル化が進展し、その後の世界情勢全般に大きな影響を与えるものとなった。

　2001年の厚生労働白書（平成13年版）は、冒頭において「少子高齢社会の到来や…」と記述し

ている。わが国の総人口は2010年をピークに減少を続け、少子高齢化はその後の社会、経済に対するもっとも重要な懸案事項の1つとなっている（**図表1・1・2**）。

海外では、2001年9月11日、イスラム原理主義テロ組織「アルカイダ」によって4機の旅客機がハイジャックされ、2機がニューヨークの世界貿易センター（WTC）ビルに激突、アメリカ同時多発テロ事件が発生した。

この事件を期に、米国はアルカイダの本拠地とされた中東のアフガニスタンへ報復攻撃（2001年10月）を行った。その後も2002年バリ島爆弾テロ事件、2004年スペイン列車爆破テロ事件、2005年ロンドン同時爆破テロ事件、2010年モスクワ地下鉄爆破テロ事件などテロの連鎖が続いた。

1.2.2　経済の変遷

小泉内閣は「改革なくして成長なし」をキャッチフレーズに、バブル崩壊後の「失われた10年」やデフレスパイラルから脱却するために、整理回収機構の機能拡充や公的関与により不良債権の最終処理を断行し、多大な債務を抱える問題企業に市場からの退場を迫った。また、道路関係4公団の民営化や、公共サービスの効率化をめざす市場化テストも導入した。

財政健全化では道路特定財源や社会保障制度の見直しを進め、2006年の骨太の方針で2011年度までに国と地方の基礎的財政収支（プライマリーバランス）を黒字にする目標を表明、社会保障費を5年間で1兆1,000億円抑制する方針を打ち出した。

同時に環境やIT（情報技術）など将来の成長分野へ積極投資する一方、農業、教育、雇用分野の規制緩和を進め、特定地域をフロントランナーとして規制緩和を進める構造改革特区制を導入した。地方分権では補助金削減、地方交付税削減、地方への税源移譲を同時に進める三位一体の改革に取り組む一方、都市再生にも取り組んだ。改革の総仕上げとして、2006年には行政改革推進法を制定した。

2002年1月からの景気回復は「いざなみ景気」と呼ばれ、一部の富裕層や大手企業を中心に2008年まで6年1か月の長期間であったが、その成長は低いものにとどまり、一部地域を除いて本格的な好景気には至らず、一般庶民の間ではかつての高度経済成長期やバブル景気の頃のような好景気の実感がほとんどないまま、米国での2007年7月のサブプライムローン問題、さらに2008年9月のリーマンショックに端を発する世界的な金融危機、世界同時不況によって急激な不景気に陥った。また、この時代にはライブドアや村上ファンドのような株式関連問題も生じた。

輸出産業に支えられていた日本の産業、特に自動車と電器関連は異常な円高により打撃を受け、派遣社員の大量解雇といった社会問題も引き起こした。このことから、いざなみ景気の期間も含めたバブル崩壊からの20年以上の不況をさして「失われた20年」と呼ぶこともある。この20年間、わが国や米国および欧州先進国は低成長を余儀なくされている（**図表1・1・3**）。

第1章　社会背景と法制度

図表1・1・2　合計特殊出生率の推移と高齢化率

合計特殊出生率の推移（日本および諸外国）

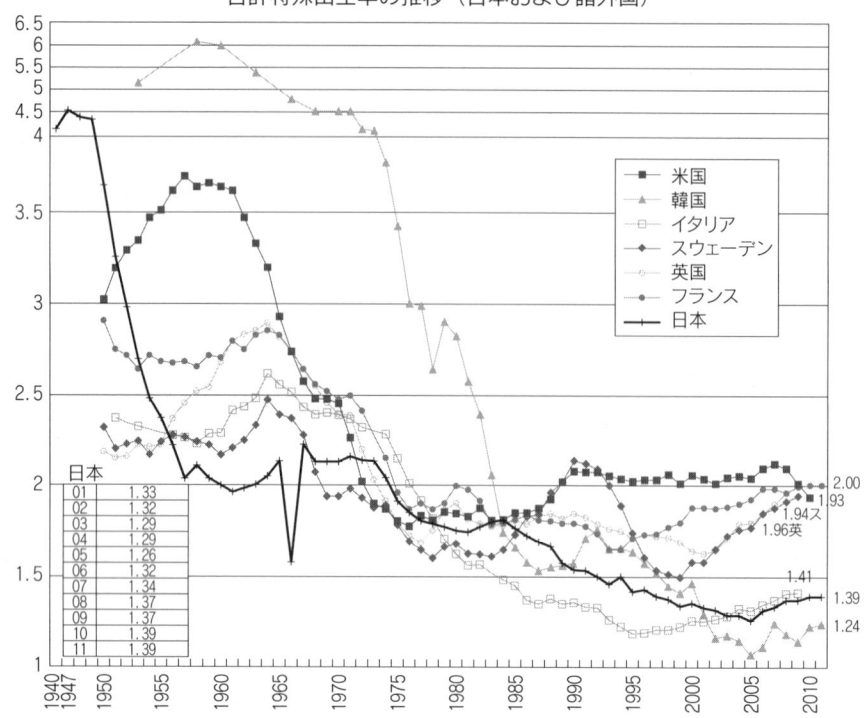

日本	
01	1.33
02	1.32
03	1.29
04	1.29
05	1.26
06	1.32
07	1.34
08	1.37
09	1.37
10	1.39
11	1.39

（注）合計特殊出生率は女性の年齢別出生率を合計した値。数字は各国最新年次。日本11年概数。
（資料）厚生労働省「平成13年度人口動態統計報告」『人口動態統計』（日本前年、その他最新年）国立社会保障・人口問題研究所「人口統計資料集2010」、Korea National Statistics Office

主要国における人口高齢化率の長期推移・将来推計

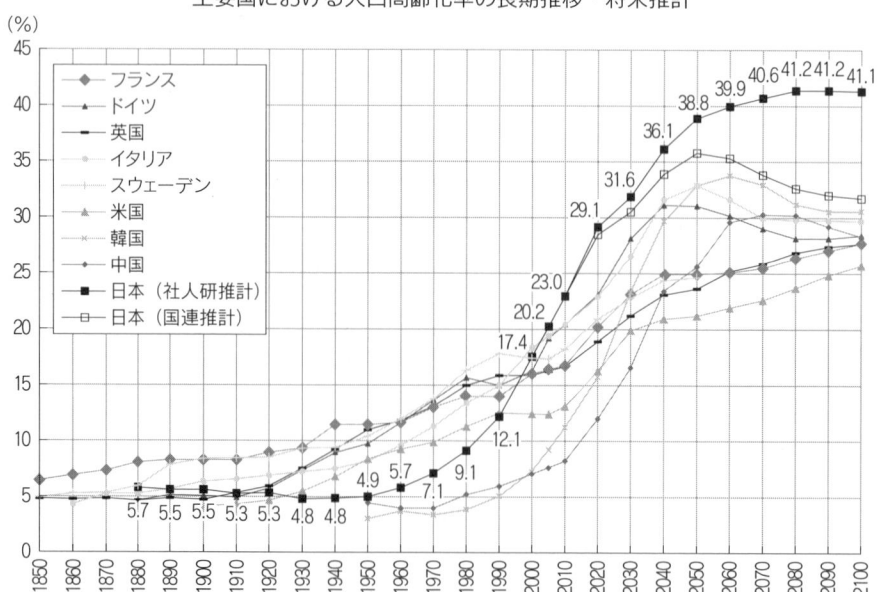

（注）65歳以上人口比率。1940年以前は国により年次に前後あり。ドイツは全ドイツ。日本は1950年以降国調ベース（2005年までは実績値）。諸外国は国連資料による。日本（社人研推計）は国立社会保障・人口問題研究所「日本の将来推計人口（平成24年1月推計）」における2060年までは出生中位（死亡中位）推計値、それ以後は2061年以降出生率、生残率等を一定とした参考推計値。
（資料）国勢調査、国立社会保障・人口問題研究所「人口資料集」等、国連"2010年改訂国連推計"
（出典）社会実情データ図録2)

8

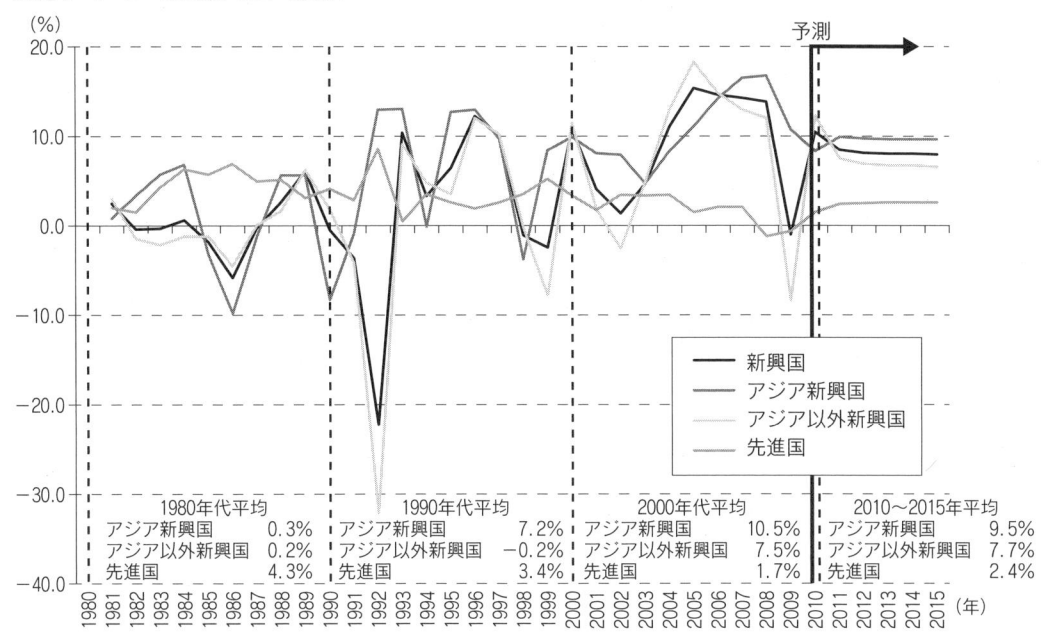

図表1・1・3　地域別GDP成長率

	1980年代平均	1990年代平均	2000年代平均	2010～2015年平均
アジア新興国	0.3%	7.2%	10.5%	9.5%
アジア以外新興国	0.2%	−0.2%	7.5%	7.7%
先進国	4.3%	3.4%	1.7%	2.4%

（資料）IMF「World Economic Outlook, April 2010」より作成
（出典）経済産業省「通商白書2010」3)

1.2.3 社会資本整備の変遷

　橋本内閣時の1999年9月に「民間資金等の活用による公共施設等の整備等の促進に関する法律（PFI（Private Finance Initiative）法）」を施行後、PFI導入に関わる制度面が整備された。2002年6月に小泉内閣が示した「経済財政運営と構造改革に関する基本方針2002」では、高コスト構造の是正に向けて社会資本整備について積極的に民間委託およびPFI等の活用を進めることとされた。

　同時に、公共事業予算についても「聖域なき構造改革」により、硬直性打破、効率重視の観点からそのあり方が見直されることとなり、財政状況改善のため規模抑制の方向が打ち出され、その目安として「景気対策のための大幅な追加が行われていた以前の水準」が示され、一般会計公共事業費は減少が続き、2006年度は1991年度レベル（大幅追加以前の水準）以下にまで低下した。

　さらに、2009年秋の民主党への政権交代により、「コンクリートから人へ」のスローガンのもとに公共事業予算の大幅な削減が進められ、ダムや高速道路等の社会資本整備はさらなる減速を余儀なくされた（前出**図表1・1・1**）。

　2001年1月、中央省庁再編の実施に伴い、国土利用に関する総合行政を行っていた国土庁は、運輸省、建設省、北海道開発庁とともに統合され国土交通省が発足、また、防災行政は内閣府に移管された。

2005年に国土総合開発法が国土形成計画法へと抜本改正され、これまでの全国総合開発計画に代わり2008年7月に「国土形成計画」が策定された。この国土形成計画は、これまでの量的拡大「開発」基調を目指す計画から「成熟社会型の計画」への転換によって、国土の質的向上を目指し、国土の利用と保全を重視した計画であり、二層の計画体系（国と地方の協働によるビジョン「広域地方計画」）から構成された。

　地下空間利用に関連しては、2000年5月に「大深度地下の公共的使用に関する特別措置法案」が成立し、2003年には「大深度地下利用に関する技術開発ビジョン」が公表されるなど、地下空間利用の環境が整えられた。また、新たな制度としては2000年「立体都市計画制度」、2004年「立体都市公園制度」が制定され、その後の地下道路・通路や地下広場（大容量送水管整備事業、東京外かく環状道路、札幌駅広場1号地下通路、アメリカ山公園整備事業等）の建設に結実していった。

参考文献

1) 内閣府・文部科学省・厚生労働省・農林水産省・国土交通省・気象庁・環境省　企画・監修「適応への挑戦2012」2012.9
2) 社会実情データ図録（http://www2.ttcn.ne.jp/honkawa/）
3) 経済産業省「通商白書2010」（http://www.meti.go.jp/report/tsuhaku2010/2010honbun_p/index.html）

第2節 気候の変化と災害の変遷

　第1節で論じたように、1990年以降、国内外の社会・経済情勢は大きく変化してきた。地下空間利用を含む社会資本整備は、社会・経済情勢からのニーズを的確にとらえ、迅速に進めていく必要があることはいうまでもないが、さらには、気候（自然環境）変動や予測される災害への備えとしての機能も求められる。

　そうした観点から、本節では現在進行している気候の変化とわが国における災害の変遷を概観する。

2.1 気候の変化[1)2)]

　地球全体で温暖化が進んでいる。1906〜2005年の100年間に世界の平均気温は0.74℃上昇し、その傾向は近年になるほど加速している。

　わが国においても1898〜2010年では100年当たり1.15℃の割合で上昇しており、特に1990年代以降には高温となる年が頻発し、夏季における記録的な高温、いわゆる猛暑が観測されている。

　降水量においても変化がみられる。特徴的な傾向は、年降水量の少ない年と多い年の差が次第に大きくなる、すなわち変動の幅が拡大する傾向がみられること、また、日降水量100mm以上の大雨が増加傾向にあり、1900年台初頭の30年間と最近30年間を比較すると、日降水量100mm以上の日数が1.2倍に増加し、さらには、時間降水量では1時間降水量50mm以上の短時間強雨、さらには時間降水量100mm以上の豪雨の回数も増加傾向にある（**図表1・2・1**）。

　このような降水量の年変動の傾向や大雨・豪雨の増加等の現象の一部は温暖化が影響している可能性があると考えられているものの、そのメカニズムは十分には解明されていない。

2.2 災害の変遷

　戦後の1940年代後半から1950年代には、三河地震（1945年1月13日　M6.8　死者・行方不明者2,306人）、福井地震（1948年6月28日　M7.1　死者・行方不明者3,769人）や伊勢湾台風（1959年9月26日　死者・行方不明者5,098人）など地震や台風によって死者・行方不明者が1,000人を超える大災害が毎年のように起きたが、その後は治山・治水等の社会資本整備や観測網、情報網の整備により死者・行方不明者は著しく減少し、1960年代から1990年代前半における死者・行方不明者が200人を超える災害は、昭和38年1月豪雪（1963年1月　死者・行方不明者231人）、昭和41年台風24・26号（1966年9月23日　死者・行方不明者317人）、昭和47年台風6・7・9号および7月豪

第1章　社会背景と法制度

図表1・2・1　日降水量100mm以上の日数、1時間降水量50mm以上の年間発生回数

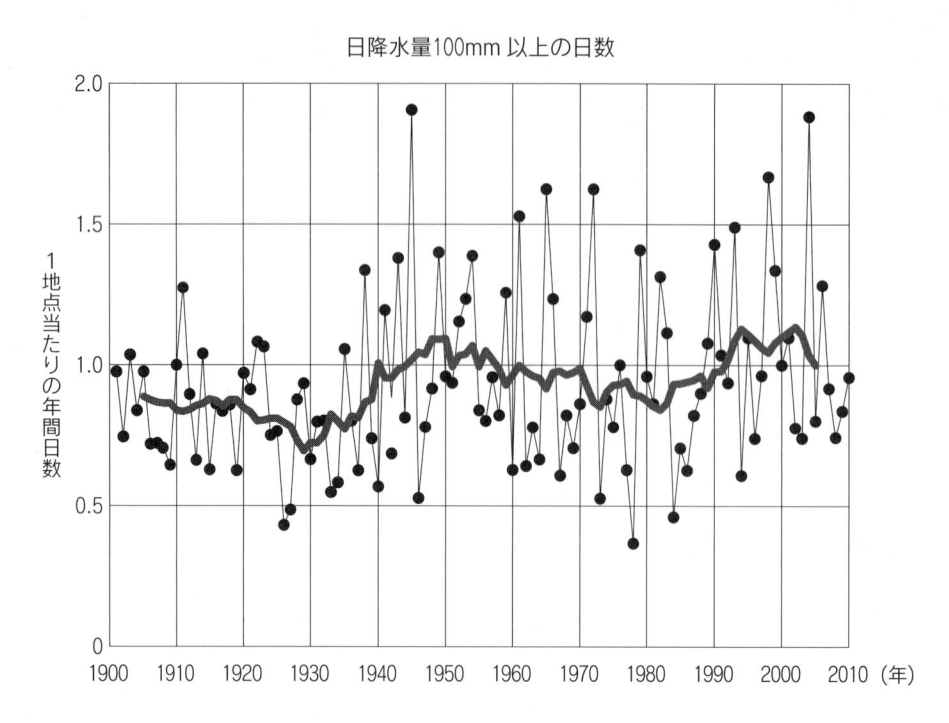

日降水量100mm以上の日数

1時間降水量50mm以上の年間発生回数（1,000地点あたり）

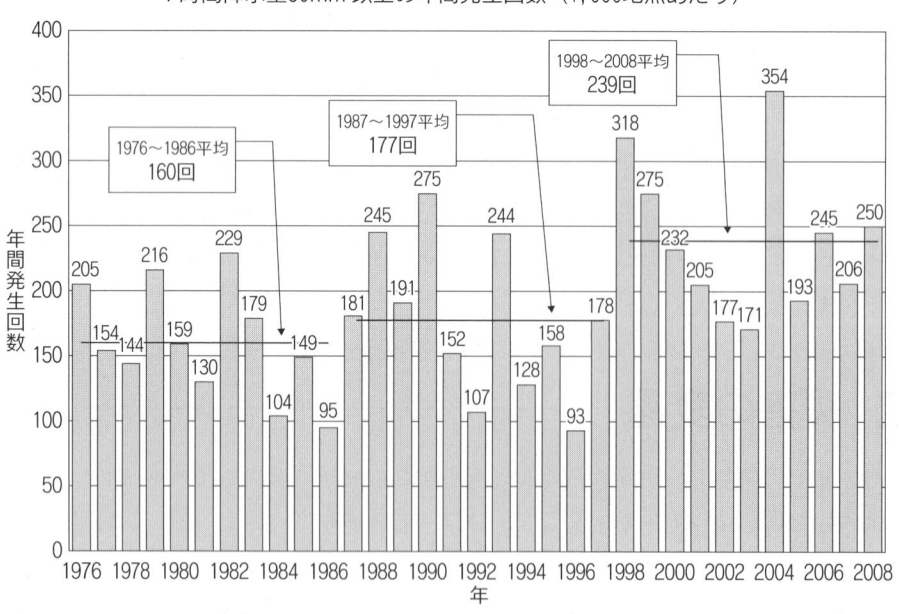

1976～1986平均 160回
1987～1997平均 177回
1998～2008平均 239回

（出典）気象庁「気候変動監視レポート2010」3)「アメダスで見た短時間強雨発生回数の長期変化」4)

雨（1972年7月　死者・行方不明者447人）、昭和57年7・8月豪雨および台風10号（1982年7～8月　死者・行方不明者439人）、平成5年北海道南西沖地震（1993年7月12日　M7.8　死者・行方不明者230人）の5件だけであった。

しかし、平成7年1月に発生した兵庫県南部地震（1995年1月17日「阪神・淡路大震災」M7.3　死者・行方不明者6,437人）、平成23年3月の東北地方太平洋沖地震（2011年3月11日「東日本大震災」M9.0　死者・行方不明者1万8,880人）は、都市部における直下型地震に対する備えの必要性と、非常に長い海岸線に及ぶ津波への備え、さらには原子力発電所における万全の防災対策の必要性を痛感させることとなった（**図表1・2・2**）。

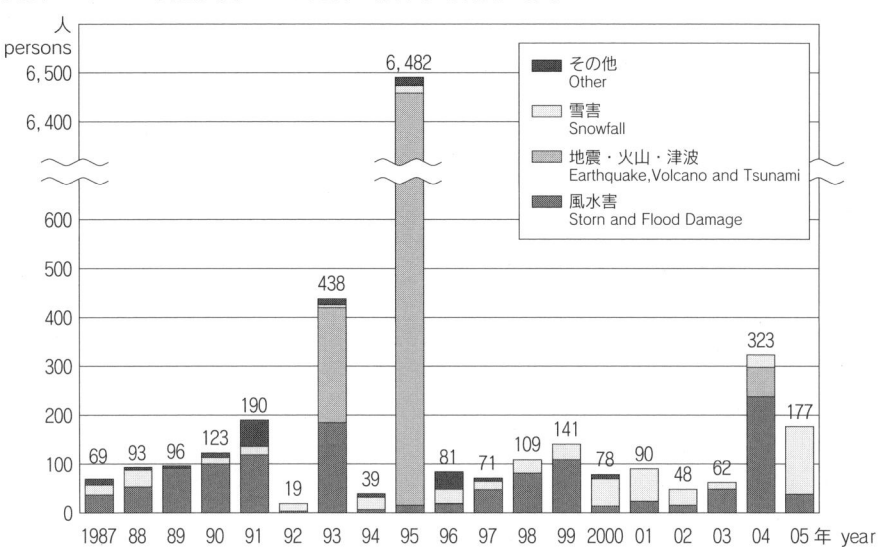

図表1・2・2　自然災害による死者・行方不明者数の推移

年 year	死者・行方不明者数（人／persons）
1987	69
88	93
89	96
90	123
91	190
92	19
93	438
94	39
95	6,482
96	81
97	71
98	109
99	141
2000	78
01	90
02	48
03	62
04	323
05	177

凡例：その他 Other／雪害 Snowfall／地震・火山・津波 Earthquake, Volcano and Tsunami／風水害 Storm and Flood Damage

（資料）消防庁資料をもとに内閣府において作成。Source : Prepared by the Cabinet Office based on data from the Fire and Disaster Management Agency.
（出典）内閣府「平成24年版　防災白書」5)

1990年以降の自然災害による死者・行方不明者数は、北海道南西沖地震、兵庫県南部地震、および東北地方太平洋沖地震によるものが圧倒的に多いが、地震以外では降水による災害（台風などの風水害と雪害）が毎年のように発生し、死者・行方不明者数の大部分を占めている。1990年代後半からは集中豪雨、特に都市部では局部地域を突発的に襲うゲリラ豪雨が増加傾向にあり、排水施設の能力を超える急激な出水、増水による浸水被害が生じている。

地下施設への浸水例としては、平成5年台風11号による地下鉄赤坂見附駅の冠水（1993年8月27日）、平成11年7月東京都新宿区で水没した地下室に閉じ込められて死者1名（1999年7月）、同年福岡県博多区で冠水したビル地下1階の飲食店従業員1名が逃げ遅れて死亡、平成11年8月集中豪雨による渋谷地下街の浸水（1999年8月29日）、平成16年台風22号による地下鉄麻布十番駅の冠水（2004年10月9日）等がある。また、平成17年9月集中豪雨（2005年9月4日）では東京都の神田川流域などを中心とした314棟、約3万6,700m²に及ぶ広範囲の地下空間で浸水被害が発

生している[6]。

参考文献

1) 内閣府・文部科学省・厚生労働省・農林水産省・国土交通省・気象庁・環境省 企画・監修「適応への挑戦2012」2012.9
2) 社会実情データ図録（http://www2.ttcn.ne.jp/honkawa/）
3) 気象庁「気象変動監視レポート2011」（http://www.data.kishou.go.jp/climate/cpdinfo/monitor/index.html）
4) 気象庁「アメダスで見た短時間強雨発生回数の長期変化」（http://www8.cao.go.jp/cstp/project/bunyabetu2006/syakai/6kai/siryo2-1-2.pdf）
5) 内閣府「平成24年版 防災白書」（http://www.bousai.go.jp/hakusho/hakusho.html）
6) 東京都「東京都地下空間浸水対策ガイドライン―地下空間を水害から守るために―」2008.9

第3節　地下空間利用関連法制度

　国土の開発・利用は、公的空間（社会資本整備用地等）、民間空間（民有地）の利用に対応して整備された法制度の下、計画的に合理的・効率的に進められてきた。

　本節では、地下空間利用との関わりに注視し、これら法制度の概要をまとめた。なお、法文・条文等の引用にあたっては、一般的な建設技術者等の理解しやすさに留意し、一部の語句の割愛、書き換えを行っている。プロジェクトの実務検討にあたっては、法令等の原文を確認されたい。法令文は、「電子政府の総合窓口　イーガブ」(http://law.e-gov.go.jp/cgi-bin/idxsearch.cgi) の法令データ提供システム（2012年10月1日現在）に提供されているデータに基づいている。

3.1　地下空間関連法規

3.1.1　道路法

　道路には、臨港・港湾道路、農道、林道等の管轄を異にする種々のものが存在し、それぞれに対し法制度が整備されている。

　本項では、この中でも主軸であり、かつ地下空間利用の可能性を有する道路法による道路についてその概要をまとめた。

　道路法で対象とする道路は、「高速自動車国道」「一般国道」「都道府県道」「市町村道」とされているが、このうち高速自動車国道については別法（高速自動車国道法）による規定となっている。なお、首都高等の都市高速道路は、都道府県道、自動車専用道の位置付けで道路法による定めとなっている。

　以下、道路法による道路区域内に道路構造本体以外の工作物等の整備を行う場合の規定およびそれら工作物等の道路区域地下空間への設置・適用性の可能性をまとめた。

1 道路の附属物

　道路の附属物とは、道路の構造の保全、安全かつ円滑な道路の交通の確保、その他道路の管理上必要な施設または工作物であり、道路管理者により設置整備されるものである（道路法2条2項）。

　道路の附属物として認められるものは、「道路法2条2項」「道路法施行令34条の3」に以下と規定されている。

- 道路上のさくまたは駒止
- 道路管理者の設ける道路上の並木または街灯
- 道路標識、道路元標または里程標
- 道路情報管理施設（道路情報提供装置、車両監視装置、気象観測装置、緊急連絡施設その他）
- 道路に接する道路の維持または修繕に用いる機械、器具または材料の常置場
- 自動車駐車場または自転車駐車場で道路上または道路に接して道路管理者が設けるもの
- 道路管理者の設ける共同溝または電線共同溝
- 道路の防雪または防砂のための施設
- ベンチまたはその上屋で道路管理者または、歩道の新設等を行う指定市以外の市町村が設けるもの
- 車両の運転者の視線を誘導するための施設
- 他の車両または歩行者を確認するための鏡
- 地点標
- 道路の交通または利用に係る料金の徴収施設

　これらのうち、地下空間の利用を前提としているもの、あるいは地下空間の利用が可能と考えられるものは「共同溝」「電線共同溝」「自動車駐車場」「自転車駐車場」である。

　特に、自動車駐車場、自転車駐車場については、道路上に加えて道路に接しての整備が可能とされている点が注目される。なお、自動車駐車場は、道路直下への整備、地下街との合築、近傍建設物地下の利用等、複数の事例が存在する。

2 道路占用

　道路を構成する敷地、支壁その他の物件についての私権の行使は禁止されている（同法4条）。これを受け、道路区域内に下記工作物を建設して使用する場合は、道路管理者の許可を受けなければならないとされている（同法32条）。

　この規定は限定列挙といわれるものであり、これ以外のものは、許可の対象以外のものと判断される。

- 電柱、電線、変圧塔、郵便差出箱、公衆電話所、広告塔その他これらに類する工作物
- 水管、下水道管、ガス管その他これらに類する物件
- 鉄道、軌道その他これらに類する施設
- 歩廊、雪よけその他これらに類する施設
- 地下街、地下室、通路、浄化槽その他これらに類する施設
- 露店、商品置場その他これらに類する施設

　また、その他の政令により定められる占用物として主たるものは以下が示されている（同施行令7条）。

- 看板、標識、旗ざお、パーキング・メーター、幕およびアーチ

- 工事用板囲、足場、詰所その他の工事用施設
- 土石、竹木、瓦その他の工事用材料
- 自動車専用道路の連結路附属地に設ける食事施設、購買施設その他これらに類する施設で道路の通行者または利用者の利便の増進に資するもの
- トンネルの上または高架の道路の路面下に設ける事務所、店舗、倉庫、住宅、自動車駐車場、自転車駐車場、広場、公園、運動場その他これらに類する施設
- 次に掲げる道路の上空に設ける事務所、店舗、倉庫、住宅その他これらに類する施設および自動車駐車場
    - イ．高度地区（建築物の高さの最低限度が定められているものに限る）および高度利用地区ならびに都市再生特別地区内の高速自動車国道または自動車専用道路
    - ロ．都市再生特別措置法に規定する特定都市道路（イに掲げる道路を除く）
- 道路の区域内の地面に設ける自転車、原動機付自転車または小型自動車もしくは軽自動車で二輪のものを駐車させるため必要な車輪止め装置その他の器具
- 高速自動車国道または自動車専用道路に設ける休憩所、給油所および自動車修理所

なお、これらの占用物は、その許可基準として「道路の占用が道路の敷地外に余地がないためにやむを得ないものであり、かつ、政令で定める基準（同施行令第2章 道路の占用）に適合する場合に限り、許可を与えることができる。」とされており、法に列挙されている工作物であっても必ずしも許可されるものではない。

さらに、私権行使制限から、特定個人、法人等の便益のみを利するものについては、占有許可がなされないのが通例である。地下街、地下室、通路（地下通路）は、地下空間利用を前提としたものであるが、営利目的の一般的な商業施設等としての設置占用許可の取得は標記許可基準から勘案し、困難な状況にあるといえる。

ただし、近年の道路空間を含む都市空間の有効利用の観点から以下のような緩和措置もとられてきており、道路法施行令も改訂されてきている。これらは、必ずしも地下空間利用拡大に直接的な影響を与えるものではないが、今後の地下空間の利用拡大に向けての1つの方向性を示すものとも考えられる。なお、地方道については、道路法規定に沿い道路占用許可基準が条例等により詳細が定められている。

＜参考：道路占用許可基準の緩和事例＞
- 地下鉄コンコース内二次占用許可要件（参考資料①）
- 道路占用許可の特例（参考資料②）
- 高架道路の路面下の占用特許（参考資料③）
- 立体道路制度の歩専道への適用（参考資料④）

<参考資料①>

地下鉄施設への二次占用について

建設省道政発第81号
平成9年10月20日

　地下鉄施設内への二次占用については、これまで、歩行者の安全な通行機能の確保の観点から極力抑制してきたが、地下鉄利用者の質的・量的に拡大するニーズに対応するため、また、近況における占用実態への適合の観点等を踏まえ、今般地下鉄施設への二次占用に関する取扱方針を定めた。

1　占用許可対象物件
　地下鉄施設内における道路占用許可対象物件は、以下に掲げるものとする。
（1）　看板類　額面看板、柱巻看板、ポスター板、ショーウィンド等
（2）　地下鉄施設内に鉄道事業者が自ら設置することが妥当であると認められる施設又は物件に広告物を添架したもの
（3）　主として地下鉄利用者の利便の増進を目的とするもの（以下「利便施設」という。）
　　（イ）　売店（可動式）
　　（ロ）　店舗（固定式）
　　（ハ）　コインロッカー
　　（ニ）　自動販売機
　　（ホ）　自動現金出入機
　　（ヘ）　公衆電話、PHS無線基地局、移動電話通信施設類
　　（ト）　運輸大臣及び建設大臣の認可を受けた関連事業に係る物件
　　（チ）　その他地下鉄利用者等の利便性の向上に著しく寄与すると認められる物

<参考資料②>

道路占用許可の特例

　道路の占用許可は、道路法において、道路の敷地外に余地が無く、やむを得ない場合（無余地性）で一定の基準に適合する場合に許可できることとされているが、まちのにぎわい創出や道路利用者等の利便の増進に資する施設について、都市再生特別措置法に規定する都市再生整備計画に位置付ける等、一定の条件の下で、無余地性の基準を緩和できることとした制度である。

特例の対象施設
　都市の再生に貢献し、道路の通行者及び利用者の利便の増進に資する次の施設（省略）であって、施設等の設置に伴い必要となる道路交通環境の維持及び向上を図るための措置が併せて講じられているもの。（都市再生法46条10項、同施行令14条）

（出典）国土交通省都市局まちづくり推進課資料（http://www.mlit.go.jp/common/000215063.pdf）

<参考資料③>

高架道路の路面下の占用許可について

国道利第5号
平成17年9月9日

　高架道路の路面下の占用許可については、道路法及び道路法施行令の規定のほか、「高架道路の路面下の占用許可について」（昭和40年8月25日付け建設省道発第367号建設省道路局長通達）等により、相当の必要があって真にやむを得ないと認められる場合における占用についてのみ許可することとする「抑制の方針」として取り扱ってきたところである。
　その結果、高架道路の路面下の利用形態としては、事実上、広場、公園、駐車場等に限定されているのが実態であるが、街づくりの観点等から、高架道路の路面下も含めた賑わいの創出等が必要となるケースも生じている。
　このため、高架道路の路面下の適正かつ合理的な利用を図るため、新たに別紙（省略）のとおり高架道路の路面下の占用許可の基準を策定することとしたので、下記1及び2の事項に留意の上、事務処理上遺憾のないようにされたい。
　なお、これに伴い、下記3のとおり関係通達を廃止又は改正することとしたので、運用上誤りのないようにされたい。

記

1　道路の占用は、元来用地補償とは別個の問題であるから、高架道路の用地交渉段階において被買収者に占用を約束するかのような行為は、厳に慎むべきこと。
2　高速自動車国道、都市高速道路その他の道路で、相当区間連続して高架化されているものについては、学識経験者、地元地方公共団体等の意見を聞いて、路面下の全体的な利用計画（以下「高架下利用計画」という。）を作成すること。高架下利用計画の策定に当たっては、高架の道路の路面下の適正かつ合理的な土地利用に資するため、都市計画や周辺の土地利用状況等に十分配慮すること。
3　その他（省略）

<参考資料④>

立体道路制度の歩専道への適用

国都計第2—2号
国道政第4号
国住街第14号
平成17年4月8日

立体道路制度の運用について

　都市における土地の高度利用、街並みの連続性や賑わいを創出する観点から、良好な市街地環境の形成や道路管理上支障が無く、都市計画上の位置付けが明確にされるなど、一定の要件を満たす場合には、道路空間と建築物の立体的利用を図ることは重要である。

　特に、例えば、ペデストリアンデッキ、自由通路やスカイウォークのような高架の歩行者専用道路については、街並みの連続性や賑わいの創出、駅周辺等におけるバリアフリー化といった観点からも、建築物との立体的利用を推進し、その整備を進めていくことが必要である。

　このため、歩行者専用道路、自転車専用道路及び自転車歩行者専用道路についても、都市計画法第12条の11に規定する「自動車の沿道への出入りができない高架その他の構造」及び建築基準法第43条第1項第2号に規定する「高架の道路その他の道路であって自動車の沿道への出入りができない構造」のものに該当するものであれば、立体道路制度を適用して差し支えない。

　なお、建築基準法施行令第144条の5第2項において準用する同令第144条の4第2項の規定に基づき、土地の状況等により必要な場合には、地方公共団体の条例で特定高架道路等の基準を別に定めることができることとされており、当該規定に基づき国土交通大臣の承認を得て特定高架道路等の基準を緩和することが可能であるので、同項の規定の活用により立体道路制度の適切な運用が図られるようお願いする。

---

3 道路占用の特例

　下記に示す占用物は、道路占用が許可される特例として規定されている（同法36条）。
- 水道法、工業用水道事業法に基づき整備される水管（水道事業、水道用水供給事業、工業用水道事業の用に供するもの）
- 下水道法に基づき整備される下水道管
- 鉄道事業法もしくは全国新幹線鉄道整備法に基づき整備される公衆の用に供する鉄道
- ガス事業法に基づき整備されるガス管
- 電気事業法に基づき整備される電柱、電線
- 電気通信事業法の規定に基づき設置される電線もしくは公衆電話所

　これらの占用物は、法、政令に定められる規定、基準に適合される場合は、占用許可を与えな

ければならないとされている（同法36条2項）。

　標記事業法に基づく施設を設置する道路の占用を、通称「義務占用」といい、それ以外の、道路の占用を、「一般占用」（同法4条）と区別している。

　なお、道路地下空間への建設が前提である共同溝については「共同溝の整備等に関する特別措置法」において、「公益事業者」として以下を規定しており、これら事業者の設置する電線、ガス管、水管または下水道管をその格納施設としている。
① 　電気通信事業法による認定電気通信事業者
② 　電気事業法による一般電気事業者、卸電気事業者または特定電気事業者
③ 　ガス事業法による一般ガス事業者または簡易ガス事業者
④ 　水道法による水道事業者または水道用水供給事業者
⑤ 　工業用水道事業法による工業用水道事業者
⑥ 　下水道法による公共下水道管理者、流域下水道管理者または都市下水路管理者

4 兼用工作物

　道路と堤防、護岸、ダム、鉄道・軌道用の橋、踏切道、駅前広場その他の公共工作物または施設（以下「他の工作物」という）とが相互に効用を兼ねる場合においては、当該管理者が相互協議して管理の方法を定めることができるとされている（同法20条）。

　堤防上の河川管理用の道路が、一般的な道路交通法の適用を受ける道路やサイクリングロードとして利用されているのは、この事例であると考えられる。

　また、近年においては、行政財産として設置された光ケーブルの通信容量の空きを電気通信事業者が兼用工作物として利用する事例も存在する。道路区域にある地下駐車場では、駐車場設備を駐車場管理事業者の資産とし、兼用工作物として扱うケースが存在する。

　民間事業者が、公益性のある事業を地下等の道路空間で実施する場合の1つの方策であると考えられる。

5 自動車専用道路との連結施設

　下記の施設は、自動車専用道路と連結させることができるとされている（同法48条の4）。
① 　道路等
② 　自動車専用道路の通行者の利便に供するための休憩所、給油所その他の施設または利用者のうち相当数の者が当該自動車専用道路を通行すると見込まれる<u>商業施設、レクリエーション施設その他の施設</u>
③ 　②の施設と自動車専用道路とを連絡する通路その他の施設であって、施設の利用者の通行の用に供することを目的として設けられるもの

　ここで注目すべきは、商業施設、レクリエーション施設その他の施設への連結施設（ランプ、インターチェンジ等）の建設が認められていることである。

新たに開発された商業施設、レクリエーション施設が存在する場合、その有効活用に向けての道路施設整備の可能性を示すものであり、同時に過密化した都市部においては、接続のための地下空間利用の可能性を示すものでもある。なお、「高速自動車国道法」においても同様に規定されている。

なお、受益者負担として、「道路管理者は、道路に関する工事によって著しく利益を受ける者がある場合においては、その利益を受ける限度において、当該工事に要する費用の一部を負担させることができる。」とされており、当該商業施設、レクリエーション施設等の事業者に費用負担を求めることができることも示されている（同法61条）。

6 道路の立体的区域

道路の「新設」または「改築」を行う場合において、地域の状況を勘案し、適正かつ合理的な土地利用の促進を図るため必要があると認めるときは、道路の区域を空間または地下について上下の範囲を定めたものとすることができるとされている（同法47条の6）。

本条項の規定により、民有地内に立体的な道路区域を設け、道路建設を進めることが可能となっている。具体的には建物の上空、建物内あるいは地下部を道路区域として利用することを可能とするものであり、都市過密部等における地下空間利用の可能性を拡大する法制度と判断される。なお、本制度については、本章「3.2.1 立体道路制度」（44頁）でその概要を解説する。

7 道路外利便施設

道路区域外にある、歩行者等の利便を増進する並木、街灯、ベンチ等の施設を道路管理者と施設所有者たる住民が協定を締結し、一体的に管理することができるとされており、これを道路外利便施設と呼ぶ（同法48条の17）。

現況条文では、地上部施設を主たる対象としているものと判断されるが、今後、地下歩道等の出入口の民間施設の整備等への運用拡大も期待される。

3.1.2 河川法

1 河川管理施設

河川の維持管理等を目的に整備される河川管理施設は、ダム、堰、水門、堤防、護岸、床止め、樹林帯（治水上または利水上の機能を維持し、増進する効用を有するもの）、その他河川の流水によって生ずる公利を増進し、または公害を除却し、もしくは軽減する効用を有する施設とされている（河川法3条）。

なお、河川法の目的は、洪水、高潮等による災害の発生が防止、河川の適正な利用、流水の正常な機能維持、および河川環境整備保全のための総合的な管理とされ、発電用ダム等の施設はこ

れに含まれないものと考えられる（同法1条）。

ただし、多目的ダム事業として治水、利水、発電を兼用（アロケーション事業）することによるダム建設および地下発電所等の地下空間利用の事例は複数存在する（参考：同法51条）。

2 土地の占用

河川法では、その「流水の占用」と河川敷等の「土地の占用」の2つの規定が定められている。本書においては、地下空間利用という観点から土地占用について概要をまとめる。

土地の占用の許可については、河川区域内の土地を占用しようとする者は、国土交通省令（参考：同施行規則12条）の定めに添い、河川管理者の許可を受けなければならないとされている（同法24条）。

また、河川区域内の土地において工作物を新築し、改築し、除却しようとする者は、国土交通省令で定めるところにより、河川管理者の許可を受けなければならないとされている（河川法26条）。なお、占用施設については、建設事務次官通達「河川施設の占用許可について」（平成11年8月5日建設省河政発第67号、最終改正平成23年3月8日国河政第135号）で詳細に定められている。

その概要を次頁の**図表1・3・1**に示す。このうち、地下施設としての占用が明記されているものは、下記の2項である。

・地下に設置する下水処理場または変電所
・地下に設置する道路、公共駐車場

また、工作物の設置、樹木の栽植等を伴う河川敷地の占用は、治水上または利水上の支障を生じないものでなければならないとされ、以下の許可判断基準が示されている。

① 河川の洪水を流下させる能力に支障を及ぼさないものであること
② 水位の上昇による影響が河川管理上問題のないものであること
③ 堤防付近の流水の流速が従前と比べて著しく速くなる状況を発生させないものであること
④ 工作物は、原則として、河川の水衝部、計画堤防内、河川管理施設もしくは他の許可工作物付近または地質的にぜい弱な場所に設置するものでないこと
⑤ 工作物は、原則として河川の縦断方向に設けないものであり、かつ、洪水時の流出などにより河川を損傷させないものであること

3 兼用工作物

河川管理施設（同法3条：ダム、堤防、護岸、等）と河川管理施設以外の施設・工作物（他の工作物）が相互に効用を兼ねる場合、河川管理者および他の工作物の管理者は、協議して別に管理の方法を定め河川管理施設および他の工作物の工事、維持または操作を行うことができることとされている（同法17条）。

この条項は、道路法における兼用工作物規定（道路法20条）とあわせ堤防上の道路等の利用を可能としている。兼用工作物として、他の工作物の管理をする場合は、その旨を公示する必要が

ある。**図表1・3・2**に、道路を例に公示の一般的形式を示す。

図表1・3・1　河川敷地の占用許可について（「第七項　占用施設」より）[1]

施設の概要	例　示
河川敷地そのものを地域住民の福利厚生のために利用する施設	イ　公園、緑地又は広場 ロ　運動場等のスポーツ施設 ハ　キャンプ場等のレクリエーション施設 ニ　自転車歩行者専用道路
公共性又は公益性のある事業又は活動のために河川敷地を利用する施設	イ　道路又は鉄道の橋梁（鉄道の駅が設置されるものを含む。）又はトンネル ロ　堤防の天端又は裏小段に設置する道路 ハ　水道管、下水道管、ガス管、電線、鉄塔、電話線、電柱、情報通信又は放送用ケーブルその他これらに類する施設 ニ　地下に設置する下水処理場又は変電所 ホ　公共基準点、地名標識、水位観測施設その他これらに類する施設
地域防災活動に必要な施設	イ　防災用等ヘリコプター離発着場又は待機施設 ロ　水防倉庫、防災倉庫その他水防・防災活動のために必要な施設
河川空間を活用したまちづくり又は地域づくりに資する施設	イ　遊歩道、階段、便所、休憩所、ベンチ、水飲み場、花壇等の親水施設 ロ　河川上空の通路、テラス等の施設で病院、学校、社会福祉施設、市街地開発事業関連施設等との連結又は周辺環境整備のために設置されるもの ハ　地下に設置する道路、公共駐車場 ニ　売店（周辺に商業施設が無く、地域づくりに資するものに限る。） ホ　防犯灯
河川に関する教育及び学習又は環境意識の啓発のために必要な施設	イ　河川教育・学習施設 ロ　自然観察施設 ハ　河川維持用具等倉庫
河川水面の利用の向上及び適正化に資する施設	イ　公共的な水上交通のための船着場 ロ　船舶係留施設又は船舶上下架施設（斜路を含む。） ハ　荷揚場（通路を含む。） ニ　港湾施設、漁港施設等の港湾又は漁港の関連施設
住民の生活又は事業のために設置が必要やむを得ないと認められる施設	イ　通路又は階段 ロ　いけす ハ　採草放牧地 ニ　事業場等からの排水のための施設
周辺環境に影響を与える施設で、市街地から遠隔にあり、かつ、公園等の他の利用が阻害されない河川敷地に立地する場合に、必要最小限の規模で設置が認められる施設	イ　グライダー練習場 ロ　ラジコン飛行機滑空場

図表1・3・2　兼用工作物の管理方法の公示の一般的形式

> 堤防と道路との兼用工作物の管理の方法の公示
>
> 　河川法（昭和39年法律第167号）第17条第1項の規定により、堤防と道路との兼用工作物の管理の方法について、協議が次のとおり成立した。なお、関係図面は、○○○において一般の縦覧に供する。
> 　1．河川の名称
> 　2．河川管理施設の名称又は種類
> 　3．河川管理施設の位置
> 　4．管理を行う者の名称及び所在地
> 　5．管理の内容
> 　　（1）道路専用施設の新設、改築、維持又は修繕
> 　　（2）路肩に接する法面の維持
> 　　（3）原則として道路専用施設に係る災害復旧
> 　6．管理の期間

4 河川の立体区域

　河川管理施設で下記に示すものについては、人工地盤からなる構造を有するものである場合、地域の状況を勘案し、適正かつ合理的な土地利用の確保を図るため必要があると認めるときは、河川管理施設に係る河川区域を「地下」、または「空間」について一定の範囲を定めた立体的な区域として指定することができる（河川法58条の2）。

・地下に設けられたもの
・建物その他の工作物内に設けられたもの
・洪水時の流水を貯留する空間を確保するためのもの

　なお、トンネル河川（地下河川）については、施設整備において以下の条件を満たすことが求められている。これは、地表を流下する河川に比して、越流等の余裕がないこと、緊急時（洪水時）の維持管理が困難であることによる。

・計画洪水量の130％を確保
・自然流下原則

　外郭放水路、神田川地下河川等の地下河川施設は、道路下の占用であることから、立体区域の指定は行われていない。

3.1.3 都市計画法

「都市計画」とは、都市の健全な発展と秩序ある整備を図るための土地利用、都市施設の整備および市街地開発事業に関する計画と定められている（都市計画法4条1項）。

本項は、都市計画上の主格となる道路、河川その他の政令で定める都市施設について、その地下空間の都市計画法上の取扱いの概要をまとめるものである。

1 都市施設

都市計画法では、「道路、河川その他の政令で定める都市施設については、適正かつ合理的な土地利用を図るため必要があるときは、当該都市施設の区域の地下又は空間について、当該都市施設を整備する立体的な範囲を都市計画に定めることができる」としており、「地下に当該立体的な範囲を定めるときは、併せて当該立体的な範囲からの離隔距離の最小限度及び載荷重の最大限度（当該離隔距離に応じて定めるものを含む。）を定めることができる」とされている（同法11条3項）。

この中で、「立体的な範囲を都市計画に定めることができる都市施設」として、都市計画において定められた以下に掲げる施設が定められている（同法11条2項、同施行令6条の2）。

- 道路、都市高速鉄道、駐車場、自動車ターミナルその他の交通施設
- 公園、緑地、広場、墓園その他の公共空地
- 水道、電気供給施設、ガス供給施設、下水道、汚物処理場、ごみ焼却場その他の供給施設または処理施設
- 河川、運河その他の水路
- 電気通信事業の用に供する施設
- 防火または防水の施設

なお、都市計画法では「都市計画において定められるべき」（都市計画策定前の）施設を「都市施設」とし、「都市計画において定められた」（計画策定後の）施設を「都市計画施設」として定めているが（同法4条5項・6項）、これらの指す施設は上に掲げた各施設であり、都市計画法上の計画前後のみの違いであって、構造物としては互いに同じものを指している。したがって、特にことわりのない限り、本項では「都市施設」の表記で統一する。

2 都市計画の表示

都市計画は、「総括図、計画図及び計画書によって表示する」と定められている。そこで法は、上で列挙した都市施設について、都市施設を整備する立体的な範囲が定められている場合において計画図および計画書における当該立体的な範囲の表示は、「当該区域内において建築物の建築をしようとする者が、当該建築が、当該立体的な範囲外において行われるかどうか」、また、「立体的な範囲からの離隔距離の最小限度が定められているときは当該立体的な範囲から最小限度の

離隔距離を確保しているかどうか」を容易に判断することができるものとすることを定めている（同法14条1項・3項）。

総括図・計画図は、その縮尺、枚数等が細かく定められたものとなっており、特に計画図においては、立体的な範囲について必要な図面の種類を定めている。すなわち、計画図は縮尺2,500分の1以上の平面図であって、特に都市施設を整備する立体的な範囲を都市計画に定める場合にあっては、平面図ならびに立面図および断面図のうち必要なものとされている（同施行規則9条）。

なお、総括図については都市施設を整備する立体的な範囲に関する具体的な表記はないが、都市計画について、定める事項を表示した縮尺2万5,000分の1以上の地形図とするものとしている。また図面枚数については、都市計画の種類により一葉の図面ないしできる限り一葉の図面に表示するものとしている（同施行規則9条）。

3 建築の許可

都市計画において、都道府県知事は、都市施設を整備する立体的な範囲が、都市施設を整備するうえで著しい支障を及ぼさない場合は、建築の申請に対する許可をしなければならないと定めている。ただし、都市施設のうち道路を整備する空間について定められているときは、「安全上、防火上及び衛生上支障がないもの」としている（同法54条1項・2項）。

都市計画上の最重要構造物には、「地下街」があげられる。地下街とは、公共の地下歩道（通路、コンコース等）と当該地下歩道に面して設けられる店舗や事務所とが一体になった地下施設（地下駐車場を含む）であり、公共の道路または駅前広場（建設中のものを含む）の地域に係るものとされている（昭和49年6月28日建設省都計発第58号）。

元来、公共の地下歩道・駐車場を緊急に整備する場合で、管理運営の万全と利用効率の向上にやむを得ない場合に限り、地下街の新設が認められていた。しかし、建築基準法・消防法・道路法等の法令根拠のない条文の規制や法令に上乗せする規制を含めた指導が行われてきたことと、地方分権の流れから「地下街に関する基本方針について」（昭和49年6月28日建設省都計発第60号、道政発第53号、住指発第554号）等一連の政府通達は廃止となった。したがって、現在は建築の許可については、各都道府県知事が最高権限者となっている。

地下街を含む都市計画の策定にあたっては、
① 都市計画法：公共施設（公共地下歩道、公共地下駐車場）の都市計画決定
② 道　路　法：道路部分の占用許可
③ 建築基準法：建築物および地下道部分の建築確認
④ 消　防　法：建築確認時の同意、消防用設備、防火管理等
により規制がなされており、このうち、防火について建築基準法・消防法による規制が大きい。

4 特定工作物

前項3のとおり、建築申請に対する許可は、都道府県知事の義務として法に定められており、

市街化調整区域に関係する開発行為について、法に定められた条件を満足すれば、都道府県知事は開発を許可すべきとされている。また、第二種特定工作物の建設は例外的に条件にかかわらず、開発が許可されなければならない。

ここで、特定工作物とは、周辺地域の環境の悪化をもたらすおそれがある工作物や大規模な工作物をいい、都市計画法では特定工作物を第一種と第二種に分けて指定している（同法4条11項）。

第一種をコンクリートプラント等、周辺の地域の環境の悪化をもたらすおそれがある工作物としており、コンクリートプラント以外は以下のとおりである（同施行令1条）。

・アスファルトプラント
・クラッシャープラント
・法に定める危険物の貯蔵・処理施設

一方、第二種特定工作物はゴルフコースその他大規模な工作物としており、ゴルフコース以外では、以下が示されている。

・野球場、遊園地等の運動・レジャー施設
・墓園

また、ここで、危険物の貯蔵または処理に供する工作物としては、以下があげられている（同施行令1条の3）。

・石油パイプライン事業法に規定する事業用施設に該当するもの
・港湾法に規定する保管施設、船舶役務用施設
・漁港漁場整備法に規定する補給施設
・航空法による公共の用に供する飛行場に建設される航空機給油施設
・電気事業法に規定する電気事業の用に供する電気工作物
・ガス事業法に規定するガス工作物

運動・レジャー施設および墓園については、1ha以上のものが対象となるが、ゴルフコースについては、面積に関する定めがないため、大小を問わず第二種特定工作物となる。

また、前述の満足すべき「法に定められた条件」とは、法によれば以下のいずれかに該当するときである（同法34条）。詳細は法条文を参照されたい。

① 地域住民の生活要品の販売や修理等の事業所の建築のための開発
② 市街化調整区域内に存する鉱物資源、観光資源等の有効な利用のための建築物や第一種特定工作物の建築のための開発
③ 温度や湿度などについて特別な条件が必要な事業のための建築物や第一種特定工作物で、市街化区域内では建築できないものの建築のための開発
④ 農林水産業のための建築物、第一種特定工作物の建築のための開発
⑤ 特定農山村地域法の所有権移転等促進計画に定める土地利用目的のための開発
⑥ 公共団体の助成による中小企業者同士の連携事業のための建築物や第一種特定工作物の建築を目的とする開発

⑦　市街化調整区域内での工場施設に密接に関連する事業のための建築物や第一種特定工作物で、事業活動の効率化を図るために必要なものの建築のための開発

⑧　市街化区域内では建築できない、危険物の貯蔵処理のための建築物の建築のための開発

⑨　そのほか、市街化区域内では建築できない建築物の建築のための開発

⑩　地区計画区域内において、その計画または集落地区計画に合致する建築物や第一種特定工作物の建築のための開発

⑪　市街化区域近隣の日常生活圏で、おおむね50以上の建築物が連たんしている地域の開発。ただし、予定建築物の用途が、開発区域の環境保全に支障を及ぼさないもの

⑫　開発区域の周辺の市街化を促進せず、市街化区域内において行うことが困難または著しく不適当と認められる開発行為として、政令で定める基準に従い、都道府県の条例で区域、目的または予定建築物等の用途を限り定められたもの

⑬　区域に関する都市計画が決定された際、自己の居住や業務の用に供する建築物・第一種特定工作物を建設する目的で土地に関する何らかの権利（所有権以外とされる）を有していた者が、その目的に従って当該土地に関する権利を行使すること

⑭　そのほか、都道府県知事が開発審査会の議をもって開発区域周辺の市街化を促進しないと認めたもので、市街化区域には不適切な開発

5 都市の立体活用

　以上、都市計画法について概要をみてきたが、利便性の高い都市形成のためには、本法に基づく都市計画策定にあたって立体空間を積極的に活用し、立体道路、立体鉄道、立体商業地区、中高層住宅の立体的な用途複合等とともに周辺地域の環境を勘案して、快適性と利便性を兼ね備えた立体都市形成を図るべきである。

　その理由は、平面的な都市計画では、特に踏切・交差点・建造物などによって阻害されやすい自動車や人の移動の円滑化、移動時間の短縮と移動行為の効率化など、各種の交通ネットワーク上の問題を一括に解決できる点にある。すなわち都市の立体活用により、都市計画法第1条に規定する目的である「都市の健全な発展と秩序ある整備を図り、もつて国土の均衡ある発展と公共の福祉の増進に寄与する」都市の形成が可能になり、また、都市の立体活用そのものが法第2条の基本理念「農林漁業との健全な調和を図りつつ、健康で文化的な都市生活及び機能的な都市活動を確保すべきこと並びにこのためには適正な制限のもとに土地の合理的な利用が図られるべきこと」を目指していることがわかる。

　特に交通ネットワーク問題を解決する手法としての本法の強みを生かし、道路と特定工作物である運動・レジャー施設といった建築物等による立体空間利用に関して本法を適用する例は、すでに国内で多く採用されつつある。都市計画法に基づく立体都市計画制度の概要については、本章「3.2.3　立体都市計画制度」(53頁)にまとめたので、本項とあわせて参照されたい。

3.1.4 都市公園法

「都市公園」とは、都市計画法に規定する都市計画施設である公園または緑地のうち、国や地方公共団体が設置するものをいう（都市公園法2条1項）。本稿では、都市公園について、その地下空間の取扱い概要をまとめるものである。

1 公園施設

都市公園法では、都市公園の効用を全うするために当該都市公園に設けられる施設を「公園施設」とし、以下に掲げる施設を定めている（同法2条2項）。
- 園路および広場
- 植栽、花壇、噴水その他の修景施設
- 休憩所、ベンチその他の休養施設
- ぶらんこ、すべり台、砂場その他の遊戯施設
- 野球場、陸上競技場、水泳プールその他の運動施設
- 植物園、動物園、野外劇場その他の教養施設
- 売店、駐車場、便所その他の便益施設
- 門、さく、管理事務所その他の管理施設

上記の管理施設としては、ごみ処理場、暗渠、雨水貯留施設、水質浄化施設、発電施設（環境への負荷低減に資するもので、国土交通省令で定めるものに限る）などが示されている（同施行令5条7項）。

また、上記の発電施設（環境への負荷低減に資するもので、国土交通省令で定めるものに限る）は、以下の施設をいう（同施行規則1条）。
- 風力発電施設
- 太陽電池発電施設
- 燃料電池発電施設
- 上に掲げる3つの発電施設に類するもの

なお、公園施設としては、地上あるいは地下の区分については明記されていない。

2 都市公園の占用

都市公園の占用については、公園としての機能を妨げないことを第一義とし、公園施設以外の施設はなるべく設けるべきではないという観点から、公衆の利用に著しい支障を及ぼさず、かつ、必要やむを得ないと認められる場合のみ、以下に列挙する施設について許可を与えることができるとしている（同法7条）。
- 電柱、電線、変圧塔その他これらに類するもの
- 水道管、下水道管、ガス管その他これらに類するもの

- 通路、鉄道、軌道、公共駐車場その他これらに類する施設で地下に設けられるもの
- 郵便差出箱、信書便差出箱または公衆電話所
- 非常災害に際し災害にかかった者を収容するため設けられる仮設工作物
- 競技会、集会、展示会、博覧会その他これらに類する催しのため設けられる仮設工作物
- 前各号に掲げるもののほか、政令で定める工作物その他の物件または施設

　上記に示すように、通路、鉄道、軌道、公共駐車場その他これらに類する施設については、地下に設けられるものに限定されている。さらに、政令で定められるもののうち、地下に設けられるものとして、以下が規定されている（同施行令12条）。

- 防火用貯水槽
- 国土交通省令で定める水道施設、下水道施設、河川管理施設および変電所

　なお、これらの地下占用物件の占用期間は10年間となっている（同施行令14条）。

3 都市公園の占用制限

　都市公園の地下を占用することが許可されている施設についても、以下のような制限が課せられている（同施行令16条）。

- 電線（同法7条）については、やむを得ない場合を除き、地下に設けること
- 水道管、下水道管、ガス管の本線（同法7条関連）を埋設する場合においては、その頂部と地面との距離は、原則として1.5m以下としないこと
- 水道施設、下水道施設（同施行令12条）については、その頂部と地面との距離は、原則とし1.5m以下としないこと
- 防火用貯水槽で地下に設けられるもの（同施行令12条）については、その頂部と地面との距離は、原則として1m以下としないこと
- 河川管理施設および変電所（同施行令12条）については、その頂部と地面との距離は、原則として3m以下としないこと

4 兼用工作物

　都市公園と河川、道路、下水道その他の施設または工作物（以下これらを「他の工作物」という）とが相互に効用を兼ねる場合においては、当該都市公園の公園管理者および他の工作物の管理者は、当該都市公園および他の工作物の管理については、協議して別にその管理の方法を定めることができるとされている（同法5条の2）。

　兼用工作物の事例としては、以下のようなものがある。

- 札幌市の大通公園と市道大通北線
- 最上川ふるさと総合公園と東北横断自動車道酒田線寒河江SA
- 神戸淡路鳴門自動車道舞子トンネル上の傾斜地に整備された苔谷公園

　なお、他の工作物の管理者が私人である場合においては、都市公園については、都市公園に関

5 立体都市公園

公園管理者は、都市公園の存する地域の状況を勘案し、適正かつ合理的な土地利用の促進を図るため必要があると認めるときは、都市公園の区域を空間または地下について下限を定めたもの（以下「立体的区域」という）とすることができるとされている（同法20条）。

本規定は、法第3章（立体都市公園）に規定されている。立体都市公園制度は、都市公園の整備を促進するうえで制約となっていた占用制限や私権行使の制限が都市公園の下部空間に及ばないことを可能とし、当該空間の利用の柔軟化を図ることを目的として、2004（平成16）年改正において定められた。

なお、本制度については、本章「3.2.4 立体都市公園制度」（55頁）にまとめたので、本項とあわせて参照されたい。

3.1.5 大深度地下使用法（大深度地下の公共的使用に関する特別措置法）

大深度地下使用法（以下「本特措法」という）は、本書の前編にあたる初版の出版後の2000年に成立し、2001年より施行された比較的新しい法律である。

本特措法は、第1条に法の目的として、「この法律は、公共の利益となる事業による大深度地下の使用に関し、その要件、手続等について特別の措置を講ずることにより、当該事業の円滑な遂行と大深度地下の適正かつ合理的な利用を図ることを目的とする」とうたっており、通常使用されない大深度地下において、特に都市トンネルやインフラ整備等公共的な使用を促すものである。

1 大深度地下

「大深度地下」とは、「建築物の地下室及びその建設の用に通常供されることがない」地下40mの深さ、あるいは当該地点において、「通常の建築物の基礎杭を支持することができる地盤」のうち最も浅い部分の深さに10mを加えた深さのうち、いずれか深いほうの地下を示すと定められている（大深度地下使用法2条、同施行令1条・2条3項、**図表1・3・3**）。この「通常の建築物の基礎杭を支持することができる地盤」についても政令で示されており、「建築物の基礎杭を支持することにより当該基礎杭が2,500kN/m²以上の許容支持力を有する地盤」とされている（同施行令2条1項）。

なお、大深度地下利用にあたっては、所定の手続きをとる必要がある（**図表1・3・4**）。

第3節　地下空間利用関連法制度

図表1・3・3　大深度地下のイメージ

①地下40m以深

②支持地盤上面から10m以深

（注）支持地盤：杭の許容支持力度2,500kN/m²以上を有する地盤

（出典）国土交通省ホームページ2)

図表1・3・4　大深度地下利用の手続きの流れ

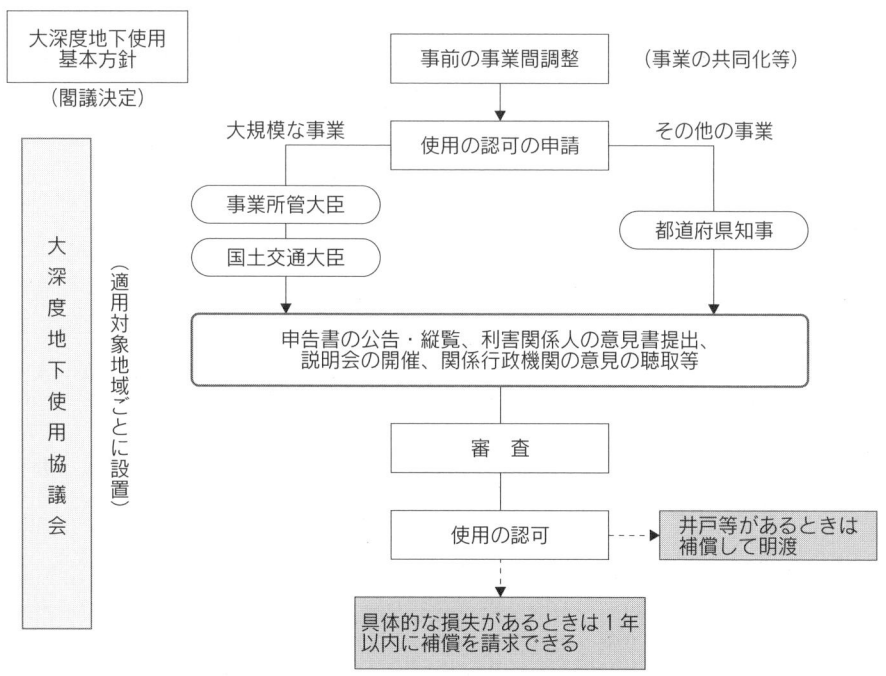

（出典）国土交通省ホームページ3)

33

2 対象とする事業

本特措法は少なくとも地下40m以深という非常に深い箇所に位置する地下空間を対象とするため、大深度地下の無秩序な開発を規制する目的で対象事業を以下の13事業に限定している（同法4条）。以下、それらを列挙する。

① 道路法による道路に関する事業
② 河川法が適用され、もしくは準用される河川またはこれらの河川に治水もしくは利水の目的をもって設置する水路、貯水池その他の施設に関する事業
③ 国、地方公共団体または土地改良区が設置する農業用道路、用水路または排水路に関する事業
④ 鉄道事業法に規定する鉄道事業者が一般の需要に応ずる鉄道事業の用に供する施設に関する事業
⑤ 独立行政法人鉄道建設・運輸施設整備支援機構が設置する鉄道または軌道の用に供する施設に関する事業
⑥ 軌道法による軌道の用に供する施設に関する事業
⑦ 電気通信事業法に規定する認定電気通信事業者が同法に規定する認定電気通信事業の用に供する施設に関する事業
⑧ 電気事業法による一般電気事業、卸電気事業または特定電気事業の用に供する電気工作物に関する事業
⑨ ガス事業法によるガス工作物に関する事業
⑩ 水道法による水道事業もしくは水道用水供給事業、工業用水道事業法による工業用水道事業または下水道法による公共下水道、流域下水道もしくは都市下水路の用に供する施設に関する事業
⑪ 独立行政法人水資源機構が設置する独立行政法人水資源機構法による水資源開発施設および愛知豊川用水施設に関する事業
⑫ 土地収用法に関する事業または都市計画法の規定による都市計画事業のうち、大深度地下を使用する必要があるものとして政令で定めるもの
⑬ 前各号に掲げる事業のために欠くことができない通路、鉄道、軌道、電線路、水路その他の施設に関する事業

なお、上記の事業に伴う大深度地下使用の認可は、その事業の規模によって国土交通大臣ないしは都道府県知事のいずれかとすることが定められている（同法11条）。

3 事前の事業間調整

前述のとおり、大深度地下空間を使用する事業は、そのほとんどが公共性の高い事業であり、必然的に1つの事業が大規模なものとなるため、他の事業への影響が大きい。そこで法では、大

深度地下の使用認可（国土交通大臣または都道府県知事が行う）の申請にあたって、事前に事業間で調整を実施することを義務付けている。

すなわち、まず事業者は、使用の認可を受けようとするときは、あらかじめ所定の事項を記載した事業概要書を作成し、当該事業を所管する大臣（事業所管大臣）ないしは都道府県知事に送付する。同時に事業者は、事業概要書を作成した旨を公告するとともに、関係事業区域内の市町村において当該事業概要書をおおむね30日間、縦覧に供するのである。この縦覧期間内に他の関係する大深度地下使用事業者、使用予定事業者から必要な調整の申し出があったときは、当該調整に努めなければならない、とされている。

一方、事業概要書を送付された事業所管大臣または都道府県知事は、事業区域が所在する対象地域に組織されている「大深度地下使用協議会」（大深度地下使用法7条によって国の行政機関等から構成される）にその写しを送付する。送付された当該協議会の構成員は、当該協議会の構成員が所管するものに対し、当該事業概要書の内容を周知させるため必要な措置を講じなければならない、と定められている（同法12条）。

4 使用の認可

事前の事業間調整が完了した後、事業者は事業区域に井戸その他の物件があるかどうかを調査し、当該物件があるときは、物件がある土地の所在および地番等を記載した所定の調書を作成する（同法13条）。同時に、この調書を含む「使用認可申請書」を作成することとなる（同法14条）。認可申請書は、以下の項目を含むものとされている。

① 事業者の名称
② 事業の種類
③ 事業区域
④ 事業により設置する施設または工作物の耐力
⑤ 使用の開始の予定時期および期間
⑥ その他、本特措法14条2項に定める添付書類（前述の調書を含む）

作成した使用認可申請書は事業規模により提出先が異なり、事業所管大臣を経由して国土交通大臣に提出する事業と、都道府県知事に提出する事業とがある。なお、事業所管大臣を経由して国土交通大臣に提出する事業では、事業所管大臣は当該使用認可申請書およびその添付書類を検討し、意見を付して、国土交通大臣に送付するものとされている（同法14条3項）。

使用認可の基準についても定められており、国土交通大臣または都道府県知事は、申請に係る事業が次に掲げる要件のすべてに該当するときは、使用の認可をすることができるとされている（同法16条）。

・事業が前述にあげたもののうちいずれかであること
・事業が対象地域における大深度地下で施行されるものであること
・事業の円滑な遂行のため大深度地下を使用する公益上の必要があるものであること

- 事業者が当該事業を遂行する十分な意思と能力を有する者であること
- 事業計画が基本方針に適合するものであること
- 事業により設置する施設または工作物が、事業区域に係る土地に通常の建築物が建築されてもその構造に支障がないものとして政令で定める耐力以上の耐力を有するものであること
- 事業の施行に伴い、事業区域にある井戸その他の物件の移転または除却が必要となるときは、その移転または除却が困難または不適当でないと認められること

以上が、本特措法の対象事業における大深度地下の使用に関する認可までの一連の流れであるが、同法に基づく国土交通省ホームページには、これらを含むより詳細な各種参考情報が掲載されている。また、今後はリニア中央新幹線や東京外かく環状道路（外環道）都内区間、淀川左岸線延伸部といった大規模なインフラ整備プロジェクトにおいて同法制度の積極的活用が期待されている。

3.1.6 その他関連法規

道路法外の道路

1 港湾法（臨港道路）

港湾法では港湾施設の1つとして「臨港交通施設」が定義されており、その詳細として下記のものがあげられている（港湾法2条5項）。

- 道路
- 駐車場
- 橋梁
- 鉄道
- 軌道
- 運河
- ヘリポート

港湾施設は、港湾区域および臨港区域に整備される施設であり、これらの施設は大規模構造となる可能性を持っている。

特に航路を横断する道路については、橋梁にあってはマスト等の建築限界をクリアーする必要があることから沈埋函等によるトンネル構造を採用するケースも多く存在している。

具体的な航路横断トンネルの代表的事例としては、以下があげられる。

- 新潟みなとトンネル：延長1,423m（うち沈埋部850m）
- 那覇臨港道路空港線：延長1,143m（うち沈埋部724m）
- 新若戸トンネル：延長1,181m（うち沈埋部557m）

<参考：港湾法2条5に規定されている港湾施設の定義（港湾法2条5項1号～8号の2）>

① 水域施設：航路、泊地および船だまり
② 外郭施設：防波堤、防砂堤、防潮堤、導流堤、水門、閘門、護岸、堤防、突堤および胸壁
③ 係留施設：岸壁、係船浮標、係船くい、桟橋、浮桟橋、物揚場および船揚場
④ <u>臨港交通施設：駐車場、橋梁、鉄道、軌道、運河およびヘリポート</u>
⑤ 航行補助施設：航路標識ならびに船舶の入出港のための信号施設、照明施設および港務通信施設
⑥ 荷さばき施設：固定式荷役機械、軌道走行式荷役機械、荷さばき地および上屋
⑦ 旅客施設：旅客乗降用固定施設、手荷物取扱所、待合所および宿泊所
⑧ 保管施設：倉庫、野積場、貯木場、貯炭場、危険物置場および貯油施設
⑧−2 船舶役務用施設：船舶のための給水施設、給油施設および給炭施設（13号に掲げる施設を除く）、船舶修理施設ならびに船舶保管施設
（以下9～14号省略）

2 道路運送法（一般自動車道）

　道路運送法では、自動車道事業を行うための免許と免許を受けた者（自動車道事業者）が建設する自動車道として、「専用自動車道」と「一般自動車道」が定義されている。これらはいずれも自動車専用道路であり（同法2条8項）、もっぱら自動車の交通の用に供することを目的として設けられた道路で道路法による道路以外のものとして定められ、料金等の支払いにより誰もが通行できる「一般自動車道」とバス会社等が自社の車両専用に設置した「専用自動車道」とに分類されるが、東京高速道路のように道路利用者から料金を徴収していないものも含まれている。

　道路法には基づかないが、道路交通法、道路運送車両法の適用を受ける点において、排他的な「私道」とは異なり、一般自動車道は、その幅員、勾配、曲線、見通し距離、通信設備その他の構造および設備について国土交通省令で定める技術上の基準を満たすことが必要である。

　また、一般自動車道は、交通量が少ないか特別な事由がない限り道路、鉄道または軌道と平面交差をすることができない（同法51条）と定められており、立体交差の方法としてトンネル構造が用いられることもある。

　一般自動車道はこれを廃止することもでき、地方公共団体等がこれを譲渡され市町村道として認定されると「道路法」に基づく道路に変更されることになっており、過去には、一般自動車道事業として有料道路営業を行っていた道路が譲渡により無料開放された事例は「筑波スカイライン」「戸隠バードライン」など多くある。

　また、箱根ターンパイク（現 TOYO TIRES ターンパイク）は、2004年3月にオーストラリアの投資会社・マッコーリー銀行グループが主体となるインフラストラクチャー・ファンドが設立した箱根ターンパイク株式会社に営業譲渡され運営が移管されている。

　諸外国ではこのような社会インフラを買収し、ファンドとして組成し資産運用に供する例が多く存在するが、日本では初の事例である。道路事業に関わるPFI、PPPの側面を持つ事例として

興味深いものと考えられる。

なお、一般自動車道のトンネル構造については、一般自動車道構造設備規則により建築限界が定められており、道路構造令と大きくは変わらないことから、トンネル内空断面もほぼ同一のものが用いられている。

③ 土地改良法（農業用道路）

土地改良法では、土地改良事業として「農業用道路」の整備が記述されている（同法2条2項の1）。これに基づき、下記に示すような制度等に基づく農道整備が進められてきている。

- 農 免 農 道：農林漁業用揮発油税財源身替農道整備事業による農業用道路
- 広 域 農 道：広域営農団地農道整備事業による農業用道路
- 一 般 農 道：一般農道整備事業による農業用道路
- 田園交流基盤整備事業（都市との交流等のアクセス道路の整備）
- ふるさと農道：ふるさと農道緊急整備事業

これら農業用道路の整備目的は**図表1・3・5**に示すものとされており、直接的な地下空間利用に向けての契機付けは存在していないと判断される。

図表1・3・5　農道整備による効果

整備の目的	効　果	
産地から市場までの農産物の輸送時間を短縮し、新鮮な農産物を消費者に届ける。	ほ場の整備と連携し、経営規模の拡大、生産コストの低減を実現する。	農村の交通条件を改善し、地域の活性化に貢献する。
農産物流通の合理化 　（輸送時間・距離の低減） 　（輸送手段の大型化） 農産物の品質向上	農作業の機械化 ほ場内作業の能率向上 農産物の商品化率向上	通勤、通学など交通の利便性向上 救急、消防などの暮らしの安全性向上

（出典）農林水産省ホームページ4)

なお、農道整備事業は見直しの対象となり、2010年以降は新規箇所の着手は見送られることとなり、今後は新たに制度化された交付金等により整備が続けられることとなっている。

④ 森林・林業基本法、森林法（林道）

森林・林業基本法（12条）および森林法（4条、同条2項の4）において、計画的に林道整備を行うことが定められている。従林産業の発展、森林整備・保全を目的に整備されるものであるが、山林地域間を結ぶ経路として、下記に示す道路整備が進められてきている。

- 高規格林道：一般に大規模林道と呼ばれるものであり、一林業圏域において、林道網の中核として位置付けられた大規模な林道のことをいう。大型観光バスも走行可能な

山岳ハイウェイ（観光道路）を目指したものともなっている。
- 特定森林地域開発林道：一般にスーパー林道と呼ばれるものであり、幅員は二車線(4.6〜5.0m程度)であり、林業のほか観光客誘致など、地元からは地域振興の期待をこめて建設が進められたものとなっている。
- ふるさと林道：過疎が進む山間地を連絡するために林道を建設または既存の林道を改修するもの。二車線区間や、トンネルや橋梁が多く存在する。性格的には市町村道の肩代わり的な役割を担っている。
- 森林基幹道（広域基幹林道）：広域な林産業の発展を目指すものであり、おおむね1,000ha区域、道路延長7km以上を基本とし整備されるものである。

これら林道は、基本的には森林の保護・育成、林産業の発展維持を目的とするものであり、山裾に沿い整備されることから、直接的な地下空間利用には結びつかないものと考えられる。

5 水道法、下水道法

上下水道における地下空間の利用として考えられるのは、管路、貯水・分水施設、処理場などである。これらは道路など公共用地や区分地上権設定された民地の地下に建設されるものがほとんどであり、その施工法としては、管路では山岳トンネル、シールド、推進などのトンネル工法とともに浅部においては、開削工法も多く用いられる。

貯水・分水施設は開削工法によるものが多いが、上水道施設として山岳トンネル工法により地下に貯水タンクを設置した事例や雨水施設において貯留管を路下にシールドで設置したものもある。浄水場、処理場は大規模施設となるため専用用地を確保し、貯水施設を地下または半地下で設置して主要施設は地上施設として設置することが多いが、まれにこれらの施設も含めて地下式として設置する事例がある。

貯水上下水道に係る法律のもっとも基本となるのが、水道法および下水道法である。水道法では、水道事業の認可から専用水道に至るすべての水道についての基本事項が定められている。実際の施設基準としては、「水道施設の技術的基準を定める省令」があり、構造物として保有すべき耐力等について基準化されている。

上下水道の事業の進め方は**図表1・3・6**のとおりである。水道法、下水道法は事業認可に係る手順が主体であり、設置段階ではまず都市計画法を参照し、

図表1・3・6　水道（下水道）事業の進め方

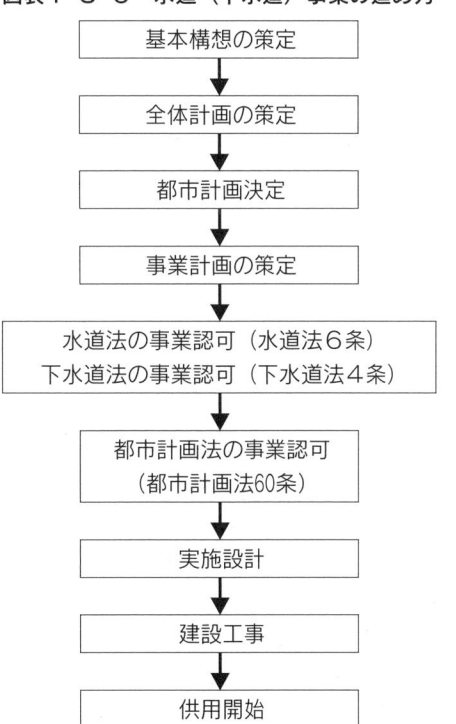

```
基本構想の策定
   ↓
全体計画の策定
   ↓
都市計画決定
   ↓
事業計画の策定
   ↓
水道法の事業認可（水道法6条）
下水道法の事業認可（下水道法4条）
   ↓
都市計画法の事業認可
（都市計画法60条）
   ↓
実施設計
   ↓
建設工事
   ↓
供用開始
```

施設の設計にあたっては技術的基準の省令などを参照する必要がある。

さらに、管路や諸施設を路下に計画する場合には、道路占用について道路法32条に基づき、道路管理者の許可を受けなければ道路下に施設・管路を設置することはできない。また、河川用地では河川占用が必要であり、河川敷であれば河川法24条、河川保全区域であれば同55条の申請が必要となる。なお、上下水道については、道路占用の特例（道路法36条）として占用を許可することが義務化されている。

民地においては、上下水道施設は比較的浅部に設置されることが多いため用地取得や区分地上権の設定が必要であるが、大深度地下使用法を適用することにより用地取得を行わずにこれを実施する事例があり、その場合は、同法に基づく手続きが必要となる。

また、まれに山間地などにおいて鉱業法に基づく鉱区が設定されていることがあり、これは排他的な権限（鉱業権：鉱業法12条）であり、鉱業権の保有者との調整が必要である。

6 共同溝の整備等に関する特別措置法、電線共同溝整備等に関する特別措置法

共同溝の整備等に関する特別措置法は、「特定の道路について、路面の掘削を伴う地下の占用の制限と相まって共同溝の整備を行うことにより、道路の構造の保全と円滑な道路交通の確保を図ること」をその目的としている。電線共同溝整備に関する特別措置法では、「特定の道路について、電線共同溝の整備等を行うことにより、当該道路の保全を図りつつ、安全かつ円滑な交通の確保と景観の整備を図ること」を目的としており、両施設の設置目的は円滑な道路交通を確保する点では共通であるが、景観などにおける配慮が異なっている。

いずれも基本構想、全体構想に基づき、共同溝を整備する道路あるいは電線共同溝を整備する道路を指定することとなるが、共同溝においては、国土交通大臣が「交通が輻輳している道路又は著しく輻輳することが予想される道路で、路面の掘削を伴う道路の占用に関する工事が頻繁に行われることにより道路の構造の保全上及び道路交通上著しい支障を生じるおそれがあると認められるものを共同溝を設置すべき道路（以下「共同溝整備道路」という）として指定することができる」（共同溝の整備等に関する特別措置法3条）としている。電線共同溝では、道路管理者が「道路の構造及び交通の状況、沿道の土地利用の状況等を勘案して、その安全かつ円滑な交通の確保と景観の整備を図るため、電線をその地下に埋設し、その地上における電線及びこれを支持する電柱の撤去又は設置の制限をすることが特に必要であると認められる道路又は道路の部分について、区間を定めて、電線共同溝を設置すべき道路として指定することができる」（電線共同溝の整備等に関する特別措置法3条）と異なっている。**図表1・3・7**には共同溝事業の進め方を示す。

共同溝整備道路として指定されると、道路管理者は当該道路の車道の地下の占用に関し、特別な場合を除き道路法32条1項・3項の規定による許可、同35条の規定による協議に応じてはならないこととなる。

道路管理者は、共同溝を建設しようとするときは、共同溝の占用予定者およびその占用部分および公益物件の敷設計画、費用負担に関する事項などを含めた共同溝整備計画を作成しなければ

ならない（共同溝の整備等に関する特別措置法6条）と定めている。

ここで占用予定者とは、公益事業者であり占用の申請（同法12条）を行った者で、その者の敷設計画書に係る公益物件を共同溝に収容することが当該共同溝の規模および構造上相当であると認められるものでなければならないとされている。

電線共同溝の場合は、電線共同溝の建設完了後における当該電線共同溝の占用を希望する者は、国土交通省令に定めるところにより、道路管理者に当該電線共同溝の建設完了後の占用の許可を申請することができるとしており、公益性は明示されていない。

図表1・3・7　共同溝事業の進め方

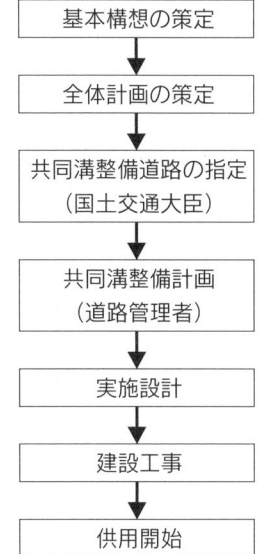

```
基本構想の策定
    ↓
全体計画の策定
    ↓
共同溝整備道路の指定
（国土交通大臣）
    ↓
共同溝整備計画
（道路管理者）
    ↓
実施設計
    ↓
建設工事
    ↓
供用開始
```

7 都市再開発法、都市再生特別措置法

都市再開発法は、市街地の計画的な再開発に関し必要な事項を定めることにより、都市における土地の合理的かつ健全な高度利用と都市機能の更新とを図り、もって公共の福祉に寄与することを目的としており、1969（昭和44）年に制定された法律である。それまでの市街地改造事業や防災建築街区造成法が大規模な面的整備に対して不十分な面があったのを、総合的な再開発を行えるように改めたもので、権利処理の方法として「等価交換による権利変換」を取り入れたことにより再開発事業が円滑に実施されることとなった。

本法律により、都市計画において土地の高度利用など、土地所有者等による計画的な再開発の実施が適切であると認められる「市街地再開発促進区域」を定めることができ、この区域内の土地所有者等は、速やかに第一種市街地再開発事業等の再開発を施行するように努めなければならないこととされる。この事業の施行者には、個人、組合、再開発会社、地方公共団体、独立行政法人都市再生機構がなることができ、本法律と制度を活用した市街地再開発事業は2011年現在で780事業以上あり、現在では本制度により再開発したビルなどの老朽化に伴う再整備の必要性が議論されている。

都市計画法12条の4第1項1号に掲げる地区計画の区域における第一種市街地再開発事業では、事業計画において、施設建築敷地の上の空間または地下に道路を設置し、または道路が存在するように定めることができるとしており、立体道路制度の根拠の1つとなっている。また、新都市基盤整備法（1972（昭和47）年制定）において「新都市基盤整備事業」では、施行区域を良好な環境の都市とするために必要な道路、鉄道、公園、下水道その他の公共の用に供する施設を土地整理により実施することができるとしている。

都市再開発法の活用による地下空間の開発事例としては、東京都が第二種市街地再開発事業と

して実施している「環状第二号線新橋・虎ノ門地区」や首都高大橋ジャンクション、各地の地下駐車場などがあげられる。

都市再生特別措置法は、急速な情報化、都市化などに都市機能が対応しきれていないことから、都市機能の高度化を意図して2002（平成14）年に制定された法律であり、内閣総理大臣を都市再生本部長として、都市再生緊急整備地域あるいは特定都市再生緊急整備地域を定め、交付金などの措置を用いて国民経済の健全な発展および国民生活の向上に寄与することを目的としている。

都市再生特別地区に関する都市計画では、特定都市再生緊急整備地域内において都市の国際競争力の強化を図るため、都市計画施設である道路の上空または路面下において建築物等の建築または建設を行うことが適切であると認められるときは、道路区域のうち建築物等の敷地として利用すべき区域を重複利用区域として定めることができるとしており、道路空間のオープン化などの施策の根拠となっている。

8 補助金、交付金

都市再生特別措置法では、市町村はまちづくりの目標やその達成のために必要な事業等を定めた都市再生整備計画を作成することができ、この費用に充てるため国は自治体に交付金を交付することができるとされている。

このほかにも様々な事業に対して補助金・交付金が充てられてきたが、それら国土交通省所管の地方公共団体向け個別補助金等を1つの交付金に一括し、地方公共団体にとって自由度が高く、創意工夫が生かせる総合的な交付金とし2010（平成22）年度に創設されたものが、社会資本整備総合交付金（**図表1・3・8**）であり、この交付金のポイントは以下である。

・地域が抱える政策課題を自ら抽出して、整備計画で明確化
・地域が設定した具体的な政策課題の解決のため、ハード・ソフトの両面からトータル支援
・地方公共団体の自由度を高め、使い勝手を向上

これまでは個別施設に対する補助採択であったため、補助金の流用などはできなかったが、本交付金では、計画全体をパッケージで採択するため、基幹ハード事業と一体的に行う他種の事業（関連社会資本整備事業）を自由に選択することができるほか、促進事業としてのソフト事業にも活用が可能となった。

この交付金を受けるためには、社会資本総合整備計画書を作成し、国の事前審査を受ける必要があり、アウトカム指標により事後評価を行う必要があるが、地下空間関連事業制度のように様々な法と制度の連携により事業を成立させているような場合には、個別施設において申請、事後の返越・繰越の手続きを行う必要がなく、関連事業への流用により事業の促進と効率化を促す効果が期待されている。

整備計画は、基幹事業と関連社会資本整備事業からなる「住宅・社会資本の整備」とソフト事業を含む「効果促進事業」から構成される。基幹事業とは政策目標達成のために実施する基幹的な事業であり、下記項目とされている。

第3節　地下空間利用関連法制度

図表1・3・8　社会資本整備総合交付金の概要

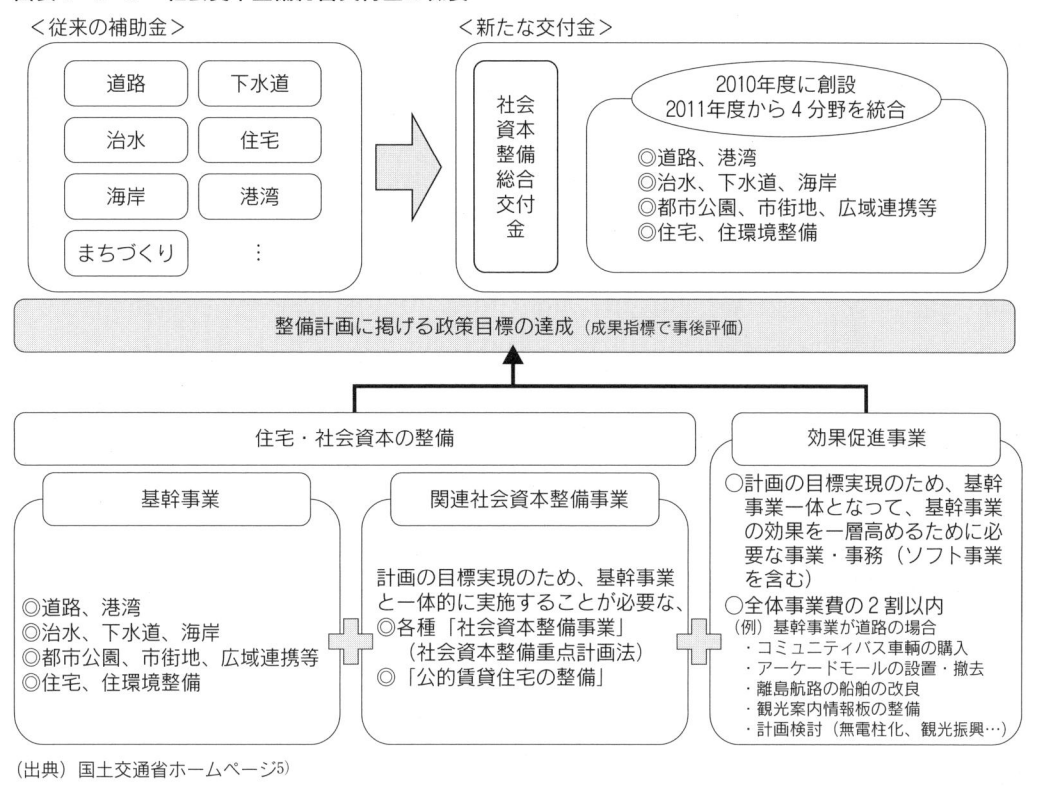

＜従来の補助金＞

- 道路
- 下水道
- 治水
- 住宅
- 海岸
- 港湾
- まちづくり
- …

↓

＜新たな交付金＞

社会資本整備総合交付金

2010年度に創設
2011年度から4分野を統合
◎道路、港湾
◎治水、下水道、海岸
◎都市公園、市街地、広域連携等
◎住宅、住環境整備

整備計画に掲げる政策目標の達成（成果指標で事後評価）

住宅・社会資本の整備

基幹事業
◎道路、港湾
◎治水、下水道、海岸
◎都市公園、市街地、広域連携等
◎住宅、住環境整備

＋

関連社会資本整備事業
計画の目標実現のため、基幹事業と一体的に実施することが必要な、
◎各種「社会資本整備事業」（社会資本整備重点計画法）
◎「公的賃貸住宅の整備」

＋

効果促進事業
○計画の目標実現のため、基幹事業一体となって、基幹事業の効果を一層高めるために必要な事業・事務（ソフト事業を含む）
○全体事業費の2割以内
（例）基幹事業が道路の場合
・コミュニティバス車輛の購入
・アーケードモールの設置・撤去
・離島航路の船舶の改良
・観光案内情報板の整備
・計画検討（無電柱化、観光振興…）

（出典）国土交通省ホームページ5)

① 道路
② 港湾
③ 河川
④ 砂防
⑤ 地すべり対策
⑥ 急傾斜地崩壊対策
⑦ 下水道
⑧ その他総合的な治水
⑨ 海岸
⑩ 都市再生整備計画
⑪ 広域連携
⑫ 都市公園等
⑬ 市街地整備
⑭ 都市水環境整備
⑮ 地域住宅計画
⑯ 住環境整備

また、これらを政策目標の達成のため計画的に実施すべき事業ごとに、社会資本総合整備計画として作成し、申請を行うこととされている。

3.2 地下空間利用関連事業制度

　道路、河川等の社会インフラの用地（公共用地）は、公共性、公益性の観点からその上空、地下での私権の行使は厳しく制限されている（占用制度）。また公共資産保持の観点から、その用地を所有し、強い第三者抵抗力を有する権原（物権：所有権）を持つことが求められている。

　しかし、過密化した都市部での空間の有効利用、高騰する用地収用価格への対応、事業の早期実現等を目的に公共用地について上下の範囲を定めたもの（立体的区域）とすることができる法制度が整備されてきた。これにより、民間用地の中に区分地上権等の形で立体的区域を定め公共施設の整備を進めることができるようになった。

　また、一般的な利用が想定されない大深度での土地の使用を可能とする大深度地下使用法（本節3.1.5：32頁参照）も整備された。本項においては、地下空間利用の観点からこれら法制度の概要をまとめる。

3.2.1　立体道路制度[6]〜[9]

1　概要

　立体道路制度（以下「本制度」という）は、道路の区域を立体的に限定することなどにより、道路施設として必要な空間を除いて私権制限、占有許可などの規定の適用を除外とし、道路の上下空間に建物を一体的に建築して、市街地環境に配慮した整備を行うことを目的に制定された制度である（図表1・3・9）。

図表1・3・9　立体道路制度の枠組みとイメージ

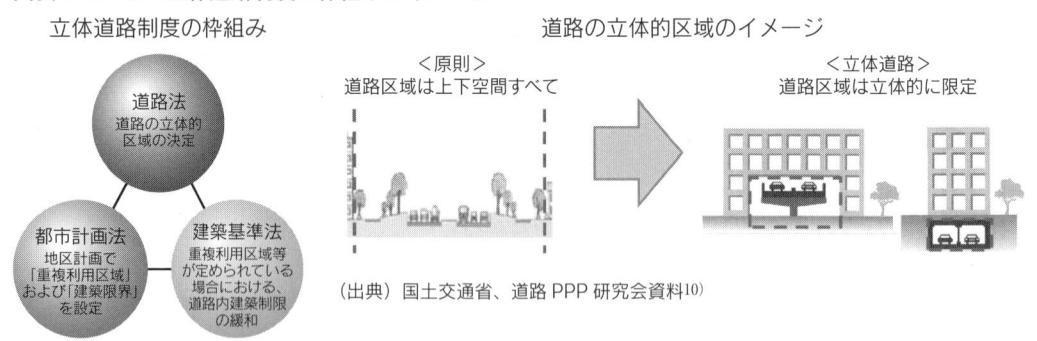

（出典）財団法人道路環境・道路空間研究所ホームページ[9]

（出典）国土交通省、道路PPP研究会資料[10]

　本制度については、建設事務次官通知および建設省都市局長、道路局長、住宅局長通知「道路法等の一部を改正する法律等の施行について」（平成元年12月20日建設省道政発第82号および平成元年12月20日建設省都計発第117号、建設省都再発第103号、建設省道政発第84号、建設省住街発第154号）

においてこの取扱いを定め、地方自治法（昭和22年法律第67号）245条の４第１項の規定に基づく技術的な助言として通知している。

立体道路制度を構成する法令は以下のとおりである。

① 道路法（道路法47条の６）

道路の新設または改築を行う場合において、道路の区域を空間または地下について上下の範囲を定めたものとすることができる。

② 都市計画法（都市計画法12条の11）

道路（自動車のみの交通の用に供するものおよび自動車の沿道への出入りができない高架その他の構造のものに限る）とあわせて建築物等の整備を一体的に行うことが適切であると認められるときは、道路の区域のうち、建築物の敷地としてあわせて利用すべき区域を定めることができる。

③ 建築基準法（建築基準法44条）

地区計画の区域内の自動車のみの交通の用に供する道路または特定高架道路等の上空ならびに路面下に設ける建築物について、道路内の建築制限の適用を除外することができる。

２ 内容

本制度の対象となる道路、立体区域の範囲ならびに道路内建築制限については、以下のように規定あるいは制限緩和が定められている。

① 対象となる道路

対象となる道路は、新設または改築する道路で、次のようなものである。

・自動車専用道路や特定高架道路※
・歩行者専用道路や自転車専用道路（駅舎等の自由通路を含む）
・路外駐車場やモノレール

なお、上記の道路でも、すでに供用されている既設道路の場合や一般道路（駅前広場を含む）では適用できない。

※ 高架の道路その他の道路等、自動車の沿道への出入りができない構造のもので、以下のような基準が定められている（建築基準法施行令144条の５）。

・路面と隣地の地表面との高低差が50cm以上であること
・路面と隣地の地表面との高低差がある区間で延長300m以上のものの内にあり、かつ、その延長が100m以上であること
・路面と隣地の地表面との高低差が５ｍ以上の区間を有すること

② 道路の立体範囲

一般に、道路区域は道路の上下空間の全域にわたって定められるが、「道路の新設または改築を行う場合」において、「適正かつ合理的な土地利用の促進を図るため必要があると認めるとき」は、道路管理者は道路区域を立体的に限定することができる（道路法47条の５）。

第1章　社会背景と法制度

立体的区域を定めた道路の敷地に関する権原は、原則として区分地上権となる。これに伴い、土地の所有者は道路の立体的区域以外の空間については、道路に支障がない限り、自由に私権を行使することが可能となる。

③　道路内建築制限

道路の上下空間には原則として建物は建築できない（道路内建築制限と呼ぶ）こととされているが、本制度を適用する場合、一定の手続きを経てそれが可能となる。なお、自動車駐車場・モノレール道等は建築基準法上の道路と解釈されないので、これらの施設の上部等に建築される建築物は道路内建築制限の対象外となっている。また、トンネルとみなされた道路の上空や、高架構造の道路の路面下の場合などは、従来から道路内建築制限の対象外で、道路の種別は特に限定されていない。

3 特徴

本制度は、道路として利用する空間と、建物として利用する空間を互いに調整し、両者の共存を認める制度であり、道路法、都市計画法、都市再開発法、建築基準法を一部改正し、道路と建築物等の一体的整備を可能とした新たな整備手法である。

本制度適用のメリットを以下に示す。

①　従前居住者の継続的な居住

工事期間を除き、従前の場所における居住や営業が可能となる。

②　道路整備とあわせたまちづくりの展開

道路として必要な空間以外は他の用途に利用できるため、地域分断を解消し土地を有効に活用して周辺のまちづくりを進めることができる（**図表1・3・10**）。

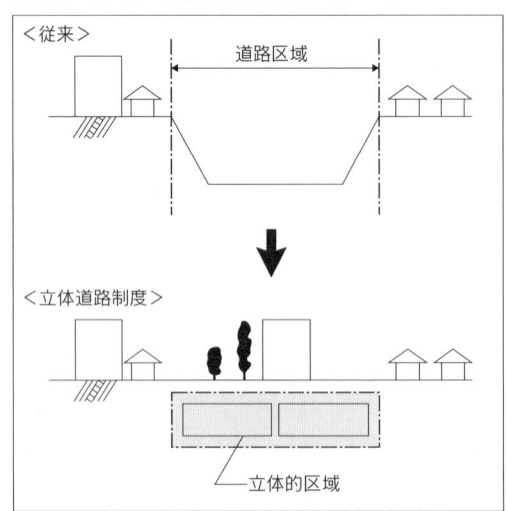

図表1・3・10　地域分断の解消イメージ

（出典）財団法人道路空間高度化機構『立体道路事例集』
　　　　2000.8

③ 敷地への影響の軽減

敷地が接道しなくなったり、敷地面積の減少で容積率が減じたりすることなく、従前と同様の建築物が建築可能となる。

④ その他

道路事業者にとっても、道路として利用する空間のみの権原を取得することで道路整備が可能となるため、道路用地取得費の削減や事業の円滑な展開につながる。

本制度の適用により、道路と建築物が一体的な組合せによって整備される場合のイメージを図表1・3・11に示す。

図表1・3・11 道路と建築物の一体整備イメージ

道路と産業施設との立体利用　　　　　　　道路と住宅との立体利用

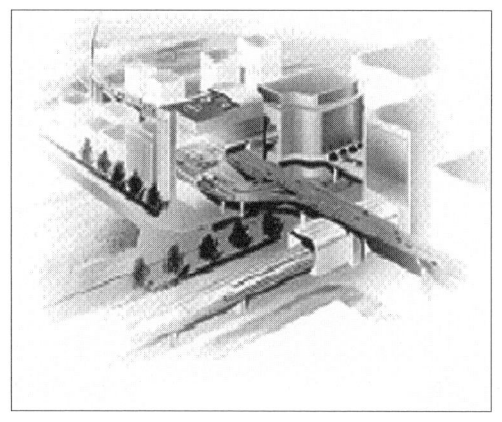

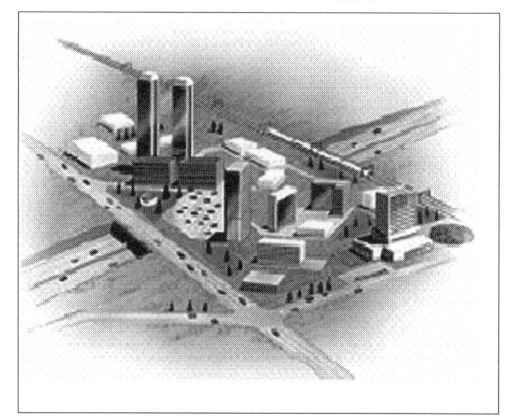

（出典）財団法人道路空間高度化機構『立体道路事例集』2000.8

道路と建築物の位置関係の代表的なパターンは、**図表1・3・12**のようなものがある。

図表1・3・12　道路と建築物の組合せイメージ

構造形式		概念図	構造形式		概念図
高架道路	一体構造		SA・PA	一体構造	
	分離構造		モノレール	一体構造	
地下道路	分離構造	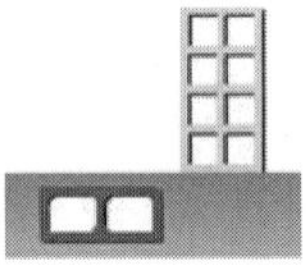	駐車場	一体構造	

(出典) 財団法人道路環境・道路空間研究所ホームページ[9]

4 制定の背景・経緯

　1980年代後半になると、大都市地域を中心として道路渋滞が激化する中で道路改善ニーズが高まった。道路事業進捗を図ることが急務になる中で、幹線道路の整備は用地費の高騰や代替地の取得難により道路用地の取得が困難なために整備が進捗しない状況であった。
　そこで、市街地の幹線道路の整備とあわせ、良好な市街地環境を維持しつつ適正かつ合理的な土地利用を促進するため、その周辺地域を含めて一体的かつ総合的な整備を行うといった社会的要請のもと、道路と建築物等とを一体的に整備する必要性が高まったため、1989（平成元）年に立体道路制度が制定された。

5 適用にあたっての留意点[9]

　「立体道路制度の一般道路への適用」（国土交通省都市・地域整備局、道路局、住宅局　平成17年11月11日）において、立体道路制度おける課題として以下をあげている。
　① 　ペデストリアンデッキ、自由通路やスカイウォークのような高架の歩行者専用路については、街並みの連続性、にぎわいの創出、駅周辺等におけるバリアフリー化といった観点からも、建築物との立体的利用を推進し、その整備を進めていくこと必要である。このため、都市における土地の高度利用等を図るための道路空間と建築物の立体的利用の推進方策につい

て、早急に検討を行う必要がある。
② 一般道路は、それが開放空間として確保されていることを前提に、建築物に対する建築規制を行っており、これらの総体として避難の安全、日照、採光、通風の確保等といった市街地環境の形成がなされている。自動車専用道路等は、一般道路と異なり市街地環境の形成に必要な道路としてないことから、立体道路制度の適用を行っているものであり、一般道路に立体道路制度を適用することは、都市計画の手続きとは関係なく不適当である。
③ 立体道路制度を新設道路に限定しているのは、建築物等との一体的な整備によって、新たな道路の整備が円滑に行われるという意義に着目しているためである。既存道路は、上空が開放空間として確保されていることを前提に、建築物に対する建築規制が行われており、既存道路の上部空間に建築物を設置した場合、道路の上空が開放空間であるという前提で建築された沿道の既存建築物等に対し、道路上空の空間が制限されてしまうことにより、これらの建築物が期待していた日照、採光、通風等を確保することができず、市街地環境の悪化をもたらすこととなる。また、既存道路の上部空間が塞がれることにより、利用者の安全上の問題（排ガス、交通事故等発生時の避難等）や管理費の増大（道路照明、防災設備等）が生ずるほか、道路について将来の改築への制約を招くこととなり、好ましくない。さらに、建築物の建設期間中は、道路の通行止めや車線規制に伴う交通渋滞が発生し、安全かつ円滑な交通の確保に支障をきたすおそれがある。
④ 既存道路の路面下の地下空間については、市街地環境の悪化、利用者の安全上の問題などが生ずるおそれは相対的に小さいが、電気、ガス、水道等のライフラインや地下鉄等の公共交通の収容空間として広く利用されていることや、将来、改築時の制約となり得ることから、占用制度の中で調整を図ることが適当である。

なお、このうち、①については、「立体道路制度の歩専道への適用」（国都計第2-2号、国道政第4号、国住街第14号、平成17年4月8日）において、立体的利用を推進することが示されている。また、国土交通省においては、「道路空間オープン化に関する提案募集」（提案募集期間：2010年6月25日〜7月31日）等、道路空間の有効利用に関する検討が進められている。

6 適用事例

本制度が初めて適用された事例が「デュプレ西大和」事業である。これは、都市基盤整備公団の西大和団地において、敷地内を通過する東京外環自動車道の上に賃貸住宅を建設したものである。事業自体は、昭和50年代から計画されていたが、本制度制定に伴い、適用・推進された。

その他の適用事例を以下に列挙する。
・関西国際空港線りんくうタウン
・阪神高速湊町南出路（OCAT）
・阪神高速梅田出路
・首都高速大橋JCT

・阪神高速泉大津 PA
・神戸市長田北町駐車場
・北九州都市モノレール

3.2.2 河川立体区域制度

1 概要

　河川立体区域制度（以下「本制度」という）は、地下河川や建物内に設けられた調節池等河川区域を、地下または空間について一定の範囲を定めた立体的な区域として指定することにより、適正かつ合理的な土地利用を確保しつつ河川の整備および河川管理の適正化を図るために制定された制度である。

　1995（平成7）年の河川法改正により、河川法第2章の2に河川立体区域が位置付けられた。

2 内容

　本制度の内容を以下に示す。

① 河川法に基づく規制の及ぶ土地の区域である河川区域の上下の範囲を立体的に限定する規制緩和を行って、区域外の地下または空間の利用を基本的に自由にすることができる。

② 地下型、建物一体型、ピロティ型の3つの類型の河川管理施設を立体的な区域として指定できる（**図表1・3・13、1・3・14**）。

図表1・3・13　地下に設けられた河川管理施設のイメージ

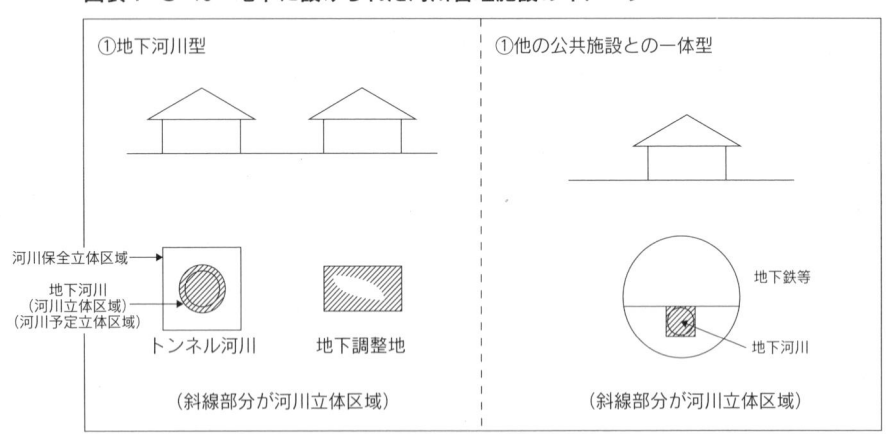

（出典）国土交通省関東地方整備局ホームページ11）

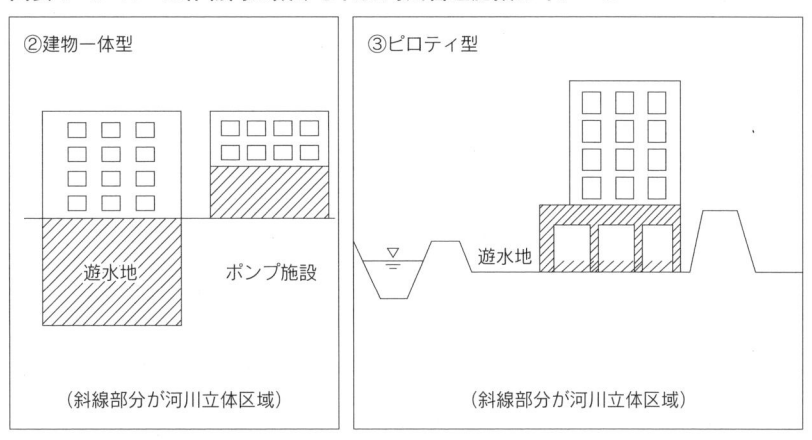

図表1・3・14　工作物内に設けられた河川管理施設のイメージ

②建物一体型　　　　　　　　　　　　③ピロティ型

（斜線部分が河川立体区域）　　　　　（斜線部分が河川立体区域）

（出典）国土交通省関東地方整備局ホームページ11）

3 特徴

本制度の特徴を以下に示す。

① 河川立体区域は河川法上その法的性格は従来の河川区域そのものであり、指定された地下または空間については同法26条の工作物の新築の許可等の河川区域内における規制の適用がある。

② 河川立体区域の指定は新設される河川管理施設のみでなく、既存の河川管理施設についても行うことができる。既存の河川管理施設について河川立体区域の指定を行った場合は、これまで河川管理施設の敷地である土地の上下空間すべてに及んでいた河川区域が、上下空間をカットされた形で縮小することになる。

③ 河川管理者が、河川立体区域を指定、変更または廃止するときは公示が必要であり、河川法施行規則33条の2に基づき、次に掲げる方法の一以上により当該河川立体区域を明示して公示することとなる。
・市町村、大字、字、小字および地番ならびに標高
・一定の地物、施設または工作物
・平面図、縦断面図および横断面図

④ 河川管理者は、河川立体区域を指定する河川管理施設を保全するため必要があると認めるときは、当該河川立体区域に接する一定の範囲の地下または空間を河川保全立体区域として指定することができる。

⑤ 河川管理者は河川工事を施行するために必要があると認められるときは、河川工事の施行により新たに河川立体区域として指定すべき地下または空間を河川予定立体区域として指定することができる。

4 制定の背景・経緯

　流域の開発が進み、都市化の進展が著しい河川では、氾濫域への人口・資産の集中、流域の持つ保水・遊水機能の低下、河川への流出量の増大などによって、水害に対するダメージを受けやすい状態になっている。

　こうした地域では、河道拡幅などの河川改修やダム建設による治水対策とあわせて、放水路、調節池といった施設を緊急に整備することが求められている。さらに、快適な生活環境の形成に向けて、水質汚濁対策などを進めるためには、浄化用水の導水路等の整備も課題となっている。

　一方、こうした地域では土地利用が稠密化しており、権利関係も複雑であることから、用地の取得が難航し事業化が進展しない状況にあったため、本制度が制定された。

5 適用にあたっての留意点

　適用にあたっては、河川という自然を相手として科学・技術的、社会的および財政的諸制約の中で一定の限界を持たざるを得ず、たとえば流域全体の中での総合的な治水対策、節水対策の実施等、地域の協力を得ながら諸施策を実施することが不可欠となっている。

6 適用事例

　本制度の適用事例として、綾瀬川・芝川等浄化導水事業がある。これは、埼玉県を流れる綾瀬川と芝川の水質浄化のため、埼玉高速鉄道（地下鉄）の建設にあわせて浄化導水管を敷設し、荒川から綾瀬川等の上流に浄化導水（0.12m^3/s）を流入するものである。

　浄化導水管はトンネルの上部を地下鉄、下部を河川の導水路として利用している（**図表1・3・15**）。本導水は2003年7月に供用開始されている。

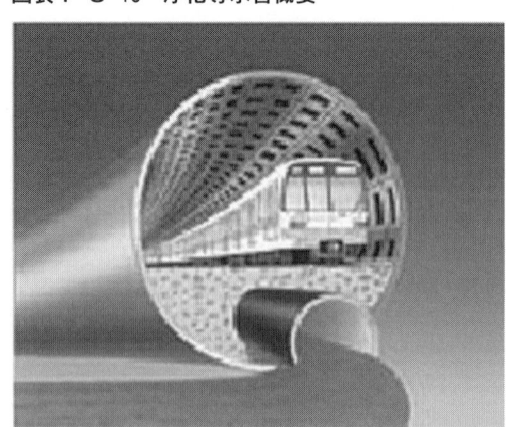

図表1・3・15　浄化導水管概要

（出典）国土交通省関東地方整備局　荒川下流事務所ホームページ12）

3.2.3 立体都市計画制度

1 概要

立体都市計画制度（以下「本制度」という）は、道路、河川その他の政令で定める都市施設について、当該都市施設を整備する立体的な範囲を都市計画に定めることができることとしている。この場合、地下に当該立体的な範囲を定めるときは、当該立体的な範囲からの離隔距離の最小限度および載荷重の最大限度を定めることができるとして、適正かつ合理的な土地利用を図るものである（都市計画法11条3項）。

2 内容

本制度では、「都市施設を整備する立体的な範囲」が地下に定められ、あわせて「離隔距離の最小限度および載荷重の最大限度」が定められた場合は、都市計画法53条に基づく建築許可を不要としている。

一方、「都市施設を整備する立体的な範囲」が定められているが、「離隔距離の最小限度および載荷重の最大限度」が定められていない場合は、当該立体的な範囲外において行われ、かつ当該都市計画施設を整備するうえで著しい支障を及ぼすおそれがないと認められる場合には、建築が許可されなければならないとしている（同法54条2項）。

立体都市計画制度のイメージと離隔距離の最小限度および載荷重の最大限度の関係を**図表1・3・16**に示し、それぞれのケースを**図表1・3・17**に示す。

図表1・3・16　立体都市計画制度のイメージと離隔距離および載荷重の関係

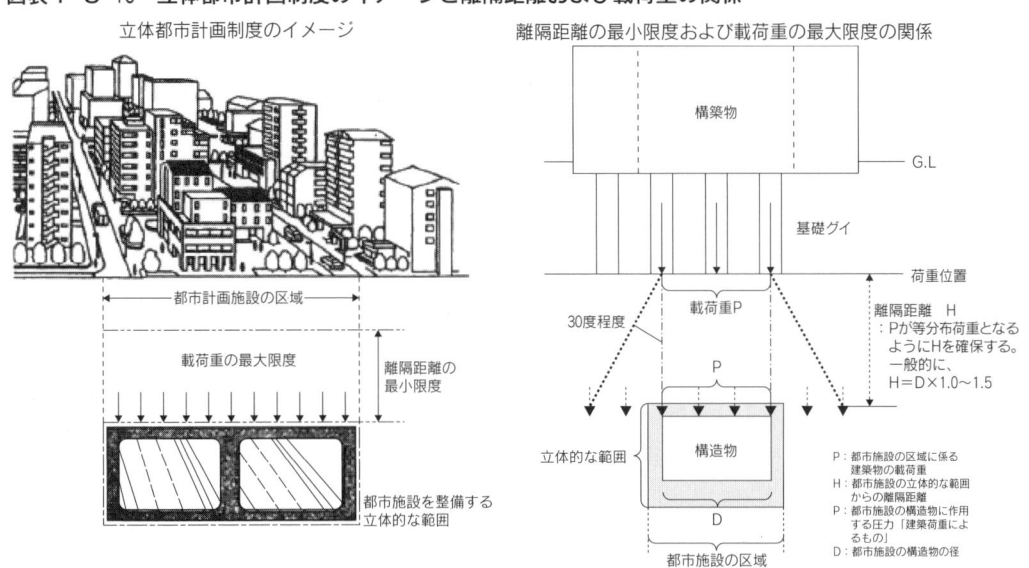

(出典)「立体道路制度と立体都市計画制度について」13)『都市と交通』通巻75号

図表1・3・17　「離隔距離の最小限度および載荷重の最大限度」の定めによる違い

① 「都市施設を整備する立体的な範囲」を地下に定め、あわせて「離隔距離の最小限度および載荷重の最大限度」が定められた場合

② 「都市施設を整備する立体的な範囲」が定められているが、「離隔距離の最小限度および載荷重の最大限度」が定められていない場合

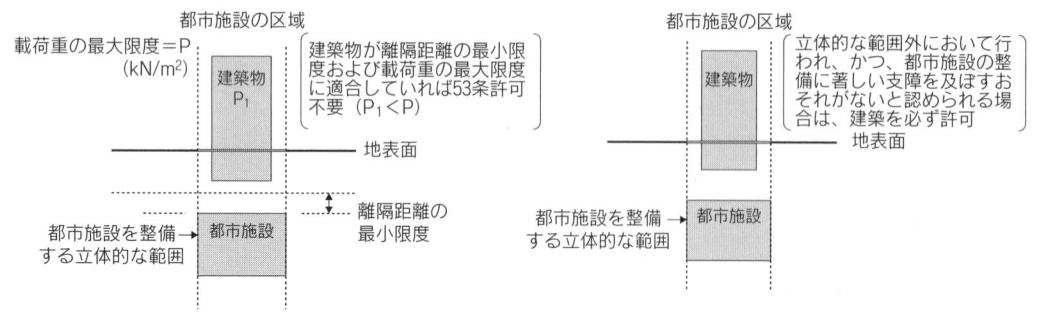

(出典) 公益財団法人リバーフロント研究所ホームページ14)

また、立体的な範囲を都市計画に定めることができる都市施設は、道路、都市高速鉄道、駐車場、自動車ターミナル、公園、緑地、広場、墓園、水道、電気供給施設、ガス供給施設、下水道、汚物処理場、ごみ焼却場、河川、運河、電気通信事業用施設、防火・防水施設など、公共性の高い都市施設が定められている（同施行令6条の2）。

3　特徴

本制度では、都市施設の「立体的な範囲」が都市計画上明確となり、民間建築主がその上下空間に建築を行うに際して、制限に適合すれば建築の許可が不要とされる、あるいは許可基準の明確化が図られる効果がある。

この結果、建築物の自由度を高め、適正かつ合理的な土地利用を図る必要がある場合には、他の建築物等との複合利用が促進される。また、行政においても立体的な施設の整備にあたって、地元の理解・合意形成に役立つものである。

4　制定の背景・経緯

都市計画法は、1968（昭和43）年に制定された。その後の都市への人口集中の鎮静化、モータリゼーションの進展等、都市的生活・活動などの社会経済環境は大きく変化し、急速な都市化の時代を経て、安定・成熟した都市型社会の時代を迎えている。

都市部では、民間建築物との複合的な土地利用を前提とする道路、河川等の都市施設整備の必要性が高まり、種々の形で立体的な整備が行われてきた。従来の都市計画法においては、同法53条の建築許可を受けて立体的な施設の上下空間に建築物を建築してきたが、都市施設自体が平面的な施設か立体的なものかが都市計画上明確となっておらず、その建築許可基準も明確となっていなかった。2000（平成12）年に都市計画中央審議会の「経済社会の変化を踏まえた新たな都市計画制度のあり方について」とする答申において都市施設を整備する立体的な範囲を都市計画に

定めることができる「立体都市計画制度」の必要性が指摘され、これを受けて同年5月に都市計画法が改正され、本制度が創設された。

5 適用にあたっての留意点

　道路や交通広場はもちろんのこと、道路でない通路の計画にあたっては、他の道路における歩道等と連携し歩行者のネットワークを形成するよう配置することとし、特に、建築物との複合的な空間となる場合においては、立体都市計画制度を積極的に運用すべきである。また、都市計画に含まれる都市施設のみならず、計画に関係する既往施設や将来計画施設の維持管理までを踏まえて運用することが望ましい（平成13年4月18日　国都計第61号「都市計画運用指針」）。

　また、本制度は、建築基準法との連動による道路内建築制限の緩和の規定がないため、本制度のみでは、建築基準法44条の道路内建築制限を緩和して建築することはできない。

6 適用事例

本制度の適用事例を以下に列挙する。
- 東京駅南部東西自由通路
- 新横浜駅北口交通広場（新横浜駅・北口周辺地区総合再整備事業）
- 札幌駅広場1号地下通路（札幌駅前通地下歩行空間整備事業）
- 姫路駅北駅前広場計画

3.2.4　立体都市公園制度

1 概要

　立体都市公園制度（以下「本制度」という）は、適正かつ合理的な土地利用を図るうえで必要がある場合に、都市公園の区域を立体的に定めることで、都市公園の下部空間に都市公園法の制限が及ばないことを可能とし、当該空間の利用の柔軟化を図ることを目的に制定された制度である。

　「都市緑地保全等の一部を改正する法律」（平成16年法律第109号　平成16年6月18日公布、同年12月17日施行）において、都市公園法が改正され、第3章に立体都市公園制度（同法20条、21条）が規定されている。

2 内容

　本制度は、都市公園の下限を定め、それより下部の空間には都市公園法が及ばないとすることで、民間施設との一体整備を可能とするものである。

　本制度を活用した立体都市公園の形態としては、以下のケースが想定される（**図表1・3・18**）。

図表1・3・18　立体都市公園制度活用イメージ

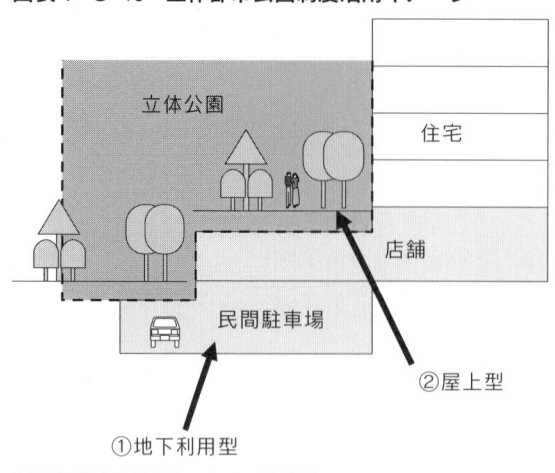

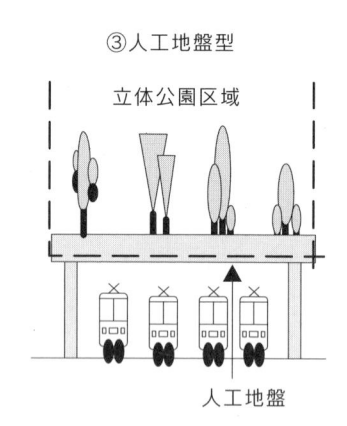

(出典) 国土交通省ホームページ15)16)

① 都市公園の地下利用を可能とするケース（地下利用型）
② 建物の屋上に都市公園を設置するケース（屋上型）
③ 人工地盤上に都市公園を設置するケース（人工地盤型）

本制度は、新たに都市公園を設ける場合のみでなく、すでに設けられている都市公園についても適用することが可能である。

3 特徴

本制度の特徴を以下に示す。

① 従来、"土地"について決定していた都市公園の区域を、適正な公園管理を行うために、立体的区域（空間または地下）まで範囲を広げ、公園管理者の管理権を行使することとしたものである。
② 立体都市公園を新設するにあたっては、原則として土地については所有権を地権者に留保し、公園管理者は都市公園の設置管理上必要な範囲での限定的な権原を取得することとしている。
③ 都市公園としての機能を確保するために、都市公園法施行令4条により、アクセス施設や標識等の設備を設置することとされている。

　アクセス施設については、当該立体都市公園を徒歩により容易に利用することができるように傾斜路、階段、昇降機その他の経路によって道路、駅その他の公衆の利用に供する施設と連絡していることが求められている。また、標識等については、標識の設置またはこれに準ずる適当な方法により、当該立体都市公園の設置場所およびそこに至る経路を明示することとされている。
④ 一般公衆の利用に支障をきたさないような公開時間の設定を行うことが求められている。

⑤　立体都市公園と一体的な構造となる建物については、公共施設としての公園機能の確保のため、公園管理者と建物所有者等間で協定を締結する公園一体建物制度（都市公園法22条）を定めている。

⑥　本制度により、立体的に公園整備を行う場合は、以下に関する費用が新たに国交補助（2分の1補助）の対象項目として追加される。
・区分所有権を設定するために必要な費用
・人工地盤の設置や建物の増築など構造物の建設費用
・立体化に伴い必要となる昇降設備に必要な費用

4 制定の背景・経緯

都市公園は、欧米諸国と比較すると依然不足しており、さらなる整備が求められている。特に、市街地中心部等では、ヒートアイランド現象の緩和、地震災害時の避難場の確保、人々の憩いの場の確保等の観点からこれらの整備が緊急的に必要とされている。しかしながら、都市機能が集積した市街地中心部では、土地の確保が難しく、地価が高いことから、用地取得による公園整備が難しい状況となっていた。

そのため、土地の有効利用を図りつつ、他の施設と都市公園の一体的整備を進める立体的土地利用が望まれていたが、都市公園法に基づく都市公園の占用の制限、都市公園を構成する土地物件に対する私権の行使の制限等の制約などが支障となっていた。そこで、都市公園の下部空間に都市公園法の制限が及ばないことを可能とし、当該空間の利用の柔軟化を図ることを目的に都市公園の区域を立体的に定めることができる本制度が創設された。

本制度創設の動機付けとなった事象としては、「阪神・淡路大震災」と「地球温暖化」があげられる。

1995年1月17日に発生した阪神・淡路大震災は、死者・行方不明者約6,400名、負傷者約4万4,000人、避難者約35万人、焼失家屋約7,500棟、被害総額約10兆円という被害をもたらした。この大災害において応急の避難所となった学校などに収容できたのは、被災者の12%程度に留まったとの報告もあり、都市公園は震災直後の避難場所としての機能だけでなく救難救助拠点や仮設住宅用地などの役割を果たし、都市公園の整備の重要性が再認識された。

また、20世紀末より地球温暖化が地球規模での環境問題としてクローズアップされ、1997年12月には、先進国に対して6種の温室効果ガス削減または抑制を義務付けた「京都議定書」が発効されている。これを受けて、地球温暖化への取組みとして、都市部のヒートアイランド現象の緩和やCO_2の固定を目的とした都市部の緑地確保が着目された。

これらの事象により、都市公園の整備をさらに推進する仕組みの制定が進められた。

5 適用にあたっての留意点

適用にあたっては、公園という公共施設であるため、建物所有者等の意向にかかわらず永続性

が確保できる措置が必要となることに加え、公園機能の維持に必要な施設の設置義務や開園時間等の運営制約等があることから、民間メリットについての配慮・検討が不可欠である。

6 適用事例

2011年8月現在、適用事例は公園下部の地下空間を利用した横浜市アメリカ山公園整備事業の1件が報告されている。

3.2.5 大深度地下使用制度

1 概要

大深度地下使用制度（以下「本制度」という）は、公共の利益となる一定の事業に係る大深度地下の使用に関し、要件や手続き等について特別の措置を講ずることにより、これらの事業の円滑な遂行と大深度地下の適正かつ合理的な使用を図ることを目的とする法制度である。

本制度により、通常使用されない大深度地下の特性を踏まえた合理的な権利調整のルールが明確になり、計画的に事業を実施することが可能となる。

本制度において、大深度地下を使用して一定の事業を行おうとする者は、国土交通大臣（複数の都道府県にわたる広域的な事業等の場合）または都道府県知事（その他の場合）に対して使用の許可を申請することができる。

国土交通大臣または都道府県知事は、使用許可申請書の公告および縦覧、利害関係人の意見書の提出、関係行政機関の意見書の提出等所要の手続きを経て、許可要件を満たす場合に、使用の許可（使用権の設定）を行うことができる。

2 内容

「大深度地下」は、建築物の地下室等の用に通常供されない地下の深さとして政令で定める地表から40m、または通常の建築物の基礎杭を支持することができる地盤の上面から10mを加えた深さのうち、いずれか深いほうの地下と定義している（前出**図表1・3・3**）。

大深度地下は通常使用されないので、公共の利益となる事業のために使用権を設定しても、補償すべき損失が発生しない。このため、本制度では事前に補償を行うことなく大深度地下に使用権を設定することができる。例外的に補償の必要性がある場合は、使用権設定後に土地所有者等からの請求を待って補償を行う。

対象地域は、土地利用が高度化・複雑化する三大都市圏（首都圏、近畿圏、中部圏）であり、対象事業は、道路、河川、鉄道、電気、通信、上下水道等の公共性の高い事業である。

3 特徴

本制度の特徴を以下に示す。

① 大深度地下は補償を伴わずに使用権設定が可能であるため、都市部における事業（ライフラインや地下鉄、地下河川など）の実現、事業期間の短縮、計画的な事業の実施が可能となる。
② 道路下等に設置する制約がなくなり、線形合理化に伴うコスト縮減を図ることが可能となる。
③ 地震の影響を受けにくいことから、ライフライン等の安全性の向上に寄与する。
④ 「早い者勝ち」や「虫食い」的な利用による大深度地下の無秩序な開発を防ぐことができる。
⑤ 地上に実施する場合と比較して、騒音減少や景観保護等、地上の都市環境の保全に寄与する。

4 制定の背景・経緯

1988年、臨時行政改革推進会議の「地価など土地政策に関する答申」の中で「都心部への鉄道の乗り入れや大都市の道路、水路など社会資本整備の円滑化を資するよう大深度地下の公的利用に関する制度を創設するため、検討を進める」ことが答申された。翌年の「総合土地対策要綱」では「都心部への鉄道の乗り入れや大都市の道路、水路など社会資本整備の円滑化を資するよう、大深度地下の公的利用に関する制度を創設するため、所要の法律案を次期通常国会に提出すべく準備を進める」ことが明示された。これに基づき各省庁に研究会・委員会が発足し、各省庁は法案づくりと将来構想の検討を始めた。

一方、1987年頃から東京圏、大阪圏、名古屋圏の地価が急騰し始め、1991年にピークに達した。このことは社会資本整備事業の費用急増となりその推進に深刻な影響を与えた。また日本経済は大幅な対外貿易黒字となり、国際的経済摩擦を回避するため、「対外依存型」から「内需主導型」へ転換することが日米間のプラザ合意で米国から要望された。

この背景のもと1990年の「日米構造問題協議最終報告」の中で、内需拡大策の1つとして「大深度地下（首都圏においては約50m以深）の利用促進により大都市のインフラなど社会資本の整備を促進し、土地の高度利用を図るため、内閣を中心に鋭意対処していく。その際、法律面、安全面、環境面などについて慎重な検討を要する」ことが報告された。こうしたことから翌年の「総合土地政策推進要綱」には「大深度地下の公的利用に関する制度につき、その利用促進を図るため、法律面、安全面、環境面の種々の観点から慎重に検討を進める」ことが閣議決定された。

1995年には、臨時大深度地下利用調査会設置法が議員提案され成立した。3年間の期限で大深度地下に関する調査、審議をする調査会が設置された。2年後の1997年に調査会の中間とりまとめが公表され、翌年、調査会答申が内閣総理大臣に報告された。これを受けて内閣内政審議室など13省庁による大深度地下利用関係省庁連絡会議が設置された。この連絡会による2年9か月の

検討を経て、2000年3月「大深度地下の公共的使用に関する特別措置法案」が閣議決定され国会へ提出された。同年5月に法案が成立し、翌年4月1日から法律の施行に入っている。

5 適用にあたっての留意点

① 文化財の保護

大深度地下を使用する事業により、地下水位・水圧の変化、振動、周辺環境の変化等があった場合には、史跡名勝天然記念物、埋蔵文化財等の現状の変更やその保存に影響を及ぼすおそれがある。このため、事業者は、できるだけ早い段階から大深度地下使用協議会等を活用して、文化財保護法（昭和25年法律第214号）や条例による文化財の保護について配慮する必要がある。

② 国公有財産への影響

国公有財産の大深度地下を使用する場合においても、構造上の安全や当該財産の機能に支障を及ぼさないよう配慮する必要がある（平成13年4月4日国土交通省告示第467号「大深度地下の公共的使用に関する基本方針」）。

6 適用事例

2012年7月現在、大深度地下法の適用が申請された事業は次の2つであるが、リニア中央新幹線や新東名高速道路都内区間、大阪淀川左岸線延伸など、今後の大規模なプロジェクトへの適用が検討されている。

- ・神戸市大容量送水管整備事業（使用認可済み・工事中）
- ・東京外かく環状道路（事前の事業間調整終了・使用認可申請準備中）

参考文献

1) 「河川施設の占用許可について」（平成11年8月5日建設省河政発第67号、建設事務次官通達、最終改正平成23年3月8日国河政第135号）
2) 国土交通省「大深度地下〜動き始めた大深度地下利用〜」(http://www.mlit.go.jp/common/000108805.pdf)
3) 国土交通省「新たな都市づくり空間 大深度地下」(http://www.mlit.go.jp/common/000108804.pdf)
4) 農林水産省「農業農村整備事業について」(http://www.maff.go.jp/j/nousin/sekkei/nn/n_nouson/noudou/index.html)
5) 国土交通省「社会資本整備総合交付金について」(http://www.mlit.go.jp/page/kanbo05_hy_000213.html)
6) 財団法人道路空間高度化機構『改訂版 立体道路事例集』2012.1
7) 立体道路制度研究会『立体道路制度の解説と運用』(株)ぎょうせい、1990.5
8) 国土交通省都市・地域整備局、道路局、住宅局「立体道路制度の一般道路への適用について」2005.11 (http://www8.cao.go.jp/kisei-kaikaku/old/minutes/wg/2005/1111/item051111_02-02.pdf)
9) 財団法人道路環境・道路空間研究所ホームページ (http://www.he-ri.or.jp/kuukan/htdocs/index.html)
10) 国土交通省「第1回 道路PPP研究会資料 検討の背景と道路空間に係る制度概要」(http://www.mlit.go.jp/road/ir/ir-council/ppp/kenkyu/doc.html)
11) 国土交通省関東地方整備局「河川の占有」(http://www.ktr.mlit.go.jp/river/sinsei/river_sinsei00000002.html)

12) 国土交通省関東地方整備局荒川下流事務所「綾瀬川・芝川等浄化導水事業」パンフレット（http://www.ktr.mlit.go.jp/arage/attachment/pamphlet/f_1268652722_1.pdf）
13) 国土交通省都市・地域整備局都市計画課、街路交通施設課「立体道路制度と立体都市計画制度について」『都市と交通』通巻75号、2009.1
14) 髙橋忍「都市行政の最近の動向―都市計画法の改正とまちづくり総合支援事業部の創設―」『RIVER FRONT』Vol. 38（http://www.rfc.or.jp/pdf/vol_38/P_05.pdf）
15) 国土交通省都市・地域整備局公園緑地課「公園緑地行政の新たな展開 都市緑地法等の改正について」（http://www.mlit.go.jp/crd/townscape/keikan/pdf/toshiryokuchi-kaisei.pdf）
16) 国土交通省「都市におけるみどりの保全・創出施策について」（http://www.mlit.go.jp/singikai/infra/city_history/city_planning/park_green/h18_2/images/shiryou4-2.pdf）

第4節 社会・経済・災害・法制度の変遷

4.1 社会・経済の変遷

『地下空間利用ガイドブック』の初版が発行された1994年以降、現在までの約20年間は、まさに20世紀から21世紀へのターニングポイントであったといえる。全世界的に政治、経済および社会において様々な変化、旧体制から新体制への移行が行われたが、未だ確たる安定性を得ていない状態にある。

わが国においても、政治は混迷から抜け出せず、経済は「失われた20年」から完全には脱出できず、社会は少子高齢社会に直面し、これらが複雑に絡み合い、影響し合う状態にある。

一方で、1950年代後半から1970年代前半の高度経済成長期を中心に蓄積されてきた社会資本は量的には一定のレベルを確保しているものの、国および自治体の財政状況の悪化から公共投資が抑制され、新たなプロジェクトだけではなく維持・補修、更新さえも十分に行われず質的向上がなされていない。

地下空間利用においては、環境やエネルギー分野における新たな開発、利用が進められてはいるが、1990年代前半までのような大規模な地下空間利用の気運はみられない。

4.2 気候の変化と災害の変遷

地球温暖化は確実に進んでいる。この20数年間に限ってみると、わが国においては気温と降水量に変化がみられる。日降水量あるいは時間降水量が大きくなり、また、その頻度も増加傾向にある。

わが国の特徴である地震や台風は、頻繁に発生しているが、それらによる災害での死者・行方不明者数は、治水・治山等や観測網・情報網の整備により確実に減少してきた。しかし、1995年年1月の阪神・淡路大震災（1月17日）では死者・行方不明者6,437人、2011年3月の東日本大震災（3月11日）では死者・行方不明者1万8,880人にのぼり、都市部における直下型地震、広範囲な海岸線への巨大津波、さらには原子力発電所の安全性について再考を求められることとなった。

4.3 地下空間利用関連法制度

本章3.1、3.2で検討した地下空間利用に関係する法制度の概要を**図表1・4・1**にまとめる。図

第4節 社会・経済・災害・法制度の変遷

図表1・4・1 地下空間利用に関わる法制度のまとめ（事業主体と用地所有）

項目		用地の所有区分			備考
事業主体			公共用地	民間用地	
公共事業[※1]	道路法	道路法	道路本体 道路附属物 道路接続施設 兼用工作物	立体道路制度 道路外利便施設	・法ごとに対象とする施設が具体的に定められており、施設整備の用地（公共施設を整備するための土地）は、所有権を持つことが原則とされている。 ・複数の公共施設が合築することにより、合理的に機能を発揮できると考えられる場合は、兼用工作物としての整備が可能となっている。 ・都市部等において土地所有に障害がある場合、空間の有効利用が望まれる場合等において、民有地内に区分地上権等を設定し、立体的空間に公共施設整備を行える（立体道路制度等）。 ・財産権（土地所有権）は、憲法で認められた権利の1つであるが、規定された地域の大深度、公益性を有する施設に限り地下空間の使用が認められている。
	河川法	河川法	河川本体 河川管理施設 兼用工作物	河川立体区域制度	
	都市計画法	都市計画法	都市施設	立体的都市計画制度	
	都市公園法	都市公園法	公園施設 占用規定で明示 兼用工作物	立体都市公園制度	
	大深度法	大深度法	占用規定 （占用許可不要）	空間使用の担保	
公益事業[※2]	道路法	道路法	占用規定 義務占用	一般には地権者との協議による用地買収（所有）、区分地上権等により用地を取得するが、そのほとんどは、土地収用法の対象施設とされている。	・公共用地を公事業で利用する場合は、占用許可のもとに施設整備が行われる。 ・占用が許可される施設はこことに具体的に規定されているが、示されている施設もその公益性が求められている。 ・道路占用の特例として電気、ガス、通信等の公益性の高い公益性を持つ事業は、占用が原則認められている。
	河川法	河川法	政令による対象施設提示		
	都市計画法	都市計画法	都市施設の定義で明示		
	都市公園法	都市公園法	占用規定		
民間事業[※3]	道路法	道路法	占用	公共減分 （都市再開発、都市再生） 区画整理事業	・通路、連絡路等の公益性の高いものについては占用が認められている。 ・大規模開発（商業、住宅等）については道路、公園等の公共施設等の整備が求められていることともに容積率の上乗せ等のインセンティブが与えられる。
	河川法	河川法	占用		

※1 道路および道路附属施設、河川施設、都市施設等
※2 上水、下水、電気、ガス、通信、鉄道等（ただし、鉄道は共同溝法における公益事業からは除外されている）
※3 ここでは、都市再生事業、都市再開発等における公益施設についてのみ記述している。

図表 1・4・2　地下空間利用に関わる法制度のまとめ（諸制度の概要）

制　度		概　要
占用許可	道路占用許可制度	道路の占用が道路本来の機能を阻害しないことを条件に、道路施設、道路附属物以外の法で定められる工作物等の道路区域内での建設、管理が許可される。 地方道において道路占用許可基準は、道路法規定に沿い条例等により詳細が定めている。
	河川占用許可制度	河川区域内の土地に工作物を新築し、改築し、除却しようとする者は、河川管理者の許可を受けなければならない。 占用施設が許可される工作物は、通達により詳細に定められている。
	公園占用許可制度	都市公園において公衆のその利用に著しい支障を及ぼさず、かつ、必要やむを得ないと認められる施設、工作物についてその占用が許可される。許可対象となる施設、工作物、技術的基準は法、政令により規定されている。
兼用工作物	道路法規定	道路と堤防、護岸、ダム、鉄道・軌道用の橋、踏切道とが相互に効用を兼ねる場合においては、道路および工作物の管理を協議し、その管理の方法を定めることができる。
	河川法規定	河川管理施設と河川管理施設以外の施設、工作物とが相互に効用を兼ねる場合、それぞれの管理者は協議し管理の方法を定め、当該河川管理施設および他の工作物の工事、維持または操作を行うことができる。
	都市公園法規定	都市公園と河川、道路、下水道その他の施設、工作物とが相互に効用を兼ねる場合においては、当該都市公園および他の工作物の管理について、協議してその管理の方法を定めることができる。
立体区域制度	立体道路制度	道路の新設、改築を行う場合において、地域の状況を勘案し、適正かつ合理的な土地利用の促進を図るため必要があると認めるときは、道路の区域を空間または地下について上下の範囲を定めたものとすることができる。
	河川立体区域制度	河川管理施設の存する地域の状況を勘案し、適正かつ合理的な土地利用の確保を図るため必要があると認めるときは、河川管理施設に係る河川区域を地下または空間について一定の範囲を定めた立体的な区域として指定することができる。 対象とされる河川管理施設は、地下に設けられたもの、建物、工作物内に設けられたもの、洪水時流水を貯留する空間を確保するためのものとされる。
	立体都市計画制度	道路、河川その他の政令で定める都市施設について、適正かつ合理的な土地利用を図るため必要があるときは、当該都市施設を整備する立体的な範囲を都市計画に定めることができる。
	立体都市公園制度	適正かつ合理的な土地利用を図るうえで必要がある場合に、都市公園の区域を立体的に定めることで、都市公園の下部空間に都市公園法の制限が及ばないことを可能とし、当該空間の利用の柔軟化を図ることができる。
大深度地下使用制度		公共の利益となる事業による大深度地下の使用に関し、その要件、手続き等について特別の措置を講ずることにより、事業の円滑な遂行と大深度地下の適正かつ合理的な利用を図ることを目的に創設された制度。

表は、「建設する施設の事業者」と「建設用地の所有者」の関係で適用が考えられる法制度をまとめている。また個々の法制度の概要を**図表 1・4・2**にまとめる。

　ここで、「建設する施設の事業者」は、公共事業者（国、地方自治体等）、公益事業者（上水、下水、電気、ガス、通信、鉄等道等）、民間事業者（商業、工業、住宅等）に大別され、また「建設用地の所有者」は、公共用地と民間用地に大別される。これらの事業者と土地所有者の組合せに対応し法制度が整備されていると考えられる（**図表 1・4・3**）。

図表1・4・3　施設整備の組合せ

区　分		用地の所有者	
^	^	事業用地は公共用地	事業用地は民有地
事業主体	公共事業者	それぞれの組合せに対応した法制度が整備	
^	公益事業者	^	
^	民間事業者	^	

　公共事業と公共用地との組合せでの法制度の事例は、兼用工作物の規定である。たとえば、河川管理者と道路管理者が協定に基づき一方の用地に双方の管理施設を整備する形である。この場合は、占用とは異なり双方が整備あるいは維持・管理費用を按分（アロケーション）して負担することとなる。

　公益事業者が公共用地を利用する組合せの法制度の事例は、占用制度の規定である。電気、ガス、通信等の公益事業者が、占用料金を支払い道路下、道路上空を利用し事業展開するのがその典型である。なお、本制度での公益性の評価は難しく、歩行者動線を形づくる民間事業者の通路（ビル間接続）、都市計画駐車場に併設される地下街等も設置条件を課したうえで占用許可対象となっている。なお、近年では、都市環境整備、経済活性化等も広くその公益性を評価する方向にあり、占用条件は緩和される方向にある。

　公共事業が、民有地を利用し施設整備を行う法制度の事例は、立体道路制度を代表とする公共施設の管理区域を区分地上権等の取得により立体的に設定する制度である。これにより、民有地の上空、地下空間への各種公共施設整備が可能となった。なお、電気、ガス通信等の公益事業については、用地権原に関する制度的な制約が少なく、従来から区分地上権等による施設整備が行われている。

　民間事業者が公共用地を利用する場合は、占用制度に則り、施設内容、社会的妥当性（公益性）に応じ占用許可を得ることとなる。また、自らの土地である民有地を利用する場合についても、建築基準法、都市計画法等の規定、あるいは大規模開発等においては再開発法等の規定に沿って事業が進められることとなる。

　こうした法制度は、社会構造・経済構造の変化に対応し制定、改正されその折々の時代に即応したものとして国土の形成、産業の育成に寄与してきた。

　また、想定を超える激甚災害、技術的未成熟による事故等の負の教訓のもと基規準の見直しを含む法制度の整備がなされてきた。

　これらの変遷を社会経済の動き、主たる災害、主たるプロジェクトをキーワードとして、年表として**図表1・4・4**にまとめる。

図表1・4・4 社会年表①（1950〜1982年）

		1950	1951	1952	1953	1954	1955	1956	1957	1958	1959	1960	1961	1962	1963	1964	1965
社会経済の動き													石炭→石油エネルギー転換				→
		▲朝鮮戦争						▲スエズ戦争			三井三池争議		▲OPEC結成			▲東京オリンピック	
														▲石油輸入自由化			
													◆区分所有法				
													◆共同溝法				
主たる災害													△北美濃地震			△新潟地震	
				△十勝沖地震										△十勝沖地震			
						△洞爺丸台風				△狩野川台風			△第2室戸台風				
											△伊勢湾台風						
主たるプロジェクト	石化・エネルギー等							△日石室蘭				△三菱水島			△日石根岸		
															△出光千葉		
	都市・交通運輸ほか															△東海道新幹線	
															△首都高（京橋芝浦間）		
																△名神高速道	
									△丸ノ内線全線開通							△大阪梅田地下街	
																△横浜駅西口地下街	
																△八重洲地下街	

（注）法律名、災害名、プロジェクト・施設名等については略称あるいは一般的に使用されている名称等を用いて表記している。

1966	1967	1968	1969	1970	1971	1972	1973	1974	1975	1976	1977	1978	1979	1980	1981	1982

- 1次石油危機 (1973-1975頃)
- 2次石油危機 (1979頃)

▲3次中東戦争
▲大阪万博
▲4次中東戦争
▲ベトナム戦争終結
▲イラン革命
▲アフガニスタン紛争
▲IEA石油火力発電所の新設禁止宣言

◆都市再開発法
◆地下街基本方針（建設抑制）
◆石油備蓄法

△北海道東方沖地震
△伊豆半島沖地震
△宮城県沖地震
△十勝沖地震
△根室半島沖地震
△伊豆大島近海地震

△第2宮古島台風
△沖永良部台風
△第3宮古島台風

△京葉シーバース
△苫小牧シーバース
△アジ共坂出
△伊勢湾シーバース

△南横浜LNG火力
△袖ヶ浦LNG火力
△姫路第2（4号機LNG）
△姉ヶ崎LNG火力
△東新潟LNG火力
△東京ガス根岸LNG基地
△本川水力発電所
△玉原水力発電所
△東京ガス袖ヶ浦工場
△奥多々良木水力発電所
△新高瀬川水力発電所
△奥矢作第二発電所

△山陽新幹線（岡山まで）
△東北新幹線（盛岡まで）
△山陽新幹線（全線）
△上越新幹線
△東名高速道（全線開通）

△新宿サブナード地下街
△横浜駅東口地下街
△名古屋ユニモール地下街
△福岡天神地下街
△川崎アゼリア地下街

図表1・4・4②　社会年表（1983～2012年）

		1983	1984	1985	1986	1987	1988	1989	1990	1991	1992	1993	1994	1995	1996	1997
社会経済の動き						バブル景気							平成不況（失われた10年）			
									▲不動産金融総量規制					▲自社さきがけ政権		
												▲細川連立内閣				
				▲プラザ合意						▲ベルリン壁崩壊		▲欧州通貨危機				▲アジア通貨危機
						▲日本地下石油備蓄株式会社				▲イラク、クエート侵攻		▲ウルグアイラウンド妥結				
										▲第1次湾岸戦争						
										▲ソ連崩壊						
					◆四全総制定											
									◆立体道路制度					◆電線共同溝法		
						◆総合保養地整備法（リゾート法）										
														◆河川立体区域制度		
主たる災害									△雲仙普賢岳火砕流							
		△日本海中部地震									△釧路沖地震		△兵庫県南部地震			
				△長野県西部地震								△北海道南西沖地震				
												△北海道東方沖地震				
												△北はるか沖地震				
主たるプロジェクト	石化・エネルギー等				△むつ小川原備蓄		△秋田備蓄			△白島備蓄							
					△福井備蓄		△苫小牧東備蓄			△串木野備蓄							
					△上五島備蓄					△久慈備蓄							
					△日本地下石油備蓄株式会社設立					△菊間備蓄							
					△富津LNG火力			△南港LNG火力						△川越LNG基地		
						△東扇島LNG基地										
						△川越LNG火力			△柳井LNG火力							
					△今市水力発電所			△新大分LNG火力		△奥美濃水力発電所						
									△塩原水力発電所							
	都市・交通運輸ほか	△大鳴門橋				△瀬戸大橋			△山形新幹線		△関西国際空港		△長野新幹線開通			
						△青函トンネル										
										△外郭環状道路部分供用開始						
						△川越地下駐車場			△神戸市長田北町駐車場							
												△スーパーカミオカンデ				

（注）法律名、災害名、プロジェクト・施設名等については略称あるいは一般的に使用されている名称等を用いて表記している。

第4節 社会・経済・災害・法制度の変遷

	1998	1999	2000	2001	2002	2003	2004	2005	2006	2007	2008	2009	2010	2011	2012
景気					いざなみ景気										
政治				▲小泉内閣（構造改革）								▲民主党政権			
国際				▲米同時多発テロ							▲サブプライムローン問題				
	▲欧州統一通貨					▲第2次湾岸戦争					▲リーマンショック				
					▲ユーロ流通開始										
法制度		◆PFI法	◆中央省庁再編						◆国土形成計画法		◆国土形成計画				
	◆五全総制定	◆大深度法							◆郵政民営化法						
				◆地下街通達廃止（抑制解除）					◆行政改革推進法						
			◆立体都市計画制度					◆立体都市公園制度							
					◆都市再生法										
地震			△鳥取県西部地震			△十勝沖地震			△能登半島地震			△東北地方太平洋沖地震			
				△芸予地震			△新潟県中越地震			△新潟県中越沖地震					
						△十勝沖地震					△岩手・宮城内陸地震				
豪雨	△梅雨前線豪雨						△福岡県西方沖地震								
	△関東局地豪雨				△梅雨前線豪雨								△梅雨前線豪雨		
LPG備蓄								△七尾LPG備蓄				△倉敷LPG備蓄(2012)			
								△福島LPG備蓄				△波方LPG備蓄(2012)			
								△神栖LPG備蓄							
LNG						△知多緑浜LNG基地			△堺LNG基地			△堺港火力LNG化			
	△千葉火力LNG化														
	△新名古屋火力LNG化														
							△神流川水力発電所								
交通						△中部国際空港						△新横浜北口交通広場			
	△明石海峡大橋							△神戸空港				△中央環状山手トンネル			
	△来島海峡大橋			△外郭放水路部分供用開始			△神田川地下河川二期				△滝川分水路				
	△神田川地下河川一期			△長居公園地下駐車場			△外郭放水路供用開始				△札幌駅地下通路				
	△東京湾横断道路			△新潟みなとトンネル				△アメリカ山公園							
					△ANGAS実証実験			△CERN稼働開始							
	△高山祭りミュージアム														

第2章

最近の地下空間利用

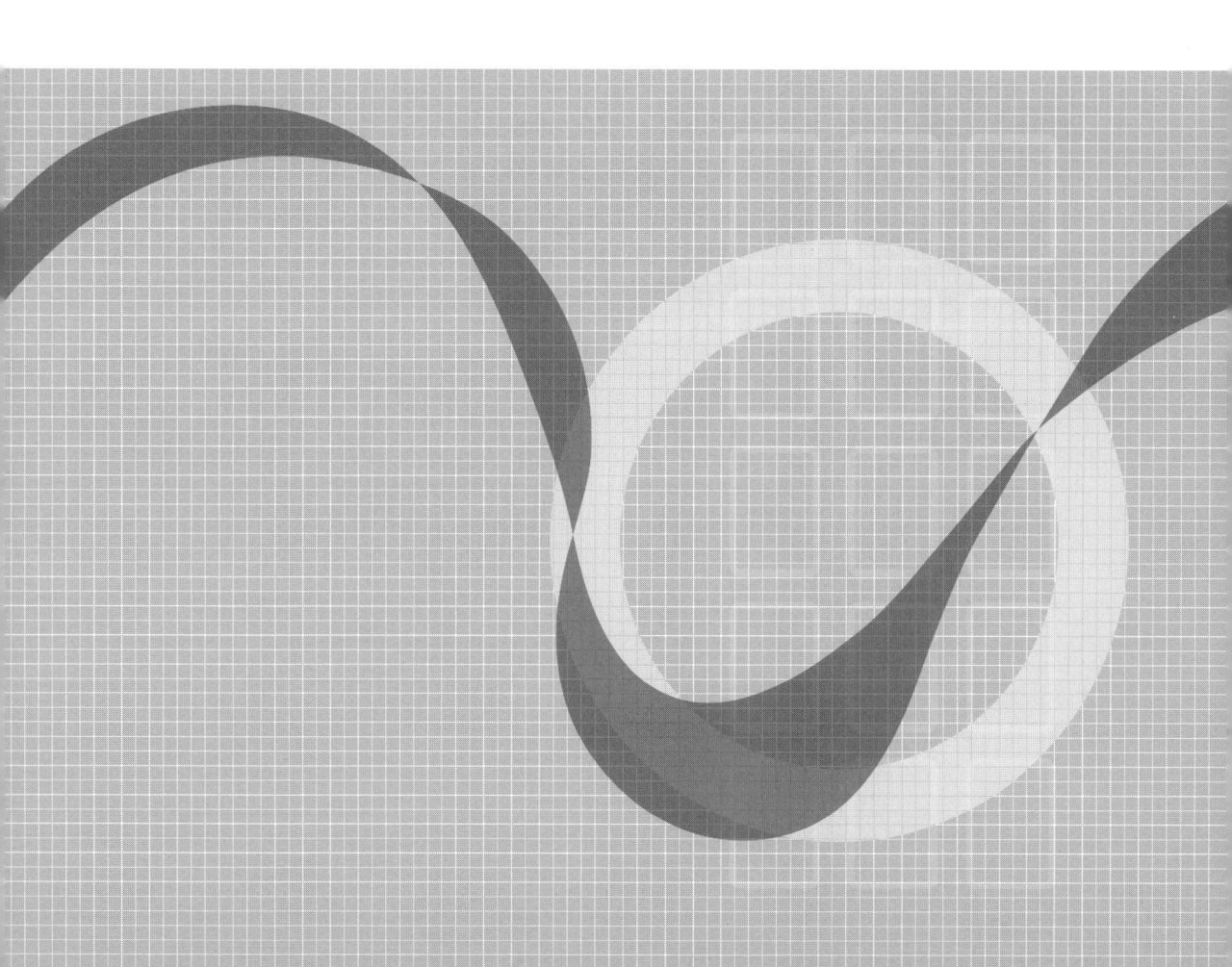

■第2章担当編集委員

主 査	天野　悟	(株)大林組 生産技術本部 トンネル技術部 副部長
委 員	三好　悟	(株)大林組 技術本部 技術研究所 環境技術研究部 主任研究員
委 員	木村　育正	(株)技研製作所 工法事業部 工法推進課 リーダー 課長
委 員	野村　貢	(株)建設技術研究所 道路・交通部 部長
委 員	岡田　滋	清水建設(株)土木技術本部 地下空間統括部 担当部長
委 員	領家　邦泰	大成建設(株)土木本部 土木技術部 トンネル技術室 参与
委 員	寺本　哲	大成建設(株)土木本部 土木技術部 トンネル技術室 次長
委 員	西原　潔	(株)竹中土木 環境・エンジニアリング本部 部長
委 員	川瀬　健雄	千代田化工建設(株)技術顧問 技術開発事業部門付
委 員	加藤　雅史	千代田化工建設(株)ガス貯蔵プロジェクトユニット プロジェクトエンジニアリングセクション ガスシステムグループ グループリーダー
委 員	西本　吉伸	電源開発(株)土木建築部 審議役
委 員	鈴木　祥三	東急建設(株)土木総本部 土木技術部 専任部長
委 員	粕谷　太郎	(一財)都市みらい推進機構 都市地下空間活用研究会 主任研究員
委 員	関根　一郎	戸田建設(株)土木本部 岩盤技術部 部長
委 員	平野　孝行	西松建設(株)土木事業本部 土木設計部 部長
委 員	河合　康之	(株)三菱地所設計 執行役員 都市環境計画部長
委 員	草間　茂基	(株)三菱地所設計 都市環境計画部 副部長
事務局	和田　弘	(一財)エンジニアリング協会 地下開発利用研究センター 技術開発部 研究主幹
事務局	岡本　達也	(一財)エンジニアリング協会 地下開発利用研究センター 技術開発部 主任研究員
事務局	高鍋　公一	(一財)エンジニアリング協会 地下開発利用研究センター 技術開発部 主任研究員
前事務局	浅沼　博信	(一財)エンジニアリング協会 地下開発利用研究センター 技術開発部 主任研究員

(所属および役職は2012年10月現在)

第1節 国内外における地下空間利用の動向

　第2章では、『地下空間利用ガイドブック』の初版が発刊された1994年以降に国内外で建設された地下空間利用施設を用途別に分類し、その代表的な事例について紹介している。初版が発刊されて18年が経っており、この間、社会・経済情勢の変遷があり、また、地下空間利用に係る法制度が改正あるいは新たに制定されている。

　これらの変遷を踏まえた特徴的な事例について、事業計画の背景、事業の目的、適用法制度、利用している地下空間の特性に主眼を置いて記述することにより、最近の地下空間利用の動向を振り返る。

　なお、海外の事例については、それぞれの国や地域によって社会・経済情勢が異なるため地下空間利用のニーズも異なるが、利用している地下空間の特性等の地下空間利用の方向性には共通性がある。国内の事例と比べると得られる情報量とその内容に限りはあるものの、国内の事例と同様な着眼点で事例を紹介し、最近の地下空間利用の動向を概観する。

1.1 国内における地下空間利用の動向

1.1.1 商業・生活関連施設

　歩行者と車の分離によって地上の混雑緩和と安全で快適な歩行環境を生み出し、地区の回遊性の向上と利便性の高い地下歩行者ネットワークを拡充するため、地下街が各地で建設されている。さらに、地下街は沿道の建物と地下通路で接続することにより、沿道の建物のリニューアルを促進するなど、地域のインフラとして機能している。

　近年、公的セクターによる公共地下空間整備に加えて、公的セクターと鉄道事業者、民間ビル事業者との共同で公共地下空間整備を行う官民連携複合施設の事例が全国的に広がってきた。このうち、2004年の都市公園法の改正により新たに設けられた立体都市公園制度を初めて適用したアメリカ山公園整備事業が横浜市によって実施されている。また、2000年の都市計画法の改正により制定された立体都市計画制度を適用して、札幌駅前通地下歩行空間が建設された。

　違法な路上駐車対策および防災機能の低下や都市環境の悪化を防止するため、地下駐車場および地下駐輪場の建設が推進されている。このうち、新川地下駐車場は全国初の河川下の地下空間を利用した地下駐車場であり、河川占用許可制度を利用して建設した唯一の地下駐車場である。

　神奈川県葉山町では、必要となる用地が地上型施設に比べて約3分の1であり、周辺環境との

調和が図れることから、トンネル式下水処理場である葉山浄化センターが建設されている。

神戸市大容量送水管整備事業では、道路下のみの占用では大きく迂回するルートとなるところを、2000年に制定された大深度地下使用制度を適用して一部私有地の地下を使用することにより直線的なルートとし、トンネル延長を短縮することができた。

1.1.2　交通施設

首都高速中央環状新宿線の大橋ジャンクションの整備では、1989年に制定された立体道路制度を活用し、再開発ビルの敷地と高速道路の敷地を立体的に重複させ、土地の有効利用が図られている。さらに、ジャンクションのループ部と換気所の屋上は、公園が整備されている。

港湾関連施設と市街地とのアクセス性を向上させ、交通渋滞の緩和および港湾物流の効率化を目的とした航路横断道路として、沈埋函による航路横断トンネルが建設されている。これらの航路横断道路は港湾法の港湾施設の1つである臨港交通施設として定義されるが、橋梁ではマスト等の建築限界をクリアーする必要があるため、沈埋トンネル等のトンネル構造を採用するケースが増えている。

地下鉄道の整備では、新たな広域ネットワークの形成と既存ネットワークの充実により池袋・新宿の副都心へのアクセスを向上させるとともに沿線の発展、既存路線の混雑緩和を目的に副都心線が建設された。また、各駅のデザインにおいては、全体コンセプトや駅周辺の施設や環境、歴史などを踏まえて検討され、乗客が快適に利用できる魅力的な駅空間が創出されている。

小田急電鉄小田原線では、抜本的な輸送力増強策として10.4km区間の複々線化事業が進められているが、このうち東北沢〜世田谷代田間1.6kmが地下化工事である。この複々線化事業は、東京都が都市計画事業として実施している連続立体交差事業と一体的に進められており、鉄道を高架化または地下化することにより、複数の踏切を除去でき、安全性の向上と踏切での慢性的渋滞の解消、さらには鉄道で分断されていた市街地の一体化が可能となる。

仙台市では、軌道系交通機関を都市交通の主役と位置付け、環境負荷の少ない公共交通機関の利用を中心にして、安全性・定時性に優れた環境にやさしい交通ネットワークを構築するため、仙台市営地下鉄（東西線）を建設中である。

1.1.3　都市再開発

1989年に建物と道路の一体的整備を可能とする立体道路制度が制定され、道路上に施設建築物の整備が可能になった。この立体道路制度を活用した市街地再開発事業として、環状第二号線新橋・虎ノ門地区市街地再開発事業が現在進められている。立体道路制度を活用した虎ノ門街区では、地上52階、地下5階建ての超高層の再開発ビルを建設し、環状二号線の本線は虎ノ門街区の北西部より地下に潜り込んでいる。再開発ビルの地下1階部分に地下トンネルのボックスカル

バートを抱え込む形状で、環状二号線の荷重を再開発ビルが支持する道路一体建物となっている。

みなとみらい線では、みなとみらい21地区の交通基盤の確立、横浜都心部の一体化と沿線の開発促進、東急東横線との相互直通運転による東京圏の広域ネットワークの一部を構築する目的で、鉄道事業とあわせた都市再開発が行われた。3本の河川を交差する必要があるため、各地下駅とも深い駅となっている。深い駅は、歩行者動線が迷路化したり、方向感の喪失、圧迫感や視認性の欠如といった問題が生じやすい。このため、地区を代表する駅として各駅に個性的な空間を持たせ、オープンスペースを積極的に確保し、視認性の高い快適な空間を確保するとともに、周辺都市施設や建築計画との一体化を図るような駅空間の設計を行っている。

東急東横線地下化事業は、埼玉西南部方面から横浜方面に至る広域的な鉄道ネットワークを形成し、東横線沿線から渋谷・新宿・池袋の副都心方面への交通の利便性を向上させ、通勤・通学の混雑緩和や都市機能の更新促進を目的として、渋谷駅から代官山駅までの現在線の直下を地下化する工事である。東京メトロ副都心線と東横線との相互直通運転により、渋谷駅周辺はホーム跡地と線路跡地を利用して、駅とまちをつなぐ歩行者ネットワークを整備する計画である。

新横浜駅北口周辺地区総合再整備事業では、限られた空間の中で交通広場や連絡通路などを整備する必要があるため、立体都市計画制度を積極的に適用し既存の駅前広場を重層的に活用している。交通広場や連絡通路の完成により鉄道相互の乗換がスムーズになり、また、待合空間の創設により、駅乗降客にとってゆとりの持てる駅が建設されている。

1.1.4 都市内エネルギー施設

地域冷暖房は、1か所の熱供給プラントで大型機器により集中的にエネルギーをつくり、熱源を一括管理するため、エネルギー効率が高く省エネルギーであるとともに、大気汚染物質である窒素酸化物・硫黄酸化物の排出を低減させ、地球温暖化やヒートアイランド現象の原因となる二酸化炭素排出量が削減できる。また、熱供給先では冷却塔や煙突が不要になるため、建物屋上に緑化面積を確保したり、あるいは、太陽光発電設置などの屋上利用性の向上や都市美観の向上という効果がある。地域冷暖房施設の地下空間利用では、建物の最下階にあるプラントで製造した熱媒が、地下に設置した地域配管や洞道を通して供給先へ送られ、供給先で熱を消費した後、再び地域配管・洞道を通してプラントへ戻されることになる。ここでは、東京駅周辺と大阪市中之島3丁目地区の地域冷暖房施設の事例を紹介している。

共同溝を整備することにより、道路の掘り返し工事の防止、工事渋滞の軽減、災害時の緊急輸送道路の確保、地震などの災害に対するライフラインの安全性の向上を図ることができる。日比谷共同溝では、共同溝の事業者である関東地方整備局東京国道事務所と東京都下水道局が連携し、日比谷到達立坑の路下ヤードに下水道雨水調整池を構築した。道路冠水が発生した場合、交通量が多く社会的影響が大きい日比谷交差点付近の浸水被害に対して早期に対策を実施したいという下水道局と日比谷到達立坑の施工時に生み出された地下空洞を有効利用したいという東京国道事

務所の意向が一致した連携事業の事例である。

御堂筋共同溝では、7か所の分岐立坑を1台の上向きシールド機で施工した。共同溝シールドトンネルは、既設地下構造物からの離隔を確保するため地下30m程度の深度に計画され、分岐立坑の掘削深度も深くなる。従来の開削工法では御堂筋を長期間道路占用することになり、地上部の景観や交通障害などの課題があった。そのため、上向きシールド工法を採用することで、分岐立坑施工中の主な地上作業は、シールド機回収作業のみとなり、地上作業の大幅な短縮が可能となった。

地下10m程度の温度は年間を通して安定しているため、この地中温度と気温の温度差に着目し、効率的に熱エネルギーの利用を図る地中熱利用システムが近年導入されてきている。地中熱利用の効果としては、一次エネルギー消費量の削減、CO_2削減、ヒートアイランド抑制効果があげられる。小田急電鉄複々線化事業における鉄道路線の地下化に伴い、駅舎等の冷暖房の目的でトンネルの床版下を利用した地中熱利用施設が建設されている。また、東京スカイツリー地区で導入された地中熱利用システムは、大規模複合施設への地域冷暖房として、わが国で初めての適用事例である。

1.1.5 エネルギー施設

1993年度から原油の備蓄を開始した久慈国家石油備蓄基地は、2011年3月11日に発生した東日本大震災により、地上施設および海域施設等は壊滅的な被害を受けたが、震災発生直後速やかに防潮扉を閉止することで地下施設は被災を免れた。岩盤タンク内の原油漏洩を防止でき、地下石油備蓄方式は地震・津波に強いことが立証された。壊滅的な被害を受けた地上施設に対しては、現在、復旧を行っている。また、震災の教訓から津波対策として、備蓄基地近隣の高台に、水封機能維持に不可欠となる非常用電源設備等を設置する計画である。

1991年1月の湾岸戦争を契機として、石油ガスの備蓄水準の引上げが検討され、翌年の国家備蓄制度の創設によって備蓄水準の引上げがなされることになった。石油ガスの備蓄方式は民間輸入基地と同様な地上低温タンク方式が3基地と国家石油備蓄でも実績のある地下水封式岩盤貯蔵方式が良好な岩盤となる倉敷基地と波方基地の2基地で採用されている。

地上タンク方式と比較した場合の地下岩盤貯蔵方式の利点としては、①地理的条件等の制約が少ないので大規模な貯蔵施設が建設でき土地の有効利用が可能である、②地上の火災や災害等が貯蔵施設に及ばないため安全性が高く地震の影響も小さい、③地上設備が少なく景観が保全される、ことがあげられる。なお、倉敷基地では、掘削時に得られる水理・地質情報に基づいて、高透水帯や地質の悪い岩盤を避けるため、当初設計時の貯槽レイアウトを変更している。また、消防法適用の石油貯蔵設備（地上の既存製油所）の直下に、高圧ガス保安法適用のLPガス貯蔵設備を建設している。

LNG貯蔵施設には地上タンク方式と地下タンク方式があるが、地下タンク方式は人口密集地

に近い立地に対して、高い安全性と環境配慮から採用されてきた貯蔵方式であり、次のような特徴がある。①地表面よりLNG液面が低いため漏液がない、②地上での露出部分が少ないため、周辺環境との調和を保ち景観にも優れる、③土地の有効活用が図れる。

近年、地球温暖化に対する環境性、産出地域の偏りが少ないことによる供給安定性、熱や電力など様々な需要形態に対応できる利便性から天然ガスの需要がこれまで以上に拡大すると予想されている。この需要拡大を受けて、東京ガス(株)扇島工場において世界最大となる25万kℓの貯蔵容量を持つTL-22 LNGタンクが現在建設中である。なお、このLNGタンクの屋根を覆土形式とすることで景観に配慮している。

天然ガス需要の増加に応えるため、より広域的に天然ガスの供給ができるよう幹線ガスパイプラインの延伸・拡張工事が進められている。石油資源開発(株)の新潟～仙台ラインは、東日本大震災により、仙台平野にあるバルブステーションの建屋や電気設備などに被害が生じた。しかし、パイプラインそのものについては、宮城県七ヶ宿町管内の山間部の県道などで路体崩壊や道路沈下があったが、パイプライン自体には被害はなく、震災発生の3日後には仙南ガス(株)へパイプライン内の湛ガスにより供給を開始、12日後には仙台市ガス局へLNG代替として供給を再開している。幹線ガスパイプラインの耐震性の高さ、強靭さが証明されたことになった。また、東日本大震災以降急速に高まっているエネルギーの安定供給確保に応えて、国際石油開発帝石(株)、東京ガス(株)、静岡ガス(株)の3社間で、天然ガス緊急時相互融通契約が締結されている。各社のLNG基地やパイプラインなどの設備が大規模自然災害で被災し、ガス供給に支障が出る可能性がある場合には、各社で接続されているパイプラインを通じて天然ガスの相互融通をして、リスク管理を行うものである。

わが国で初めての天然ガス地下貯蔵は、1968年に国際石油開発帝石(株)がすでに枯渇状態にあった関原ガス田Ⅲ層を対象として、当時の通産省から重要技術研究開発補助金の交付を受けて、天然ガス地下貯蔵に関する工業化試験を実施し、翌年、実用規模でのガス地下貯蔵が可能であることを確認したことに始まるものである。その後、2000年代後半の石油価格高騰等に伴うガス需要の高騰を受けて、天然ガス地下貯蔵は、需要の少ない夏季に枯渇ガス田に地下貯蔵し、需要が逼迫する冬季に排出させる等、需要変動の吸収（ピークシェービング）による安定供給に貢献することが期待されている。

近年、わが国で建設される大規模水力発電所は、揚水発電所がほとんどであった。しかし、長引く景気低迷や省エネルギーの進展等による電力需要の伸び悩み、人口減少や製造業の海外シフト等の経済社会構造の変化、さらには、電力小売自由化範囲の拡大や卸電力取引市場の創設等の国の政策転換による競争激化に起因して、最近は大規模揚水発電所の建設計画が中止となっている。

沖縄やんばる海水揚水発電所は、世界初の海水揚水発電所である。河川を利用した揚水発電所の立地地点は、河川環境の保全等の視点から限定されつつあった。しかし、下池に海洋を利用した海水揚水発電の場合には、河川環境への影響が排除でき、急峻な海岸線の多いわが国の地形条

件から揚水発電所の新たな地点発掘等のメリットが考えられた。このため、海水揚水実証試験として、沖縄やんばる海水揚水発電所の建設および実証運転が実施され、2004年からは引き続き発電運転が行われている。

当面はわが国最後の揚水発電所となる京極発電所は、地球環境と地域のエネルギーセキュリティを配慮しながら長期的な電力の安定供給とバランスのとれた電源構成とすることを目的に、2014年の1号機の運転開始を目指して、現在建設中の純揚水式発電所である。

1.1.6 防災・環境対策施設

首都圏外郭放水路は、中川・綾瀬川流域で頻発する浸水被害を緊急的に軽減するために、地盤や川本来の浸透・治水・遊水機能回復による流入抑制対策を含めた総合治水対策の一環として計画実施されたものである。流域部での急激な都市化に伴い、用地買収が大幅に必要となる開水路方式よりも治水効果が早期に発現できる地下放水路方式が採用されている。

寝屋川の中流域および下流域は、地盤が河川水面より低く、また、河床勾配も非常に緩やかなため水はけが悪く、過去に幾度となく浸水被害を受けてきた。このため、治水施設を整備し、雨に強いまちづくりをする必要があったが、地上部は河川の拡大やポンプ場の増設ができない密集市街地となっていた。そこで、地下河川と下水道増補幹線を地下でつなぎ、雨水を流域外へ放流する地下の治水ネットワークの整備が進められている。ここでは、地下河川は雨水を流域外へ放流する役割、下水道増補幹線は雨水を流集し地下河川へ放流するとともに雨水を一時的に貯留する役割がそれぞれ位置付けられている。

東京都では、1時間当たり50mmの降雨に対応できる河川整備を進めていたが、用地買収や工事の困難さから長時間を要していた。このため、水害が多発する神田川中流域の安全度を早期に向上させるため、地下トンネル方式の大規模調節池の整備に先行着手した。神田川・環状七号線地下調節池は、早期に神田川中流域の水害を軽減するために、当面は1時間当たり30mm程度の区間について先行的に整備する調節池として、環状七号線の地下に大口径トンネルを構築したものである。

JR総武快速線地下水利用は、悪臭がひどく環境の劣悪な立会川に導水する環境用水の水源としてJR総武快速線のトンネルから湧出する地下水を利用することによって、立会川の水質が大幅に改善された事例である。

お茶ノ水ソラシティと名付けられた市街地整備事業では、東京メトロ千代田線新御茶ノ水駅の立坑から排出される地下鉄からの湧水が、給水式の保水性舗装、敷地内植栽への散水、水熱源ヒートポンプによる空調熱源として活用される予定である。これらは、それぞれ、ヒートアイランド対策、自然環境対策、地球温暖化対策として効果が期待される。また、残余水については、建物内で中水として利用され、建物全体の上水使用量の約20%相当が削減されると予想されている。

1.1.7 文化施設・実験施設

　MIHO MUSEUMは、敷地が県立自然公園内にあるため、高さ制限や地表面から突出する面積が規制される等、自然保護に関わる事項が厳しく条例化されていた。設計者は、山の尾根と尾根の間をトンネルと橋で渡し、樹影の濃い斜面に建物を埋め込む形で理想郷としてのランドスケープをつくり上げようとした結果、最終的には建物容積全体の80％程度を地中に埋設する設計となった。

　大塚国際美術館は、敷地が瀬戸内海国立公園内にあり、法規制により建物高さが制限されるため、景観保護の配慮により建物の大半が地下構造物となっている。

　高山祭りミュージアムが建設された高山市は、山間部の盆地地形の町で平地部が狭いため、新規に大規模な建築構造物を建てようとすると周辺の山間部の土地造成が必要になる。環境保全に配慮して土地の造成土量を極力少なくし、かつ、建物の主体となる屋台の展示空間を確保するために、地表から水平にトンネルを掘り、地質の良好な箇所で大断面に切拡げることで必要な地下空間を確保している。また、展示品に影響を及ぼす紫外線や結露の発生を防止するため、建物内の温湿度をコントロールする必要がある。このために、岩盤地下空洞の特性である遮断性と恒温・恒湿性を活用している。なお、高山祭りミュージアムは、不特定多数の人を対象に新設されたわが国初の建築構造物としての大規模地下空洞である。このため、建築基準法の規定に基づく建設大臣の認定を受けている。

　J-PARCは、世界最高クラスの大強度陽子加速器施設である。運転中に発生する放射線を遮蔽するために、加速器が設置されているボックスカルバート構造物は、地下に建設されている。また、加速器は精密機械であるため、外気温の影響による構造物の伸縮・変位を小さくする必要がある。このため、地下の特性である恒温性を利用している。

　スーパーカミオカンデにおけるニュートリノの観測は、宇宙線によるバックグラウンドを避けるため、岩盤の遮蔽性が利用できる地下1,000m以上のできるだけ深い位置に実験装置を設置する必要があった。国内でこのような条件を満たす大規模地下空洞を現実的に建設できるのは、唯一神岡鉱山であり、建設場所に選定されている。

　幌延深地層研究所および瑞浪超深地層研究所では、原子力発電で使われた燃料を再処理した際に生じる高レベル放射性廃棄物の地層処分に関する技術の信頼性向上のために、それぞれ堆積岩および結晶質岩を対象として、立坑計画深度500mおよび1,000mの深地層の研究施設が建設中である。

　天然ガスの利用拡大を推進するために、広域的なパイプラインネットワークの整備・拡大が求められているが、あわせて、日間・季節間の需要変動を吸収してパイプラインの利用効率を上げるための大規模ガス貯蔵施設の必要性が指摘されている。欧米では、岩塩層などの天然の地質構造を利用した大規模ガス貯蔵施設が建設されているが、同様な地質構造が少ないわが国においては、人工的施設である鋼製ライニング式岩盤貯蔵施設が有効と考えられている。ANGAS（次世

代天然ガス高圧貯蔵）として、商用機の建設が想定される都市近郊に一般的に存在する堆積岩が分布する神岡鉱山茂住坑内に鋼製ライニング式岩盤貯蔵施設が建設され、実証実験が行われた。

CAES-G/T（圧縮空気貯蔵ガスタービン発電システム）は、夜間や休日に原子力や火力などの電力を使ってコンプレッサーで圧縮空気をつくり、それを地下貯蔵施設に貯蔵しておき、昼間のピーク時に圧縮空気を取り出し、燃料とともに燃焼させガスタービンを稼働して発電するシステムである。欧米では岩塩層に地下貯蔵施設を建設して実用化されているが、岩塩層が存在しないわが国では、気密ライニング方式と呼ばれる高圧空気の岩盤貯蔵技術の確立が不可欠となる。そのため、閉山した三井砂川石炭鉱山の既設坑道を利用して、地下約450mの大深度地下空間に気密ライニング方式の圧縮空気貯蔵施設を建設し、約1年間にわたる実証試験運転を実施している。

1.2 海外における地下空間利用の動向

1.2.1 商業・生活関連施設

フィンランドの首都ヘルシンキでは、地下バスセンターと地下物流トンネルが建設されている。地下バスセンターの地上部は公園として整備されている。バスは、地下バスセンター、地下駐車場、デパート、ホテル等の資材搬入口と連絡している地下物流トンネルを経由して地上に出るため、地上の交通渋滞の緩和に寄与している。

マレーシアの首都クアラルンプールに隣接するセランゴール州の水不足解消のため、隣接するパハン州のケラウ川から延長44.6kmの導水トンネルを掘削中である。完成後の導水トンネルの延長は世界で11番目、最大土被り1,246mは世界で6番目となる。

ソウル特別市では、生活活動で発生した資源ごみの再活用処理施設が、地上での用地確保が困難なため、区の中心部地下に建設されている。地上部は西小門公園として利用されている。

1.2.2 交通施設

トルコ共和国イスタンブール市における慢性的な道路交通渋滞と大気汚染を解消することを目的として、ボスポラス海峡横断鉄道が現在建設中である。このうち、ボスポラス海峡横断鉄道トンネルは、海峡直下部の沈埋トンネルを含む延長13.6kmのアジアとヨーロッパを結ぶ地下鉄道トンネルである。

台北駅～桃園国際空港～新幹線桃園駅を結ぶ全長54.5kmの台北地下鉄空港線が、2013年の開業予定で現在建設中である。このうちの空港滑走路直下を縦断する5.52kmの地下鉄トンネル区間は、泥土圧シールドによって施工されている。

台湾高雄地下鉄は、高雄市で初めての地下鉄建設事業で、高雄市街地の交通渋滞の解消、交通

利便性の向上による市民生活圏・経済圏の拡大と、世界的な港湾・海洋都市である高雄市の経済発展を目的として、建設・整備中の事業である。

1.2.3 エネルギー施設

　原油、石油製品の水封式岩盤貯槽は、1951年以降フィンランド、ノルウェー、フランスなどの欧州各国と米国等で多数建設された。原油、石油製品の水封式岩盤貯槽の建設が一段落すると、LPガスの水封式岩盤貯槽の建設が盛んになった。近年は、欧米のみならず、アジア各国でもLPガス水封式地下貯蔵施設が建設されている。

　二次覆工を設けずに、岩盤を凍結させ、その中にLPガスを貯蔵するLPガス低温岩盤貯槽が、近年北欧において建設されている。

　デジョンパイロットプラントは、韓国に建設された世界初の覆工方式によるLNG岩盤貯蔵システムのパイロットプラントである。一連の実証実験を通して、覆工方式のLNG岩盤貯槽の概念の妥当性と実現可能性が証明できたことが報告されている。

　インドは近年の急速な経済成長もあり電力不足が深刻化している。とくに、供給電圧の安定化とピーク時の電力不足解消が課題であり、このため、新規の電力供給と石炭火力の効率的運用を目的として、西ベンガル州プルリア地区に、最大出力90万kWのプルリア揚水式発電所が建設され、商用運転を開始している。

　スリランカのアッパーコトマレ水力発電所は、逼迫した電力需給を緩和するとともに、従前のピーク対応電源として割高なディーゼル、ガスタービン発電の代替として、貴重な自国の水力資源を活用するために建設された。

　フィンランドのオルキルオトに、使用済み燃料の地層処分のための地下実験施設が建設されている。今後、この地下実験施設を拡張し、将来的には高レベル放射性廃棄物処分施設とし、2020年より操業を開始する予定である。

　フィンランドでは、低中レベル放射性廃棄物は各原子力発電所で処分する必要があるため、ロビーサ原子力発電所の地下100m、オルキルオト原子力発電所の地下60～100mに、それぞれ低中レベル放射性廃棄物処分場が建設されている。

　SFR処分場はスウェーデンで発生する中低レベル放射性廃棄物を処分する地下処分場施設で、バルト海沿岸の沖合約1kmの海底下50m以深の岩盤内に処分用の地下空洞が建設されている。1988年の操業開始以来、総貯蔵容量6万3,000m³の約半分がすでに処分されている。現在スウェーデン国内で稼働中の原子力発電所からの運転廃棄物は、既存施設で処分可能であるが、2045年頃より予定される原子力発電所の廃止措置に伴い発生する解体廃棄物の処分を行うため、施設の拡張が計画されている。

1.2.4 防災施設

タイのバンコクにおいて、洪水時でも運河の水位を低く保ち、道路等から流入する雨水の排水能力を向上させるために、運河上流から取水し本流のチャオプラヤ河近くの下流に放水するための排水トンネルを建設している。

香港島北西部市街地の降雨時の冠水災害を防止するため、延長10.5kmの雨水幹線トンネルが建設されている。

1.2.5 実験施設

CERN（欧州原子核研究機構）は、スイスのジュネーブ西方に設けられた素粒子・原子核物理学研究施設である。同施設に建設された全周26.7kmの地下トンネルを利用し、高エネルギー下で陽子同士を衝突させるLHC（大型ハドロン衝突型加速器）が新たに設置された。このほかに、8か所の実験空洞が設けられている。

第2節 商業・生活関連施設の事例

2.1 地下街

　1930年の上野～浅草間の地下鉄の開通にあわせ、地下鉄コンコースや地下道に設置した店舗がわが国の地下街の発祥であり、1932年に出現した神田須田町（2011年1月廃止）の地下商店街が、わが国初の地下街である。

　戦後、1952年に三原橋商店街（現在最古）が、当時そこを不法占拠していた露天商の一部を収容する目的で建設された。次いで浅草地下街が、地下鉄駅の拡張工事に便乗した地元商店街の要望で実現した。また池袋駅東口地下街は、駅前に駐車場を建設するための場所を確保する目的で建設された。地下街が建設された動機は、地下街が単独の商店街として建設されたもの、地上交通の混雑緩和を目的にして、地下に建設された地下鉄、地下駐車場等の施設に附属してできたものとに大別される。

　1957年3月に開業した名古屋地下街（サンロード）のような大規模な地下街が全国に相次いで建設され、その多くが主要なターミナル地区に建設されており、その用地は大部分が道路下や駅前広場、公園下などである。

　1972年5月、大阪千日前デパートの大規模火災を契機として、1973年7月に「地下街の取扱いについて」の4省庁通達（建設省、消防庁、警察庁、運輸省）が出され、それ以後の地下街の新設・増設は厳しく抑制され、地下街中央連絡協議会の設置等が定められた。

　さらに1980年8月に静岡駅前ゴールデン街で発生したガス爆発事故を契機にして、同年10月には、上記4省庁に資源エネルギー庁を加えて「地下街の取扱いについて」の5省庁通達が出された。また地下街中央連絡協議会からは、「地下街に関する基本方針について」（1974年6月、1981年6月に一部改正）が出された。

　これらの通達によって、地下街に種々の消防・保安設備を設けることが義務付けられたため、新しい地下街では安全性が大幅に向上した。反面、古い地下街では基準を完全に満たすことができなかったため、良案がないまま改善自体が見送られた例もある。地下街の防災設備を充実させるためには多くの資金を必要とするが、地下街の運営費は大部分を商店街からの収益に依存しているため、採算性の悪化から地下街の建設が抑制される時期があった。

　その後、地下街建設の原則禁止の方針を残したまま、1986（昭和61）年10月に通達の一部が改正され、事実上の規制緩和が図られた。その内容は、駅前広場やそれに近接する区域で、市街地としての連続性を確保する目的で機能更新を図る場合や、積雪寒冷地等の拠点区域で気象等の自然条件を克服して、都市活動の快適性・安全性の向上を図る場合には、地下街の新設・増設を認

めるというものである。これによって再び地下街の建設が活発化した。しかし地下街と隣接ビルを接続する場合は、ビル側が地下街全体の改善費用を負担しなければならないこと、また地下広場の使い方について種々の規制が残されていることなどの問題があり、より一層の規制緩和を望む声がある。

「地下街に関する基本方針について」では、地下街が利用できる階数を地下１層だけに限定しており、店舗面積は、店舗階の延床面積の２分の１以下、地下駐車場を併設する場合は総床面積の４分の１以下に制限されている。このことが地下街の採算性を悪く、経営を圧迫する一因となっている。

その後、1988年８月に、５省庁通達「地下街の取扱いについて」の改正（地下街に関する運用方法の語句の一部改正と国鉄の民営化に伴う改正）が出された。

2000（平成12）年４月には「地方分権一括法」が施行され、この地方分権に伴い地下街関連の通達は、2001（平成13）年６月、「地下街中央連絡協議会」が廃止、「４省庁通達」「地下街に関する基本方針について」「５省庁通達」等がすべて廃止された。

2012年３月現在、全国の地下街（**図表２・２・１**）は、78か所で、総面積は、約110万 m²である。**図表２・２・２**に地下街の建設経緯と法制度の関係について示す。

また、近年、国土交通省の成長戦略会議（2009年10月から翌年５月まで検討）で示された緊急施策のなかで、官民連携による地下街の整備促進があげられており、検討が進められている。

ここでは、最近の官民連携の事例としての天神地下街、大阪駅周辺地区地下空間での利便性・回遊性・防災性向上に向けた最新の取組みを進めるホワイテイうめだ地下街の事例について述べる。

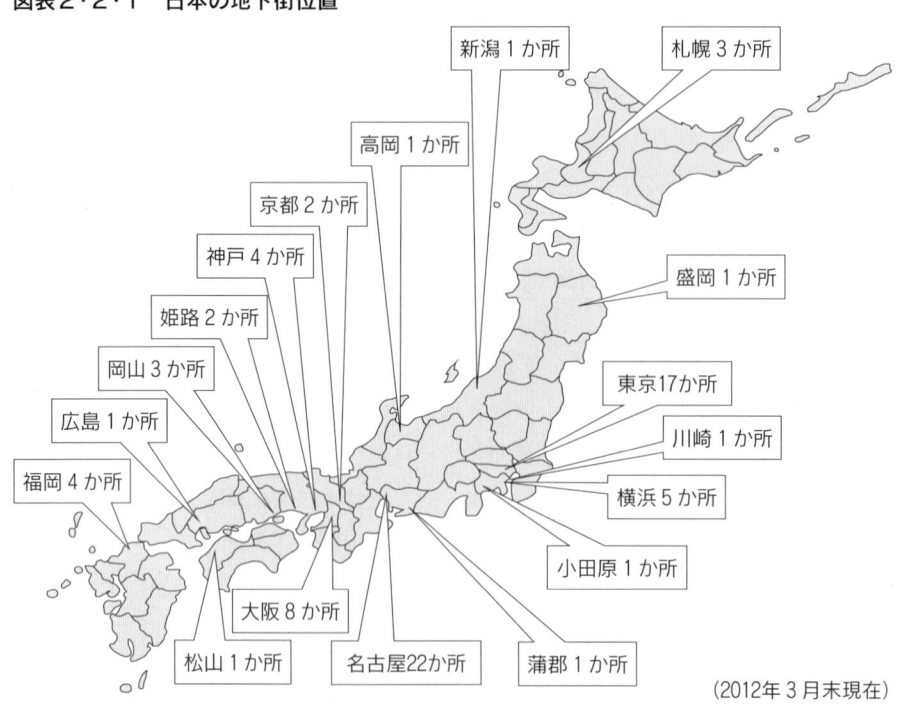

図表２・２・１　日本の地下街位置

札幌３か所
新潟１か所
高岡１か所
京都２か所
神戸４か所
姫路２か所
岡山３か所
広島１か所
福岡４か所
盛岡１か所
東京17か所
川崎１か所
横浜５か所
小田原１か所
松山１か所
大阪８か所
名古屋22か所
蒲郡１か所

（2012年３月末現在）

都市地下空間活用研究会提供

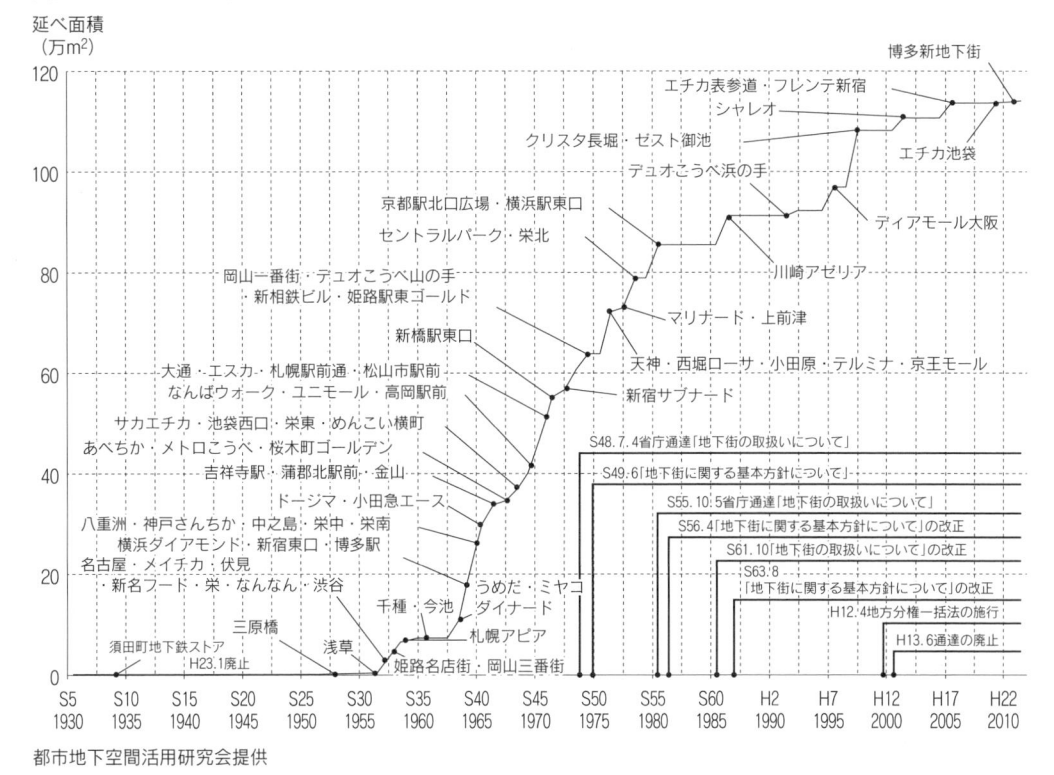

図表２・２・２　地下街の建設経緯と法制度の関係

延べ面積（万m²）

都市地下空間活用研究会提供

2.1.1　天神地区地下街・地下歩道

1 天神地区の特徴

　天神地区は、商業、金融、業務等が高度に集中した九州一の繁華街であり、広域業務機能の拠点である博多駅地区とともに、本市の二大核として発展してきた。

　全国的に有名な歓楽街である中洲にも近接しており、近年はアジアを中心とした国外からの来外者が増える中で、アジアの交流都市・福岡という都市像の実現に向けて、さらに魅力ある街づくりへ官民一体で取り組んでいる。

　2007年６月には英情報誌『MONOCLE』における世界都市の暮らしやすさランキングにおいて、総合で東京の３位に次ぐ17位、ショッピング部門においては１位に選ばれている。

2 天神地下街の位置付けと概要

1 地下空間の利用計画

　都心部における良好な地下空間の形成を目指すため、国の通達（1989（平成元）年：建設省都市局長、道路局長）に基づき、総合的、計画的な地下利用の推進、都市交通の円滑化および機能的

な都市活動の確保という観点から「地下空間の総合的な利用に関する基本計画(地下利用ガイドプラン)」を天神地下街延伸に先立つ1996年に策定している。

この地下利用ガイドプランの中で、総合的な地下利用の考え方をはじめ、歩行者ネットワーク、駐車場ネットワーク、インフラネットワークについて、基本的な平面・断面配置について整理し、天神地下街は市営地下鉄空港線と七隈線の結節機能を含む天神地区地下歩行者ネットワークの歩行者幹線と位置付けられ、その後の延伸計画も進められた(**図表2・2・3**)。

図表2・2・3　天神地区地下利用計画図

2 天神地下街の概要

天神地下街は、福岡市天神地区における歩行者の安全確保と地上交通の円滑化を図り、秩序ある交通確保と都市機能の増進のため、地区を南北に貫通する幹線軸である都市計画道路渡辺通線(幅員50m)の地下に、西鉄天神大牟田線福岡駅、西鉄バスセンターおよび隣接ビルと連絡する南北360m・東西43mの地下街として、1976年9月に誕生した。

その後、1981年7月の市営地下鉄開業(室見〜天神)にあわせ地下鉄天神駅との接続により交通機関との結節機能の拡充が行われた。さらに2005年2月には、市営地下鉄七隈線の建設にあわせて南方面に230m延伸、地下鉄空港線天神駅と七隈線天神南駅との連絡機能と隣接ビルとの結

節機能を拡充し、全長590mの地下歩行者ネットワーク幹線を形成している。
　構造は、地下１階が公共地下歩道と店舗、地下２階が公共駐車場、地下３階が機械室となっており、事業主体は、福岡市をはじめ公益企業等が出資した「福岡地下街開発株式会社」である（**図表２・２・４**）。
　デザインは、19世紀初頭の中世ヨーロッパの街並みを意識し、石、レンガ、鉄を特徴的に使用し、天井は唐草模様のアルミ鋳物、床面は中央部をピンコロタイルの石だたみ、側面をレンガタイル貼、壁は黒御影石のバーナー仕上げとなっている。また公共歩道に比べ店舗の照明を明るくすることで落ち着いた空間となっている（**写真２・２・１**）。

図表２・２・４　天神地下街施設概要

項　目	諸　元
①施　設	延　長：590m（Ⅰ期：既設部360m、Ⅱ期：延伸部230m） 通路幅：既設部８m×１本、５m×１本 　　　　延伸部７m×２本 地下１階：公共地下歩道、店舗、諸室 地下２階：公共地下駐車場、機械室 地下３階：機械室 エスカレーター：４か所 エレベーター：２か所
②面　積	延床面積　約53,300m^2（店舗面積　11,500m^2）
③事業主体	福岡地下街開発(株)
④店舗数	151店舗
⑤駐車台数	421台（南駐車場297台、北駐車場124台）
⑥開閉時間	開門５：30　閉門24：30

写真２・２・１　天神地下街中央広場

写真２・２・２　きらめき地下通路

3 地下空間整備とまちづくり

　天神地区においては、小売業の集積競争が過去３回（1975年、1989年、1996年）起こっており、これらの商業集積とまちづくりによって、鉄道と地下鉄駅を中心とした半径500m圏内に大型商業施設や市役所、公園等の多様な施設が集積している。

　地下街の発達、個別の再開発の蓄積による商業空間の連携、空港近接による建築物の高さ制限（天神地区で60～70m）等もあり、地上に加え地下レベルでも歩行者ネットワークによる面的な接続エリアとしては約20haに及ぶなど、街全体の回遊ネットワークが形成されるに至っている。

　地下利用ガイドプランにおいて、天神地下街から西側へ延びる歩行者補助幹線に位置付けられた地下通路（きらめき地下通路、**写真２・２・２**、**図表２・２・５**）を民間主体で整備し、天神地下街と５つの商業施設とを接続することで、地区の回遊性向上と利便性の高い地下歩行者ネットワークの拡充が行われている。

図表２・２・５　きらめき地下通路施設概要

項　目	諸　元
①施　　設	延　長：約160m 通路幅：5.2～8.0m 地下１階：公共地下通路（ビル地下２階レベル）
②面　　積	1,450m²（道路占用部分）
③事業主体	（株）岩田屋三越、NTT都市開発（株）、西日本鉄道（株）
④供用開始	第１期（1999年４月）、第２期（2000年６月）
⑤開閉時間	開門5：30　　閉門24：30

4 天神地下街延伸後の歩行者交通量について

　天神地区における歩行者交通量について、天神地下街延伸前（2003年西日本新聞社実施）と延伸後（2005年福岡市実施）を比較すると、地点により差はあるものの、延伸後が延伸前の1.16～2.34倍となっている。

　また、地上と地下の歩行者交通量を比較してみると、延伸前が地上対地下でおおむね50：50であったものが、延伸後でおおむね40：60となっており、地上から地下への人の流れが地下街延伸によって、より一層進んだという結果となっている。

5 地下利用のガイドプラン（天神地区）（1996年12月策定）

1 地下利用の現況と課題（図表2・2・6）

① 現況（1996年ガイドプラン策定時）

（1）歩行者ネットワーク

- 西鉄福岡駅の再開発、福岡都市高速鉄道3号線の計画や周辺プロジェクトが進行中であり、歩行者流動の増加や歩行者ルートの拡大が予想される。
- 天神地下街を中心とした歩行者ネットワークは、全体計画の欠如や諸施設間のレベル差により複雑化しており、明快さや回遊性に欠けている。

（2）駐車場ネットワーク

- 駐車需要が多いため、ピーク時における待ち行列や駐車場入口の近接などにより、幹線道路や街路内において、円滑な交通流動に対する阻害要因となっている。
- 荷捌施設が不足しているために物流面や交通面で様々な弊害が生じており、今後も周辺プロジェクトの進行により需要の増大が予想される。

（3）供給処理施設

- 供給処理・通信系の各埋設物は体系的・計画的設置が行われていない。また、細街路での電線地中化が進んでいない。

② 課題（1996年ガイドプラン策定時）

（1）歩行者ネットワーク

- 交通結節機能の強化と歩行者空間の安全性・快速性の向上、交通弱者にも配慮した明快で回遊性のある歩行者ネットワークの形成

（2）駐車場ネットワーク

- 地上交通の阻害要因を軽減し、効率を高める駐車場のネットワーク化、物流車の効率的な集配ルートの確保と物流施段の集約化

（3）供給処理施設

- 電線類の地中化等による良好な都市景観の形成

2 地下利用の基本的方向

（1）歩行者ネットワーク

- 地下鉄空港線・3号線、西鉄福岡駅、バスセンター等の交通結節機能を強化するため、各ターミナルを相互に結ぶ根幹的な動線の形成を図る。
- 公共地下通路と周辺ビルとの体系的・有機的ネットワークを図るため、官民一体となった地下通路・地下広場の整備に努める。

（2）駐車場ネットワーク

- 地下レベルによる駐車場ネットワーク化に向けて、整備効果や問題点について検討を行う。

第2章 最近の地下空間利用

図表2・2・6　地区概要図

断面ⓐ渡辺通り（天神地下街）

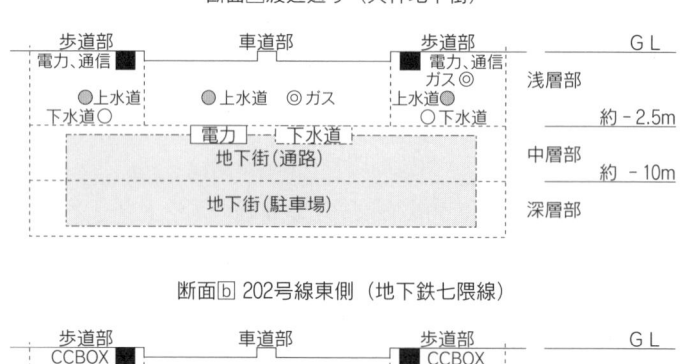

歩道部	車道部	歩道部	GL
電力、通信		電力、通信	浅層部
●上水道 ◎ガス	●上水道 ◎ガス	●上水道	
下水道○	電力　下水道	○下水道	約 -2.5m
	地下街（通路）		中層部
			約 -10m
	地下街（駐車場）		深層部

断面ⓑ 202号線東側（地下鉄七隈線）

歩道部	車道部	歩道部	GL
CCBOX		CCBOX	浅層部
◎ガス ●上水道	○電力　●通信　◎ガス	ガス◎ ●上水道	
下水道○	○下水道	○下水道	約 -2.5m
	地下鉄（駅舎部）	下水道	中層部
			約 -10m
	地下鉄（軌道部）		深層部

（3）供給処理施設

・電線等の統合化（共同溝、キャブの設置）や共同化を含めた計画的かつ一体的な地下空間利用の促進を図る。

6 官民連携による地下街の整備の推進

　地下街の整備については、これまでも官民で連携し整備が進められているが、2010年5月17日の成長戦略会議でとりまとめられた「国土交通省成長戦略」において、「官民連携による社会資本の新たな整備・管理システムの導入促進」の施策の1つとして「公共団体と民間事業者が一体的に地下街整備を行うことにより、民間投資の誘発を促進する」ことが位置付けられたことを受け、国土交通省都市局街路交通施設課が、官民が連携した地下街整備を促進するため「地下街整備における『官民連携地下街方式』の活用について」をとりまとめている。

　地下街の整備は、地下街事業者によって行われることが一般的であるが、公共空間としての役割を担う通路（道路認定する場合は歩行者専用道路）等については、国の支援の対象となり、社会資本整備総合交付金（以下「交付金」という）等を活用した事業実施が可能となる。

　天神地下街（Ⅱ期）は、都市・地域交通戦略推進事業の前身である都市再生交通拠点整備事業等の支援を受け、整備を行っている（**図表2・2・7、2・2・8、写真2・2・3**）。

写真2・2・3　地下通路内の状況

図表2・2・7　天神地下街（Ⅱ期）の概要

項　目	諸　元
事業主体	福岡地下街開発株式会社
施設概要	延伸部：延長約230m（公共地下歩道、店舗、駐車場等）
事業費	約220億円
公共部分への支援	公共地下歩道、広場、防災関連施設等に支援
開業年月	2005（平成17）年2月

図表2・2・8　地下通路平面図（網掛け部分が支援対象）

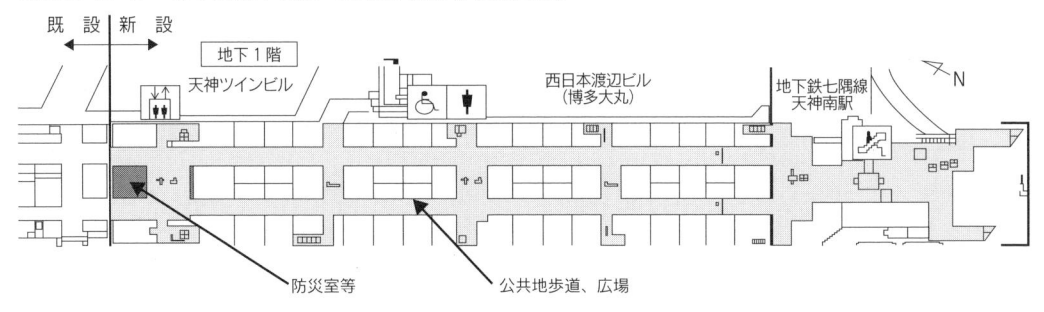

2.1.2　大阪駅周辺地区地下経路案内サービス

1 大阪駅周辺地区地下空間の特徴

　大阪駅周辺地区は、7本の鉄道が乗り入れ、1日の乗降客数が約250万人と西日本最大の規模を誇り、都市機能が高度に集積する全国有数のポテンシャルを有する地域である。この地域には、**図表2・2・9**に示すように、阪神梅田駅、地下鉄梅田駅、東梅田駅、西梅田駅、JR北新地駅の5つの地下駅があり、地上駅のJR大阪駅、阪急梅田駅を相互に連絡する3つの地下道、3つの地下街の地下公共通路のネットワークがある。

　また、これらの公共通路のネットワークに多数の建物地下階が接続しており、官民合わせて約35万 m^2 にも及ぶ広大な地下空間を形成している。これにより、歩車分離による地上交通の混雑緩和、安全性を確保するとともに、快適な歩行環境を生み出し、にぎわいある回遊性の高いまちづくりに貢献している。さらに、地下通路と接続することにより沿道建物のリニューアルを促進することなど、地域に欠かせないインフラとして機能している。

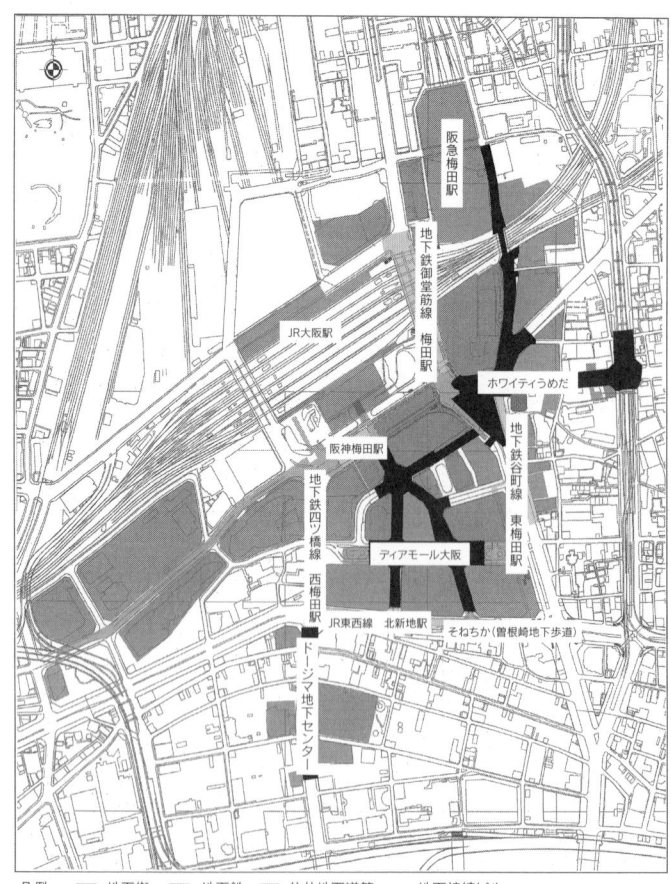

図表2・2・9　梅田地下公共通路のネットワーク

一方、閉鎖空間であることから防災性への配慮や、通路が網の目状に形成され位置の確認が難しくわかりやすさに欠けること、上下移動等、バリアフリーへの対応が必要となることなど、地下空間特有の留意すべき点もあり、このような点に対する地域での取組みを紹介する。

2 来街者の利便性、回遊性向上の取組み

○地域共通サインシステム

　共通のサインシステムを整備するまでは、鉄道事業者、地下街管理者、道路管理者など多数の管理者が各々独自に案内してきたため、表現に一貫性がなく、また配置には原則性が乏しく連続した案内になっていなかった。このため、管理者が異なる地区間でもスムーズでわかりやすい案内情報を提供することを目的に関係者からなる部会を設け、検討を進め、1994年に地域共通サインを設けることで合意した。

　地域共通サインは梅田地域全体で公共的性格の強い情報を案内する地域案内と特定の地区をより詳しく案内する地区案内の2つからなり、それぞれが案内図、誘導サイン、位置表示から構成される。案内図は来街者にとって現在地や周辺の建物配置を理解するのに非常に有用であるため、統一したデザインの案内図を主要な地点に設置した。誘導サインはあらかじめ主要な地点で案内する施設を定め、それに基づいて各管理者が誘導サインを設置した（**写真2・2・4**）。位置表示については、複雑な地下通路を東西南北の2つの通路に簡略化し、東西方向の通路には数字を、南北方向の筋にはアルファベットで表すことにした（**図表2・2・10**）。個々の出口は、その通りや筋の座標値で表し（例：D-41、5-22）この表示をそれぞれの出口に掲載することとした（**図表2・2・11**）。

　この地域共通サインシステムは発足後、18年が経過しているが、発足当初の関係者だけでなく新たに開発された地下街や地区開発にも適用され、現在でも関係者からなる連絡会で新たな地区開発への適用や既存のサインのメンテナンスを行っている。

　また2010年には、総務省の地域ICT利活用推進交付金を利用し、地下街管理者や鉄道事業者等からなる協議会を設け、ICT技術を活用したナビシステム「うめちかナビ」を開発し現在、運

写真2・2・4　案内図　誘導サイン

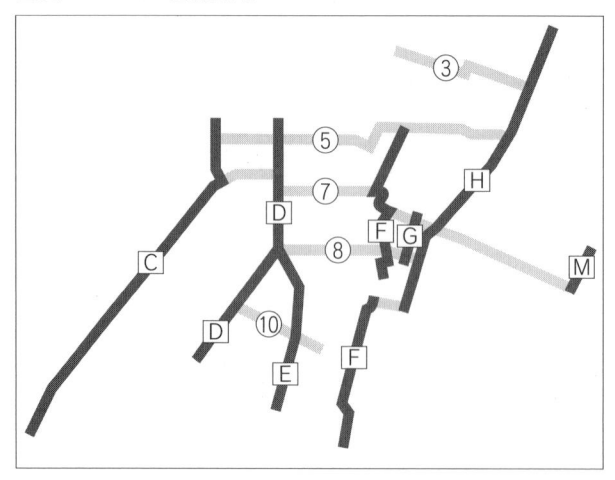

図表2・2・10　通路記号

図表2・2・11　出口番号

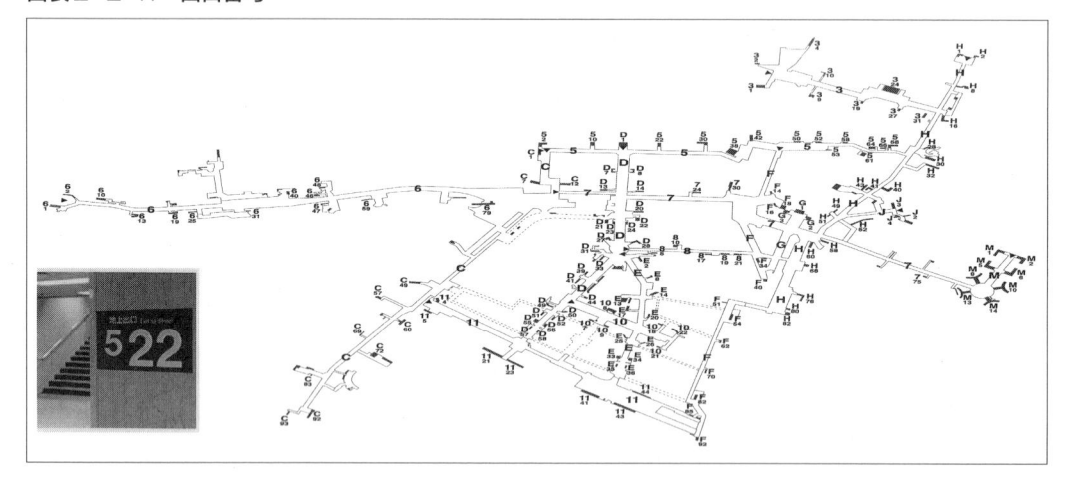

用している。

　このシステムは大阪・梅田周辺（地上・地下街）を対象範囲とし、パソコンや携帯電話を用いて地下街内にある店舗やトイレなどの施設情報や目的地までの最短ルート、交通機関（鉄道・バス）の乗り換えルートを案内するシステムである。特にルート検索は、複雑に入り組んでいる地下街をわかりやすく案内するとともに、車いすやベビーカーを利用する方でもスムーズに移動できるよう、階段や段差、幅の狭い通路、開けにくいドアといった移動を妨げる箇所を回避できるルートを案内できるようになっている。その他、店舗情報、サービス施設情報も関係者の情報提供を受け充実することができた。

　これらのシステムは、地域の利便性、回遊性を向上するだけでなく、災害時等緊急時の避難誘導や場所の特定においても欠かせないシステムであり、今後も地域のインフラとして引き続きその役割を果たしていくものと考えている。

3 ゲリラ豪雨等に対する浸水対策

近年増加しているゲリラ豪雨は、局所的に雨を降らせ、かつ雨雲の発生から降雨の最大化までの時間が非常に短いため、現在の技術では、事前に発生場所や発生時間の予測が困難な状況にある。

一方、地下空間では地上の天候の状況が把握しにくく、とりわけゲリラ豪雨等の短時間の気象の変化は把握が困難であり、対応を誤れば地下街へ大量の水が浸入し多大な被害につながる可能性がある。このため、ゲリラ豪雨等にも短時間で対応できるよう避難計画を再考する必要性が生じている。

本項では、こうした背景から地下街（ホワイティうめだ）（**図表２・２・12**）を対象に実施したゲリラ豪雨を想定した浸水リスクの評価分析と、それらを踏まえた被害軽減策の概要について示す。

1 シミュレーションモデルおよび降雨強度、浸水防御対策の設定

図表２・２・13に示すように、「地表面＋管路網モデル」に「地上氾濫モデル」「出入口モデル」「地下街モデル」を組み込むことにより、地上・下水道管路網・地下通路網の氾濫水の挙動を一体的に表現できる氾濫数値シミュレーションモデルを構築した。

降雨条件は、150mm/hrの降雨を与え、地下街出入口の条件として、出入口に浸水防御対策を実施しない場合の浸水シミュレーションを実施し（Case-1）、次に流入する可能性のある出入口のいくつかに浸水防御対策を実施した場合のシミュレーションを実施し（Case-2、Case-3）、その効果を比較した（**図表２・２・14**）。

2 浸水シミュレーションの結果と考察

時間150mmの降雨が１時間継続すると、降雨開始から約30分後に下水道施設が満管状態となるとともに溢水が始まり、地表の氾濫水は降雨開始から約60分後（道路冠水開始から30分後）に地下に流入することになる。

このことは、降雨が終了したのちに地下空間への流入が始まることになり、地下街管理者は降雨終了後も浸水の危険性を監視し続ける必要のあることを示している。一方、流入する可能性のある出入口は、地下街周辺の地盤高や出入口の構造高さなどから、全出入口のうち、６か所からの流入が想定された。地下街の管理は早朝や夜間には警備体制も少なくなるが、この体制でも安全を確保するには、事前に水防活動の優先順位を明確にし、短時間で実行可能なよう準備しておく必要がある。

図表２・２・15にはこれらの箇所に重点的に浸水防御対策を実施することで、浸水の被害が最小限となることを示している。優先的にＡ出入口を止水することにより（Case-2）、総流入量を約半分にできるだけでなく、流入開始までの時間を10分以上遅らせることが可能となる。さらに、４か所の出入口を止水できれば（Case-3）、無対策時に比べて総流入量を約22％に、地下街最深

第2章　最近の地下空間利用

図表2・2・12　ホワイティうめだ概要

① 施設概要
- 1日来街者数：40万人
- 延床面積：3万1,336m²
- 営業面積：1万3,720m²
- 店舗数：199店舗
- 開業：1963年11月29日

② 通行量等
- 断面通行量：
   14.3万人/12時間
- 最大滞留者数：約1.6万人

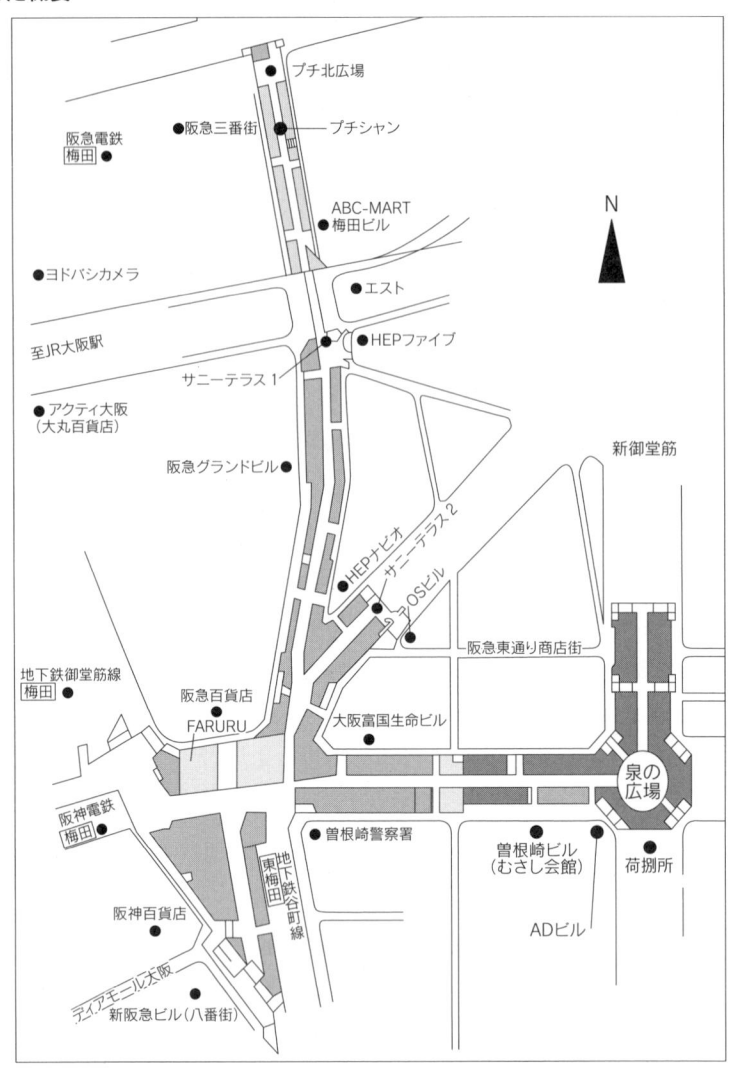

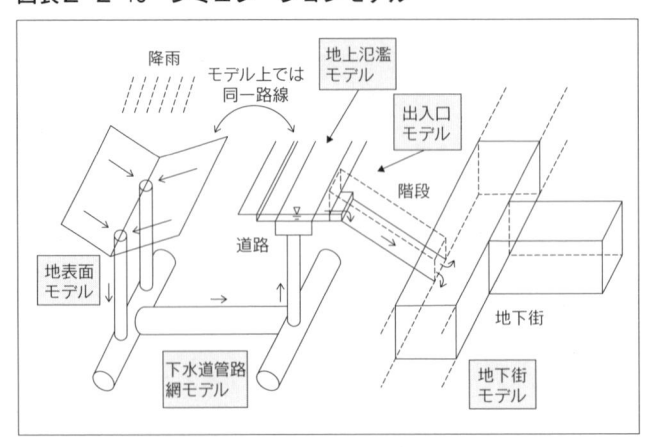

図表2・2・13　シミュレーションモデル

図表2・2・14　シミュレーション結果

出入口番号		A	B	C	D	E	F
Case-1	止水なし	×	×	×	×	×	×
Case-2	Aのみ止水	〇	×	×	×	×	×
Case-3	4か所止水	〇	×	〇	×	〇	〇
備考	管理	地下街	接続ビル	地下街	接続ビル	接続ビル	地下街
		早		(流入順序)			遅

〇：止水　　×：浸水

図表2・2・15　浸水防御対策の例

	総流入量 (m³)	道路冠水後、地下街流入開始までの時間（分）	道路冠水後、地下街水深が70cmに達するまでの時間（分）
Case-1	5,275	30	83
Case-2	2,660	44	94
Case-3	1,186	44	―　（最大水深は36cm）

部での水深を約36cmまでそれぞれ抑制できることがわかった。

3 避難安全対策

これらの解析結果をもとに現在、浸水防御対策の改良を進めている。

まず、降雨情報を正確に把握するため、現地に雨量計を設置した。これにより現地の降雨状況をリアルタイムで観測でき、街内者の避難誘導や、止水板の設置等の判断に有効に活用できるとともに、降雨量と街内漏水等の地下街の被害状況を関係付けたデータが蓄積でき水防体制の改善にも利用できる。次に、流入する可能性のある出入口については、可能な限り構造高さを高くすること、それが困難な場合でも、止水板を改良し、できるだけ短時間に設置可能なものに変更する計画である。

このようなハード対策を進めるとともに、避難誘導策等のソフト対策を定め梅田地下空間避難確保計画（東梅田地区）として公表している。そこでは、緊急時には、大阪地下街(株)を代表とし接続ビルを構成員とする対策本部を立ち上げ水防対策にあたる体制を構築している。浸水が予測される場合、避難は地下街の中でも流入水が流れ込む可能性のある相対的に低い場所や地上への誘導では被害を助長させる可能性があるため、地下街の中でも相対的に高い場所とするとともに、地下街に接続するビルの3階以上としている。

2.2　官民連携複合施設・地下通路

　近年の都市再開発にあわせ、交通結節機能の強化や回遊性向上、地上交通の緩和を図るため、地下街（地下通路）・地下鉄・ビル地下階等が連携した地下歩行者ネットワークの形成が求められるようになってきた。そのため、従来の公的セクターによる公共地下空間整備に加え、公的セクターと鉄道事業者、周辺民間ビル事業者との協力・協調により、統一したビジョン（「将来像」「ルール」「整備手法」等）を作成し、都市基盤施設の整備、ネットワーク基盤整備を進める事例が増加し、官民連携の裾野が全国的に広がってきた。

　また、良好な市街地環境と合理的な土地利用を促進するため、立体都市計画制度（立体道路制度、立体都市公園制度、立体河川制度等）が創設され、平面概念である土地利用から、立体的な土地利用が可能となり、地上または地下整備の利用領域の可能性が広がり、都市の重層かつ効率利用の可能性が高まってきた。さらに、将来の公共施設の維持管理費用の増加に対し、民間活力を生かした管理手法を導入する新しい取組みが出てきており、公共側が負担する維持管理費用の削減だけでなく、地域の実情に合った整備水準の高い管理や地域の活性化に寄与するような新しい取組みがみられるようになってきている。

　ここでは、近年の官民連携による都市基盤の整備の事例として、汐留地下歩行者道路と東京・丸の内の地下ネットワーク、ならびに立体都市公園制度を導入し地区の歩行者動線の改善整備を目指した横浜市でのアメリカ山公園整備事業について記述する。

2.2.1　汐留地下歩行者道路

1 事業の目的

1 汐留土地区画整理事業

　1986年の汐留貨物駅廃止、1987年の国鉄民営化に伴い、約20haにも及ぶ汐留貨物駅跡地は売却されることとなった。東京都は、この広大な跡地の土地利用転換にあたり、汐留地区を都心と臨海部を結ぶ交通の重要な結節点と位置付け、世界都市東京にふさわしい業務、商業、文化、居住等の施設建設を誘導し、複合市街地の形成を図ることとした。また、新交通ゆりかもめ、都営大江戸線、虎ノ門と臨海部を結ぶ環状2号線などの整備を周辺地区と一体となって進めることとした。こうした高い公共性を背景として、汐留地区では東京都施行による土地区画整理事業を実施している（図表2・2・16）。

　汐留土地区画整理事業では、幹線道路や公園等の整備とともに、歩行者の利便性を高めるため、地下歩行者道路を整備している。

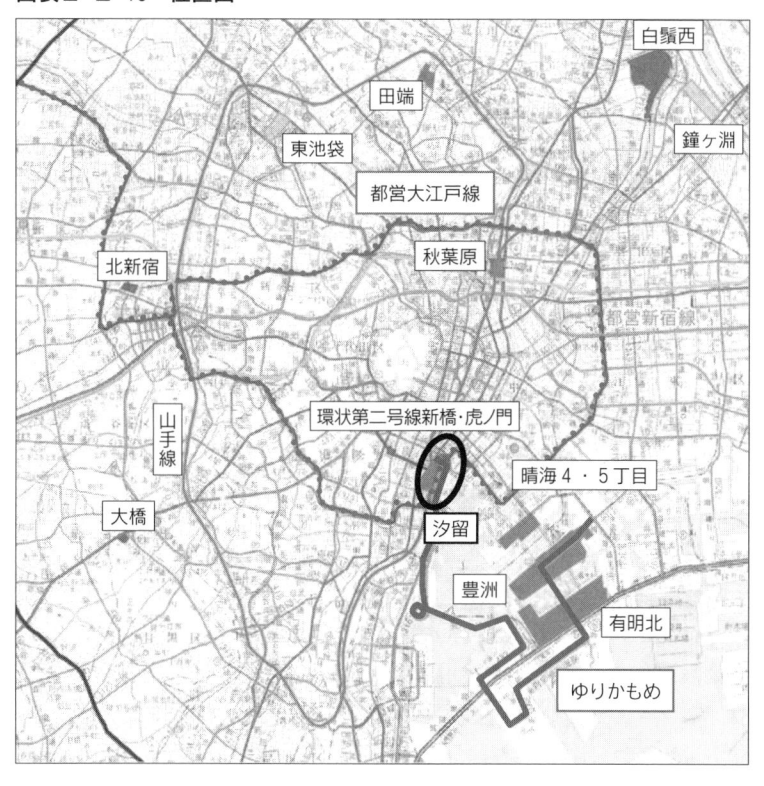

図表2・2・16 位置図

2 汐留地下歩行者道路

　汐留地区では、土地区画整理事業の施行とあわせた再開発地区計画（現 再開発等促進区を定める地区計画）の活用により、土地の高度利用が図られるため、大量の発生集中交通量を適切に処理することが求められた。

　汐留地区に隣接する新橋駅周辺の交通特性をみると、もとより鉄道網の整備水準が高く、鉄道利用の交通手段分担率が高いという特徴があった。加えて、新交通ゆりかもめや都営大江戸線が新たに整備され、鉄道の利便性がさらに高まることから、鉄道駅を起終点とする大量の歩行者流を円滑に処理する必要があった。

　汐留地下歩行者道路は、3路線の地下駅が結節する新橋駅と都営大江戸線汐留駅との連絡や、鉄道駅から周辺ビルへのアクセスルートを地下レベルで確保するために整備されたものである（図表2・2・17）。さらに、地下歩行者道路と連続するサンクン広場を民地内に配置することにより、快適でゆとりのある地下歩行者空間を官民が連携して創出している。このサンクン広場は、再開発地区計画の2号施設に位置付けられており、民間事業者により整備されたものである。

図表２・２・17　案内図

2 汐留地下歩行者道路の概要

① 都市計画施設の名称：港歩行者専用道第３号線および第４号線（以下「港歩３」「港歩４」という）

② 事業者名：東京都（土地区画整理事業者）

　　　なお、港歩３の躯体構築は東京都地下鉄建設(株)に、港歩４のうち都営浅草線新橋駅との接続部は東京都交通局にそれぞれ工事委託している。

③ 所在地：港区東新橋１丁目

④ 事業規模（通路延長・幅、施設面積、階数等、**図表２・２・18**）

　・延長：港歩３…380m、港歩４…170m

　・幅員：40m

　・施設面積：約１万6,000m^2

⑤ 事業工程（基本構想、概略・詳細設計、建設着工、竣工、運用開始等）

　・1992年度：再開発地区計画および土地区画整理事業の都市計画決定

　　　　　　　港歩３の都市計画決定

　・1994年度：港歩４の都市計画決定

　　　　　　　土地区画整理事業の着手

　・1995年度：新交通ゆりかもめ開業（汐留駅は通過）

　・2000年度：都営大江戸線開業（汐留駅は通過）

　・2002年度：新交通ゆりかもめ・都営大江戸線汐留駅開業

　　　　　　　地下歩行者道路の竣工・供用開始、まちびらき

⑥ 事業計画上の関連法規：道路法、建築基準法、消防法

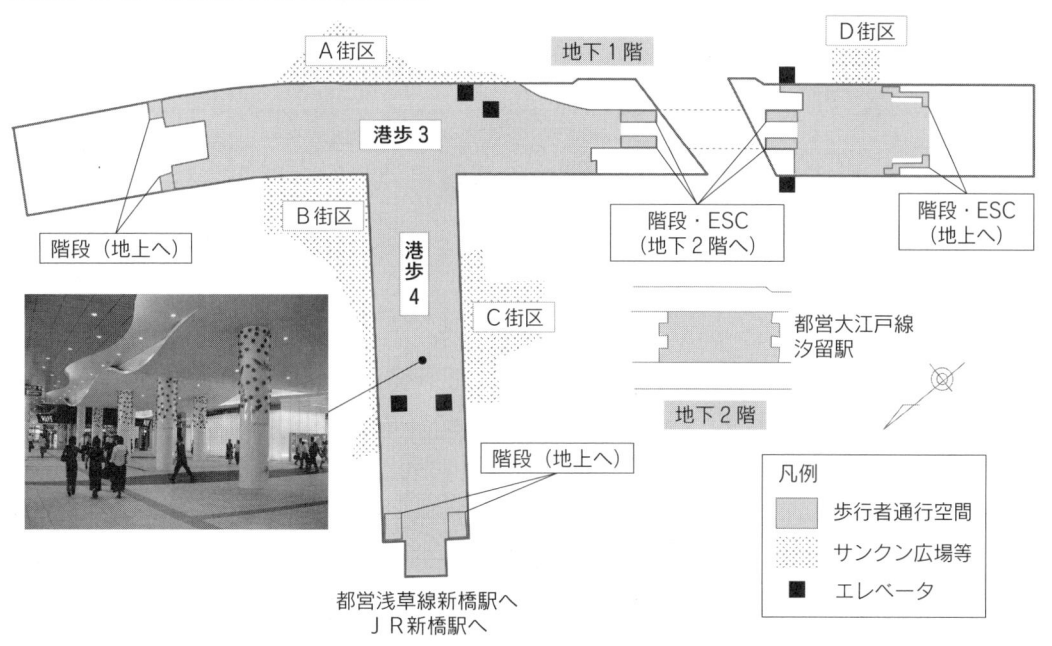

図表2・2・18 汐留地下歩行者道路全体図

3 事業概要

1 構造概要

　港歩4は、新橋駅と汐留地区とを結ぶ歩行者のメインルートであり、鉄筋コンクリート箱型構造となっている。地下歩行者道路のレベルは、既設の都営浅草線新橋駅のコンコースに合わせて計画されており、これが各街区のサンクン広場のレベルにもなっている。

　港歩3は、都営大江戸線などの各種インフラと一体構造となっている。この地下一体構造物は、地下3層5径間の鉄筋コンクリート箱型ラーメン構造であり、地下1階は地下歩行者道路と都営大江戸線のコンコース階への出入口、地下2階は都営大江戸線のコンコースと各街区の駐車場にアクセスする地下車路、地下3階は都営大江戸線のホームと管路収容空間で構成されている（**図表2・2・19**）。また、地下一体構造物は、新交通ゆりかもめの基礎を兼ねているため、底版と頂版に鋼製補強を施し、これを鋼角柱で連結している。

2 施工方法概要

　汐留地下歩行者道路は、すべて開削工法により施工した。このうち、港歩3を含む地下一体構造物については、新交通ゆりかもめの開業が急がれていたため、幅員40mの躯体構築に先駆けて幅員20mの新交通競合部を先行して構築した。

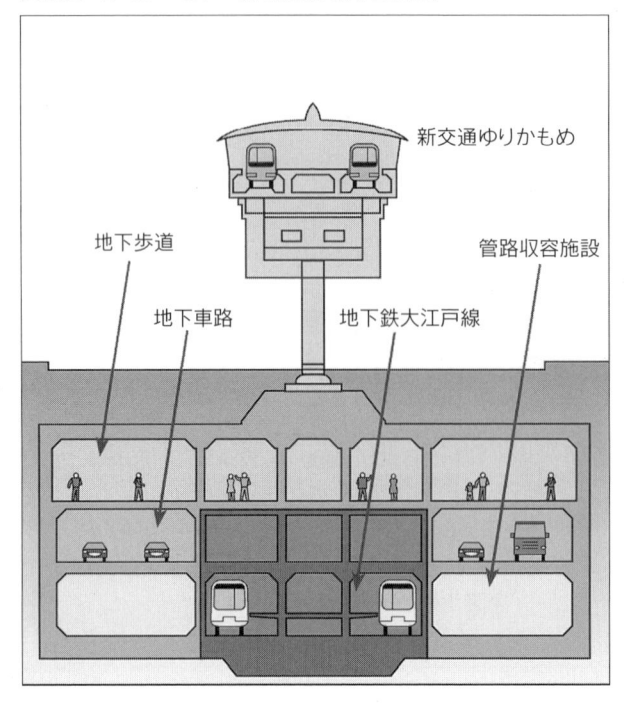

図表2・2・19　地下一体構造物標準断面図

(図：新交通ゆりかもめ、地下歩道、地下車路、地下鉄大江戸線、管路収容施設)

3 エリアマネジメントの先進事例

　地下歩行者道路などの公共施設は、汐留シオサイト・タウンマネージメントによって維持管理されている。汐留シオサイト・タウンマネージメントは、土地区画整理事業区域内の地権者で構成された一般社団法人であり、公共施設の維持管理に要する費用は、東京都（道路管理者）からの委託料などのほか、地下歩行者道路内の売店や広告から得られた収益から捻出している。

4 事業計画、建設中の特筆する留意事項

　地下一体構造物、新交通ゆりかもめ、都営大江戸線の躯体は、港歩4に先行して構築されたため、港歩4の整備にあたり、既設構造物の計測管理が必要となった。加えて、地下歩行者道路に接続する各街区の超高層ビル建築工事も港歩4と同時期に実施され、超高層ビルの最大地下深さは36mにも及ぶため、港歩4の工事と同様に既設構造物の計測管理が必要となった。

　このため、管理基準値の共有や合理的な計測機器の設置等を目的として、施設管理者と工事施工者で構成される汐留地区計測管理協議会を設置し、円滑な工事進捗に努めた。

2.2.2 丸の内地下ネットワーク

1 事業の目的

1 計画の背景

　東京の大手町・丸の内・有楽町地区（以下「大丸有地区」という）は、戦後の日本経済の中枢を担うビジネス街として、諸外国の代表的な都市に比肩する質の高い市街地の形成を目標にまちづくりの努力が積み重ねられ、日本経済の成長とともに世界に誇る日本の顔としての発展を遂げ、歴史性を感じさせる街並みを形成してきた。

　2000年代に近づくにつれ、当地区内における環境共生、防災性・安全性の向上等、様々な視点から、再開発にあわせた建築物やインフラの更新に取り組む必要が生じてきた。そこで東京都は、1997年に「区部中心部整備指針」を策定し、大丸有地区を更新都心整備エリアに位置付け、政治・行政・経済の中枢機能の集積や都市基盤などすでにあるストックを生かし、国際社会に対して、わが国を代表する地区として立地すべき区域、個別建替え等に応じて積極的に機能更新を図っていく区域とし、魅力と品格ある都心づくりを推進し、都市基盤の整備、街区の再編を図ることとした。

　さらに、「世界をリードする魅力と賑わいのある国際都市東京の創造」を新しい都市づくりの

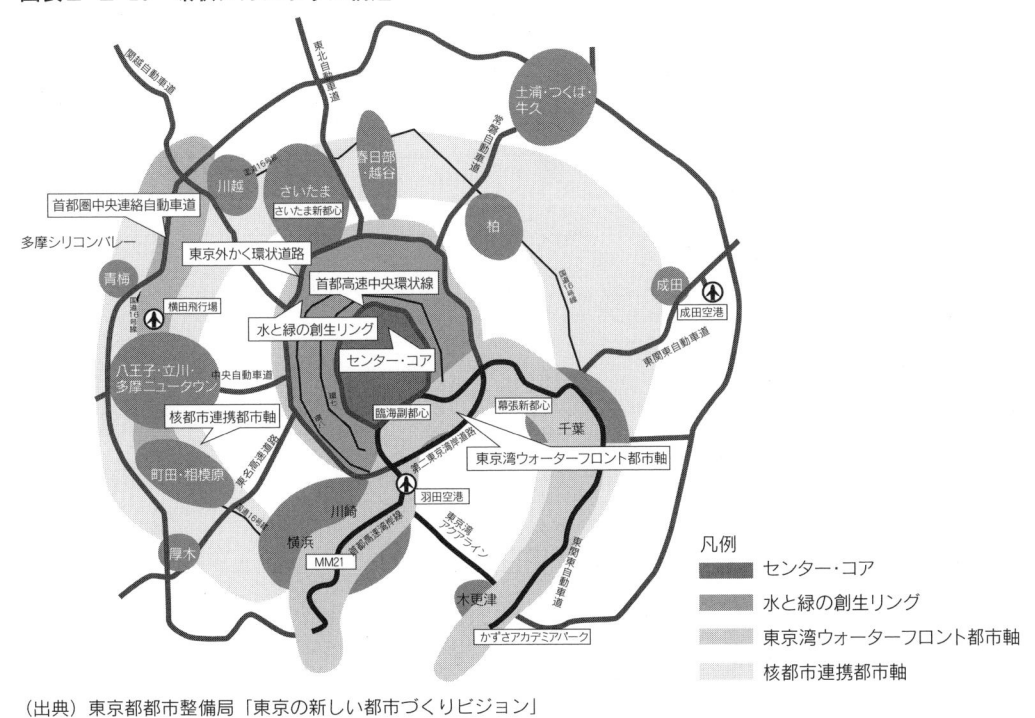

図表2・2・20　環状メガロポリス構造

（出典）東京都都市整備局「東京の新しい都市づくりビジョン」

目標とした「東京の新しい都市づくりビジョン」(**図表2・2・20**)を2001年に策定し、大丸有地区を「センター・コア再生ゾーン」として位置付け、経済のグローバル化等による機能更新を進めるとともに、伝統ある中枢業務機能集積地として世界的なビジネス拠点やアメニティ豊かな都心の交流空間の形成、東京駅と行幸通りなどの周辺整備による歴史と風格ある首都の構築をすることとした。

また、東京駅周辺地区の更新に際しては、公共と民間が協力・協調し、統一したビジョンをもとに都市基盤施設の整備を進めることが急務であり、大丸有地区における官民連携の指針として活用することは大きな意義があることとした。

この流れを受け、2003年に「大手町・丸の内・有楽町地区まちづくり懇談会」(千代田区、東京都、再開発協議会、東日本旅客鉄道株式会社の4者により構成)により「大手町・丸の内・有楽町地区まちづくりガイドライン」が作成され、このガイドラインの中で、**図表2・2・21**に示すように公共用地と民有地を含めた将来の地下歩行者ネットワーク整備イメージが示された。

図表2・2・21　主要な歩行者ネットワーク将来イメージ（地下）

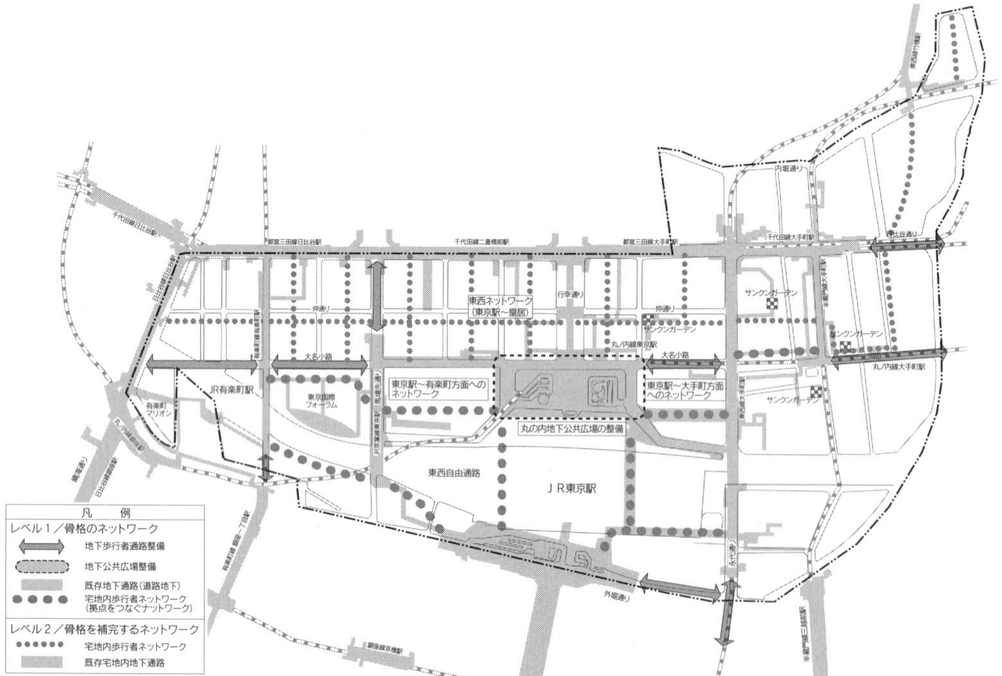

(出典) 大手町・丸の内・有楽町地区まちづくり懇談会「大手町・丸の内・有楽町地区まちづくりガイドライン2008」

2 地下ネットワーク整備の変遷

東京駅丸の内側の地下空間は、地下鉄丸ノ内線東京駅開業（1956年）、JR東京地下駅開業（1972年）といった鉄道事業により整備が進められた。

この空間は鉄道駅間の乗換動線であり、1995年頃より始まった大丸有地区の更新整備にあわせ、

この公共地下空間についても時代に合った機能更新の必要性が高まってきた。それを受け、都市のネットワーク機能の充実、都心にふさわしい環境形成、都市防災の強化、高齢化に配慮したバリアフリー対応、来街者や観光を意識したわかりやすい都市構造への転換が議論され、東京都は2004年に「東京駅周辺の基盤整備推進等の調査報告書」をとりまとめ、丸の内の道路ネットワークや地下ネットワークの再整備方針を発表した。

地下の歩行者ネットワークでは、道路地下に設ける公共通路のほか、拠点をつなぐ骨格となる通路や、補完する宅地内通路に区分し整理し、個別開発の中で具体的に整備することとした。これにより、隣接するビルの建替え計画にあわせて官民連携による地下歩行者ネットワークの整備が順次進められてきた。

ここでは、骨格となる地下ネットワークである行幸通り地下通路線と、公共通路である千代田歩行者専用道第5号線（丸の内地下広場）について詳述する（**図表2・2・22**）。

2 事業概要

1 拠点をつなぐ骨格となる地下歩行者ネットワーク

① 施設名称：行幸通り地下通路線
② 事業者名：三菱地所株式会社
③ 所 在 地：千代田区丸の内1丁目
④ 事業規模：延長197m、幅員18m（2004年12月3日都市計画決定（立体））
⑤ 事業工程：2005年9月着手、2007年4月竣工、2007年4月供用
⑥ 構　　造：地下2階、RC造

2 丸ノ内地下広場における地下歩行者ネットワーク

① 施設名称：千代田歩行者専用道第5号線（丸の内地下広場）
② 事業者名：三菱地所株式会社（Ⅰ期）、東京都・三菱地所株式会社（Ⅱ期）、日本郵政株式会社（Ⅲ期）
③ 所 在 地：千代田区丸の内1丁目、2丁目
④ 事業規模（通路延長・幅、施設面積、階段等）：延長490m、幅員12～35m（2009年3月6日都市計画変更）
⑤ 事業工程
・Ⅰ期：2001年1月着手、2002年9月竣工、2002年9月供用
・Ⅱ期：2005年7月着手、2007年4月竣工、2007年4月供用
・Ⅲ期：2009年9月着手、2012年3月竣工、2012年3月供用
⑥ 構造
・Ⅰ期：地下1階・地上1階、RC造、杭基礎
・Ⅱ期：地下1階（一部地下2階）・地上1階、RC造、直接基礎

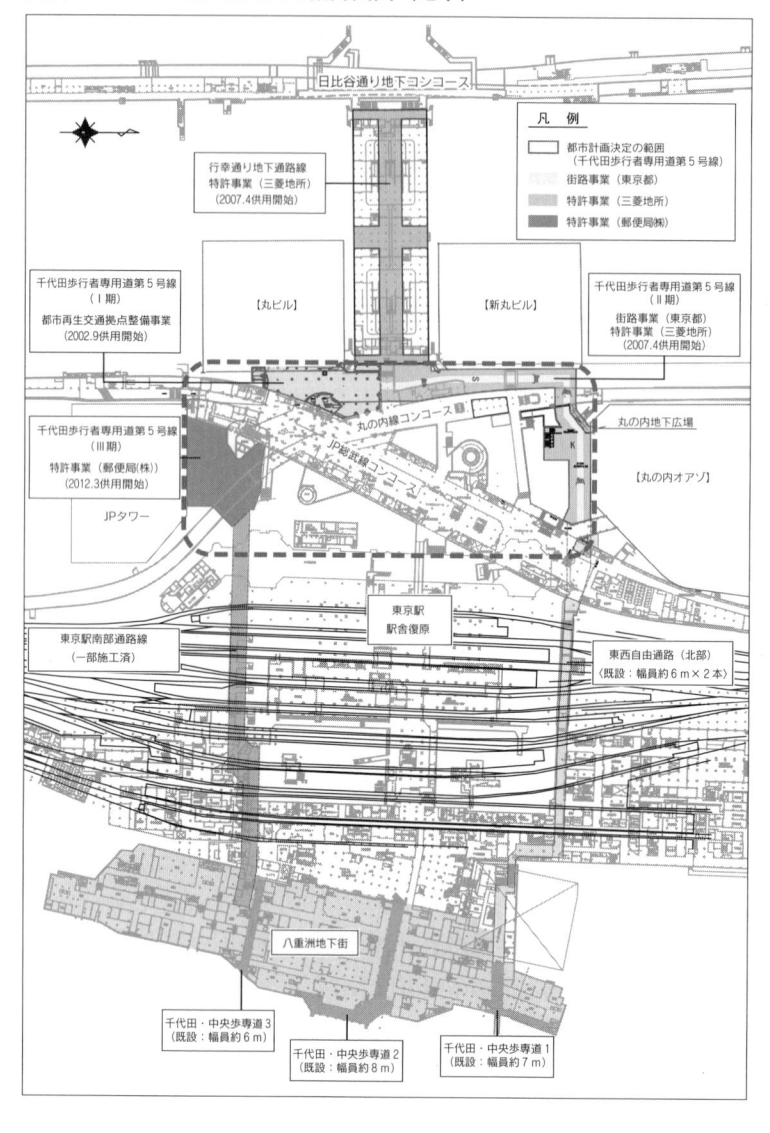

図表２・２・22　東京駅周辺整備計画図（地下）

・Ⅲ期：地下１階（一部地下２階）・地上１階、RC造（一部SRC造）、杭基礎

3 地下歩行者ネットワークの施設概要

　地下歩行者ネットワークの整備は、特定街区、特区、特例容積率制度等の都市計画諸制度を活用しながら、個別開発事業の中で地下通路を整備している。

1 行幸通り地下通路線

　行幸通り地下通路線は、拠点をつなぐ骨格となる地下歩行者ネットワークの１つとして、内堀通りと東京駅をつなぐ全長約200mの地下通路として2007年４月に供用した。この場所は、1960

写真2・2・5　行幸通り地下通路線

　(昭和35) 年に日本で初めての大規模地下都市計画駐車場として建設された丸ノ内駐車場の地下1階部分を通路として利用したものである。

　丸ノ内駐車場は、大丸有地区のビル再開発が進むにつれて、各ビルの駐車場整備が拡充したことを受け、年々、駐車場としての需要が減少していたことから、地下2層ある駐車場の地下1階部分を都市計画駐車場から都市計画通路に再構築し、地下通路として利用したものであり、都市施設のコンバージョン事例の1つである。

　この通路は皇居を含めた丸の内界隈に来街する方々に、安全な歩行通路の提供はもとより、快適で楽しい公共地下空間を提供するため、広々とした明るい通路の両脇には、「行幸地下ギャラリー」と名付けられた全長約200mのガラスショーケースが設置されている（**写真2・2・5**）。

　このギャラリーは、そのスケールを生かした様々な展示展開が可能で、絵画、写真、現代美術などのアート展示から奥行きを生かした立体物の展示など、幅広い利用が可能となっている。またイベント展示が行われていない期間は、丸の内界隈の歴史や自然、祭りの姿など紹介する写真パネルを展示し、地下空間に快適な環境と賑わいを創出するとともに、東京の中心から歴史や文化を発信するギャラリースペースとして、街の活性化に寄与する仕組みとした。

　この通路は人や物が滞留すべき空間としては想定していなかったが、2011年3月11日の東日本大震災の際には、多くの帰宅困難者が集中し、避難スペースとして利用された。

　この地下通路を含め一般的に地下空間は、災害発生時に損壊、停電、水害、火災などの危険性

も危惧される一方で、今後も災害発生時には大量の帰宅困難者が集中することが想定された。そのため、避難スペースとしての利用についての有効性や諸問題を検証するため、2012年に国土交通省による「地下通路への帰宅困難者の受け入れを検証する社会実験」がこの地で行われた。

2 千代田歩行者専用道第5号線

千代田歩行者専用道第5号線は、東京都と三菱地所(株)、日本郵政(株)との官民連携事業として、Ⅰ期からⅢ期に区分し整備を行った（**写真2・2・6**）。

Ⅰ期事業は、丸ノ内ビルヂング（通称「丸ビル」、1923年竣工）の建替えにあわせて、都市再生交通拠点整備事業により整備が行われ、2002年9月に「丸の内ビルディング」の竣工と同時に供用された。Ⅱ期事業は、新丸ノ内ビルヂング（通称「新丸ビル」、1952年竣工）の建替えにあわせ、東京都の街路事業と三菱地所(株)の特許事業認可により整備が行われ、2007年4月に供用した。Ⅲ期事業は、東京中央郵便局の建替え計画に伴い、日本郵政(株)の特許事業認可により整備が行われ、2012年3月に供用された。

写真2・2・6　千代田歩行者専用道第5号線

3 施工上の課題

掘削工事に伴う丸ノ内線東京駅および軌道トンネルへのリバウンドの影響が予測された。丸ノ内線は乗降客数が非常に多く、万が一、事故が発生した場合には、地下鉄の運行および地下鉄利

図表2・2・23　浮上り防止工標準断面図　　写真2・2・7　浮上り防止工の施工状況

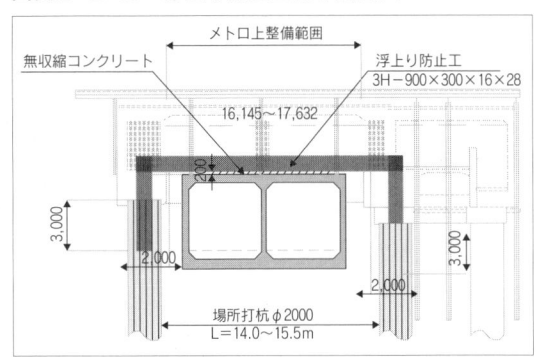

用者に多大な被害を与える可能性が予見された。

そのため、計画段階で2次元FEM解析を用いて検討を行い、丸ノ内線軌道トンネルへの影響を最小化する検討を行った。結果、リバウンド量を軽減させ、かつ、想定外のリバウンドが発生した場合でもリバウンドを抑止できる「浮上り防止工」を一部工事に導入し、対応を行った（図表2・2・23、写真2・2・7）。

4 災害発生時の歩行者支援について

1995年の阪神・淡路大震災の教訓として、都市における災害、特に地震発生時には、帰宅困難者の一時避難場所の確保や、仮設トイレの確保が重要であることが認識された。そのため、地下歩行者専用道の計画にあたり、構造躯体の耐震性確保に加え、災害発生時の歩行者支援機能として、仮設トイレ用マンホール、防災備品倉庫、自家発電装置、情報連絡ボードの設置を行った。仮設トイレ用マンホールは、地下躯体の湧水ピットを利用し、災害発生時に仮設トイレを設置できるマンホールを設置した。

また、この地下歩行者専用道内は帰宅困難者等の一時避難場所としての利用も見込まれることから、地元自治体である千代田区の防災倉庫を設置し、毛布や食料、水などの備品を備蓄する計画とした。

5 非営利団体による施設管理

千代田歩行者専用道第5号線は施設整備完了後、都道として東京都の所有管理となるが、新しい取組みとして、周辺地権者や周辺鉄道事業者などの参画により法人格を有する非営利の一般社団法人丸の内パブリックスペースマネジメントを設立し、日常的維持管理を行う仕組みをつくった。

そうした管理体制をとることにより、東京都からの負担金と歩行者専用道路内での広告物による収入を維持管理費用に充当することで、日本の顔にふさわしい、整備水準の高い道路施設と良好な管理を実現している。維持管理面での課題としては、社会経済情勢により広告収入も減少し

ていることから、将来の施設の改修に向けた積立金等が可能となるよう、さらなる調整が必要である。

6 事業計画、建設中の特記する留意事項

　東京駅南部通路線は、北側に整備した既存の地下通路と連携し、丸ノ内地下広場と八重洲地下街を結ぶ歩行者動線となっている。この通路は、主にJR線を横断する構造であることから、現在、線形形状、工期短縮、工事費削減等の検討を行っており、八重洲側を含む東京駅の駅前広場整備にあわせて整備、供用を目指している。

2.2.3　アメリカ山公園整備事業

1 アメリカ山公園

○立体都市公園制度の概要

　都市公園は、人々のレクリエーションの空間や良好な都市景観の形成、都市環境の改善、都市の防災性の向上、生物多様性の確保、豊かな地域づくりのための交流の空間など多様な機能を有している。

　立体都市公園制度（都市公園法20〜26条）は、2004年の都市公園法の改正により新たに設けられた制度である。特に市街地中心部等における人々の憩いの場の確保、ヒートアイランド現象の緩和、災害時の避難場所の確保等の観点から必要とされる都市公園の効率的な整備を進めるために、都市公園の区域を立体的に定めることを可能としたものである。

　この制度により、商業・業務施設を中心とした都市機能が集積し、まとまった土地の確保が難しく、地価も高いため、用地取得による公園整備が困難な状況にある市街地中心部等でも、民間の建物等の他の施設と都市公園を一体的かつ立体的に整備することが可能となり、土地の柔軟な利用が可能となった。

2 アメリカ山公園整備事業の概要

1 計画の背景

　アメリカ山公園の位置する元町・山手地区は、港の見える丘公園等の公園緑地、西洋館・教会・学校等の歴史的建造物、外国人墓地等の歴史的資産や独自のブランドを展開する元町商店街があり、横浜を代表する観光スポットの1つである。

　多くの市民や観光客が訪れる場所だが、地形上、両地区間には高低差があり、歩行者動線は急坂や急階段に限られていたため、両地区間のアクセス改善が望まれていた。特に、1991年のみなとみらい線の施工認可により、元町・中華街駅の設置が決まったことで、来街者の増加が想定され、安全かつ円滑に両地区間をアクセスできる歩行者動線の早期整備が一層望まれる状況となった。

2 事業の目的

　横浜市では、元町・中華街駅を中心とした歩行者動線の改善について検討を行った結果、立体都市公園制度を全国で初めて活用して、元町・山手地区の結節点に位置する元町・中華街駅の駅舎上部を増改築して公園区域とするとともに、以前より緑の保全を中心とした利用を検討していた駅舎に隣接する丘陵地を一体的に整備することで、歩行者動線の確保と市街地中心部でのオープンスペースの確保を図ることとした。

　また、本事業は、横浜港の開港から150年となる2009年の「横浜開港150周年記念事業」の1つとして実施されることとなり、新しい観光スポットの整備によるにぎわいの創出も図ることとなった。

3 立体都市公園制度の活用と計画概要

　本事業では、鉄道事業者敷地に関して共有持分の取得や区分地上権の設定をすることは鉄道抵当法により困難であるため、敷地の上空の使用権を取得して権原を確保した。

　そして、既存の2階建て駅舎を増改築した部分を立体都市公園制度により公園区域とし、既存駅舎部分は鉄道施設のため、都市公園法の区域外とした。また、隣接する丘陵地（アメリカ山敷地・国有地）は3分の1を有償払下げ、3分の2を無償借受することで用地を確保した（**図表2・2・24**）。

　増改築では、元町・中華街駅の出入口とアメリカ山敷地との約18mの高低差を解消するため、既存の2階建て駅舎を4階まで増改築して、建物屋上部とアメリカ山敷地の地盤高を合わせ、一体的に公園として整備した（**図表2・2・25**）。

　建物内には、元町・山手地区のアクセス性の向上のため、1階から屋上までのエレベーター・

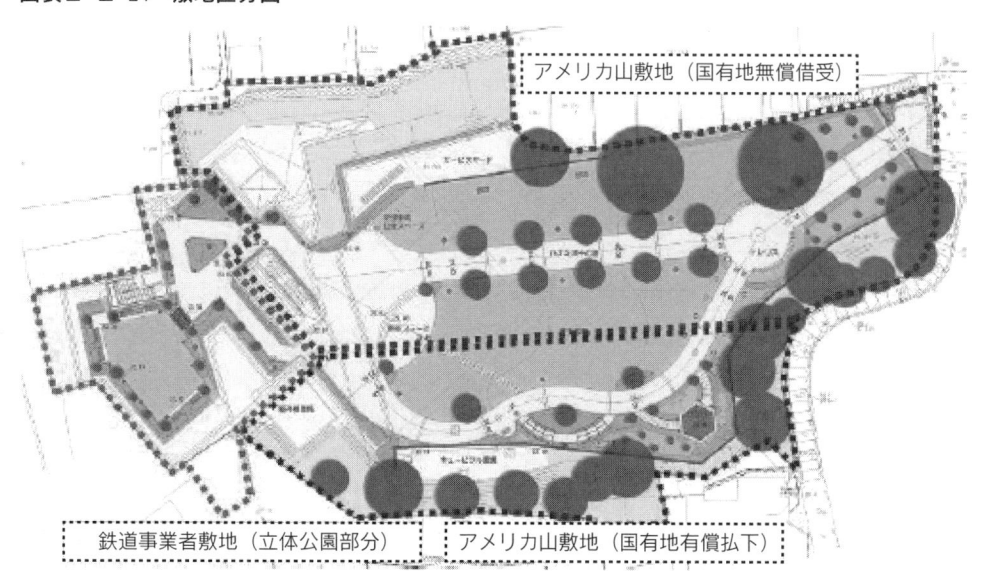

図表2・2・24　敷地区分図

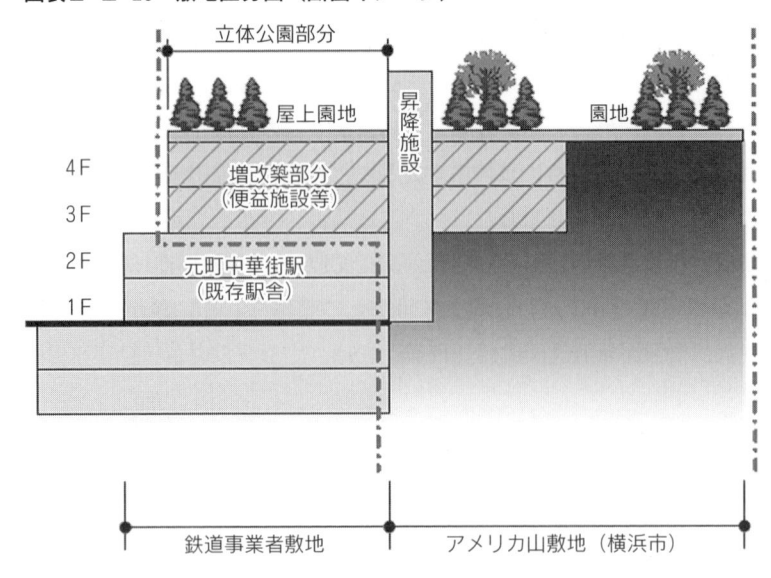

図表2・2・25 敷地区分図（断面イメージ）

エスカレーターの昇降施設と自由通路を設置してバリアフリーでの歩行者動線を確保した。

また、駅上の公園であり、観光スポットをつなぐ起点となる立地であることから、3階・4階では、既存駅舎上部に加え、丘陵地の地下にも建物を新築して両棟を一体化させ、飲食店や物販店等の便益施設（都市公園法2条2項7項）等を設置できるスペースを設けて、公園の魅力向上や利用者へのサービス向上、にぎわいの創出を図った。

園地および屋上園地は、芝生や草花、市の花「バラ」を中心とした西洋庭園として整備し、歴史ある元町・山手地区の環境に調和した観光の玄関口となっている。

4 事業スキーム

駅舎の増改築工事は、鉄道運行や利用者の安全性を十分に考慮した施工が不可欠となるため、鉄道事業者である横浜高速鉄道(株)に設計および施工を委託して行った（図表2・2・26横長の枠）。増改築した公園部分と既存駅舎が一体の建物となるため、建築基準法や消防法等の関連法規の取扱いや管理体制についての調整が必要となった。

園地および屋上園地の設計および施工は横浜市が行い、屋上緑化となる建物上部の荷重条件や防水性能、排水設備等の設計条件については横浜高速鉄道(株)との協議により決定した。管理運営は、公募により決定した管理運営事業者に対して公園施設全体の管理許可（都市公園法5条）を適用したうえで、横浜市と管理運営事業者の役割分担を定めた協定を締結し、協力して行っている。現在、テナントとして結婚式場や体験学習施設等が入居している（図表2・2・26縦長の枠）。

3 施設諸元 （写真2・2・8、2・2・9）

① 施設名称：アメリカ山公園

第2節　商業・生活関連施設の事例

図表2・2・26　事業スキーム

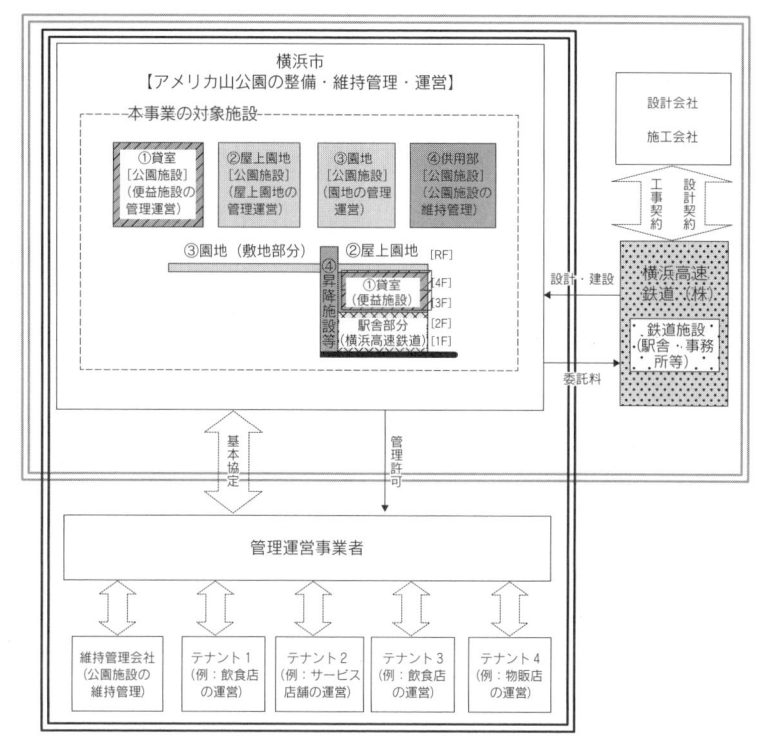

写真2・2・8　施工前後の状況

整備前の状況。駅舎（手前中央）に隣接するアメリカ山敷地の緑地は保全を図った

横浜マリンタワーからの俯瞰。駅舎上部とアメリカ山敷地が一体的な庭園となっている。奥に続く緑は外国人墓地と元町公園

ハナミズキの道から横浜マリンタワーを望む園内の状況

113

写真2・2・9　増改築部分の状況

元町・中華街駅舎。3階・4階は立体都市公園制度により増改築した公園施設

3階・4階にはテナントとして結婚式場等が入居している

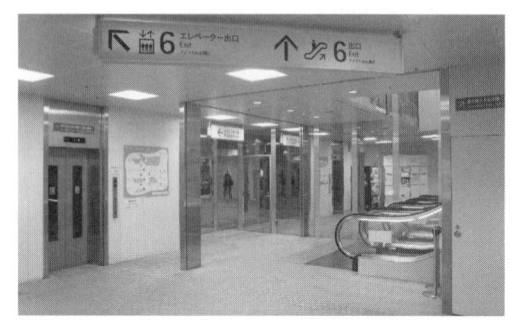

元町・中華街駅1階の改札前。左がエレベーター、右がエスカレーターでともに公園施設

② 事業者名：横浜市環境創造局
③ 所在地：神奈川県横浜市中区元町97番1
④ 事業規模
　・面積：5,520m^2（アメリカ山敷地：4,630m^2、鉄道事業者敷地：890m^2）
　・建築面積：1,154m^2、延床面積：3,954m^2（うち便益施設：3階887m^2、4階837m^2）
　・鉄筋コンクリート造／鉄骨鉄筋コンクリート造、地上5階・地下4階（鉄道駅舎含む）
⑤ 事業工程
　・基本構想：2004年
　・概略・詳細設計（建築）：2005～2006年、着工：2007年6月、竣工：2009年4月
　・概略・詳細設計（造園）：2007～2008年、着工：2009年1月、竣工：2009年8月
　・運用開始（都市公園の公開）：2009年8月7日
⑥ 事業計画上の関連法規：都市公園法、建築基準法、鉄道抵当法、消防法、高齢者・障害者等の移動等の円滑化の促進に関する法律等

2.3 地下歩道

2.3.1 札幌駅前通地下歩行空間

　札幌市には1972年の札幌オリンピック開催にあわせ、地下鉄大通駅から南と東に伸びる地下街が整備され、「大通・すすきの地区」という商業圏が形成されている。また、「札幌駅周辺地区」においても地下鉄さっぽろ駅・JR札幌駅を中心に地下街が整備されており、再開発により活発な商業圏となっている。
　二極化したこれら2つの地区を結ぶ「地下歩行空間」について、その整備の概要を以下に述べる。

1 事業内容 (図表2・2・27)

① 区間：地下鉄南北線さっぽろ駅〜大通駅
② 延長：約520m（札幌市施工区間 約360m、北海道開発局施工区間 約160m）
③ 幅員：20m
④ 事業期間：2005〜2011年度
⑤ 総事業費：約252億円（札幌市施工区間 約172億円、北海道開発局施工区間 約80億円）

2 事業の特徴

　地下歩行空間は、「札幌駅周辺地区」と「大通・すすきの地区」という二極化した地区を地下歩道で結ぶことにより、積雪寒冷地である札幌において季節や天候に左右されず、高齢者や車椅子の方など誰もが安全・快適に歩行できるネットワークを形成し、都心の回遊性を高めて活性化することを目的としている。
　また、単なる地下通路を整備するのではなく、沿道ビルとの地下での接続や、地下歩行空間の一部を広場と位置付けて多様なイベントを催すことにより、地上・地下・沿道ビルが一体となったにぎわいを創出することとなる（図表2・2・28）。

3 主要設備の紹介

1 天窓（スルーホール）

　採光と換気のため、地上の中央分離帯に地下歩行空間に通じるスルーホールを設置している（図表2・2・28）。ガラス主体の出入口とともに地上と地下をつなぐシンボルであり、多様な地上環境のうつろいを地下に伝える演出をしている（写真2・2・10）。

図表2・2・27　位置図と写真

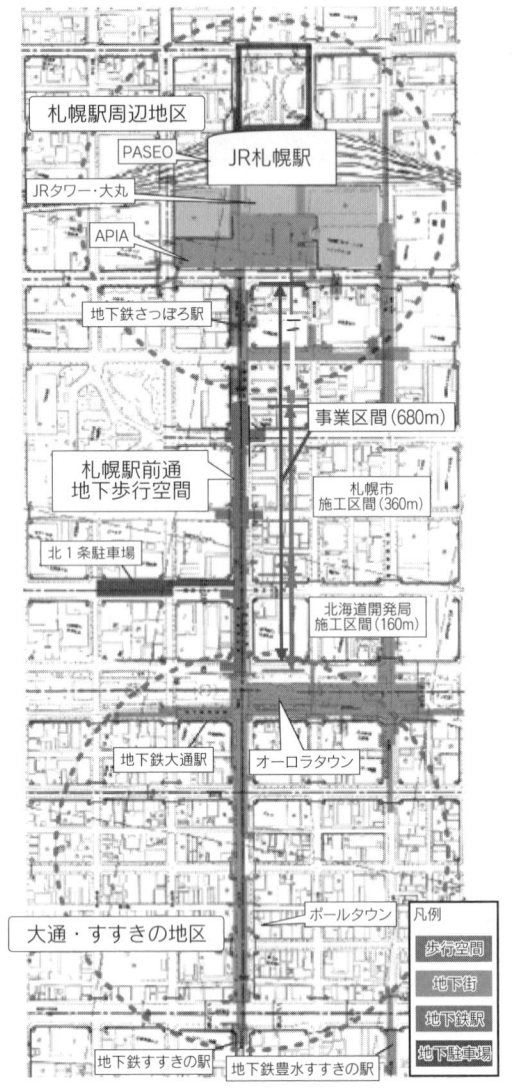

地下歩行空間

広場でのイベント

2 光壁

　出入口には北から順番に番号をつけており、その番号を表示する壁にはガラス発光壁を採用している（写真2・2・10）。地上への出入口の視認性を高め、色調と明るさを可変させて時間や季節の変化を感じとる光の演出を行うとともに、非常時に地上への誘導性を高めるため非常信号と連動させたシステムとなっている。

3 床・階段

　床のテラゾブロックには南区川沿で産出される「札幌硬石」を種石として散りばめている。また階段室の壁材・床材には札幌硬石そのものを磨いて使っており、地場産材料をふんだんに使用

図表2・2・28　標準断面図

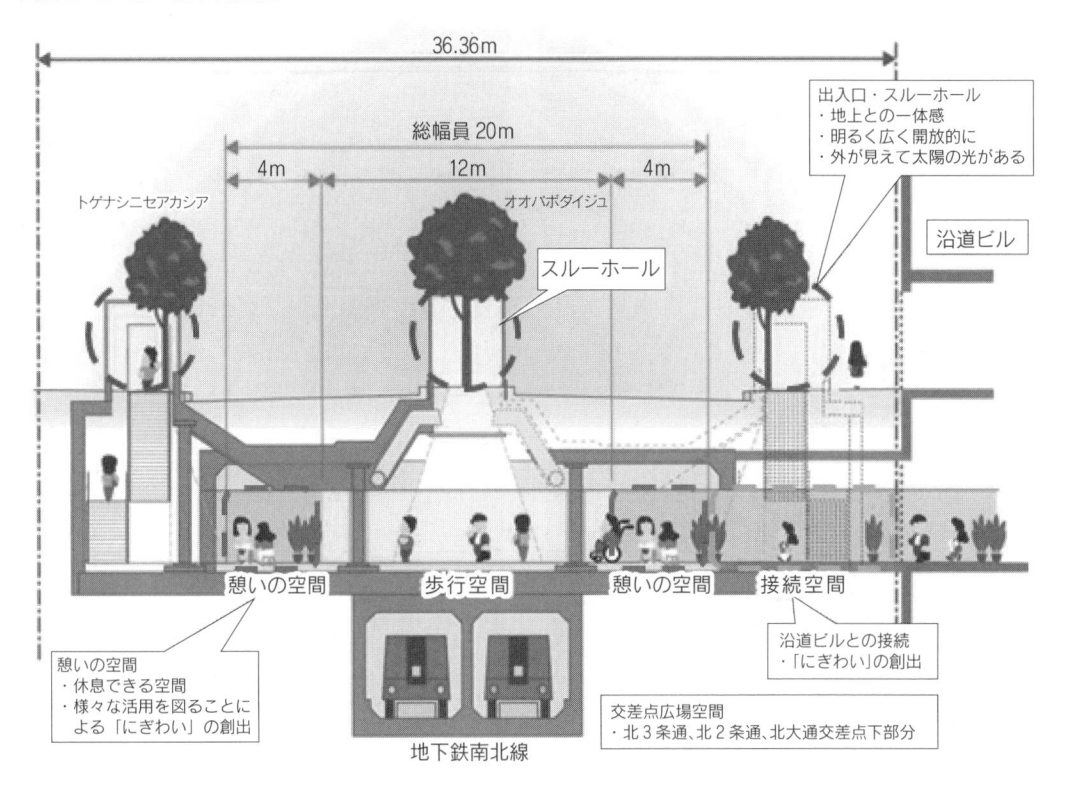

写真2・2・10　スルーホールと光壁

している（写真2・2・11）。

4 交差点広場

　各交差点下に3か所、広場空間を設置している。各広場ではミニコンサートなどのイベントの開催や観光案内、行政情報といった情報発信に加え、広告の掲出も可能である。特に北2条広場では、上記に加え市民クリエイターなどの映像作品発表の場としても活用できる（写真2・2・12）。

写真2・2・11　床と壁

写真2・2・12　交差点広場

4 事業効果

1 通行量の変化

　札幌駅前通の平日通行量は、開通前は約3万人であったが、開通後は地上・地下合計で夏期は約7万人、冬期は約8万人となり、約3倍に増加した（図表2・2・29）。

2 回遊性の向上

　地下歩行空間の利用者にアンケート調査を行った結果、開通前に「札幌駅周辺のみ」を利用されていた方、「大通周辺のみ」を利用されていた方のそれぞれ約4割が札幌駅周辺と大通周辺の2つの地域を利用するようになったという回答が得られ（図表2・2・30）、事業の目的の1つである「回遊性の向上」に対して効果があったと考えている。

3 経済波及効果

　本事業により、北は「JR札幌駅」から南は「すすきの」までを結ぶ地下歩行空間ネットワークが形成された。これにより、都心部全体を買い物客などが自由に回遊することによって、消費拡大が期待され、さらに、沿道ビルに対し地下での接続を促すことにより、ビルの建替えが促進

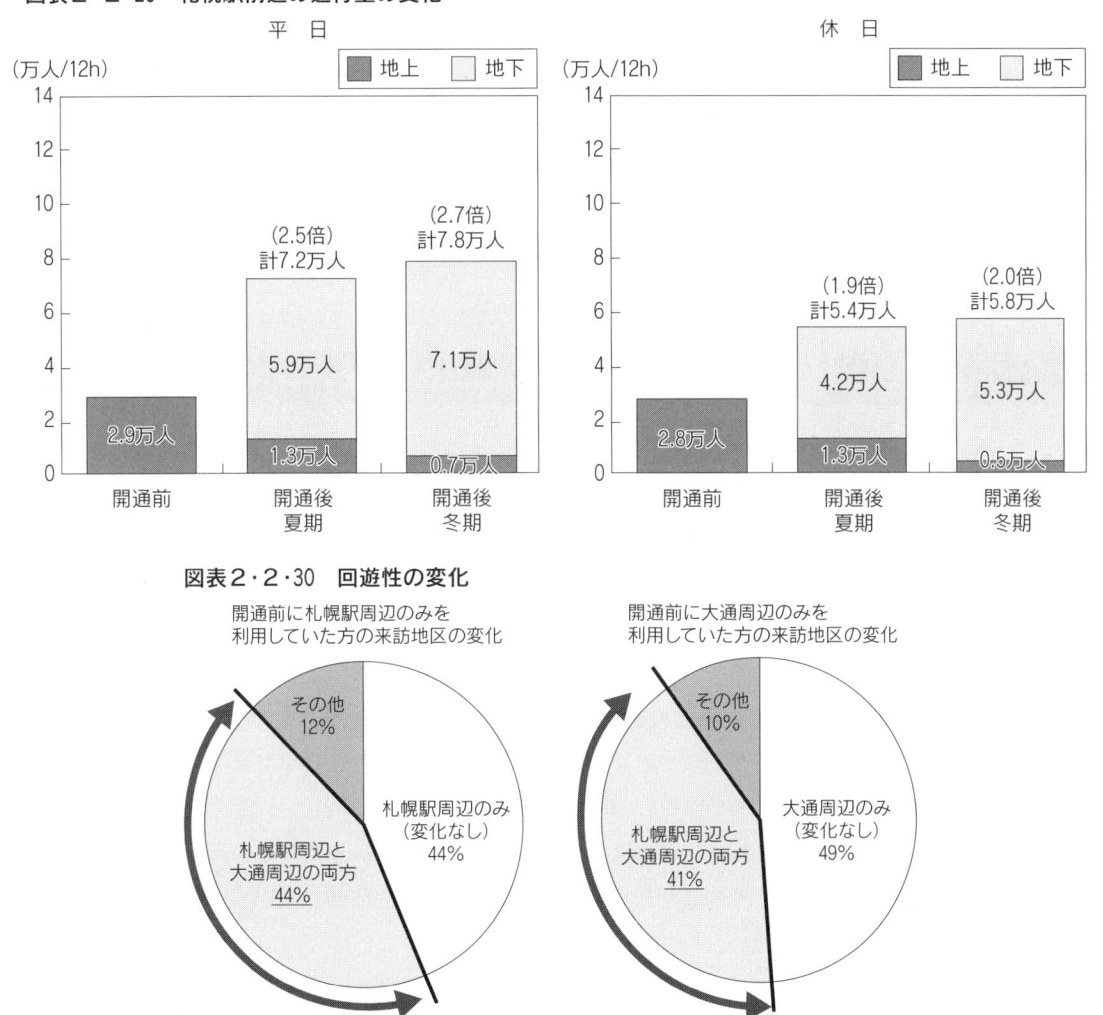

図表２・２・29　札幌駅前通の通行量の変化

平日／休日の地上・地下通行量（万人/12h）
- 開通前：2.9万人（平日）／2.8万人（休日）
- 開通後夏期：計7.2万人（2.5倍）地下5.9万人、地上1.3万人／計5.4万人（1.9倍）地下4.2万人、地上1.3万人
- 開通後冬期：計7.8万人（2.7倍）地下7.1万人、地上0.7万人／計5.8万人（2.0倍）地下5.3万人、地上0.5万人

図表２・２・30　回遊性の変化

開通前に札幌駅周辺のみを利用していた方の来訪地区の変化
- 札幌駅周辺のみ（変化なし）44％
- 札幌駅周辺と大通周辺の両方 44％
- その他 12％

開通前に大通周辺のみを利用していた方の来訪地区の変化
- 大通周辺のみ（変化なし）49％
- 札幌駅周辺と大通周辺の両方 41％
- その他 10％

されるなど、経済波及効果がもたらされるものと考えている。

2.4　地下駐車場

　近年におけるわが国のモータリゼーションの進行と大都市への人口・機能の集中は著しい。地方都市での中心市街地の空洞化が叫ばれて久しい感はあるが、自動車は国民生活に欠かせない移動手段となっている。また、大都市圏においても道路整備を推進しているものの車両の増加には追いつかず、高速道路を中心とした環状道路の整備が進められている。2010年度末現在で自動車保有台数は7,515万台となっている。

　都市部における地上部分が開発し尽くされた現在、駐車場は地下を有効に活用するケースが多く、日本全国で多数の地下駐車場が建設されているが、依然として駐車場不足による路上の違法

駐車はあとをたたない。したがって、今後も地下駐車場の活用が求められる。

地下駐車場の構造形式や駐車形式、入出庫口の形式等に関しては『地下空間利用ガイドブック』（1994年10月5日発行）を参照されたい。

図表2・2・31に、1995年以降に構築された大規模な（収容台数300台以上）地下駐車場の一覧を記す。

本編では、一級河川の地下につくられた「新川地下駐車場」と繁華街の地下で地下鉄の営業線をアンダーピニング工法で防護しながら構築した「上野中央通り地下駐車場」を紹介する。

2.4.1 新川地下駐車場

1 事業の目的

1 計画の背景

江戸川区内を東西に流れる新川は、旧江戸川と中川を結ぶ全長約3km、平均幅員約30mの東京都が管理する一級河川である。現在では、治水対策として東西水門の閉鎖管理により水位低下が図られ、水位は常時AP＋0.5mに保たれている。

1983年に都営地下鉄新宿線船堀駅が開業し、駅周辺は地区計画制度の導入により、商業業務機能を中心とした高度利用の街づくりが進んでいる。こうした駅周辺の街の発展とともに、駐車場不足による路上駐車が急速に増加した。

将来の街区の発展に対応する公共駐車場として、新川の地下空間を利用した画期的な「新川地下駐車場基本構想」が1991年に策定された。その後に当時の建設省道路局が同河川局に働きかけ「河川地下空間活用駐車場整備検討委員会」を発足させた。委員会には河川管理者である東京都建設局も参加し、活発な議論を重ね1年後に建設に対する合意が得られた。国からの補助金も得られ、1995年から工事着手し1999年に完成した。本駐車場は全国初の川の中の駐車場であり、本書執筆時点では唯一の河川下を利用した駐車場である。

2 期待する効果

船堀駅周辺は地区計画制度の導入により、商業業務機能を中心とした高度利用が進んでいる。江戸川区は地下2階地上7階建て、床面積4万5,000m²の「タワーホール船堀」を建設し、地域の発展に力を入れているが、その足かせともなりかねない違法駐車への対策効果が期待されている。

2 事業概要

① 施設名称：新川地下駐車場
② 事業者名：江戸川区

図表2・2・31 地下駐車場一覧表

(1995年以降に竣工した地下駐車場でかつ300台以上)

地下駐車場名	所在地	事業主体	着工	竣工	区域面積	形式	階一層	台数	上部施設
城北第二地下	高崎市高松町	高崎市	1994.12	1998.3	1.07ha	地下・自走	B2-2	391	高崎市庁舎
浦和駅東口地下公共	さいたま市浦和区東高砂町	さいたま市	2005.10	2007.9	0.60ha	地下・自走	B3-3	315	駅前広場
秋葉原	千代田区外神田4丁目	UDX特定目的会社	2003.4	2006.1	1.15ha	地下・自走	B2〜3-1	785	UDXビル
練馬駅北口地下	練馬区練馬1丁目	練馬区	1991.10	1995.6	1.17ha	地下・自走	B2-2	462	練馬駅前広場・練馬区立平成つつじ公園
麻布十番	港区麻布十番1丁目	港区	1992.12	1999.3	0.41ha	地下・自走	B3-5	347	(都道) 環状3号線
八王子駅北口	八王子市旭町	八王子市	1995.9	1999.11	1.31ha	地下・自走	B2-2	430	(市道) 1146号線
上野中央通り地下駐車場	台東区上野2丁目	台東区	2001.1	2009.3	0.54ha	地下・機械	B1〜2-3	300	(都道) 437号秋葉原雑司が谷線
横浜駅西口地下	横浜市西区南幸	横浜西口(株)	1994.11	1998.5	1.56ha	地下・自走	B4-3	993	駅前広場
センター北駅前駐車場	都筑区中川中央1丁目	住宅・都市整備公団	1993.3	1998.3	1.23ha	地下・自走	B2-2	516	
センター南駅前駐車場	都筑区茅ヶ崎中央	住宅・都市整備公団	1993.3	1998.3	1.20ha	地下・自走	B2-2	585	
新横浜駅北口自動車駐車場	港北区新横浜2丁目	新横浜ステーション開発(株)	2004.9	2007.3	0.82ha	地下・機械	B2-4	300	駅ビル
静岡駅北口地下(エキパ)	静岡市黒金町1丁目	国、市	2000.3	2003.9	0.58ha	地下・機械	B2-4	400	駅前広場
中央通り地下	四日市市浜田町	(株)テイア四日市	1994.11	1997.3	0.73ha	地下・自走	B2-2	306	(都計道) 四日市中央線
本町通り地下	福井市順化1丁目,中央3丁目	福井市	1993.2	1996.12	0.38ha	地下・機械	B2-3	354	(都計道) 本町明里線
御池地下	京都市中京区下本能寺前町	京都御池地下街(株)	1992.2	1997.3	1.41ha	地下・自走	B2-1	313	(都計道) 広路2御池通線
御池第二地下	京都市中京区大文字町	京都市	1993.3	1997.3	1.20ha	地下・自走	B2-2	667	(都計道) 広路2御池通線
長堀	大阪市中央区南船場2〜4丁目	大阪市道路公社	1992.8	1997.5	2.38ha	地下・自走	B3-3	1,300	(市道) 東西第1号線
大阪駅前地下	大阪市北区梅田1丁目	大阪市	1990.12	1995.10	1.20ha	地下・自走	B1-3	340	(都計道) 大阪駅前線
荒田公園	神戸市兵庫区荒田町	神戸市道路公社	1991.12	1995.7	0.86ha	地下・自走	B2-2	300	荒田公園
元町東	神戸市中央区三宮町	神戸市道路公社	1991.1	2001.3	1.27ha	地下・自走	B2-2	490	(都計道) 花時計線
瓦町駅地下	高松市常磐町1丁目ほか	高松市	1995.4	1997.3	1.19ha	地下・自走	B2-2	448	駅前広場
高松市立高松駅前広場地下	高松市浜の町1番17号	高松市	1998.10	2001.3	1.51ha	地下・自走	B2-2	395	駅前広場
川端地下	福岡市博多区下川端町	市おおび再開発組合	1995.5	1999.2	1.49ha	地下・自走	B3〜4-2	800	

③　所 在 地：東京都江戸川区船堀6丁目-11
④　事業規模
- 構造形式：地下1階自走式
- 駐車場面積：1万500m²
- 延長：484.00m
- 幅：18.40m（内幅17.00m）
- 高さ：5.50m（内空高さ3.40m、車両制限高さ2.10m）
- 収容台数：200台
- 利用可能車種：普通自動車
- 車両出入口：3か所
- 歩行者出入口：8か所

⑤　事業工程
- 1989年：21世紀の水辺構想（江戸川区）
- 1991年：「新川水辺の整備基本計画」（江戸川区）
- 1991年：「新川地下駐車場基本構想」（江戸川区）
- 1992年：「新川環境整備計画」（東京都）
- 1993年：「河川地下空間活用駐車場整備検討委員会報告」（建設省道路局）
  この中でケーススタディのモデル事業として採択された。
- 1993年：現況調査、土質調査、概略設計 着手
- 1994年：「新川地下駐車場整備検討委員会報告」（江戸川区）
- 1994年：実施設計 着手
- 1995年：建設工事 着工
- 1999年：竣工 供用開始

3 駐車場の概要

1 地形・地質概要

江戸時代に埋められた地域であり、GL-40mまではN値が0～5程度の粘土とシルト層からなる。

2 駐車場の構造概要

以下に地下駐車場の構築状況と構造概要を示す（**写真2・2・13、図表2・2・32**）。

写真2・2・13　新川地下駐車場（円内）

3 設備概要
- 附帯設備：機械室、管理室、手洗所、発券機、精算機、倉庫、ほか
- 給排気施設：換気方式はダクト方式とし全体を3系統に分け、中央および両端で給排気を行っている。
- 非常用換気施設：ダクト寸法の納まりを考慮して非常用換気区画を設定し、2系統に分けて換気を行っている。

4 施工方法概要

施工方法はオーソドックスな開削工法であるが施工ヤードが河川内であることと地盤が軟弱であることを踏まえ、河川としての機能を阻害しない施工法を全工程にわたり採用した。

土留めは施工性と経済性および河川機能の維持に最も有利な鋼矢板による締切りを採用した。また、この鋼矢板を地下駐車場完成後に計画している親水護岸にも利用することでコストダウンと工期の短縮に寄与させている。

本体施工時の特性として河床が軟弱地盤であることから、施工時のトラフィカビリティの向上と締切りに用いている鋼矢板の変形をおさえるために掘削底盤の地盤改良を実施した。

施工中も河川の水質維持および生息するコイ、ボラ等の生物の生態系の保全のため8万t/日の維持用水を通水させる必要があった。締切り鋼矢板と旧護岸のスペースを仮水路として活用した。また、本体築造後の出入口との取合いのためこのスペースが使用できないため、上床版の上にコルゲートフリューム管を設置し仮排水路とした。

本体構造物が河川内に構築されるため止水対策を講じた。防水シートを施工基面のほか側壁部と天井部にも配置し構造物全体を覆った。本体構造物のひび割れ対策として側壁内部内側に誘発目地を設けた。

第2章　最近の地下空間利用

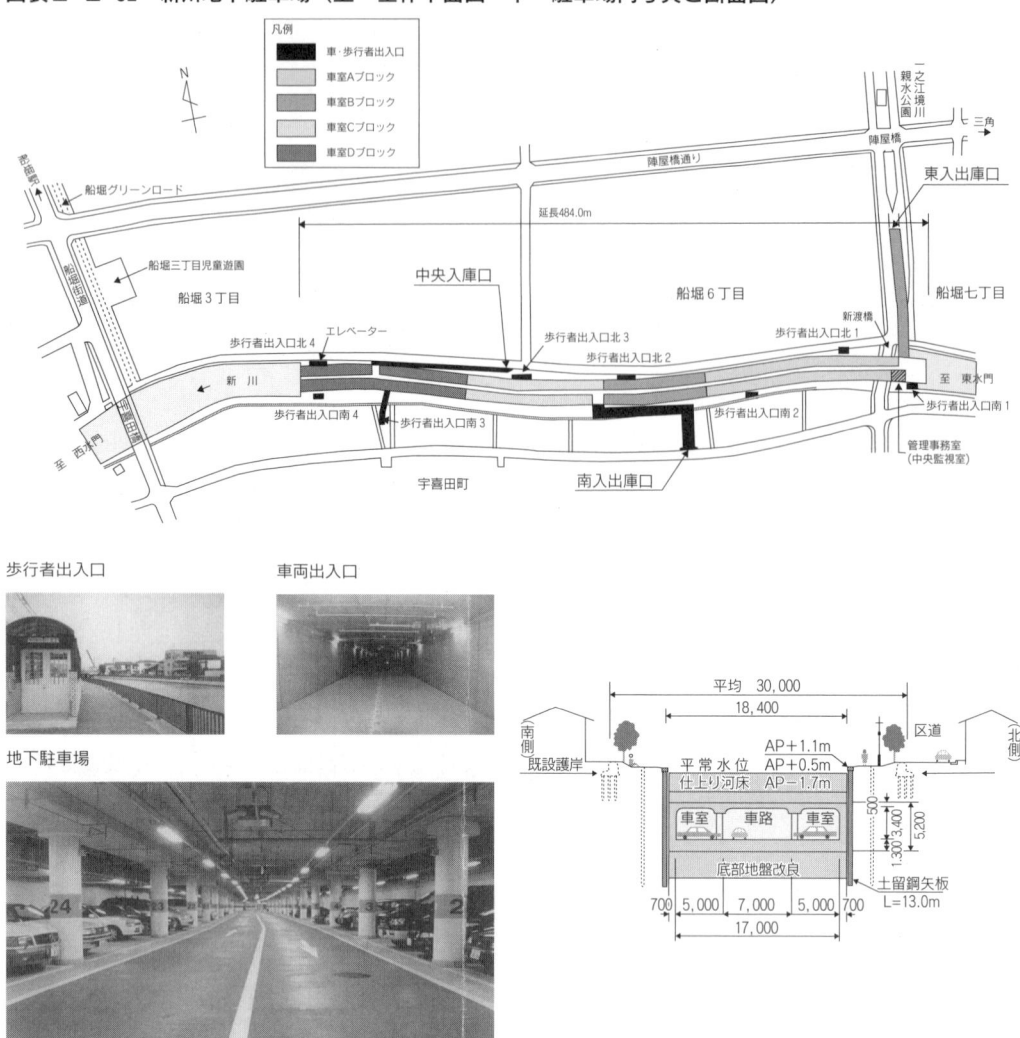

図表2・2・32　新川地下駐車場（上：全体平面図　下：駐車場内写真と断面図）

（出典）江戸川区土木部保全課資料

　地下駐車場本体は鉄筋コンクリートのボックスカルバート構造とし、耐震性を向上させるために本体延長75mごとと出入口接続部は可とう性継手を配置した。

4 その他特筆する留意事項

　当地域では1992年から江戸川区・警察・町内会・PTAなどと違法駐車防止連絡協議会を立ち上げ活動している。合同パトロールや商店会や町内会による自主的なパトロールを行っているが、この地下駐車場の入庫後は30分までの駐車料金を無料にすることにより、当駐車場への誘導や駐車違反車両の受入れなどで当協議会と連携して違法駐車の削減に取り組んでいる。

参考文献

1）江戸川区ホームページ「新川地下駐車場概要」(http://www.city.edogawa.tokyo.jp/saiyoboshu/shiteikanrisha/h18shiteikanrisha/shiryo/index.html)
2）江戸川区土木部保全課「新川地下駐車場――川の中の駐車場へようこそ」

2.4.2 上野中央通り地下駐車場

1 事業の目的

1 計画の背景

　上野地区は、上野公園、美術館および博物館等の文化施設が集積した上野の山と、アメ横をはじめとした商業歓楽街を抱え、年間を通して多くの人々が訪れる地区であるが、駐車場が不足しているため、違法な路上駐車が多くみられ、防災機能の低下や都市環境の悪化を招いていた。また、多くの鉄道路線が乗り入れており、各駅と観光・文化施設および商業集積とを結ぶ歩行者ネットワークの充実も求められていた。

2 期待する効果

　台東区では東京都とともに道路の地下空間を有効利用し、駐車場および歩行者専用道を整備することで、駐車場問題の解決と歩行者の安全性・利便性の向上を図り、上野地区のより一層の発展を目的とした。

2 事業概要

① 施設名称：上野中央通り地下駐車場（都市計画名：上野広小路駐車場）
② 事業者名：台東区
③ 所　在　地：東京都台東区上野2丁目13番先
④ 事業規模
　・構造形式：地下2層、鉄筋コンクリート造、機械式
　・延床面積：1万4,024m^2
　・収容台数：300台
　・利用可能車種：全長5.3m、全幅1.9m、全高2.0m、総重量2.3t以下
　・車両出入口：1か所ずつ
⑤ 事業工程

　1971年に上野観光連盟から区長に対し要望書が出されたのを皮切りに、各地域団体等から上野地区への駐車場建設の要望・陳情等が区長・区議会に寄せられていた。

　こうした要望等を受け、1987年度から建設地や整備手法等について本格的な調査検討を開始し、1992年に基本計画を策定、1995年に基本設計を行い、上野中央通り地下に東京都が整備す

る歩行者専用道と合築で駐車場を整備することとなった。また、1997年7月に都市計画決定を行った。

その後、地元要望により収容台数を200台から300台に変更し、2000年度に詳細設計を行った。さらに2002年10月に東京都・台東区・帝都高速度交通営団（当時）の三者で施行協定を締結、東京都と台東区は営団に土木工事を委託し、同年12月に工事が開始された。

2006年度完成予定であったが、準備工事の遅れ、地下鉄防護工事による遅れ、埋蔵文化財の発掘による遅れにより約2年工事期間が延伸され、2009年3月16日に開業した。

⑥　事業計画上の関連法規：道路法2条2項6号に規定する道路の附属物としての自動車駐車場

3 駐車場の概要

1 地形・地質概要

被圧水頭を持つ均質な細砂層である。

2 駐車場の構造概要

地下駐車場本体と上野方の歩行者専用道は、鉄筋コンクリート構造である。御徒町方の歩行者専用道は、沿道の環境を改善するためにシールド工法により地下道を構築した（**図表2・2・33、2・2・34**）。

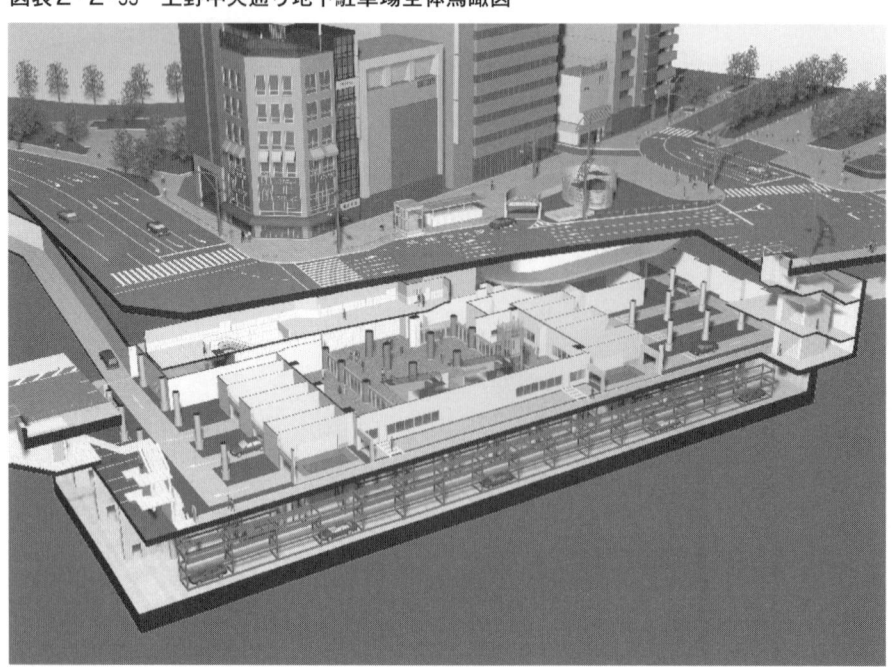

図表2・2・33　上野中央通り地下駐車場全体鳥瞰図

図表2・2・34　上野地下駐車場断面図

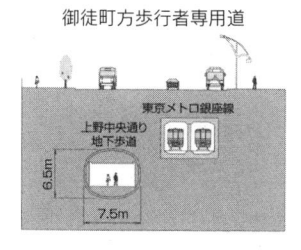

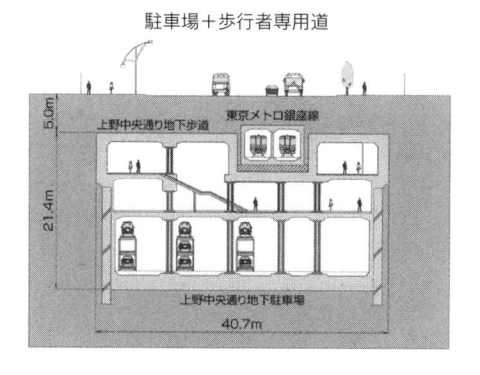

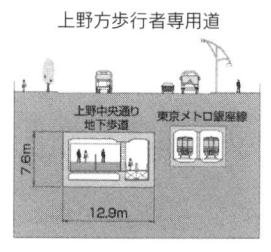

(出典) 台東区交通対策課資料

3 設備概要

地下空間の限られたスペースに300台収容するため、機械式を導入している。機械式は、省スペースだけでなく、車内盗難・駐車車両同士の事故の防止、人と車の動線分離による安全確保等にも寄与している。

また、平面往復方式駐車装置を採用し、入庫と出庫の空間を分け、入庫リフトや出庫リフトの昇降動作と格納空間にある台車の走行動作を同時並行して行うことによって、入出庫の処理能力を向上させ、従来の機械式駐車装置の3分の1程度の時間で入出庫できるのが特徴である。

4 施工方法概要

上野中央通りは交通量が多く、地下鉄東京メトロ銀座線を包み込む形で建設することから、地上の道路交通および地下鉄への影響を極力減らす工法で工事を行った。

特に、地下鉄銀座線は昭和初期に築造されたものであることから、初めに躯体の補強を行い、次に躯体を支えるために下受け杭工、下受け工と段階的に行い安定を確保し、地下鉄の運行に支障が出ないよう工事を進めた（**図表2・2・35**）。

図表2・2・35　駐車場＋歩行者専用道施工ステップ

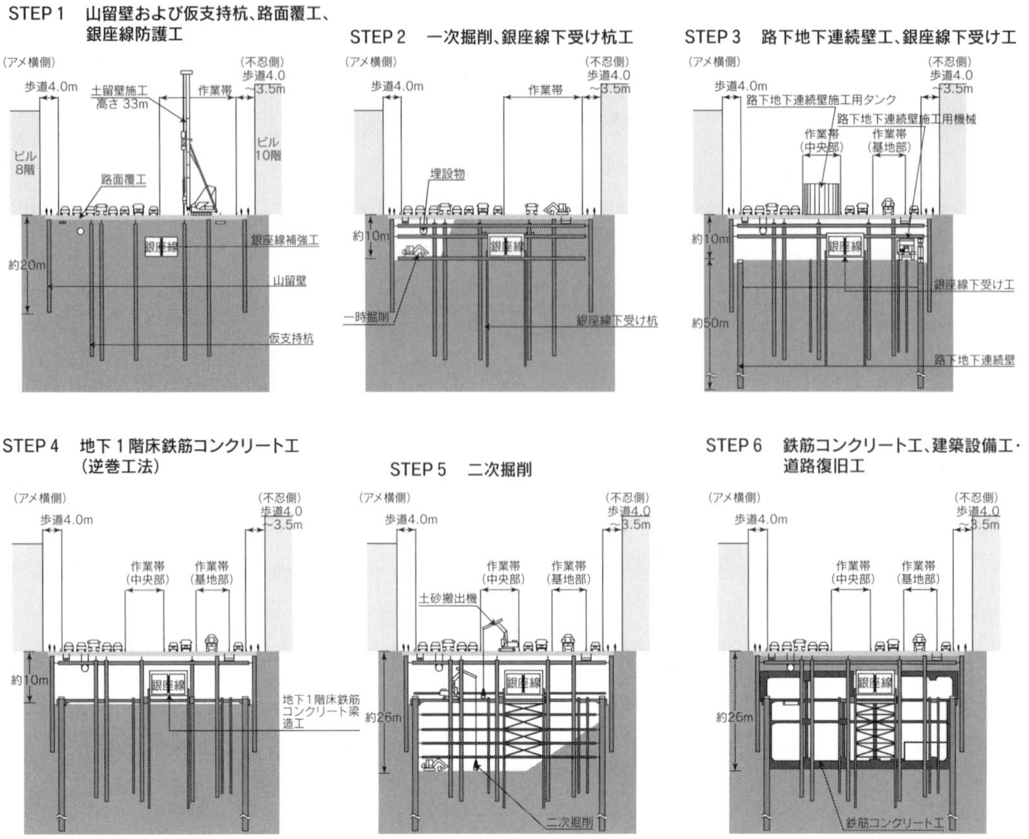

4 その他特筆する留意事項

　平日・夜間に上限料金を設定する等利用促進に努めた結果、利用台数、駐車時間等着実に増加してきている。しかし、駐車場設備の部品交換が定期的に必要となること、地下施設ゆえに漏水が発生すること等、維持管理費用が今後かさんでいくことから、さらなる利用促進を図り利用率を向上させていかなければならない。

　地域の集客資源である文化観光施設、商業、業務施設との連携が重要である。特に、上野の山の文化施設との連携は、駐車場の利用率向上だけでなく、上野地区の長年の課題である上野の山との回遊性向上に寄与することとなり、地域の活性化につながるものと確信する。

参考文献

1）台東区ホームページ「上野中央通り地下駐車場」(http://www.city.taito.lg.jp/index/kurashi/kotsu/parking/ueno/index.html)

2.5 地下駐輪場

　通勤・通学で駅まで自転車で移動し鉄道を利用する人々が、道路上や駅前広場などに駐輪する行為が都心部では1970年代頃から問題となっていた。

　駅周辺は自転車のみならず歩行者や車両など他の交通も集中する地帯であるため、これらの放置自転車が他の交通の妨げとなっている。さらに、歩道や狭い道路でも無造作に放置されるため、高齢者や子供、身体障害者などの交通弱者と呼ばれる人たちが特に影響を受けやすい。加えて、緊急自動車の通行の妨げになり、救命救急・消防活動など人命に関わる事態への対応の障害となるケースもあり社会問題化している。

　1980年に「自転車の安全利用の促進及び自転車等の駐車対策の総合的推進に関する法律」が制定され、各自治体が中心となり放置自転車対策に乗り出すが放置自転車の増加量と駐輪場の整備はいたちごっこの様相を呈していた。

　放置自転車が減少しない要因の1つとして、駐輪場と駅までの距離の問題があげられる。駐輪場を整備してもある一定の距離になければ自転車の利用者は駐輪場を使用せず、相変わらずの違法駐輪を繰り返す傾向にある。駅の近くに適当な土地がない等の理由で駐輪場の整備も進展しないことが多い。このような状況下にあって抜本的対策としての地下駐輪場の建設が近年推進されている。

　図表2・3・36に、わが国における大規模な（収容台数1,500台以上）地下駐輪場の一覧を記す。

　本編では、駅前に構築されたわが国最大の地下駐輪場である「葛西駅前駐輪場」について紹介する。

2.5.1 江戸川区葛西駅東口、西口駐輪場

1 事業の目的

1 計画の背景

　東京メトロ東西線葛西駅周辺の放置自転車数は、2000年に都内でワースト5に入り、交通の阻害や環境の悪化を招き大きな社会問題となっていた。これに向けて、既存の駅広場の地下空間を活用した地下一層自走式の駐輪場整備を計画していた。

　2005年4月に将来需要の見直しを行い、計画収容台数を当初計画の7,100台から9,400台へ都市計画変更を行った。

　そのために、既存駅広場内の地下空間を最大限に有効活用し、利便性を高めるよう、機械式駐輪施設の導入を行うこととした（**図表2・2・37**）。

　さらに施工環境が、駅前で都道環状七号線に面し交通量の多いことから、周辺への影響を最小限におさえるため、プレキャスト部材を積極導入し、現場工期の短縮に努めることとした。

図表2・2・36 地下駐輪場一覧表

(収容台数1,500台以上)

地下駐車場名	所在地	事業主体	着工	竣工	区域面積	形式	階一層	台数	上部施設
大宮駅西口桜木町自転車駐車場	さいたま市大宮区桜木町1丁目	さいたま市	—	1988.4	約3,400m²	自走	B1・B2	3,069	イベント広場
東大宮駅東口自転車駐車場	さいたま市見沼区東大宮5丁目	さいたま市	—	1992.5	約3,100m²	自走	B1・B2	5,508	駅前広場
武蔵浦和駅東口地下自転車駐車場	さいたま市南区別所7丁目	さいたま市	—	2001.4	約2,500m²	自走	B1	1,704	駅前広場
越谷ツインシティ地下駐輪場	越谷市弥生町17丁目	越谷市	2010.3	2012.8	約1,300m²	自走	B1	1,565	商業施設・共同住宅
和光市駅南口自転車駐車場	和光市本町3丁目	和光市	1994.10	1996.3	敷地：5,819m² 延床：3,504m²	自走	B1	3,205	駅前広場
新座駅南口地下自転車駐車場	新座市野火止5丁目	新座市	1999.10	2002.4	4,589m²	自走	B1	3,780	タクシープール・駐車場
市川地下駐輪場	市川市市川1丁目	市川市	—	1994.2	1,900m²	自走	B2	1,750	道路
新高円寺地下自転車駐車場	杉並区梅里1丁目	杉並区	1991.8	1999.9	2,360m²	自走	B1	1,500	道路
葛飾区亀有南自転車駐車場	葛飾区亀有3丁目	葛飾区	1992.7	1996.3	2,473m²	自走	B1・B2	1,694	自動車駐車場
葛飾区お花茶屋地下自転車駐車場	葛飾区白鳥2丁目	葛飾区	2001.6	2003.3	2,078m²	自走	B1	1,629	道路区域 (駐車場等多機能施設)
平井駅北口駐輪場	江戸川区平井5丁目	江戸川区	1993.3	1995.4	2,800m²	自走	B1	3,000	駅前ロータリー
西葛西駅北口駐輪場	江戸川区西葛西5丁目	江戸川区	1996.3	1999.4	2,623m²	自走	B1	2,500	駅前ロータリー
西葛西駅南口駐輪場	江戸川区西葛西6丁目	江戸川区	1996.3	1999.4	2,386m²	自走	B1	2,000	駅前ロータリー
一之江駅西口駐輪場	江戸川区一之江7丁目	江戸川区	2002.3	2005.4	2,807m²	自走	B1	2,500	駅前ロータリー
瑞江駅南口駐輪場	江戸川区瑞江2丁目	江戸川区	2001.3	2005.4	4,800m²	自走	B1・B2	4,000	駅前ロータリー
葛西駅東口駐輪場	江戸川区東葛西6丁目	江戸川区	2005.3	2008.4	2,700m²	機械・自走	B1・機械式21基	4,900	駅前ロータリー
葛西駅西口駐輪場	江戸川区中葛西5丁目	江戸川区	2005.3	2008.4	2,900m²	機械・自走	B1・機械式21基	4,500	駅前ロータリー
篠崎西口駐輪場	江戸川区篠崎町7丁目	江戸川区	2006.3	2008.4	3,600m²	自走	B1	2,800	駅ビル（複合施設）
すずかけ駐輪場	三鷹市下連雀3丁目	三鷹市	2005.6	2006.6	664m²	機械・自走	機械式8基	1,700	平置駐輪場
保谷駅北口あらやしき駐車場	西東京市下保谷4丁目	(財)自転車駐車場整備センター	1999.10	2008.8	2,382m²	自走	B1	2,544	公園
清瀬駅北口地下駐輪場	清瀬市元町1丁目	清瀬市	1994.8	1995.8	2,548m²	自走	B1	2,643	駅前広場
拝島駅南口自転車駐車場	昭島市松原町4丁目～5丁目	昭島市	2012.12	2014.3	3,400m²	自走	B1	2,450	駅前広場
東村山駅西口地下駐輪場	東村山市野口町1丁目	東村山市	2006.9	2009.3	2,104m²	自走	B1	1,500	駅前広場
久米川駅北口地下駐輪場	東村山市栄町1丁目	東村山市	2007.10	2009.3	1,887m²	自走	B1	1,500	駅前広場
市相模大野駅西側自転車駐車場	相模原市南区相模大野3丁目	相模原市	2009.2	2011.10	3,075m²	自走	B1	2,385	自転車・自動車駐車場
中百舌鳥駅前地下	堺市北区中百舌鳥町2丁目	堺市	—	2001.7	3,651m²	2段ラック	B1	2,000	駅前広場
北野田駅前地下	堺市東区北野田1082	堺市	—	2006.8	1,082m²	スライドラック	B1	2,500	駅前広場

図表2・2・37　全体鳥瞰図

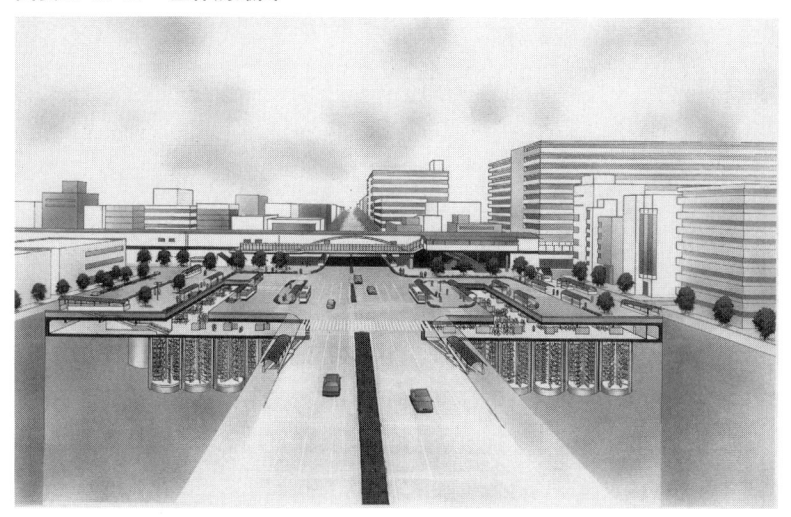

2 総合自転車対策の推進

　本駐輪場整備を契機に、「放置自転車ゼロのまち」を目指して、駐車場の運営管理、自転車利用者への啓発、駐輪場への誘導、撤去返還業務等、駅周辺の駐輪業務を効率的に一括して行うことが可能となった。

　さらに、自転車は地球環境にやさしく、健康な乗り物であるため積極的に利用を推奨し、自転車走行レーンの整備や、運転マナー向上のための各種交通安全教室を実施による、ソフト、ハード両面での取組みを実施してきた。

　これらを「総合自転車対策」と称して多大な成果を上げているが、江戸川区内の他駅にも順次拡大させていき、現在10か所の駅で実施している。

2 事業概要

① 施設名称および所在地
　・江戸川区葛西駅東口駐輪場（江戸川区東葛西6丁目3番）
　・江戸川区葛西駅西口駐輪場（江戸川区中葛西5丁目43番）

② 事業者名：江戸川区

③ 事業規模
　・面積：東口2,700m²、西口2,900m²
　・駐輪形式：地下一層機械式併用自走式
　・収容台数：東口4,900台（機械式3,780台、自走式1,120台）
　　　　　　　西口4,500台（機械式2,700台、自走式1,800台）

④ 事業工程
　・1996年：江戸川区自転車駐車場整備基本計画（江戸川区）

- 2003年：都市計画法に基づく事業認可（江戸川区）
- 2004年：江戸川区総合自転車対策（江戸川区）
- 2004年：建設工事 着工
- 2005年：事業計画の変更告示（江戸川区）
- 2008年：竣工・供用開始

3 駐輪場の概要

1 駐輪場の構造概要

- 本駐輪場は、上部躯体および円形躯体で構成される構造体である（**図表2・2・38**）。
- 上部躯体の構造形式は、短手方向、長手方向ともに大ばりと柱で構成される「はり柱構造」の形式をなし、はり・柱・側壁・底版それぞれの接続点はすべて剛結構造である。
- 円形躯体と底版の接続点は、鉛直力と水平力のみを伝達するピン構造である。
- 頂版部材は、Pcaスラブと場所打ちスラブ（トップコンクリート）から構築されるPC合成スラブである。
- 側壁のH型PC杭は仮設土留め兼用となる。
- H型PC杭と底版は、PC鋼棒で剛結合されている。

図表2・2・38　駐輪場断面図

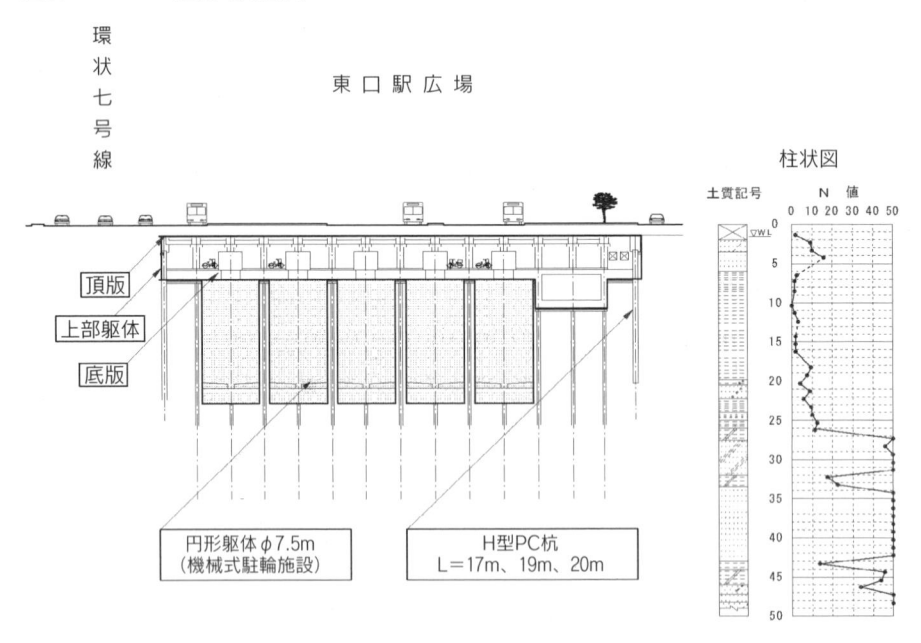

2 設備概要

- 斜路付階段（オートスロープ付）

・2段式ラック
・消火設備スプリンクラー、防火水槽併用
・給排気設備（誘引ファン）
・監視カメラ

3 施工方法概要

供用中の駅広場内における支障物件（地下埋設物、地上物件等）の一時移設および撤去を準備工事として行った。

H型PC杭による山留めを先行して施工した後、掘削を開始し床付完了後、円形躯体構築、上部躯体構築を順巻き工法により施工した（**写真2・2・14〜2・2・16**）。

写真2・2・14　施工状況図

写真2・2・15　H型PC杭打込み 　　**写真2・2・16　円形躯体（機械式駐輪施設）**

4 その他特筆する留意事項

　地下水位が高く軟弱な地盤の中に、機械式駐輪施設を埋設するため、施工中や完成後の漏水や結露による湿気対策には細心の配慮を行った。

　円形躯体の施工は止水性および施工精度を期待して、コンクリートセグメントによるアーバンリング工法を採用し、施工後には筒内の換気ファン、排水ポンプを配した。

　さらに、機械式駐輪施設の入出庫時における安全対策や操作案内、および場内の案内設備について、種々検討を重ね次の装備を備えた。

- 自転車サイズの検知センサ
- 安全ガード、侵入落下防止装置、非常停止装置
- 音声誘導システム
- ICタグによる利用者確認（**写真2・2・17**）
- 登録カード掲示による自動出庫
- 無停電電源装置
- 地震計による非常停止
- 満空表示灯、空きブース案内表示板（**写真2・2・18**）

写真2・2・17　自転車に取り付けたICタグ

写真2・2・18　入出庫ブース

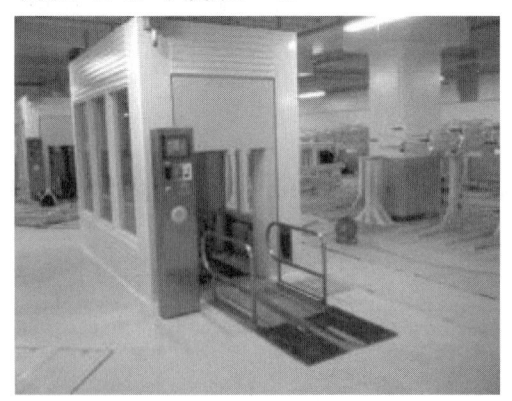

参考文献

1）江戸川区ホームページ「葛西駅地下駐輪場」(http://www.city.edogawa.tokyo.jp/chiikinojoho/kohoedogawa/h21/210610/210610_1/index.html)
2）江戸川区土木部駐車駐輪課資料

2.6 トンネル式下水処理場

2.6.1 葉山浄化センター

1 事業の目的

1 計画の背景

葉山町の公共下水道計画について、1975年より、公共下水道調査研究推進委員会において検討が始められた。1990年6月に、下記の理由により、山側の南郷上ノ山地区にトンネル方式で行うことを最終決定した。

・平坦地が少ない地理的条件において、必要用地が地上型施設に比べ約3分の1であること
・施設の大部分が地下に入り緑地と自然の調和が図れること

当初検討された海洋立地案に関しては、長い間住民が海に親しんでいる歴史的背景や自然保護等の観点から断念した。

その後、日本下水道事業団と公共下水道に関わる事業策定に関する委託協定を締結し、地元説明会や関係機関等との協議を経て、1992年2月に「葉山都市計画下水道の決定（県知事承認）」「葉山町公共下水道事業計画知事認可（下水道法）」「葉山都市計画下水道の知事認可（都市計画法）」を受け本格的に事業着手した。

2 事業の効果

葉山町が公共下水道事業に着手した背景には、河川の汚濁や道路側溝等からの臭気問題があった。公共下水道事業により、これらの問題が解決された。また、汚水を管渠により処理場に集め、一極集中管理することで効率的に処理することが可能になった。

2 事業概要

① 施設名称：葉山浄化センター
② 事業者名：神奈川県葉山町
③ 所 在 地：葉山町長柄1735番地
④ 事業工程
・1975年：公共下水道調査研究推進委員会において公共下水道計画に関する検討開始
・1990年：トンネル方式の採用を決定
・1992年：公共下水道事業に着手
・1992年：葉山浄化センター建設開始

⑤ 関連法規

1991年当時、葉山浄化センター建設予定地2万9,500m²の大部分を占める南郷上ノ山公園については都市公園法の都市公園と都市計画法の都市計画公園であるという法律の規定が適用されていた。

ここに都市計画法の都市施設である終末処理場を建設することについて検討した結果、都市公園法については葉山浄化センター用地部分を区域からはずし、その面積以上の用地を隣接する場所に確保すること、また都市計画法については、都市計画公園と終末処理場とするという決定がなされた。

3 処理場の概要

1 地形・地質概要

葉山町周辺の地形は、大きく山地部と平地部に分けられる。山地は標高150～200m程度あり、稜線は東西方向、一部では海岸線の近くに迫る。山地の開析は比較的進んでおり、谷地形が南北に発達している。平地部は、葉山・逗子の市街地の広がる臨海部では1km程度の幅を持ち、内陸部では河川に沿って分布し谷底地形に移行する。

処理場周辺の地質は、新生代新第三紀後期中新世から鮮新世の三浦層逗子層のシルト岩を主体とし、砂岩、軽石凝灰岩、スコリア凝灰岩を薄層で狭在する。地層の走向は西北西―東南東を示し、30度から50度で北に傾斜して斜面の傾斜角にほぼ一致する。トンネル部では流れ盤を示す。地表付近の風化部では、地層の傾斜に平行な亀裂が卓越し開口性のものが多く、岩盤は板状もしくは塊状のブロックとして分離、滑落しやすい。深部では、地層に平行な亀裂のほかに、高角度のものも存在するがその頻度は減少しRQDは70～80前後である。

2 処理計画の内容

葉山町公共下水道における全体計画は**図表2・2・39**のとおりである。

図表2・2・39 葉山町公共下水道の全体計画

項目	単位	数量
計画処理面積	ha	581
計画処理人口	人	28,100
処理場敷地面積	m²	29,500
処理方式	―	酸素活性汚泥
排除方式	―	分流式
計画処理水量	m³/日	最大14,100
計画流入水質	―	BOD 160ppm SS 155ppm
計画放流水質	―	BOD 9.5ppm SS 10ppm
放流先		森戸川支流大南郷川

3 処理施設の概要

処理施設の概要を**図表2・2・40**に示す。処理方式として「酸素活性汚泥法」を採用した。これにより、一般的な下水処理場で採用されている「標準活性汚泥法」と比較して反応タンクのエアレーション時間を約半分に短縮することで容積を縮小でき、建設コスト削減に寄与した。

また、当初計画では処理施設のトンネル延長は約100mであったが、最終的には**図表2・2・41**のように、反応タンクと最終沈殿池を2階層とするなどにより約60mまで短縮し、コスト削減に寄与した。

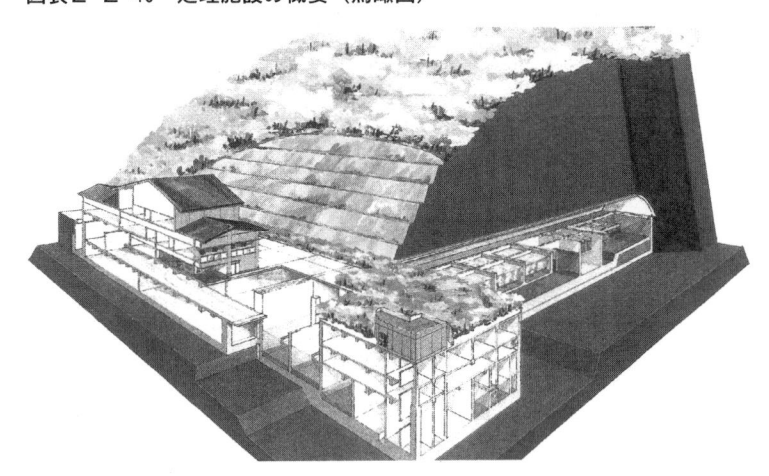

図表2・2・40　処理施設の概要（鳥瞰図）

図表2・2・41　処理施設の概念図

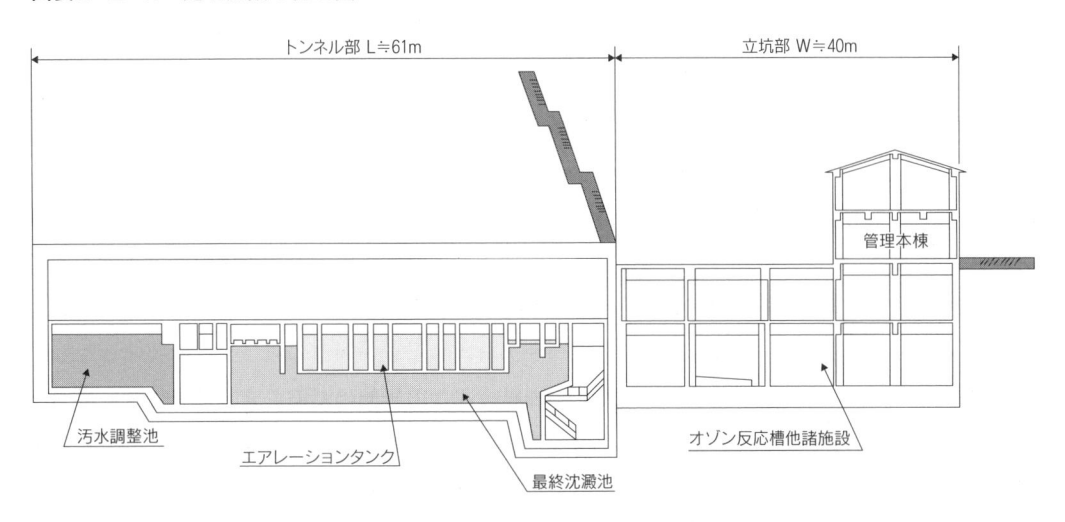

4 建設工事数量

主要工事の工事数量は**図表2・2・42**のようである。

図表2・2・42　主な建設工事数量

工　種		数量	摘　要
準備工事	付替河川工事	197m	2.0m×3.4m
法面工事	法面掘削工	26,000m³	6段カット
	法枠工	3,000m²	フリーフレーム工法
	アンカー工	4,200m	L=8.0～13.0m
立坑工事	立坑杭打工	182本	L=14.5～28.0m
	掘削工	68,000m³	幅40m×長さ100m×深さ17m
	アンカー工	4,940m	L=7.0～13.0m
トンネル工事	トンネル掘削工	43,300m³	L=61m、A=360～410m²
	吹付工	1,700m³	t=10.0～25.0cm
	ロックボルト工	21,700m	L=2.0～6.0m
	支保工	510t	H100×100、H250×250
	アンカー工	4,030m	L=10.0m
	アーチコンクリート工	9,900m³	t=1.0m
	側壁コンクリート工	5,100m³	t=1.0m
	防水工	7,700m²	t=2m/m

5 施工方法概要

建設工事は、1993年度から準備工事が開始され、その後、法面工事、立坑工事の順に1994年度までに行われ、トンネル工事が1995年度から1996年度までで行われた。

トンネル部は、この時点で国内の事例が少ない堆積軟岩地山における大断面空洞の掘削であり、事前に数値解析による施工方法・手順の妥当性検証が行われた。

検討の結果、側壁導坑先進工法を採用し、下半部は多段ベンチカット工法とした。**図表2・2・43**に示すように、パイプルーフ工→側壁導坑の掘削・コンクリート工→2段階のベンチカットによる上半掘削工→アーチコンクリート工→4段階のベンチカットによる下半掘削工→ベースおよび側壁コンクリート工、の順に施工された。

また、近隣は住宅地であったため、建設工事の防音などの目的のため、立坑部を完全に覆う、国内初の全天候型防音ドームを設置して工事が行われた。このドームは、結果的に、風雨の影響を排除して、建設工程の短縮化に寄与した。**写真2・2・19**に、建設中の防音ドームの状況を示す。

第2節　商業・生活関連施設の事例

図表2・2・43　トンネル掘削の施工順序

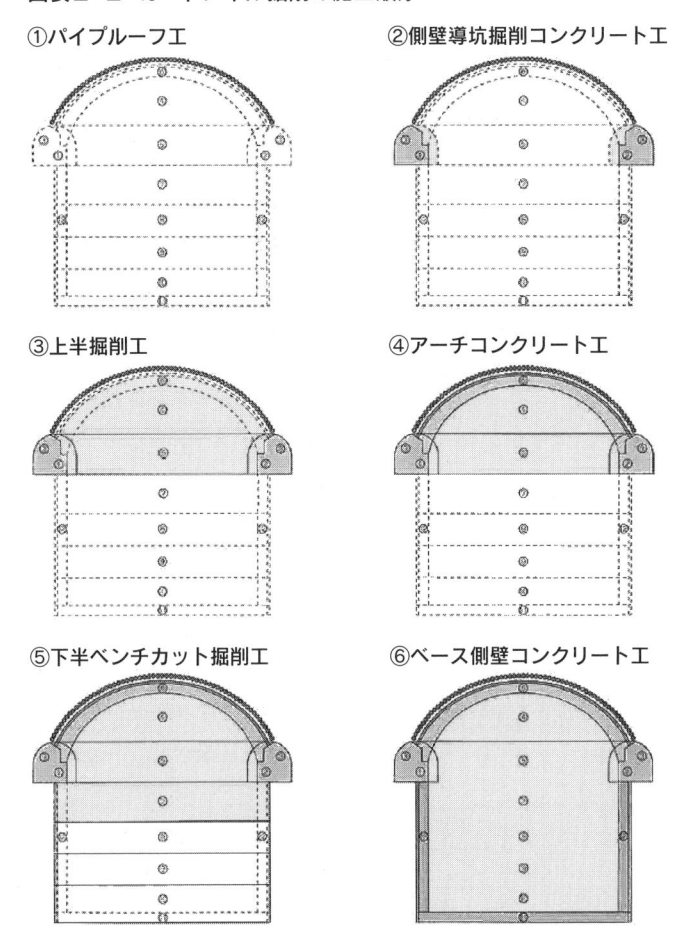

①パイプルーフ工
②側壁導坑掘削コンクリート工
③上半掘削工
④アーチコンクリート工
⑤下半ベンチカット掘削工
⑥ベース側壁コンクリート工

写真2・2・19　全天候型防音ドームの建設状況

2.7 上水道

2.7.1 神戸市大容量送水管整備事業 奥平野工区

1 事業の目的

1 計画の背景

神戸市では、1995年の阪神・淡路大震災の教訓を踏まえて、「神戸市水道施設耐震化基本計画」を策定し、これに基づき災害に強い水道づくりを進めている。本事業は、水源の4分の3を阪神水道企業団からの受水に頼っている神戸市が、当初計画していた山岳トンネル方式を見直し、危険分散も考慮し、新たに市街地を通る耐震性の高い送水管を整備するものである（**図表2・2・44、2・2・45**）。

図表2・2・44　大容量送水管のイメージ図

（出典）神戸市ホームページ[1]

2 期待する効果

・既設送水管トンネルが被災した場合や更生工事実施時には代替送水ルートとして活用できる（**図表2・2・46**）。

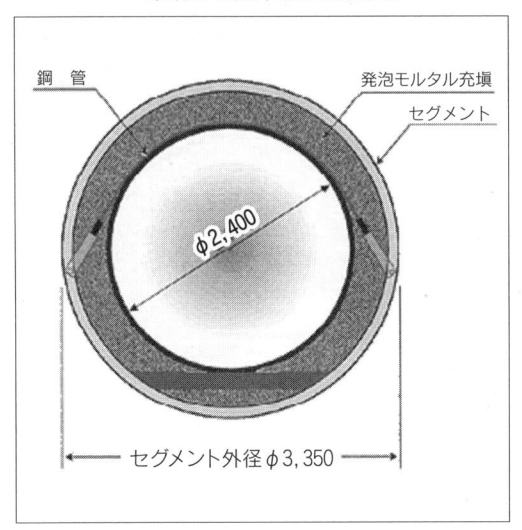

図表2・2・45　大容量送水管の本線断面図（芦屋市境から奥平野立坑区間）

（出典）神戸市ホームページ[1]

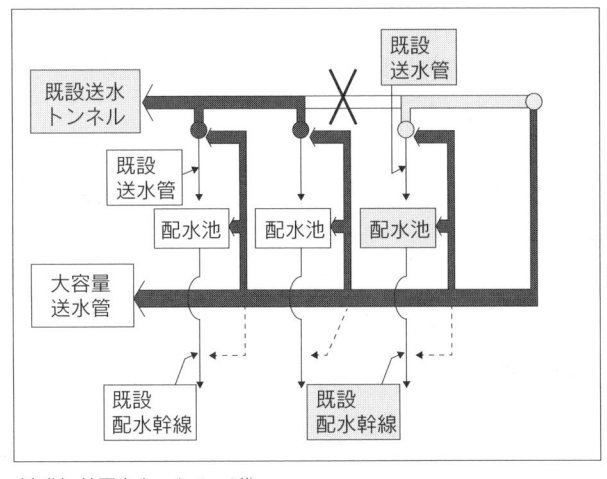

図表2・2・46　代替送水ルートとしての活用

（出典）神戸市ホームページ[1]

・災害時に交通渋滞の影響を受けずに市街地の防災拠点で応急給水ができる（**図表2・2・47**）。
・送水が停止した場合であっても管内に貯留された水を応急給水に利用できる。
・配水池や幹線配水管が被災した場合でも、大容量送水管から直接市内配水管網に送水し、復旧期間が短縮できる。

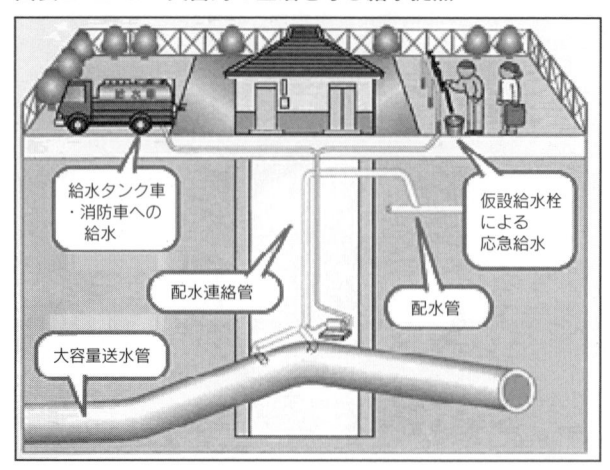

図表2・2・47　災害時の生活を守る給水拠点

（出典）神戸市ホームページ[1]

2 奥平野工区事業概要

① 事 業 名：大容量送水管整備事業（奥平野工区）
② 事業者名：神戸市水道事業管理者
③ 所 在 地：神戸市兵庫区楠谷町（奥平野浄水場）〜中央区熊内橋通7丁目（布引立坑）
④ 工事期間：2008年5月〜2014年3月
⑤ 事業計画上の関連法規、ガイドラインなど：大深度地下の公共的使用に関する特別措置法

3 施設の概要

1 地形・地質概要

　奥平野工区のルートは、六甲山地南麓の丘陵地帯に位置する。地質的には、上部から順に沖積層、上部洪積層（段丘堆積層）、大阪層群に区分される。トンネルは土被り40〜50mの大深度に位置しており、T1層と呼ばれる高位段丘層が大部分を占めているが、一部に大阪層群を含んでいる。また、シールド発進部付近に中硬岩の花崗岩体が存在している。

　高位段丘層〜大阪層群は、おおむねN値60以上、Vs＝600m/s以上の値を示し、大深度地下の支持地盤として十分な強度を有している。また、当ルートでは活断層と推定される会下山断層を横断するため、断層変位量について検討を行い、横断部には断層用鋼管を配置する。

2 事業計画の内容

① 本線延長：12.8km（うち奥平野工区約2.4km）
② 口径：φ2.4m（シールドトンネル内径2.4m、セグメント外径3.35m）
③ 計画送水能力：約40万 m^3/日

④　貯留可能量：5万9,000m³（芦屋市境～奥平野浄水場）

3 建設工事規模

　　①　置換杭工・掘削補助工：ケーシング回転掘削工法、φ1,500～2,500mm、深さ55.345m（最大）
　　②　奥平野立坑築造工
　　　・オープンケーソン工法（SOCS）
　　　・ケーソン外径12.6m×掘削深さ55.345m
　　③　一次覆工：泥土圧式シールド工法、セグメント外径3,350mm、L＝2,384.6m
　　④　二次覆工：水道本管径φ2,400mm、L＝2,386.1m
　　⑤　そ の 他：地盤改良・推進工・場内配管　等

4 施工方法の概要

　奥平野浄水場内で発進立坑となる奥平野立坑を掘削した後に、シールド工法により、既設の布引立坑まで延長約2,385mの掘削を行う。その後シールド内部に配管を設置し、送水トンネルとして完成させる。

　発進立坑は、オープンケーソン工法により築造した。地上で構築された立坑（ケーソン）を、その内部を掘削しながら、グランドアンカーの引抜き反力を利用して油圧ジャッキにより地中に圧入し、この構築、掘削、圧入の作業を繰り返しながら所定の深さまで立坑を沈設する。

　立坑築造後、シールドマシン発進時における地盤からの出水および地山崩壊防止を目的とした薬液注入による地盤改良を行った。立坑の発進坑口部は直接切削が可能な新素材コンクリート（NOMST壁）を使用している。

　シールド掘進に関わるすべての作業内容を総合的に管理する「シールド自動施工管理システム／SDACS」を導入し、施工の安全性の向上、自動化、高効率化を図った。この掘進管理システムは、シールド設備稼働状況、加泥注入、裏込注入、測量など従来個別に管理・制御していたものを一元管理するものである。

4 大深度地下使用法適用

1 使用認可の主な手続きの流れ

　　①　2005年8月1日：事業概要書の送付（神戸市）
　　②　2005年8月1日～31日：事業概要書の公告・縦覧（神戸市）
　　③　2005年8月10日：近畿圏大深度地下使用協議会幹事会の開催（近畿地方整備局）
　　④　2007年3月27日：使用認可申請書の提出（神戸市）
　　⑤　2007年4月2日～16日：使用認可申請書の公告・縦覧（神戸市）
　　⑥　2007年5月16日：大深度地下使用審査会の開催（兵庫県）

⑦　2007年6月6日：近畿圏大深度地下使用協議会幹事会の開催（近畿地方整備局）
⑧　2007年6月19日：大深度地下の使用の認可・公告（兵庫県）
⑨　2007年6月19日～
・大深度地下の使用の認可に関する登録簿の閲覧（兵庫県）
・事業区域を表示する図面の長期縦覧（神戸市）

2 適用によるメリット

　大容量送水管整備事業（奥平野工区）は、奥平野立坑と布引立坑間が公共道路で直線的に連続しておらず、道路下のみの占用では大きく迂回するルートとなる。

　一方、本工区は、神戸市営地下鉄および新神戸トンネルを下越しする必要から、もともと深い縦断線形を余儀なくされる区間であり、大深度地下使用法の適用には効果的である。

　そこで、大深度地下使用法を適用し、一部私有地の地下を使用することにより、直線的なルートとなり延長の短縮、工期の短縮、工事費の縮減および施工性の向上が図られる。

3 事業区域（大深度地下使用）（図表2・2・48、2・2・49）

①　事業区域1
・延長：109m（全区間延長125m、控除区間延長16m）
・場所：神戸市中央区再度筋町および神戸市中央区諏訪山町地内
・深さ：40.0～49.5m
②　事業区域2
・延長：159.5m（全区間延長166m、控除区間延長6.5m）
・場所：神戸市中央区北野町1丁目および神戸市中央区加納町2丁目地内
・深さ：40.0～58.5m
・使用の期間：2007年6月19日より構造物の存続期間中

図表２・２・48　平面図

図表２・２・49　縦断図

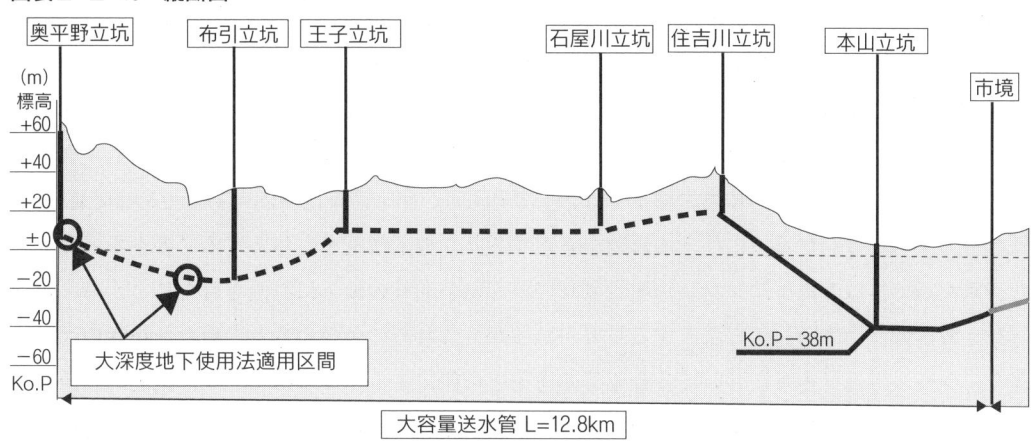

参考文献

1) 神戸市ホームページ（http://www.city.kobe.lg.jp/safety/prevention/water/06.html、http://www.city.kobe.lg.jp/safety/prevention/water/07_01.html）
2) 神戸市水道局パンフレット「災害に強い水道づくり　大容量送水管整備事業」
3) 神戸市水道局パンフレット「大容量送水管（奥平野工区）整備工事【立坑築造工編】」
4) 神戸市水道局パンフレット「大容量送水管（奥平野工区）整備工事【シールド工編】」
5) 第２回中部圏大深度地下使用協議会幹事会　配布資料（平成20年６月24日）「大深度地下使用制度をめぐる状況（国土交通省都市・地域整備局　大都市圏整備課　大深度地下利用企画室）」（http://www.cbr.mlit.go.jp/kensei/build_town/underground/index.htm）
6) 浜村吉昭・坂田昭典・竹内重隆・牛尾亮太「大容量送水管（奥平野工区）の計画と設計」『地盤工学会誌』Vol. 58、pp16-19、2010.4

第3節 交通施設の事例

3.1 地下道路

3.1.1 首都高速道路中央環状新宿線・品川線

1 首都高速中央環状線の概要

　首都圏における道路ネットワークのうち、東名、中央道、常磐道等、およびそれと接続する放射方向の首都高速道路の路線に比べ、環状線の整備は遅れている。このため、都心部は交通量の多くを通過交通が占め、交通集中による慢性的な渋滞が放射線にまで及んでいた。これらの抜本的な対策として、通過交通を適切に迂回、分散させる首都圏3環状道路の整備が進められている。首都圏3環状道路のうち、最も内側に位置するのが、首都高速中央環状線である。首都高速中央環状線の東側と北側部分の約26km区間は高架構造を主体としており、西側部分の約20kmはトンネル構造を主体としている。

　西側部分の5号池袋線から湾岸線までは、ほぼ全区間が住宅密集区域内であるため、交通騒音、振動や大気汚染等が住環境に与える影響を考慮すると、地下構造を主体とする必要があった。また、重交通で無数の地下インフラが埋設されている山手通りの地下に計画されたことから、周辺へ与える影響が小さい施工方法とする必要があった。これらの条件のもと、新たな技術の開発により、シールドトンネルにおいて分合流部の構築を可能にするとともにシールド掘進の長距離化を図り、また、断面の縮小により制約が多い都市部の地下への適合を図り、延長の大部分にシールド工法を採用した。

　高架構造を主体とした東側と北側部分は、2002年度までに先行して開通している。トンネル構造を主体とした西側部分のうち、北側から順に、5号池袋線〜4号新宿線間（6.7km）は2007年12月に、4号新宿線〜3号渋谷線間（4.3km）は2010年3月にそれぞれ開通した。この2区間は、事業上の路線名を中央環状新宿線、呼称を山手トンネルとしている。残る3号渋谷線〜湾岸線（9.4km）は、事業上の路線名を中央環状品川線としており、東京都と首都高速道路(株)との合併施行で整備が進められている（図表2・3・1）。

2 中央環状新宿線

　中央環状新宿線は、都道環状第6号線（通称：山手通り）の地下に計画された。山手通りは、

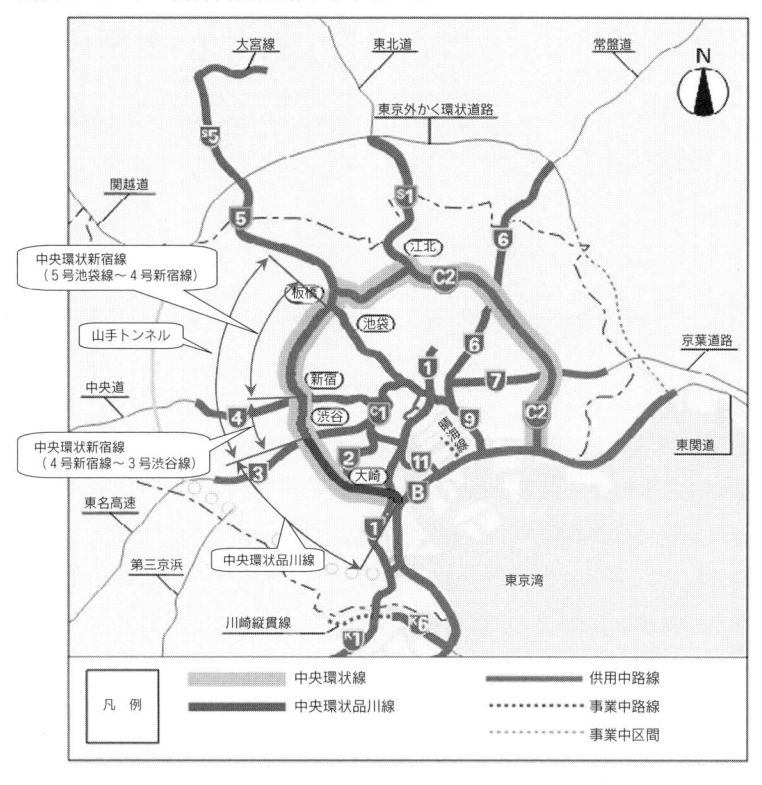

図表2・3・1　首都高速道路ネットワーク

図表2・3・2　中央環状新宿線（山手トンネル）概要図

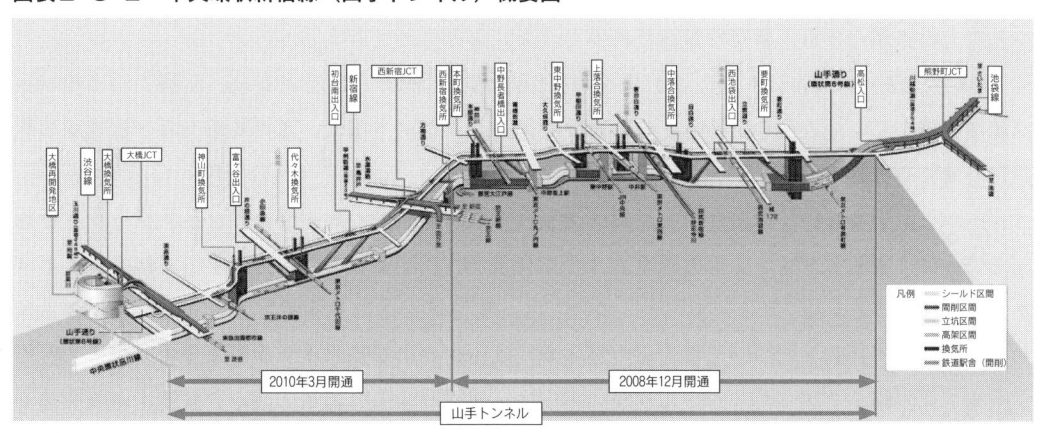

都市機能が集中する新宿・渋谷を通り、交通量が多く、電気、ガス、上下水道、通信といったライフラインも多く埋設され、また、13本もの鉄道と交差している（**図表2・3・2**）。

これらの諸条件から、中央環状新宿線では、全体延長の約7割に直径11〜13mの大断面シールド工法を採用している。シールド工法により構築されたのは9区間、1台のシールドマシンによる掘進最大延長は約2.7kmであった。うち、4区間においてシールドマシンを水平方向に移動回転させ、1区間においては鉛直方向に移動回転させ（**写真2・3・1**）、内外回りを1台のシー

写真2・3・1　シールドマシンの鉛直方向移動

写真2・3・2　分合流部の完成状況

Joe Nishizawa 提供

ルドマシンで構築し、シールド掘進の長距離化を図った。

　分合流部の構築は、他路線や出入口との接続が多い都市トンネルに、シールド工法を適用する際の課題であった。分合流部の構築や換気所との接続には、新たな「切開き工法」を採用した。

　「切開き工法」は、シールドトンネルを構築後に、トンネル周辺の地盤を開削、あるいは非開削工法にて掘削し、鉄筋コンクリート躯体の構築をシールド躯体と一体化させて行い、トンネル躯体を切開いて一部のセグメントを撤去するものである。このような工法は、鉄道の駅舎部等の構築では実績があったが、道路トンネルにおいては、①大断面であること、②出入口部では、車両の分合流のため、大部分が柱を設置できない構造であること（**写真2・3・2**）、③出入口部の分合流では、本線との相対高さが、出入口部の縦断勾配により除々に変化すること等から、構造上や施工上の課題が多く、新たな試みであった。

　「切開き工法」の実現は、シールド掘進の長距離化を可能とするとともに、開削工法に比べ掘削範囲を縮小して地表へ与える施工時の影響を低減し、コスト削減、工期短縮および沿道環境保全に有効であった。

　シールドトンネルの主構造として、セグメントはRC製セグメントを標準とし、シールドを切開く箇所には鋼製セグメント、偏荷重および重荷重が作用する箇所にはダクタイル鋳鉄製セグメントを用いている。RC製セグメントについては、吹付け工法による耐火工、ダクタイル鋳鉄製および鋼製セグメントについては、耐火パネルによる耐火工を施し、二次覆工を省略することでシールド径の縮小を図った。シールド径の縮小は、建設コストの縮減のほか、輻輳する既設地下構造物へ与える影響を抑制するためにも必要であった。

　トンネル内の換気については、出入口やジャンクションが多数あるため、安定した換気を行える横流換気方式を採用し、基本的に床版下の空間を換気ダクトとしている。換気所は9か所あり、高さ45mの排気塔と高さ5mの吸気塔を有している。排吸気塔のデザイン（**写真2・3・3**）については、圧迫感の軽減等に配慮し、学識経験者等による委員会での審議を経て決定した。

　大橋ジャンクションでは、新しい事業手法を用いて、3号渋谷線との接続部を構築した（**図表2・3・3**）。大橋ジャンクションは、トンネル構造（中央環状線）から高架構造（3号渋谷線）へ、

第3節　交通施設の事例

最大高低差約70mを結ぶフルアクセスのジャンクションである。密集市街地に位置するため、上下2層の道路階が2周するループ状のコンパクトな構造とし、大気や騒音など周辺への環境影響を低減する配慮から、覆蓋化を行いループ中央に換気所を配置している。

写真2・3・3　換気塔

大橋ジャンクションの整備は、都の再開発事業と一体的に整備を進める「道路事業協働型再開発事業」という事業手法により進めた。立体道路制度を活用し、再開発ビルの敷地と高速道路の敷地を立体的に重複させるなど、土地の有効活用が図られている。また、ループ部および換気所の屋上には、緑豊かな公園を整備した。再開発事業と一体となった道路整備は、地域分断や住民移転を最小限にとどめて地域の活性化に寄与する、世界でも類をみない事業である。

図表2・3・3　大橋ジャンクションの整備イメージ

3 中央環状品川線

中央環状品川線は、首都高速中央環状線のうち、3号渋谷線〜湾岸線間（9.4km）の区間で、東京都と首都高速道路(株)との合併施行により、整備が進められている（**図表2・3・4**）。

中央環状品川線は、山手トンネルと同様に、主に山手通りの地下、一部は目黒川等の地下に計画された。山手通りについては交通量が多く、ガス、上下水道、電気等のライフラインが多く埋

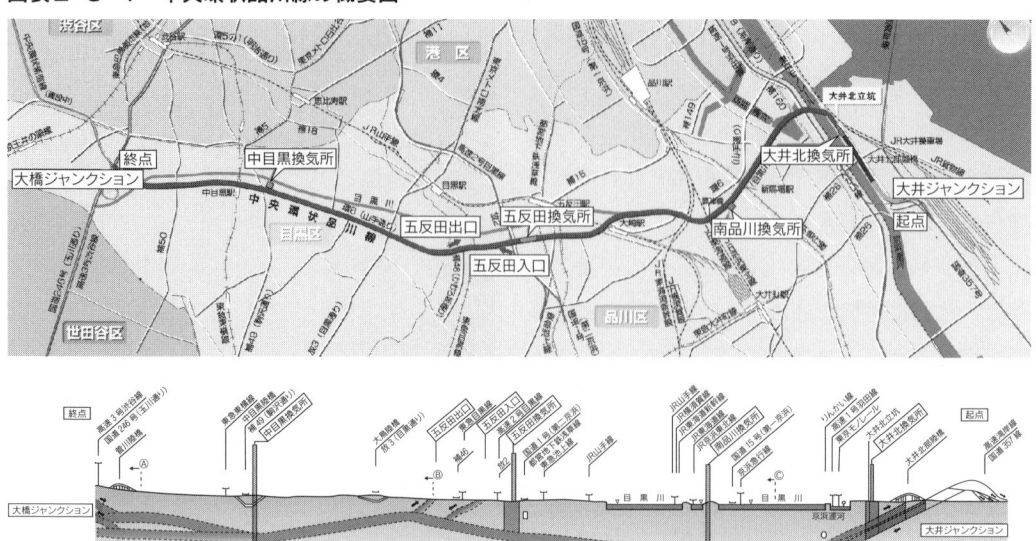

図表２・３・４　中央環状品川線の概要図

設されている。また、中央環状品川線は延べ14本もの鉄道と交差する。これらの諸条件から、中央環状品川線においても、全体延長の大部分に大断面シールド工法を採用している。

特に、大井北立坑〜大橋ジャンクション付近のシールドトンネル区間については、途中に立坑を設けずに、１台のシールドマシンで延長約８km、トンネル外径12.3mのトンネルを構築、途中の出入口部はシールドトンネル構築後に切開き工法により構築する（**図表２・３・５**）。トンネル内の換気については、出入口やジャンクションの間隔および交通量等を総合的に判断し、縦流換気方式を採用している。

請負者の技術提案に基づき、長距離掘進対策として、シールドマシン前面の地山を切削する主要なカッタービットを、マシン内部から交換できるようにするなどの工夫をしている。また、シールドトンネルの主構造として、セグメントはRC製セグメントを標準とし、シールドを切開く箇所には鋼製セグメント、偏荷重および重荷重が作用する箇所には鋼―RC合成セグメントを用いている。

新宿線と同様に二次覆工を省略し、RC製セグメントおよび鋼―RC合成セグメントについては、コンクリートに有機繊維（ポリプロピレン）を混合することにより、セグメント自体に耐火性を持たせた。鋼製セグメントには、耐火パネル設置により耐火工を施す。また、シールドトンネル内の床版には、鋼―RC合成床版を用い、床版受部の構築、床版工等は、掘進と並行して施工を行った。

大橋ジャンクション付近における、既供用の山手トンネルとの接続については、３か所においてシールドの切開きを行う（**図表２・３・６**）。それらのうち、切開き部Ａおよび切開き部Ｂにおいては、都市部山岳工法による非開削掘削を併用した切開き工法を採用している。また、切開き部Ｂおよび切開き部Ｃにおいては、供用中のシールドトンネルを切開いて接続を行う。

第3節　交通施設の事例

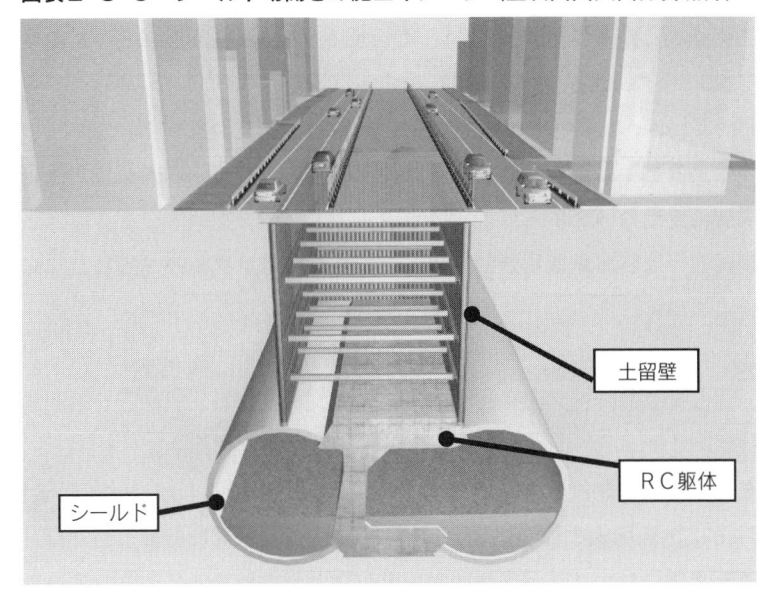

図表2・3・5　シールド切開きの施工イメージ（五反田出入口分合流部）

図表2・3・6　大橋ジャンクション付近における3か所のシールド切開き

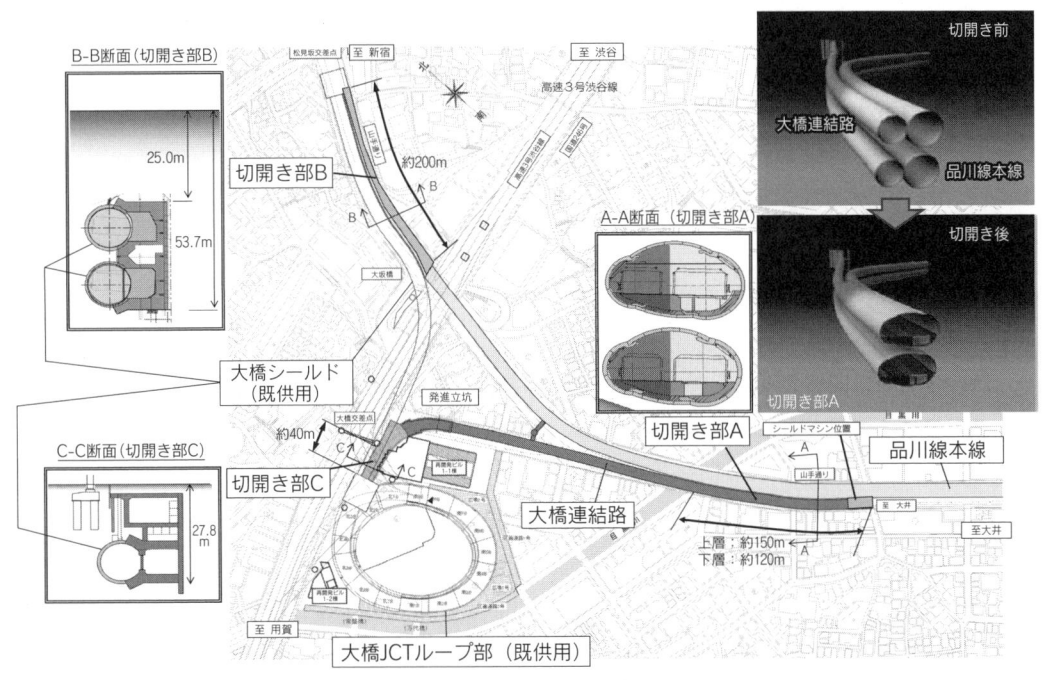

3.1.2　創成川通アンダーパス連続化

　人口191万を擁する北都札幌のまちづくりは、1869年に北海道開拓使の札幌本府建設から始まっ

た。その際、開拓使島判官は、創成川と南1条通との交点となる南1条西1丁目あたりを基点とし、現在の大通にあたる広場を東西に設け、これを基軸に50間（約91m）ごとの格子状のまちづくりを基本とした。

　創成川は、明治期には、農業用水、物資の輸送などの重要な役割を担った歴史的な河川として、札幌市のシンボル的な都心軸となっており、また川に沿ってつくられた創成川通は、現在も都心南北の重要な幹線道路となっている。

　こうした歴史的背景を持つ創成川通において実施されたアンダーパス連続化について、その整備の概要を以下に述べる。

1 整備概要

1 整備経緯

　創成川通は都心の東側に位置し、市内を南北に縦貫する片側4車線、計8車線（都心部）の道路であり、1日当たり5万台以上の交通量を有する市内でも有数な幹線道路となっていた。

　この道路には、札幌冬季オリンピックの開催を契機として1971年に南北に2つのアンダーパスが整備されていたが、その後の自動車交通量の増加から、都心へアクセスする交通と都心を通過する交通が混在し、創成川通やその周辺部の交通渋滞や、交通事故の多発を招いていた。

　また、創成川通自体が都心を東西に分断し、東西のアクセス性の悪さが、まちづくり上の課題として指摘されていた（**図表2・3・7**）。

　そこで、札幌市では、創成川通にあった2つのアンダーパスの間をトンネルとして地下で連続化し交通の円滑化を図るとともに、新たに地上に生み出された空間を活用し親水緑地空間として整備し、都心環境の改善を図った。

2 整備概要

　整備概要を**図表2・3・8～2・3・10**に示す。また整備前後の状況写真を**写真2・3・4**に示す。

　本格的な工事は2005年度から始まり、2008年度にトンネル部が供用開始され、2010年度までに地上部の整備を終えて事業が完了している。

① トンネル部

　2つのアンダーパスの間において、地上部の8車線のうち4車線をトンネルにより地下化する。既存のアンダーパスの構造物の一部はトンネル坑口として利用している（**写真2・3・5、2・3・6**）。

② 地上部

・道路整備

　　トンネル整備区間については、地上部を4車線化（2車線×2方向）し、幅員2mの停車帯を設置した。また、歩道部においては、電線類を地中化し、バリアフリー化を図った。さらに、北大通を東伸し、都心の東西の自動車交通の動線を新たに確保した。

・創成川公園

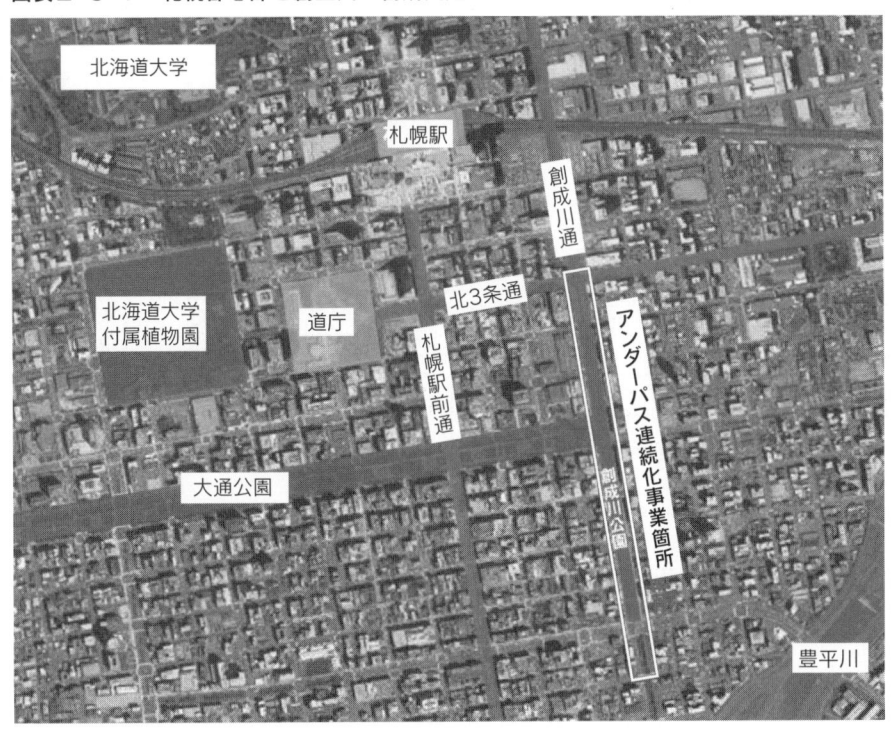

図表2・3・7　札幌都心部と創生川・創成川通

地下化により生み出された空間を利用し、親水緑地空間として「創成川公園」を整備した。公園内には、彫刻などのパブリックアートを設置したり、芸術的要素をランドスケープに取り込むなどの魅力アップを図った。

・創成川

親水緑地空間に組み込まれた創成川については、導水管を整備して河道の水深や流速を抑制し、市民が水辺へアプローチできる階段部を設けるなど、親水性を高めることとした（写真2・3・8）。

・狸2条広場

創成川に、にぎわいの空間を創出するため、大きさ25×50mの広場を整備し、市民がイベントなどで活用できるようにした。

・創成橋の復元

創成川には、市内で現存する最も古い橋梁である創成橋（1912年架設）があったことから、今回の整備にあわせ、橋を歴史的シンボルとして復元した。

2 整備効果

1 都心部における交通渋滞の緩和、交通事故の減少

2つのアンダーパスを連続化することで、これまでアンダーパス周辺で発生していた複雑な交

第2章　最近の地下空間利用

図表2・3・8　整備概要（図）

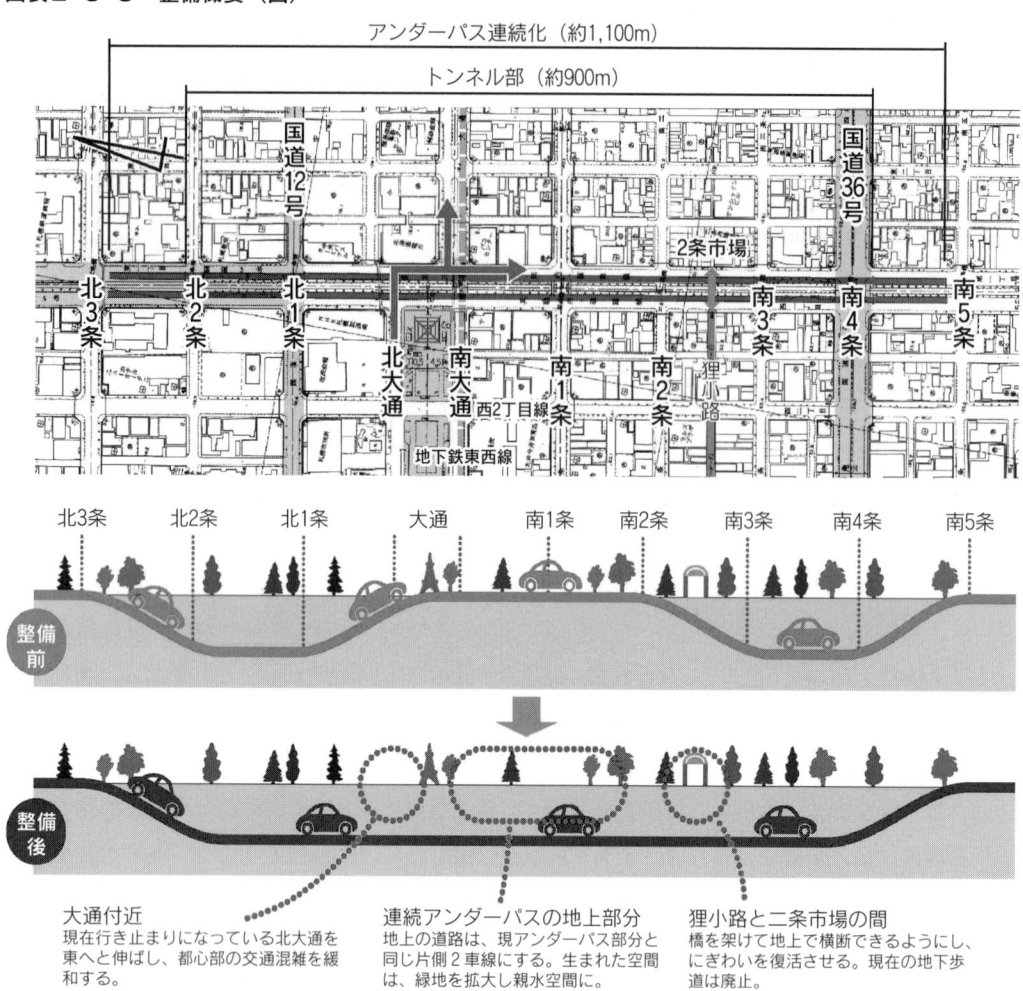

大通付近
現在行き止まりになっている北大通を東へと伸ばし、都心部の交通混雑を緩和する。

連続アンダーパスの地上部分
地上の道路は、現アンダーパス部分と同じ片側2車線にする。生まれた空間は、緑地を拡大し親水空間に。

狸小路と二条市場の間
橋を架けて地上で横断できるようにし、にぎわいを復活させる。現在の地下歩道は廃止。

図表2・3・9　整備概要（表）

項目	諸元
区　　間	南5条線～北3条通
延　　長	約1,100m（うちトンネル部約900m）
幅　　員	56.82m
計画車線数	8車線（地上4車線、地下4車線）
事業期間	2002～2008年度（地下部） ～2010年度（地上部）
整備内容	【地下部】創成川トンネルの構築 【地上部】歩道拡幅、交差点改良、無電柱化、緑地整備、護岸整備

図表2・3・10　整備断面図
〈整備前の代表断面図〉

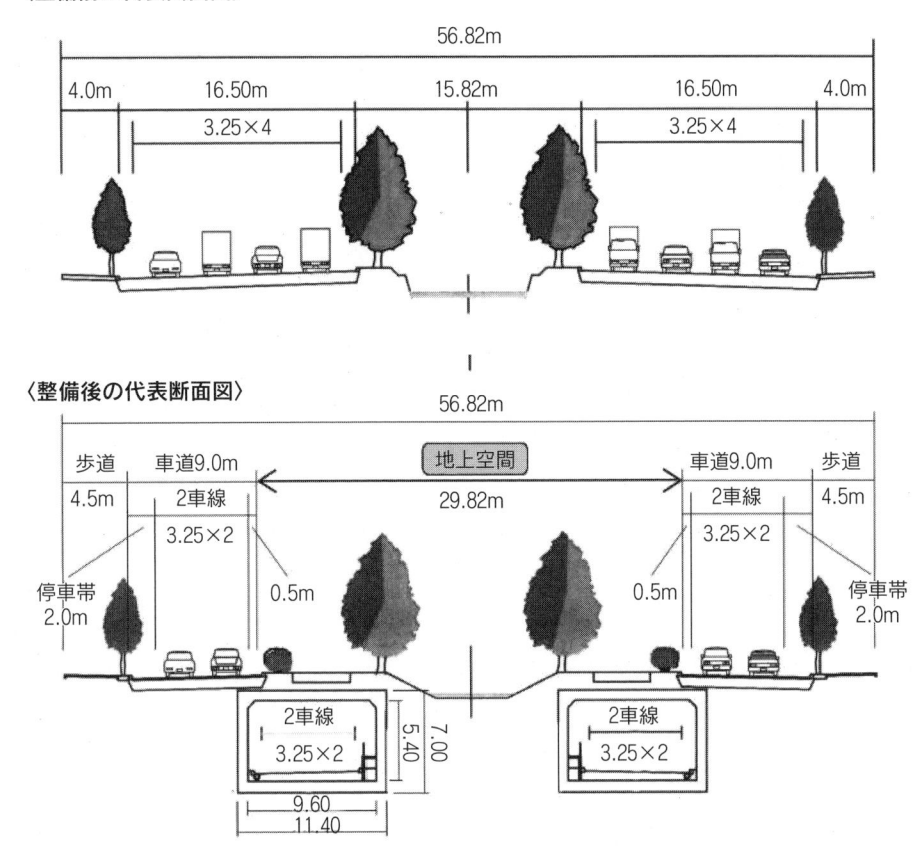

〈整備後の代表断面図〉

通流を都心へのアクセス交通（地上道路部）と都心通過交通（地下トンネル部）とに分離することが可能となった。

また、従前のアンダーパス構造により物理的に不可能であった創成川をはさんだ東西市街地を結ぶ新たな道路の新設や、交差点での付加車線設置により、都心交通を整序化し、都心通過交通の速達性の向上、周辺道路の交通渋滞の緩和や交通事故の危険性の低下に寄与した。

2 都心部の地域分断の解消と憩いとやすらぎの空間の創出

アンダーパス連続化により車道8車線のうち4車線が地下トンネルとなることで、用地確保が難しい都心部において、新たに約5,000m^{2}の地上空間を生み出すことができた。

この空間に創成川を生かした都市公園を整備することで、多くの市民や観光客が水辺や緑にふれあい、やすらぎを得る魅力的な親水緑地空間を創出することができた。

これにより、東西分断の象徴的な存在であった創成川・創成川通が、逆に東西市街地をつなぐ連携要素として生まれ変わったことで、都心のまちづくりの促進が期待できるようになった。

写真2・3・4　整備前後の状況（左：整備前、右：整備後の地上部の道路、創成川公園、狸2条広場）

写真2・3・5　トンネル部の状況（トンネル内）

写真2・3・6　トンネル部の状況（坑口付近）

写真2・3・7　創成川の整備

写真2・3・8　創成橋の復元

3 今後の展望

　創成川通は、前述のとおりその歴史的背景から札幌市の都心軸として市民の生活に溶け込んだ道路でありながら、従前は自動車交通の用に供する機能が特化した状況にあり、多面的な都市機能を発現するに至っていなかった。

　本事業により、単に都心部にトンネルを整備するという交通課題への対応だけでなく、都心部に新たに南北方向に連続した緑の軸や歩行者動線が形成された。このことは、既存の東西方向の軸である大通公園とともに、札幌市が目指す、魅力ある都心づくりに大きく寄与するものと考えている。

3.1.3　那覇うみそらトンネル

1　事業の目的

　那覇港の4つのふ頭を一体化し、那覇港と那覇空港を結ぶことで背後圏との円滑な輸送体系を強化するとともに、国道58号等の周辺道路の交通混雑を緩和するために計画された（**図表2・3・11**）。

図表2・3・11　位置図

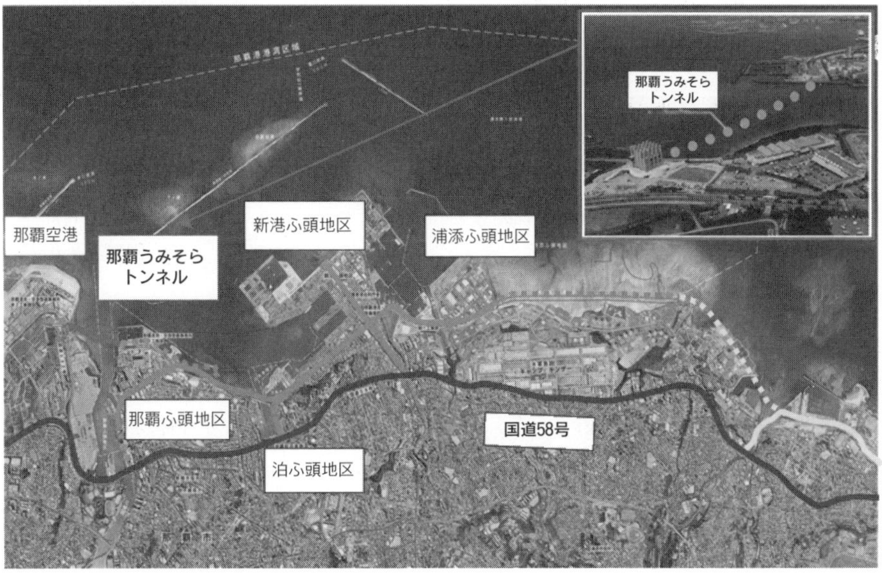

2　期待する事業効果

　期待される事業効果を**図表2・3・12**に示す。

①　港湾物流の効率化

那覇港新港ふ頭地区～那覇空港までの所要時間が15分短縮され、物流の効率化に貢献する。

② 国道58号の渋滞緩和

国道58号の交通量が約2割減少し、渋滞が緩和する。

図表2・3・12　事業効果

所要時間の変化（那覇空港～那覇港新港ふ頭地区）

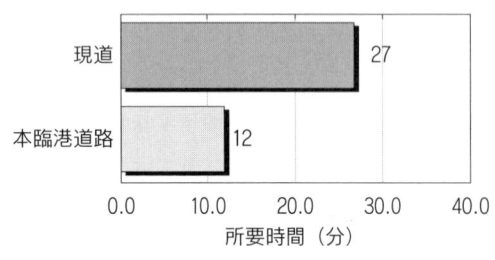

	所要時間（分）
現道	27
本臨港道路	12

国道58号の交通量の変化

	（台/日）
2030年未整備	58,961
2030年整備	46,196

（出典）沖縄総合事務局開発建設部ホームページ

[参考] 開通後の交通状況について（事業効果の検証）

本臨港道路は、2011年8月に開通した。開通前（2011年7月）と開通半年後（2012年2月）に交通量調査などを行ったところ、以下のような事業効果を確認した。

① 港湾物流の効率化：那覇空港～那覇港新港ふ頭地区間の所要時間が、本臨港道路の開通により13分短縮された。

② 国道58号の渋滞緩和：国道58号の交通量が、本臨港道路の開通により約2割減少した。

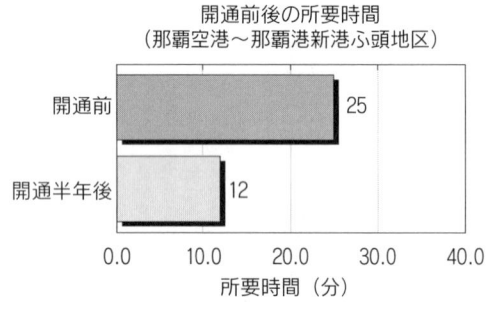

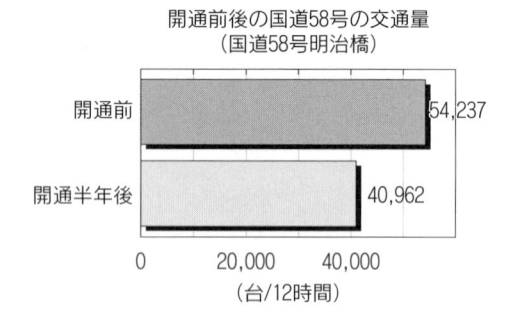

開通前後の所要時間（那覇空港～那覇港新港ふ頭地区）

	所要時間（分）
開通前	25
開通半年後	12

開通前後の国道58号の交通量（国道58号明治橋）

	（台/12時間）
開通前	54,237
開通半年後	40,962

（出典）沖縄総合事務局開発建設部ホームページ

3 事業概要

① 施設名称：臨港道路（空港線）（うち、トンネル部を一般公募により「那覇うみそらトンネル」と命名）

② 事業者名：内閣府　沖縄総合事務局

③ 所在地：沖縄県那覇市

④ 事業概要（**図表2・3・13**）

・総延長：2.5km

・トンネル部：1.1km

〔内訳〕沈埋トンネル部：724m

第3節　交通施設の事例

図表2・3・13　事業概要

平面図

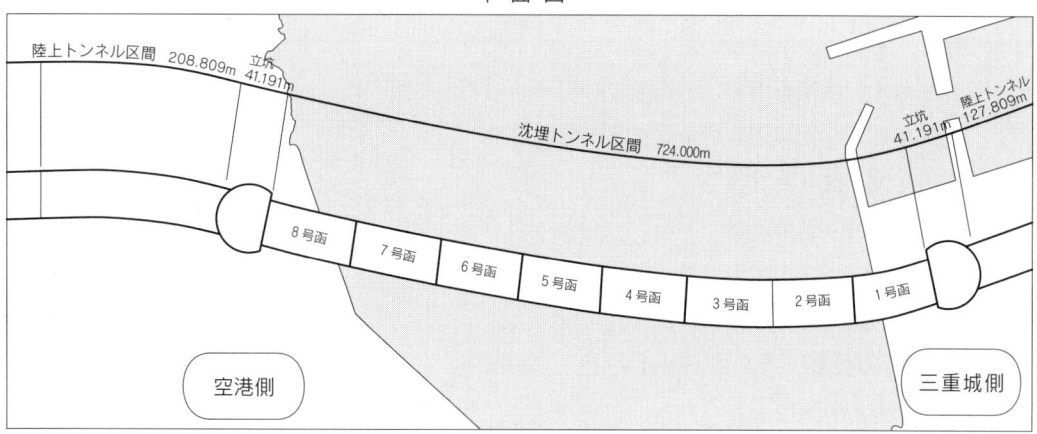

- 陸上トンネル区間 208.809m
- 立坑 41.191m
- 沈埋トンネル区間 724.000m
- 立坑 41.191m
- 陸上トンネル 127.809m
- 8号函／7号函／6号函／5号函／4号函／3号函／2号函／1号函
- 空港側
- 三重城側

縦断図

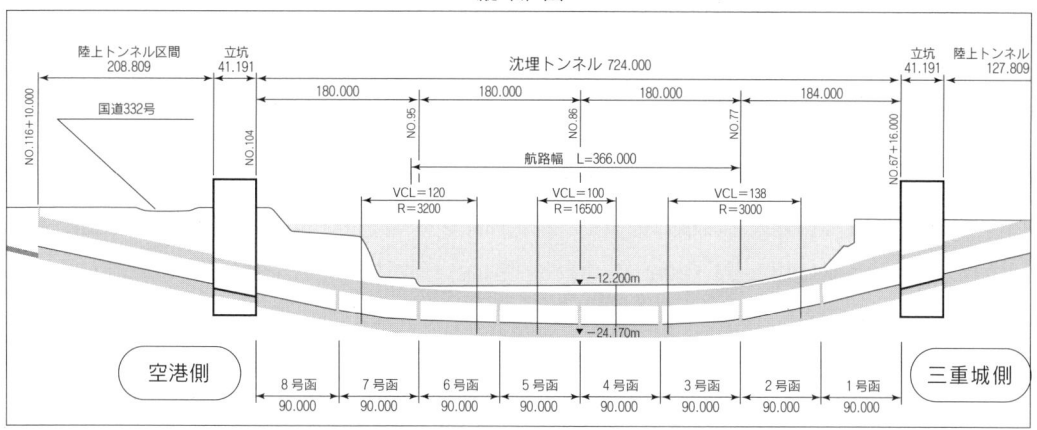

- 陸上トンネル区間 208.809
- 立坑 41.191
- 沈埋トンネル 724.000
- 立坑 41.191
- 陸上トンネル 127.809
- 180.000／180.000／180.000／184.000
- NO.116+10.000　国道332号　NO.104　NO.95　NO.86　NO.77　NO.67+16.000
- 航路幅 L=366.000
- VCL=120　R=3200
- VCL=100　R=16500
- VCL=138　R=3000
- −12.200m
- −24.170m
- 空港側　8号函／7号函／6号函／5号函／4号函／3号函／2号函／1号函　三重城側
- 90.000 ×8

横断図

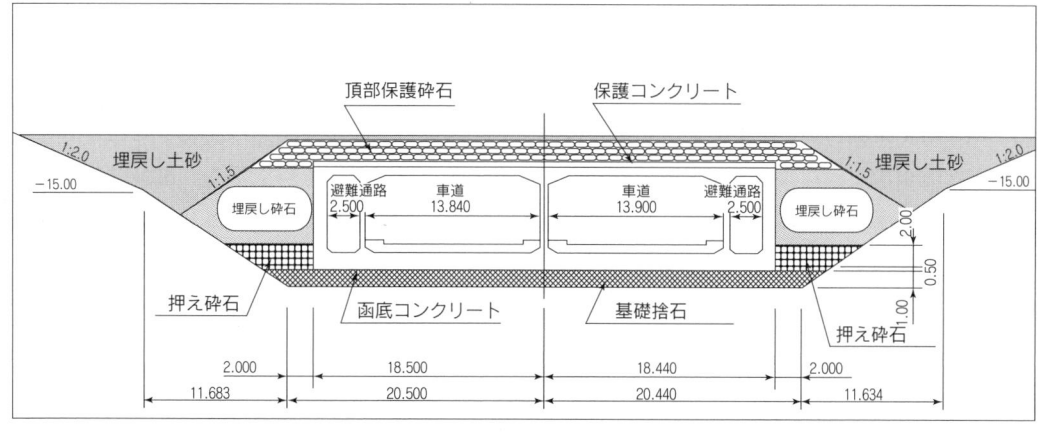

- 頂部保護砕石
- 保護コンクリート
- 埋戻し土砂　1:2.0　1:1.5
- −15.00
- 埋戻し砕石
- 避難通路 2.500　車道 13.840　車道 13.900　避難通路 2.500
- 埋戻し砕石
- 押え砕石
- 函底コンクリート
- 基礎捨石
- 押え砕石
- 2.000／18.500／18.440／2.000
- 11.683／20.500／20.440／11.634
- 2.00／0.50／1.00

陸上トンネル部：337m
立坑部：　　　　82m
⑤　事業工程
・1992年度：事業着手
・1996年度：三重城側立坑基礎試験工事に着手
・2001年度：沈埋函沈設
・2011年8月：供用開始

4 建設概要

1 施工方法の概要

・沈埋函鋼殻の製作

　沖縄県内には、沈埋函を製作する大規模な造船ドックまたは陸上ヤードが確保できないため、本土の工場内でブロック製作から大組立の作業に至る沈埋函鋼殻本体の製作を行う。

・沈埋函回航

　本土の工場で製作した沈埋函鋼殻は半潜水式台船に積込み、数隻のタグボートにより那覇港まで回航する。

・コンクリート打設

　回航した沈埋函鋼殻を桟橋に係留し、高流動コンクリートを浮遊打設する。1函当たりのコンクリート量は約1万1,000m^{3}で、打設順序は、打設によって生じる函体の変形が最小となる順序とした。

・沈埋函据付

　沈埋函上に搭載したタワーとポンツーンにより、三次元で函体をコントロールする方式を採用しており、主タワー上の司令室から遠隔操作により沈設する。
　沈埋函同士の接合は、沈埋函の側端面に作用する水圧差を利用して行い、水圧接合させる。

2 新技術の採用

① 　最終継手工法（キーエレメント工法）

　最終沈埋函の沈設時には、沈埋函の動揺やゴムガスケットの損傷を防止して、水圧接合時に函体が水平移動するためのクリアランスが必要となり、従前の沈埋トンネルでは、この部分を「最終継手」と呼び、その施工は沈埋函の製作・沈設工程とは別工種として行われてきた。本トンネルでは、最終継手を省略できる「キーエレメント工法」を世界で初めて採用した（**図表2・3・14**）。

　＜キーエレメント工法のメリット＞
・最終継手工を省略でき、一般函と同様な沈設設備で対応可能（施工性・経済性の向上）
・潜水作業が大幅に省略できる（安全性の向上）
・水圧接合により完全止水が可能となる（施工性の向上）

図表2・3・14　キーエレメント工法

従来の沈埋トンネル縦断図

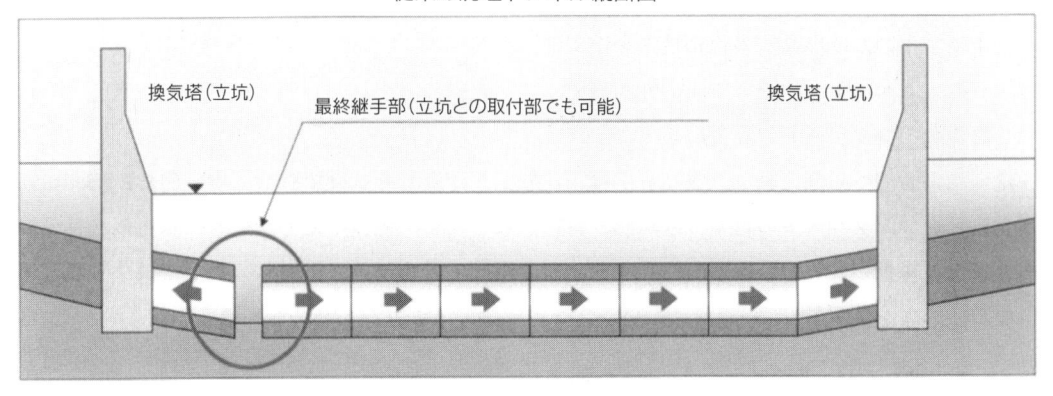

那覇沈埋トンネルにおけるキーエレメント工法

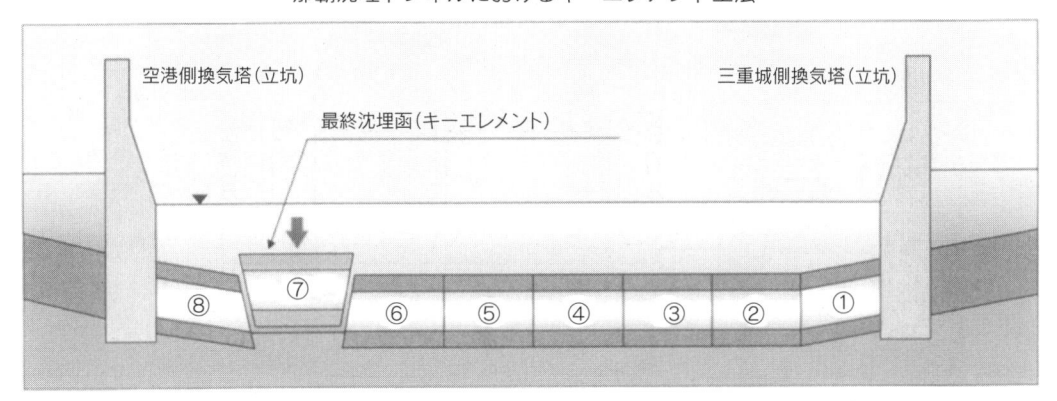

・伸縮性止水ゴム使用により施工誤差の吸収が可能（施工性の向上）

② 可撓性継手（ベローズ継手）

　従来、沈埋トンネルの可撓性継手には、ゴムガスケット工法が採用されていたが、その後の技術開発により高い変形能力を持つベローズ継手が開発され、本沈埋トンネルにおいて初めて採用された（**図表2・3・15**）。

図表2・3・15　ベローズ継手

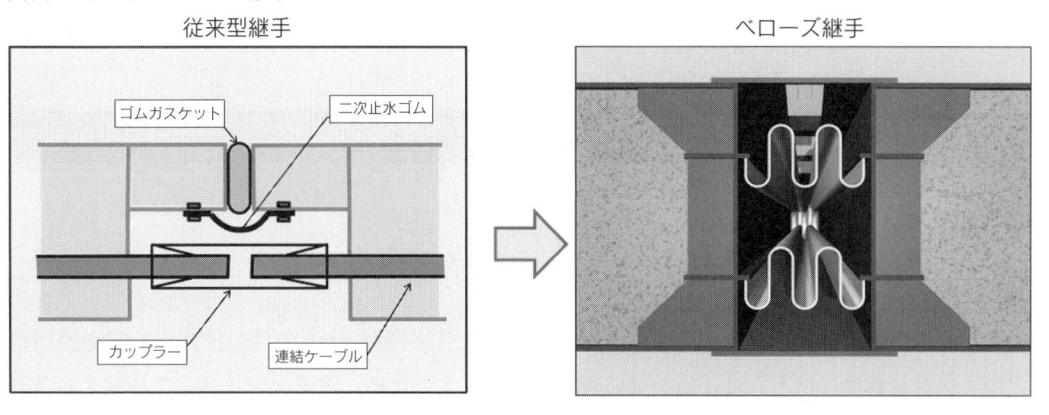

<ベローズ継手のメリット>
・地震動などの大きな変位にも対応可能
・工場製作のため高品質の水密構造を確保
・ゴムガスケットと比較して耐火性が高い

③　**高流動コンクリートの浮遊打設**

沈埋函鋼殻内への高流動コンクリートは、沈埋函が浮遊した状態で打設した（**図表2・3・16**）。本工法は、コンクリートの自重、水和熱、日射熱などにより躯体の変形が生じ、水圧接合に支障を及ぼす可能性があったことから、三次元有限要素法で変形解析を実施し、変形が最小となるような打設順序を決定した。

図表2・3・16　高流動コンクリート打設図

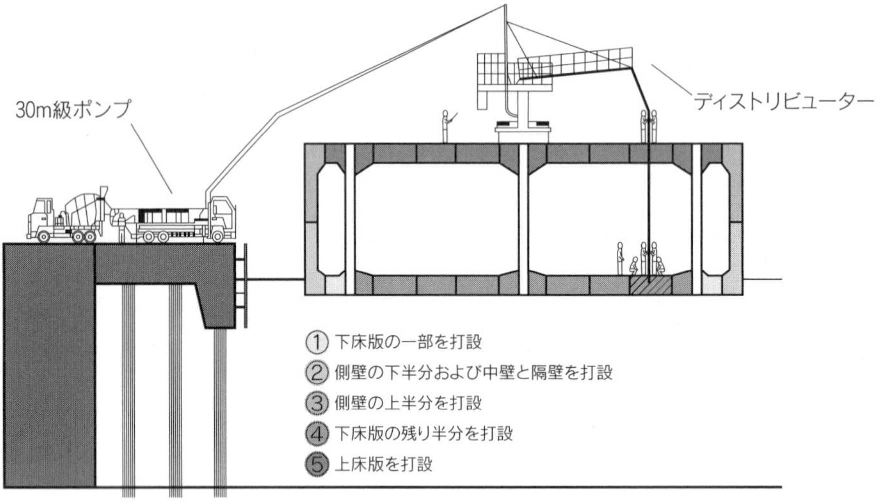
30m級ポンプ
ディストリビューター
① 下床版の一部を打設
② 側壁の下半分および中壁と隔壁を打設
③ 側壁の上半分を打設
④ 下床版の残り半分を打設
⑤ 上床版を打設

5 他の事業との関連

本臨港道路は、地域高規格道路「沖縄西海岸道路」（延長約50km）の一区間としても位置付けられている。

3.1.4 新潟みなとトンネル

1 事業の目的

1 計画の背景

新潟港西港区は信濃川の河口部に位置し、萬代橋より下流側4kmの間には両岸を結ぶ連絡路がなく、対岸移動には大きな迂回を強いられてきた。このため、港湾区域において活動する多く

の関連交通が新潟市中心市街地に流入し、信濃川の橋梁部の慢性的な交通混雑に拍車をかけ、市街地の交通問題が生じていた。

　新潟みなとトンネル事業はこれらの問題を解消するとともに、将来の地域、港湾の発展に必要性が高いことから、港口部において両岸を連絡するルートとして計画された臨港道路である（**図表2・3・17**）。

図表2・3・17　新潟みなとトンネル平面図・縦断図

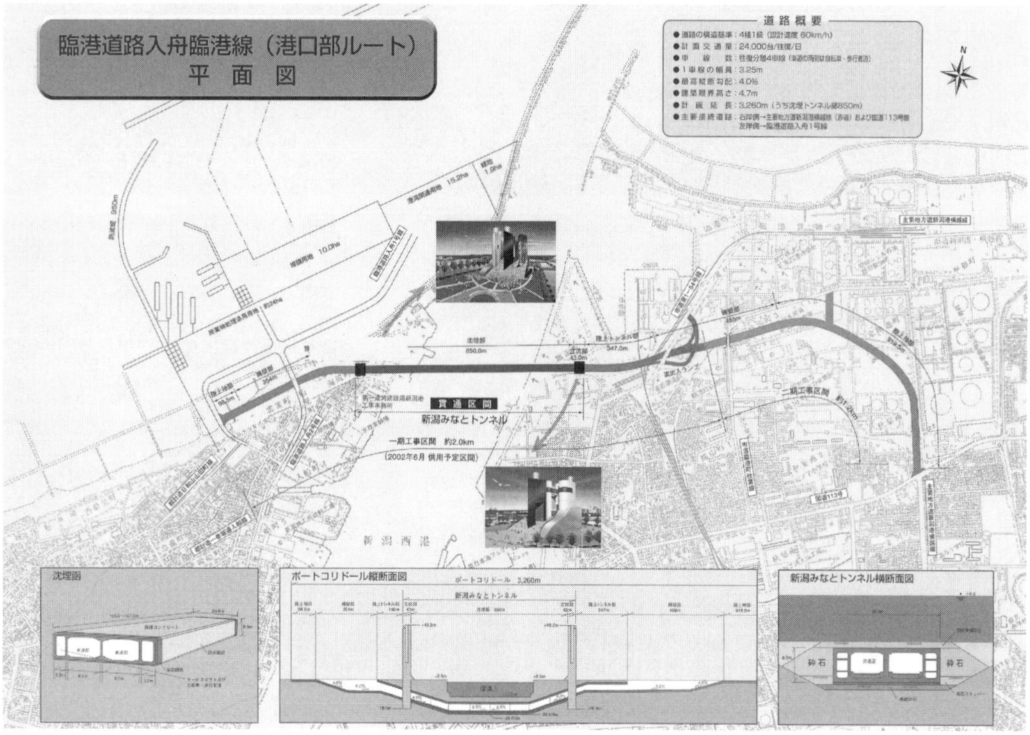

2 事業の効果

　新潟みなとトンネル事業によって、東西に分断されていた新潟港西港区港口部が結ばれることで港湾と広域幹線道路が連結する。このことにより、港湾関連施設や新潟空港、新潟西海岸へのアクセス性が向上し、交通の円滑化および効率化による通行時間の短縮および橋梁部等市街地の渋滞解消が図られた（**図表2・3・18、写真2・3・9**）。

　新潟みなとトンネルの換気塔である「入船みなとタワー」「山の下みなとタワー」には展望室が設置されており、年間約10万人に利用されている。また、自歩道部、タワー周辺では毎年様々なイベントが開催されるなど地域の方々に親しまれる施設となっている（**写真2・3・10**）。

第2章　最近の地下空間利用

図表2・3・18　新潟みなとトンネルの整備効果

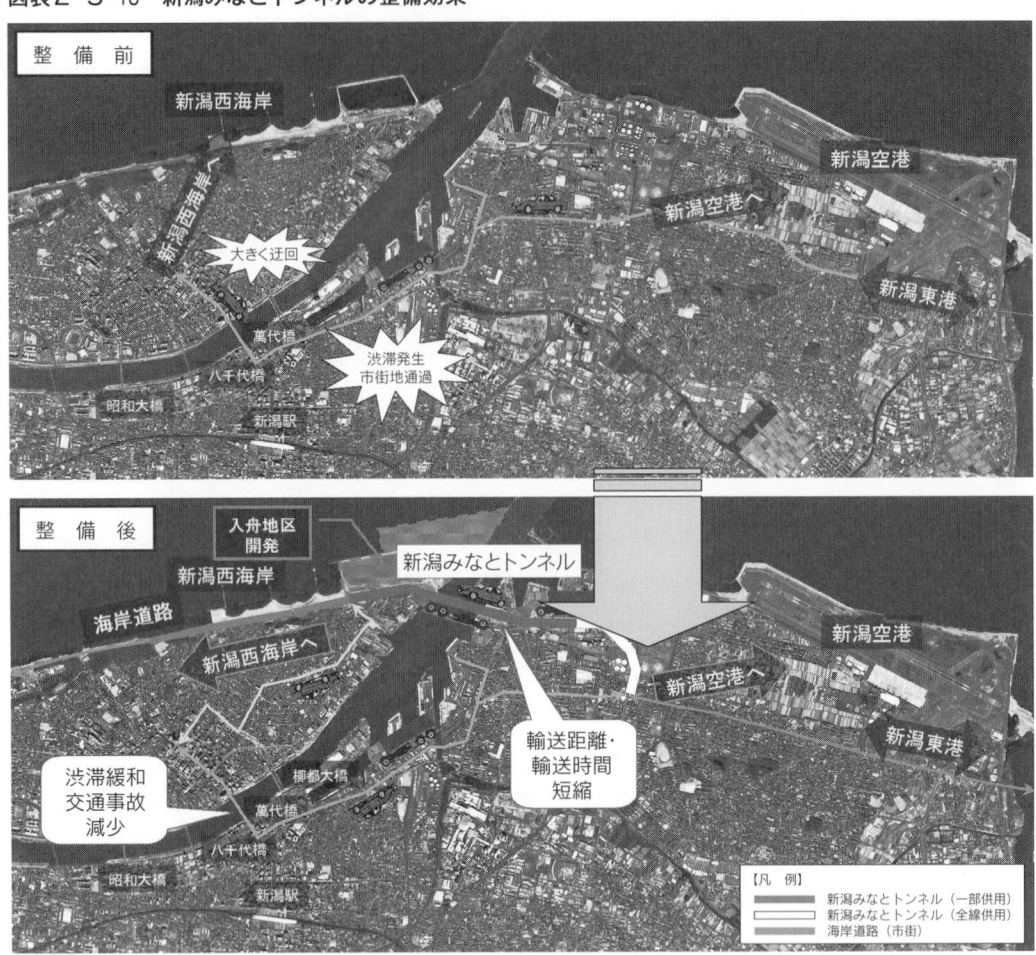

写真2・3・9　開通後の車道の様子（入船地区）

写真2・3・10　イベントの様子

自歩道部壁面を利用した陶板アート　　　　　左岸立坑（入船みなとタワー）でのイベント

2 事業概要

① 施設名称：臨港道路入舟臨港線（一般公募により愛称決定。港口部ルート全体を「水都回廊（ポートコリドール）」に、沈埋トンネル部を「新潟みなとトンネル」と命名）

② 事業者名：国土交通省北陸地方整備局（旧運輸省第一港湾建設局）

③ 所在地：新潟県新潟市

④ 事業概要・規模

- 総延長：3,260m
- 沈埋トンネル部：850m
- 陸上トンネル部：左岸140m、右岸347m
- 立坑部：左岸43m、右岸43m
- 擁壁部：左岸354m、右岸465m
- 袖　部：左岸98.5m、右岸919.5m

⑤ 事業工程

新潟みなとトンネル事業の主な事業経緯を以下に示す。

- 1985年：「新潟港周辺地域整備計画調査」で万代島下流連絡路が提案される
- 1987年：運輸省の直轄事業として事業着手
- 1989年：新潟港東港区でドライドック築造工事に着手
- 1994年：左岸立坑下部工事に着手
- 1996年：沈埋函（1号函）据付
- 1997年：右岸立坑下部工事に着手
- 2000年：新潟みなとトンネル貫通式（8月22日）
- 2002年：新潟みなとトンネル一部供用開始（5月19日）
- 2005年：新潟みなとトンネル全線開通（7月24日）

3 建設概要

ドライドック建設に始まり、沈埋トンネル部を構成する沈埋函の製作、沈埋函の沈設、左岸立坑（入船地区）、右岸立坑（山の下地区）、両岸陸上トンネル部およびトンネル設備工事を順次実施した。

1 ドライドック建設

沈埋函の製作場所としてドライドックを東港区の東水路に建設した。規模は、沈埋函4函を同時に製作するヤードとして底部面積3万5,000m^2（280m×125m）、深さ10mである。

2 沈埋函製作

沈埋函は、4函同時製作の2サイクルで、合計8函を製作した（写真2・3・11）。コンクリート構造で水底に設置することから高い水密性が要求されるため、躯体コンクリート（35N/mm^2）を使用した。

3 沈埋函沈設

沈設場所は、信濃川の河口部であり、船舶が輻輳する狭隘な航路であるとともに、流れの速い水域である。このため、沈設作業は、短時間施工と精度の高い施工が求められることから、タワーポンツーン方式による「操函制御」「バランス制御」を取り入れた新しい沈設制御方式で、前もって行ったトレンチ浚渫場所に、左岸から右岸かけて実施した（写真2・3・11）。最終函と右岸立坑との最終継手は端ブロック止水パネル工法を採用した。

写真2・3・11 沈埋函の製作・据付

ドライドックでの沈埋函製作　　　　　　　　　　沈埋函据付

4 立坑建設

立坑下部の施工には、SMW工法（原位置土を主材料としたソイルセメントによる連続柱列壁工法）による仮設土留支保工を採用した。立坑にはトンネル内の換気を行う換気設備などを設置するとともに、1階はエントランスホール、最上階には展望室を設けるなど、市民から親しまれる施設となるよう配慮した（写真2・3・12）。

写真 2・3・12　立坑の建設

　　　　立坑上部工事　　　　　　　　　　　　左岸立坑（入船みなとタワー）

4 新潟みなとトンネルの特徴

- 大規模掘削技術および計測施工管理手法の確立により安全施工を実現
- 液状化対策兼用の自立山留め工法開発により作業性の向上と工期短縮を実現
- 計測解析を活用した合理的設計による施工性と経済性の向上を実現
- 地震時挙動に耐える新たな継手構造と函体構造を実現
- 海・淡水面下の厳しい条件下における効率的で正確な沈埋函の据付を実現
- コンクリートの素材を生かした低コストデザインの実現
- 新潟港の新たなランドマークとして、人々に親しまれる魅力的な空間の創出を実現
- 港を一望できる回遊式の展望室、階段状広場を設けて、多くの市民が集い憩う場として日本で初めての市民開放型の換気塔を実現

3.2　地下鉄道

3.2.1　副都心線

1 事業概要

1 路線の概要

　地下鉄13号線池袋・渋谷間は、1999年1月25日に営団（当時）が第一種鉄道事業免許を取得し、都市計画決定や環境影響評価等の各種手続きを経て、2001年6月15日に工事に着手した。
　路線は、当時の新線池袋駅を起点にJR池袋駅直下、区道435号線（通称：グリーン大通り）を通過後、都市計画道路環状第五の1号線、都道明治通りを南下し、渋谷に至るもので、JR山手線・埼京線とほぼ並行している。東京西側の3つの副都心（池袋・新宿・渋谷）を直結している

ことから、「副都心線」と名付けられた。

駅は、雑司が谷・西早稲田・東新宿・新宿三丁目・北参道・明治神宮前・渋谷の7駅を新設した。起点の池袋駅は新線池袋駅を改称し、副都心線の池袋駅となった。

2 路線の効果

副都心線の開通により、和光市駅で東武東上線、小竹向原駅で西武池袋線・有楽町線と相互直通運転を行い、2013年3月16日には渋谷で東急東横線と、さらに同線を経て横浜高速鉄道線（みなとみらい線）とも相互直通運転を行う予定である。これにより、東京都北西部および埼玉県南西部から3副都心を経由し、神奈川県横浜方面を結ぶ新たな広域ネットワークが形成され、乗換えなしに到達可能なシームレスなサービスが提供されることとなる（**図表2・3・19**）。

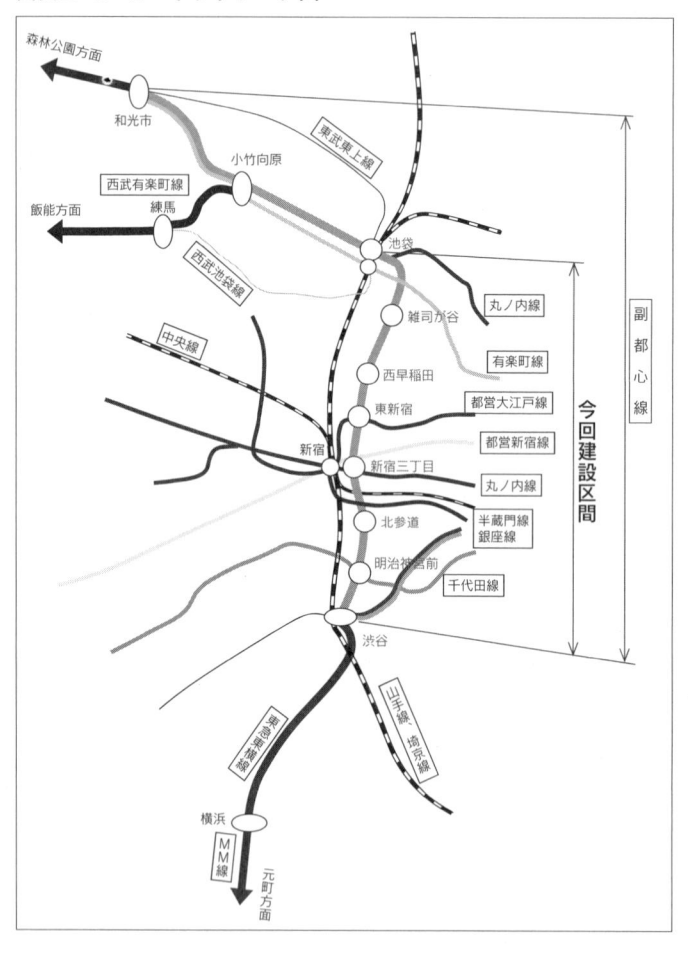

図表2・3・19　ネットワーク図

これに加えて、副都心線は池袋・渋谷のターミナル駅において、JR山手線・埼京線をはじめ、東武、西武、東急の各線ならびに、京王井の頭線と連絡をして、鉄道ネットワークのさらなる充実が図られる。

さらに、池袋駅で丸ノ内線・有楽町線と、東新宿駅で都営大江戸線と、新宿三丁目駅で丸ノ内線・都営新宿線と、明治神宮前駅で千代田線と、渋谷駅で銀座線・半蔵門線と連絡することにより、既存の地下鉄ネットワークの利便性をさらに高めることとなる。

　副都心線により、新たな広域ネットワークの形成、既存ネットワークの充実を図り、池袋・新宿・渋谷の副都心へのアクセスが一段と便利になり、沿線の発展、街づくりへ大きく貢献し、既存路線の混雑緩和、ターミナル駅における乗換え混雑の緩和に寄与するものと考えられる。

3 事業費

　総事業費（用地費、土木・施設工事費、車両費その他）は約2,500億円（km当たり約280億円）となり、土木費が最大で約60％を占めている。なお、建設資金は地下高速鉄道整備事業費補助金、道路特定財源および東京メトロ自己資金である（**図表2・3・20**）。

図表2・3・20　建設費の内訳

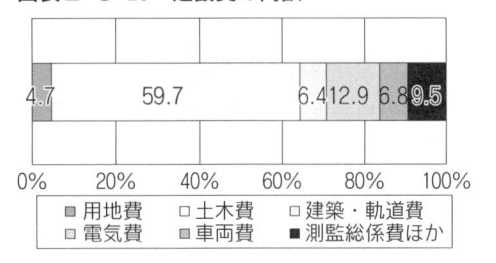

用地費	土木費	建築・軌道費	電気費	車両費	測監総係費ほか
4.7	59.7	6.4	12.9	6.8	9.5

2 建設概要

1 駅の概要

　駅は、既設の新線池袋駅を除いた、雑司が谷、西早稲田、東新宿、新宿三丁目、北参道、明治神宮前、渋谷の7駅を新設し、雑司が谷駅と西早稲田駅を除く駅部は開削工法、すべての駅間トンネルと雑司が谷駅および西早稲田駅はシールド工法で建設した（**図表2・3・21**）。

図表2・3・21　副都心線平面図・地質縦断図

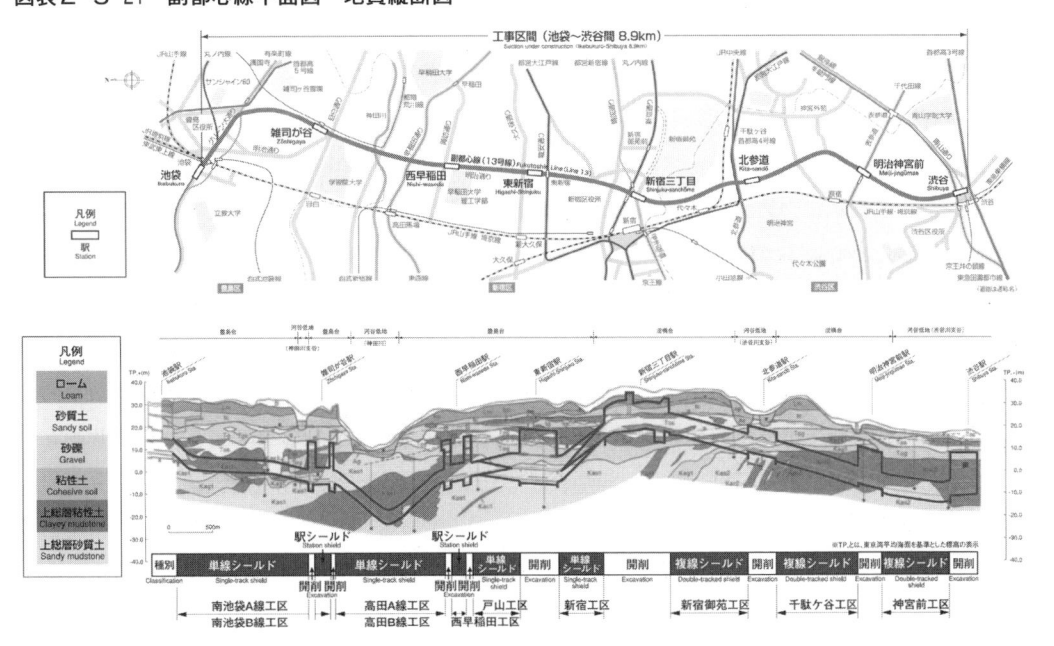

各駅の設置深さは、乗客および他路線の乗換えの利便性を考慮し極力浅い位置としたが、ルートである明治通り下には大型埋設物などが輻輳しており、それらと離隔を確保するために、雑司が谷駅、西早稲田駅および東新宿駅等は深い位置となった。

2 駅間トンネルの概要

シールドトンネルは、南池袋単線、雑司ケ谷駅部、高田単線、西早稲田駅部、戸山単線、新宿単線、新宿御苑複線、千駄ケ谷複線および神宮前複線の9区間であり、全体で15本のシールドトンネルを施工している。

工事に伴って発生する土砂を100％有効利用するとの方針から、シールド形式は泥水式と土圧式を使い分けることとした。泥水式シールドから発生する余剰泥水は流動化処理土として開削トンネルの埋戻し、1次処理された土砂は複線シールドのインバート材へそれぞれ再利用し、土圧式シールドの掘削土砂は現場で改質して埋立て用土砂として再利用した。シールド形式の使い分けは、開削部への埋戻し工程とシールド掘削期間との関係、シールド区間の地質・発生土砂量、作業基地面積などを総合的に判断して、南池袋単線・雑司ケ谷駅の親子シールドのうちB線、新宿単線および新宿御苑複線を泥水式シールドとした。他区間はすべて土圧式シールドである。

3 駅のデザイン

今後の駅づくりにおいては、少子高齢化や人口減少、価値観の多様化など社会情勢の変化を背景に、これまでの交通機能優先からゆとりや快適性、地域間の連携等に柔軟に対応できることが重要になっていくと考えられる。

東京メトロのグループ理念「東京を走らせる力」には安心で快適なよりよいサービス提供と東京に集う人々の活き活きとした毎日への貢献が明記されている。以上のような背景と東京メトロのグループ理念から全体コンセプトを「駅を楽しみ地域を楽しむ駅」と定めた。

雑司が谷駅から明治神宮前駅の各駅のデザインコンセプトは全体コンセプトや駅周辺の施設、環境、歴史などを踏まえて定め、ステーションカラーはデザインコンセプトをもとに検討を行い定めている。渋谷駅については東急電鉄(株)の中期経営計画「渋谷カルチャープラネットフォーム構想」から定めている（**図表2・3・22**）。

4 デザイン手法

雑司が谷駅から明治神宮前駅は、全体コンセプトを具体的に表現するために「①ロビー空間」「②快適空間」「③ユニバーサルデザイン」「④地域の投影」「⑤パブリックアート」をデザイン手法として定めた（**図表2・3・23**）。

① ロビー空間

駅構内をアプローチ空間とロビー空間にゾーニングし、ロビーゲートにより2つの空間を明確に区分した。アプローチ空間は主な部分を駅出入口からロビーゲートまでとしローコストで

第3節 交通施設の事例

図表2・3・22 デザインコンセプト

駅名	デザインコンセプト	ステーションカラー	設計・施工
雑司が谷駅	木漏れ日×過去への思い出	青竹色（あおたけいろ）	東京地下鉄(株)
西早稲田駅	文教×水流	水色（みずいろ）	
東新宿駅	アクティブ×つつじ	薄紅（うすべに）	
新宿三丁目駅	光の帯×内藤新宿	藤色（ふじいろ）	
北参道駅	喧騒からの開放×能楽	ジョーヌ・サフラン（黄金色）	
明治神宮前駅	ファッション×杜	スモークブルー	
渋谷駅	3つの基軸 「心象に残る駅」 「安全・安心」 「環境への配慮」	—	東急電鉄(株)

図表2・3・23 デザイン手法

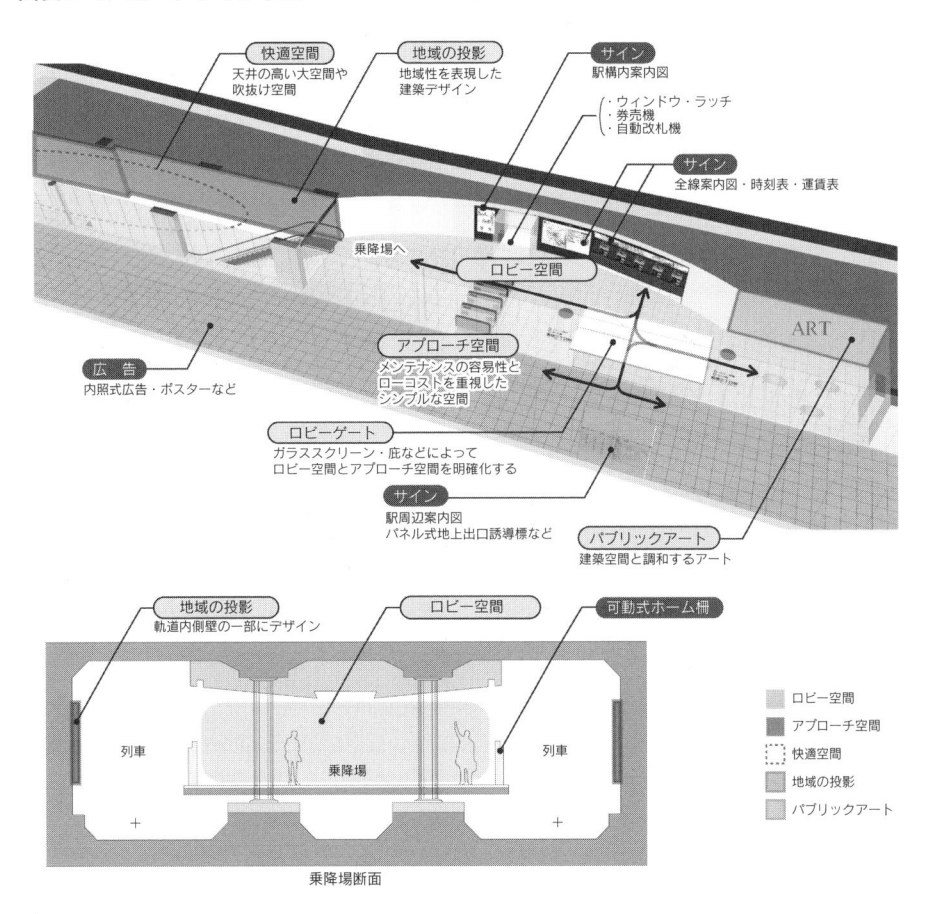

快適空間：天井の高い大空間や吹抜け空間
地域の投影：地域性を表現した建築デザイン
サイン：駅構内案内図
・ウィンドウ・ラッチ
・券売機
・自動改札機
サイン：全線案内図・時刻表・運賃表
乗降場へ
ロビー空間
広告：内照式広告・ポスターなど
アプローチ空間：メンテナンスの容易性とローコストを重視したシンプルな空間
ロビーゲート：ガラススクリーン・庇などによってロビー空間とアプローチ空間を明確化する
サイン：駅周辺案内図 パネル式地上出口誘導標など
パブリックアート：建築空間と調和するアート

地域の投影：軌道内側壁の一部にデザイン
ロビー空間
可動式ホーム柵
列車　乗降場　列車
乗降場断面

凡例：
- ロビー空間
- アプローチ空間
- 快適空間
- 地域の投影
- パブリックアート

シンプルな空間とし、ロビー空間については各駅のデザインコンセプトを考慮し快適性を重視した空間とした。

② 快適空間

駅構内に天井の高い大空間や吹き抜けを設け、地下の閉鎖的な印象を払拭した開放的な空間を計画した。

③ ユニバーサルデザイン

障害者、高齢者、健常者の区別なしに、すべての人が使いやすい駅を計画した。

④ 地域の投影

地域の歴史や文化を、各駅のコンセプトに反映した駅を計画した。

⑤ パブリックアート

駅の文化的価値を向上させるために、各駅の芸術家によるパブリックアートを設置した。

5 快適空間の創出

乗客に快適に利用してもらえるよう、従来にはない魅力的な駅を創出することを計画した。副都心線は、大型の埋設物が輻輳する道路下に築造するため、制約の大きい地下空間ではあるが、可能な限り「吹き抜け空間・天井高のある大空間等」を設置することを検討し、新宿三丁目駅、明治神宮前駅および渋谷駅において構築することとなった。このことにより、コンコースあるいはホームから天井まで開放感ある大空間が出現した（写真2・3・13）。

写真2・3・13 快適空間（左：新宿三丁目、右：明治神宮前）

3.2.2 小田急電鉄小田原線の複々線化事業

1 事業の目的

1 計画の背景

小田急線は、神奈川県の県央地区、県西地区、多摩ニュータウン地区等の東京郊外から、日本最大のターミナル駅である新宿駅および都心方面を結ぶ重要な通勤・通学路としての役割を担う

とともに、都心から箱根や江ノ島、鎌倉といった国際的な観光地に直結する観光路線としての顔をあわせ持つ路線である（**図表2・3・24**）。沿線人口は500万人を超え、1日平均約195万人もの乗客が利用しており、朝ラッシュピーク時の混雑率は190％前後を推移している。

当社はこれまでも輸送サービスを改善するために、鉄道車両の大型化や長編成化、さらには信号システムの改良による運転本数の増加等の対策を実施してきたものの、現在の複線施設では限界であったため、抜本的な輸送力増強策として近郊区間である東北沢～和泉多摩川間10.4km（うち世田谷代田～和泉多摩川間8.8kmは高架構造（一部掘割）により完成済み）の複々線化事業を進めている（**図表2・3・25**）。

小田急線複々線化事業の最後の工事区間であり、かつ当社初の本格的な地下化工事となった東北沢～世田谷代田間（1.6km）の工事概要を以下に述べる。

2 期待する効果

複々線化事業とは、上下線各1線ずつの線路施設を上下各2線ずつに線路容量を倍にする事業であり、完成するとラッシュ時間帯に列車の増発が可能となり混雑の緩和（**図表2・3・26**）を図れるほか、急行列車と各駅停車を別の線路で運行することで速達性が向上する（**図表2・3・27**）。

また、当社の複々線化事業は、東京都が都市計画事業として実施している「連続立体交差事業」と一体的に進めており、この事業によって鉄道を高架化または地下化することにより、複数の踏切をまとめて除却することが可能となり、鉄道と道路の安全性向上や踏切での慢性的な交通渋滞の解消、さらには鉄道で分断されていた市街地の一体化を図ることができる。

図表2・3・24　小田急電鉄路線図

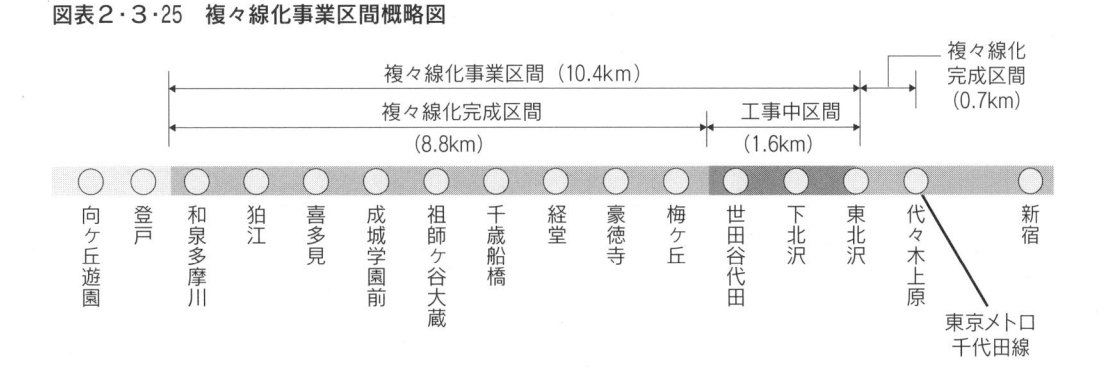

図表2・3・25　複々線化事業区間概略図

図表2・3・26　ラッシュピーク時間帯の混雑率

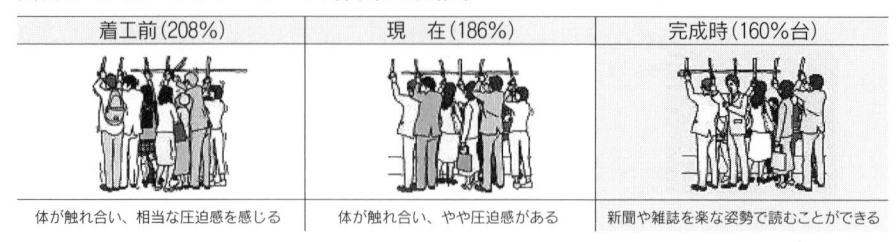

着工前（208%）	現　在（186%）	完成時（160%台）
体が触れ合い、相当な圧迫感を感じる	体が触れ合い、やや圧迫感がある	新聞や雑誌を楽な姿勢で読むことができる

図表2・3・27　ラッシュピークの所要時間変化

	着工前	現　在	複々線化完成時（着工前との差）
急行	33分	25分	21分（12分）
各駅停車	40分	36分	34分（6分）

2 事業概要（図表2・3・28）

① 事業名称：小田急電鉄小田原線（代々木上原駅～梅ヶ丘駅間）連続立体交差事業および複々線化事業
② 事業者名：東京都（連続立体交差事業）、小田急電鉄（株）（複々線化事業）
③ 所 在 地：東京都渋谷区大山町および上原3丁目～東京都世田谷区代田3丁目および4丁目

図表2・3・28　事業概要図

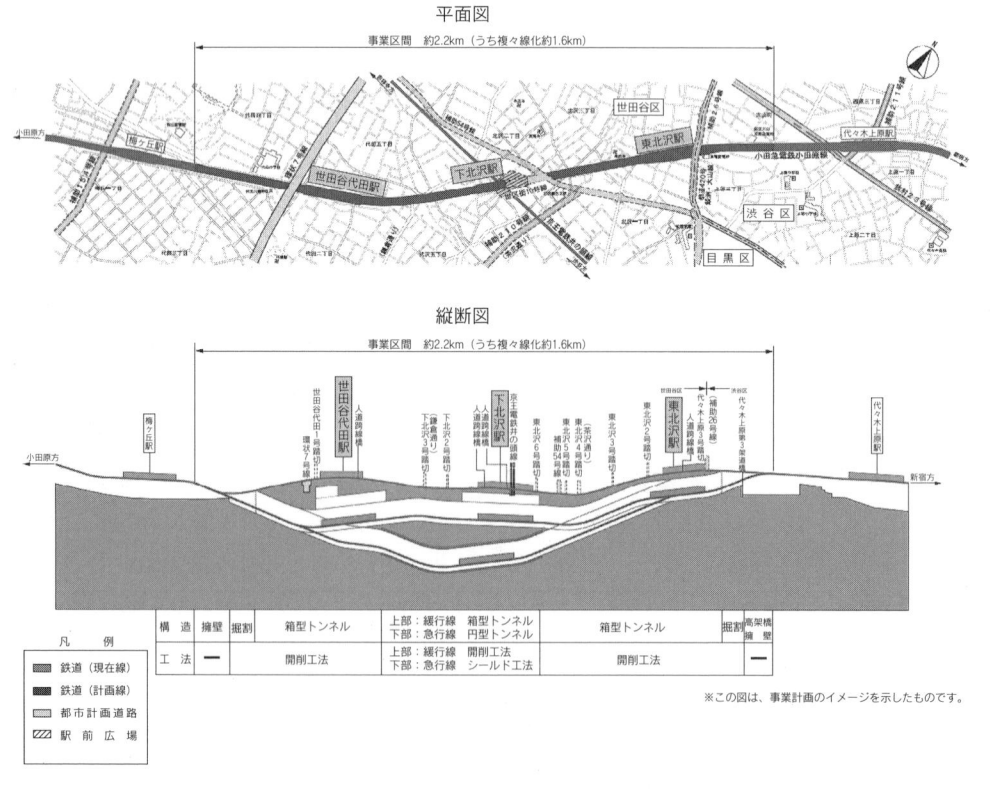

※この図は、事業計画のイメージを示したものです。

④　事業概要・規模：小田急電鉄小田原線の代々木上原駅付近〜梅ヶ丘駅付近までの2.2km
を地下式により連続的に立体交差化して9か所の踏切を除却するとと
もに、そのうちの1.6kmの複々線化を一体的に整備する。
⑤　事業工程：2003〜2013年度（計画）
⑥　事業計画上の関連法規：都市計画法、鉄道事業法、道路法、消防法、建築基準法、電気事
業法、その他

3 建設概要

1 地形・地質概要

　事業区間は、関東平野南部に広がる武蔵野台地に位置しており、標高はT.P.30〜40m前後である。また、区間内に2か所の谷底低地を有しており、やや起伏に富んだ地形となっている。地質の特徴としては、台地部では関東ローム層の下位に凝灰質粘土層、東京層、東京礫層および上総層群が分布しているが、台地が侵食された谷底低地部では関東ローム層に代わり沖積層（軟質な粘性土、腐植土）が堆積していることがあげられる（**図表2・3・29**）。

図表2・3・29　土質縦断図

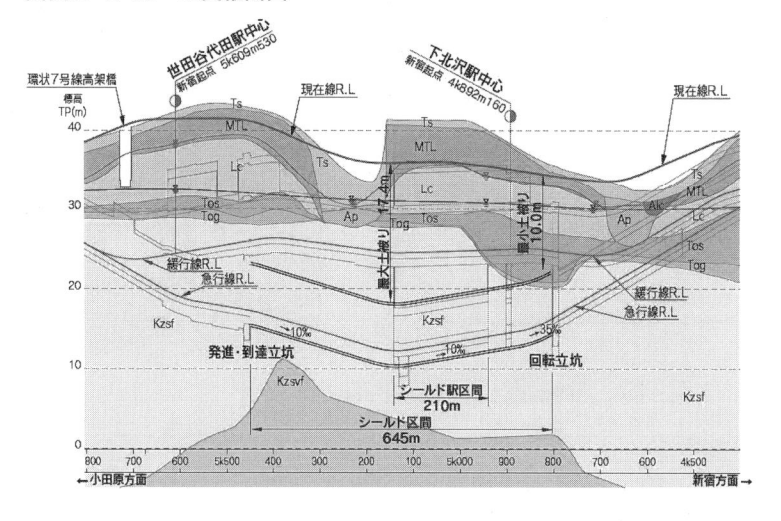

2 施工方法の概要

　工事桁で仮受けした営業線の直下を掘削し、RC造の箱型トンネルを構築する開削工法が基本となるが、2層構造となる下北沢駅付近の下層トンネルはシールド工法を採用した（**写真2・3・14**）。また、1日に7万台の通行がある環七通り直下では、非開削のトンネル推進工法（延長45m）により施工した。

　施工順序は、在来線地下化までの工事と、京王井の頭線橋梁を架け替えて複々線設備および駅舎等を構築する工事の2段階施工となる（**図表2・3・30**）。

第2章 最近の地下空間利用

図表2・3・30 施工順序図（横断）

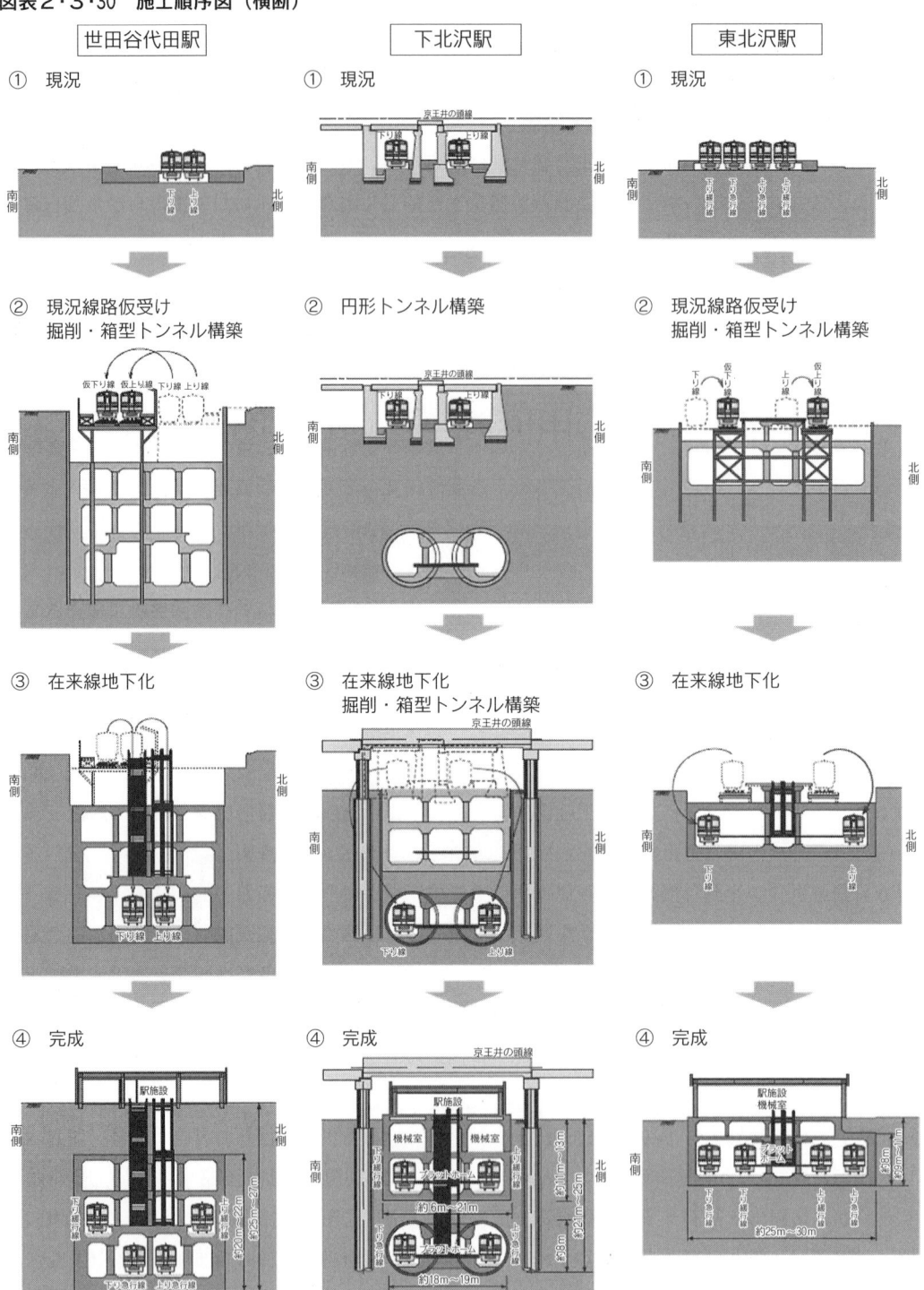

世田谷代田駅
① 現況
② 現況線路仮受け 掘削・箱型トンネル構築
③ 在来線地下化
④ 完成

下北沢駅
① 現況
② 円形トンネル構築
③ 在来線地下化 掘削・箱型トンネル構築
④ 完成

東北沢駅
① 現況
② 現況線路仮受け 掘削・箱型トンネル構築
③ 在来線地下化
④ 完成

写真2・3・14 シールド工法（到達時）

写真2・3・15 京王井の頭線交差部

写真2・3・16 シールド切拡げ状況

写真2・3・17 切拡げ完成状況

　2層構造となる下北沢駅付近の下層トンネルには、交差する京王電鉄井の頭線（写真2・3・15）の橋梁基礎が小田急の線路敷きにあったことや、工事エリア周辺の道路網が脆弱であり、住宅や商業施設が密集して隣接しているなど厳しい工事環境であったことなどから、泥水式シールド工法を採用した。

　この工事は、鉄道営業線直下（土被り10.0～17.4m）に、延長645m（外径8.1m）の単線シールドを回転立坑で折り返して併設施工するという前例のない工事であった。良質な上総層（N値50以上）内での掘進工事であったものの、在来線への影響リスクを予測・解析し、徹底したシールドマシンの掘進管理および地表面地盤の変状管理を行ったことで、無事にシールド工事は完了している。また、下北沢駅部の上層部のトンネルは、先行したシールドトンネルの上部を開削して箱型トンネルを構築するとともに、上床版で在来線が走行する工事桁を受け替え、さらにシールドトンネルのセグメントを切り拡げて接続（写真2・3・16、2・3・17）するという技術的にも難しい手順となった。これらの工事は、シールド上部の荷重が抜けることによる、シールドの変形および周辺地盤への影響等が予測されたが、地表面の計測管理に加え徹底した地下水管理を実施し、在来線の運行に影響を与えることなく工事は完了している。

　在来線地下化後の2期工事は、京王電鉄井の頭線の直下および下北沢～世田谷代田間のシール

写真2・3・18　地下化工事が進む東北沢駅部

ドトンネル上部の開削トンネル構築が主体となる。営業線の走行する地下トンネル上部を開削する工事となり、施工条件はさらに厳しいものとなるが、引き続き1日も早い完成を目指して工事を進めていきたい（写真2・3・18）。

3 他の事業との関連

都市計画道路の整備事業および鉄道跡地における開発事業等がある。

参考文献
1）小田急電鉄パンフレット「小田急小田原線（代々木上原駅〜梅ヶ丘駅間）連続立体交差事業および複々線化事業の概要」
2）小田急電鉄パンフレット「小田急線の複々線化事業について」
3）小田急線地下化工事情報誌「シモチカナビ」
4）シモチカナビWEBサイト（http://www.shimochika-navi.com/）

3.2.3　仙台市営地下鉄（東西線）

1 事業の目的

1 計画の背景

仙台市では、一定のまとまりを持った集約的な都市の形成を誘導し、省資源・省エネルギーで環境負荷が少なく、市民相互の交流が高まる生活しやすいコンパクトな都市の形成を目指している。

そのため、これまでの外延的な市街化の拡大を防止し、地下鉄やJR線などの軌道系交通機関を都市交通の主役に据え、市街地をその沿線に誘導して、できるだけ自動車に頼らずに、「軌道系交通機関を中心としたまとまりあるまち」を目指す必要性から、環境負荷の少ない公共交通機関の利用を中心とした、暮らしやすく動きやすい街づくりを先導するうえで、地下鉄南北線と一体となって骨格交通軸を形成する東西線の整備が必要となった。

2 期待する効果

東西線の整備により、現在1日約16万人の市民に利用されている南北線やJR線とともに、安全性と定時性に優れた環境にやさしい交通ネットワークができる。

交通渋滞の緩和はもちろん、市民の行動範囲が広がることで、新たな交流が生まれ、都市文化

やビジネスの育成・地域の活性化なども大きく期待される。

2 事業概要

① 事業名称：仙台市高速鉄道東西線
② 事業者名：仙台市
③ 所 在 地：起点…仙台市太白区八木山本町1丁目43番地
　　　　　　終点…仙台市若林区荒井字沓形63番地
④ 事業概要・規模（**図表2・3・31**）

図表2・3・31　事業概要および事業規模

項目		計画概要
路線	建設区間	動物公園駅　〜　荒井駅
	営業キロ	13.9km
	建設キロ	14.4km
線路規格	軌間	1,435mm
	軌条	50N
	電気方式	直流　1,500V（架空単線式）
車両		リニアモーター駆動車両
運転	編成車両数	開業当初　4両編成
	必要車両数	開業当初　60両（15編成）
	運転方式	ワンマン運転方式（ATO）
	運転時隔	ピーク時　4両：5分
建設	建設費	約2,298億円（159億円/km）
	工法または構造	地下部：開削工法、シールド工法、NATM工法 地上部：橋梁、高架
	建設期間	2003〜2015年度
	開業予定	2015年度
施設	駅	13駅（動物公園・青葉山・川内・国際センター・西公園・一番町・仙台・新寺・連坊・薬師堂・卸町・六丁の目・荒井）
	車庫	荒井車両基地　約6.2ha（地上式）
	変電所	3か所（青葉山・新寺・卸町）
信号保安設備		自動列車制御装置（ATC）
需要予測		約80,000人/日（2015年度開業時）
収支計画	損益収支	単年度黒字化年度：開業10年目 累計黒字化年度：開業24年目
	資金収支	単年度黒字化年度：開業9年目 累計黒字化年度：開業12年目

（注）駅名はすべて仮称。

⑤　事業工程
　・2003年9月：事業許可を取得
　・2005年8月：工事施行認可を取得
　・2006年11月：土木工事に着手
　・2012年2月：軌道工事に着手
　・2012年3月：建築工事に着手
　・2015年度：開業予定
⑥　事業計画上の関連法規：鉄道事業法、都市計画法、環境影響評価法

3 建設概要

1 地形・地質概要

　仙台市域の地形は大きく捉えると、**図表2・3・32、2・3・33**に示すとおり、全体が東側に傾斜する地形であり、市域の西側から丘陵部、台地部、低地部に分かれる。中心市街地の西側を広瀬川が蛇行しながら北西から南東方向に流れ、その西側には標高100～200mの丘陵が広がっており、中心市街地が広がる台地部とは60～160mの標高差がある。

　トンネル施工深度での仙台の地盤は、活断層「長町・利府線」を境に西側には軟岩層、東側に

図表2・3・32　東西線路線図

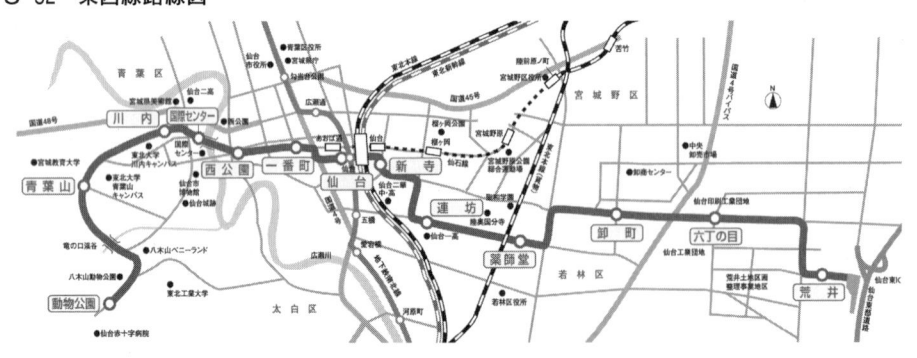

図表2・3・33　仙台市域の地形縦断図と各区間の工法

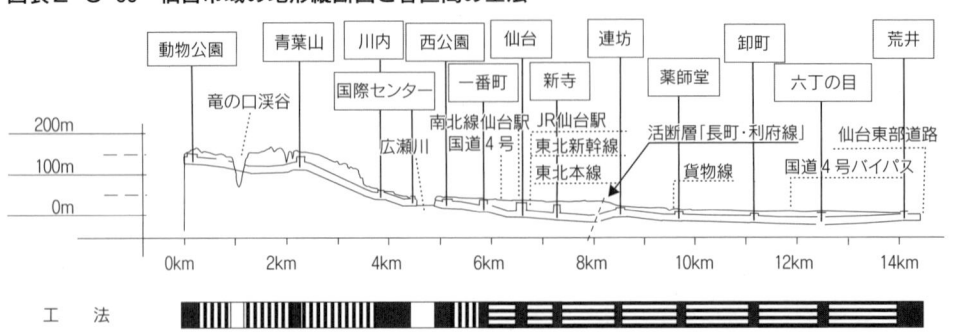

は洪積および沖積砂礫層が分布している。

2 工事計画の概要

　駅部については大断面を要することから開削工法を基本としたが、軟岩層の土被りが十分ある動物公園駅や青葉山駅では、コスト縮減を図り駅部の一部区間を大断面NATMにより必要な駅空間を確保した。
　駅間部については、軟岩層に位置しトンネル直上に住宅地がない動物公園駅から一番町駅までの区間では広瀬川付近の小土被り区間を除きNATMを採用した。
　一番町駅以東の既成市街地区間では、道路下にトンネルを設けるが、曲線部では民地下を通過するため、砂礫層区間に加え軟岩層区間においても地表面への影響が少ないシールド工法を採用している。各区間の工法を**図表2・3・33**に示す。

3 駅部および駅間部の工法概要

① 駅部の工法概要

　駅は地下2層を標準とし、16.5m車両5両編成に対応する延長83mの島式ホームを設ける。出入口は2か所設けることを標準とし、標準的な地下2層の駅の大きさは、幅約16m長さ約160mである。駅および出入口はホームから地上までの間に上下方向のエスカレーターとエレベーターを設置する計画である。

（1）駅部開削工法の特徴

　旅客設備や機械設備を配置する駅部は、大断面トンネルとなることから開削工法を採用した。路線の地質は、軟岩層と砂礫層に大別され、軟岩層では親杭横矢板工法を用い、砂礫層では柱列式連続地中壁工法を用いる。特徴的なこととしては、東部の砂礫層部では、掘削底盤以深GL-70mまでの間に粘性土層などの遮水層が認められず、N値>30の洪積砂礫層に対して地盤改良により遮水層を造成しなければならないことである。また、トンネル本体の設計では、将来の街づくりによる沿線の高度利用を想定し沿道建物荷重を設定していることも特徴的である。

（2）駅部NATMの特徴

　軟岩区間において1D程度以上の土被りがある駅（動物公園駅・青葉山駅）では、開削工法区間を最小とし、それ以外の必要な空間を掘削断面積164m^{2}という大断面NATMにより建設することで建設コストの縮減を図っている。その延長は動物公園駅においては72m、青葉山駅においては180mである。

② 駅間部の工法概要

　駅間トンネルは、軟岩区間ではNATMを採用し、民地・重要構造物下を通過する区間や砂礫層区間ではシールド工法を基本としている。NATMトンネルは掘削断面積約60m^{2}の複線トンネルを標準とし、シールドトンネルでは外径5,400mmの単線並列トンネルを標準としている。

(1) NATMトンネルの特徴

　NATMトンネルは地山等級 I_L〜II_n に分類され、軟岩を主に掘削することとなる。支保パターンの選定に際しては標準掘削断面積が60m^{2}と、在来線鉄道トンネルの複線断面と単線断面の中間にあたることから、東西線独自の標準支保パターンを設定した。また、NATM区間のほとんどが青葉山丘陵の環境保全区域にあるため、地下水環境への影響を小さくできる防水型トンネルを採用している。

(2) シールドトンネルの特徴

　都市の中心部から東部の区間では、道路下に地下鉄を敷設することから、半径約100mの曲線区間が6か所設定されている。曲線区間では、鉄道車両の偏きや軌道のカントにより建築限界を拡大する必要が生じる。このため直線区間で用いるRCセグメント（t=280mm）より薄くかつ強度のあるコンクリート中詰鋼製セグメント（t=200mm）を曲線区間に採用し内空断面を確保している。

4 自然由来の重金属を含む建設発生土の処理

　仙台市域西側の軟岩層のうち新第三紀鮮新世の海成層である「竜の口層」と呼ばれる地層には、火山活動などに由来する砒素やカドミウムを含むことがあるという研究機関の発表があった。このため、竜の口層の掘削に先立ち、2007年度に土壌汚染対策法における溶出量試験、含有量試験を実施した結果、溶出量についてカドミウムなどが環境基準を超過するものがあった。

　青葉山から連坊付近までの区間から発生する重金属含有土（竜の口層：約58万m^3）の処理については、土壌汚染対策法の対象とはならないものの、公共事業として法に準拠した万全の対策が必要であると判断し、外部専門家で構成する委員会を設置して処理方法等について検討を行った。

　処理方針としては、仙台市郊外の砕石場跡地の森林復旧事業の盛土に流用することとし、地下水に影響が出ないように遮水シート敷設上に盛土締固めを行い、最終的に盛土全面をシートで覆い重金属が溶出しにくい状態にするいわゆる「封じ込め」を行うこととした。

　また、あわせて周辺の水環境を確認するためのモニタリングを継続的に実施している。

第4節 都市再開発の事例

4.1 道路事業と再開発事業

4.1.1 環状第二号線新橋・虎ノ門地区市街地再開発事業

1 事業の目的

1 計画の背景

環状第二号線は、1946年に戦災復興による都市計画決定を行った都心部の重要な環状道路で、新橋・神田佐久間町間を結ぶものである。そのうち虎ノ門・神田佐久間町間は「外堀通り」として供用している（図表2・4・1）。

残りの新橋・虎ノ門間は、都心部にあるため膨大な用地費を要することや、多くの住民が地域に住み続けることを希望していたことなどから、長年にわたり事業化に至らなかった。

しかし、1989年に建物と道路の一体的整備を可能とする立体道路制度が創設され、道路上に施設建築物の整備が可能となった。この制度を活用した再開発事業を都自ら実施する計画を地元に提案することにより、事業への合意形成が急速に進んだ。そして、立体道路制度を活用した都施行市街地再開発事業として、1998年に都市計画決定した。あわせて、1998年に環状第二号線の本線の道路構造を平面街路から地下トンネルへ都市計画変更した。

図表2・4・1 環状第二号線および事業区間

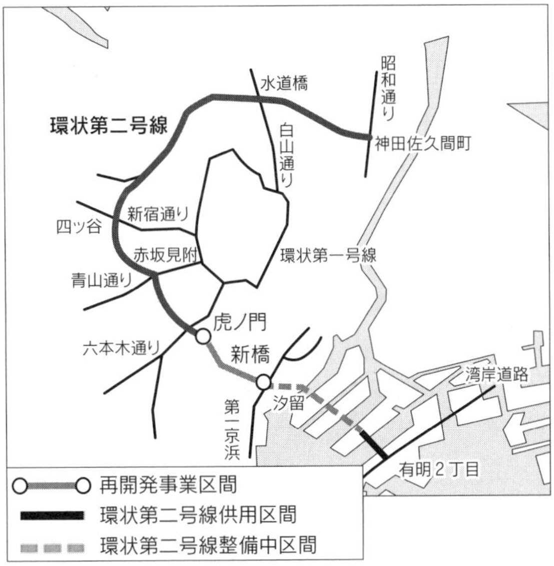

2 期待する効果

環状第二号線については、開発が進む臨海部との連携を強化するため、1993年に新橋から有明まで計画を延伸し、豊洲から有明までの間はすでに完成している。当該区間を含めて、虎ノ門・

豊洲間が整備されれば、臨海地域と都心部を結ぶ道路ネットワークが強化され、都心部の渋滞緩和が図られる。

また、環状第二号線の整備と都心部にふさわしい土地利用の転換が図られることにより、周辺の開発も誘導・促進され、地域全体の機能更新が図られることが期待される。さらに、整備される虎ノ門街区の再開発ビル自体が国際交流や都市観光の機能を備えた超高層複合ビルであり、国際都市東京として魅力的な都市づくりが進み、都市再生が促進されることが期待される。

2 事業概要

① 事業名称：環状第二号線新橋・虎ノ門地区市街地再開発事業
② 事業者名：東京都都市整備局（環状第二号線の地下本線は東京都建設局による街路事業）
③ 所在地：港区虎ノ門1・2丁目、愛宕1丁目、西新橋2・3丁目、新橋4・5丁目
④ 事業規模：再開発事業施行面積約8 ha
⑤ 事業期間：2002〜2014年度
⑥ 関連法規：道路法、都市計画法、都市再開発法、建築基準法（いずれも立体道路制度関係）

3 道路事業と再開発の事業概要

環状第二号線新橋・虎ノ門地区市街地再開発事業の施行地区の面積は約8 haで、幅員40m、延長約1.35kmの環状第二号線を整備するとともに、3つの街区で再開発ビルを建設する計画である（図表2・4・2）。現在の用地取得率は98％に達し、青年館街区（II街区）は2007、新橋街区（I街区）は2011年に完成し、すでに従前権利者が入居している。

図表2・4・2　環状第二号線新橋・虎ノ門地区市街地再開発事業の平面図と断面図

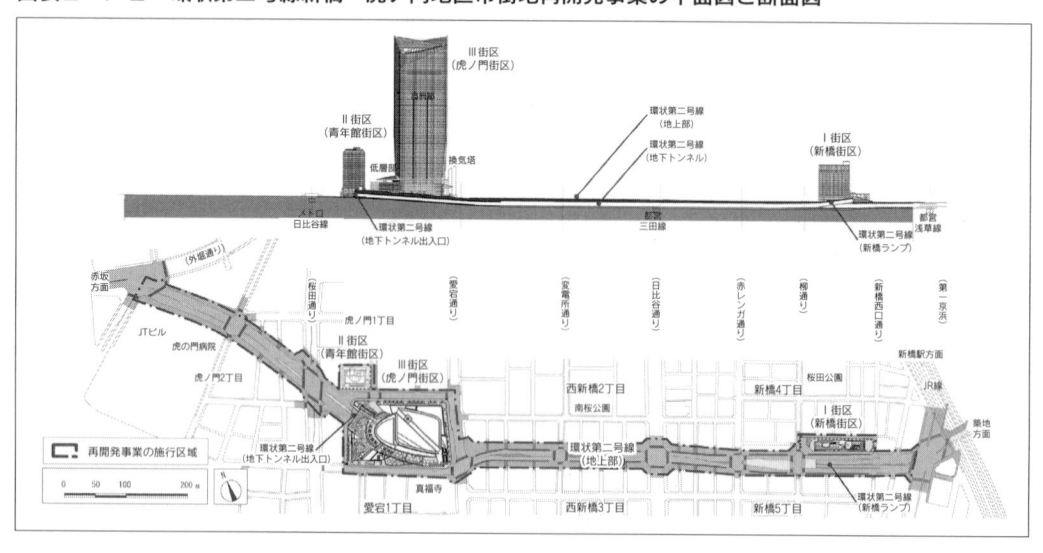

環状第二号線は、外堀通りから虎ノ門街区までの間は平面構造とし、立体道路制度を利用する虎ノ門街区から本線は地下に潜り、汐留地区を経て築地付近で再び地上に出て、隅田川を橋梁で渡り湾岸道路に至る計画である。

　また、本線が地下化される愛宕通りから第一京浜までの間の地上部道路は、沿道サービス機能だけでなく、広い歩道空間を生かし、緑豊かで魅力ある道路として整備していく予定である。

　環状第二号線の本線のうち地下トンネルの区間は、東京都建設局施行の街路事業であり、現在、鋭意工事を進めている。他方、地上部道路については、東京都都市整備局施行による再開発事業であり、2011年度に工事に着手し、2013年度に完成する予定である。

4 立体道路制度を活用した虎ノ門街区

　立体道路制度を活用した虎ノ門街区（Ⅲ街区）は、約1.7haの敷地に、地域のシンボルとなる地上52階、地下5階建ての超高層の再開発ビルを建設し、事務所を中心に、店舗、住宅、ホテル・カンファレンスなども配置した複合用途とし、国際交流や観光都市の推進に貢献する施設として整備する計画である（図表2・4・3）。虎ノ門街区については、2009年9月に特定建築者を森ビル(株)に決定し、2011年4月に建築工事に着手しており、2014年度の完成を予定している。

図表2・4・3　虎ノ門街区の断面図（南北断面）

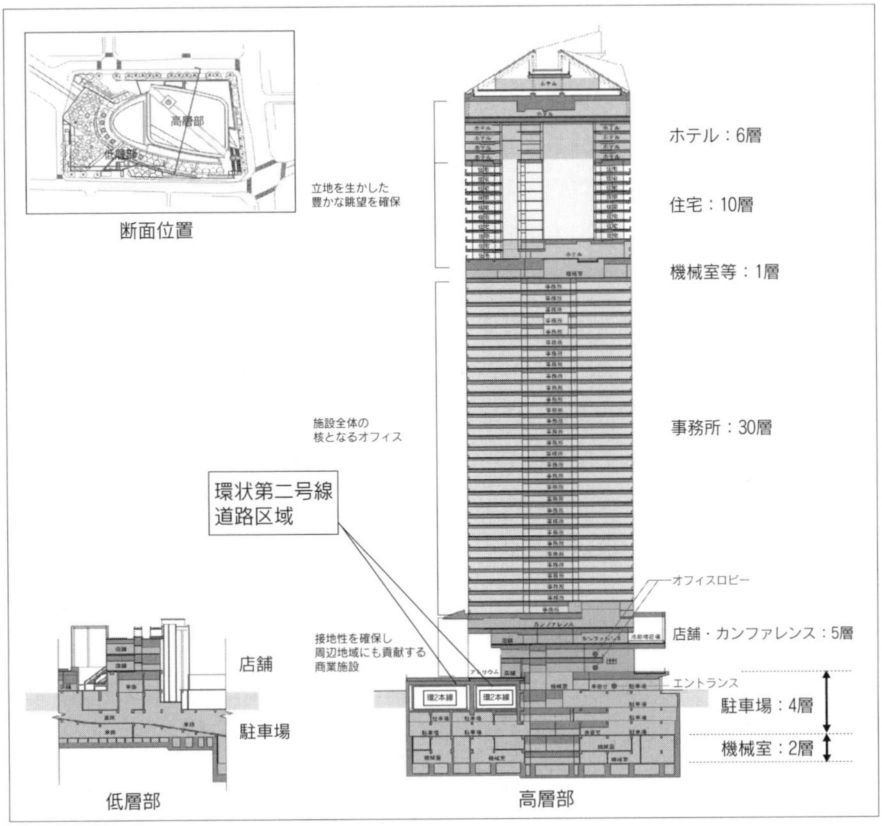

環状第二号線の本線は、虎ノ門街区の北西部より地下に潜り込み、平面的には本街区を斜めに横断する（**図表2・4・2**、**2・4・4**）。再開発ビルの地下1階部分に環状第二号線のボックスカルバートを抱え込む形状で、再開発ビルが環状第二号線の荷重を支持する道路一体建物となっている（**図表2・4・3**）。

図表2・4・4　虎ノ門街区の断面図（東西断面）

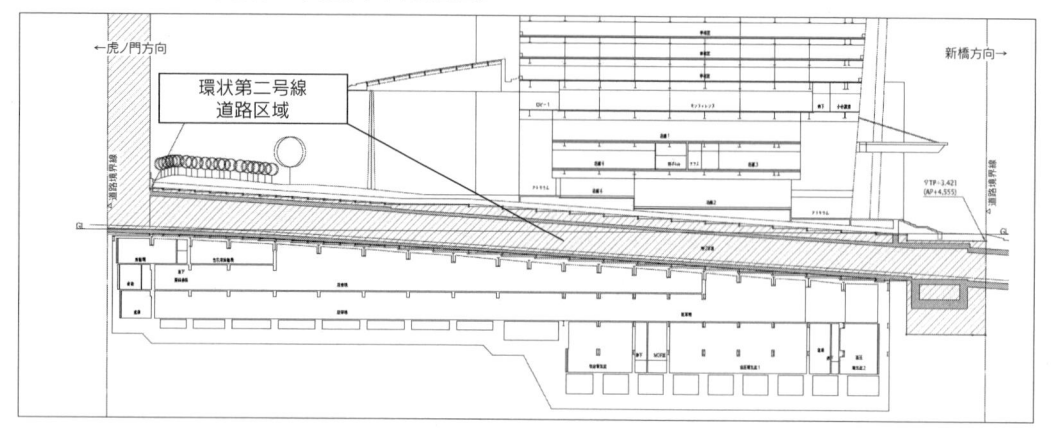

5 立体道路制度の活用による課題と対応

　立体道路制度は、道路区域を立体的に限定し、それ以外の空間を建築可能とする制度であり、本制度の導入による虎ノ門街区の課題と対応について述べる。

1 道路と建築物の境域の設定

　環状第二号線の道路と虎ノ門街区の建築物が一体的な構造となるため、その境域を明確にする必要がある。

　このため、将来の道路管理者をはじめとする関係者と調整を行い、都市計画法に規定する「都市施設の立体都市計画」、道路法に規定する「道路の立体的区域」、都市再開発法で準用する民法に規定する「地上権（区分地上権）」について、それぞれの境域線を合致させることとした。

　また、上下の境域については、区分地上権の登記実務などの関係から、階段状に設定した（**図表2・4・4**）。

2 権原

　道路に関する権原を明確にするため、道路との重複利用区域の権原については東京法務局などとの確認を行い、道路区域となる土地について区分地上権の設定を行い、その管理については道路法47条の7「道路一体建物の管理協定」によるものとした（**図表2・4・3**、**2・4・4**）。

3 設計条件

　虎ノ門街区は、建築物などが道路構造物を支持し、かつ道路の上空を建築物などが覆う構造であり、土木と建築の双方の視点から安全性等を検証する必要がある。

　このため、耐震性を含めた構造基準のほか、振動対策、騒音対策、耐火対策、防水対策、防災体制等の項目について、土木と建築の双方の視点から検証・調整を行っている。

4 虎ノ門街区内における工事施行

　都市再開発法では、特定建築者の行える工事の範囲は施設建築物工事に限定されている。他方、虎ノ門街区内地下の道路のボックスカルバート工事は、再開発事業においては公共施設管理者工事の位置付けであり、街路事業の認可を得て東京都建設局が街路事業として整備することとしている。

　しかしながら、本街区内では、施設建築物工事と道路のボックスカルバート工事は一体的に施工する必要がある。

　このため、道路のボックスカルバート工事は、東京都建設局から特定建築者への委託工事とすることで調整を図り、特定建築者の募集にあたり、その旨を明記して公募することとした。これにより、道路と一体不可分の再開発ビルの工事現場管理や施工性、安全性、スケジュール管理を円滑かつ効率的に図ることを可能としている（図表2・4・5）。

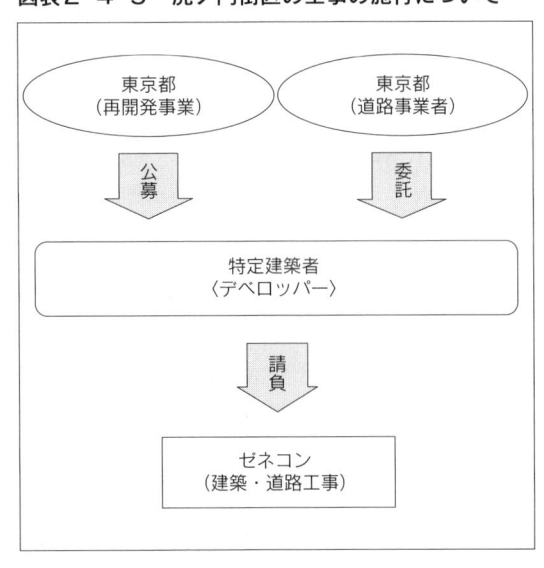

図表2・4・5　虎ノ門街区の工事の施行について

参考文献

1）東京都再開発事務所ホームページ（http://www.toshiseibi.metro.tokyo.jp/saikaihatu_j/tikubetu/kanjyounigou/kouhou.html）

4.2 鉄道事業と再開発事業

4.2.1 みなとみらい線

1 事業の目的

1 計画の背景

「みなとみらい線」は、横浜駅から「みなとみらい」地区を経て関内、山下地区を通り、元町に至る延長4.1kmの全線地下構造である（**図表２・４・６**）。

当初は東神奈川からの横浜線の乗り入れ路線としていたが、その後の国鉄改革の中でJR線の乗り入れが困難な状況となったため、横浜市は1988年に、横浜駅で東急東横線との相互直通運転を行う計画に変更した。

1989年に事業主体として第三セクターの横浜高速鉄道(株)が設立された。本路線は、一部の横浜高速鉄道(株)工事区間を除き、鉄道建設・運輸施設整備支援機構（旧 日本鉄道建設公団）の民鉄線工事として建設が進められた。

図表２・４・６　みなとみらい21線路線平面図・縦断図

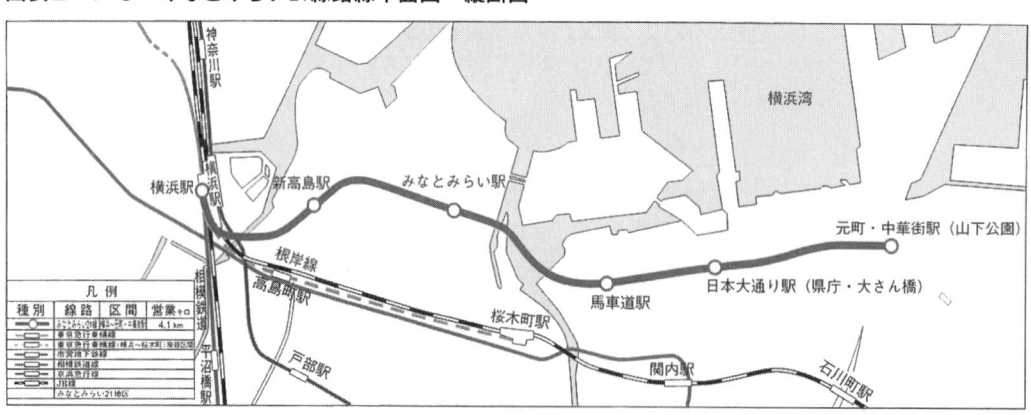

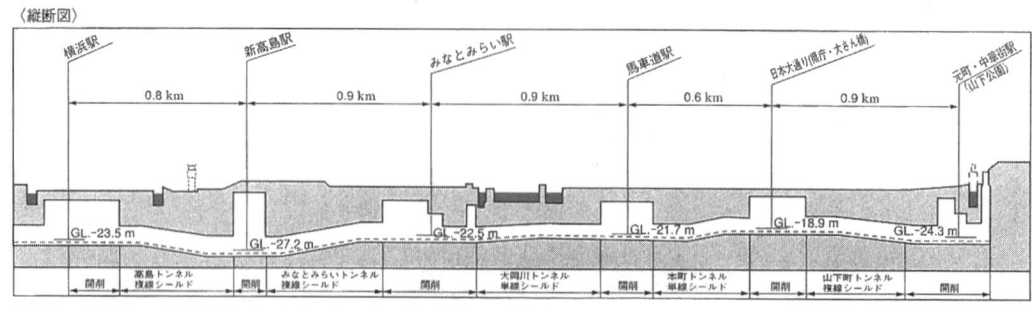

（出典）大西順一・井上能充「みなとみらい線の計画と施工」『土木施工』2004.2

2 期待する効果

①みなとみらい21地区の交通基盤の確立、②横浜駅周辺地区とみなとみらい21地区～関内地区に続く横浜都心部の一体化と沿線の開発促進および業務地の基盤強化、③東急東横線との相互直通運転によって、横浜都心部と東京都心部を直結する東京圏の広域ネットワークの一部としての役割、といった効果を期待している。

2 事業概要

① 事業名称：みなとみらい21線事業
② 事業者名：横浜高速鉄道株式会社
③ 所在地：横浜市西区南幸1丁目～横浜市中区山下町
④ 事業概要・規模

既存の横浜駅からみなとみらい21地区を経由して関内・山下地区などの市街地を通り元町に至る4.1kmの路線である。計画概要を**図表2・4・7**に示す。

図表2・4・7 計画概要

	項目	概　　要
路線	区間	横浜市西区南幸1丁目～横浜市中区山下町
	主たる経過地	西区みなとみらい3丁目、中区本町、中区日本大通
	建設キロ	複線4.3km
	営業キロ	複線4.1km
規格	軌間	1,067mm
	軌条	50N
	電圧	直流1,500V
	集電方式	架空線方式
	車両	長さ20m、幅2.8m、8両
施設	停車場	6駅
	変電所	2か所
設備	変電設備	総容量14,000kW
	信号通信設備	車内信号方式、誘導無線方式
	運転保安設備	ATC、CTC

(出典) 大西順一・井上能充「みなとみらい線の計画と施工」『土木施工』2004.2

⑤ 事業工程：1992年11月～2004年2月
⑥ 事業計画上の関連法規：都市計画法、鉄道事業法、道路法、消防法、建築基準法、電気事業法、その他

3 建設概要

1 駅空間の設計

　横浜〜元町・中華街間では、3本の河川を交差する必要があり、各地下駅とも比較的深い駅となっている。深い駅は、歩行者動線が迷路化したり、方向感の喪失、圧迫感や視認性の欠如といった問題が生じやすい。

　これらを踏まえ、土木空間としての基本設計方針は、①地区を代表する駅として各駅に個性的な空間を持たせる、②オープンスペースの積極的な確保、③視認性の高い快適な空間の確保、④周辺都市施設および建築計画との一体化を図り路線価値を高める、とした。

2 施工方法の概要

　みなとみらい線にある6駅のうち、代表的な「みなとみらい駅」と「元町・中華街駅」での施工方法について以下に示す。

① みなとみらい駅

　みなとみらい駅は、周辺に横浜美術館、国際会議場、ランドマークタワー、クイーンズスクエア、高層ビル、文化施設、商業施設が立ち並ぶ横浜の新都心「みなとみらい21地区」の中央地区の中心となる駅である。

　駅は「船」をデザインモチーフとし、地下に埋設されたチューブ空間にさまざまな機能を点在させ、全体を交通の装置体として捉えた近未来型ステーションとして計画された（写真2・4・1）。

　当駅は、幅約16〜43m、深さ約29m、延長250mの地下駅で、工事は開削工法で施工したものである。この工事における特徴ある工法を以下に示す。

＜大型共同溝アンダーピニング＞

　大型共同溝は、みなとみらい三号線の道路下に位置し、横浜国際会議場およびホテル等への供給用配管が多数入っている。この大型共同溝（約2,270t）は、直接基礎形式のボックスカルバート構造であり、この共同溝を横断して地下駅を構築するためアンダーピニング工法で受け替えることにした（図表2・4・8）。

　共同溝直下の地盤は土丹層まで、CDM工法（セメント系深層混合処理工法）で改良されていることから共同溝底盤の鉄筋量が少ないため、仮受け時に鉄筋の許容応力度を超えることが懸念された。このため、すべての導坑支保工にプレロードを導入し掘削するとともに、仮受け坑は鋼管とし、深礎工法で掘削後、分割した鋼管を建て込んだ。深礎工法を採用

写真2・4・1　みなとみらい駅（コンコースのアーチ空間）

（出典）大西順一・井上能充「みなとみらい線の計画と施工」『土木施工』2004.2

図表２・４・８　共同溝仮受け断面図

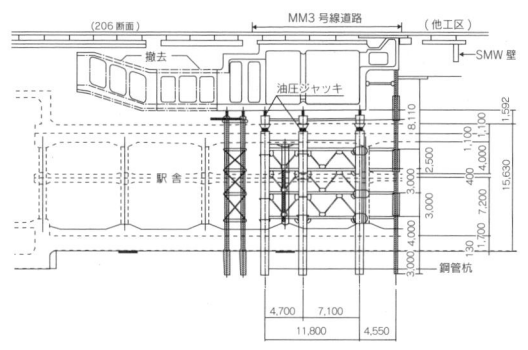

（出典）小島滋「みなとみらい21線大空間地下駅の施工技術」『土木学会誌』2003.8

した理由は、杭先端の地盤が確認でき杭先端の岩着が確実なこと、予想されるドック・船台などの地中障害物の撤去が他の工法に比べ容易なためである。また、杭材を鋼管としたのは場所打ち工法と違って、杭間ブレスの取付け手間が簡略化でき、躯体構築後の仮受け杭の撤去が容易なためである。

＜移動セントルによるアーチ部コンクリートの施工＞

駅本体部分の構造は、三層三径間を標準としているが、中央部コンコースの約70mは地下1階と2階が一体となった直径約20mのアーチ構造を採用した（**写真２・４・２**）。

このアーチ部の施工にあたっては、幅20mの移動セントルを採用した。

② 元町・中華街駅

元町、中華街、山下公園、外人墓地、港の見える丘公園など観光・ファッション・グルメと、歴史的・文化的に最もヨコハマを感じさせる場所に位置する駅が元町・中華街駅である。

この駅は地域のシンボルとして、"みなとよこはま"を直に体験できるよう、開港以来の歴史・文化を紹介すべくホームには明治後期から昭和初期にかけての古い街並み、コンコースに当時をしのばせる人・物を描写するとともに、駅中央部を二段吹き抜けアーチ構造として開放的な地下空間を確保した（**写真２・４・３**）。

写真２・４・２　スライドセントル組み立て状況

写真２・４・３　元町・中華街駅

（出典）小島滋「みなとみらい21線大空間地下駅の施工技術」『土木学会誌』2003.8

（出典）大西順一・井上能充「みなとみらい線の計画と施工」『土木施工』2004.2

ここでは、堀川河川下でのパイプルーフ工法を紹介する。

＜パイプルーフ工法の概要＞

河川下での施工に加え、近接した首都高速狩場線橋脚、堀川護岸、矢戸橋橋台等があり、道路下には古い幹線下水等の重要構造物がある。特に護岸基礎は、パイプルーフ天端との離隔が約70cmの余裕しかなく、厳しい条件下での施工となった。

パイプルーフ鋼管は、φ711.2×12mm、平均延長70m（最大80m）で、継手はL型アングルの組合せによるアウタージョイントの構造である。鋼管は施工条件、溶接回数等を検討し最大長6.0mとし全周半自動溶接とした（図表2・4・9）。

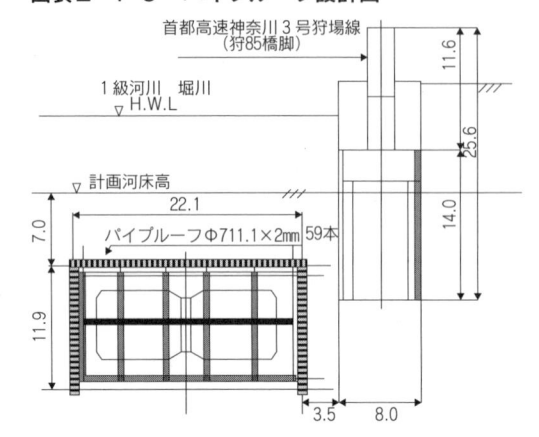

図表2・4・9　パイプルーフ設計図

（出典）小島滋「みなとみらい21線大空間地下駅の施工技術」『土木学会誌』2003.8

4.2.2　東急東横線（渋谷駅〜代官山駅間）地下化事業

1 事業の目的

1 計画の背景

東急東横線は、渋谷と横浜を結ぶ全長24.2km、全21駅、1日平均輸送人員約112万人（2010年度）の路線である。沿線には田園調布、自由が丘、代官山などの人気の街や、慶應義塾大学、神奈川大学など学校が多いことが特徴である。

国土交通省は、東急東横線と営団13号線（現 東京メトロ副都心線）との相互直通運転を含む運輸政策審議会答申第18号「東京圏における高速鉄道に関する基本計画について」を2000年1月に発表した。そこでは2015年を目標年次とする整備路線について、「相互直通運転化のための改良として、東京急行電鉄東横線渋谷と代官山間を地下化し、渋谷駅で営団13号線との相互直通運転化を行うことにより、東武鉄道東上線・西武鉄道池袋線、営団13号線、東京急行電鉄東横線・みなとみらい21線の各線のネットワーク化を図る。その際、渋谷駅等における他の鉄道相互間の乗継ぎの円滑化を確保する。」という答申がされた。本事業はこの答申の方針に基づいて整備を進

めている（**図表2・4・10**）。

図表2・4・10　事業概要図

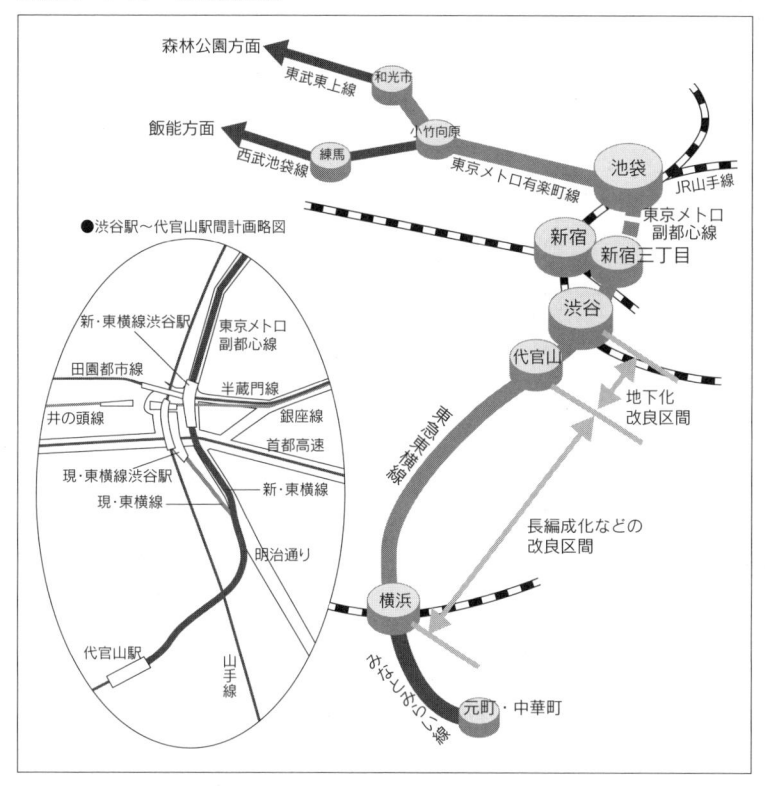

2 期待する効果

　本事業によって、東武東上線・西武池袋線から東京メトロ有楽町線・副都心線を経て、東急東横線（以下「東横線」という）および横浜高速鉄道みなとみらい線までの首都圏の広域的な鉄道ネットワークの1つが形成される。これにより、都市交通のさらなる利便性の向上が図られるとともに、都市の活性化にも寄与することが期待される。期待する効果としては以下のとおりである。

① 埼玉西南部方面から東京メトロ有楽町線・副都心線を経由して、横浜方面に至る広域的な鉄道ネットワークが形成できる。
② 東横線沿線から渋谷・新宿・池袋（副都心）方面への交通の利便性が向上する。
③ 通勤・通学の混雑緩和に寄与する。
④ 都市機能の更新の促進が図られる。

2 事業概要

① 事業名称：都市高速鉄道東京急行電鉄東横線（渋谷駅〜代官山駅間）地下化事業
② 事業者名：東京急行電鉄株式会社
③ 所　在　地：渋谷駅付近（東京都渋谷区渋谷2丁目）〜代官山駅付近（東京都渋谷区代官山町）

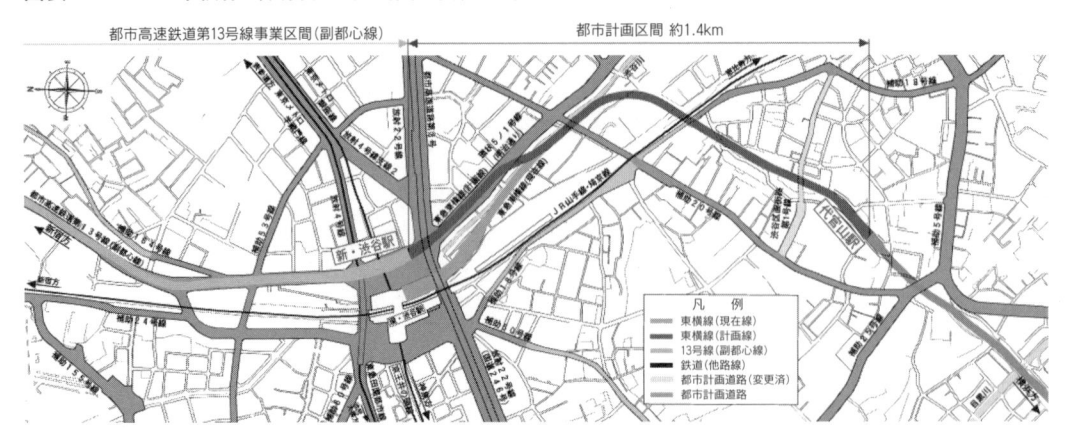

図表2・4・11　東横線（渋谷駅～代官山駅間）地下化事業平面図

図表2・4・12　東横線（渋谷駅～代官山駅間）地下化事業縦断図

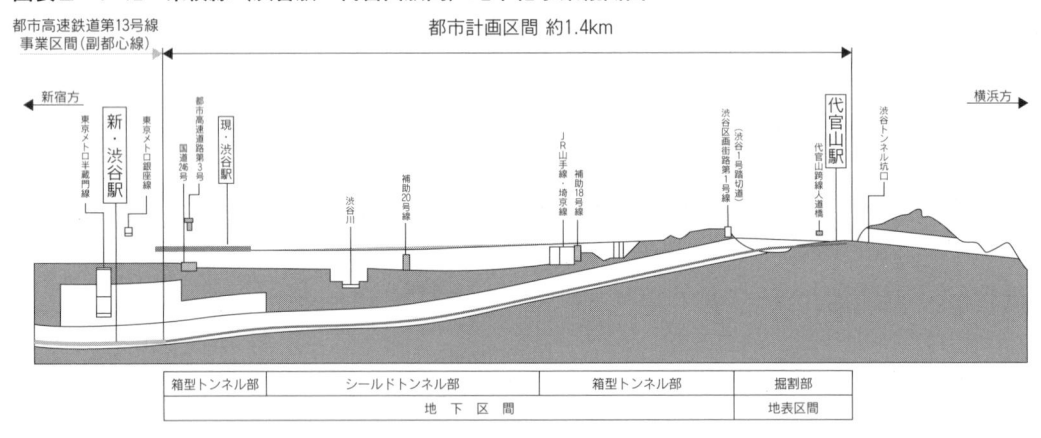

④　事業概要・規模（**図表2・4・11、2・4・12**）

・渋谷駅～代官山駅間の都市計画区間1.4km

・東京メトロ副都心線との相互直通運転

・地下化については、渋谷駅は明治通り地下に構築、建物・河川・JR線を地下で横断、一部掘割式となる代官山駅までの現在線の直下を地下化

⑤　事業工程

・工期：2002～2014年度（東京メトロ副都心線との相互直通運転開始は2012年度）

⑥　事業計画上の関連法規：都市計画法、鉄道事業法、道路法、消防法、建築基準法、電気事業法、その他

3 建設概要

1 地形・地質概要

東京都渋谷区は、武蔵野台地の東部の淀橋台地にあり、周辺には標高30～40mの台地が存在

し、渋谷川等の支谷が樹枝状に入り込み、起伏に富んだ地形である。当事業場所の渋谷駅付近は、渋谷川と宇田川の合流付近の低地部に位置している。地質構成は、淀橋台地では上位より第四紀更新世の関東ローム層、東京層群、上総層群から形成されている。また、渋谷川沿いの開析谷には軟弱な粘土を主体とする沖積層が分布している。

2 施工方法の概要

① 渋谷駅区間

渋谷駅区間は、東京メトロ副都心線と接続することから明治通りの地下（国道246号線、首都高速3号線と明治通りとの交差点を含む区間）に設けられる箱型の大規模地下構造物であり、最大掘削幅33m、最大掘削深さ28mの開削工法を採用した（図表2・4・13、写真2・4・4）。

ここでは、首都高速の橋脚部は近接施工（最少離隔は土留壁から3.3m）となり、工事による影響を抑制するために、大口径の柱列式地下連続壁による土留、逆巻先行スラブ（上床板）を採用した。

② シールド区間

渋谷駅を発進立坑としてJR線交差部手前までがシールドトンネル区間である。

シールド区間は、延長L＝508m、最小曲線半径160m、最急勾配35‰、最大土被り15.4m、最少土被り約4.5mと厳しい条件である（図表2・4・11、2・4・12）。地質は上総層粘土層〜東京礫層・砂層（最大礫径450mm）である。トンネル断面は、既存の東横線直下の土被りが確保できる2連矩形断面（複線断面、図表2・4・14）を採用した。

セグメントについては、RCおよびSRC、幅1.1m、10分割のセグメントで断面中央には合成鋼角柱を配置できる構造とした。シールド機は、泥土圧式シールド工法を採用し、機長8.95m、高さ7.44m、幅10.64m、中折れ式、矩形断面の掘削が可能な公転ドラムと揺動フレームを利用したアポロカッター工法を採用した（写真2・4・5、2・4・6）。

なお、シールド工事に先立って、既存の東横線高架橋直下を掘進する区間では、高架橋の防護または仮受工事を実施した（図表2・4・14）。

図表2・4・13 渋谷駅部

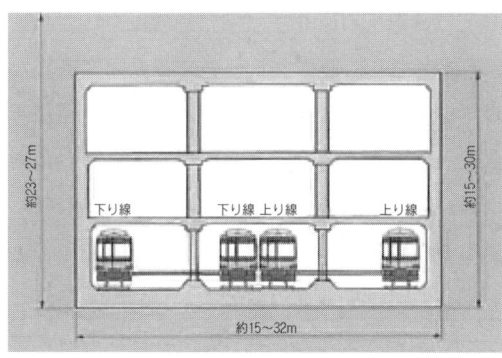

写真2・4・4 渋谷駅付近レール敷設

写真2・4・5　シールド機（アポロカッター工法）

写真2・4・6　シールド区間トンネル

図表2・4・14　シールド区間

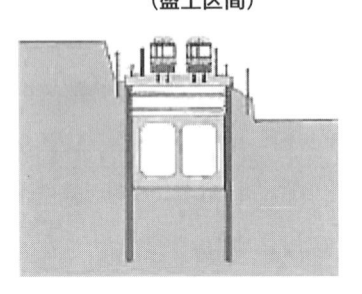

図表2・4・15　箱型トンネル（高架橋区間）

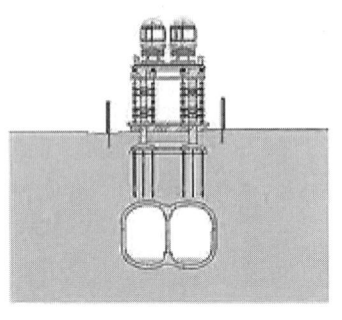

図表2・4・16　箱型トンネル（盛土区間）

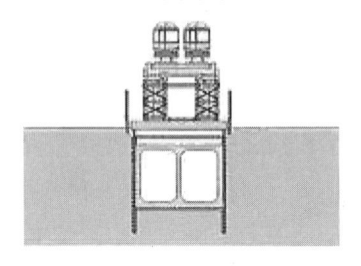

図表2・4・17　掘割区間

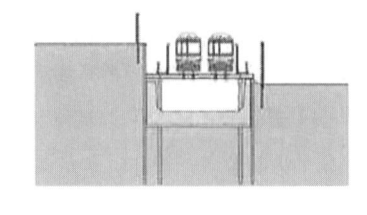

③　箱型トンネルおよび掘割区間

　箱型トンネル区間はJR線交差部・高架橋部・盛土部があり、他に盛土部の掘割区間がある。これらの区間は現在線直下の開削工事である。箱型トンネル区間のうち高架橋区間は、土留施工と高架スラブの仮受けを行った後に、躯体を構築した（**図表2・4・15**）。盛土区間では夜間線路閉鎖により土留めや工事桁による仮受けを施工してから、箱型トンネルを構築した（**図表2・4・16**）。掘割区間は同様に開削・仮受けにより構造物を構築した（**図表2・4・17**）。

　代官山駅を含む掘割区間で実施する線路切替については、仮線を設けないで短時間に切り替えることのできるSTRUM工法（直下地下切替工法）を採用する（**図表2・4・18**）。前述のように現

図表2・4・18　STRUM工法概念図

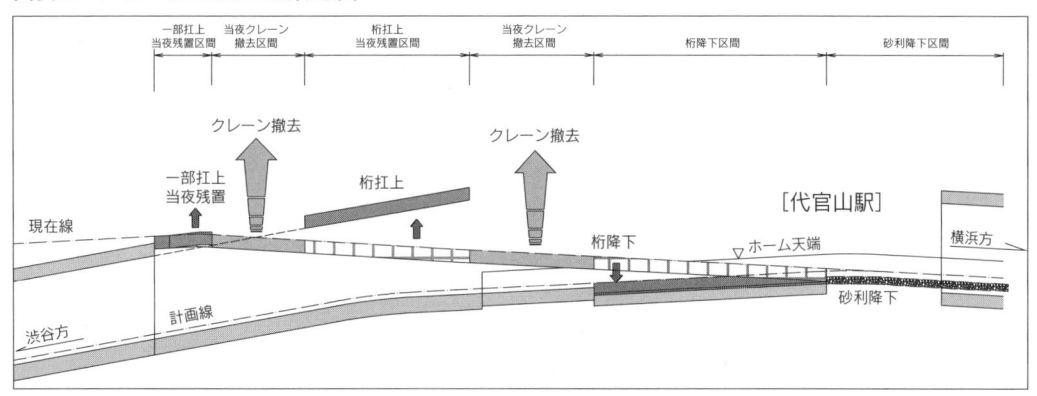

在線直下に計画線を事前に構築することで、終電から始電までの一夜で、工事桁の一部撤去および工事桁を扛上・降下することで計画線に切り替えるものである。

4 事業計画の特徴ほか

1 駅部の特徴

渋谷駅は、建築家の安藤忠雄氏のデザインによる全長約80m、幅約24mの「地宙船」（地下に浮遊する宇宙船）が特徴的である。この地宙船の中央部分には、最大長径22mの巨大な3層の楕円開口を設けてあり、渋谷ヒカリエ（隣接する複合ビル）の吹抜けから地上と空気を対流させる自然換気を促す施設となっている（**図表2・4・19、2・4・20**）。

また、ホームの床下や天井に冷却チューブをはりめぐらせて冷水を循環させる放射冷房システムを採用し、機械に頼らない自然換気システムとあわせて、年間約1,000ｔの二酸化炭素排出量の大幅な削減を図るものである。

図表2・4・19　渋谷駅とビルの接続

図表2・4・20　自然換気システム

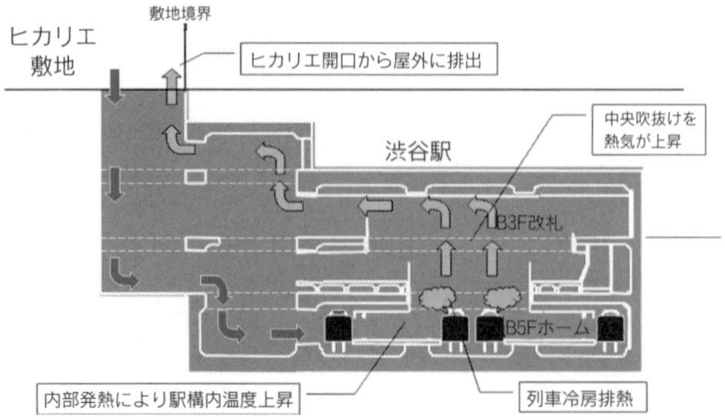

2 他の事業との関連

東京メトロ副都心線と東横線との相互直通運転により、渋谷駅周辺地域は、ホーム跡地と線路跡地を利用して、駅とまちをつなぐ歩行者ネットワークを整備する計画である。

参考文献

1) パンフレット「東京メトロ副都心線と相互直通に伴う都市高速鉄道東京急行電鉄東横線（渋谷駅～代官山駅間）地下化事業の概要」2008.1
2) 東急電鉄ホームページ「東京メトロ副都心線との相互直通運転に伴う東横線渋谷～横浜間改良工事」(http://www.tokyu.co.jp/railway/railway/east/pr/13go.html)
3) 東急電鉄ホームページ「渋谷駅～代官山駅間地下化計画図」(http://www.tokyu.co.jp/railway/railway/east/pr/sby_ykhm_sby_dkym.html)
4) 長倉忍・山崎仁「東京急行電鉄東横線渋谷駅～代官山駅間地下化工事」『日本鉄道施設協会誌』2011.9
5) 渋谷区「渋谷駅中心地区基盤整備方針（案）」2011.10

4.2.3　新横浜駅北口交通広場・駅前広場

1 事業の背景・目的

東海道新幹線とJR横浜線、市営地下鉄ブルーラインの鉄道3線が交差する新横浜駅を中心とする地区は、1964年の新幹線開業前は鶴見川に沿うのどかな田園地帯であった。新幹線開業にあわせ、横浜線の駅も新設されるとともに、新横浜駅北部土地区画整理事業に着手し街づくりを進めてきた。

横浜市はこの地区を「横浜の都心」として位置付け、都心にふさわしい商業業務施設の集積、都市施設の効率的活用に向け、文化・スポーツ等の施設とあわせ都市型住宅も計画的に立地させ、都市の活性化を図り、夜間人口約1万人[※1]、従業者数約6万人[※2]を抱える拠点として着実に発展を遂げてきた。また、広域交通の利便性を活かし、外資系企業やIT企業が多数立地するととも

写真2・4・7　広場再整備後の新横浜駅周辺

に、2002年ワールドカップサッカー大会の決勝戦会場になった日産スタジアムや横浜アリーナ、アミューズメント施設などが集積し、全国各地から多くの人々が集う地区となっている。交通機関は横浜線、地下鉄を補完する形で14系統のバス路線が発着するほか、羽田空港や成田空港への直行バスも運行されるなど鉄道、バス交通ネットワークにおける重要な結節点となっている。

こうした街の発展にあわせ、新幹線利用者も増加する中で「こだま」の停車対応駅として整備された新横浜駅や駅前広場などは機能面で限界に達していた。さらに、開業当時のままであった駅前広場では平面的な利用となっており人と車が交錯し、安全面だけでなく周辺道路の渋滞をまねくなど交通処理面でも課題が生じていた。これらの課題を解消するため、JR東海が行う駅舎改良、駅ビル建設と一体となる交通広場、駅の南と北を結ぶ連絡通路、地下鉄駅への連絡通路や歩行者デッキの整備、駅前広場の再整備を行うこととした（**写真2・4・7**）。

※1　2012年11月の夜間人口。
※2　2009年7月の従業者数。

2 事業概要

① 事業名称：新横浜駅北口周辺地区総合再整備事業
② 事業者名：横浜市・東海旅客鉄道株式会社
③ 所在地：横浜市港北区篠原町2937
④ 事業規模（**図表2・4・21**）

図表2・4・21　事業概要

事業主体	施設	内　容	国庫補助	事業費
横浜市	交通広場・連絡通路	駅ビル2階の屋内交通広場（約1,300m²） 連絡通路（約1,300m²）	交通結節点改善事業	約62億円 （うち約31億円は国庫補助）
	駅前広場等	歩行者デッキの整備および既存駅前広場の再整備		
	都市計画駐車場 （整備補助）	地下2〜4階の都市計画駐車場整備（事業主体：JR東海）への補助	都市再生交通拠点整備事業	
JR東海	駅舎	改札、ホームへの階段、待合スペース等の増設		約400億円
	駅ビル （新横浜中央ビル）	敷地面積：約17,000m² 延床面積：約90,000m²（商業：34,000m²、オフィス：16,000m²、ホテル：11,000m²、駅関連施設：7,000m²（交通広場含む）、駐車場等：22,000m²（約470台）） 高さ：約75m（地上19階、地下4階）		

⑤　事業工程

・2003年5月：新横浜駅・北口周辺地区総合再整備事業　都市計画決定

・2004年2月：事業認可取得

・2005年7月：建物着工

・2007年2月：交通広場および連絡通路一部供用開始

・2008年3月：駅ビルオープン、交通広場全面供用開始

・2009年3月：事業完了

3　立体都市計画制度の適用

　都市と鉄道が一体となった交通結節点の改善にあたり、旧建設省等と研究会を開催し、総合的な機能強化策について検討を進めてきた。

　線路上空への駅ビル建設は困難なため、限られたスペースの中で交通広場や連絡通路などを整備する必要があり、「立体都市計画制度」を積極的に適用し既存の駅前広場を重層的に活用した。

写真2・4・8　交通広場

　従前2万m²であった駅前広場の一部に駅ビルが建築されることに伴い広場面積が減少するため、隣接地の取得や駅ビルの重層利用により整備後には2万2,600m²（駅前広場1万7,400m²＋交通広場5,200m²）の広場空間を確保した。特に、駅ビルの2階には1層吹き抜けの1,300m²の交通広場を設け、増設された新幹線改札口や横浜線の改札口を同レベルに配し、つなぐ空間とたまる空間としての役割を持たせた（**写真2・4・8、図表2・4・22、2・4・23**）。

図表2・4・22 立体都市計画制度の適用内容

都市計画施設	計画内容	備考
駅前広場	約17,400m² ・バスバース：17 ・バスプール：3 ・一般車バース：8	従前：約20,000m² ・建物敷地として利用分：約5,000m² ・今回拡張した駅前広場：約2,400m² （バスバースには路線バス以外のバースも含む）
歩行者デッキ	幅員4～14m 総延長：約420m	自転車歩行者専用道 交差点上デッキおよび南北、東西のデッキ、既存デッキ
交通広場★	1階：約3,900m²	タクシーバース（4）＋タクシープール（60）、歩行者通路として利用
	2階：約1,300m²	広場に面してJR東海道新幹線、横浜線改札設置、エレベーター・エスカレーター設置
連絡通路★	1号：幅10m、延長約40m	交通広場1階と篠原側を結ぶ通路
	2号：幅8m、延長約50m	交通広場2階と地下鉄改札階（地下2階）を結ぶ通路
	3号：幅6m、延長約50m	交通広場2階と駅前広場東側を結ぶ通路
都市計画駐車場★	300台	地下2～4階

（注）★印は立体的に定めた都市計画施設

図表2・4・23 交通広場および駅前広場

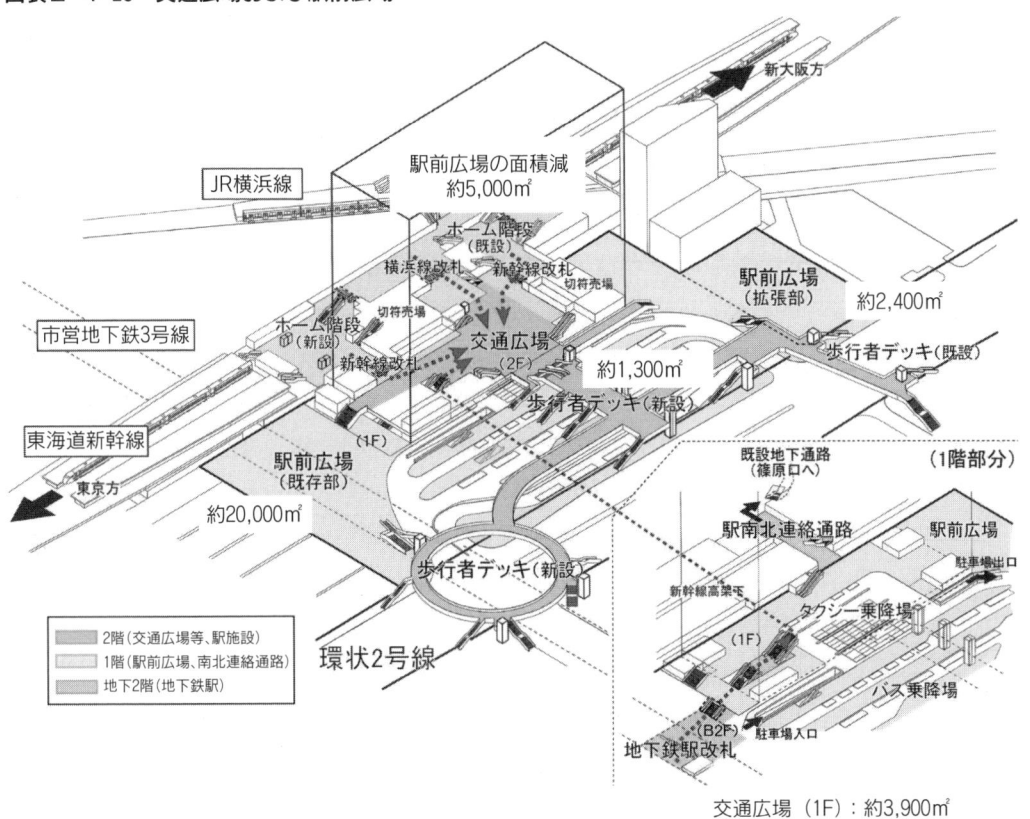

4 事業効果

　交通広場や連絡通路の完成により鉄道相互の乗換がスムーズになるとともに、待合空間の創設により、1日約24万人[※3]の駅乗降客にとって、ゆとりの持てる駅となった。

　また、2階にある交通広場と接続する歩行者デッキの完成により、バス乗り場へ直接アクセスできるとともに、幹線道路（環状二号線）も横断できるため、錯綜していた歩行者と車両を分離させることにより安全性の向上や交通の円滑化が図られた。

　さらに、駅前広場では路線バス、観光バスの出口を変更し、一般車、タクシーと分離して、駅前交差点付近での合流を解消することにより安全性の向上とともに、バスの定時運行、幹線道路の混雑緩和を図った。

　※3　2011年度の駅乗降客。

5 今後の取組み

　新横浜は、新幹線、横浜線の駅開設を契機に街づくりが開始され、地下鉄の開業でより加速して発展してきており、駅を中心とした交通結節点は立体都市計画制度の活用によりリニューアルされ、長年抱えていた課題は解決した。

　一方で、神奈川東部方面線（相鉄・東急直通線は2019年開業予定）の駅は、既存地下鉄の下で交差する深い駅となるため、地上2階レベルの歩行者動線との接続や4駅間の乗換動線の確保など新たな課題も出てきており、これからも駅を中心とした街づくりの推進と都市機能としての交通結節点の拡充について、関係者と連携して取り組んでいく。

第5節 都市内エネルギー施設の事例

5.1 地域冷暖房

　地域冷暖房（以下「熱供給」という）とは、熱供給プラントから冷水・蒸気・温水などの熱媒を一定地域内の建物群に地域配管を通して供給し、冷房・暖房・給湯などを行うシステムをいう。熱源の一元化により、個別の空調設備に比べて、各建物の熱源・空調設備のスペースを節約でき、1か所で大型機器により集中的にエネルギーをつくるため、エネルギー効率が高く、省エネルギー、温室効果ガスの削減、大気汚染や酸性雨の原因となる窒素酸化物・硫黄酸化物排出量の大幅な減少、ヒートアイランド対策に大きな効果が期待されている（**図表2・5・1**）。

　熱源は、ガス、電気、石油、石炭などを燃料にするほか、地域によっては河川水・下水処理水・清掃工場・超高圧地中送電線の熱などを利用している。熱媒はプラントに設置したボイラ、冷凍機、ヒートポンプ等で集中的に製造し、建物敷地や道路などの公共空間の地下に埋設した洞道や共同溝を通じて、地域内の建物群に熱供給を行っている。

　わが国における本格的な実施は1970年代のオイルショック以降に始まり、国や地方公共団体の助成措置・補助金等により、地域熱供給の導入が促進されている。2012年4月現在、80社を超える事業者が約140地点で事業を行っている（**図表2・5・2**）。

　熱供給施設の地下空間利用の事例として、東京駅周辺および大阪市中之島3丁目地区の事例を記述する。

図表2・5・1　地域熱冷房とは

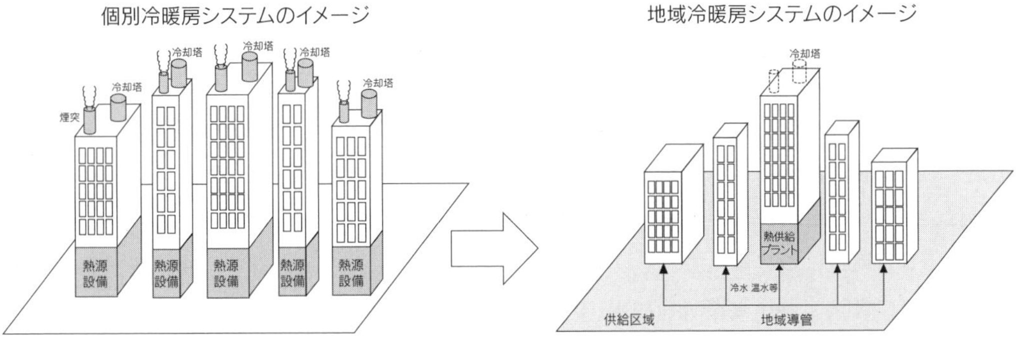

図表2・5・2　わが国の熱供給施設

事業地区	許可事業者数	許可地区数
北海道	7（7）	9（9）
関東・東北	49（49）	85（84）
中部	8（8）	12（12）
近畿・中国・四国	12（12）	27（27）
九州	5（5）	8（8）
計	81（81）	141（140）

（　）内は稼働中の事業者数および地区数

（出典）一般社団法人日本熱供給事業協会ホームページ（http://www.jdhc.or.jp/area/area01.html）

5.1.1　東京駅周辺（大手町、丸の内、有楽町地区）の熱供給施設

1　供給区域の概要

　東京駅周辺の大手町・丸の内・有楽町地区は、日本経済を支える国際ビジネスセンターとして国内外の有力企業が集積する経済活動の中枢地区である。

　昨今の国際的な都市間競争の中で、日本が世界経済の中心の1つとして、今後とも発展を続けていくために、立地条件等を十分活用しながら都市機能の高度化とともに景観面、機能面、環境面の優れた特性に根差したより魅力ある都心空間の創造を図った再開発が2002年、丸の内ビル竣工以降急速に進展している。

　再開発にあたり推進協議会が設立され、官民一体となって、低炭素型まちづくりを念頭に入れた基本協定の作成、再整備検討等の都市再生のための適切かつ効率的な開発、利活用等を通じたまちづくりを展開することにより、当地区の付加価値を高め、東京の都心としての持続的な発展を図っている。

2　熱供給事業の概要

　丸の内熱供給(株)は、大気汚染防止を主たる目的として、1976年4月より大手町地区において熱供給を開始後、丸の内1丁目・2丁目地区、有楽町地区へ供給エリアを拡大し、現在は、内幸町地区、青山地区を合わせ、合計6地区で熱供給事業を行っている。

　2013年3月時点における熱供給先の建物合計は105か所で、オフィスビル・ホテル（85棟）、地下鉄駅舎（17駅舎）、地下通路（3通路）である。供給先建物の総延床面積は約618万 m^2、冷熱源能力は合計約12万USRT（約13MJ/USRT）、温熱源能力は蒸気換算で合計約630t/h（1,600GJ/h）で、19か所の熱供給プラントから、建物地下や地中に埋設された熱供給配管・洞道を通して周辺の建物へ熱供給を行っている。熱供給配管の総延長は約27km、洞道の総延長は約4kmである（**図表2・5・3**）。

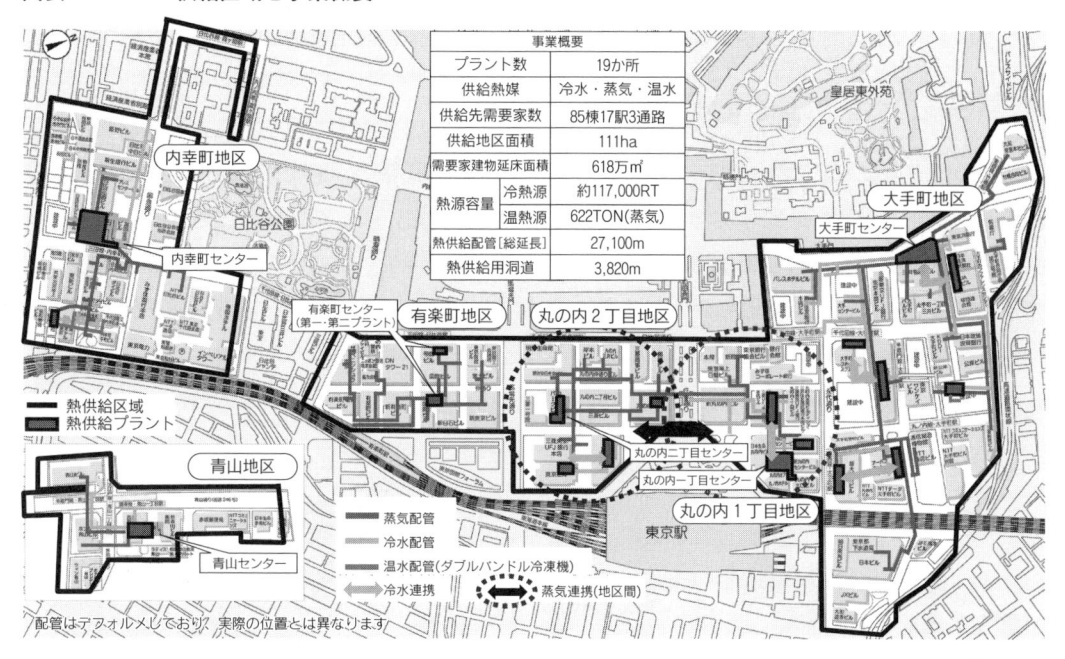

図表2・5・3　供給区域と事業概要

事業概要	
プラント数	19か所
供給熱媒	冷水・蒸気・温水
供給先需要家数	85棟17駅3通路
供給地区面積	111ha
需要家建物延床面積	618万㎡
熱源容量　冷熱源	約117,000RT
温熱源	622TON(蒸気)
熱供給配管[総延長]	27,100m
熱供給用洞道	3,820m

　洞道は耐震性に優れているうえ、配線の点検がしやすいことから、一部の洞道には、熱供給配管と併設して、電気通信事業者による通信ケーブルが敷設されており、地区全体を支える都市活動に欠かすことのできない通信インフラとして、有効活用されている。

3 熱供給プラントの概要

　温熱源はガス焚ボイラとヒートポンプチラー、コジェネ排熱蒸気、冷熱源は電動ターボ冷凍機と蒸気式吸収冷凍機、ピーク電力等の削減と熱の安定供給に有効な蓄熱槽システムから構成され、電気とガスの熱源をバランスよく配置することで、エネルギー源の多重化による供給の安定性・信頼性を向上させている。

　熱源は、最高レベルの高効率機器を採用しているが、熱源の低負荷（以下「部分負荷」という）運転時におけるエネルギー効率の低下を改善するため、近年では、高効率インバータ冷凍機を採用し、熱負荷に応じた圧縮機の最適回転数制御を行うことで、従来に比べ、最低負荷域での運転を安定させるとともに、エネルギー効率を大幅に向上させている（一般の冷凍機は部分負荷運転時に効率が落ちるが、インバータ冷凍機は、逆に部分負荷時の効率が大きく向上する。冷却水温度の低い中間期・冬期の部分負荷効率COPは最大20程度となり、定格効率COP5.0の3倍以上にエネルギー効率が向上する）。

　また、広範囲に冷熱を送り中間期・冬期にも一定の負荷のある地域冷房は、大型インバータ冷凍機を運転しやすく、2012年に竣工したプラントでは、定格効率COP5.0の機器を年間効率COP7.9で運用し、個別熱源では得にくい高効率を実現している。さらに、ボイラ送風機、冷却塔や

冷水・冷却水ポンプ等の各種補機にもインバータを採用し、部分負荷運転におけるエネルギー効率を上げることで、プラントシステム全体のエネルギー効率の向上を図っている。

4 熱供給配管・洞道の概要

建物の最下階にある熱供給プラントで製造した冷水、蒸気等は、地中深くに埋設された熱供給配管・洞道を通して需要家へ供給され、需要家で熱を消費した後、再び熱供給配管を通してプラントへ戻される。熱供給配管は冷水（往・還）、蒸気・還水（または温水［往・還］）の4管式で、架空配管として洞道内に納められる。また、内部に人が通れる点検スペースを設け、配管の点検や保守管理作業を容易に行えるようにしている（**図表2・5・4**）。

図表2・5・4　熱供給システムと地域配管・洞道

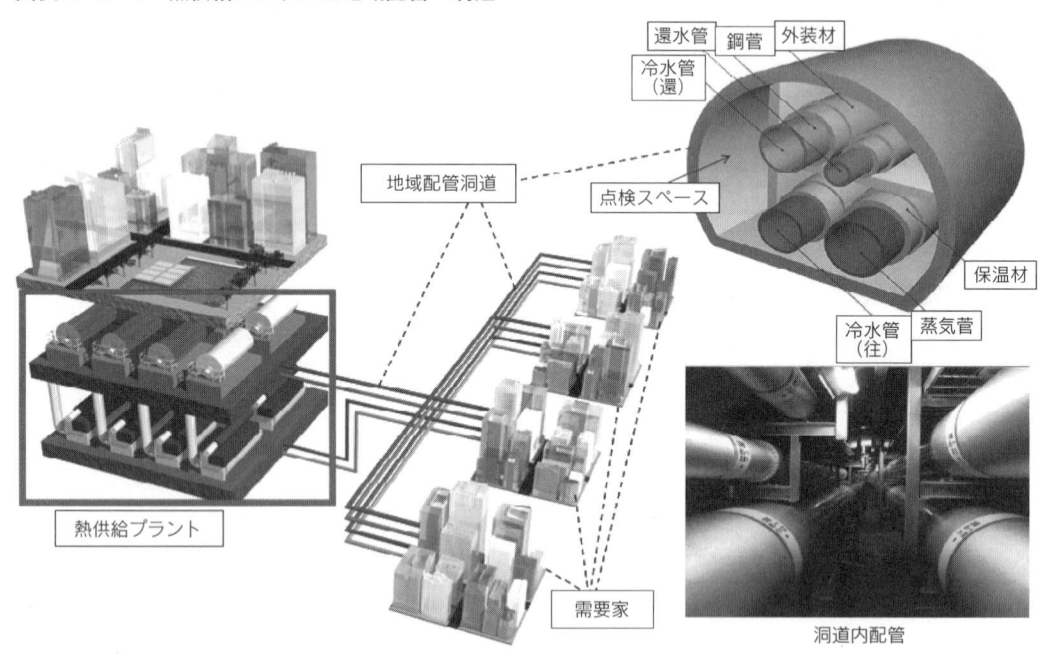

洞道の構造は円形コンクリート管を基本とし内径はおおむね2.0～3.0mとなっている。洞道の要所に分岐・点検用のコンクリート立坑（内径5.0m程度）を設け、これらを道路下に埋設し各需要家建物間をつないでいる。

設計にあたっては、建築接続部の位置や高さのほか、道路下に埋設されている下水道やガス、水道、電気、NTT他通信施設など各種インフラ施設、大丸有地区に巡らされている歩行者地下道、地下鉄やJR施設に支障とならないようにする検討が重要である。特に、大手町・丸の内・有楽町地区は、地中に鉄道7線（丸ノ内線・東西線・千代田線・半蔵門線・三田線・有楽町線・JR総武横須賀線）が交差・並行しており、これら多数輻輳する埋設物を回避するため、地中最深部ではGL－25mに地域配管洞道を敷設している。詳細については近接する埋設関係者や道路管理者と協議のうえ決定し、これら熱供給施設を都市施設として、都市計画決定の手続きを行っている。

工法は前述の地下埋設物のほか、土質条件や既存占用構造物の基礎杭との干渉、また残置仮設物（仮設杭や仮設土留など）の障害対策など、現場状況に合わせ選定し、主に推進工法によって築造している。

洞道工事は、都市部の道路下工事となるためほとんどが夜間施工となる。地上への影響を少なくするために多くは推進工法を採用し、発進立坑、到達立坑を築造し昼間は覆工板を設置、夜間交通規制のもと工事を進めている。

5 配管ネットワークによる地域全体の高効率化

熱供給プラントでは、ピークが発生する時間は数時間であり、年間を通して部分負荷が出現する時間が非常に多く、部分負荷におけるエネルギー効率を向上させることが、年間エネルギー効率向上の鍵となっている（冷水の場合、年間［8,760h］のうち、約90％の時間帯［7,800h］がピークの50％以下の部分負荷であり、この時間帯の熱量を合計すると、年間熱量合計の約90％を占める）。

部分負荷においては、前述のインバータ冷凍機の運転によって効率を向上させているが、さらに、プラント同士を熱供給配管で結んで配管ネットワーク化を構築し、熱を融通し合い、部分負荷を集めることで、常に新しいプラントの高効率熱源を優先運転させ、さらに、高負荷・高効率で運転することができるので、エネルギー効率を大きく向上させている（**図表2・5・5**）。

冷凍機は年々効率が向上しており、数年の間に20％効率が向上する場合もある。新しいプラントを建設し、古いプラントに連携させることで、年間を通して出現する部分負荷時は、新しいプラントの高率機器を優先運転し、古いプラントの熱源機器はピーク時のみの運転とすることができ、改修を行っていない既存プラントの対象エリアも含めた地域全体のエネルギー効率の向上につながる。また、連携を行うことによって、新設プラントも負荷率が上がり、個有の性能がさらに向上する。このことにより新プラントを古いプラントに接続することで、新プラントの効率以上に効率が向上する可能性がある。

個別熱源では竣工時においては最高効率であっても、数年後に、新しい高効率機器が開発された時点においては、償却前の更新は行いにくいために相対的に効率が落ちることとなる。熱供給システムにおいては、新しい高効率プラントをネットワーク化させることによって、古いプラントを含め継続的に効率を向上させることができる。

この地域エネルギーの効率向上は、連携プラントのリニューアルによっても行うことができ、新設プラントの連携の後は、既設プラントのリニューアルを行うという循環的効率向上（スパイラルアップ）は、地域全体のエネルギー効率を段階的に上げる都市の代謝システムとなり得る。

さらに、熱のネットワーク化は未利用エネルギーの共有効果も期待できる。サーバー等の冷却の為の冷熱は冬期においても需要があるが、低密度で広範囲に分布しているため、冷房に伴い発生する排熱は冷却塔から排熱され利用されないが、配管ネットワークを使って広範囲に冷水を供給することによって、冷却排熱を集中させ前述の熱回収冷凍機で温水とすることで未利用排熱の有効利用を図っている。

第2章 最近の地下空間利用

図表2・5・5　プラント連携による地域全体の高効率化（イメージ）

既設プラント（COP1）に、最新の高効率プラント（COP1.2）を連携させると、連携しない場合、全体平均で10％の効率向上であるが、連携させると、19％の効率向上となる。

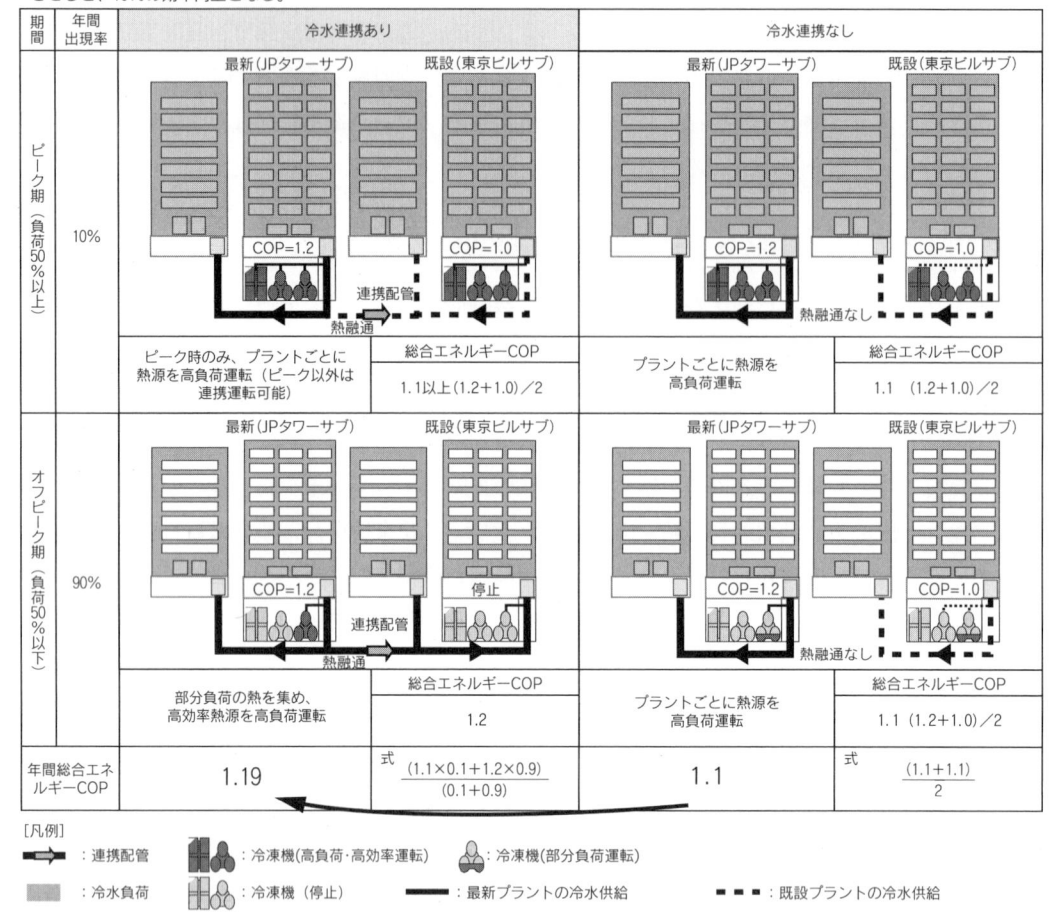

期間	年間出現率	冷水連携あり				冷水連携なし			
ピーク期（負荷50％以上）	10%	最新（JPタワーサブ）COP=1.2	既設（東京ビルサブ）COP=1.0　連携配管／熱融通	ピーク時のみ、プラントごとに熱源を高負荷運転（ピーク以外は連携運転可能）	総合エネルギーCOP　1.1以上 (1.2+1.0)／2	最新（JPタワーサブ）COP=1.2	既設（東京ビルサブ）COP=1.0　熱融通なし	プラントごとに熱源を高負荷運転	総合エネルギーCOP　1.1 (1.2+1.0)／2
オフピーク期（負荷50％以下）	90%	最新（JPタワーサブ）COP=1.2	既設（東京ビルサブ）停止　連携配管／熱融通	部分負荷の熱を集め、高効率熱源を高負荷運転	総合エネルギーCOP　1.2	最新（JPタワーサブ）COP=1.2	既設（東京ビルサブ）COP=1.0　熱融通なし	プラントごとに熱源を高負荷運転	総合エネルギーCOP　1.1 (1.2+1.0)／2
年間総合エネルギーCOP		1.19	式 $\frac{(1.1 \times 0.1 + 1.2 \times 0.9)}{(0.1+0.9)}$			1.1	式 $\frac{(1.1+1.1)}{2}$		

［凡例］
➡：連携配管　　：冷凍機（高負荷・高効率運転）　　：冷凍機（部分負荷運転）
：冷水負荷　　：冷凍機（停止）　──：最新プラントの冷水供給　╍╍：既設プラントの冷水供給

　配管ネットワークにより蒸気連携を行う丸の内1丁目・2丁目地区の熱供給プラントは、東京都環境確保条例に基づく「地球温暖化対策の推進の程度が特に優れた事業所」として、地球温暖化対策優良事業所に認定されている。

6 耐災害性と熱の安定供給

　熱供給プラント、洞道は大深度地下にあり、地上に比べ2分の1以下しか地震力を受けず耐震性が高い。熱供給配管は大口径、全溶接の鋼管であり、他のインフラ設備に比べると強度がある上、変形に強い円形一体加工コンクリート製の洞道内部に施工される。

　また、各機器は耐震6強から7程度の地震動に対して、移動・転倒・破損が生じないクラスAの耐震基準に基づいてつくられている。阪神大地震・東日本大震災においても、これらの洞道には損傷はなく、各熱供給施設は復電後に供給を再開している。

　プラントは、電力引込み系統を多重化（本線・予備線方式、ループ受電方式、予備電源方式）す

ることや非常発電機を設置し電気系統の信頼性を向上させている。中央監視室には、熱源の専門技術員が24時間体制で常駐しており、異常の有無等を早期感知して、早急な対応に備えている。

また、配管ネットワーク化により、プラント相互のバックアップが可能となるため、熱供給の信頼性・安定性は大きく向上している。

さらに、地下のプラントや洞道はコンクリートの中性化や地震動による歪も受けにくいことから、非常に耐久性が高いことも耐災害性として重要な要素であると考えられる。

当社は2006年8月の首都圏大規模停電事故において、大手町地区のプラントの一部が2～3時間供給停止となったことがあるものの、それ以外は熱供給開始以来36年、24時間、事故などによる停止が一切ない。大手町センターは停電事故対策として異種変電所からの電力引込みを追加、プラントのネットワーク化によるバックアップも含めて耐災害性能は非常に高いが、さらなる浸水対策など耐災害性の向上を継続的に続けていく。

7 将来の展望

千代田区は2009年に国から環境モデル都市に選定され、行動計画の1つとして、熱供給事業のエリア拡大や熱供給配管のネットワーク化、さらに未利用エネルギーや再生可能エネルギーの面的な活用を推進している。

当社は、2009～2011年度に2か所のプラントを新設し、2012年度の運用実績において、個別冷暖房方式と比較して年間3,000tのCO_2排出量削減を達成した。2012年度以降も、高効率プラントの新設や既設プラントの熱源更新・増設によるさらなる低炭素化を計画している。また、プラント運用においても、常にエネルギー使用状況等をチェックし、各種エネルギー関連会議を開催して、改善を図るとともに省エネルギー改修工事を順次実施している。

エネルギーの面的利用としてプラント間を接続する配管ネットワーク化は、再開発にあわせて熱供給プラントを構築する段階手法でもあるが、最新鋭の高効率熱源の有効利用を図ることができるとともに、地域全体のエネルギー効率向上を継続的に行うことのできる効果的な都市設備構築手法であると考えている。

今後も、熱供給配管ネットワーク化を積極的に導入して、地域全体の省エネルギー、低炭素化を進める計画であるが、配管ネットワークの熱供給洞道は、口径が大きく、大深度地下にあるため、構築工事費が嵩み、一企業にとって大きな経済的負担となっており、公的補助や推進体制が拡充されることを期待している。

5.1.2　中之島3丁目熱供給

1 供給区域の概要

大阪市の中心部に位置する中之島地区は、大阪の国際化・文化・ビジネスの中枢として開発が

進む地域である。まず3丁目の開発が先行し、現在は東に隣接する2丁目の開発も進んでいる。熱供給のエリアとしては、中之島2・3丁目地区として認可を受けており、2丁目の開発の進展に伴い、導管が接続され、連携して熱供給を行う予定である。

また中之島地区は、地域熱供給とあわせて、緑地の整備なども行われており、政府の「地球温暖化対策・ヒートアイランド対策モデル地域」に指定されている。

1 計画の背景

3丁目の地域熱供給は、中之島における関西電力とダイビルの共同開発に伴い採用された地域熱供給システムである（**写真2・5・1**）。すでに関電ビルディング、中之島ダイビル、京阪電車の渡辺橋駅が完成しており、追ってダイビル本館と、(仮称) 三井ガーデンホテル大阪中之島が完成する予定であり、これらすべての建物に熱供給を行う予定である。

写真2・5・1　北西から関電ビルを見る

(出典) 一般社団法人日本熱供給事業協会ホームページ (http://www.jdhc.or.jp/area/kinki/25.html)

2 期待する効果

中之島は都心にありながら、北を堂島川、南を土佐堀川に囲まれ、自然豊かな環境にある。本地域熱供給においても、この特徴を最大限に生かすべく、熱源に河川水を100％利用しており、高効率で環境性に優れた地域熱供給を実現している（**図表2・5・6**）。

2 熱供給事業の概要 (2011年3月31日現在)

① 施設名称：中之島2・3丁目地区地域冷暖房　3丁目プラント
② 事業者名：関電エネルギー開発（関西電力100％子会社）
③ 所在地：大阪市北区中之島3-6-6　関西電力ビルディング地下5階
④ 事業規模
・供給区域面積：2万5,000m²、供給延床面積：19万m²

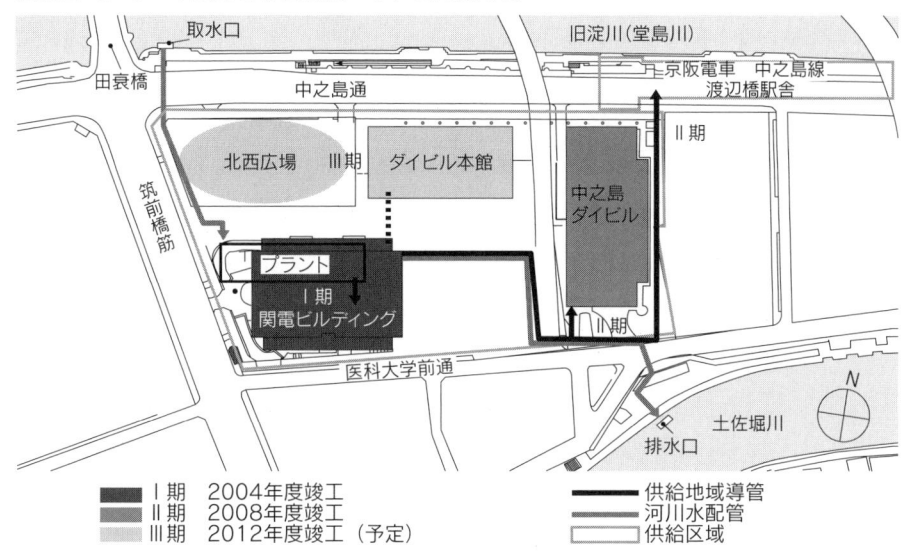

図表2・5・6　中之島3丁目供給エリアと河川水管

- 供給管等延長：冷水往復620m、温水往復616m、河川水管719m×2本
- 主要管径：冷水管400A、温水管300A、河川水管450A
   プラント面積：2,226m^2、加熱能力4万7,733MJ/h、冷却能力5万1,000MJ/h

⑤　事業工程
- 基本構想：1999年度
- 概略・詳細設計：2000〜2001年度
- 建設着工：2003年10月
- 竣工：2004年12月
- 運用開始：2005年1月
- （参考）関電ビル建設工程：2000年8月〜2004年12月

⑥　事業計画上の関連法規：熱供給事業法、河川法

3 熱供給プラントの概要

1 地形・地質概要

　古代、現在の大阪平野は存在していなかった。大阪には、滋賀と京都から淀川が、奈良から大和川が流れ込んでおり、江戸時代に大和川の進路が南に変更されるまで、2つの川が土砂を運び、河口に堆積させ続け、徐々に現在の大阪の市街地を形成してきた。唯一、しっかりした陸地といえるのは、南北に伸びる上町台地のみであり、その北端に大阪城が築城されたのである。

　江戸時代になると、大阪は日本の物流の中心になり、諸国の米や物産が集められ、天下の台所と呼ばれるようになる。物流の中心は、淀川の水運と、中之島の蔵屋敷であったが、蔵屋敷が建設できるということは、その直前まで中之島は町民の街から少し離れた人が住んでいないところ、

つまりウオーターフロントであったことがうかがえる。このように、中之島は基本的に、川がつくった砂洲であり、総じて地盤は軟弱である。

2 構造概要

地域熱供給のプラントは、付近の電力供給を担う中之島変電所とともに、関電ビルの地下4、5階に設置されている。関電ビルは、高さ195m、延べ床面積10万6,000m^{2}の超高層建築であり、地下1～3階は駐車場や機械室が配置されているため、ビルの掘削深さは地下30mにも及び、12万m^{3}という多量の土砂を排出して地下空間が築造されている。断面図を**図表2・5・7**に示す。

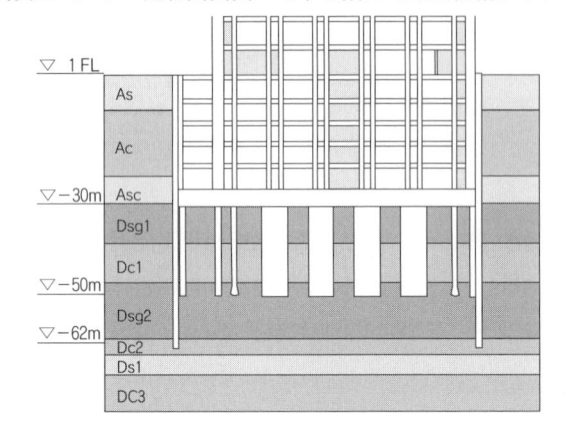

図表2・5・7　建物断面図：地下5階に地域熱供給プラント

建物を支持する杭は、拡底型の場所打ちコンクリート杭で構成され、支持地盤は地下−50mに位置する第二洪積砂礫層（Dsg2）である。超高層建築のため、基礎梁は5mの梁成を持つが、この基礎梁を構築する空間を地域熱供給の氷蓄熱槽として、有効に利用している。また施工時、地下水の影響による底面の盤ぶくれを防止するため、場所打ちコンクリートによる山止め壁を、不透水層である地下−62mの粘土層（Dc2）まで施工している。

一般に熱供給プラントは、大型の熱源機器を設置する必要から、相応の階高が必要であるが、本プラントのある地下5階は、梁下5.5m、階高6.8mと、地域熱供給プラントとしてはコンパクトな構成となっている。これは電動式の熱源機器のみで構成されているため、煙道などのスペースを必要としないためである。

以上、関電ビルだけをみると、一見大掛かりな地下空間が築造されているが、熱供給プラント自体はコンパクトであること、熱供給を受ける周辺のビルは地下に熱源機械室を設置する必要がないため、地区全体ではより合理的な計画となっていることなど、地下空間を地域熱供給設備に使うにあたり、様々な配慮がなされた計画となっている。

3 設備概要

熱供給プラントは、2期に分けてつくられた。Ⅰ期はモジュール型の氷蓄熱スクリューヒー

ポンプとターボ冷凍機の組合せであり、河川水を熱交換器に通してつくった熱源水から、冷水と温水を製造している。Ⅱ期はターボ冷凍機と大型スクリューヒートポンプの組合せであるが、河川水を直接熱源機器に通し、冷水と温水を製造している。プラント内の機器の配置については、**図表2・5・8**を参照されたい。

図表2・5・8　機器配置図（薄い網掛がⅠ期、濃い網掛がⅡ期）

〈地下5階　地冷機械室〉

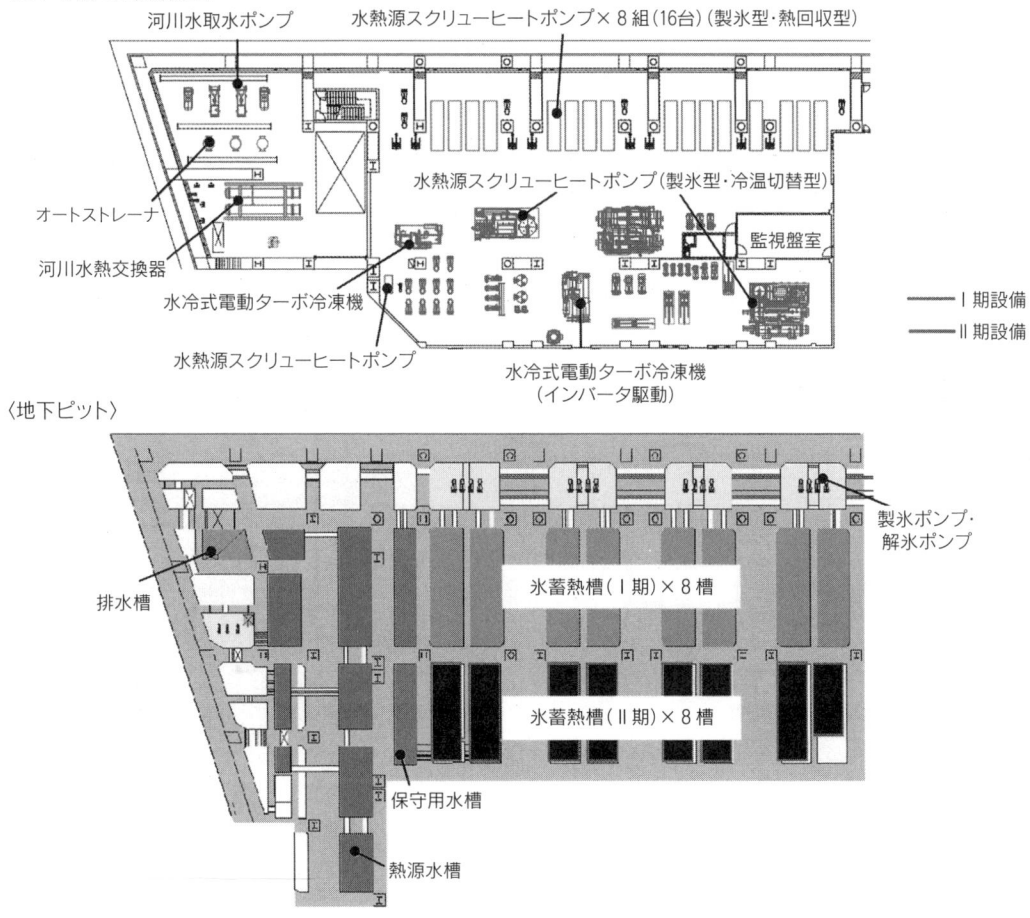

〈地下ピット〉

4 施工方法概要

地下工事は、敷地のほぼ全体を掘削する計画であったため、逆打ち工法が選択された。

逆打ち工法とは、Step1として山止め壁、杭を先行施工し、杭に柱の一部となる構真柱を先行施工する。Step2として、構真柱を頼りに地上躯体の施工と、山止め壁を支持する1階床を施工する。Step3、4として、さらなる地上躯体の施工と、地下の掘削、地下躯体施工を行い、地上、地下で同時に躯体工事、仕上げ工事を実施する、という工法である（**図表2・5・9**）。

図表2・5・9　逆打ち工法

Step 1　杭・構真柱工事

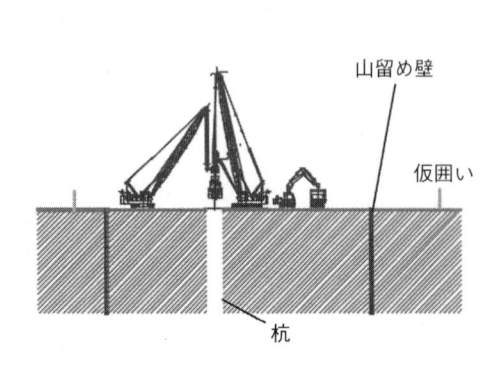

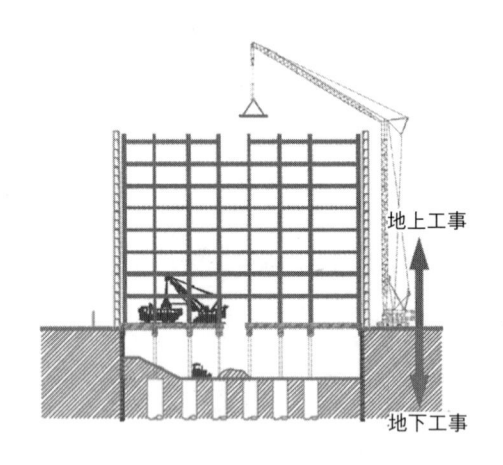

Step 2　地上：躯体工事、地下：掘削工事

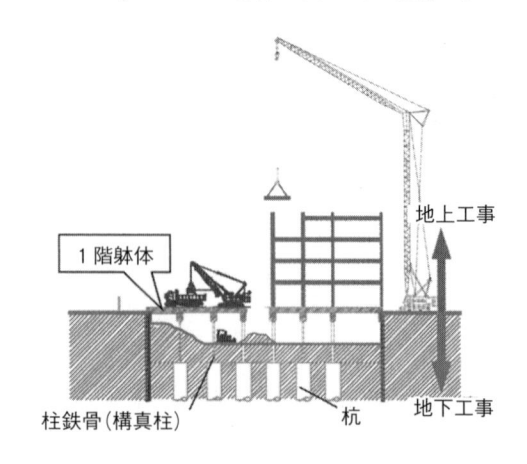

Step 3　地上：躯体工事、地下：掘削工事

Step 4　地上：仕上げ工事、地下：掘削工事

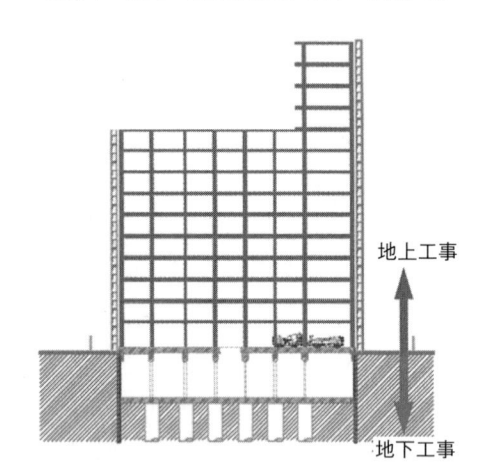

5 未利用エネルギー（河川水）を熱源利用したシステム

　中之島3丁目地区では、通常用いる冷却塔を使用せず、熱源に河川水を利用している。河川水を利用するメリットとして、省エネルギーとヒートアイランドの防止効果がある。

　河川水の温度は、潮の干満や降雨、気温等の影響を受けるが、概して夏は大気より低く、冬は大気より暖かい。電気を駆動源とする熱源機器の効率は、この熱源の温度に左右されるため、河川水を利用すると省エネルギーになる。このため大気と河川水の温度差は、未利用のエネルギーであると認識されている。

　地域熱供給は、都心に存在する未利用エネルギーの活用に適したシステムであり、今後も普及が期待される。また、河川水を熱源とする熱供給は、**図表2・5・10**のように、大気中にはほとんど熱を放出しない。このことから、都心部のヒートアイランド対策としても、有効である。

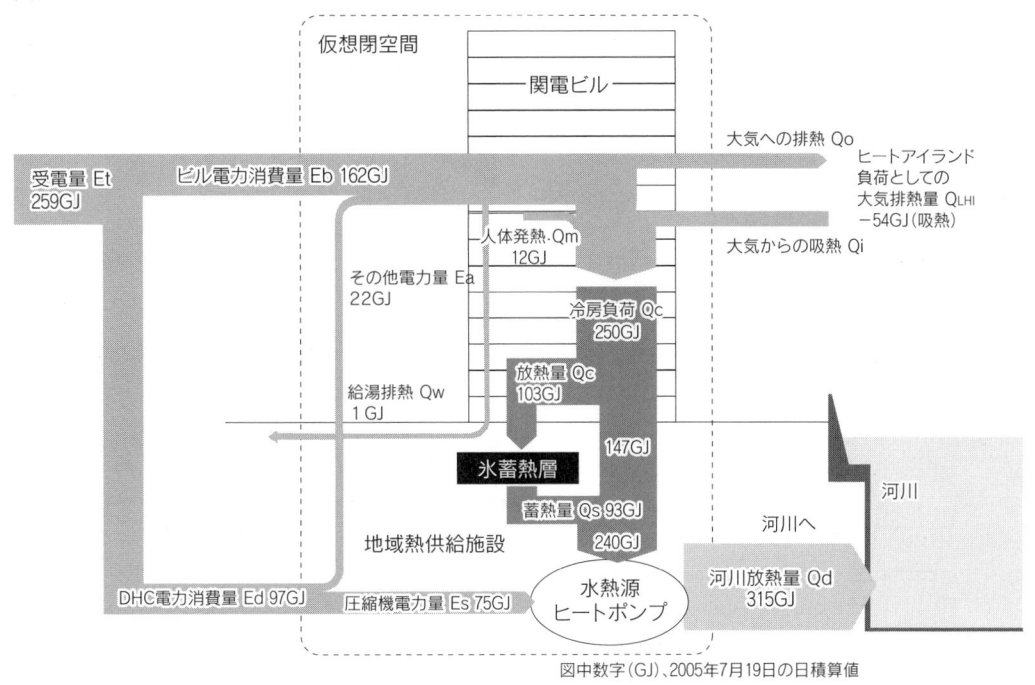

図表2・5・10 関電ビルと地域熱供給をあわせた熱収支

5.2 共同溝

　我々の社会生活上欠かすことができない通信、電気、ガス、上下水道などのライフラインを収容する場所として道路地下が利用されている。昭和30年代以降の急速に進んだモータリゼーションにより都市部における交通渋滞は深刻な問題ともなり、これらの施設の新設や補修のための道路の掘り返し工事が渋滞の一因となっていた。

　このため、道路地下に共同溝を整備し、これらのライフラインを収容し、道路の構造の保全と円滑な道路交通の確保を図ることを目的として、1963年に「共同溝の整備等に関する特別措置法」が制定され、これにより共同溝は道路の附属物として法的に位置付けられ、道路管理者の一部費用負担のもとに建設されることとなった。

　現在では、災害時におけるライフラインの安全確保などにも、共同溝の役割は重要なものとなってきている。

　共同溝は、整備方法や収納するライフラインの種類によって、以下の3種類に分類される（図表2・5・11）。

　① 共同溝
　　幹線のライフラインを道路下にまとめて収容する。
　② 供給管共同溝
　　一般家庭等に直接供給する支線のライフラインを歩道下にまとめて収容する。

図表2・5・11　共同溝建設イメージ

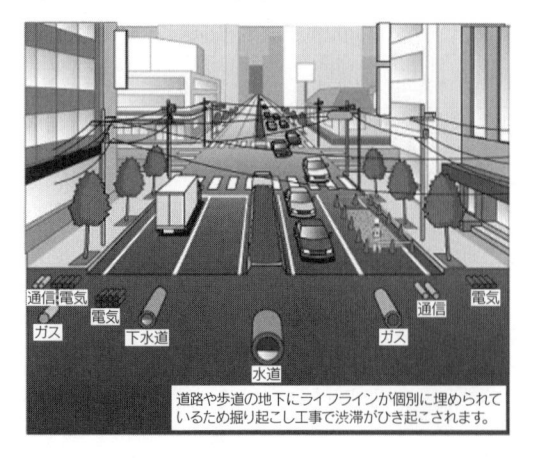

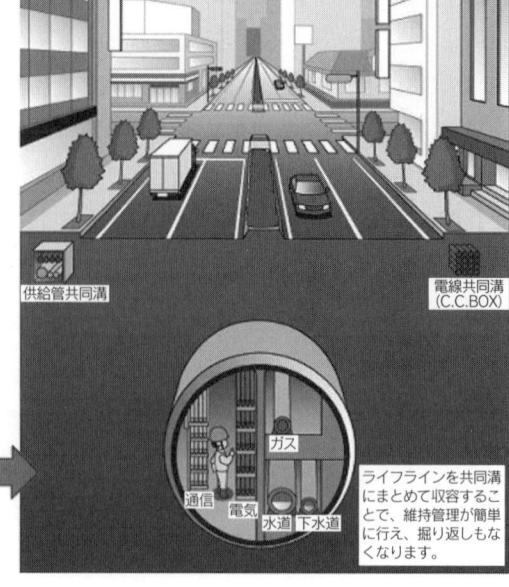

（出典）国土交通省東京国道事務所ホームページ（http://www.ktr.mlit.go.jp/toukoku/09about/chika/index.htm）（図表2・5・12、写真2・5・2も同じ）

③　電線共同溝

電気通信用の電線を歩道下に収容する。

5.2.1　日比谷共同溝

1 事業の目的

1 計画の背景

国土交通省関東地方整備局東京国道事務所では、東京都区部の一般国道計10路線、延長約162 kmの維持・管理・改築を担当している。現在、放射方向の共同溝として国道1号三田共同溝、日比谷共同溝、国道14号東日本橋共同溝、国道20号上北沢共同溝の整備を進めている（**図表2・5・12**）。

2 期待する効果

幹線共同溝を整備することにより、道路の掘り返し工事の防止、工事渋滞の軽減、災害時の緊急輸送道路の確保、地震など災害に強い都市づくり、ライフラインの安全性の向上などを図ることができる。

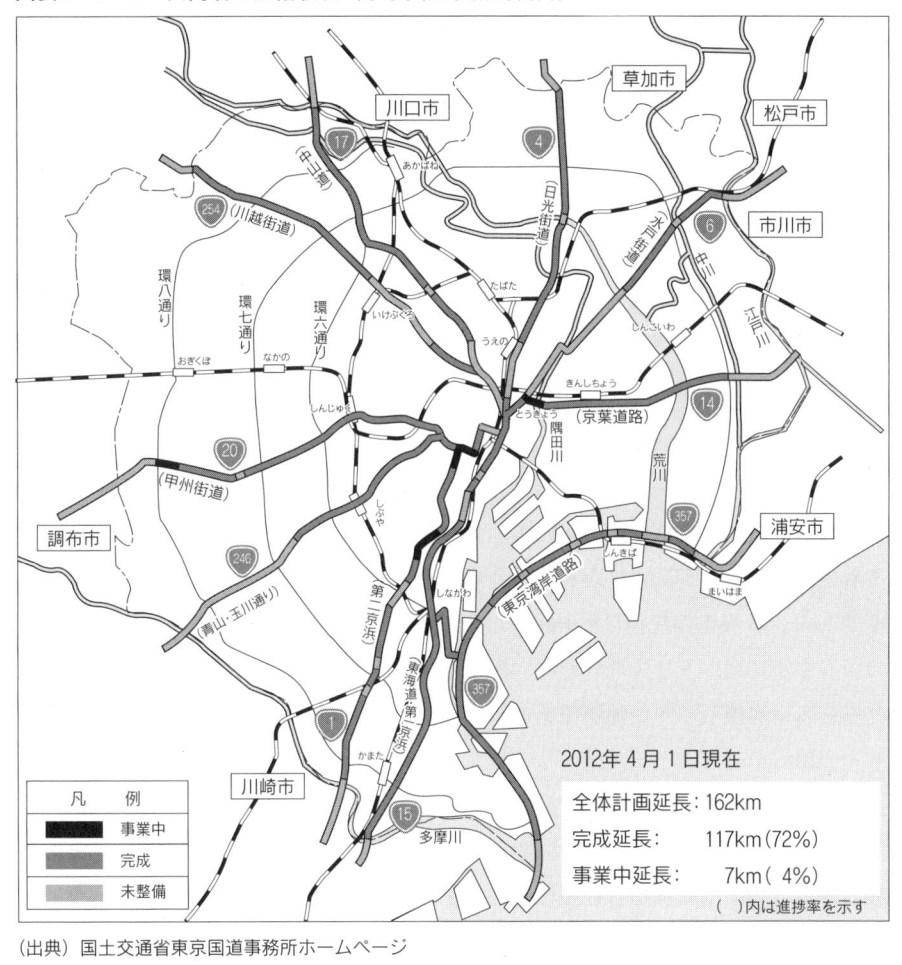

図表2・5・12 共同溝の整備状況（東京国道事務所管内）

2012年4月1日現在
全体計画延長：162km
完成延長：117km（72%）
事業中延長：7km（4%）
（ ）内は進捗率を示す

凡例
- 事業中
- 完成
- 未整備

（出典）国土交通省東京国道事務所ホームページ

2 事業概要

① 事業名称：日比谷共同溝事業
② 事業者名：国土交通省 関東地方整備局 東京国道事務所
③ 所在地：港区虎ノ門1丁目～千代田区有楽町1丁目
④ 事業概要・規模

　日比谷共同溝事業は、港区虎ノ門1丁目から千代田区有楽町1丁目に至る国道1号線下に延長1,457mの共同溝を建設するものである（写真2・5・2）。虎ノ門立坑を発進立坑とし、桜田門立坑

写真2・5・2 日比谷共同溝

（出典）国土交通省東京国道事務所ホームページ

を経て、日比谷立坑に至るトンネル(セグメント内径φ6,700mm)を泥水式シールドで施工する。土被りは発進部で35m、到達部で23mである。

共同溝には、基幹電力線（最大27.5万V）、通信線（光ケーブル）、下水道（φ2,200mm）、上水道（φ600mm、φ1,000mm）が収容される。

⑤　事業工程
　・事業着手：1989年度
　・工事着手：1996年度
⑥　事業計画上の関連法規：共同溝の整備等に関する特別措置法

3 建設概要

1 地形・地質概要

シールド掘進部の土質は全般的に洪積世砂質土（江戸川層）であり、日比谷立坑の手前約100mから掘進断面上部に洪積世粘性土が現れる。

砂質土も粘性土も、ともに密度が高く、砂質土の換算N値は90〜450、粘性土の換算N値は60〜80程度である。砂質土の粒径は0.4mm以下が主体で、均等係数は2程度である。また、シルト粘土の含有率が10％以下と少ないため、かなり締った砂層とはいえ逸泥が発生しやすく、地山を乱した場合には崩壊しやすい地層である。

2 施工方法の概要

① 周辺状況

当路線周辺は、虎ノ門立坑から桜田門立坑にかけ、両側に官庁舎が林立し、桜田門立坑から日比谷立坑にかけては、片側が日比谷濠に、一方は官庁舎や日比谷公園に面している。3か所の立坑ともに、極めて交通量の多い交差点に位置している。また、工事区間全体にわたり、地下鉄日比谷線・千代田線・丸ノ内線・有楽町線、NTT洞道、東京都水道局管渠の直下を通過する路線となっている。

写真2・5・3　虎ノ門発進立坑

(出典)「都心の地下整備事業—日比谷共同溝—」『土木施工』2010.1(写真2・5・4、2・5・5、図表2・5・13も同じ)

② 虎ノ門発進立坑、路下ヤード

虎ノ門発進立坑は国道1号（桜田通り）と外堀通りに囲まれた虎ノ門交差点に位置し、1日約8万台と交通量の多い交差点内での施工となる（写真2・5・3）。このため、地上に泥水式シールドに必要な全設備を配置すると交通渋滞をまねくおそれがあることから設備は地上と地下に分けて配置している。

路下設備の配置は、路面覆工の中間杭が支障となり路下ヤード内での横移動は困難とな

るため、泥水処理設備、裏込め設備、中央管理室や作泥設備を路上から直接、計画設置位置へ投入している。

③ 桜田門中間立坑、凍結工法

桜田門中間立坑部は、シールド深度が地下約35mと深く高水圧が作用し、原地盤の換算N値は450でシルト粘土の含有率が10％以下と少ないかなり締った砂層である。逸泥が発生しやすく、地山を乱した場合には崩壊しやすいため、シールド機が立坑内を通過する際の補助工法として山留め壁鏡切り時の地山の自立および地下水流入防止のため地盤改良が必要であった。

写真2・5・4　凍結工施工状況

しかし、当該箇所には地下鉄有楽町線、地下歩道が接近し、一般的工法では必要な強度の確保が難しく、また、換算N値が高圧噴射攪拌工法の適用範囲を超える地層ということから、路下ヤード内で施工が可能で高強度の凍土壁を造成することができる凍結工法を採用した（写真2・5・4）。

4 日比谷到達立坑、東京都との連携事業

日比谷交差点周辺は、日比谷公園と皇居日比谷濠に狭まれ、地形的に窪地になっており道路上に降った雨が交差点付近に集まりやすい状況にあるのに加え、日比谷濠からの排水、地区外流域からの雨水が流入しているため、管渠の流下能力が不足する。

このため、過去に道路冠水等の浸水被害が多発し、2003年10月の大雨時（最大降雨量57.5mm/h）、2004年の台風22号や23号の大雨の際には、道路冠水により車両が立ち往生する交通傷害が発生した（写真2・5・5）。雨水対策事業を推進する東京都下水道局では、道路冠水が発生した場合、交通量が多く交通障害による社会的影響が大きい日比谷交差点付近の浸水被害について緊急的な対応を検討していた。

写真2・5・5　日比谷交差点の道路冠水状況（2003年10月13日）

大雨に対応するための幹線やポンプ所などの基幹施設整備は、施設が完成すれば確実な効果が得られるものの、事業効果が発揮されるまでには長い年月と多大な費用が必要となる。そこで、早期に浸水対策を実施したいという下水道局と日比谷共同溝立坑の施工時に生み出された地下空間を有効利用したいという東京国道事務所の意向

が一致し、東京国道事務所と下水道局が連携し、日比谷到達立坑の路下ヤードに下水道雨水調整池を構築した（**図表２・５・13**）。

下水道雨水調整池（幅9.9m×長さ52.87m×高さ6.8m、貯留量約2,100m³）は、工事期間の短縮が可能なプレキャスト方式とし、覆工板の開閉や重機の配置場所が制約され部材を吊り下ろす場所が限定される常設作業帯内での施工であることから、投入した部材を路下ヤード内でスライドさせて設置するローラスライド工法とした。

工事は、2006年1月に着手し2008年4月より下水道雨水調整池として稼働している。以降、当箇所で大雨時（2009年8月10日（最大降雨量59.0mm/h））にも道路冠水は発生していない。この連携により東京国道事務所は、路下ヤードの埋戻し費用の削減となり、東京都としては、1日12万台以上の車が行き交う交差点内で新たな雨水調整池埋設ヤードを構築する手間と費用の削減となった。

図表２・５・13　日比谷立坑雨水調整池断面図

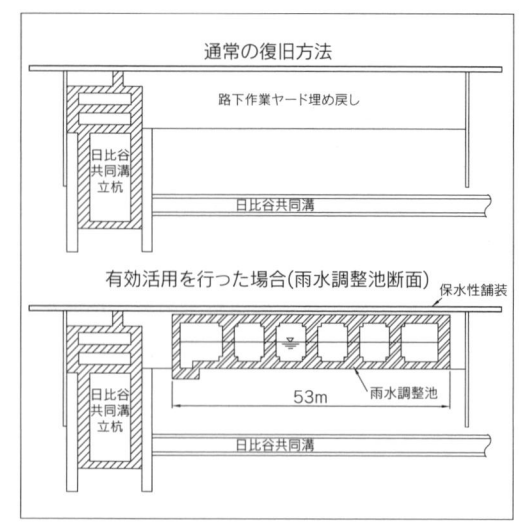

5.2.2　御堂筋共同溝

1　事業の目的

車道の掘り返し防止と災害に強いライフラインの確保を図るため、共同溝の整備を推進している。

御堂筋共同溝が完成すると東西の主軸である国道1号梅田共同溝、国道2号福島共同溝と南北軸である国道26号浪速第1共同溝、浪速第2共同溝が接続され、大阪市中心部における安全で信頼性の高いライフラインネットワークが構成される。

2　事業概要

① 事業名称：国道25号御堂筋共同溝事業
② 事業者名：国土交通省近畿地方整備局大阪国道事務所、大阪市建設局
③ 所在地：大阪府大阪市浪速区難波中1丁目地先〜北区曽根崎2丁目地先
④ 事業概要・規模
　・2007年度事業化、事業延長3.9km
　・2012年度、御堂筋の国からの移管に伴い、事業延長の一部が大阪市施行となる（大阪国道

事務所施行0.2km、大阪市施行3.7km)
・工事施工は、引き続き大阪国道事務所が実施
⑤ 事業工程：2007年度事業化、2013年度末完成予定
⑥ 事業計画上の関連法規：共同溝の整備等に関する特別措置法

3 道路事業と再開発事業の概要

1 地形・地質概要

　事業箇所である御堂筋は大阪平野の西部に発達した沖積低地に位置する（**図表2・5・14**）。大阪平野の地形は、北方を六甲山地〜北摂山地、東方を男山丘陵〜生駒山地、南を河内大地から泉北台地によって限られている。

　大阪平野の地質は地形とよく対応しており、高いところほど古い地層が分布するという構造になっている。低地部が最も新しい沖積層（第四紀完新世）に覆われ、上町台地等の台地は洪積層（第四紀更新世）の段丘堆積物、千里丘陵をはじめ山地の縁辺をなす丘陵地は第三紀から第四紀更

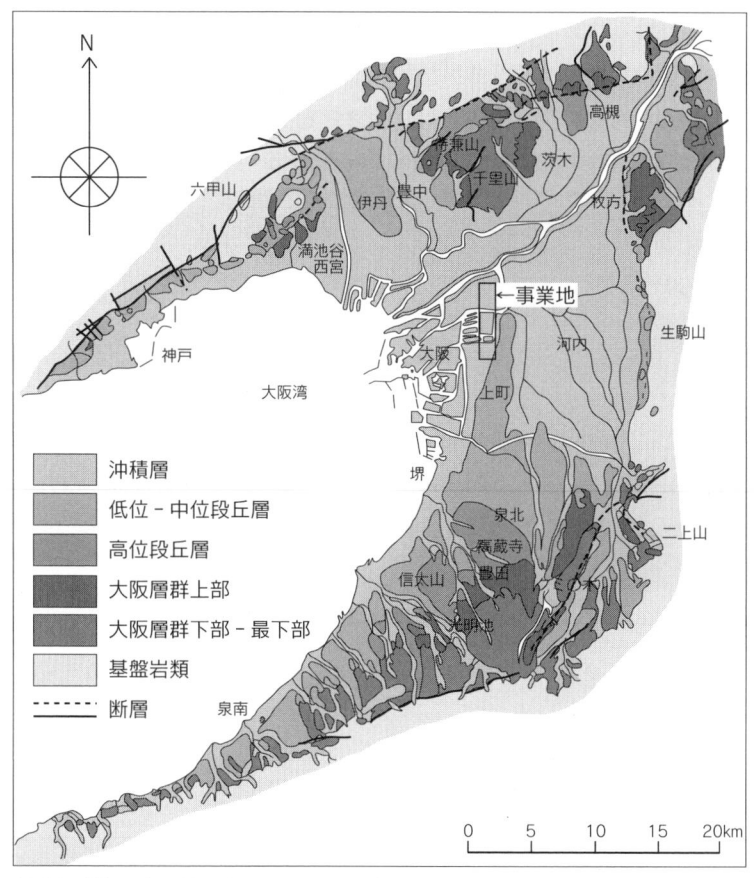

図表2・5・14　大阪平野周辺の地質図

(出典)　(株)クボタ「第四紀」『アーバンクボタ11』

新世の地層である大阪層群によって構成されている。

2 施工方法の概要

難波元町立坑（発進立坑）〜梅新立坑（到達立坑）までの区間の共同溝は、泥水式シールド工法により構築した。また、分岐立坑8か所のうち7か所については、上向きシールド工法を採用した。

共同溝掘削用の泥水式シールド機は、掘削径φ5.20m、マシン長7.215mの中折れ式で、メタンガス対策として防爆式とした。高速施工に対応するため、最大掘進速度80mm／分に対応できる性能を装備し最大月進500mを達成した（**写真2・5・6**）。

分岐立坑は仕上り内径φ2.75mとφ3.00mの2種類があり、上向きシールド機1台で7か所を施工する。分岐立坑を構築する土圧式の上向きシールド機は、発進立坑から投入し分岐位置まで坑内を運搬し組み立てる（**写真2・5・7**）。上向きシールドの掘削土砂搬出、資機材の供給は発進立坑⇔坑内にて行う。上向きシールド機は、分岐立坑を掘削し地上へ到達後、大型クレーンにて回収する。繰り返し利用に向け整備を行った後、再び発進立坑から投入し次の分岐立坑の上向き掘進を行う。また、上向きシールド機の前胴部は最小径の分岐立坑に見合った寸法で製作し、アタッチメントを組み付けることで掘削径を変更可能とし、内径の違う分岐立坑を構築可能な機構とした（**図表2・5・15**）。

写真2・5・6　共同溝掘削用の泥水式シールド機

写真2・5・7　上向きシールド機

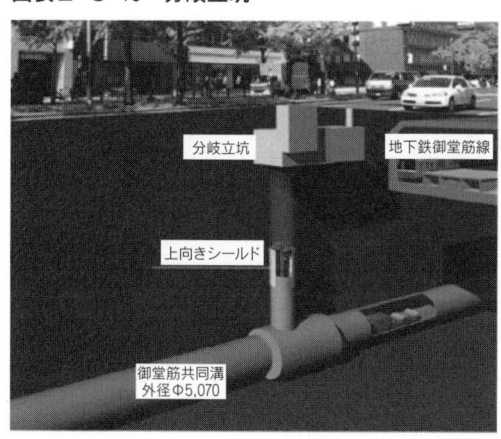

第5節 都市内エネルギー施設の事例

図表2・5・15 分岐立坑

4 新技術・新材料の採用

御堂筋共同溝の建設にあたっては、主に下記の4つの新技術・新材料を採用した。

1 上向きシールド工法

共同溝シールドは既設地下構造物への影響が低減可能な離隔（土被り）をとったためGL-30m程度の深度に計画した。必然的に分岐立坑の掘削深度が深くなり、従来の開削工法では、御堂筋という大阪のメインストリートにおいての長期間の道路占用による地上部の景観や交通阻害などの課題が想定された。

そのため、地上作業のほとんどない土圧式の上向きシールド工法を採用した。上向きシールド工法を採用することで、分岐立坑施工中の主な地上作業は、シールド機回収作業のみとなり、大幅な地上作業の短縮が可能となった。

2 鋼繊維補強鉄筋コンクリート（RSF）セグメント

共同溝と分岐立坑部のセグメントには、鋼繊維を混入したRSFセグメントを採用した。

日本で初めてスチールファイバーの効果を強度計算に取り入れ、配力鉄筋を省略するなど合理的な構造とした（図表2・5・16）。また、RSFセグメントの高い耐衝撃性や、良好な応力分散性に着目し、幅広（覆工厚0.15m、幅1.3m）の形状を可能とした。

図表2・5・16 RSFセグメント

セグメント幅：1,300mm
セグメント桁高：150mm
分割数：5分割

図表2・5・17　二重ビット

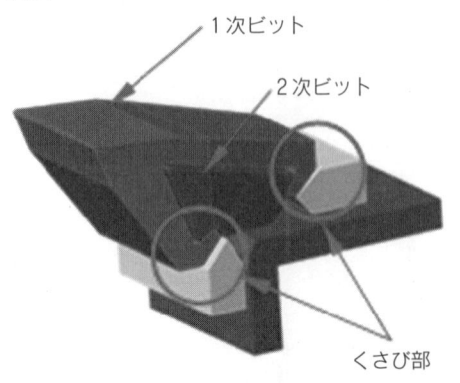

写真2・5・8　FFUセグメント

3 二重ビット

共同溝掘削用の泥水式シールド機には長距離掘進に対応するため二重ビットを装備した（図表2・5・17）。

外側のビットが摩耗すると内側のビットが自動的に出現し、再び鋭利なビットにて掘削可能な構造で長距離掘進に対応した。

4 直接切削セグメント（FFUセグメント）

共同溝施工中、上向きシールド発進部分に薄材のFFU（硬質発泡ウレタンをガラス長繊維で強化したもの）をR状に接着加工してセグメントを製作し、組み立てておいた（写真2・5・8）。このFFUセグメントは、上向きシールド機で直接切削可能であるためセグメント背面の地盤改良と鏡切を省略可能で、経済性と安全性の向上が図れる。

参考文献

1）国土交通省近畿地方整備局大阪国道事務所／大成・五洋特定建設工事共同企業体パンフレット「快適な暮らしとライフラインの安全確保のために 25号御堂筋共同溝工事」

5.3　地中熱利用

地下10m程度の温度は年間を通じて安定しており、四季のある日本では夏季と冬季には地中温度と気温の差は10～15℃程度にもなる。この温度差に着目し、効率的に熱エネルギーの利用を図る地中熱利用が近年注目されるようになってきた。

世界の大多数の国では、温室効果ガスの増加による地球温暖化対策のため、再生可能エネルギー利用の推進をエネルギー計画の基軸に位置付けており、日本もその例外ではない。また、2011年3月11日に発生した東日本大震災以降、エネルギー計画のあり方が議論されており、再生可能エネルギー利用の位置付けは高まりつつある。

再生可能エネルギーとしては太陽光発電、風力発電、地熱発電、水力発電、バイオマス利用、太陽熱利用に加え、空気熱や地中熱利用をあげることができる。地中熱利用に関しては、日本のヒートポンプ技術は国際的に優位であるが、現時点では導入コストが高いという課題がある。しかしながら、地中熱利用には下記のように多くのメリットがあり、今後の普及が期待されている。

- 備蓄量（エネルギー源）が膨大で安定している
- 再生補充能力が高く広範囲である
- 採取の利便性が高く、安全、低コストである
- ヒートアイランド現象が抑制できる
- イニシャルコストは大きいが、建物規模が大きく長時間使用するほど費用対効果が良くなる

ここでは、鉄道路線の地下化に伴い、駅舎等の冷暖房などの目的で地下トンネルの床版下を利用した地中熱利用施設を建設している小田急線地下駅の事例を紹介する。

5.3.1 小田急電鉄複々線化事業における地中熱利用システム

1 事業の目的

1 計画の背景

地中熱利用ヒートポンプ（Geothermal Heat Pump：以下「GeoHP」という）システムは、恒温性のある地中熱をヒートポンプの熱源として活用することで、外気温の変動により効率が左右される空気熱源ヒートポンプに比べ成績係数（Coefficient of Performance：以下「COP」という）が向上し、高い省エネ効果と電力ピークカットが期待できる。また、都市部でのヒートアイランド現象の原因とならないことや、寒冷地でも安定的に利用できることより、近年国内でも注目度が高く、導入件数も着々と増えている。さらに、2010年には、国の「新成長戦略」や「エネルギー基本計画」に初めて「地中熱」が「再生可能エネルギー」として記載され、関連する補助メニューや予算も増加傾向にある。

GeoHPシステムにおける熱交換方式は、大きくは垂直型と水平型に分類され、代表方式として、①ボアホール方式、②基礎杭方式、③水平方式の3種類がある。水平方式の技術開発内容を実用化して、小田急電鉄(株)が現在実施中の複々線化事業における東北沢駅、世田谷代田駅トンネル下床版へ設置したコイル型熱交換器による地中熱利用システムについて紹介する。

2 期待する効果

地中に掘削するトンネルや地下街等の地下構造物の下床面や壁面に、地中熱交換器を設置して地中の熱を熱源として利用することが実用上有効となれば、多くの地下工事現場にて利用することが可能になる。また、地中熱交換器の設置費用も地上から鉛直にボアホールを掘削してUチューブを埋設した地中熱交換器を設置する費用に比べると、経済的でかつ大規模化が可能になる。

2 事業概要

① 施設名称：小田急電鉄複々線化事業における地中熱利用システム
② 事業者名：小田急電鉄株式会社
③ 所 在 地：東京都世田谷区内
④ 事業工程
・2010～2012年：東北沢駅の設計、施工、モニタリング
・2011～2013年：世田谷代田駅の設計、施工、モニタリング

3 地中熱利用施設の概要

1 地質概要

地中熱交換器を設置した場所の地質は、第四紀更新世の凝灰質粘土（東北沢駅）と細粒砂（世田谷代田駅）である。

2 地中熱利用施設の内容

ヒートポンプとは、熱を温度の低いところから高いところに汲み上げ利用するもので、身近なところでは冷蔵庫やエアコンがこれにあたる。エアコンは室内の冷暖房に使用され、ヒートポンプが冷房時には室内の空気から熱を奪って室外に捨て、暖房時には室外の空気から熱を奪って室内に運ぶ。冷蔵庫は庫内の熱を庫外に捨てることにより庫内を冷却する。

両者の特徴は、空気を熱源(空気熱源ヒートポンプ)としていることである。これに対してGeoHPシステムは、年間を通じて温度がほとんど変化しない地中の熱エネルギーを取り出し、暖房や融雪など温熱供給を行ったり、熱を放出して冷房や冷却などへ冷熱供給を行うものである。地下に熱を捨て、地下から熱を得る点がエアコンなどの空気熱源ヒートポンプと異なる(**図表2・5・18**)。つまり、ヒートアイランド現象の一因とされている排熱を空気中に放出しないため、ヒートアイランド現象の緩和に貢献できる。

GeoHPシステムでは、地中に掘削した地中熱交換井内にUチューブ等の熱交換器を降下設置し、この熱交換器内に水や不凍液（エチレングリコールやプロピレングリコール等）などの熱媒体を循環させることで地中との熱交換を行う(**図表2・5・18**)。熱媒体より得られた地中からの熱は、地上に設置したヒートポンプ内を循環する冷媒との間で交換され、冷暖房・給湯・融雪などに用いられる。

GeoHPシステムにおける熱交換方式は、大きくは垂直型と水平型に分類され、三菱マテリアルテクノ(株)で実用化実績のある代表方式として、①ボアホール方式、②基礎杭方式、③水平方式の3種類がある（**図表2・5・19**）。

このうち、水平方式は、垂直型地中熱交換器に対するイニシャルコストの低減を目的に、コイル型や直管型の水平熱交換器を土壌中や建物の下、鉄道トンネル下床版等に敷設するもの（**図表**

第5節　都市内エネルギー施設の事例

図表2・5・18　GeoHPシステムの概念図

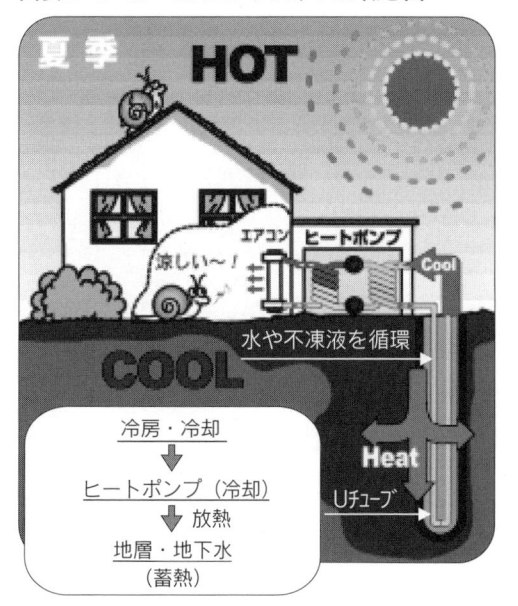

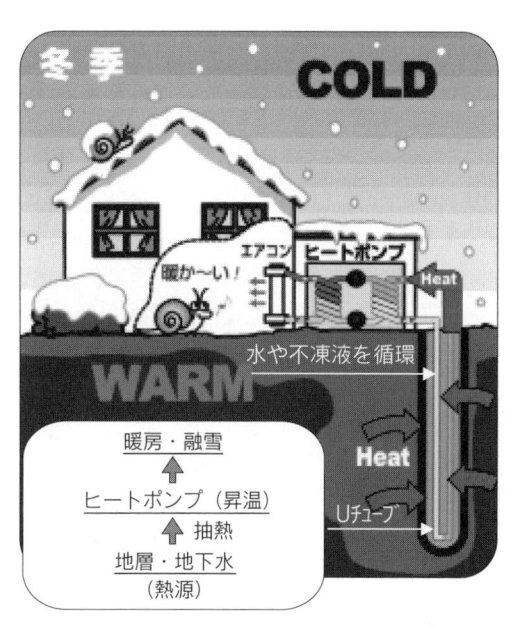

図表2・5・19　各種地中熱交換方式

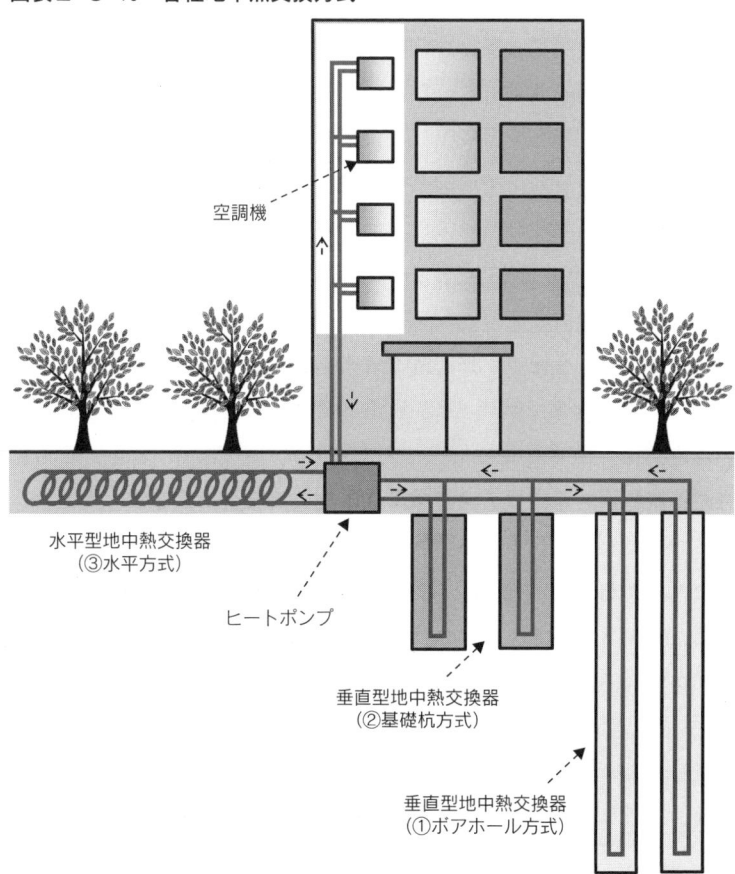

227

図表2・5・20　水平方式の概念図と施工状況

土壌内への敷設事例
(ハウス農業空調用)

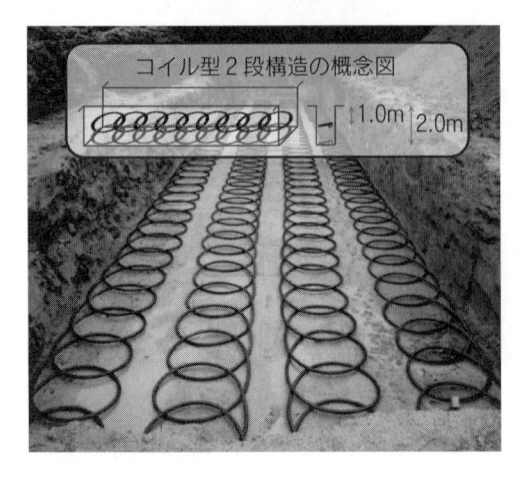

鉄道トンネル下床版への敷設事例
(駅待合室空調用)

2・5・20)であり、敷地面積の広い海外では一部採用されてきたが、近年国内でも徐々に技術開発や実用化が進みつつある。

　水平方式の最大の課題は、広大な設置スペースを必要とすることにあったが、環境省平成22・23年度地球温暖化技術開発等事業(事業名:地中熱利用ヒートポンプシステムのイニシャルコストの低減と効率化に関する技術開発、実施者:三菱マテリアルテクノ(株)、九州大学、九州電力(株)、青森県立柏木農業高校)により、**図表2・5・20**中の左図に示す2段構造(三菱マテリアルテクノ(株)、九州電力(株)共同特許出願中)を採用することで、敷設面積を1段構造に比べ約40％削減できる結果が得られている(谷口ほか(2011)[3])。また、水平方式の採用によりボアホール方式に比べ、地中熱交換器設置工事費を約65％削減できるとの試算結果もある(谷口ほか(2011)[3])。

　なお、2010年9月から翌年2月まで九州で行ったフィールド試験結果より、平均COP(成績係数)が冷房運転で5.26、暖房運転で5.31と高い値を示しており、従来の石油式暖房器に対しランニングコストで67％、省エネ率で54％、CO_2削減量で62％を達成できる結果が得られている(谷口ほか(2011)[3])。ただし、限られた敷地内で、水平方式のみで計画熱量を確保することは困難なことが多いため、ボアホール方式や基礎杭方式などとの組合せが必要となる。

3 地中熱利用システムの設置概要

　小田急小田原線の代々木上原駅〜梅ヶ丘駅間の約2.2kmにおいて、踏切での慢性的な交通渋滞の解消等を目的とし、道路と鉄道を連続立体交差化するとともに、あわせて抜本的な輸送サービスの改善を目的とし、東北沢駅〜梅ヶ丘駅間の約1.6kmにおいて、鉄道の複々線化を行っている(**図表2・5・21**)。この地下工事を利用して、東北沢駅と世田谷代田駅付近で構築中のトンネル構造物の床下面へ、地中熱交換器として利用するチューブを水平埋設方式で設置している(**図表2・5・22**)。

第5節　都市内エネルギー施設の事例

図表2・5・21　小田急電鉄複々線化事業の概要

図表2・5・22　トンネル構造物への水平熱交換器による地中熱利用システム概念図

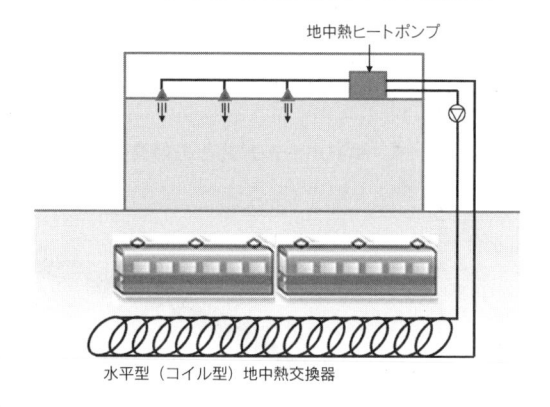

　地中熱ヒートポンプは、再生可能なエネルギーである地中の熱を熱源として利用したヒートポンプで、大気温度と比較して恒温性のある地中熱を熱源とすることで、運転効率（COP）を高めたシステムである。また、大気を熱源とした一般的なヒートポンプと異なり、冷房運転の際、高温の排熱を大気中に排出することがないため、都市部で問題になっているヒートアイランド現象の緩和にも寄与するシステムと期待し、小田急電鉄複々線化事業にあわせて採用を決定した。

　平成23～25年度環境省地球温暖化対策技術開発等事業による3か年計画では、世田谷代田駅の地下トンネル構造物の床下面へ、地中熱交換器として利用するチューブを水平埋設方式で設置する。これにより、GeoHPのシステム整備における掘削工事のイニシャルコストを低減するとともに、この熱交換器を使用して温水循環試験やGeoHPによる運転試験を行い、トンネル床面に沿って水平的に床コンクリートの下側に設置する地中熱交換器の有効性を確認する。また、B2Fホーム空調の一部として利用することによって、地中熱利用による再生可能エネルギーの実証およびCO_2削減効果の確認が可能となる（**図表2・5・23**）。

　今回、環境省地球温暖化対策技術開発等事業を利用し、地下工事にあわせて、2011年度からの

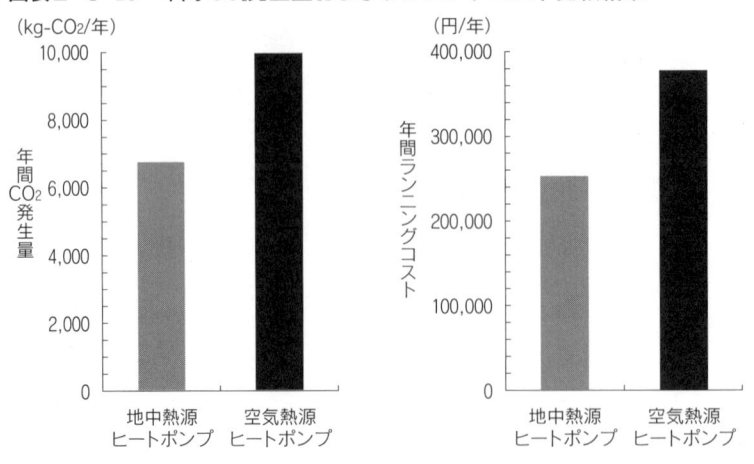

図表2・5・23 年間CO₂発生量およびランニングコスト比較結果

3か年でコイル型水平熱交換器の埋設、立ち上がり配管とヘッダーの設置ならびに温水循環試験、ヒートポンプの設置とモニタリングを実施する。

4 熱交換効率の比較

東北沢駅に設置したコイル型水平熱交換器を対象に、2012年2月20日から約5日間、温水循環試験（ヒーターで加熱された温水を循環し、熱交換器出入口温度や循環流量をモニタリングする試験）を実施している。本試験結果とボアホール方式（深度約100m、掘削径179mm、25AダブルUチューブ、珪砂充填孔井、地層の有効熱伝導率2.2W/m/K）での温水循環試験結果を用いて熱交換性能比較を行った。その結果を図表2・5・24に示す。

図表2・5・24中の縦軸⊿Tは、地中熱交換器出入口平均温度と初期地中温度との差（温度上昇値）を示し、qは垂直型では深度当たり、水平型では敷設溝長さ当たりの地中熱交換量を示す。よって、この⊿T/qの値が小さいほど、地中熱交換効率に優れることを示している。図表2・5・24は、同一地域での試験結果ではなく、地下熱物性値も異なるため、参考値としての比較結果ではあるものの、国内のGeoHPシステムで最も多く適用されているボアホール方式に比べ、水平方式の熱交換効率が優れる結果が得られている。本試験結果はあくま

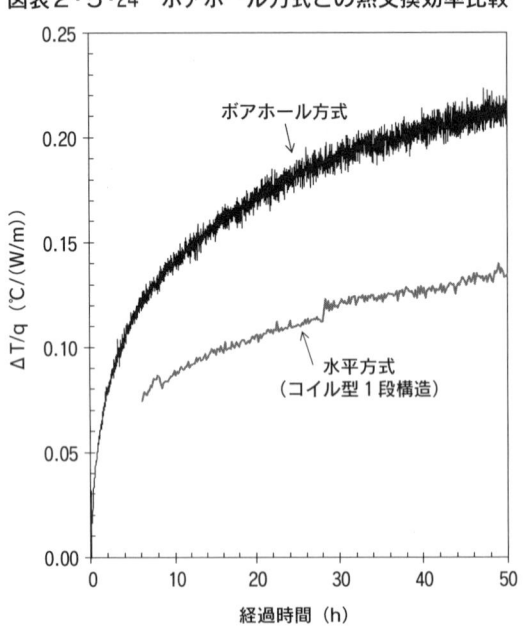

図表2・5・24 ボアホール方式との熱交換効率比較

でも短期的なものであり、実稼働後のモニタリング結果より長期的な検証が必要となる。

　小田急電鉄(株)複々線化事業に適用したコイル型水平熱交換システムは、駅の待合室等に利用されるため通常の空調設備に比べて稼働時間が極めて長くなる。イニシャルコストが高くランニングコストの安いGeoHPシステムにおいて、ランニング時間が長いのは理想的と考えられ、今後のトンネル熱交換システムの模範となることを期待したい。

参考文献

1) 大岡龍三「講座「地中熱利用ヒートポンプシステム」建物基礎杭を利用した地中熱空調システム」『日本地熱学会誌』第28巻第4号、pp.431-439
2) 「新型ソニックドリル「SDC-175」を開発」『環境新聞』2011.10.26
3) 谷口聡子・大島和夫・渡部敦史・石上孝・藤井光・駒庭義人・長直勝「B15　フィールド試験による水平型熱交換器の効率比較」『日本地熱学会　平成23年学術講演会』2011.11

5.4 複合利用施設

5.4.1 東京スカイツリー®地区熱供給（地域冷暖房：DHC）

1 事業の目的

1 計画の背景

　東京スカイツリータウン®は、東武スカイツリーライン「とうきょうスカイツリー駅」（旧 業平橋駅）周辺に位置し、タワーヤードおよびその足元に広がるイーストヤード・ウエストヤードからなる総延床面積約23万m²の大規模施設である。この施設には様々な環境配慮技術が適用されており、その1つが、地中熱を利用した地域冷暖房（DHC；District Heating and Cooling）である。

2 期待する効果

　地中熱利用システムは、欧米では、寒冷地を中心に普及している。わが国でも研究開発が進み、実用化が推進されている。これまで、公共施設、事務所ビル、病院、大学、住宅等の建物への導入事例があるが、都内の大規模複合施設としては初めてで、DHCへの適用としては全国で初めてである。

2 事業概要

①　施設名称：「東京スカイツリー地区」熱供給（地域冷暖房：DHC）事業
②　事業者名：株式会社東武エネルギーマネジメント

③ 所在地：東京都墨田区押上
④ 事業工程
・2007年度：基本設計
・2008年度～：実施設計
・2008年4月：サブプラント工事着工
・2009年3月：地域導管工事着工
・2009年12月：メインプラント工事着工
・2009年10月：サブプラント供給開始
・2012年4月：メインプラント供給開始

3 施設の概要

1 熱供給事業計画の内容

　東京スカイツリー地区におけるDHCは、プラントに冷凍機、ヒートポンプ、ボイラーなどの熱源を設置し、東京スカイツリータウンおよび周辺の建物に空調用の熱を供給する。この地区の建物はタワーヤードおよびイーストヤード・ウエストヤードにより構成される。

　イーストヤードの主な用途は店舗、オフィス、学校、プラネタリウム等であり、ウエストヤードは店舗、水族館等である。ウエストヤードの地下にはDHCメインプラントと蓄熱槽を設置している。なお、東武鉄道本社ビルの地下にはサブプラントが置かれている（**図表2・5・25**）。DHCシステムの構成を**図表2・5・26**に示す。

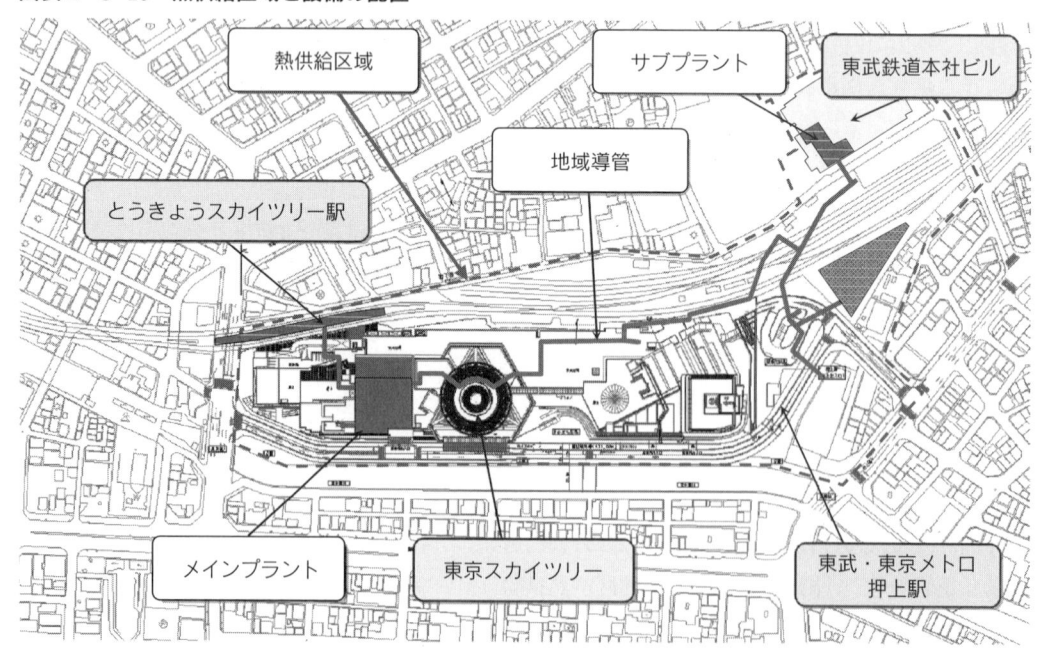

図表2・5・25　熱供給区域と設備の配置

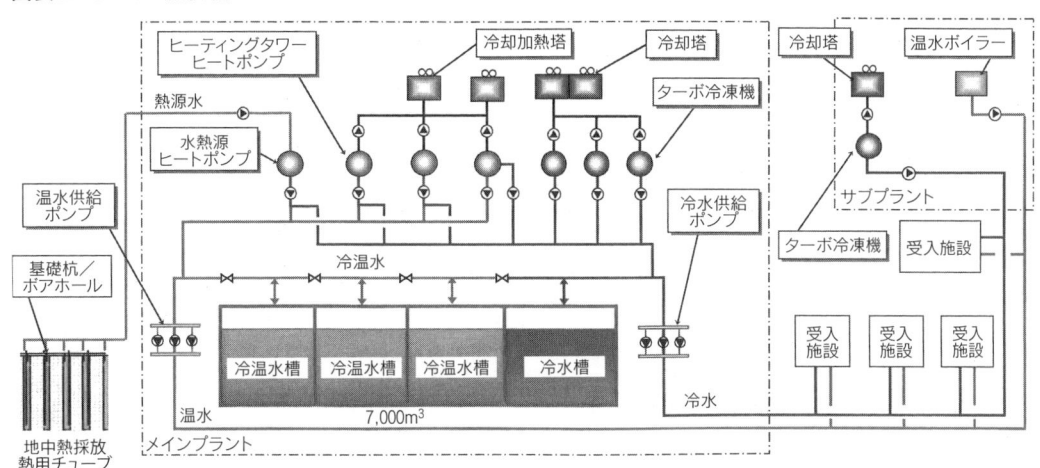

図表2・5・26　熱供給システムフロー図

本DHCシステムには、次のような特徴がある。

① 高いシステム効率

高効率電動冷凍機、大容量水蓄熱槽などの組合せにより、年間一次エネルギーCOP1.35以上という高いシステム効率を実現するシステムである。

② プラント間連携

上述のメインプラントとサブプラントを、冷水・温水4管式、総延長2,800mの地域導管で結び連携している。

③ 大容量水蓄熱槽

ウエストヤードの地下に、25mプール17杯分に当たる約7,000m³の温度成層型水蓄熱槽を設置し、熱源機の安定的な運転による省エネを実現するシステムである。また、災害時には消防および生活用水として利用することができる。**写真2・5・9**は水蓄熱槽完成後に撮られた写真である。

写真2・5・9　完成後の大容量水蓄熱槽

2 地中熱利用システムの概要

地中熱利用にはいくつかの方式があるが、本DHCでは、「基礎杭利用方式」と「ボアホール方式」の両方を採用した。それぞれの設置場所を**図表2・5・27**に、概要を**図表2・5・28**に示す。

① 基礎杭利用方式

建物の基礎杭を利用し、杭に熱交換用チューブを取り付け、水を通して地中から採放熱する

図表2・5・27　地中熱利用における採放熱位置

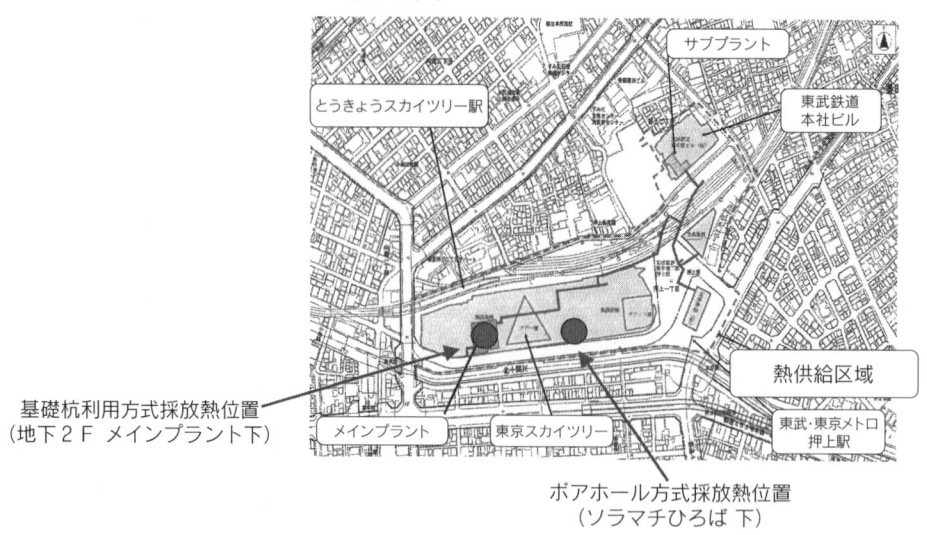

図表2・5・28　東京スカイツリー地区における地中熱利用方式の概要

	基礎杭利用方式	ボアホール方式
概要	利用本数：6本 杭径：1,900～2,200mm 杭長：18.6m	利用本数：21本 掘削径：179mmφ 深さ：120m
地中熱交換用チューブ	Uチューブ方式 基礎杭1本当たり10対設置	Uチューブ方式 ボアホール1本当たり2対設置
採放熱量	基礎杭1本当たり最大 冷熱：300W/m 温熱：235W/m	ボアホール1本当たり最大 冷熱：48W/m 温熱：40W/m

図表2・5・29　基礎杭利用方式による地中熱交換用チューブの設置

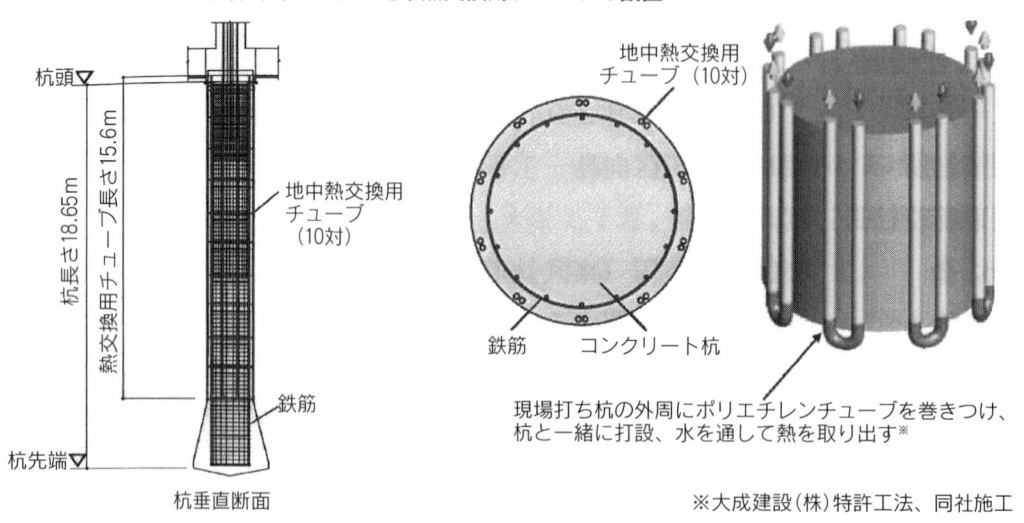

現場打ち杭の外周にポリエチレンチューブを巻きつけ、杭と一緒に打設、水を通して熱を取り出す※

※大成建設（株）特許工法、同社施工

方式を基礎杭利用方式と呼ぶ（**図表2・5・29**）。建物の基礎杭に機能を付加することができる点、建物の下の地盤を活用できる点が特徴である。

② ボアホール方式

地下に掘削した垂直ボーリング孔の中に採放熱用の熱交換用チューブを挿入する方式をボアホール方式と呼ぶ（**図表2・5・30**）。空地があればどこでも利用可能であり、採用事例も多い。

3 地中熱利用の効果と影響予測

年間の一次エネルギー消費量、CO_2削減量、ヒートアイランド抑制効果をシミュレーションにより求めた結果を**図表2・5・31**に示す。また、地中熱利用による地中温度の変化についてシミュレーションによる予測を行い、影響がほとんど現れないことがわかった。

図表2・5・30 ボアホール方式による地中熱交換用チューブの設置※

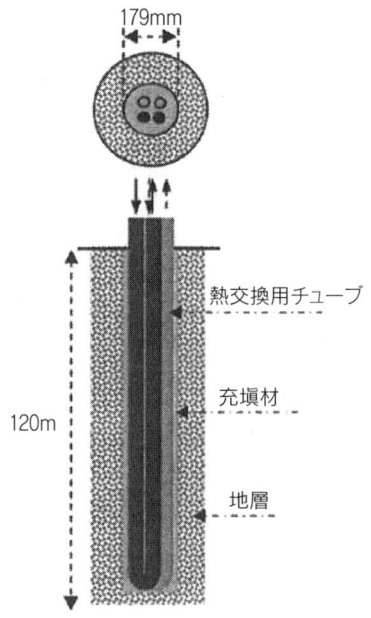

※(株)大林組（三菱マテリアルテクノ(株)施工）

図表2・5・31 地中熱利用の効果

		基礎杭利用	ボアホール	合計
採放熱量	冷熱	156GJ/年	518GJ/年	674GJ/年
	温熱	176GJ/年	627GJ/年	803GJ/年
	合計	332GJ/年	1,145GJ/年	1,477GJ/年
一次エネルギー削減量	758GJ/年（同規模の従来方式に比べ、約48％削減）		
CO_2削減量	31t-CO_2/年（同規模の従来方式に比べ、約40％削減）		
ヒートアイランド抑制効果	7,176MJ/日（夏のピーク日の冷房排熱抑制量）		

第6節 エネルギー施設の事例

6.1 地下石油備蓄基地

　地下石油備蓄方式は鹿児島県・串木野基地が最初で、1986年度に着工し1992年度に備蓄開始、愛媛県・菊間基地と岩手県・久慈基地が1993年度から原油の備蓄を開始している。
　このうち、2011年3月11日に発生した東日本大震災で被災した久慈基地について以下に記述する。

6.1.1 久慈国家石油備蓄基地

1 事業の目的

1 計画の背景

　国内において、石油は、安価で量的にも必要量が供給されると思われていたが、1973年に第一次オイルショックが発生し、石油の量的制限、原油価格の大幅な引上げが行われた。
　このため、石油の大部分を輸入に頼るわが国では大きな問題意識が起こり、国家的体制で石油の備蓄増強が叫ばれるようになった。
　国土の狭い日本では広大かつ平坦な土地が限られていたことや、久慈基地周辺には堅硬な岩盤が広く分布していたことから、地下石油備蓄方式が計画されることになった。

2 期待する効果

　地下石油備蓄方式により期待する効果は、
① 原油が地下岩盤空洞内に貯蔵され水圧で封じ込められており、油の流出および漏気の心配がない
② タンク本体が岩盤であり、火災・爆発に対して安全性に優れている
③ 地下深い堅固な岩盤内に配置されており、地震の影響が地表より少ない
④ 岩盤空洞を活用することにより大規模貯蔵が可能である
⑤ 大規模貯蔵における威圧感がなく景観性に優れているとともに地上敷地面積が最小限で済む
などである。

2 事業概要

① 施設名称：久慈国家石油備蓄基地（**写真2・6・1**）

写真2・6・1　久慈国家石油備蓄基地地下貯槽位置図

② 事業者名
・所　有　者：経済産業省資源エネルギー庁
・事　業　者：独立行政法人石油天然ガス・金属鉱物資源機構
・運転管理：日本地下石油備蓄株式会社へ委託
③ 所　在　地：岩手県久慈市夏井町閉伊口第8地割105番地2
④ 事業規模
・備蓄施設容量：175万kℓ（岩盤タンク：高さ22m×幅18m×長さ540mが10本）
・面積：地下部約26ha、地上部6ha
⑤ 事業工程
・1987年2月：起工
・1991年11月：岩盤タンク完成
・1993年9月：海域施設他建設工事完成
・1993年10月：オイルイン開始（～1994年2月オイルイン完了）
・1994年5月：竣工
⑥ 事業計画上の関連法規

　岩盤タンク設備の計画・設計・施工にあたっては、危険物取扱いによる消防関連法規、工事施工上の公害関連法規、石油コンビナート等災害防止法、建築基準法、労働安全衛生法等の法規にも準拠した計画となっている。

3 基地の概要

1 地質概要

　久慈基地の地質は、白亜紀前期（約1億2,000万年前）の花崗岩が広く分布しており、海岸段丘上には、段丘堆積層およびローム層が広く分布している。表層部はマサ（真砂）状風化帯を形成しているが、岩体はおおむね堅硬である。

2 地下石油備蓄の原理

　岩盤中に空洞を掘削すると、空洞内と岩盤内の水頭差により、地下水は空洞内に浸透してくる。この浸透水を空洞内から排水しながら、原油を貯蔵すれば、空洞周辺岩盤から滲み出してくる地下水により原油を安全に貯蔵できる（**図表2・6・1**）。なお、地下石油備蓄方式の原理および地下石油備蓄の概要の詳細については、『地下空間利用ガイドブック』（1994年10月5日発行）を参照されたい。

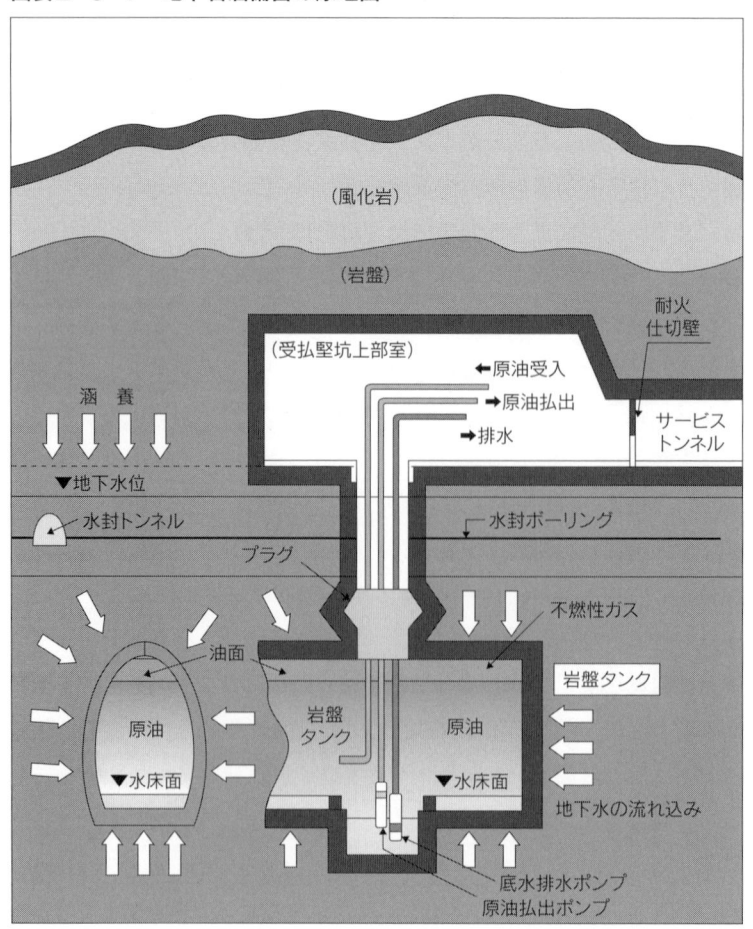

図表2・6・1　地下石油備蓄の原理図

3 地下石油備蓄基地の概念

地下石油備蓄基地の概念図を**図表２・６・２**に示す。

図表２・６・２　地下石油備蓄基地の概念図

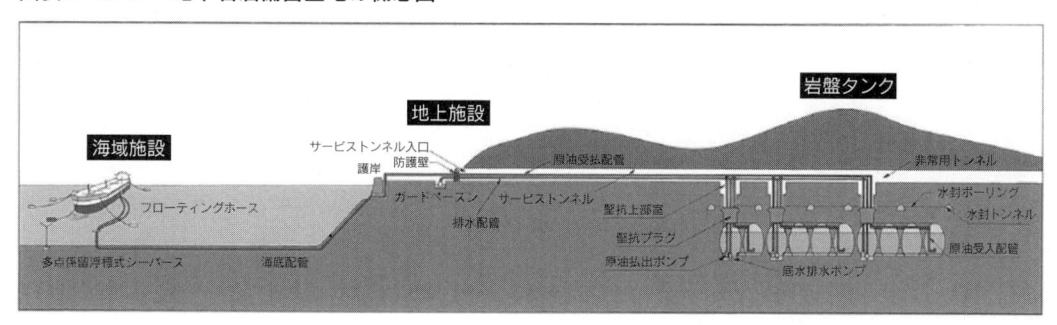

4 施工方法の概要

岩盤タンクの施工には、大規模地下空洞の施工で実用化されている NATM（New Austrian Tunnelling Method）を採用した。

NATM の原理は、岩盤自体が持つ保持力を利用して空洞の安定を保つものであり、補強は吹付けコンクリート（厚さ10～15cm）とロックボルト（長さ３～５m）による支保であり経済性に優れている。

なお、施工中の岩盤の変位等を正確に測定し、その状況を施工（ロックボルトの位置、本数等）時にフィードバックした。

また、地下水の浸透経路となる岩盤の亀裂・空隙をゆるやかに広範囲に目詰まりさせ、湧水量を低減し、地下水位の低下を防止するために、岩盤タンク本体に先行して施工した水封トンネル等からなる水封設備を介して、「粘土による自然浸透グラウト」を適用した。

5 運転管理

岩盤タンクに原油を安全に貯蔵するためには、岩盤タンク内圧以上の水圧がタンク周辺に作用していなければならない。水封機能の状況を把握するため、保安検査に関する運用基準に基づき、地下水位、湧水量・注水量の測定、およびタンク内圧の制御等を実施している。

また、岩盤自体の変位を定期的に測定し、岩盤タンクに異常のないことを確認している。

4 東日本大震災による被害・緊急対応ならびに基地の復旧計画

1 東日本大震災による被害

2011年３月11日に発生した東日本大震災により、地上施設および海域施設等は壊滅的な被害を受けた（**写真２・６・２**）。

第2章　最近の地下空間利用

写真2・6・2　久慈国家石油備蓄基地の地上施設の被災状況

2 震災発生直後の対応

　日頃から津波避難訓練を実施しており、大津波警報発令と同時に避難命令を発令したことで、基地で働く職員および作業員に人的被害はなかった（**図表2・6・3**）。また、速やかに防潮扉（**写真2・6・3**）を閉止することで、地下施設は被災を免れ、岩盤タンク内の原油の漏洩を防止し安全に貯蔵を維持でき、図らずも地下石油備蓄方式は地震・津波に強いことが立証された。

図表2・6・3　震災発生時の避難経路等

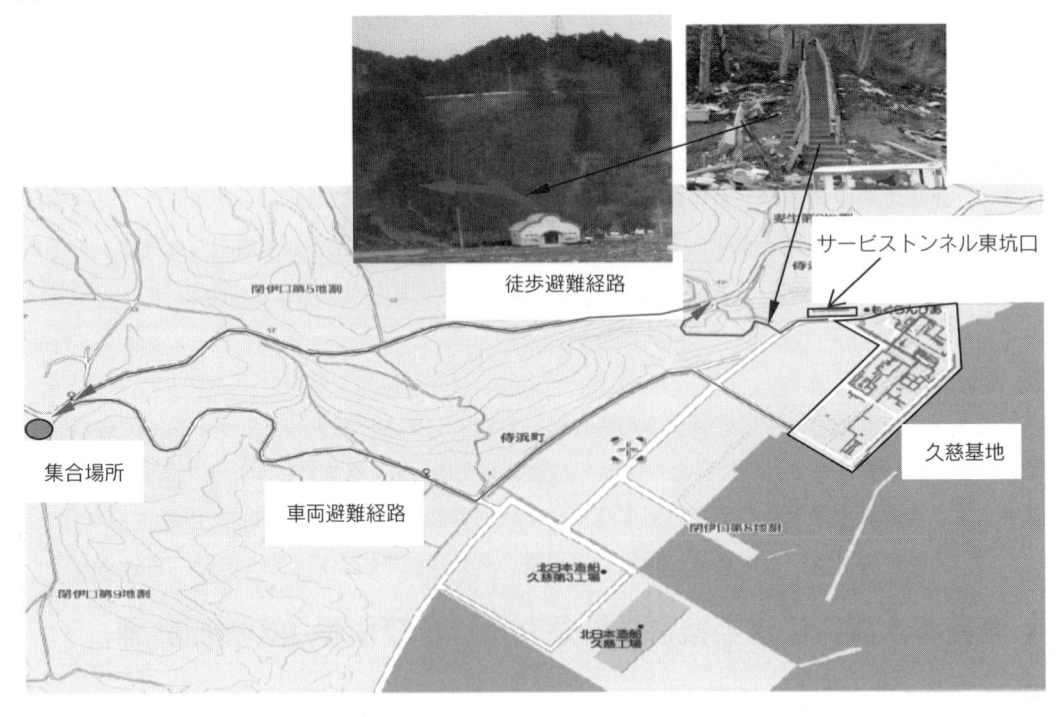

3 岩盤タンクの水封機能維持のための緊急対応

　・地上施設の電源設備は損壊したが、仮設発電機（**写真2・6・4**）を確保することで、岩盤タンク

写真2・6・3　地下施設の被災を防いだ防潮扉

写真2・6・4　仮設電源設備（6,000V仮設電源）

写真2・6・5　PSA（窒素ガス発生装置）

写真2・6・6　沢水利用による水封機能の維持

内に流入してくる湧水を排水することができ、岩盤タンクからの原油の滲み出し等を回避した。
・不燃性ガス供給設備が損壊したが、仮設の窒素ガス発生装置（**写真2・6・5**）を確保することで、岩盤タンク内を低酸素濃度に維持するとともに、タンク内圧を調整できた。
・排水処理設備および排水再利用設備（人工水封水として再利用）が損壊したため、岩盤タンク周辺にある沢から沢水の取水（**写真2・6・6**）および浄化する設備を設置することで、人工水封を再開し水封機能を維持した。

4 復旧計画

　地上施設が壊滅的な被害を受けた久慈国家石油備蓄基地では、2011年度から2013年度までの3年間で復旧（津波対策含む）する計画である。
　なお、地上施設の復旧では、凍結期においても地下岩盤タンクの水封機能を安定して維持するための設備である受配電設備、蒸気設備、圧縮空気設備などを2011年凍結期前に完成させた。
　また、震災の教訓から津波対策として、備蓄基地近隣の高台へ水封機能維持に重要な非常用発電設備等を設置する計画である（**図表2・6・4**）。

図表2・6・4　高台整備計画

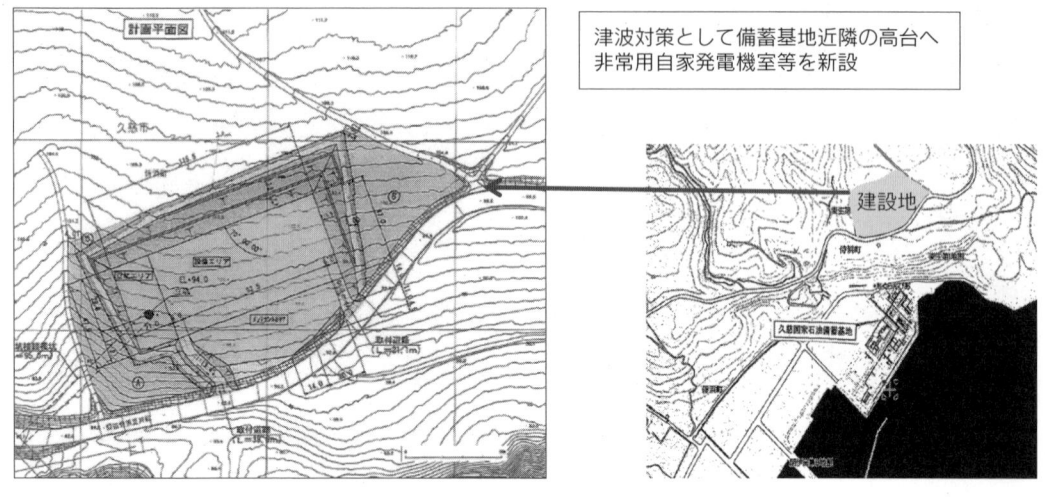

津波対策として備蓄基地近隣の高台へ非常用自家発電機室等を新設

項　目	2012年度	2013年度
設　計	■■■■■	
土地取得	■■■■■	
工　事	造成工事等	設備設置工事

参考文献
1) 独立行政法人石油天然ガス・金属鉱物資源機構パンフレット「安全・安心な石油の備え　久慈国家石油備蓄基地」

6.2　地下石油ガス備蓄基地

　石油ガス（LPガス）は、民生用、産業用ともにわが国の国民生活、産業経済にとって重要なエネルギーとなっているものの、約7割強を輸入に依存しているため、LPガスの安定確保に向け、2005年より国家LPガスの備蓄が始まっている。

　国家石油ガス備蓄基地の立地については、既存の民間石油ガス輸入基地の桟橋等の基地施設を利用できる地点とするとともに、運営形態も緊急時の払出し作業を含めて民間石油ガス輸入基地に委託することで、建設コスト・運営コストの低減を図る観点から、民間石油ガス輸入基地に隣接する地点が選ばれ、石川県・七尾、茨城県・神栖、長崎県・福島、愛媛県・波方、岡山県・倉敷の5つの基地で、現在稼働中または建設中である。

　このうち、岩盤が良質で堅固な倉敷基地と波方基地の2基地では、地下石油備蓄と同様の地下水封式岩盤貯蔵方式が採用され、それぞれ2012年度中の基地完成に向けて現在建設が進められている。なお、国家石油ガス備蓄基地の建設および操業管理は、経済産業省の委託を受けて、独立

行政法人石油天然ガス・金属鉱物資源機構が実施している。

『地下空間利用ガイドブック』(1994年10月5日発行)にも記述してあるように、地上タンクや地中タンクに比較した地下岩盤貯蔵方式の利点は次のとおりである。

① 空洞が大規模になるほど経済的で、土地の有効利用が可能である。
② 地上の火災や台風災害等が貯蔵施設に及ばないため安全性が高く、地震の影響も小さい。
③ 大半の施設が地下に格納されるため、景観が保全される。

わが国の地下石油ガス備蓄基地の貯蔵施設概要を**図表2・6・5**に示す。

図表2・6・5　わが国の地下石油ガス備蓄基地の貯蔵施設概要

基地名	備蓄容量	貯蔵施設	払出能力	地上部敷地面積
波方基地	プロパン30万t ブタン／プロパン兼用15万t	プロパン貯槽： 幅26m・高さ30m×2列 ブタン／プロパン兼用貯槽： 幅26m・高さ30m×1列	300t／時 ×2	約4ha
倉敷基地	プロパン40万t	プロパン貯槽： 幅18m・高さ24m×4列	400t／時	約3ha

以下に、波方国家石油ガス備蓄基地（以下「波方基地」という）について主に記述する。倉敷国家石油ガス備蓄基地については、波方基地との主な相違点について記述する。

6.2.1　波方国家石油ガス備蓄基地

1　事業の目的

1　計画の背景

1991年1月の湾岸戦争を契機としてLPガスの備蓄水準の引上げが検討され、1992年6月に備蓄水準の引上げは国家備蓄制度の創設によることが適当とされた。備蓄方式は民間輸入基地と同様の地上低温タンク方式と、国家石油備蓄でも実績がありスケールメリットの大きい地下水封式岩盤貯蔵方式とされた。

2　期待する効果

① 貯槽の規模について
　・地上設備のように地理的条件等の制約が少ないので、大容量の設備がつくれる。
② 必要な用地について
　・貯槽を地下に設置することで、地上用地が少なくて済む。

③ 貯槽の安全について
- 地下水によって岩盤内に封じ込められ大気と遮断されるため、火災・爆発のおそれがない。
- 岩盤内は地表に比べて地震動が弱くなるうえ、貯槽自体が周辺の岩盤と一体となって振動するので、地震の影響をあまり受けない。
- 地下にあるので、雷、台風等に対して安全である。

④ 環境への影響について
- 地上設備が少なく、環境に与える影響が小さくてすむ。

2 事業概要

① 施設名称：波方国家石油ガス備蓄基地（**写真2・6・7**）
② 事業者名：建設…独立行政法人石油天然ガス・金属鉱物資源機構（資源機構）
③ 所 在 地：愛媛県今治市波方町
④ 事業概要・規模

緊急時におけるLPガスの安定供給のため、国家LPガス備蓄を実施する。
- 備蓄容量：プロパン30万t、ブタン／プロパン兼用15万t
- 地上部敷地面積：約4 ha

⑤ 事業工程

波方基地は1993年度に概要調査、1994年度から1995年度に詳細調査、1996年度から1997年度にかけて基本計画調査を実施し、2000年3月に立地決定した。翌2001年には地上設備用地の埋

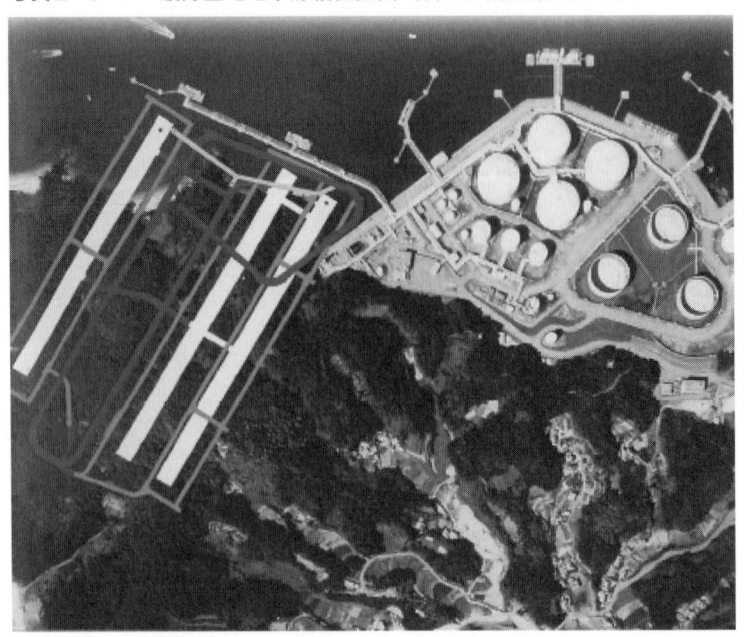

写真2・6・7　波方基地地下貯槽位置図（右上は隣接輸入基地）

立造成工事に着工し、2002年11月より地下岩盤貯槽掘削に向けた作業トンネル掘削工事が開始された。その後、2004年前半から水封トンネル掘削工事、同年後半には地下岩盤貯槽掘削に着手し、2007年に掘削完了した。一方、地上設備工事は2005年に着手し、2012年9月より岩盤貯槽気密試験、同年12月より総合試運転を経て、2013年3月末に基地が完成し、2013年4月からは操業が開始される予定である。

⑥ 事業計画上の関連法規

隣接する民間石油ガス輸入基地事業者の高圧ガス保安法に基づく増設として申請がなされ、石油コンビナート等災害防止法、消防法、建築基準法、労働安全衛生法等の法規に基づく計画となっている。

3 基地の概要

1 地質概要

波方基地は愛媛県今治市の高縄半島にあり、良質な高縄花崗岩が分布し、地下貯槽を建設するのに適した場所である。

2 地下備蓄基地の概要

地下水封式岩盤貯蔵方式とは、わが国ですでに岩手県久慈、愛媛県菊間、鹿児島県串木野の3か所で施工された石油備蓄と同様に、岩盤貯槽の中に地下水圧により常温・高圧のLPガスを閉じ込める貯蔵方式である。波方基地においても、LPガスの圧力より高い地下水圧となる地下に貯槽を設けている（図表2・6・6）。地下水圧の安定化を図るために、水封トンネルと水封ボーリングから岩盤へ給水を行う。LPガス圧力より地下水圧のほうが高いので、LPガスが外に漏れることはない。

LPガスは、低温の液体状態で外航タンカーに積載され、隣接民間基地にある低温タンクに受け入れられる。その後、ポンプで昇圧し、ヒーターで昇温した後、地下の岩盤貯槽に移送され貯蔵する。LPガスの払出しは、常温で貯蔵しているLPガスをポンプにより汲み上げ、脱水設備

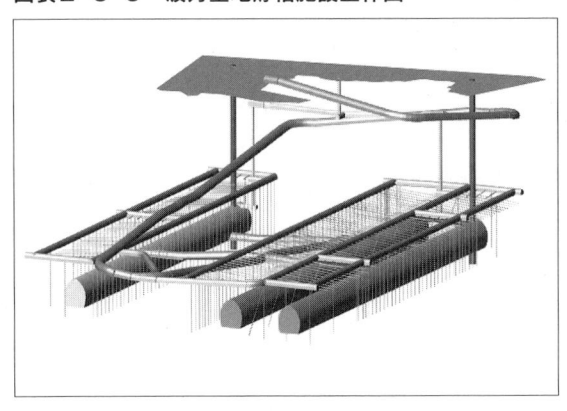

図表2・6・6　波方基地貯槽施設全体図

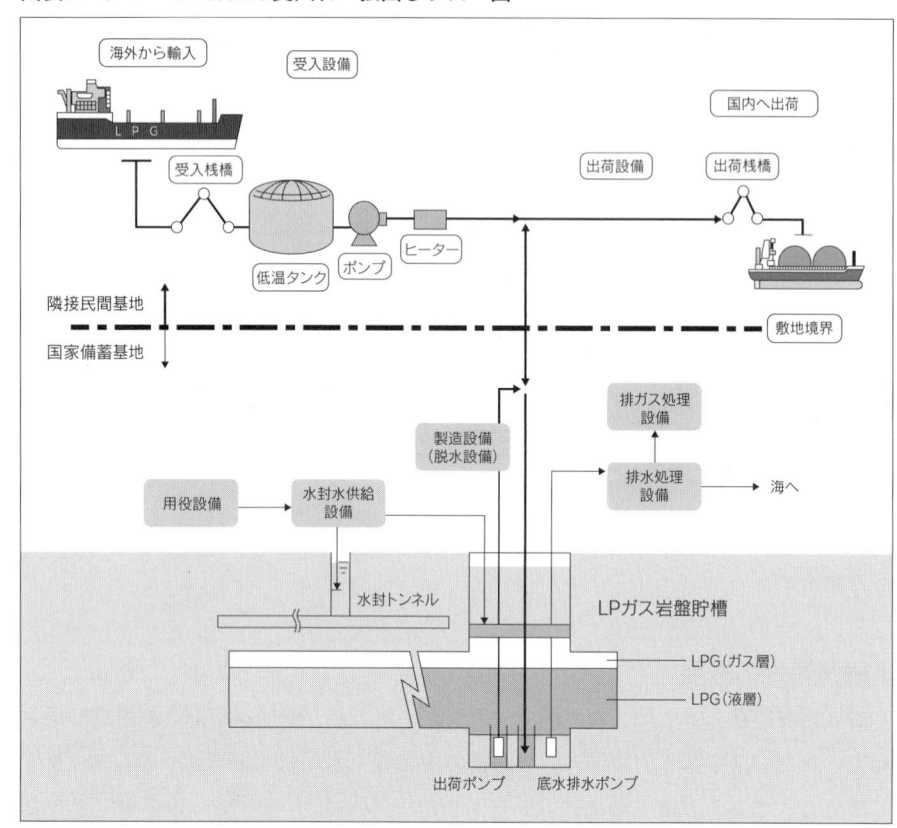

図表2・6・7　LPガスの受入れ・払出しフロー図

写真2・6・8　地下貯槽内部（中央の配管群で地上部とつながる）

で脱水し、隣接民間出荷設備を経由し、国内の基地へ内航船で払い出す（**図表2・6・7、写真2・6・8**）。

3 施工方法の概要

　地下貯槽の掘削は、NATMにより行われている。また、掘削は地質データ、水理データ、空洞安定データ等の観測データを解析し、次工程の掘削や止水対策等に反映させる情報化施工により行われた。

　波方基地の建設にあたっては、高透水帯へのグラウト対応として超微粒子セメントを使用し、地下水位を下げないよう前述した情報化施工を行った。

4 波方基地における特記事項

波方基地は、自然公園法の特別地域に隣接する普通地域であるため、環境影響評価の実施後、国および県と協議を行ったほか、岩盤掘削に伴い発生する岩砕については、埋立事業、漁場育成、公共事業等に活用された。

また、LPガスの需給構造の変化に対応すべく、当初ブタン専用としていた貯槽について、ブタン／プロパン兼用貯槽とした。

参考文献
1) 資源エネルギー庁石油部流通課液化石油ガス産業室 編『LPガスの国家備蓄—LPガス安定供給基盤強化のあり方について』財団法人通商産業調査会、1992.7
2) 独立行政法人石油天然ガス・金属鉱物資源機構パンフレット　等

6.2.2 倉敷国家石油ガス備蓄基地

瀬戸内海をはさんで波方基地の対岸に建設されている倉敷国家石油ガス備蓄基地（以下「倉敷基地」という）について、波方基地との相違点を以下に記述する。

1 事業の目的

上記「波方基地」と同様である。

2 事業概要

① 施設名称：倉敷国家石油ガス備蓄基地（**写真2・6・9**）

写真2・6・9　倉敷基地地下貯槽位置図（貯槽上部は隣接輸入基地および製油所石油貯蔵設備）

② 事業者名：建設…独立行政法人石油天然ガス・金属鉱物資源機構（資源機構）
③ 所 在 地：岡山県倉敷市水島地区
④ 事業概要・規模
　緊急時におけるLPガスの安定供給のため、国家LPガス備蓄を実施する。
　・備蓄容量：プロパン40万t
　・地上部敷地面積：約3ha
⑤ 事業工程
　倉敷基地は1993年に概要調査、1994年に概要調査の補足調査、1995年から1996年に詳細調査、1997年から1998年にかけて基本計画調査を実施し、2000年12月に立地決定した。
　翌2001年には地上設備用地の埋立造成工事に着工し、2002年7月より地下岩盤貯槽掘削に向けた作業トンネル掘削工事が開始された。その後、2005年に水封トンネル掘削工事、2007年に地下岩盤貯槽掘削に着手し、2010年に掘削完了した。
　一方、地上設備工事は2006年に着手し、2012年5月より岩盤貯槽気密試験、同年10月より総合試運転を経て、2013年3月中旬に基地が完成し、同年3月中旬からは操業が開始される予定である。
⑥ 事業計画上の関連法規
　隣接する民間石油ガス輸入基地事業者の高圧ガス保安法に基づく増設として申請がなされ、石油コンビナート等災害防止法、消防法、建築基準法、労働安全衛生法等の法規に基づいた計画となっている。

3 基地の概要

1 地質概要
地下にLPガスを備蓄するために必要な堅固な岩盤（花崗岩）が存在している。

2 地下備蓄基地の概要
　基地の概要は、波方基地と同様である。倉敷基地周辺においては、1988年から1993年にかけてLPガスの実証プラントが建設され、その安全性について確認している。

3 施工方法の概要
　上記「波方基地」と同様である。

4 倉敷基地における特記事項
　波方基地と同様であるが、倉敷基地の建設にあたっても高透水帯へのグラウト対応として超微粒子セメントを使用し、地下水位を下げないように情報化施工を行った。倉敷基地においては、情報化施工の一例として、掘削時に得られた地質データ等により、高透水帯など地質の悪い岩盤

を避けて掘削するため、前掲の**写真2・6・9**のように貯槽を短くするなど貯槽レイアウトを変更している。

また、既存製油所の消防法適用石油貯蔵設備の直下に高圧ガス保安法適用のLPガス貯蔵設備を設けている。

国家石油ガス備蓄基地の中では、基地建設地点が住居等と極めて近い位置に存在することから、環境影響評価の実施後、倉敷市および地元に説明し、了承を得た。建設着工後は、毎月、環境測定結果を周辺住民に報告するなど、建設への理解を求めた。

参考文献
1）資源エネルギー庁石油部流通課液化石油ガス産業室 編『LPガスの国家備蓄—LPガス安定供給基盤強化のあり方について』財団法人通商産業調査会、1992.7
2）独立行政法人石油天然ガス・金属鉱物資源機構パンフレット　等

6.3　LNG地下タンク

わが国ではエネルギーセキュリティの観点から一次エネルギーの多様化を図るため、液化天然ガス（LNG）タンカーによるLNGの輸入を進め、それにあわせてLNG受入基地の中に貯蔵施設を建設してきた。

大規模なLNG貯蔵施設には金属二重殻型式地上タンク、PC式地上タンク、地下タンクおよびピットイン式タンクがある。この中で地下タンクは、その開発黎明期に主流だった金属二重殻形式タンクに比べ、以下のような特長を持つため、その開発と建設が進められてきた。

① 離隔距離を小さくすることができるため、土地の有効利用が図りやすい。
② 地表面よりLNG液面が低いため、万が一の場合であっても地表面に漏液する可能性が少ない。
③ 地下埋設で露出部分が少なく地上高を低くおさえられるため、周辺環境との調和を保ちやすく、景観に与える影響を小さくしやすい。

地下タンクの技術開発は1980年までに基本的なものが進められた後、スケールメリットを享受するため大型化に向けた技術開発が進められ、1995年には世界最大となる容量20万klの地下タンクが稼働を開始した。

わが国にあるLNG地下タンクは**図表2・6・8**に示すとおりである。なお、地下タンクの構造、規模等については、『地下空間利用ガイドブック』（1994年10月5日発行）を参照されたい。

図表2・6・8　わが国のLNG地下タンク

事業者	基地名	容量（千kℓ）	基数	完成年
東京ガス	根岸	85～200	8	1977～1996
	袖ヶ浦	58～140	17	1974～1993
	扇島	200	3	1998～2003
大阪ガス	泉北	45	1	1975
東京電力	袖ヶ浦	60～90	9	1979～1985
	東扇島	60	9	1983～1987
	富津	90～125	10	1985～2002
西部ガス	福北	35	2	1993～1996
	熊本	2	2	1999～2008
	長崎	35	1	2003
清水エル・エヌ・ジー	袖師	82.9～160	3	1996～2010
知多エル・エヌ・ジー	知多	160	1	1997
仙台市ガス局	新港	80	1	1997
東邦ガス	知多緑浜	200	2	2001～2009

6.3.1　扇島工場 TL22 LNGタンク

1 概要

　東京ガスは首都圏のエネルギー需要増大に応えるため、1998年、横浜市扇島に3番目のLNG受入基地となる扇島工場を建設した。

　工場が立地する横浜市は港湾都市として知られ、その景観は都市計画により美しく整備されてきており、また工場の約100m南側には高速道路が通っている。このような立地条件と周囲環境の特徴からタンク建設にあたっては安全・景観の面で十分な配慮が必要であり、扇島工場の建設にあたっては地下タンクが持つ優れた特長をさらに高めた、鉄筋コンクリート製ドーム屋根を持つ貯蔵量20万kℓの埋設式地下タンクを開発し、3基建設してきた。

　近年、特に地球温暖化に対する環境性、産出地域の偏りが少ないことなどによる供給安定性、さらには熱や電力など様々な需要形態に対応できる利便性を持つ天然ガスの需要はこれまで以上に拡大することが予想されてきており、これに対応するべく4基目のLNG地下タンク（貯槽名称：TL22）を増設することとした。

　2012年現在建設中のこのタンクは、LNG地下タンクとしては世界最大となる25万kℓの貯蔵容量を持つものである（**図表2・6・9**）。

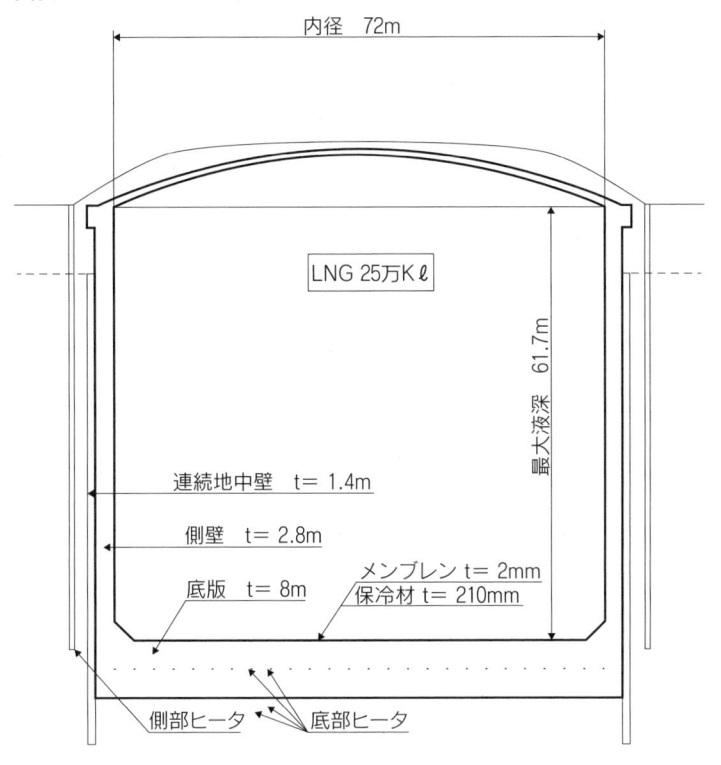

図表2・6・9　25万kℓ覆土式LNG地下タンク

2 仕様

このタンクの仕様は以下のとおりである。

① 設 備 名 称：TL22 LNG地下式貯槽
② タンク形式：覆土式LNG地下タンク
③ 工　　　法：連続地中壁山留止水・順巻き工法
④ 主要工種・仕様
・地盤補強工：サンドコンパクション・サンドドレーン
・連続地中壁工：L（平均）＝67.5m、t＝1.4m、24エレメント
・躯　体　工：鉄筋コンクリート製側壁 t＝2.8m
　　　　　　　鉄筋コンクリート製耐水圧強度型底版 t＝8m
　　　　　　　鉄筋コンクリート製ドーム型屋根 t＝0.8〜1.6m
　　　　　　　側壁底版剛結合構造
・メンブレン：分割挙動型ステンレス製メンブレン t＝2mm
⑤ 工事工程
・2009年11月：連続地中壁工事開始（着工）
・2013年7月（予定）：マンホール閉（竣工）

⑥　適用法規：ガス事業法

3 地盤条件

　建設地は埋立造成地であり、現地盤面から約15mは埋立て砂・粘性土層である。その下には厚さ15m程度の沖積砂・粘土層と厚さ30m程度の洪積砂層・粘土層が続いている。

　深さ約60m以深にはN値50以上、一軸圧縮強度2〜3MPaの難透水性を持つ軟岩（土丹）層が広がっている。この土丹層は、タンク構築時の山留止水壁（連続地中壁）の根入層とすると同時に、地下タンク底版を着底させる堅固な支持層として利用している。

4 構造の特徴

　既設タンクに対しさらに敷地の有効利用を図る観点から「20万kℓ以上」の容量を目途として、タンクの基本寸法（内径・液深）を検討した。その結果、レイアウト条件から既設と同じ内径とし、液深を深くすることで容量増加を図る方針とした。

　さらに、内部掘削における連続地中壁の安定性から掘削深さを既設タンクと同程度とし、既設タンクより増加する液深は、従来埋設していた鉄筋コンクリート製屋根を地表面より高くすることで確保した。そして屋根を覆土型式とすることで景観へ配慮することとし、最終的に25万kℓの容量を実現することが可能となった。

　また、従来よりもさらに大型化を図りながらも既往技術を駆使することで設計および建設の効率を上げ、着工から完成までの計画工期を9か月短縮した。

5 建設工事

　地下タンクの建設工事は、まず山留止水目的の円筒形連続地中壁を土丹層に根入れするように構築した後、その内部を所定の深さまで掘削する（内部掘削工）。

　内部掘削工に引き続き鉄筋コンクリート製の底版を構築した後、順巻き工法で側壁の構築を行うのに並行して、底版上で鉄筋コンクリート製屋根の下側型枠となる鋼製の仮設屋根を構築する。仮設屋根の内面には硬質ポリウレタンフォーム（PUF）製の保冷材と液密・気密を担保するステンレス製のメンブレンを設置する。

　仮設屋根とその内面のPUF・メンブレンの設置、および側壁の構築が完了した後、仮設屋根を、空気圧によって浮上させる「エアレージング工法」により、側壁頂部に据え付ける。その後、仮設屋根上では鉄筋コンクリート製屋根を構築しながら、内部では側壁と底版に保冷材とメンブレンを構築していく。

　さらにタンク周囲では掘削残土を有効利用した盛土を構築し、タンク付配管・同配管用パイプウェイ・ヒータ設備・道路・植栽などの付帯設備を構築して完成となる。

6 今後の展望

2011年3月の東北地方太平洋沖地震によるエネルギー施設の被災経験を受け、エネルギー源としてのLNGに対する期待はこれまで以上に高まっている。

2010年代半ばに向けた首都圏の都市ガス需要の増大予測に対し、本タンクの完成によりこれまでにも増して供給の安定が保たれるものと確信している。

6.4 天然ガス幹線パイプライン

大量の気体、液体を中・長距離輸送する方法としてパイプラインがある。ここでは、低炭素社会で重要なエネルギー源と位置付けられている天然ガスのパイプラインにつき紹介する。

天然ガスパイプラインは、ガス輸送方法の中でも輸送エネルギーロスが小さく、固定的設備での連続、大量輸送が可能であり、輸送量の変動に対し柔軟に対応しやすく、ネットワークを形成して貯蔵、輸送の無駄を小さくできる、省力化の図れる天然ガス輸送方法である。多くの陸上天然ガスパイプラインでは輸送安全性の観点もあって地下埋設が採用されている。

わが国では、自国で生産される天然ガスの供給量はガス需要に比して約5％と低く、ガス需要の多くは海外から輸入される液化天然ガス（LNG）によって賄われている実態がある。したがって、天然ガスパイプラインの多くは、ガス製造基地（LNG輸入基地）から家庭用を含む中小規模の需要家への配給導管であり、国産天然ガスを含め高圧導管である幹線パイプラインはこれまで量的には多く建設されてこなかった。

2011年度末において「ガス事業便覧」データによれば、日本では配給導管（低圧導管：0.1MPa未満）が総延長で21万kmを超えるのに対し、幹線パイプライン（高圧導管：1MPa以上）はわずか2,100km程度である。

天然ガスパイプラインは、敷設ラインを決める際考慮すべき法規制、土地利用と私権の調整、安全性確保のための配慮など、敷設にあたって解決すべき多くの課題を持っている。天然ガスパイプラインの敷設では、事業者がこれらの課題を解決し、その費用を賄うことが求められることから、経済的に賄える大消費地に対応する形で敷設が少しずつ増加してきた。

わが国では輸入LNG基地を中心に配給導管が敷設されているが、これらの基地相互を結び、さらに自国で生産される天然ガス供給系とも結ぶことで、広域にわたるガス供給のネットワークをつくることも議論されている。幹線パイプラインは、大量消費の需要家へのガスの安定供給として大きな役割を持つが、これと地方都市のガスネットワーク（配給導管）をつなぐことで、都市へのガス供給の安定、さらにはガス需要の拡大も目指せることが期待できる。

また、地震等の自然災害に強いというパイプラインの特性は2011年3月11日に発生した東日本大震災で、エネルギー供給基地が壊滅的な打撃を受け、そこからのエネルギー供給に頼っていた需要家がエネルギー供給の復旧に手間取った中で、津波被害によりわが国初のLNG基地長期機

第2章 最近の地下空間利用

図表2・6・10 天然ガスインフラの整備状況

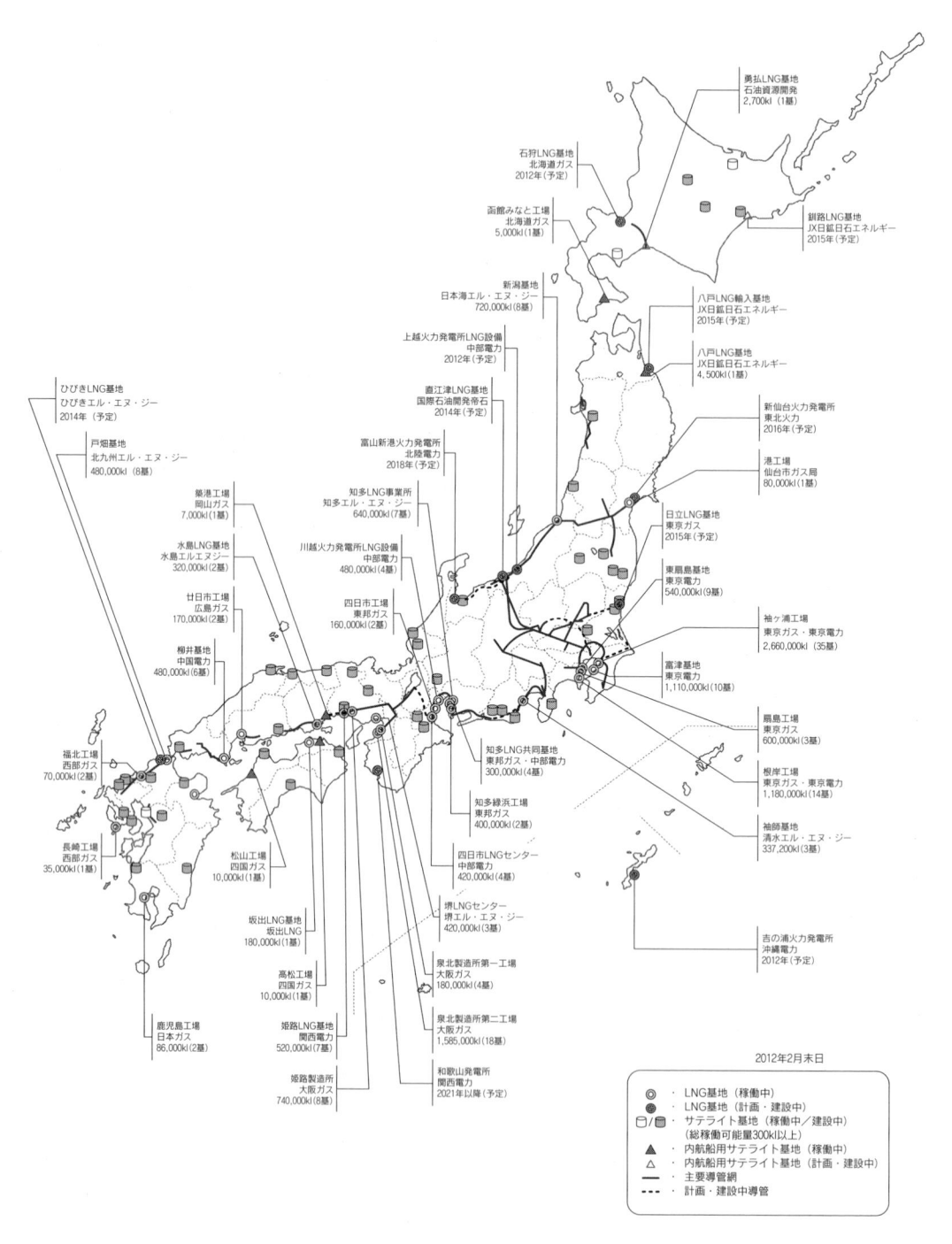

（出典）「天然ガスインフラの整備状況（天然ガス基盤整備専門委員会での資料：平成24年1月17日）」をもとに事業者資料等により作成

能停止が発生した際も、新潟からの天然ガスパイプラインによる代替供給により早期復旧することができたことは自然災害の多いわが国において、幹線パイプラインの持つ輸送安定性があらためて実証された。

その後の天然ガスの緊急時の融通も含めた「エネルギー基本計画」の見直しの中で、これまで議論されてきた広域輸送パイプライン拡充について、より突っ込んだ政策提言が議論されている。**図表2・6・10**は、天然ガスインフラの整備状況をまとめた図であり、これらの状況を踏まえて、広域幹線パイプライン網構想があらためて検討されている。

ここでは2つの幹線パイプラインを事例として紹介する。

その1つである新潟─仙台の天然ガスパイプラインは、天然ガス事業者が新潟の産ガス地から大量に消費する仙台の需要家(発電所)に天然ガスを送る幹線パイプラインである。このパイプライン敷設にあわせて、敷設ルートの近傍にある地方都市のガスパイプラインと幹線パイプラインをつなぐことが検討され実施されてきた。この連携システムが、東日本大震災では有効に働き、被災後の都市ガスの早期復旧に大きく貢献した。

もう1つの事例の新東京ラインは、東京ライン(新潟県上越市～東京都足立区)に並走する形でガス供給エリアを拡大し、ライン沿線の大口需要家に安定的かつ効率的に天然ガスを供給する幹線パイプラインである。

これらの幹線パイプライン網の充実により、広域天然ガス供給の安定化と、地域経済の活性化が得られたとの見方も出ている。

6.4.1 新潟─仙台ライン

1 事業の目的

1 計画の背景

石油資源開発(株)(以下「JAPEX」という)では国内陸域および海域における継続的な探鉱開発を行い、新潟県内において、片貝ガス田、岩船油・ガス田など豊富な埋蔵量を獲得するに至った。また昭和40年代から東北地方のエネルギー基盤の強化が東北経済連合会を中心として提唱され、新潟県内の国産エネルギーを広く東北地方へ供給する方法について種々検討が行われていた。

その結果、新潟から仙台市に至る天然ガスパイプラインを建設、新潟に陸揚げされているインドネシア産LNGも含めて輸送し、より広域的に天然ガスの供給を行うことになったものである。まずはじめに本事業の理解者である東北電力(株)の新仙台火力発電所(60万kW)へ1996年4月より供給が開始された。その後2002年から仙台市ガス局への供給も開始された。

2 期待する効果

天然ガスは、環境への負荷が他の化石燃料より小さいことが知られており、環境負荷の低減な

らびにコージェネレーション、燃料電池など高効率のエネルギー利用に貢献できる。

3 延伸計画

　幹線である新潟—仙台ラインの完成後は、枝幹線である福島郡山ライン（16インチ、延長95km）が2007年に完成、東北電力(株)仙台火力発電所向けライン（14インチ、延長7km）が2009年に完成するなど、延伸が着実に進んでいる。またJAPEXと東北電力(株)の出資で設立した東北天然ガス(株)により、供給ラインを通じて、大口ユーザー向けの天然ガス供給が行われている。

2 事業概要

① 事業名称：新潟—仙台間天然ガスパイプラインの建設
② 事業者名：石油資源開発株式会社
③ 敷設地：新潟県、山形県および宮城県内の道路下など
④ 事業概要・規模
　・起点：JAPEX東新潟鉱山
　・終点：仙台新港（東北電力新仙台火力発電所構内）
　・圧力：6.86MPaG（70kgf/cm^2）
　・口径：20インチ（外径508mm）
　・管厚：11.91mm
　・管種：API5L-X60（アメリカ石油協会規格鋼管）
　・延長：261km
⑤ 事業工程
　全体工程を**図表2・6・11**に示す。本格工事を1993年度から1995年度の3年間で実施した。

図表2・6・11　新潟－仙台ライン全体工程

項　目	86年度	87年度	88年度	89年度	90年度	91年度	92年度	93年度	94年度	95年度
事前調査										
一般部設計					基本設計		詳細設計			
特殊部設計					基本設計			詳細設計		
許認可手続					施業案・変更認可					
地元交渉および用地買収										
建設工事					0.3km	3km	10km	65km	93km	80km

⑥ 計画、実施上の適用法規
　・適用法規：鉱業法、鉱山保安法（現在、ガス事業法を適用）
　・設計基準：高圧ガスパイプライン技術指針（案）

3 パイプライン設備の概要

1 敷設ルートの特徴

わが国においては、パイプライン建設のための専用用地を縦断的に取得することは困難であり、公道の道路敷地内に敷設するのが一般的である。本事業においても公道を中心に路線選定が行われた。

選定にあたっては、安全性が確保できること、経済的であること、保守管理性が良いこと、法規・基準に適合し許認可が得られること等を考慮し、最適な路線となる様努めたが、種々の理由から経済性の面を犠牲にせざるを得ない箇所もあった。3県7市14町村にわたる全体ルートを図表2・6・12に、路線距離集計内訳を図表2・6・13に示す。

路線の特徴は日本海側から越後平野、朝日飯豊連峰、米沢平野、蔵王連峰そして仙台平野・太平洋と平野部と山岳地帯を交互に通過して日本列島を横断していることである。この中には最大積雪深さが約4mに達する地域、国立公園や国定公園地域、大小約150の河川水路横断部、地滑り地帯を迂回しなければならない地域、さらに地形的・環境的に公道では適切なルートが確保できない地域があり、橋梁建設、トンネル掘削、パイプライン管理用道路の築造など、建設費を押し上げる要因が多数存在した。

また冬期間は、建設工事を一時中止もしくは制限を受けることになり、工程調整の面でも苦労を強いられる結果となった。

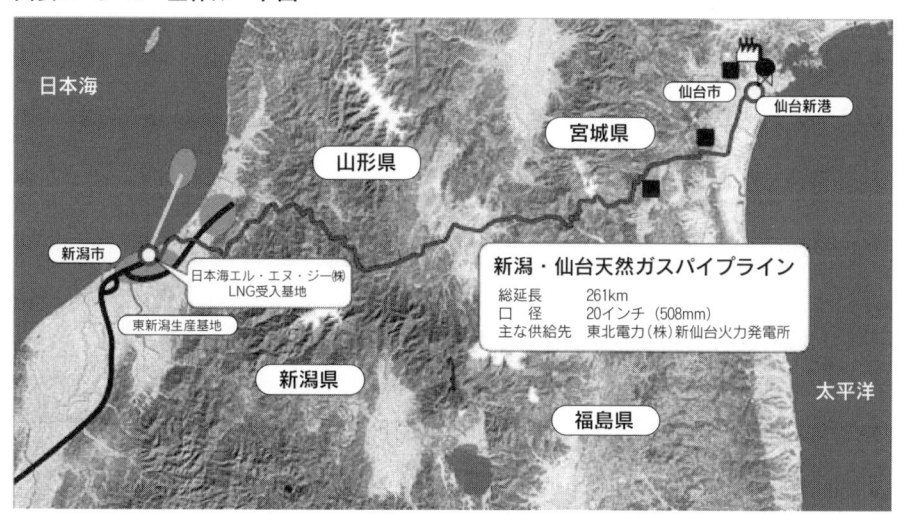

図表2・6・12　全体ルート図

新潟・仙台天然ガスパイプライン
総延長　　261km
口径　　　20インチ（508mm）
主な供給先　東北電力（株）新仙台火力発電所

2 ステーション等の設備、輸送能力

パイプラインの起点側には計量設備を有する送ガスステーションを、終点側には計量設備や圧力調整設備を有する受け渡しステーションを設置した。これらステーションを含めパイプライン

図表2・6・13　路線距離集計内訳

県　別	新潟県 (km)	山形県 (km)	宮城県 (km)	計 (km)
道路法上道路	28.6	70.6	77.0	176.2
内訳				
国道	4.8	3.6	15.2	23.6
県道	10.4	55.2	28.1	93.7
市町村道	13.4	11.7	33.7	58.8
道路法上外	30.1	12.8	31.5	74.4
内訳				
農道	16.8	0.5	6.4	23.7
河川敷	0.7	1.0	0.7	2.4
公共財産	0.4	0.4	2.2	3.0
民地	1.5	0.8	5.2	7.5
社有地	7.4	10.0	1.3	18.7
その他	3.3	0.1	15.7	19.1
総　　計	58.7	83.5	108.5	250.6

全線では24か所の緊急遮断装置と6か所の遮断装置、合計30か所のステーションを設置した。

また運転監視制御システムとしては、長岡市と仙台市の2か所にコントロールセンターを設置し、24時間体制での安全確認が行われている。この他の付帯施設としては、オンラインシミュレーション法による漏洩検知システム一式、パイプライン専用橋58か所、橋梁添架施設21か所、パイプライン専用トンネル4か所（総延長約4,600m）、パイプライン管理用道路10か所（総延長約1万2,000m）、その他電気防食設備一式などを備えている。

パイプラインの輸送能力は日量約500万 m^3 である。

3 パイプラインの敷設方法

1本の長さ11mの鋼管を溶接接合して道路下へ埋設している。埋設深さは1.5mであり、市街地では1.8mとなっている。鋼管には外面防食用のポリエチレン被覆が施されており、被覆されていない管端部については、溶接後シュリンク・チューブにより塗覆装を行っている。

工事は通常道路の片側を50～100m程度占有した作業帯の中で、舗装割り・掘削・土留(仮設)・溶接・検査・塗覆装・埋め戻し・舗装仮復旧の手順で行われ、平均進捗は1日当たり20～30m程度であった。

溶接は初層ティグ溶接＋被覆アーク溶接もしくは全層アーク溶接を基本とした。溶接士については、JIS Z 3801のN-2P以上またはこれと同等以上の技術を有する者で、さらにJAPEXが行う溶接士技量試験に合格した者が従事した。JAPEXの技量試験に合格した溶接士は、鉄鋼4社合計で約200名に達した。

また溶接施工に先立って、溶接施工法確認試験を実施している。現地溶接部の非破壊検査につ

いては、全周、全リングについて放射線透過試験を実施し、JIS Z 3104-1968の2級以上を合格とした。

4 特記事項

① 技術基準

従来、高圧ガスパイプラインを道路内に埋設する場合には、「石油パイプライン技術基準」などを参考として道路管理者へ申請、協議のうえ許可されていたが、天然ガス輸送パイプラインが高圧化、長距離化さらに広域化する傾向を背景として、国土を横断する本事業の高圧ガスパイプラインを道路内に設置する場合の計画、設計、施工、保安に対する技術指針を作成する必要に迫られ、建設省の推薦によりその業務を財団法人国土開発技術センターに委託し、「高圧ガスパイプライン技術指針（案）」を1991年2月に作成した。

本技術指針（案）は総体として「石油パイプライン技術基準」に従っているが、同基準制定後に新しく得られた知見、特に耐震設計、液状化に対する知見を取り入れたほか、「石油」と「ガス」の物性の相違を勘案して作成されている。

② 許認可と用地の取得

道路法32条の占用許可の取得にあたっては、道路管理者数が21に及んだこと、また施工が複数年にわたることから、建設省道路局との協議により、全体路線の認定を行う「全体計画協議」と具体的な占用位置の決定ならびに安全性の審査を行う「個別占用協議」の2段階方式が採用された。また道路法のほか、河川法、農地法、農振法、自然公園法、都市計画法などに基づく許認可を取得した。折衝官公庁などの総数は担当課レベルまで含めると約350に上った。

また専用橋、バルブステーション（**写真2・6・10**）ならびに管理用道路の建設のために、187か所の用地を取得した。工事工程との綿密な調整を行い、順次取得していった。

③ 特殊部工事

本パイプラインでは大小約150の河川・水路横断部があったが、そのうち特に1、2級法定河川の横断は原則上越しであり、河道計画1・50または1・100（洪水確率50年または100年）をクリアするよう、河川管理者から指導があった。この基準に適合する既存道路橋は少なく、結果として58か所にパイプライン専用橋を建設した。橋梁形式は河川幅、地形によりランガー橋（**写真2・6・11**）、トラス橋、アーチ橋、吊橋、方杖ラーメン橋、パイプビーム橋の各種を建設した。

設計にあたっては豪雪地域における雪荷重の考え方、沈降力に対する対応そして風による振動発生の可能性について、大学等との共同研究をも含めて検討を実施した。またパイプライン専用トンネルを4か所建設したが、そのうち、山形・宮城県境に建設された二井宿トンネル（延長1,021m、径2.3m）は、坑口の標高差120m、勾配12％の急傾斜トンネルで、TBM（Tunnel Boring Machine）が導入され、その中で、自動掘進システムの開発・導入、また掘削ズリの搬出に重力式流体輸送方式が導入され成功を収めた。

写真2・6・10　バルブステーション全景

写真2・6・11　1級河川に架かるランガー橋（右から2番目がパイプライン本管）

4　2011年3月11日　東日本大震災

　2011年3月11日午後2時46分に発生したMw（マグニチュード）9.0の東北地方太平洋沖地震により、新潟―仙台ラインも被災した。

　新潟―仙台ラインは新潟県、山形県そして宮城県に跨る広域パイプラインで、設置してあるSCADAシステムでは震度3から震度6強の揺れが観測されたが、地震の揺れによる被害よりも、15時45分頃に来襲した津波により、仙台新港バルブステーション内にある運転監視センターや仙台平野にあるバルブステーションの建屋や電気設備などに被害が生じた（**写真2・6・12**、**2・6・13**）。

　パイプラインそのものについては、宮城県七ヶ宿町管内の山間部の県道などで路体崩壊や道路沈下があったが、パイプライン自体には被害はなく（**写真2・6・14**）、震災発生の3日後には仙南ガス（株）へパイプライン内の湛ガスにより供給を開始、また12日後の3月23日には甚大な被害を被った仙台市ガス局へ、LNGの代替として供給を再開している。

　この未曾有の地震災害の中で、幹線ガスパイプラインの高度の耐震性、強靱さが証明されたが、これは複数のガスソースを持つことの重要性とあわせて、今後のエネルギー供給・政策を考えるうえで、特筆すべき事項として高い評価を得た。

5　経済性（建設費）

　建設費の総額は約700億円であり、その内訳はおおむね以下のとおりである。

・調査設計費：3％
・本体工事費：92％

写真2・6・12 津波で浸水する仙台新港バルブステーション

写真2・6・13 津波で損壊した運転監視センター内部

写真2・6・14 宮城県内山間部での県道崩壊現場（パイプライン自体に損傷なし）

- 工事負担金：1％
- 用地関係費：4％

参考文献
1) 千葉一元「我が国の国土横断パイプラインの建設、新潟―仙台天然ガスパイプラインの建設」『天然ガスパイプラインシンポジウム』社団法人日本エネルギー学会天然ガス部会輸送分科会、1998

6.4.2 新東京ライン

1 事業の目的

1 概要
国際石油開発帝石(株)（以下「INPEX」という）は、総延長1,400kmに及ぶ幹線パイプライン

ネットワークを通じて、国内最大級の南長岡ガス田（新潟県）で生産される天然ガスを関東甲信越地域の都市ガス事業者および工業用需要家に供給している。

新東京ラインは、同社ネットワークの基幹ラインとして、新潟県上越市を起点に群馬県富岡市まで3期にわたって順次建設されたものであり、現在は群馬県藤岡市まで延伸する第4期工事が2012年末の完成に向けて進められている。各工事の概要を図表2・6・14に示す。

図表2・6・14　新東京ライン工事概要

	区　間	距離（km）※	工事期間
第1期	新潟県頸城区〜長野県信濃町	52	1995〜1997年
第2期	長野県信濃町〜長野県軽井沢町	93	1997〜2000年
第3期	長野県軽井沢町〜群馬県富岡市	46	2004〜2007年
第4期	群馬県富岡市〜群馬県藤岡市	19（予定）	2010〜2012年（予定）

※　パイプライン設置時の距離（その後の切り廻し工事等による微増あり）

2 背景・効果

INPEXは1962年、頸城油・ガス田（新潟県）で生産した天然ガスを都市ガス事業者向けに供給するため東京ライン（新潟県上越市〜東京都足立区、321km）を建設したが、南長岡ガス田の発見（1979年）・生産開始（1984年）とその後の天然ガス需要の増加に応えるため、東京ラインに並走する形で新東京ラインを新たに計画した。

新東京ライン建設に伴い、同社の天然ガス年間販売量は、新東京ラインの建設を決定した1995年の5億m^{3}から第1期工事完了後の1998年に6億m^{3}に、また第2期工事完了後の2001年には7億m^{3}にそれぞれ拡大した。一方、第2期工事完了後の2002年には、新東京ラインの長野県東御市より分岐し、茅野市を経由して松本市に至る松本ライン（102km）が完成した。また、翌2003年には、茅野市から山梨県韮崎市および甲府市を経由して昭和町に至る甲府ライン（71km）が、さらに2006年には、昭和町から静岡県御殿場市に至る静岡ライン（81km）がそれぞれ完成し、新東京ラインによるガス供給エリアが大幅に拡大された。

これらの結果、同社の天然ガス販売量は第3期工事完了後の2008年には17億m^{3}へと飛躍的に増加した。図表2・6・15に上記各ラインを含むパイプラインネットワーク図を示す。

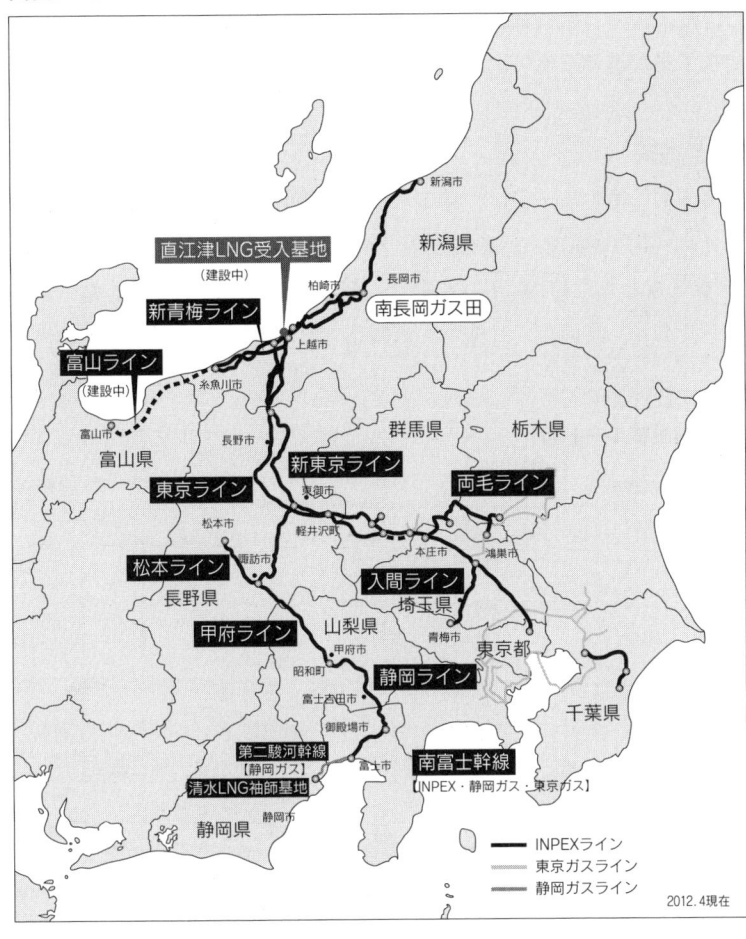

図表2・6・15　INPEX パイプラインネットワーク図

2 事業概要

新東京ライン建設工事の概要を以下に示す。

① 事業名称：新東京ライン第1期工事～第4期工事
② 事業者名：国際石油開発帝石株式会社
③ 敷設地：新潟県上越市頸城区～群馬県藤岡市（全長213km）
④ ＰＬ仕様：設計圧力7MPa、管径20インチ（508mm）
⑤ 適用法規
　・第1期～第2期：鉱山保安法（石油パイプライン事業法技術基準ほか）
　・第3期以降：ガス事業法（ガス工作物技術基準、高圧導管指針ほか）
　　　　　　　（2003（平成15）年のガス事業法改正（2004年4月施行）に伴う変更）

3 パイプライン設備の概要

以下では、現在工事が進められている第4期工事区間について記述する。

1 敷設ルートと地質

新東京ライン第4期工事のルートは、第3期工事の終点と既設東京ラインの合流点である高瀬バルブステーション（群馬県富岡市上高瀬地内）を起点とし、大塚バルブステーション（群馬県藤岡市上大塚地内）を終点とした約19kmの区間で、その大部分は、上信越自動車道の上り車線側道を主としたルートであり、富岡市、甘楽町、高崎市（旧吉井町）、藤岡市の4市町を横断する（図表2・6・16）。

図表2・6・16　第4期工事ルート図

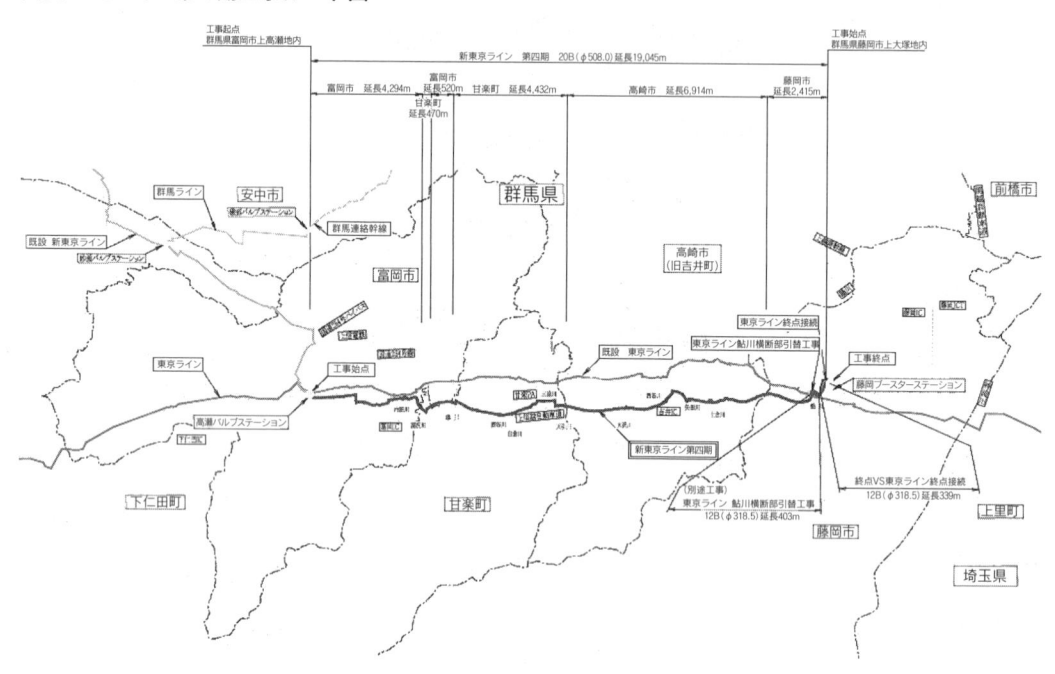

パイプラインルート周辺の地形は、上信越自動車道を走行するとわかるように切り土、盛り土、高架橋と起伏に富んだ地形であり、それらは鏑川右岸の台地とその支流により浸食された地形であり、起伏の激しさを物語っている。文献（地形分類図「高崎」）によると、地形の分類はライン起点より台地（最下位段丘）、台地（下位段丘）、段丘（上位段丘）、丘陵（山麓緩斜面）、扇状地、自然堤防となり、敷設延長が約19kmと短い割には変化が激しい地形である。

ガスパイプラインの標準埋設深度は1.2mであることから、標準掘削深度は約2.5m、河川横断等の推進立坑部は約10mとなる。その掘削状況に基づく敷設ルートの地質としては、沖積層（河川堆積物の粘性土～玉石混じり粘性土）、低位段丘堆積物層（粘性土、砂質土、砂礫）、ローム層、砂岩・泥岩互層、凝灰岩などがみられ、岩の中には硬岩で亀裂がなく割岩機等での破砕を行わなけ

ればならない工区もある。また、層境からの湧水が確認されている。

2 パイプラインの敷設方法

パイプラインは、標準埋設深度が約1.2mである一般敷設部と、河川横断・既設構造物の伏せ越し横断等の推進工法による特殊敷設部に分類される。

一般敷設部では、予定深度まで掘削し、建込み式簡易土留め材で土留めを行い、鋼管を吊り降ろし設計位置に鋼管を据え付け、溶接にて接続をしていく。一方、推進箇所では、推進計画深度までライナープレートを組み立てながら立坑を掘削し、推進機後部にヒューム管を連結させ、発進立坑から到達立坑に掘進、その後鋼管を発進立坑内で溶接し随時到達立坑内に送り込ませる。推進のヒューム管と鋼管の隙間はエアミルクにて充填し、空隙を埋める。

3 特記事項

配管敷設工法として、掘削溝への配管吊降ろしの安全性、作業時間を短縮して作業効率を高める工法として鋼管スライド工法が採用されている。工法の概要を**図表2・6・17**に示す。

図表2・6・17 鋼管スライド工法の概要例

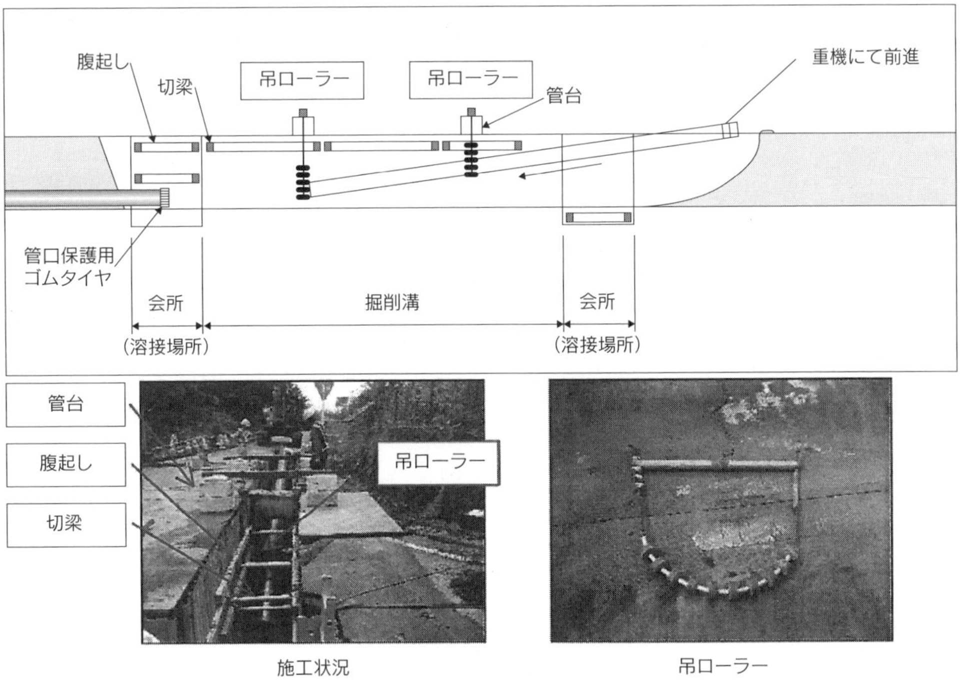

施工状況　　　　　吊ローラー

日鉄パイプライン(株)提供

同工法の特徴として下記があげられる。
・土留め用切梁の盛替え作業が不要となり、本管吊降ろし作業時間が大幅に短縮できる。
・本管吊降ろし時に掘削溝内作業がなくなることから安全である。

- 掘削溝側方での作業がないため、ワンレーン施工が可能である。
- 掘削溝側方での重機作業を必要としないことや切梁の盛替えがないことにより、地盤の緩みが生じない。
- 本管口径、施工場所に関係なく、吊ローラーと管台のみで施工が可能である。

また、川底横断の推進管（さや管）内に鋼管を挿入する際に、本管と推進管の摩擦抵抗を軽減する工法として、推進管内浮力式簡易配管工法（簡易FT工法）を採用した。この工法は、あらかじめ推進工法にて設置した推進管内に配管を行う際に挿入側止水装置を設置のうえで、推進管内に水を注入し、鋼管を浮遊させることにより鋼管と推進管の摩擦抵抗をなくし、小さな押込み力で挿入を可能とする工法である。作業フローを**図表2・6・18**に示す。

図表2・6・18 簡易FT工法 作業フロー

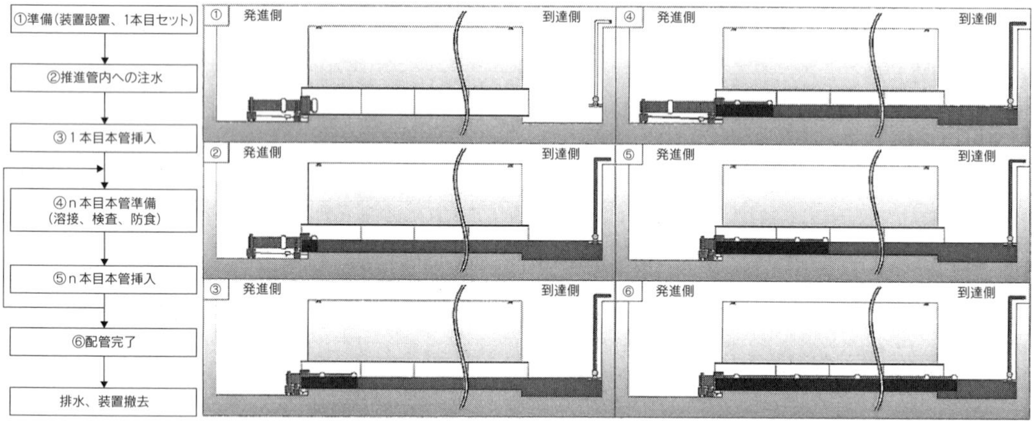

日鉄パイプライン(株)提供

同工法の特徴として下記があげられる。
- 推進管内に水を入れて鋼管を浮遊させ推進管と鋼管との摩擦抵抗をなくすことにより、配管作業に関係する到達側作業が大幅に低減し（実績上1t以内）、小型の装置で長距離配管が可能である。
- 推進管内の水を利用することにより、日々の塗膜抵抗管理が可能である。
- 配管時の推進管内作業がなくなり、安全性が向上する。
- 従来工法（押込み工法）では、発進側・到達側双方での作業が必要になるが、FT工法では、発進側のみの作業で配管が可能である。

4 今後の計画

INPEXは2011年5月、富山ライン（新潟県糸魚川市〜富山県富山市、102km）の建設を決定した（2014年末完成予定）。こうした新規地域への拡張や新東京ラインなど既存幹線ラインの延伸・増強により天然ガス供給を拡大することで、中長期的には年間25億〜30億m³規模の販売量を想定

している。

　また、天然ガスの供給能力と供給安定性を一層強化するため、ネットワークの拡充に加えてLNG輸入基地の建設を進めている。2014年初稼働予定の直江津LNG受入基地（新潟県上越市）では、イクシスやアバディなど同社が自ら手がける海外のLNGプロジェクトで生産したLNGを輸入する計画で、海外のLNGソースを国内のネットワークを通じて需要家に長期安定的に供給するガスサプライチェーンの構築を目指している。

　さらに、東日本大震災以降急速に高まっているエネルギー・セキュリティへの関心に応えるべく、INPEX、東京ガス(株)、および静岡ガス(株)の3社間で、天然ガス緊急時相互融通契約が締結された。各社のLNG基地やパイプラインなどのガス供給設備が大規模自然災害などで被災し、各社のガス供給に支障が出る可能性が生じた場合に、3社間で接続されているパイプラインを通じて天然ガスの相互融通を行うことを可能とするものである。

6.5　天然ガス地下貯蔵

6.5.1　関原ガス田

1　事業の目的

1　計画の背景

　国際石油開発帝石(株)（以下「INPEX」という）は1968年、本格的な天然ガス備蓄および需給調整を目的とした地下貯蔵技術の開発に取り組むこととし、当時の通産省から「重要技術研究開発補助金」の交付を受け、すでに枯渇状態にあった関原ガス田Ⅲ層を対象として、「わが国における枯渇ガス田を利用した天然ガスの地下貯蔵に関する工業化試験」を実施した。

　同試験では既存井を利用してガス圧入・排出試験を繰り返し、1969年には実用規模でのガス地下貯蔵が可能であることを確認し、これが日本で初の天然ガス地下貯蔵の実例となった。

2　期待する効果

　1970年代には将来的なガス需給を考慮して貯蔵量を1億3,500万 Nm^{3}にまで拡大するとともに、圧入・排出井の追加、プラントおよびコンプレッサーの増強等を経て、1982年には日量70万Nm^{3}の排出が可能となり、同社のガス需給管理の面で極めて重要な役割を担うようになった。

　その後、南長岡ガス田の生産開始（1984年）と供給余力の拡大に伴い、関原ガス田は緊急時用備蓄としての性格が強まったが、2000年代後半の石油価格高騰等に伴うガス需要の急増を受けて、需給管理の面からも再び地下貯蔵に対する期待が高まった。このため、さらなる貯蔵量の拡大、圧入・排出井の追加、プラント能力の増強等が図られ、現状では緊急時用備蓄としてのみならず、

需給ピークシェービングや季節間の需要変動吸収等の役割を担っている。

2 事業概要

① 事業名称：関原ガス田における天然ガス地下貯蔵
② 事業者名：国際石油開発帝石株式会社
③ 所　在　地：新潟県長岡市高頭町12511
④ 適用法規：鉱業法、鉱山保安法

3 関原ガス田の概要

1 地質概要

関原ガス田は、南長岡ガス田の北方5kmに位置する。その地下構造図を**図表2・6・19**に、地質断面図を**図表2・6・20**にそれぞれ示す。

ガス田構造は2つのカルミネーション（極隆部ともいい、背斜構造の縦断図において相対的に高部分のこと）が中央鞍部で連結され、全体として1つの背斜構造を形成している。主要ガス層は海面下1,000m付近の西山層中にあり、その下部および周囲に広大に発達した水層を有する。ガス貯蔵対象層はⅢ層と呼ばれ、火砕岩質砂岩（Ⅲa層）と安山岩質集塊岩（Ⅲb層）から構成される。浸透率・連続性ともに良好であるため、1坑当たりのガス産出能力が比較的大きい。ガス層上部には、厚くしっかりとした泥岩質のキャップロックが覆っている。

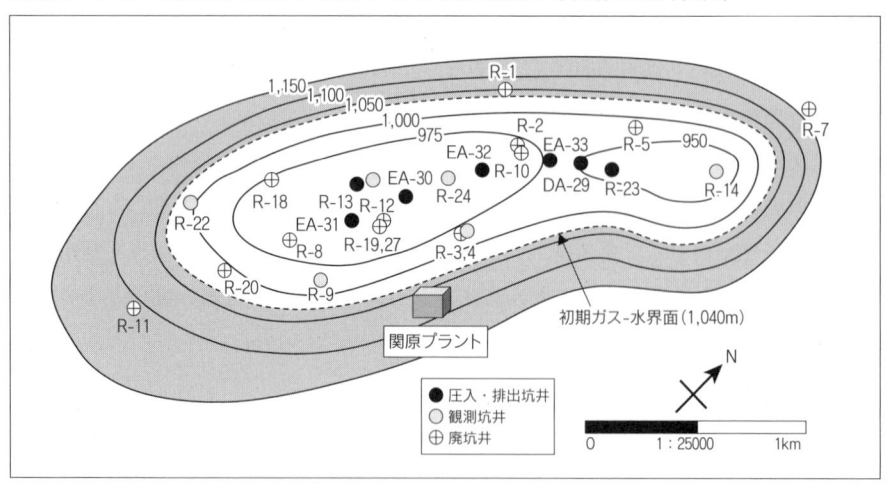

図表2・6・19　関原ガス田地下構造図（Ⅲa層上端面の等高線と坑井位置）

2 貯蔵計画の概要

関原ガス田の生産と圧入・排出履歴を**図表2・6・21**に示す。

同ガス田は1961年に発見され、翌1962年から生産を開始し、1967年までに累計3.2億Nm³のガスを産出して枯渇した。その後、1968年7月から翌年3月まで、「わが国における枯渇ガス田を

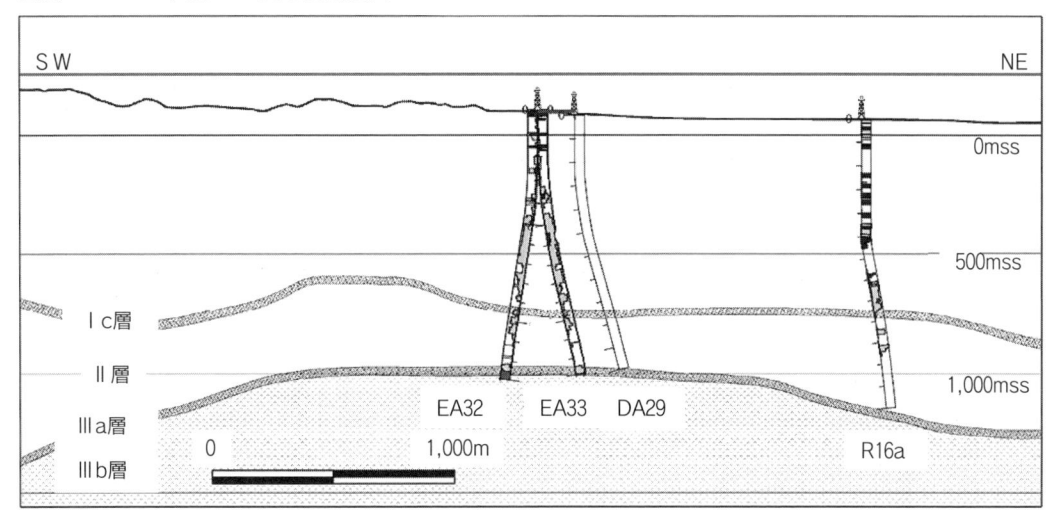

図表2・6・20　関原ガス田地質断面図

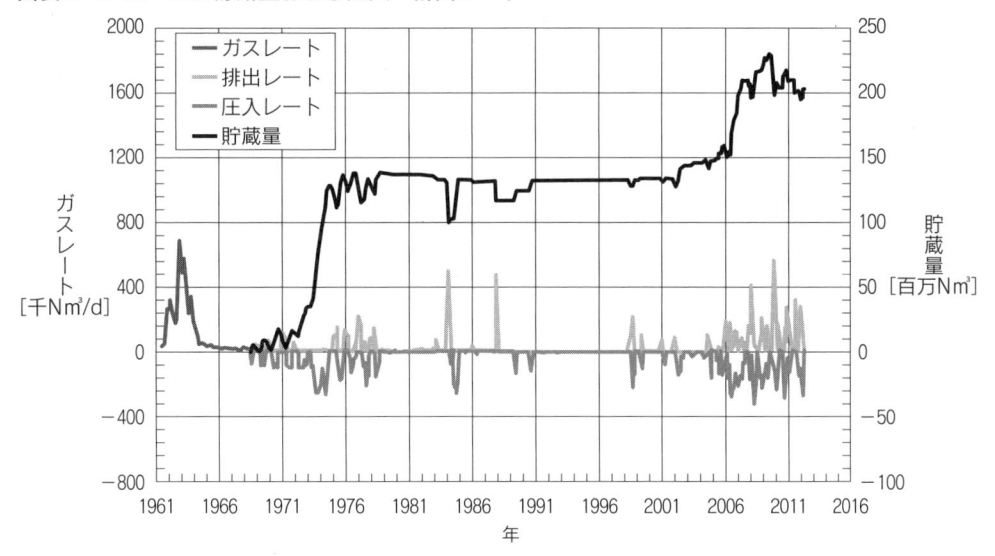

図表2・6・21　ガス貯蔵量および圧入・排出レート

利用した天然ガスの地下貯蔵に関する工業化試験」を実施した。

　その後、前述した数度のプラント増強工事および圧入・排出井の追加を経て、現状の能力は圧入・排出井7坑にて圧入約70万Nm³/日、排出約240万Nm³/日、天然ガス貯蔵量は約2億Nm³に達している。

3 施設の内容

　図表2・6・22に、関原プラントのプロセスフローダイアグラムを示す。
　圧入系ではガス幹線パイプラインからの天然ガスをセパレータ経由で水平対向型圧縮機（2台、

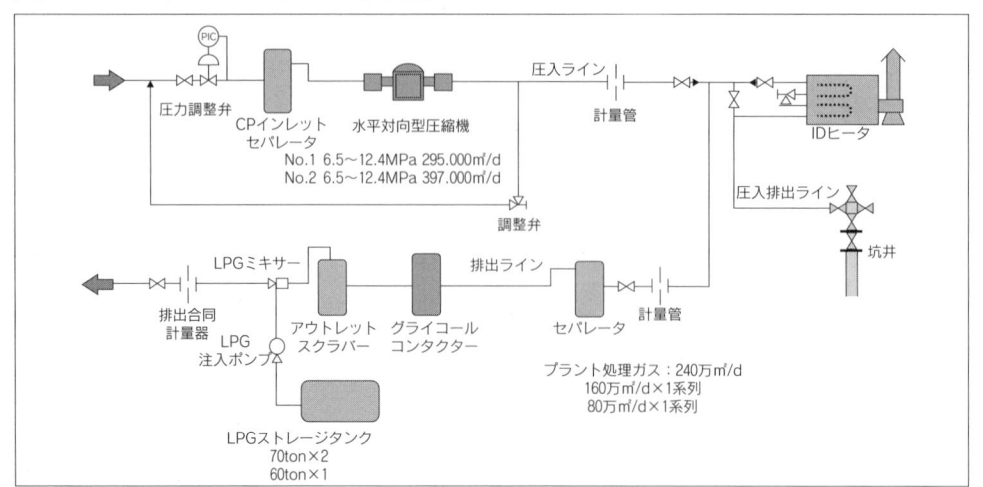

図表2・6・22　関原プラント・圧入／排出のプロセスフローダイアグラム

写真2・6・15　関原プラント／圧入・排出井

合計圧入能力約70万 Nm^3/日）にて昇圧し、坑井へ圧入する。排出系では坑井からの排出ガスをセパレータ経由で脱湿処理した後（2系列、合計排出能力240万 Nm^3/日）、後述する熱量調整のためのLPG添加を経て、ガス幹線パイプラインに戻される。

　坑井数は圧入・排出用に全7坑井、観測井が全6坑井となっている。**写真2・6・15**に関原プラントおよび圧入・排出井の写真を示す。

4 関原ガス田における特記事項

　関原ガス田で特記すべき事項について3点を以下に述べる。

① 地下貯蔵ガス量の管理について

　一般に枯渇ガス田では、原始鉱量の20～40％に相当するガスが、ある圧力をもって未回収のまま残されている。このガスを、その後に圧入されるガスと区別してネイティブガスと呼ぶ。ここから地下貯蔵に利用するガスを圧入していくと、ネイティブガスも圧入ガスとともに徐々に圧縮

される。この圧縮されたガスの持つエネルギーが、ガスを排出する際のエネルギーとして利用される。この排出エネルギーを与えるガス、すなわちネイティブガスに圧入ガスの一部を加えたガスをクッションガスと呼ぶ。必要なクッションガス量は、要求排出レートと排出圧力によって決まり、要求排出レートと排出圧力が高ければ高いほど多量のクッションガスが必要になる。地下貯蔵では、一定量のクッションガスが確保された後に圧入されたガスのみが排出時に利用可能となり、これをワーキングガスと呼ぶ。

　地下貯蔵の設計においては、所定の排出レートを得るために必要なクッションガス量とワーキングガス量を、正しく評価しなければならない。水層が付随していない単独のガス層では、ガスを採取してもそのガス層の容積は大きくは変わらず、採取したガスと同量を圧入し貯蔵することが可能であるため、比較的容易に設計可能である。しかし、関原ガス田には上述した強い水押しが存在するため、ガスの採取および排出に伴って水がガス層に侵入する。よって、ガス圧入時の貯蔵容積は初期状態よりも小さくなり、採取ガスと同量のガスを圧入し貯蔵するには、逆に水を押し戻すためのより大きな圧力または時間を必要とする。したがって、圧入と排出の周期が短い場合、必要な圧入圧力が貯蔵ガス量に対して徐々に高くなる傾向がある。これは、水押しが存在するときの圧入・排出サイクルのヒステリシスとしてよく知られている。

　INPEX では、この現象を再現可能なシミュレーションモデルを作成し、クッションガス量とワーキングガス量を適切に管理している。現在、関原ガス田のワーキングガスは約0.8億 Nm^3 であり、クッションガスは約2.2億 Nm^3 となっている。

② 排出ガスの熱量低下対応について

　天然ガスを地下に貯蔵する場合、ネイティブガスと新たに圧入されるガスとが貯留層内で混合されるため、排出時の熱量は圧入時とは違ったものになる。関原ガス田のネイティブガスの熱量は39.8MJ/Nm^3 であるのに対して、圧入ガスのそれは43.2MJ/Nm^3 であり、この両者が混じり排出されるので、当初から排出ガスの熱量低下が予想された。

　実際に、排出初期では熱量41.1MJ/Nm^3 が記録され、その後しばらくは圧入と排出を繰り返しても熱量の変動はなかった。現在42.5MJ/Nm^3 まで回復しているものの、この継続した排出ガスの熱量低下の挙動は、単純な質量混合だけでは説明できず、実坑井を使ったフィールド規模でのトレーサーテストと熱量変動予測が可能なシミュレーターによる感度分析による検討を行った。その結果、混合以外の要因である分散と拡散、地層水への溶解、および岩石鉱物への吸着などが複雑に関与していることが示唆されている。

　現実的な解決策として、熱量変動を許容できない顧客に配慮して、関原プラントに熱量調整装置を設け、排出を行う場合はLPGを加えて排出ガスの熱量を一定に保っている。これにより排出コストが増すことになるが、顧客対応という観点からは必要な措置である。

③ ガス層圧力引上げへの取組みについて

　関原ガス田では、これまでは天然ガスが自然に貯留していた事実から、貯留層としての健全性が保証されている初期圧力以下で運用しているが、一方で、将来的に見込まれるガス需要の増加

に対し、安定的なガス供給に備えるという社会的使命の観点より、貯蔵圧力の昇圧の可能性についても検討を行っている。

諸外国の事例を調査のうえ、貯蔵圧力引上げ時の安全性を確保するために必要な技術評価項目を整理したところ、リスクは次の3点、すなわち、①キャップロックの破壊や断層を介した上位層準への貯蔵ガスのリーク、②地下貯蔵層からのスピルアウト（こぼれだし）による貯蔵ガスの漏洩、③坑井を介した上位層準・地表への貯蔵ガスの漏洩、に集約される。

これらのリスクに対し対策を検討したところ、地質学的検討に基づく構造評価、コア試験などによるキャップロックのシール性評価、数値シミュレーションモデルによる昇圧時のガス層の拡大範囲の把握、ガス・水界面と圧力の観測体制の構築、ガス漏洩した時の地表検知体制の整備などを実施すれば、想定されるリスクを十分に回避できるとの結論に至っている。

今後、法整備などの社会環境の整備状況を睨みつつ、昇圧による貯蔵量増大を探ることとしている。

5 保安対策の概要

定期的に圧入対象層（Ⅲ層）の坑底圧力を測定し、シミュレーションモデルと実測値との整合性を確認しつつ、貯蔵圧力と貯蔵量を適切に管理しガスの漏洩防止に努めている。また、坑井を介した上位層準へのリークのリスクに対しては、上位層（Ⅱ層およびIc層）を仕上げた観測井の坑口圧力および坑底圧力を定期的に監視する体制を整備し保安対策に万全を期している。

6.5.2 紫雲寺ガス田

1 事業の目的

1 計画の背景

石油資源開発(株)（以下「JAPEX」という）は、新潟県内の油ガス田から生産する国産天然ガスと海外から輸入したLNG気化ガスをガスパイプラインにより新潟県内および山形県、宮城県、福島県の一般ガス事業者や産業用需要家に供給している。

同社の供給先における天然ガス需要には一般ガス事業者を中心とした季節的な需要変動があり、冬季に多く夏季に少なくなる傾向がある。一方、天然ガスの生産能力や処理設備能力には限りがあり、天然ガスの日量需要や処理設備等の点検時の休転等により生産量や送ガス量の変動も発生する。

同社では、このような需要と供給のギャップを緩和するとともに天然ガスの安定供給を目的として、新潟県内で生産する国産天然ガスの地下貯蔵を自社が操業する3か所のガス田（片貝ガス田（浅層）、雲出ガス田（Ⅴ層）、紫雲寺ガス田（Ⅰ層、Ⅱ層））で実施することとした。

2 期待する効果

　天然ガス需要には季節的な需要変動とともに日量需要の中での時間的な需要変動もあり、供給量の季節的、時間的対応（ピークシェービング）が天然ガスを安定的に供給するうえで必要不可欠となる。

　天然ガスの地下貯蔵は、需要の少ない夏季の間に枯渇したガス層に地下貯蔵し、需要が逼迫する冬季に排出させるオペレーションを行うことにより、天然ガス生産設備やパイプライン等の供給量と輸送量の制約を解消し、安定供給に貢献することが期待される。

2 事業概要

① 事業名称：紫雲寺ガス田における国産天然ガスの地下貯蔵
② 事業者名：石油資源開発株式会社
③ 所 在 地：新潟県新発田市長島701-1
④ 事業工程
　・1987年：ガス貯蔵層を対象としたレザーバースタディの実施、圧入設備の詳細検討・設計
　・1988年：ガス貯蔵設備設置工事
　・1989年：ガス貯蔵（圧入／排出）オペレーションの開始
⑤ 適用法規：鉱業法、鉱山保安法

3 天然ガス地下貯蔵の概要

1 地質概要

　紫雲寺ガス田は新潟県新発田市の中心から北方約8km、旧中条町と紫雲寺町の砂丘地帯にありJX日鉱日石開発㈱の中条ガス田の南に隣接している。

　本ガス田は北方の胎内川から南方の加治川まで屈曲しながら連続する、長大な背斜構造系列上の極隆部である中条～紫雲寺背斜の南部に位置している。この背斜構造は東翼がやや急で一部に断層を伴う非対象型のものであり、ガス層は西山層、椎谷層および七谷期グリーンタフ中にみられる（**図表2・6・23**）。

　本ガス田は1963年11月から生産が開始され、これまでに10億m³余の天然ガスが生産された。また1989年1月からは西山層中の紫雲寺Ⅰ層と紫雲寺Ⅱ層に対して、新潟県内中越地区（片貝深層）で生産される国産天然ガスの地下貯蔵が開始された。

　紫雲寺Ⅰ層は、西山層中の深度約900mに分布するチャネルサンドに形成されたドライガス層（メタン99％以上）で紫雲寺SK-8が掘削・仕上げられている。紫雲寺Ⅱ層も西山層中の深度約1,100mに分布するドライガス層で、これまでに6坑井が掘削・仕上げられたが、現存する坑井は紫雲寺SK-7と長島SK-2Dの2坑井のみである。

　双方のガス層とも東西翼部に水層を有し、ガスの産出に伴い地層水がガス層に若干浸入する弱い水押しを持ち、上位には厚く均質な泥岩層（キャップロック）が発達している（**図表2・6・24**）。

第2章　最近の地下空間利用

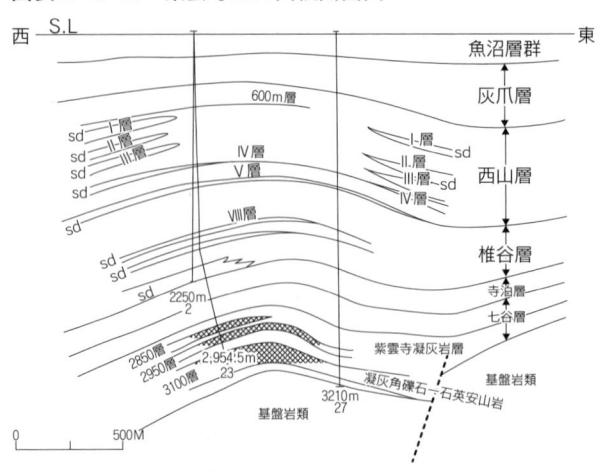

図表2・6・23　紫雲寺ガス田横断面図

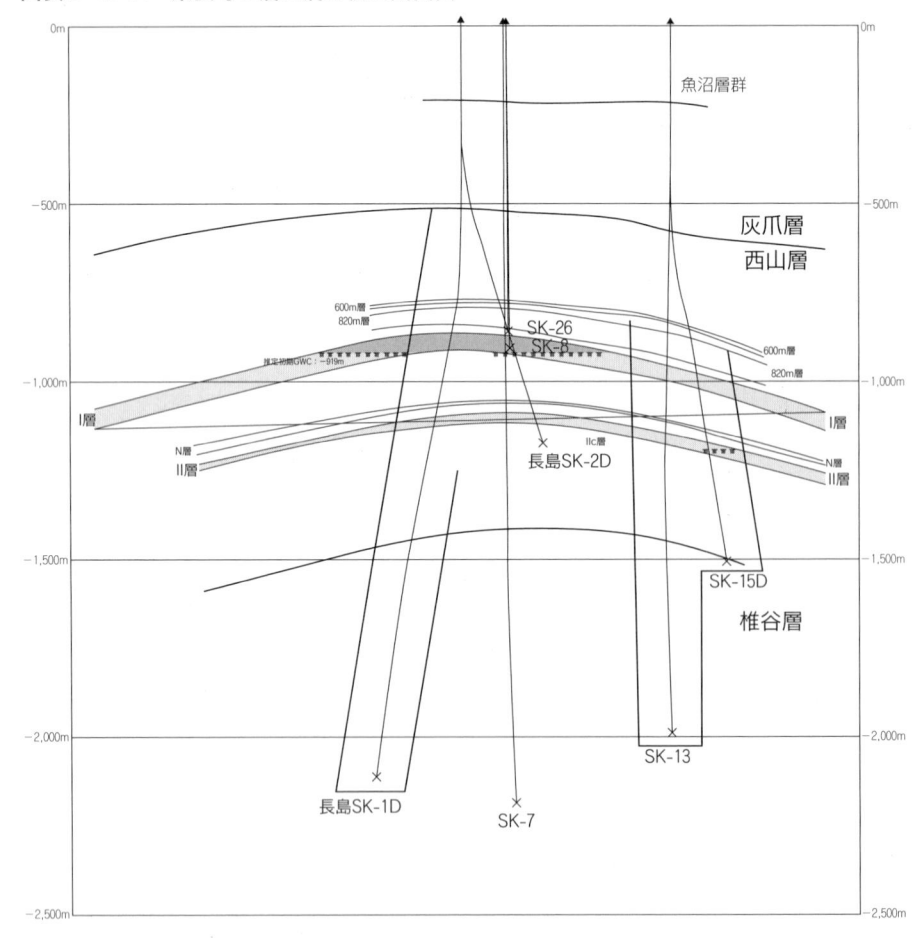

図表2・6・24　紫雲寺Ⅰ層Ⅱ層の模式断面図

2 貯蔵計画の概要

　JAPEXは紫雲寺ガス田の天然ガス地下貯蔵能力の評価を目的として、1987年に紫雲寺Ⅰ層と紫雲寺Ⅱ層を対象としたレザーバースタディを実施し、ガスの圧入および貯蔵ガスの排出に関する詳細な検討を行った。

　その結果、当該ガス層は浸透性がよく優れたガス貯蔵（圧入／排出）能力を有することが確認された。また、紫雲寺ガス田は新潟県内で開発・操業を行っている他の油・ガス田とガスパイプラインネットワークで接続されていること、天然ガスの大規模消費地である新潟市や新発田市に近接していることから、天然ガス地下貯蔵の適地として選定された（**図表2・6・25**）。

　紫雲寺Ⅰ層およびⅡ層からは、生産を開始した1963年から生産を停止する1988年までの間に4億1,900万m³の天然ガスが生産された。また、天然ガスの地下貯蔵は1989年1月より開始され、圧入開始から2011年12月末までの累計ガス圧入量および排出量は**図表2・6・26**のとおりである。

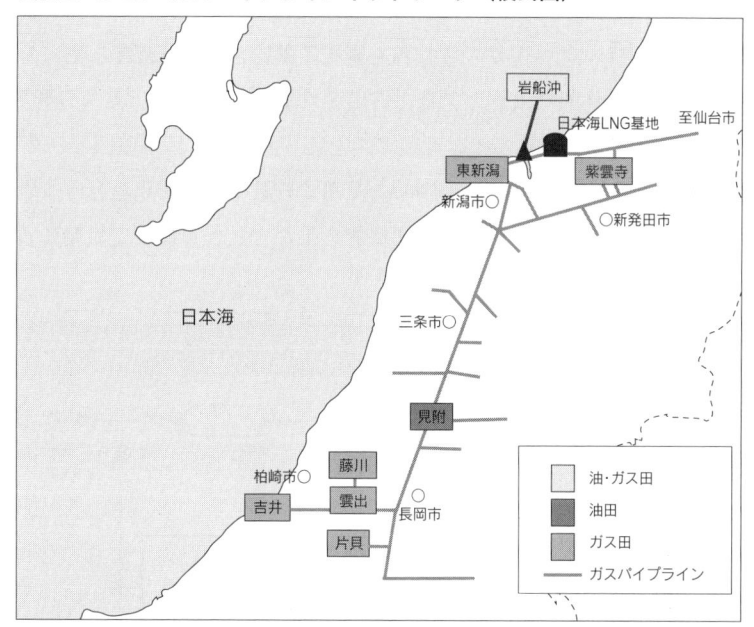

図表2・6・25　ガスパイプラインネットワーク（模式図）

図表2・6・26　天然ガス地下貯蔵の概要

ガス層名	紫雲寺Ⅰ層	紫雲寺Ⅱ層
坑井名	紫雲寺SK-8	紫雲寺SK-7／長島SK-2D
坑井深度	894～915m	1,097～1,261m
1988年末までの累計生産量	237百万m³	182百万m³
ガス貯蔵可能量	80百万m³	138百万m³
2011年末までの累計圧入量	219百万m³	250百万m³
2011年末までの累計排出量	192百万m³	217百万m³

これまでのレザーバースタディ結果および生産状況等を総合的に勘案すると、本地下貯蔵層（紫雲寺Ⅰ層＋Ⅱ層）のクッションガスは1,200万 m³、ワーキングガスは 2 億600万 m³と推定される。

3 施設の内容

　紫雲寺ガス田の主要な地下貯蔵施設は、天然ガスの圧入／排出坑井および圧縮機、インダイレクトヒーター、脱湿装置等である。

　これらの設備の多くは同ガス田の生産設備と共用であり、地下貯蔵開始にあたり天然ガス昇圧設備のみが増設された。ガスの圧入／排出に使用している坑井は、紫雲寺SK-8（紫雲寺Ⅰ層）、紫雲寺SK-7（紫雲寺Ⅱ層）、長島SK-2D（紫雲寺Ⅱ層）の3坑井のみであり、すべての坑井が圧入井、排出井、観測井として利用されている。

　本地下貯蔵施設のガス圧入能力は25万 m³/日、排出能力は60万 m³/日であり、ガスの圧入は、ガスパイプラインネットワークを経由して供給される国産天然ガスを所定圧力（11MPa）まで昇圧した後、圧入井に圧入される。一方、貯蔵ガスの排出は脱湿装置でガス中の水分を除去した後、ガスパイプラインネットワークへ送ガスされ各需要先に供給される（**図表2・6・27**）。

　紫雲寺ガス田における具体的な天然ガス地下貯蔵オペレーションは、ガスの低需要期（4〜11月）に中越地区（片貝深層）で生産される天然ガスを15〜25万 m³/日で圧入し、冬期の高需要期（12〜3月）に20〜45万 m³/日（最大60万 m³/日）の範囲で貯蔵ガスの排出を行うことで、季節的に変動するガス需要に対するピークシェービング機能を果たすとともに安定供給に貢献している。

図表2・6・27　地下貯蔵施設の概要（ガス圧入時）

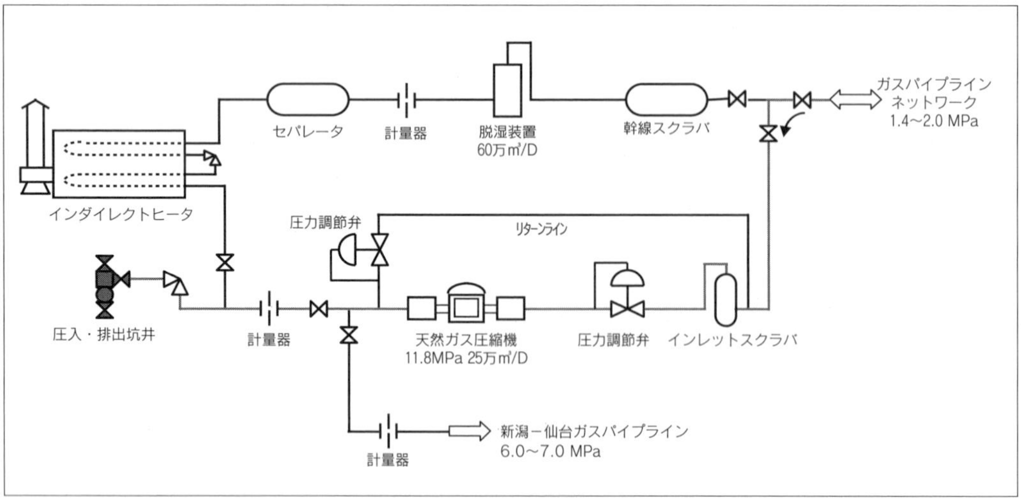

4 保安対策の概要

　JAPEXは、1974年に長岡鉱業所管内の片貝ガス田（浅層）、1989年に紫雲寺ガス田と雲出ガス田で国産天然ガスの地下貯蔵を開始した。地下貯蔵実施に際しては、計画段階で事前に対象層の

貯蔵能力、圧入／排出能力評価を目的としたレザーバースタディ（シミュレーション）を実施している。また、地下貯蔵オペレーション開始後も対象層の坑底圧力を定期的（1回／年）に観測すること、圧入／排出中の坑口圧力・流量等を常時監視することに加え、圧入／排出停止中においても坑口圧力の監視を行うことで、ガスの漏洩防止等保安対策に万全を期している。

このように同社では、貯蔵対象層の圧力挙動等を適切に監視することにより、圧入・貯蔵したガスの漏洩や異常の有無を監視しながら天然ガスの地下貯蔵オペレーションを続けており、現在までガス漏洩等のトラブルは発生していない。

6.6 地下発電所

地下発電所の変遷および空洞形状、空洞規模については『地下空間利用ガイドブック』（1994年10月5日発行）に記述してあるので参照されたい。

最近わが国で建設される水力発電所は、小水力を除けば揚水発電所がほとんどである。揚水発電は、夜間の余剰電力を使って下部貯水池から上部貯水池へ水を汲み上げ、昼間の電力需要ピーク時に水を流下させて発電する方式で、近年ではエネルギー源を原子力発電所の電力としている。揚水発電所は、下部貯水池より低い位置に揚水ポンプがあり、必然的に地下発電所となる。揚水発電には混合揚水式と純揚水式があり、純揚水式発電は大規模で約7割という高効率な蓄電能力を有し瞬時にフル稼働できる特徴がある。

日本初の揚水発電所は、1934年4月に完成の池尻川発電所（長野県野尻湖）である。続いて1934年5月、小口川第三発電所（富山県常願寺川、1931年完成の既設水力発電所）に揚水ポンプを追加別置して揚水発電を開始した。また、八木沢発電所（群馬県利根川、1965年12月運用開始、混合揚水式）は、1990年に既設発電電動機のうち1台を改造してわが国初の可変速揚水を行った。

徳山発電所は、40万kW混合揚水、2008年運転開始として1982年12月に電源開発基本計画に組み入れられた。しかし、不況などの影響で電力需要が伸び悩み、補償交渉・住民移転終了後ではあったが事業再検討の結果、出力15万3,000kWの一般水力地下発電所に変更（2004年5月）し、2014年運転開始予定となった。さらに事業主体が電源開発(株)から中部電力(株)に変更（2007年3月13日）となった。

高倉揚水発電所は北陸電力と電源開発が1974年から共同調査を実施し、最大出力210万kW、2011年運転開始予定であったが、2001年3月に計画を中止した。川浦揚水発電所は1995年11月電源開発基本計画に組み入れられ、最大出力130万kW、2021年運転開始予定であったが、2006年2月に計画を中止した。金居原揚水発電所は1996年3月電源開発基本計画に組み入れられ、最大出力228万kW、2012年運転開始予定であったが、2002年11月に計画を中止した。木曽中央揚水発電所は1998年7月に電源開発基本計画に組み入れられ、最大出力180万kW、2014年7月運転開始予定であったが、2004年3月に計画を中止した。

これら大規模揚水発電所の建設中止は、経済社会構造の変化（長引く景気低迷や省エネルギーの

進展等による電力需要の伸び悩み、人口の減少や製造業の海外シフト等)、さらには国の政策転換(電力小売自由化範囲の拡大、卸電力取引市場の創設等)による競争の激化に対応した措置といえる。

図表2・6・28に、前出『地下空間利用ガイドブック』以降に日本で建設された揚水発電所の一覧を示す。

図表2・6・28　わが国の揚水発電所（1994年以降運開）

発電所名	認可出力（kW）	水系	上池	下池	種類	運用開始	所在地	事業者
奥美濃	1,500,000	木曽川	川浦	上大須	純	1994	岐阜県	中部電力
塩原	900,000	那珂川	八汐	蛇尾川	純	1994	栃木県	東京電力
奥清津第二	600,000	信濃川	カッサ	二居	純	1996	新潟県	電源開発
葛野川	800,000 (1,600,000)	相模川	上日川	葛野川	純	1999	山梨県	東京電力
沖縄やんばる海水揚水	30,000	—	上部調整池	太平洋	純	1999	沖縄県	電源開発
神流川	470,000 (2,820,000)	千曲川 利根川	南相木	上野	純	2005	群馬県	東京電力
小丸川	1,200,000	小丸川	大瀬内かなすみ	石河内	純	2007	宮崎県	九州電力
京極	600,000	尻別川	上部調整池	京極	純	2015	北海道	北海道電力

(注) 認可出力 ( ) 内数値は全設備完成時

図表2・6・28に示す発電所のうち、世界初の海水揚水発電所である沖縄やんばる海水揚水発電所と、当面はわが国最後の揚水式発電所となる京極発電所について紹介する。

6.6.1　沖縄やんばる海水揚水発電所

1 建設の目的と課題

1 計画の背景

国内の電力需給の変化に対応するために、揚水発電等による負荷平準化が導入されてきた。従来までピーク需要対応の供給力として河川を利用した揚水発電所が多く設けられてきたが、河川環境の保全等の視点から立地地点が限定されつつあった。下池に海洋を利用した海水揚水発電の場合には、河川環境への影響が排除できること、また急峻な海岸線を多く有するわが国の地形条件を考慮すると、揚水発電所の新たな地点発掘にも寄与できる等のメリットが考えられた。

このため経済産業省は海水揚水発電の実用化に向けた実証研究を進めるために、海水揚水実証試験として、沖縄やんばる海水揚水発電所の建設および実証運転を実施してきた。

電源開発(株)は受託者として経済産業省からの本実証試験の委託を受け、1991年より建設工事を開始し、1999年に建設工事完了後5年間の実証試験運転を行った。引き続き2004年から同社は

経済産業省から設備を引き継ぎ、発電運転を行っている。

2 事業目的
海水揚水発電の実用化に向けて解決すべき課題を、パイロットプラントの建設・発電運転を通じて実証することが、本事業の目的である。

3 課題と解決策
海水揚水発電における課題は以下のとおりである。
① 海水を内陸に貯水するため、上部調整池から地盤へ海水が浸透することを防止しなければならない。このため海水浸透防止対策、および海水混入防止対策の評価、および海水漏水のモニタリングシステムの検証を実施した。
② 海水を使って発電することより、海生生物が水路、水車等に付着する懸念がある。このため、海生生物の付着の状況確認とそれによる発電・揚水効率への影響を評価する。
③ 海水雰囲気の中でポンプ水車等を高水圧・高流速下で使用することとなる。このため、海水に接する金属材料の腐食防止が課題である。
④ 従来は河川を堰きとめたダムを調整池として使うが、下池は海洋でありダム調整池にはない高波浪が発生する。高波浪時における取水・放水の安定性確保が課題である。
⑤ 上部調整池内に海水を汲み上げるため、上部調整池からの海水飛散による周辺植生、生物等生態系への影響を把握する。
⑥ 下池の放水口付近では発電の際に放水流が発生する。主に放水口付近に生息するサンゴ等海生生物への影響を把握する。

2 事業概要

沖縄本島北部で太平洋に面する沖縄県国頭郡国頭村字安波川瀬原1301-1に位置する。太平洋の海水を地上約150mの標高にある上部調整池に汲み上げ、最大使用水量26m³/秒、海面との有効落差136mを利用し、最大出力3万kWを得る世界初の海水揚水発電所で、電気事業法が適用されている。

本発電所の電気は約18km先の沖縄電力（株）大保変電所へ送られた後、沖縄県内の一般家庭へ供給されている（**図表2・6・29～2・6・31、写真2・6・16**）。

写真2・6・16　沖縄やんばる海水揚水発電所鳥瞰図

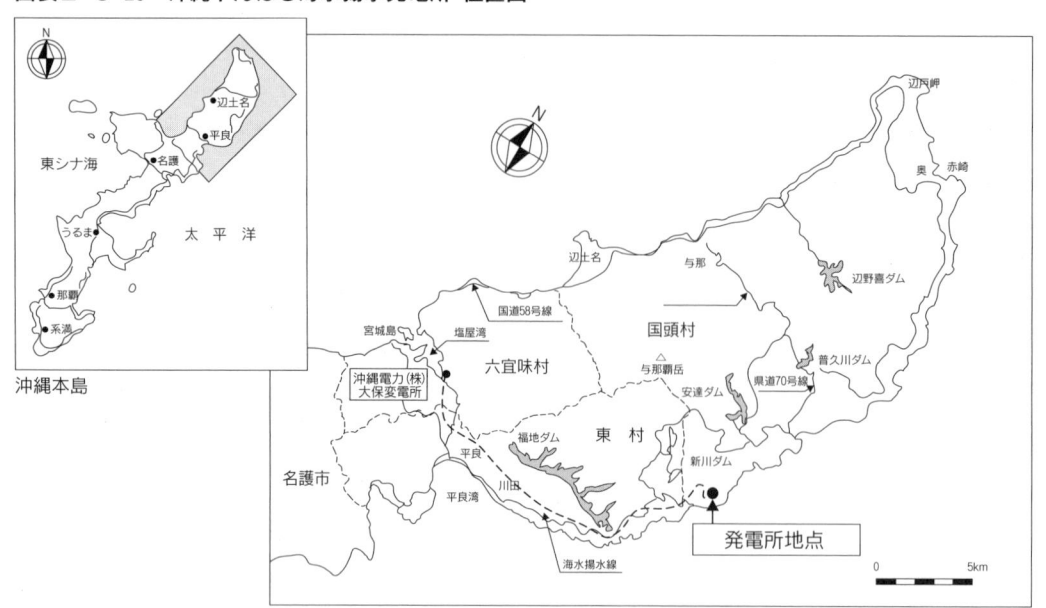

図表2・6・29　沖縄やんばる海水揚水発電所　位置図

図表2・6・30　沖縄やんばる海水揚水発電所　縦断図

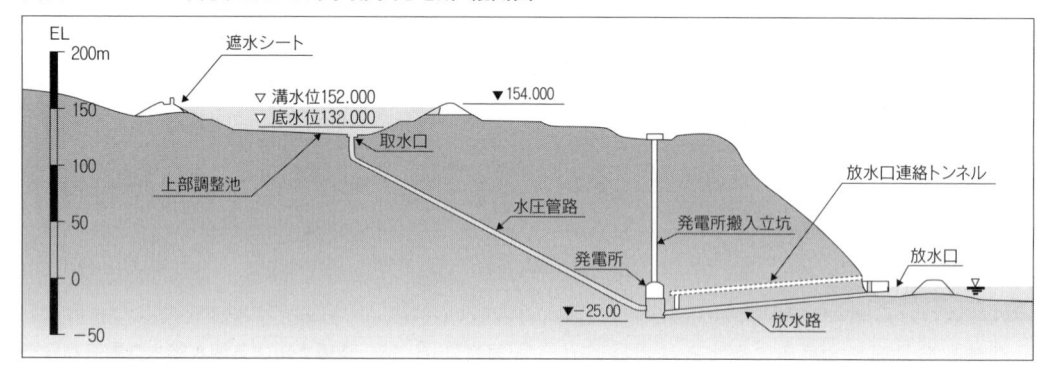

3 地下発電所の概要

1 地形

　沖縄本島北部にあり、名護市の東北東約30km、沖縄本島最北端の辺戸岬の南約25kmの太平洋側に位置している。

　地形は標高150～170mの山頂部が平坦な台地状をなしており、急崖で海に臨んでいる。急崖直下の海岸は、一部に海浜砂の堆積が認められるほかは巨礫の多い荒磯で、水深の浅い部分にはサンゴ礁が分布している。上部調整池はなだらかな台地状の山々を掘り込む形で設けられ、水路は山体深部（深度約125m）の地下発電所を経て、海岸線の急崖直下の放水口に至っている。

図表2・6・31　設備の諸元

項目	単位	諸元
上部調整池		
満　水　位	m	152
底　水　位	m	132
有効水深	m	20
貯水面積	km²	0.05
総貯水容量	10⁶m³	0.59
有効貯水容量	10⁶m³	0.56
型　　式	—	掘込式ゴムシート表面遮水
高　　さ	m	25
天端周長	m	848
盛立容量	10³m³	420
水路		
取　水　口	—	朝顔型
水圧管路（内径×延長）	m×m	2.4×314
放　水　路（内径×延長）	m×m	2.7×205
発電仕様		
発電時取水位	m	149
発電時放水位	m	0
有効落差	m	136
最大流量	m³/s	26
最大出力	MW	30
ピーク継続時間		6hr
送電線（美作－大保）		66kV 総延長18km

2 地質

　沖縄本島の地質は段丘堆積物および沖積層等の第四紀層と、その基盤となる先第四紀層（新生代新第三紀ないしそれより古い中生代、あるいは古生代の地層）に大別される。沖縄本島の先第四紀層は、基盤岩の年代および地質構造から、本部累帯、国頭累帯および島尻累帯に分けられる。本地点を含む本島北部は、北端の辺戸岬付近から中部の沖縄市付近にかけて北東－南西方向に帯状に広がる国頭累帯に位置し、白亜紀～古第三紀の国頭層群が分布している。

　サイトの基盤岩は、国頭層群の名護層（白亜紀～古第三紀）に属する千枚岩類および緑色岩であり、千枚岩類が基盤岩の大部分を占めている。

　地下発電所地点の地質は砂質千枚岩からなる。泥質基質には層理にほぼ並行した片理が発達し

ており、堆積時の海底地滑りなどによって乱堆積したものと推定される。一軸圧縮強度は20〜40MPaであった。

発電所掘削時の地質観察記録に基づく地質断面図を**図表2・6・32**に示す。空洞周辺の地質構造は、主要断層構造図に示すように立坑と高角度で交差し発電所側に傾斜する①断層と、アーチ部から西側妻壁にかけて交差する③断層、スプリングラインあたりを南壁から北壁へ緩い角度で横断する④断層、南壁から西側妻壁を切る⑤断層、⑤断層と同様の走向傾斜を有し、①および④断層によって遮られる③断層によって固まれている。⑤断層が西側の妻壁から南側壁に延び、放水路トンネル坑口付近を横断する形で出現、⑤断層も南側壁から北側壁水圧管路坑口付近で④断層と交差している。発電所の北側壁（水圧管路側）では一般に差し目、一方南側壁（放水路側）では流れ目の片理が卓越している。

断層周辺は脆弱で掘削直後の切羽肌落ちが散見され、特に南側壁は流れ目の地質構造でありその傾向は顕著であった。発電所の湧水は発電所掘削に先立ち、水圧管路トンネルの掘削が完了し周辺地下水位が低下していたためか、最大300ℓ/min程度と比較的少なかった。

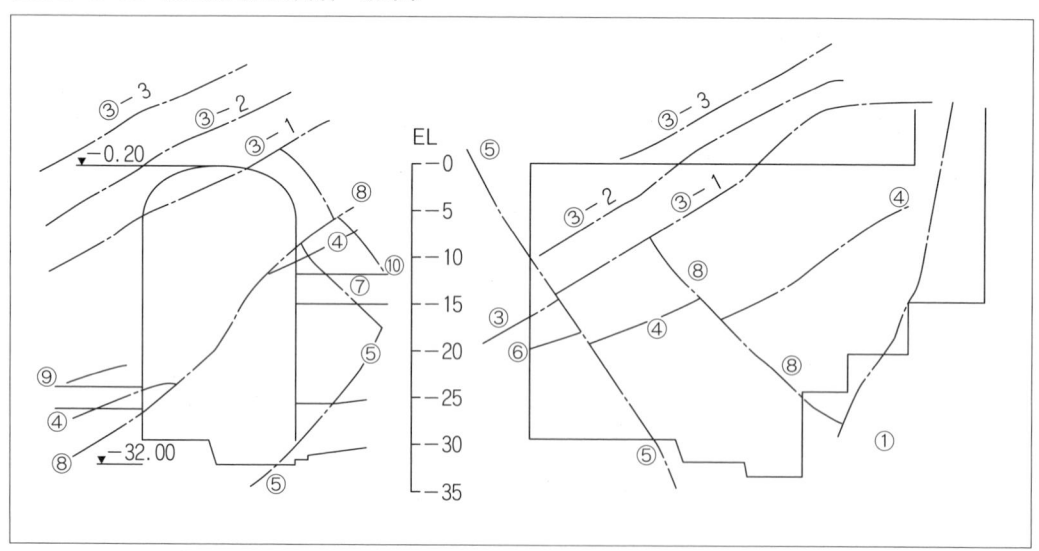

図表2・6・32　発電所周辺の断層・破砕帯

3 地下発電所概要

計画概要を**図表2・6・33**に示す。

図表2・6・33 計画概要

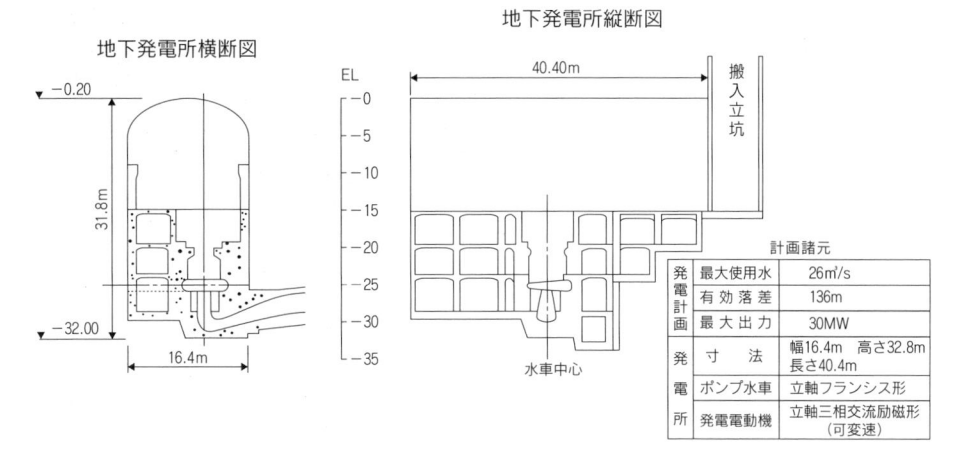

地下発電所横断図　　地下発電所縦断図

計画諸元		
発電計画	最大使用水	26m³/s
	有効落差	136m
	最大出力	30MW
発電所	寸　法	幅16.4m　高さ32.8m　長さ40.4m
	ポンプ水車	立軸フランシス形
	発電電動機	立軸三相交流励磁形（可変速）

4 施工概要

　発電所の掘削は地質状況および計測データを施工にフィードバックさせながら実施した。支保工は全面接着型ロックボルトおよび吹付けコンクリートを採用した。

　本体部の掘削は発破によるベンチカット工法を基本とした。発電所へのアクセスは立坑のみであり、掘削ズリは立坑下まで運搬（下方の掘削ズリは仮設天井クレーンを利用して運搬）後、ズリキブルに積み込み、立坑地上部に設けた櫓設備を利用し坑外に搬出した。

　頂設導坑掘削開始後間もなく、ボーリング調査では確認できなかった断層・破砕帯に遭遇し、その後アーチ切拡げによる天端沈下の増大、盤下げに伴う内空変位の増加に加え、ロックボルト軸力も降伏荷重を越える箇所が目立つようになり、EL－15.0m盤（空調中央レベル）までの掘削を終えた段階でアーチ部および側壁の調査を行い、既掘削部の補強および未掘削部の支保設計見直しを行った。1993年3月末までに長尺ロックボルトの増し打ち、側壁のPSアンカー工の補強工を完了した。

　補強後の盤下げは、周辺地山を極力緩めないように土平（幅2～3m）部分をブレーカーによる機械掘削に変更した。また脆弱な地質で掘削後の自立時間が短いと想定される壁面については、鉄筋入りの吹付けコンクリートを施工した。掘削中の空洞の安定性を監視するために、計測を実施している。**図表2・6・34**にその計測位置図を示す。

5 特記事項

① 必要最低限の事前の地質調査

　設計段階においては、地表踏査と地表からの2本のボーリングのみの調査だけが行われており、それに基づき地下発電所の設計を実施したのが特徴的である。実施されていたボーリング調査は、発電所と水圧管路交差部近傍のB-4孔（φ＝66mm、L＝170m）と、立坑位置で実施されたRB-1孔（φ＝66mm、L＝170m）だけであった。ボーリング調査においては、B-4孔内では孔内載荷試験、

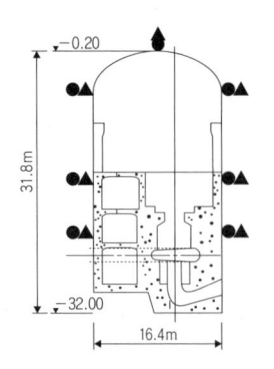

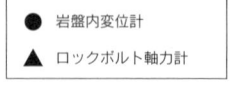

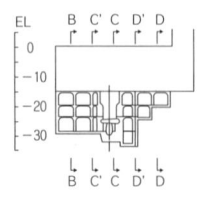

図表2・6・34　計測位置図　　　写真2・6・17　地下発電所掘削状況

透水試験、BHTV観察、PS検層、初期地圧測定、および室内試験等を実施した。

② アーチ部の合理化設計

NATM設計の考え方を積極的に導入し、従来まで一般的に施工されていたアーチコンクリートを省略しロックボルトと吹付けコンクリートによる施工を基本とした。また地質状況を勘案し、アーチライズが小さい偏平なアーチ形状とした。

③ 吹付けコンクリートとロックボルトを永久支保

アーチ部のみならず、空洞全体を吹付けコンクリートとロックボルトのみで支保することを原則とした。ただし施工中に判明した断層破砕帯への対処が必要となったことから、一部でPSアンカーを施工しているが、標準支保としてはPSアンカーを用いていない。

④ 1本の立坑アクセス

地上から発電所へのアプローチは1本の搬入立坑（8.2m×8.8mの矩形断面）のみとし、掘削機械および資材の搬出入、掘削ズリの搬出、構築コンクリートの搬入、発電設備機器搬入、さらに換気、給水、排水、電気設備等の供給ラインもすべて立坑1本に集約し、設備を徹底的に合理化している。

4 事業計画、建設中の特筆する留意事項

1 ゴムシートによる遮水と海水の検知・復水システム

上部調整池には水密性、変形性、耐候性および施工性に優れたEPDM（Ethylene Propylene Diene Monomers）ゴムシートによる表面遮水方式を採用している。

遮水構造は、調整池全面に厚さ50cmの締固められた砕石材料（20mm以下）のトランジションを構築し、その上に長繊維ポリエステル不織布によるクッション材を敷設し、最上層に厚さ2mmの遮水シート（EPDM）を敷設するという構成である。遮水シートの寸法は、斜面部では幅8.5m

×長さ32〜41m、底面部は幅17m×長さ17.5mである。固定はU字型コンクリートブロックにシート端部を巻き込み中詰コンクリートで固定する構造とした。固定部の水密の信頼性を高めるためにコンクリート上面をEPDMシートで被覆する構造とした。

万一のシート損傷時にはトランジション層に接続された監査廊内の排水管に塩分検知器および圧力計を一定区域に設けて海水の漏水を検出し、アラームを制御所に送るとともに上部調整池へポンプにより復水する構造としている。これにより海水の周辺地盤への漏洩を防ぐこととしている。

2 水圧管路

水圧管路のうち直線部300m区間については①海水に対する耐食性を有する、②試験結果から塗装鉄管に比べて海生生物が付着しにくい、等の理由で、岩盤埋設式水圧管路に世界で初めてFRP管（強化プラスチック管）を適用した。

FRP管は、FRP層、保護層で構成され、FRP層は管軸方向に長さ数十cmに切断したガラス繊維を配置し、不飽和ポリエステル樹脂に含浸させたガラス繊維を管周方向に張力を加えながら円筒状の芯金に巻いた2方向複合積層構造である。FRP層は層厚およびガラス繊維含有率を変化させることにより強度を変化させることが可能である。

保護層は流水による磨耗等外的要因から管壁の損傷を保護するもので、内面側は耐摩耗性および耐酸性、外面側は耐アルカリ性を有している。

管のジョイントは水理損失の低減および海生生物の付着防止からスリーブジョイント形式を採用し止水ゴムにより止水性を確保している。水圧管路の裏込材料はFC硬化体（石炭灰＋セメントペースト）を使用した。FC硬化体は石炭火力発電所から排出される石炭灰の有効利用の観点から開発されたもので、①流動性が高く材料が分離しにくいため長距離圧送が可能、②締固め不要、③簡易プラントで製造が可能等の特徴がある。

3 ポンプ水車発電電動機

ポンプ水車のランナーおよびガイドベーンの材料は、耐キャビテーション、耐摩耗性、耐食性が要求されることから3種の特殊ステンレス鋼（三相系、マルテンサイト系、オーステナイト系）について耐食性試験を実施し、モリブデンを数％添加した改良型のオーステナイト系ステンレス鋼を採用した。

発電・揚水時の高効率化運転を目的としてGTO方式（Gate Turn-Off Thyristor Converter-Inverter ACExcitation System）による可変速揚水発電システム（Variable Speed Pumped-Storage Power Generation System）を採用した。

それまでの発電システムはポンプ水車・発電電動機は一定速度で運転され周波数調整は発電運転時のみ可能であったが、可変速揚水発電システムは揚水運転時にも周波数調整運転（Automatic Frequency Control Operation）を可能とし、電力系統へ与える影響を小さくすることができ、発

電時にも任意の落差と出力に対して高効率運転が可能となった。

4 環境保全対策

上部調整池周辺の陸上部にはヤンバルクイナをはじめ、16種の生物学上貴重な動物（鳥類、両生類）が生息し、また放水口周辺の海域にはサンゴが広く分布していることから、さらに海水を陸上に汲み上げることから、多くの環境保全対策を実施している。

① 小動物の保護

発電所周辺の道路側溝にはカメ、雛鳥等の小動物が転落してもスロープを利用して元の方向へ自力で、脱出できる構造の傾斜側溝を採用した。

② 植生の保護

土地の改変区域と森林との境界に風害から既存樹木を保護する目的で幼木を植栽した。また道路等の法面の緑化においては在来種であるイタビカズラ等の地被類の植栽を、工事用地の復元においては、動物の生息環境および植生の復元のためにイタジイ等の周辺森林と同種の苗木を植栽した。

③ その他

発電運用時における上部調整池周辺の大気中の塩分濃度の変化を把握する目的で、工事期間中から上部調整池周辺の気中塩分濃度を常時測定している。

その他発電プラントの建設および運転による環境への影響を評価する目的で①サンゴ調査、②土壌動物調査、③水生生物調査、④鳥類調査、⑤両生類鵬虫類動物調査、⑥水質・騒音・振動測定、⑦地下水塩分測定、⑧放水口周辺波高・流速測定、⑨海生生物付着状況調査等の調査を実施した。

参考文献

1）佐藤専夫・福原明・小山喜久二「沖縄海水揚水発電所パイロットプラント建設工事のうち地下発電所の施工について」『電力土木』No.253、pp.69-76、1994.9

6.6.2 京極発電所

1 建設の目的

北海道電力(株)はピーク供給力としての役割、揚水による電力の貯蔵機能および系統の周波数調整機能を有する純揚水式発電所として、地球環境、長期的な電力の安定供給およびバランスのとれた電源構成の確立を目的に、2002年より京極発電所の建設を開始した。

揚水発電は、電気を水の形で貯え、貴重なエネルギー資源を有効利用する発電方式であり、上部調整池と下部調整池をつくり、電気の消費が少ない夜間に深夜電力を使用して、上部調整池に

水を汲み上げておき、電力の消費が多い昼間に上部調整池の水を下部調整池に落として発電する。揚水発電は、発電出力が大きく、起動時間（最大出力に至るまでの時間）が短いため、他の発電所や送電線などで事故が発生した場合のバックアップ電源としても重要な役割を担っている。

2 事業概要

京極発電所は、北海道虻田郡京極町北部の台地に上部調整池を、一級河川尻別川水系ペーペナイ川および美比内川の合流部に下部調整池となる京極ダムを築造し、上部調整池から京極発電所までの有効落差369m、最大使用水量190.5m³/秒を得て、3台の水車・発電機により最大出力60万kWの発電を行う北海道で初めての純揚水式発電所である。

工事は、電気事業法、河川法、森林法など関係法令手続きを経て、2002年2月に工事に着手している。現在は、2014年10月の1号機20万kW、2015年12月の2号機20万kWの運転開始を目指し、鋭意工事中である（図表2・6・35〜2・6・38）。

3 地下発電所の概要

1 地形・地質概要

発電所周辺の地質は、凝灰角礫岩〜火山礫凝灰岩と凝灰岩である。これらは雑多な種類の礫からなり、海底の土石流により再堆積した地質であると考えられる。凝灰岩については、礫サイズのものから巨大なブロック（最大直径約40m）のものまで確認された（図表2・6・39）。

発電所の掘削にあたり、空洞の安定上問題となった岩種は凝灰岩である。その中でも、F6断層近傍の空洞アーチ部に位置し、熱水変質作用を受けている凝灰岩は、強度低下が著しいものであった。その他、不連続面である粘土脈、小断層（破砕幅≦0.1m）、断層（破砕幅＞0.1m）は、いずれも粘土を介在しており、強度低下のほか、キーブロックを形成する可能性のある割れ目として施工時には十分に留意した。

2 地下発電所概要

地下発電所は、土被り約430m、高さ約46m、幅24m、長さ141mの弾頭型の大規模空洞である。地下発電所内には発電機器等を揚重するために、165t吊り天井クレーン2基を配置している（図表2・6・40）。

図表2・6・35　設備の諸元

	上部調整池	京極ダム調整池
河　川　名	—	尻別川水系ペーペナイ川 および美比内川
流　域　面　積	—	51.3km²
調　整　池　面　積	0.16km²	0.39km²
総　貯　水　容　量	4,400千m³	5,546千m³
有　効　貯　水　容　量	4,120千m³	4,120千m³
利　用　水　深	45.0m	14.5m
満　水　位	EL890.0m	EL486.0m
最　大　出　力	600,000kW	
使　用　水　量	190.5m³/sec	
有　効　落　差	369.0m	
上　部　調　整　池	表面アスファルト遮水壁型フィル 　高　さ　22.6m　　堤頂幅　13.0m 　堤頂長　1,140.9m　堤体積　153.9万m³	
京　極　ダ　ム	中央土質遮水壁型フィルダム 　高　さ　54.0m　　堤頂幅　10.0m 　堤頂長　332.5m　堤体積　131.8万m³	
取水口（注水口）	内径11.8〜5.0m　延長51.7m	
水　圧　管　路	内径　　5.0〜1.9m（管厚19〜48mm） 延長　　本管　　　　583.0m 　　　　分岐管　1号　71.9m 　　　　　　　　2号　55.6m 　　　　　　　　3号　97.3m	
発　電　所	高さ45.8m　幅24.0m　長さ141.0m（地下式）	
ドラフトトンネル	内径　　3.7m 延長　　　　　1号　108.7m 　　　　　　　2号　100.0m 　　　　　　　3号　108.7m	
調　圧　水　槽	高さ108.0m　内径12.0m　延長25.0m	
放水路トンネル	内径　　　　6.4m（1条） 延長　　　2,483.0m	
放水口（取水口）	高さ6.4〜7.0m　幅6.4〜28.6m　長さ75.5m	
ポ　ン　プ　水　車	立軸渦巻単段フランシス形ポンプ水車　3台 　最　大　出　力　　208,000kW 　基準有効落差　　　369.0m 　最　大　入　力　　230,000kW 　最　高　揚　程　　436.5m 　回　転　速　度　　500±25min⁻¹	
発　電　電　動　機	同期発電電動機　3台 　発電機容量　　　230,000kVA 　電動機出力　　　230,000kW 　電　　　　圧　　16.5kV 　周　波　数　　　50Hz 　揚水始動方式　　サイリスタ始動＋同期始動	
発電用変圧器	分解輸送変圧器　3台 　容　　　量　　　240,000kVA 　電　　　圧　　　16.5kV／275kV	

※回転速度：500±25min^{-1}

第6節 エネルギー施設の事例

図表2・6・36 全体計画図

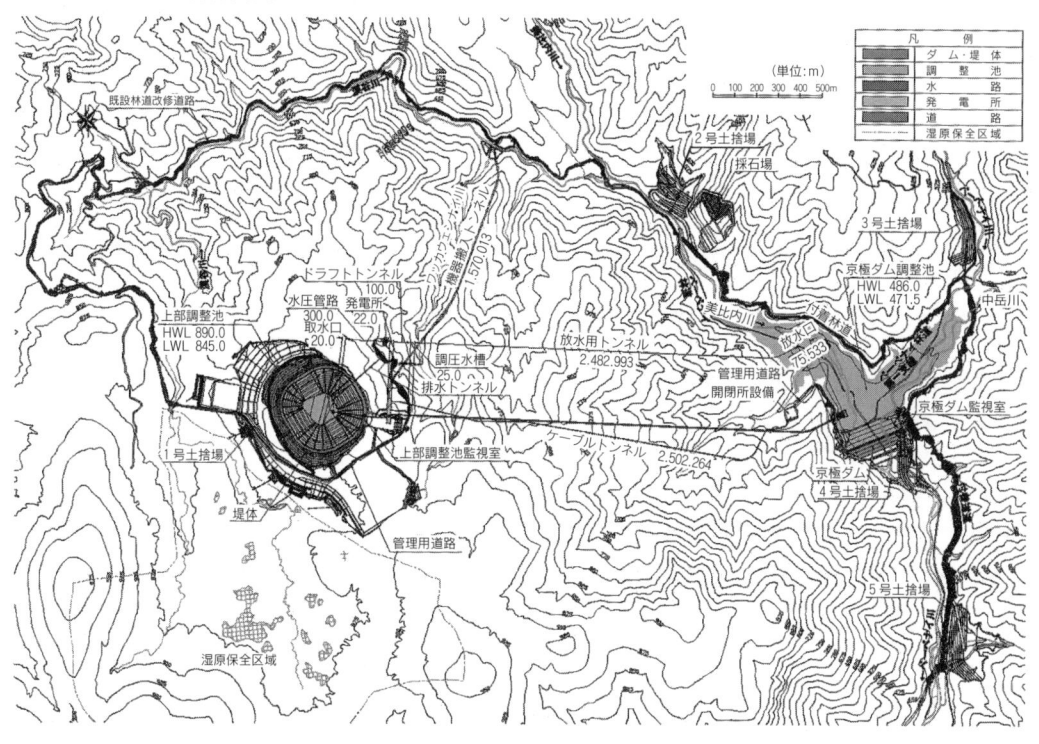

図表2・6・37 地下構造物鳥瞰図

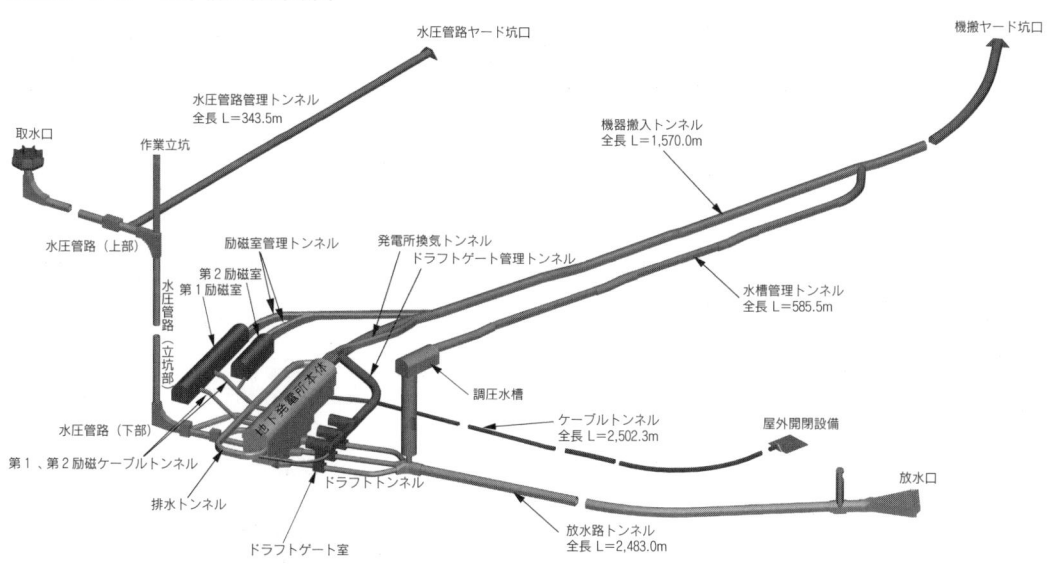

図表2・6・38　主要工程

年	主要工程
1999	12月　第142回電源開発調整審議会上程
2001	9月　河川法23条および26条許可 10月　電気事業法48条届出
2002	工事着手
2009	1月　発電所掘削開始
2010	12月　発電所掘削完了
2012	5月　ポンプ水車、屋外開閉装置据付開始
2013	11月　京極ダム湛水開始（予定）
2014	10月　1号機（20万kW）営業運転開始（予定）
2015	12月　2号機（20万kW）営業運転開始（予定）

図表2・6・39　地下発電所周辺地質縦断図

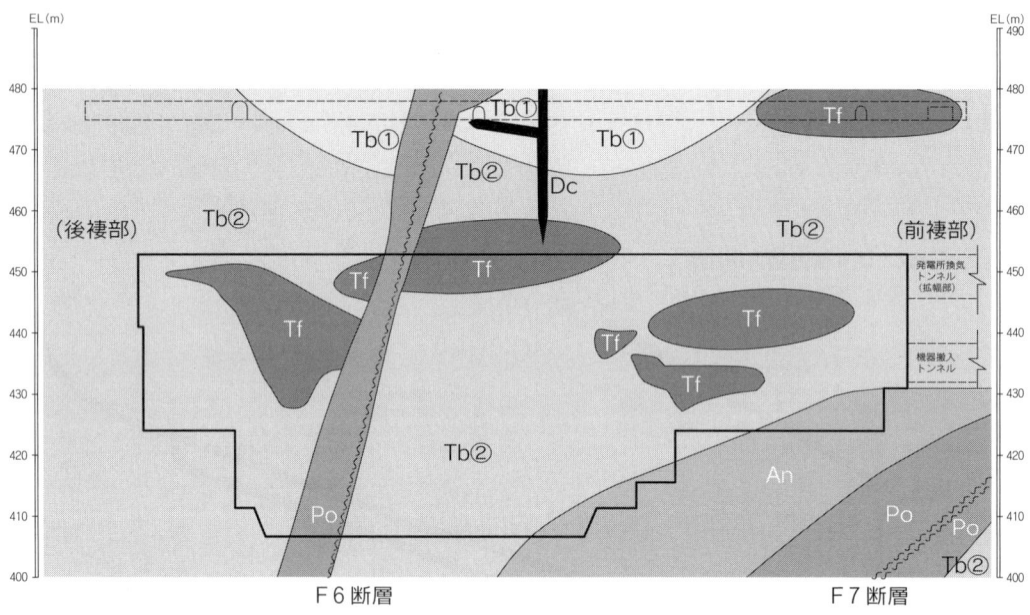

地質	岩相
Tb①	凝灰岩～凝灰角礫岩
Tb②	火山礫凝灰岩～凝灰角礫岩
Tf	凝灰岩
Po	ひん岩
An	安山岩
Dc	デイサイト
～	断層

図表2・6・40　地下発電所断面図

3 施工概要

　掘削は、最大断面積約1,000m²、総掘削量約12万m³となる地下空洞を、アーチ部とベンチ部に大別し、2年を要して掘削を完了した。掘削の加背割は、アーチ部において頂設導坑、左右切拡げ、左右盤下げの5分割で行い、ベンチ部では2.5mのベンチ高を標準として14段分割で掘削を行った（**図表2・6・41**）。

　掘削高さ46mの掘り下げは、斜路方式を採用した。地下発電所には、先行して接続するように換気トンネル、機器搬入トンネル、底設導坑を掘削し、地下発電所の掘削深度にあわせて、これらのトンネルからアプローチ用の斜路を設け、掘削を進めた。

　発電所の支保は、情報化施工を駆使したNATMで施工した。情報化施工は、事前の地質調査

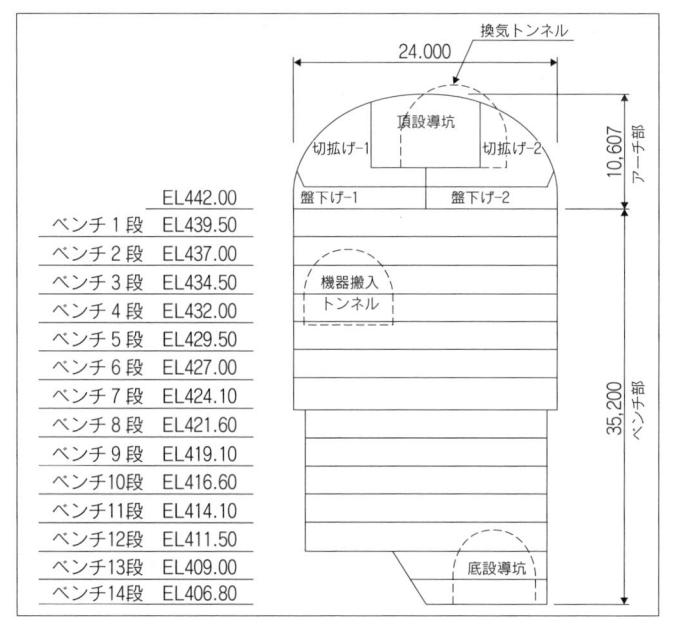

図表2・6・41　掘削加背割

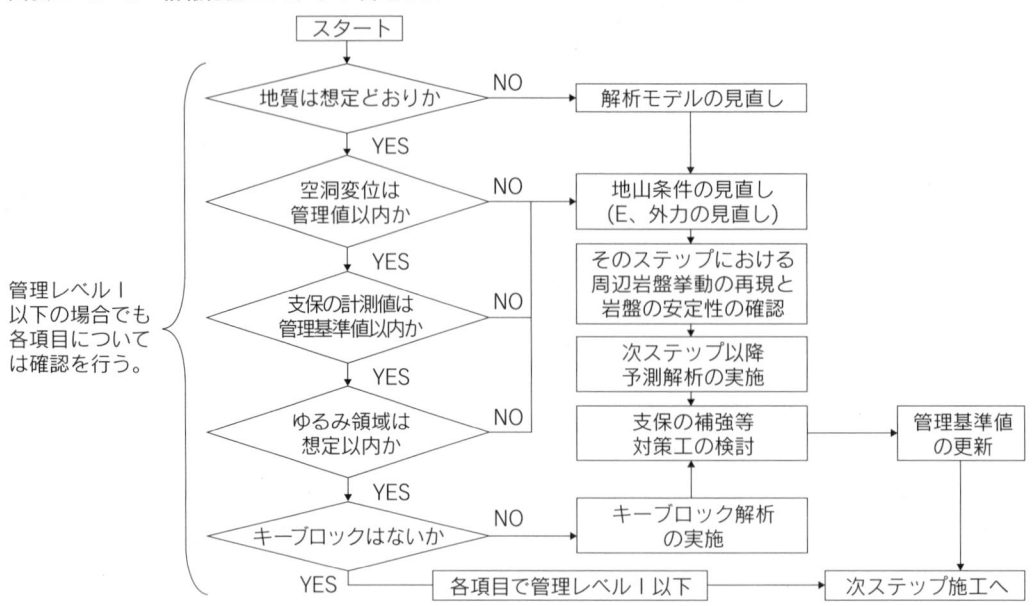

図表2・6・42　情報化施工ステップ管理フロー

結果をもとに解析モデルを設定し、基本となる支保パターンを定め、ベンチ掘削2段ごとのステップ管理で挙動を確認しながら進めた。施工では、切羽の地質を観察するとともに周辺岩盤の挙動を計測し、設定した解析モデルと実際の地質モデルを比較評価し、それに応じた最適な支保を施工に反映した（**図表2・6・42**）。

4 特記事項

施工では当初の設計で岩盤の変状を懸念していた変質部や断層部よりも、標準的な箇所のほうが、解析予測値を超える岩盤挙動が顕著であった。これは、当初設計では考慮していなかった不連続面に伴う岩級低下に起因した挙動が原因であると推察され、ステップ管理においては岩盤挙動に起因する不連続面を解析モデルに追加し、事後解析を行うことで、実際の挙動特性と整合のとれた解析結果を得ることができた。これらの事後解析結果や観察・計測結果を踏まえ、施工では不連続面を縫い付けるような支保の増強（補強ロックボルト）を行っている。

このように、京極発電所では空洞周辺の不連続面が岩盤挙動に及ぼす影響を注視しつつ、観察・計測結果を設計・施工にフィードバックすることで、地下発電所の掘削を無事に完了している。

4 事業計画、建設中の特筆する留意事項

京極発電所建設にあたっては、周辺環境への影響を極力回避・低減するとともに工事区域の自然環境を保全し、周辺環境の調和を図りながら建設工事を進めるため、次の4つの基本方針を定めている。

①　環境保全意識の徹底
②　法令・基準の遵守
③　目標の設定とモニタリング
④　情報公開

　環境保全対策については、生態系の上位に位置する猛禽類をはじめ、クマゲラ、エゾサンショウウオなどの希少動物、エゾマンテマ、エゾノレイジンソウなどの希少植物および湿原の植生に対する保全対策、さらに土地改変による濁水対策や景観保護を目的とした緑化を行っている。また、これらの環境保全対策の効果をモニタリングにより検証しながら工事を進めている。

第7節 防災・環境対策施設の事例

7.1 治水関連施設

　わが国における総合治水対策としての河川整備計画の多くは、当初、降雨強度を50mm/hとして計画されてきた。

　しかし、この降雨強度を上回る局地的な集中豪雨などの頻発により、都市域における甚大な浸水被害が発生するようになった。

　都市域における中小河川流域に浸水被害が多く発生するようになった理由としては、以下のようなことが考えられる。

① 流域内での豪雨が生じやすくなってきていること
② 都市化により、短時間流出が起きやすくなったこと
③ 資産、人口が浸水に脆弱な流域に集中していること

　このため、地域の特性にあわせた河川整備や下水道整備、流域対策や家づくり・まちづくりなどの総合的な治水対策を実施することにより、安全・安心な暮らしを実現する努力が行われてきた。

　しかし、これらの問題解消のために一般的に実施されている河川改修計画としての河川拡幅に対しては用地収用が必須となるが、都市化により家屋が密集した地域では用地収用が非常に困難となっている。

　この解決策として、地下に大規模な調整池や人工河川を構築する手法が採用されるようになってきた。東京、大阪をはじめとした各地で計画が進められ、すでに供用が開始された施設もある中、本書では以下に示す3つの代表的な治水関連施設について紹介する。

① 首都圏外郭放水路
② 寝屋川「北部・南部」地下河川、寝屋川流域下水道増補幹線
③ 神田川・環状七号線地下調節池

7.1.1 首都圏外郭放水路

1 事業概要

1 事業主体

　国土交通省関東地方整備局江戸川河川事務所

2 所在地

図表2・7・1に示す埼玉県春日部市の国道16号に沿った大落古利根川から江戸川に至る延長約6.3kmの区間

3 事業目的

中川・綾瀬川流域は利根川・荒川の氾濫原にあって河川勾配が緩く流下能力が小さいことや、急速な都市化の影響で河川整備や下水道整備が追いつかないことにより度重なる洪水被害を受けていた。

本事業は、地盤や川本来の浸透・保水・遊水機能回復による流入抑制対策を含めた総合治水対策の一環として計画実施されたものである。

図表2・7・1 位置図

4 事業概要・規模

本事業では、中川・綾瀬川流域での頻発する浸水被害を緊急的に軽減することが求められていた。流域部での急激な都市化に伴い、大規模な用地買収が必要となる開水路方式よりも治水効果の早期発現の可能な地下放水路方式を採用している。

本施設は、図表2・7・2に示すように、流入施設5か所、立坑5か所と連携するトンネル、排

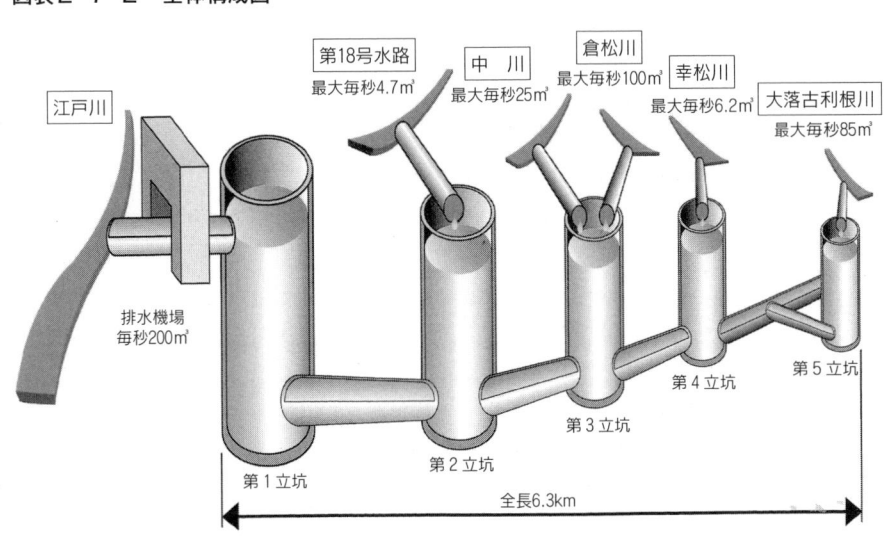

図表2・7・2 全体構成図

水機場で構成され、総貯留量約67万 m^3、江戸川への最大排水量200m^3/s の機能を有するもので、総事業費2,300億円の事業である。

5 事業計画着手年度・事業整備着手年度・供用開始（予定）年度

本事業は1993年度に着手、2006年度に完了している。

2002年6月から、第3立坑から第1立坑までの約3.3km区間で暫定通水を開始し、2006年度から本格運用を開始し、地域の浸水被害を大幅に軽減する効果を発揮している（**図表2・7・3**）。

図表2・7・3　事業実施前後の浸水被害状況

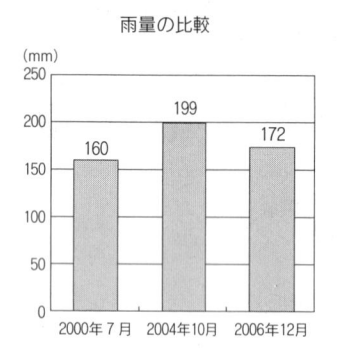

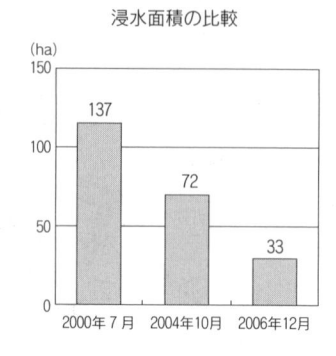

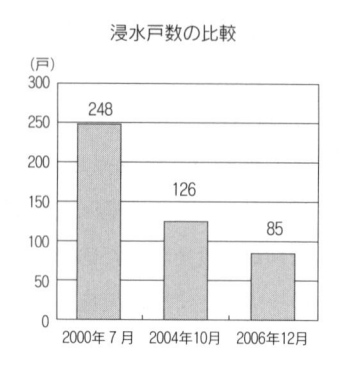

雨量の比較
- 2000年7月: 160 (mm)
- 2004年10月: 199
- 2006年12月: 172

浸水面積の比較
- 2000年7月: 137 (ha)
- 2004年10月: 72
- 2006年12月: 33

浸水戸数の比較
- 2000年7月: 248 (戸)
- 2004年10月: 126
- 2006年12月: 85

6 工事概要

① 地形・地質概要

周辺地域は利根川・荒川の氾濫原であり、古利根川により開析された谷部を沖積層が厚く堆積している（**図表2・7・4**）。

図表2・7・4　地質縦断

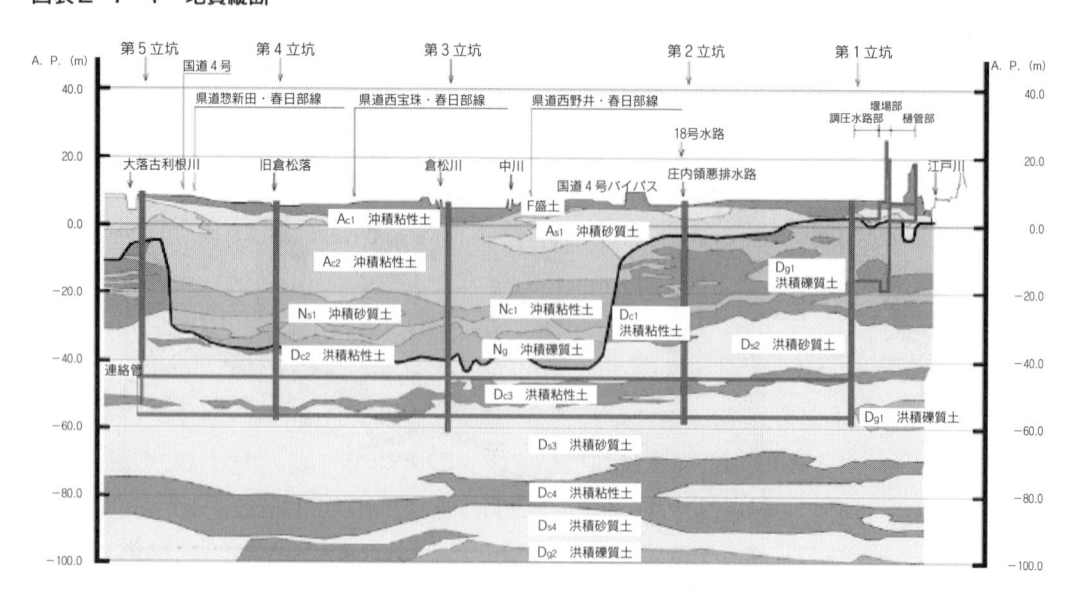

② 形状寸法

主要構造物の諸元を、**図表2・7・5**と**図表2・7・6**に示す。

図表2・7・5　立坑諸元

	上部側壁	下部側壁	立坑深さ	施工方法
第1立坑	φ31.6m 壁厚2.5m	φ30.0m 壁厚3.3m	GL-72.1m	連続地中壁＋ 逆巻工法および 順巻工法
第2立坑	^	^	GL-71.5m	^
第3立坑	^	^	GL-73.7m	^
第4立坑	φ25.1m 壁厚2.0m	φ22.5m 壁厚3.3m	GL-69.0m	^
第5立坑	φ15.0m 壁厚2.0m	φ15.0m 壁厚2.0m	GL-74.5m	自動化オープン ケーソン工法 （SOCS工法）

図表2・7・6　トンネル諸元

	掘進区間	掘進延長	内径	掘削方式
第1トンネル	第1立坑～第2立坑	1,396m	10.6m	密閉型泥水式 シールド工法
第2トンネル	第2立坑～第3立坑	1,920m	10.6m	
第3トンネル	第3立坑～第4立坑	1,384m	10.6m	
第4トンネル	第4立坑～大落古利根川	1,235m	10.9m	
連絡トンネル	第5立坑～第4トンネル	380m	6.5m	

2 新技術の導入

1 高落差大流量流入施設

第3立坑では最大100m³/sの流量を50mの高低差で安定的に流下させるために、立坑壁面に沿って洪水流を流下させる大口径壁面落下式形状を採用して、圧力運用時の損失水頭を極力小さくすることが可能となった（**写真2・7・1**）。

2 内水圧対応二次覆工省略セグメント

圧力管方式の場合にトンネルに作用する内水圧を考慮することで従来の水路用シールドトンネルで実施されていた二次覆工を省略しコスト縮減を行った。省略にあたっては、異常時内水圧の考慮と継手部への二重水膨張性シール材の設置を行った。

写真2・7・1　高落差大流量流入施設

3 セグメント内面の平滑化

セグメント表面の粗度を低減させるために内面平滑セグメントを採用した。

4 排水施設

排水ポンプはポンプ入口の流速を従来の2倍と高速化することで、羽根車の小型化と吸い込み水槽幅の小型化を実現している。50m³/sの排水ポンプの全揚程は14mとなることから原動機には高出力を発生する航空機用エンジンを転用したガスタービンエンジンを使用している。

3 事業計画・建設中の特筆する留意事項

1 地下放水路方式の採用

治水効果の早期発現を実現するとともに、既存道路・用排水路など土地利用上の地域分断の影響を少なくすることが可能となった。事業費に占める用地費の割合は3％以下である。

2 水質対策

第3立坑倉松川流入施設における長期滞留対策として散気施設を設置している。

3 坑内残留土砂対策

年間平均7～8回の洪水流入による施設内堆積土砂（シルト分を中心とするおよそ1,000m³）が当初見込みを超えるものであり、多いところで30cm程度堆積している。このため、施設点検や残水ポンプの運転に支障をきたしており、今後土砂流入防止対策や効率的な土砂撤去方法が検討課題となっている。

4 臭気対策

閉塞空間となるため、坑内への流入物の腐敗等による無酸素状態や有毒ガス対策として、トンネル部での風速0.3m/sを確保する立坑上部から施設内への強制給気方式を採用した。

5 地下水・地盤沈下対策

立坑やトンネルが地下水に与える影響と国道16号への影響調査のために、工事着手前から継続的な施設周辺の水位観測、路線測量等による路面沈下観測を実施した。地下水への影響は観測されていない。また、トンネル部上部では交通障害となるような沈下の影響はみられなかったが、立坑直近や施工ヤードでは一部事業損失補償を実施した。

6 騒音・振動対策

事前の騒音・振動解析や、試験通水時の騒音・振動測定を実施したところ、振動に関しては環境基準以下であったが、第5立坑では流入部への流入時、施設内の流下時、立坑への落下時に低

周波騒音が発生したため、計画流量の流入時においても「低周波問題対応の手引書」（2004年環境省）による「心身苦情に関する参照値」に示される基準値を満足する対策工として遮音カーテン、施設内天井吸音板、防音壁などを実施した（**図表2・7・7**）。

図表2・7・7　流入施設の防音対策

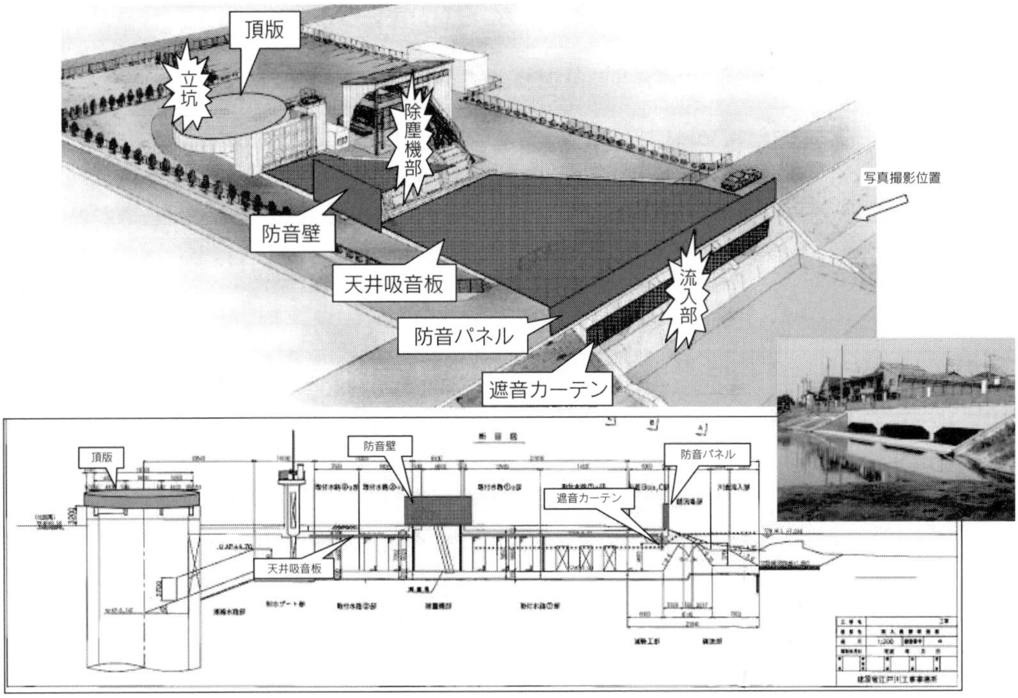

4 維持・管理上の課題

　大深度地下河川が道路や鉄道トンネルに比べて維持管理上大きな課題といわれているのは、①坑内が濁水による高水圧下に置かれ、かつ流速が生じていることから、維持管理施設の設置が困難なこと、②出水後に残留する土砂やゴミなどにより入坑、点検が困難なこと、③常時通水される水路トンネルと比べても作用荷重が大きく変化することなどである。

　このため、本施設の特徴を踏まえた現状について記す。

1 構造物の調査点検

　入坑して行う調査点検は、非出水期に限られるため、流入堆積土砂の搬出作業にあわせて打音調査や内空変位調査等を必要に応じて実施している。地震時については他の河川管理施設同様に震度4以上で点検を実施することとしているが、大深度地下構造物の耐震特性を勘案して、トンネル位置における震度を点検基準としている。

2 補修・補強

二次覆工省略セグメントには表面に300mmの将来的な補修部分を確保しているが、洪水流入による作用荷重の大きな変化を原因とする一部区間における表面剥離が生じたことから、剥離発生区間について2007年の非出水期にコンクリート二次覆工を実施した。

5 計画から着手・供用開始に至るまでの社会的トピック

限られた都市空間の中で行う治水対策として地下空間を利用することは事業効果の早期発現や、用地費を含めた整備コストの面で極めて有効な手段である。

本事業開始後に整備された「大深度地下の公共的使用に関する特別措置法」(2000(平成12)年施行)や、河川立体区域制度(河川法58条の2)の適用により、より効率的な整備が可能であると考えられる。

7.1.2 寝屋川北部・南部地下河川、寝屋川流域下水道増補幹線

大阪府では、過去に幾度となく浸水被害を受けてきた寝屋川流域において密集市街地での治水対策を進めるため、地下空間を利用して地下河川、下水道増補幹線の一体的な整備に取り組んでいる。

1 流域の概要

寝屋川流域は、大阪市東部を含む12市にまたがっており、その面積は267.6km^2(東西約14km、南北約19km)で、東側を生駒山地、西側を大阪城から南に伸びる上町台地で、北側と南側は淀川と大和川に囲まれている。流域面積の約4分の3にあたる中流域および下流域は、地盤が河川水面より低い低平地のため降った雨はそのままでは河川に流入できない内水域で、雨水はいったん下水道によって集められポンプにより河川に排水されている。

流域内は、寝屋川、第二寝屋川をはじめとする大小様々な河川が網目状に30河川(総延長約133km)存在し、河床勾配については下流から中流部では1/12,500程度、上流部では1/1,000程度で勾配が非常に緩やかであり、加えて、大阪湾潮位の影響を受け、非常に複雑な流況となっており、流域の出口は寝屋川の京橋口(大阪城の北西)が唯一となっている(図表2・7・8)。

こうした厳しい地形条件のため寝屋川流域では水はけが悪く、河川と下水道と流域が一体となった「寝屋川流域総合治水対策」に基づき対策を進めている。

2 寝屋川流域総合治水対策

寝屋川流域総合治水対策は、計画降雨が八尾市で観測された戦後最大実績雨量(時間最大62.9mm、24時間雨量311.2mm、1957年)、流域基本高水流量が2,700m^3/s(京橋口地点)で、このうち300m^3/sを流域における対策で低減し残りの2,400m^3/sを河川改修、地下河川や下水道増補幹線

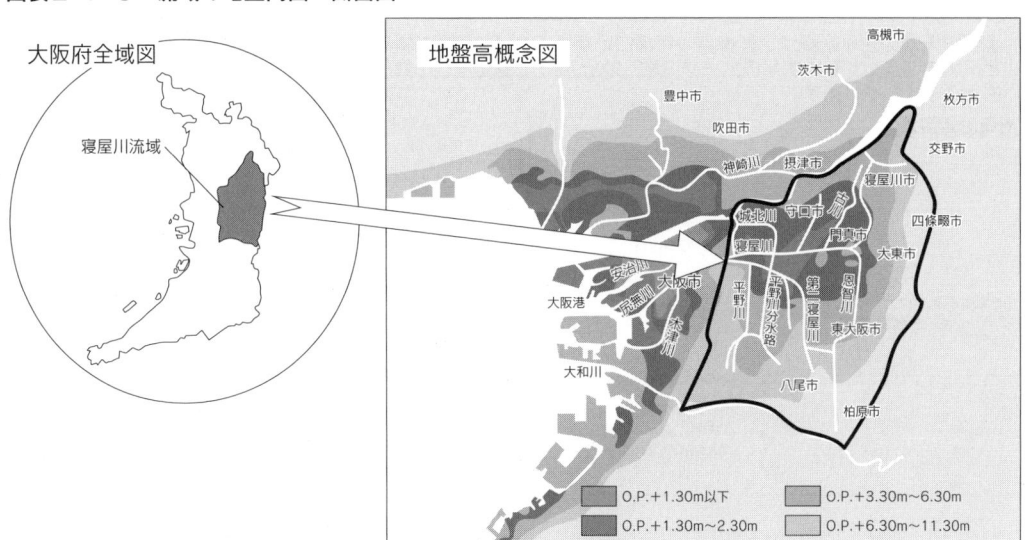

図表2・7・8　流域の地盤高図・断面図

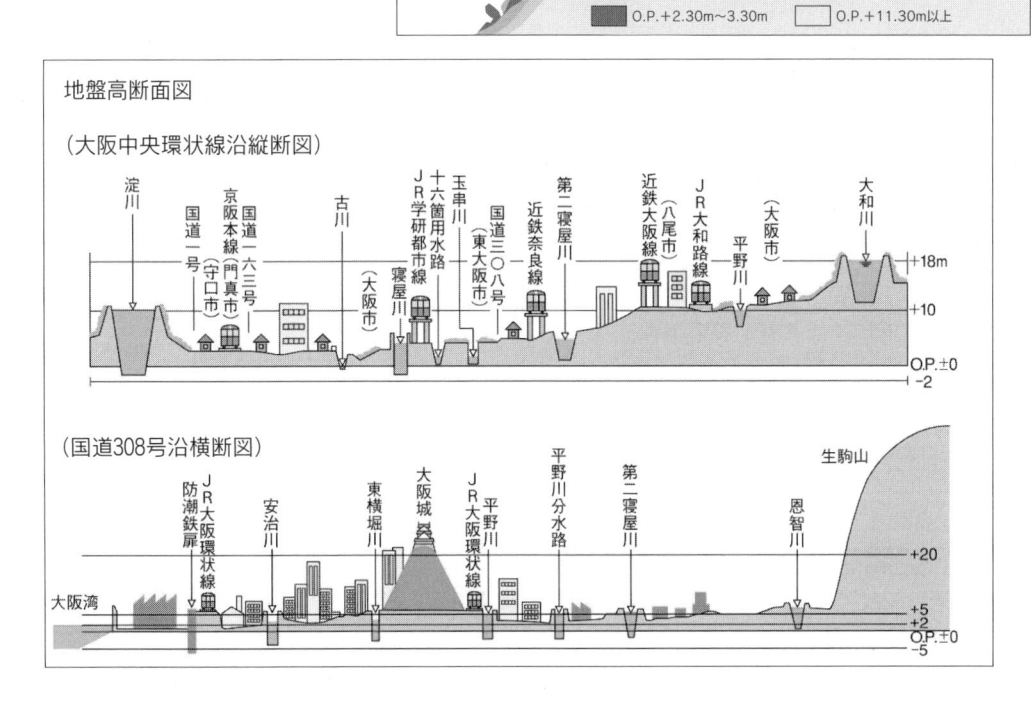

等の放流施設、治水緑地や流域調節池などの貯留施設の整備により治水対策を進めることとしている。

この計画において、地下河川は雨水を流域外へ放流する役割を、下水道増補幹線は雨水を流集し地下河川へ放流するとともに雨水を一時的に貯留する役割を位置付けている（**図表2・7・9**）。

図表2・7・9　寝屋川流域総合治水対策の考え方

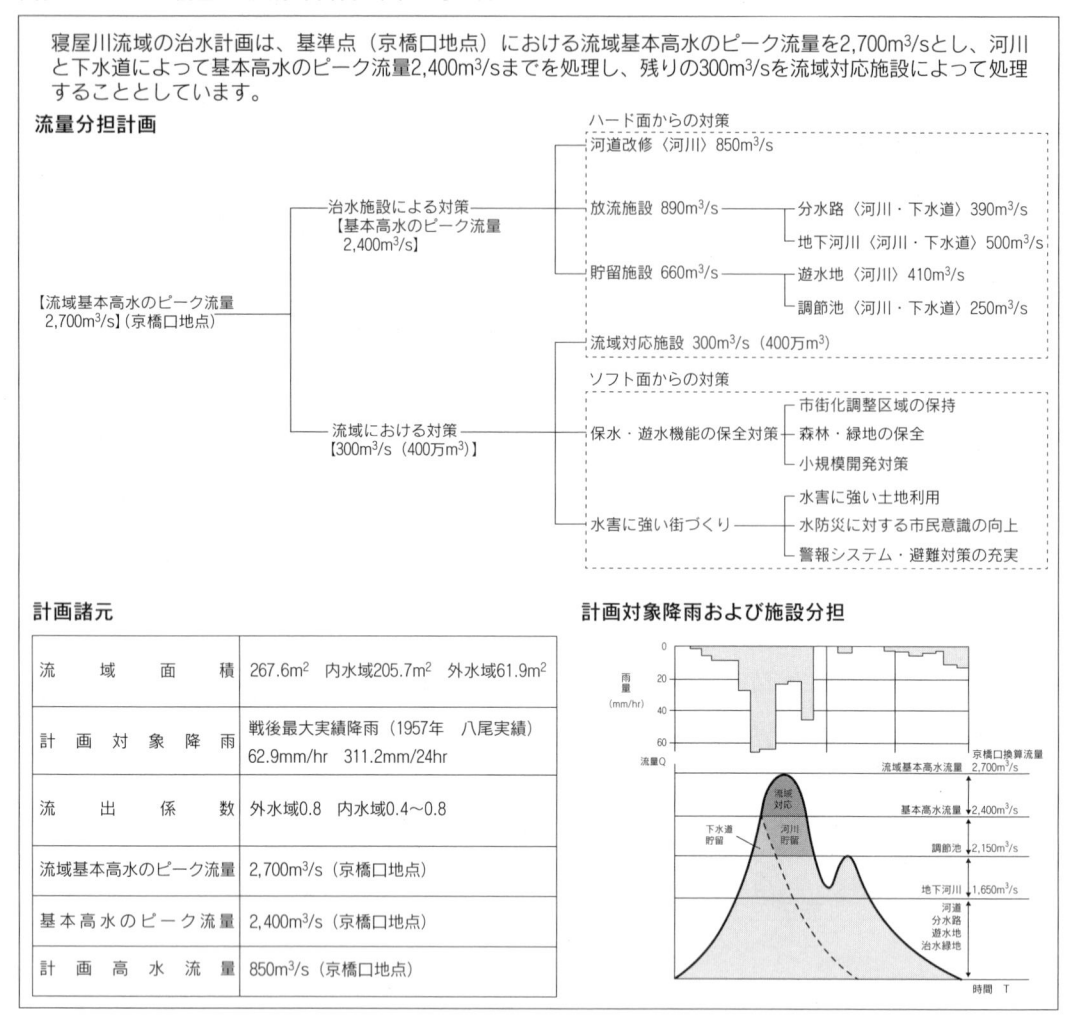

寝屋川流域の治水計画は、基準点（京橋口地点）における流域基本高水のピーク流量を2,700m³/sとし、河川と下水道によって基本高水のピーク流量2,400m³/sまでを処理し、残りの300m³/sを流域対応施設によって処理することとしています。

流量分担計画

- 【流域基本高水のピーク流量 2,700m³/s】（京橋口地点）
  - 治水施設による対策【基本高水のピーク流量 2,400m³/s】
    - ハード面からの対策
      - 河道改修〈河川〉850m³/s
      - 放流施設 890m³/s
        - 分水路〈河川・下水道〉390m³/s
        - 地下河川〈河川・下水道〉500m³/s
      - 貯留施設 660m³/s
        - 遊水地〈河川〉410m³/s
        - 調節池〈河川・下水道〉250m³/s
  - 流域における対策【300m³/s（400万m³）】
    - 流域対応施設 300m³/s（400万m³）
    - ソフト面からの対策
      - 保水・遊水機能の保全対策
        - 市街化調整区域の保持
        - 森林・緑地の保全
        - 小規模開発対策
      - 水害に強い街づくり
        - 水害に強い土地利用
        - 水防災に対する市民意識の向上
        - 警報システム・避難対策の充実

計画諸元

流域面積	267.6m² 内水域205.7m² 外水域61.9m²
計画対象降雨	戦後最大実績降雨（1957年　八尾実績）62.9mm/hr 311.2mm/24hr
流出係数	外水域0.8　内水域0.4～0.8
流域基本高水のピーク流量	2,700m³/s（京橋口地点）
基本高水のピーク流量	2,400m³/s（京橋口地点）
計画高水流量	850m³/s（京橋口地点）

計画対象降雨および施設分担

3 地下空間を活用した治水対策

○計画に至った背景

　寝屋川流域は、急激な都市化により、アスファルトやコンクリートなどで、地表が覆われたため、大雨が降ると、まちに雨水があふれやすくなった。このため、治水施設を整備し、雨に強いまちづくりをする必要があったが、地上部は、河川を拡げられない、ポンプ場を増やせない密集市街地となっていた（**写真2・7・2**）。

　そこで、密集市街地の課題を克服しより多くの雨水を流すため、地下河川と下水道増補幹線を直接地下でつなげ、雨水を流域外へ放流する地下の治水ネットワークの整備を進めている（**図表2・7・10、2・7・11**）。

　なお、各地下河川の流末ポンプ場の完成までは、暫定的に貯留施設として運用している。

第7節　防災・環境対策施設の事例

写真2・7・2　寝屋川流域における土地利用の変遷

1961（昭和36）年　　　　　　　　　　　　1993（平成5）年

図表2・7・10　地下河川と下水道増補幹線ネットワーク

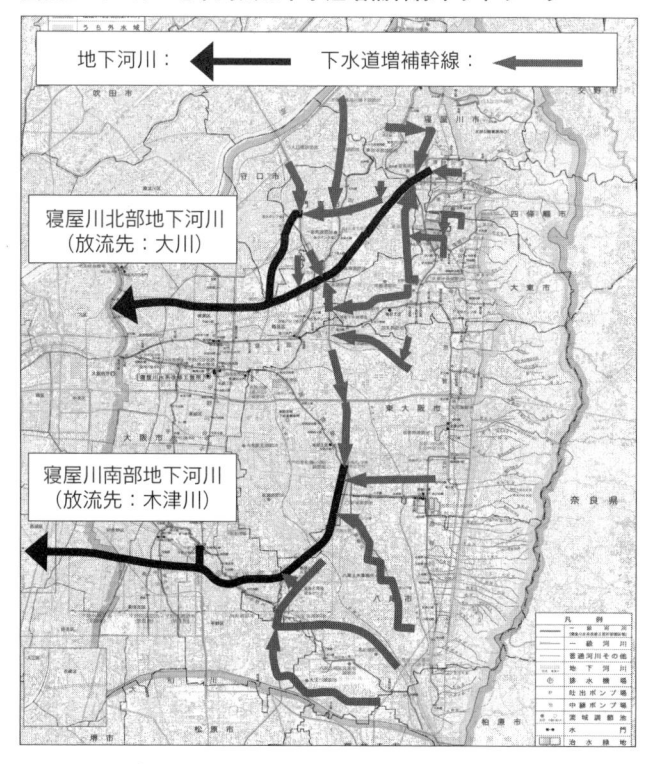

図表2・7・11　治水対策のしくみ

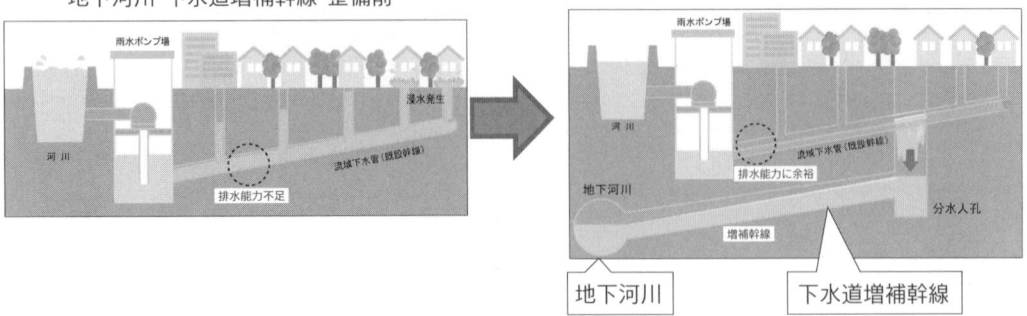

地下河川・下水道増補幹線 整備前 → 地下河川・下水道増補幹線 整備後

4 事業概要・規模

1 寝屋川北部地下河川 （図表2・7・12）

① 延長：約14km（うち3.7km、貯留容量約13万 m^3 を供用中）
② 形状寸法：φ11.5〜φ5.4m（シールド工）
③ 区間：大阪市都島区中野町〜寝屋川市讃良東町

図表2・7・12　寝屋川北部地下河川 断面図

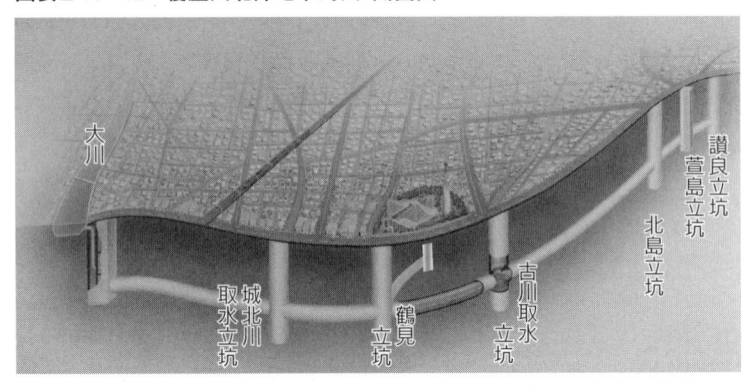

2 寝屋川南部地下河川 （図表2・7・13、写真2・7・3、2・7・4）

① 延長：約13km（うち11.2km、貯留容量約63万 m^3 を供用中）
② 形状寸法：φ9.8〜φ6.9m（シールド工）
③ 区間：大阪市西成区南津守〜東大阪市若江西新町

図表2・7・13 寝屋川南部地下河川 断面図

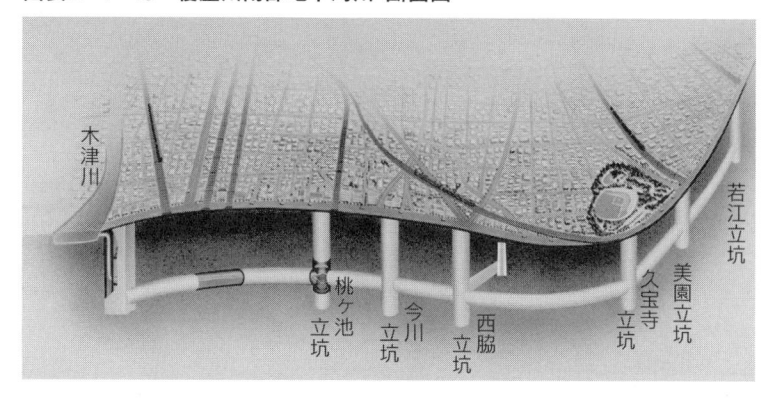

写真2・7・3 若江立坑内部

写真2・7・4 今川立坑内部
雨水貯留の状況：26万5,000m³を貯留し浸水被害軽減に効果を発揮

3 寝屋川流域下水道増補幹線（図表2・7・14、写真2・7・5、2・7・6）

① 幹 線 数：26幹線
② 総 延 長：約60km（うち約29km、貯留容量約39万 m³を供用中）
③ 形状寸法：φ6.25～φ1.0m（シールド工、推進工）
④ 集水区域：約1万1,700ha

5 事業の経過

- 1981年：平野川調節池（後に地下河川に位置付け）着手（大阪市事業）
- 1990年：「寝屋川流域整備計画」策定
    新たな治水施設として、地下河川、下水道増補幹線、流域調節池建設の位置付け
    河川、下水道、流域が一体的となった総合治水対策を位置付け
- 1991年：地下河川、下水道増補幹線都市計画決定

図表2・7・14　寝屋川流域下水道 中央（一）増補幹線 断面図

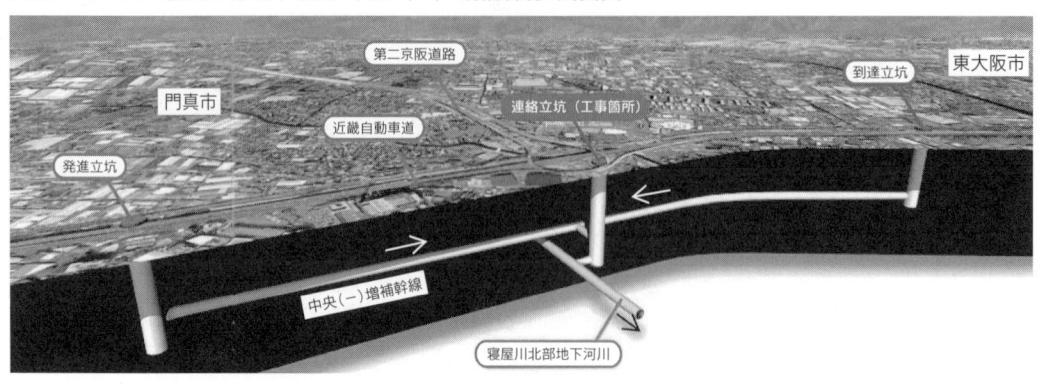

写真2・7・5　小阪調整ゲート人孔
東大阪市若江西新町

写真2・7・6　太平調整ゲート人孔（構造模型）
寝屋川市讃良西町

・2002年：「淀川水系寝屋川ブロック河川整備計画」策定
・2006年：「寝屋川流域水害対策計画」策定
・2011年：寝屋川南部地下河川と下水道増補幹線一体貯留運用96万 m^3 開始
　　　〔内訳〕地下河川　　　：延長11.2km、貯留容量63万 m^3
　　　　　　下水道増補幹線：延長　24km、貯留容量33万 m^3

6 事業計画上の関連法規

河川法、下水道法、特定都市河川浸水被害対策法、都市計画法

7.1.3 神田川・環状七号線地下調節池

1 事業概要

1 事業主体
東京都第三建設事務所

2 所在地
杉並区和泉1丁目から中野区野方5丁目に至る4.5kmの区間に位置する(**図表2・7・15**)。

第一期事業として、杉並区梅里1丁目から和泉1丁目に至る2.0km区間、第二期事業として、中野区野方5丁目から梅里1丁目に至る2.5km区間の整備を終えている(**図表2・7・16**)。

図表2・7・15　位置図

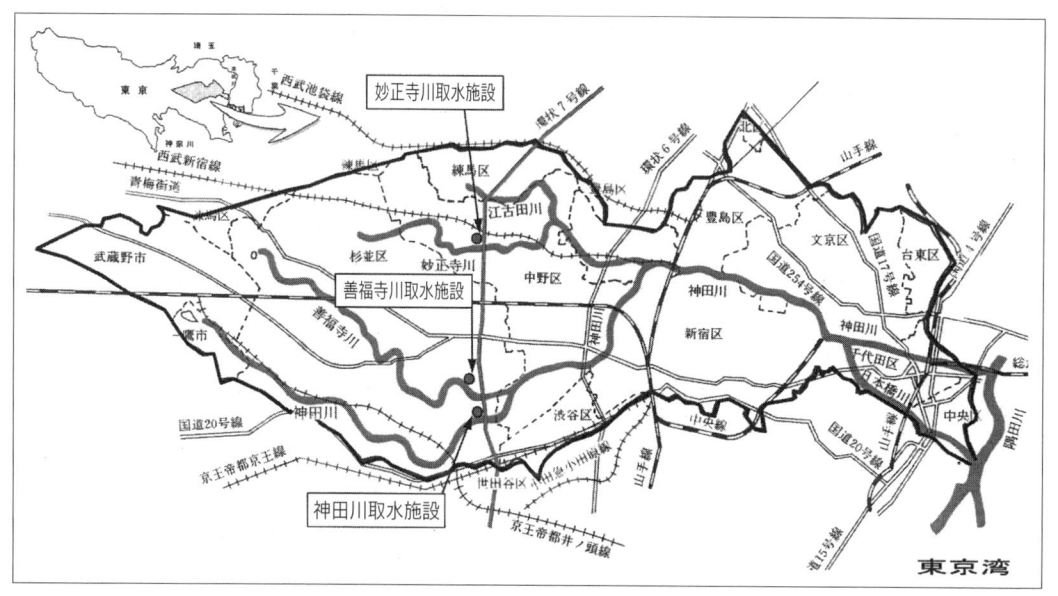

3 事業目的
神田川は、2市13区にまたがる都内で最大の流域面積を持つ中小河川であり、杉並区、中野区の住宅街から、新宿区、文京区、千代田区、中央区といった、まさに首都東京の社会・経済の中心部を流れている。

昭和50年代後半の神田川中流域では、一度水害が発生した場合、住宅・建物のほか、地下街、地下鉄、ライフラインなどの都市機能に深刻かつ甚大な被害を与える都市型水害が頻発しており、このため、早急な対策が求められていた。

東京都では、1時間当たり50mmの降雨に対応できる河川整備を進めてきたが、用地取得や工

第2章　最近の地下空間利用

図表2・7・16　全体構成図

〈平面図〉

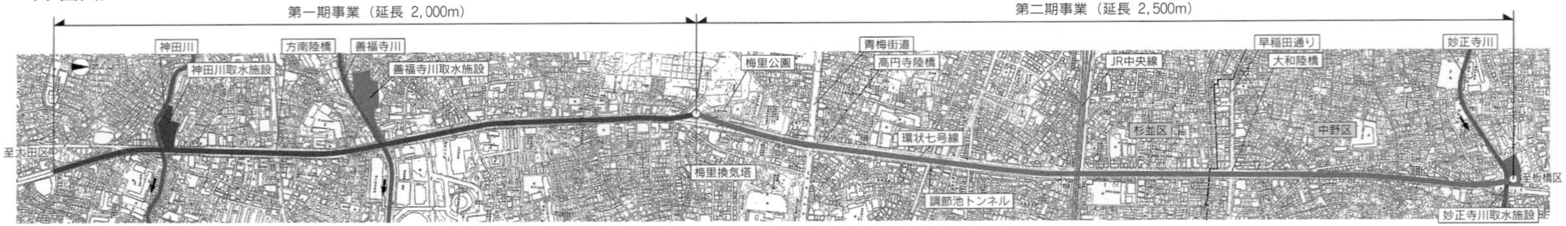

〈縦断面図〉

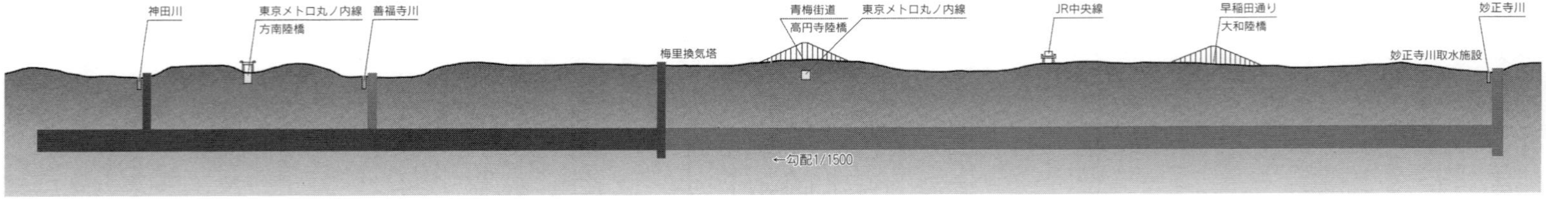

308

事の困難さなどから長時間を要していることから、水害が多発する神田川中流域の安全度を早期に向上させるため、公共空間を活用した地下トンネル方式の大規模調節地の整備に先行着手した。

神田川・環状七号線地下調節池は、淀橋から善福寺川合流地点間の治水安全度が１時間当たり30mm程度のネック区間に対処するため先行的に整備し、当面は調節池として利用することにより、早期に神田川中流域の水害の軽減を図ることを目的としている。

4 事業概要・規模

本事業は、都道環状七号線の地下に構築する貯留容量54万m³の大口径トンネルを地下調節地として、神田川、善福寺川、妙正寺川から洪水を取水するものである。

本施設は、**図表２・７・16**に示すように、流入施設３か所、換気塔１か所と連携する4.5kmのトンネルで構成され、総事業費1,010億円の事業である。

5 事業計画着手年度・事業整備着手年度・供用開始（予定）年度

本事業のうち第１期事業は1988年度に着手、1997年４月供用開始、第２期事業は1995年度に着手、2007年度に完了している。

1997年６月から、2012年５月までに29回の流入実績を記録しているが、この間事業着手前1993年の台風11号と第１期事業完成後の2004年の台風22号の際の浸水被害実績を比較すると、**図表２・７・17**のように、事業実施による被害軽減の効果が発揮されている。

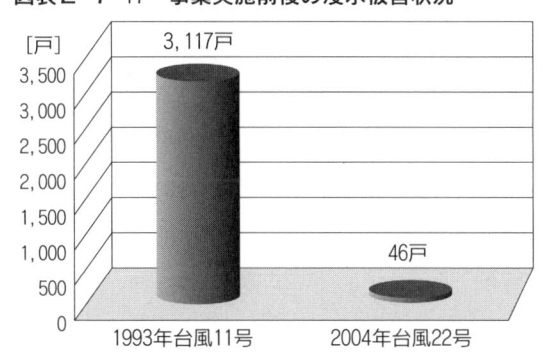

図表２・７・17　事業実施前後の浸水被害状況

6 工事概要

① 地形・地質概要

計画周辺地域は東京区部洪積台地の東側に位置し、主要構造物であるトンネルは洪積世東京層群の砂質土、砂礫、粘性土の互層および上総層群の砂層からなる（**図表２・７・18、２・７・19**）。

図表2・7・18　第1期工事区間地質縦断

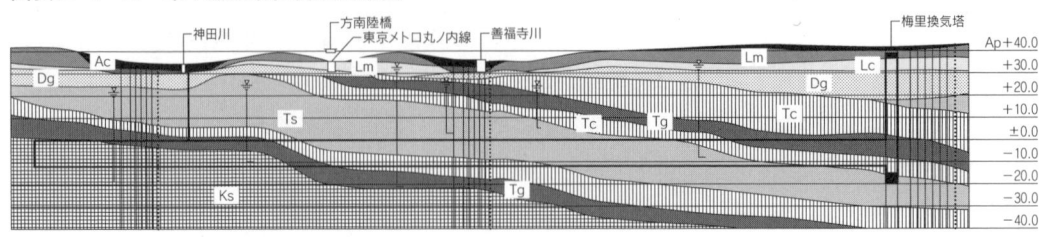

図表2・7・19　第2期工事区間地質縦断

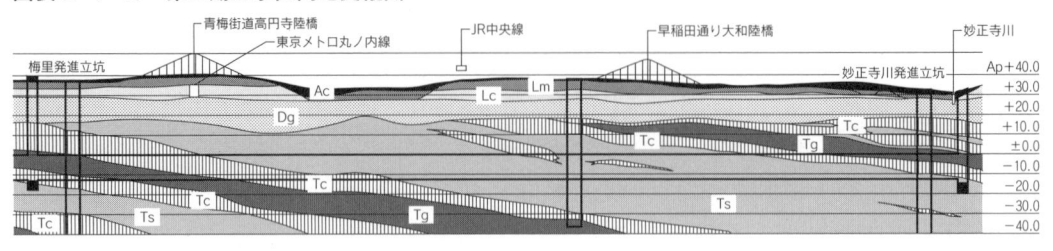

② 主要構造物

図表2・7・20に主要構造物の諸元、図表2・7・21に神田川、図表2・7・22に善福寺川取水施設の概観を示す。

図表2・7・20　主要構造物諸元

神田川取水施設		善福寺川取水施設		妙正寺川取水施設		調節池トンネル	
敷地面積	約4,400m²	敷地面積	約9,700m²	敷地面積	約1,290m²	外径	13.7m(13.2m)
取水堰長	63m	取水堰長	53m	取水堰長	11.5m	内径	12.5m
取水立坑	本体外径 24m 深さ GL-57m	取水立坑	本体外径 27.6m 深さ GL-57m	取水立坑	本体外径 32m 深さ GL-57m	延長	4.5km
						内空断面積	122.7m²
						施工方法	泥水式シールド工法
流入孔径	内径4.3m	流入孔径	内径7.0m	流入孔径	内径1.6m	土被り	34～43m

③ 建設に関わる課題と対策

（1）高落差大流量流入施設

善福寺川取水施設では横越流方式で取水された最大56m³/sの流量を約40mの高低差で安定的に流下させるために、アメリカミルウォーキー市の下水道地下貯留施設用に開発された渦流式立坑方式（ドロップシャフト）を採用して流入孔径7mの減勢工とすることで、圧力運用時の損失水頭を極力小さくすることが可能となった。

（2）大口径・高地下水圧下のトンネル施工

外径13～14m級の大口径、かつ0.4～0.5N/mm²の高水圧下での、2.0kmを超える長距離掘進となる。また、対象土層が洪積粘性土、砂質土、砂礫であることから、ビット交換不要、経済的、施工実績の多さなどから泥水式シールド工法を採用した。

図表2・7・21　神田川取水施設

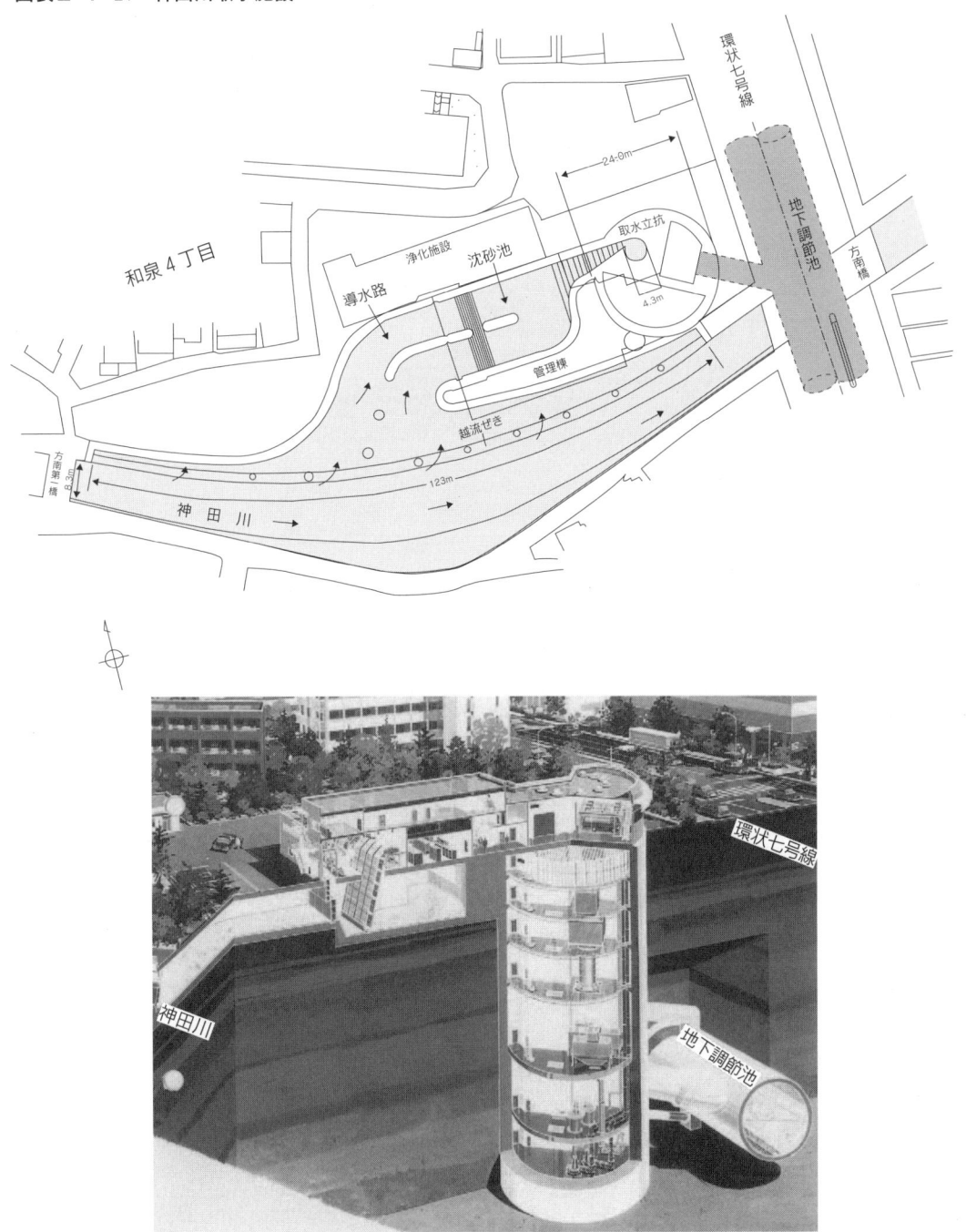

なお、総推力は一期事業で192MN（4,000kN×48本）、二期事業で161MN（3,500kN×46本）である。

図表2・7・22　善福寺川取水施設

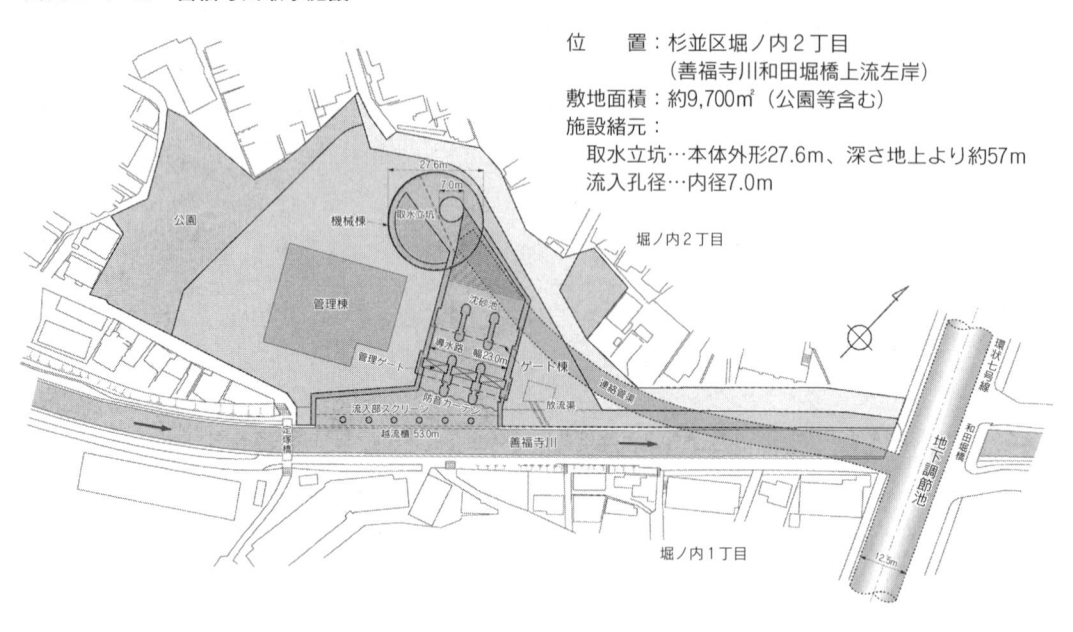

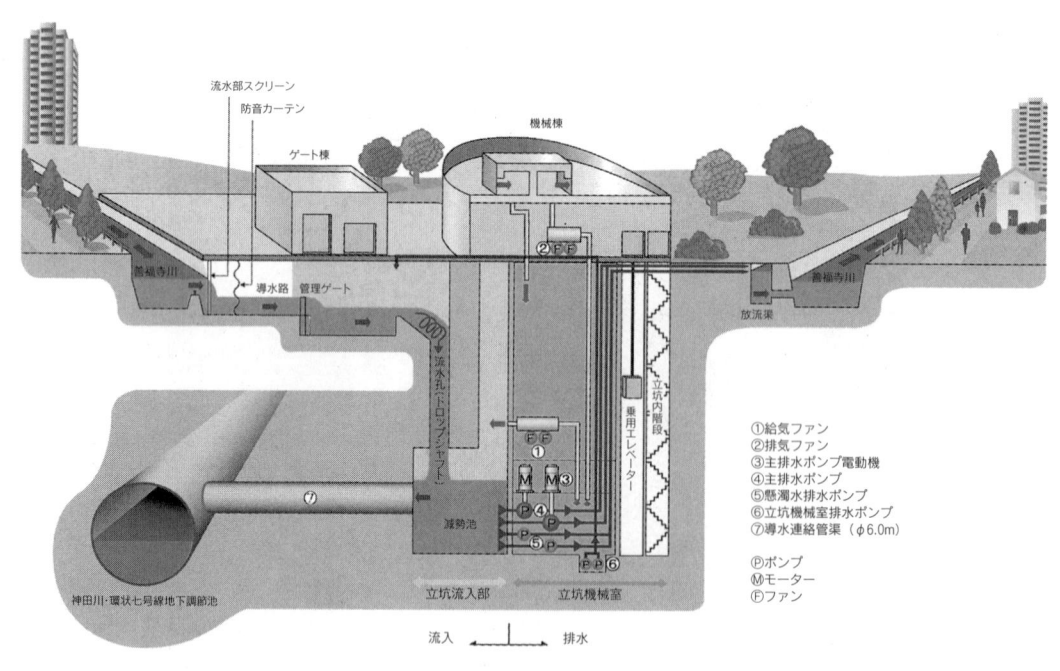

位　　置：杉並区堀ノ内2丁目
　　　　　（善福寺川和田堀橋上流左岸）
敷地面積：約9,700㎡（公園等含む）
施設緒元：
　取水立坑…本体外形27.6m、深さ地上より約57m
　流入孔径…内径7.0m

（3）環境配慮事項

　梅里換気立坑には洪水取水時の地下調節池内の空気の排気、および調節池内の点検・清掃時の神田川・妙正寺川取水施設からの吸気に対する排気に加え、調節池内の脱臭換気時の排気が行われる。脱臭のための設備のほか、臭気ガスの漏洩や逆流防止のために逆流防止弁が設置されている。

2 維持・管理上の課題

　取水に伴う本トンネル内への大量土砂流入等に対して維持管理費縮減の観点から、本トンネルを部分貯留堰で一次、二次貯留池に分割し、小さな取水に対しては一次貯留池のみで対応することとした。

　構造形式は、貯留堰の機能、越流性能、洪水終了後の自然排水可能性、清掃車両の自走性、トンネル構造への荷重分散性等を考慮して台形堰としている。

3 事業計画・建設中の特筆事項

　第二期環七地下調節池工事を施工するにあたり、都民と行政が一緒になって進めることが重要であるとの観点から、地域住民および区と地域において3つの工事情報連絡会（妙正寺川発進立坑部会、善福寺川取水施設部会、梅里到達立坑部会）を立ち上げ、調節池に関わる情報の共有を図ることとした。

7.2 地下水利用

　都市域では、かつて水資源として地下水を無秩序に採取したことから、地下水位の大幅な低下を招き、それに伴う広域地盤沈下によって都市を洪水や高潮災害などの脅威にさらすこととなった。このため、法や条例による地下水取水制限のほか、各地の地下水利用に関する協議会の設置などの対策がとられ、地下水位の回復と地盤沈下の鎮静化を達成することができるようになった。

　しかし、地下水の回復、すなわち水位上昇は、地下構造物に対して設計条件以上の地下水圧や浮力を作用させるなどの様々な課題を生じるようになっている。

　一方で、地下水の持つ恒温性などの特質は、環境、防災、資源の面への多様な機能付与が期待できると考えられている。

　ここでは、地下水回復に伴って生じた課題を解決し、その特性を有効に利用している以下に示す代表的な事例について紹介する。

　① JR総武線快速線地下水利用
　② 御茶ノ水ソラノシティ

7.2.1 JR総武快速線地下水利用

1 事業の目的

1 計画の背景

　立会川は他の城南三河川（渋谷川、目黒川、呑川）と同様、上流域の碑文谷池、清水池等の源頭水源とその流路の大部分を失い、今ではJR東海道線際の月見橋から始まる約750mの河川にすぎない（**図表2・7・23**）。実情は雨天時の水路といってもさしつかえない状況にあった。

　立会川から勝島運河に流出した雨天時の排水がよどみ、流域に悪臭を放ちながら潮の干満で遡上する。このため、都内の水質ワースト1位になったこともある河川である。この原因は品川水族館建設のために勝島運河を埋めたてた結果、運河の一番奥に立会川河口が位置することとなり、さらに浜川橋ポンプ場が立会川河口に位置しており、潮の干満にあわせ常時汚水が立会川に逆流するためである。

　東京都下水道局は、浜川橋ポンプ場の放流口を現在の勝島運河からさらに沖合の京浜運河へ移転工事を進めているところであるが、工事は10年の長期間を余儀なくされている。

　一方、品川区も独自に微生物による浄化実験、水中への曝気実験、ポンプで近くの運河の水を汲み上げ河口150mから立会川へ流す浄化実験等を行っていた。

　しかしながら、悪臭は改善されず被害は続いていた。東京都環境局としても、悪臭がひどく環境の劣悪な状況の立会川に導水する環境用水の水源の確保に苦慮していた。

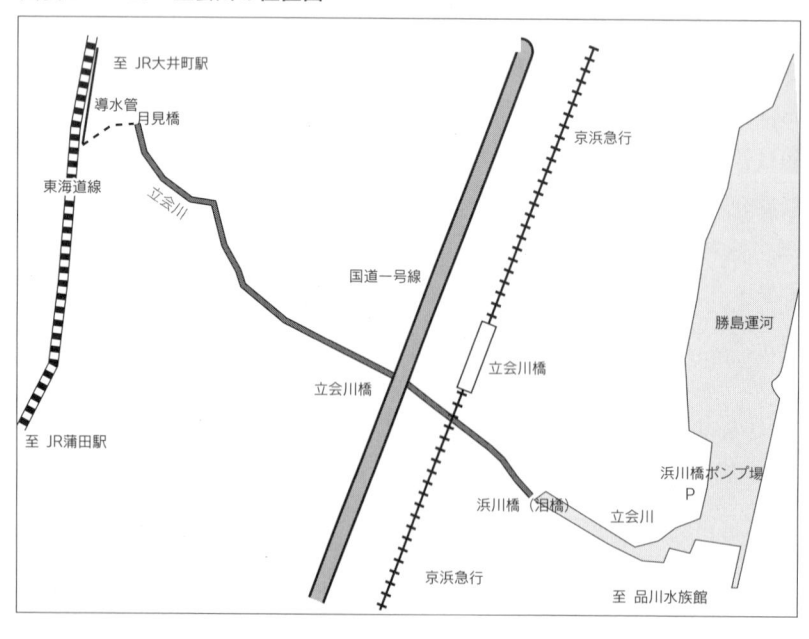

図表2・7・23　立会川の位置図

導水前の立会川

導水後の立会川

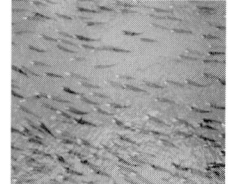

2003年2月のボラ

2 期待する効果

　1987年6月から1989年7月まで京葉線の工事排水を半蔵門へ放流したことがあるが、千代田区の測定結果では、塩分が多く真水を求めるお濠の水源としては不適な水質であることが判明した。このため、東京駅の水を皇居のお濠に放流する東京都の事業計画があったが、2001年2月の合同会議の際に、皇居への導水事業は中止となった。

　この水源の立会川への導水についてJR東日本側と交渉した結果、JR東日本の経費（30億円）で工事可能であるとの回答が2000年3月にあったので事業を推進することとなった。立会川への水源の導水は「緑の東京計画」の事業と位置付けられており、東京都内部の下水道局等の各関係機関と調整し短期間で了解を得られた。この結果、JR東日本は工事終了後には下水道料金を免除された。

　工事区間を4工区に分け、終電から始電までのわずかな時間を利用して、2001年6月から11か月で工事を速やかに完成させ、2002年7月7日の「川の日」に立会川まで導水（日量4,500t）ができた。

　この水は運河の水よりも比重が小さく軽いため、水質も良く川の表層を流れるため、一瞬にして悪臭が消えたのを筆者らも導水の当日に確認している。

　その後、2003年2月にはボラの大量遡上があり、マスコミに大いに取り上げられた。立会川のイメージアップに大いに役立っている（図表2・7・24、写真2・7・7～2・7・9）。図表2・7・24の水質データからも明らかなように、当初の水質改善の目的は達成されている。

図表2・7・24　立会川の水質の推移（2002年7月7日 JR東日本立会川放流）　　　　　（単位；mg/ℓ）

2002年度	4/8	5/13	6/10	7/8	8/12	9/10	10/8	11/4	12/2	1/7	2/4	3/1	平均	2001年度
BOD	3.8	3.6	5.1	2.6	2.4	2.3	2.4	2.8	2.5	2.0	3.1	2.6	2.9	4.7
COD	6.9	5.7	5.8	2.6	2.4	2.3	4.1	3.6	5	3.7	3.3	4.2	3.5	7.0
SS	8	18	8	5	5	2	2	1	1	2	3	3	4.8	4.4
T-N	2.3	2.6	2.5	3.1	4.3	3.6	3.6	3.4	3.6	3.5	3.9	3.8	3.3	3.6
NH3	1.76		1.51		0.12		0.09		0.07		1.32		0.8	0.9
T-P	0.24	0.24	0.26	0.11	0.08	0.02	0.03	0.01	0.01	0.01	0.17	0.03	0.1	0.3

2 事業概要

　① 事業名称：JR総武快速線地下水利用
　② 事業者名：東京都環境局環境改善部規制指導課
　　　　　　　東日本旅客鉄道株式会社 東京支社

写真2・7・7　大井町駅の導水管

写真2・7・8　2002年7月7日の開通式

写真2・7・9　放流の瞬間

3 JR総武快速線地下水利用の概要

1 横須賀線、総武快速線の地下水状況

　JR横須賀線・総武線のトンネルでは、馬喰町、銭瓶排水所、有楽町、芝浦、田町において、各立坑やトンネルの隙間から地下水が湧出している。このうち、馬喰町と銭瓶排水所の水のみを立会川へ送水している。立会川までの導水距離が約10kmと長いためセンター基地のほかに、品川には保守基地がある（**図表2・7・25**）。

図表2・7・25　立会川導水ルート略図（総武線トンネル湧水対策配管ルート略図）

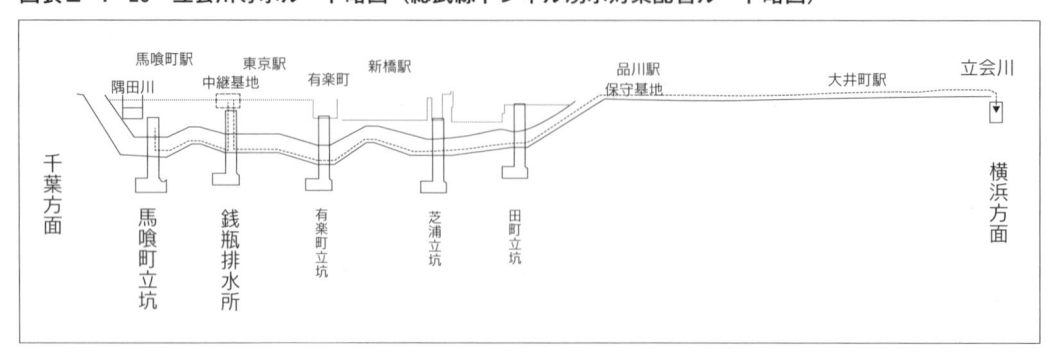

有楽町、芝浦、田町の各立坑の水は港区内の京浜運河に2か所にすでに放流されているので、そのまま京浜運河に放流させている。その放流場所付近では、多くの魚の群れが集まるのが見られた。ただし、水質は悪くそれぞれ沈殿処理、オゾン処理をしてから放流している。

これらの総武快速線、横須賀線の地下水の水質は塩分が多いため地下浸透して地下水として再利用するには不適である。感潮域の環境用水以外には再利用しにくい水である。通常の地下水は15mg/ℓ程度であり、東京駅が揚水している地下水は700mg/ℓから3,000mg/ℓと明らかに異なる。かつては海の底に位置しており、付近に日本橋川があり、また、隅田川の下も通っていることから、感潮河川の水が地下から浸出していることが考えられる。

2 JR東日本関連のその他の導水事業

立会川への導水のほかに2か所導水を行っている。JR武蔵野線の西国分寺駅周辺の引込み線トンネル湧水を姿見の池を通じて年間40万tを野川に放流している。1974年、1991年にトンネル付近の住宅地に浸水被害があり、東京都とJR東日本が協議を重ね、2002年3月30日に導水することができた。導水工事費用はJR東日本側が負担しJR東日本と国分寺市が分担して工事を行っている。水質は窒素分のみが10mg/ℓと非常に高いが、他の水質は良好で立派な地下水である。

上野駅周辺の新幹線ホームと立坑に湧出する地下水を不忍池のボート池へ導水する工事を行い2003年9月3日に放流している。日量268tである。この工事の費用は全額JR東日本側が負担している。水質は典型的な地下水の性質を備えている。窒素分は1～2mg/ℓと地下水としては普通に見られる水質である。

3 東京地下駅等の地下水上昇について

総武線東京地下駅の建設時は、東京の地下水が大きく低下している時期であったので、地下水は見られなかった。その後、揚水規制が進み東京都全体で地下水位がある程度回復した。

東京駅の水位上昇による地下駅への圧力影響を防止するため、グラウンドアンカーで固定して広大な地下駅の浮力を相殺している。これは武蔵野線新小平駅の地下水位上昇と地下水流入による駅の破壊を見て、JR東日本が考案した新技術である。上野地下駅はスペースに厚鉄板を重しとして3.7万t設置し地下水上昇に備えていたが、その後も地下水の上昇が続いたため第2次対策として650本のグラウンドアンカーを施工している。

東京都は上野地下駅、東京地下駅についてJR東日本と協議の結果、水位の上昇が見られる時は、地下水の揚水を認めることとしている。上野地下駅は不忍池に放流できる設備（2003年度）をすでに整え、東京地下駅（総武快速線）については、直径100mmの観測用井戸2本を設置（1999年度）している。その後は導水事業もあり、地下水位上昇防止のための井戸は稼動していない。

一方、総武快速線よりも低い位置にある京葉線地下駅は、地下水位上昇後の計画であったため、十分な地下水対策を講じているので、地下水位が地上まで上昇しても問題はないとのことであった。

参考文献

1) 東京都環境局「緑の東京計画」p.70、2012.12
2) 東京都環境局「平成14年度東京都公共用水域及び地下水の水質測定結果」
3) 千代田区「公共用水域水質測定結果」
4) 輿石逸樹・相沢文也「都心部の地下水変動による鉄道トンネルへの影響」『トンネルと地下』Vol.35、2004.4
5) 清水満・鈴木尊「地下水の上昇に対する地下駅の対策工事」『土と基礎』Vol.53、2005.10

7.2.2 御茶ノ水ソラシティ

1 事業概要

1 施設名称
御茶ノ水ソラシティ

2 事業主体
駿河台開発特定目的会社（大成建設(株)ほか3社の出資によるSPC）

3 所在地
東京都千代田区神田駿河台4丁目6番地

4 事業目的

① 計画の背景

　都市機能の高度化および都市の居住環境の向上を目的とした都市再生緊急整備地域における市街地の整備を推進するため、都市再生特別地区の提案を行い、2010年3月に都市計画決定された。

　施設計画にあたっては、東京メトロ千代田線新御茶ノ水駅が地上から駅ホームへつながるエレベーターを利用した導線がなく、東京メトロの機能改善として計画敷地内の一部を使いメトロ用エレベーターの建設が検討されることとなり、あわせて地下鉄の湧出水利用が検討された。湧出水は、駅施設（立坑部）の下部にある排水槽に貯留され、ポンプアップにより下水へ放流されていた。今回の使用については、東京都都市整備局との調整のうえ、環境局や下水道局と技術面、水質面を確認いただき施設配置となった。

② 期待する効果

　市街地整備の推進に関し必要な事項として、神田地域は、歴史・文化を伝える街並み形成や、学生街等のにぎわい・回遊性の向上を促進させるため、都市開発事業における敷地内緑化（地域広場）・屋上緑化・壁面緑化などのヒートアイランド対策の配慮や歩行者ネットワークの改善などが検討された。

5 事業概要 (図表2・7・26、2・7・27)

① 敷地面積：9,547m^2
② 建築面積：5,569m^2
③ 延床面積：10万2,137m^2
④ 建物高さ：最高部109.99m（建築基準法上の高さ）
⑤ 階　　数：地上23階、塔屋2階、地下2階
⑥ 構　　造：鉄骨造、一部鉄骨鉄筋コンクリート造、鉄筋コンクリート造、中間免震構造
⑦ 基礎工法：現場造成杭
⑧ 地域地区：商業地域、防火地域、都市再生特別地区（神田駿河台4-6地区）
⑨ 用　　途：事務所、店舗、大学等教育関連施設、ホール、会議室、文化交流施設、駐車場
⑩ 基本・実施設計者：大成建設株式会社一級建築士事務所
⑪ 工事監理：株式会社久米設計
⑫ 施　工　者：大成建設株式会社　東京支店

6 事業年度

・着工：2010年11月1日　新築工事
・竣工：2013年3月15日　予定

図表2・7・26　計画地周辺の整備イメージ

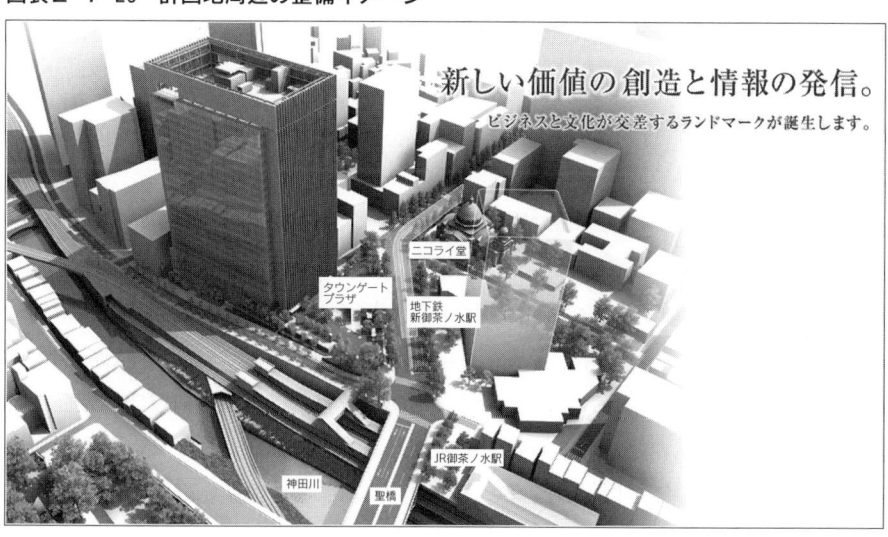

（出典）大成建設(株)ホームページ (http://www.taisei.co.jp/kaihatsu/kanda-surugadai/outline.html)

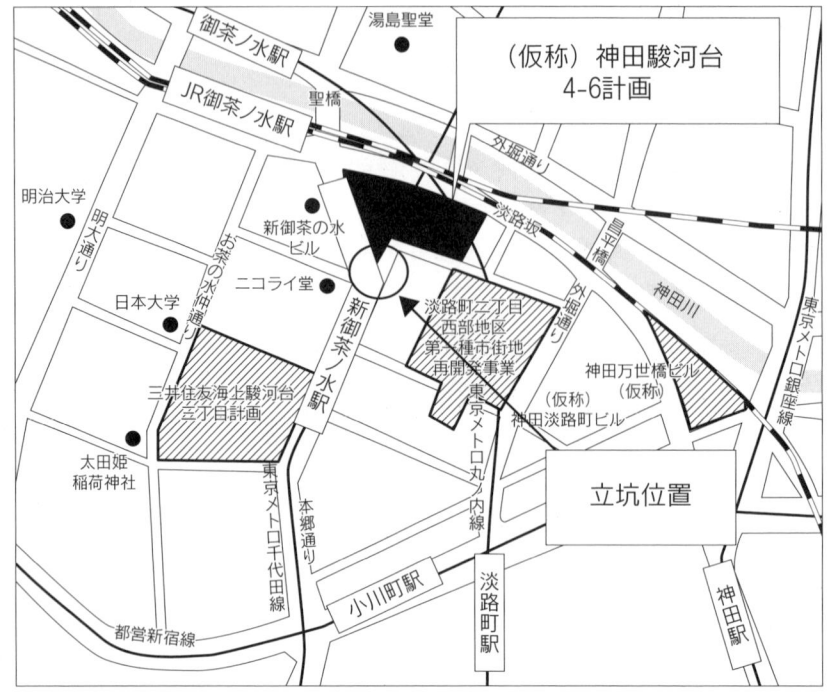

図表2・7・27 計画地周辺の整備イメージ

（出典）大成建設（株）ホームページの図に加筆（http://www.taisei.co.jp/kaihatsu/kanda-surugadai/location.html）

2 地下鉄湧出水の活用について

千代田線新御茶ノ水駅の立坑では、地下鉄湧出水が1日当たり約150m³生じており、地下鉄の排水槽にいったん貯留される水を建物内の受水槽に移し、以下のように活用する（**図表2・7・28、2・7・29**）。

① 給水式保水性舗装への利用→ヒートアイランド対策
② 敷地内植栽への灌水→自然環境対策
③ 水熱源ヒートポンプによる空調熱源→地球温暖化対策など

残余水については、建物内で中水として利用することにより、建物内での年間使用水量の約3万7,500tの削減が可能と予測される。建物全体の上水使用量の約20％（建物全体の雑用水では使用量の約30％）相当を削減することに寄与し、CO_2排出量では約7t/年の削減に換算される。

活用にあたっては、水量の増減や水温の変化、水質などについてモニタリングしていくとともに、水循環や周辺環境への影響に十分配慮して計画、運用する。特に水熱源ヒートポンプによる空調熱源としての活用については、水温上昇が環境用水としての利用に支障を与えない範囲となるようモニタリングする。

（注） 上記文章中の水量等の数値は、2009年7月以前の測定値や試算値であり、現時点での値とは相違する可能性がある。

第7節　防災・環境対策施設の事例

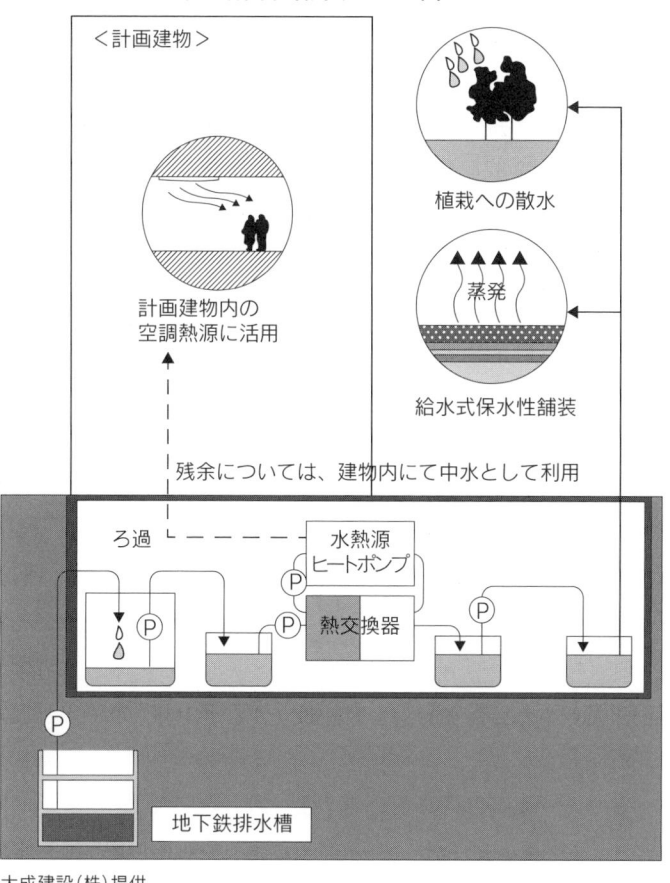

図表2・7・28　地下鉄湧出水活用イメージ図

大成建設(株)提供

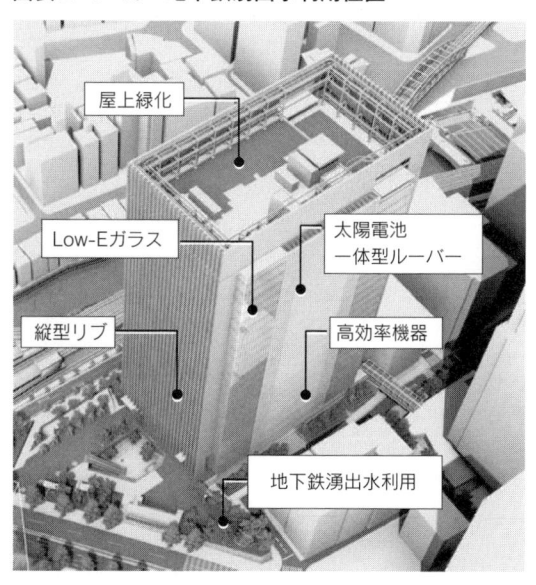

図表2・7・29　地下鉄湧出水利用位置

(出典) 大成建設(株)ホームページの図に加筆 (http://www.taisei.co.jp/kaihatsu/kanda-surugadai/environment.html)

3 行政機関への届け出について

　東京都環境局自然環境部水環境課へ地下水使用に関する計画書を提出し、東京都下水道局には下水道料金の支払いに関する区分や計量方法などについて確認している。

　地下水は、基本的に自然に戻すという考え方があり、植栽や保水性舗装については理解を得られた。残余水については、中水利用した後に下水道へ放流することで了解が得られている。

第8節 文化施設・実験施設の事例

8.1 美術館・観光施設

8.1.1 MIHO MUSEUM

1 施設概要

① 施設名称：MIHO MUSEUM
② 事業者名：施　　主…宗教法人神慈秀明会
　　　　　　運営管理…公益財団法人秀明文化財団
③ 所 在 地：滋賀県甲賀市信楽町田代桃谷300
④ 施設規模

当美術館の主な施設規模を**図表2・8・1**に示す。

図表2・8・1　施設の規模

全　体		美術館棟		レセプション棟	
敷地面積	1,002,000m²	塔屋2階	23.998m²		
建築面積	9,240.978m²	塔屋1階	117.042m²	塔屋1階	33.768m²
延床面積	20,780.587m²	1階	4,930.912m²	1階	954.487m²
建ぺい率	0.92%（許容 70%）	地下1階	5,056.034m²	地下1階	1,177.970m²
容 積 率	2.00%（許容300%）	地下2階	7,301.196m²	地下2階	1,185.180m²

（出典）日経アーキテクチュア編『MIHO MUSEUM』1996.12

⑤ 事業工程

滋賀県甲賀市信楽町田代が、当美術館の建設用地として決まったのは1991年の春である。1992年10月〜1994年3月にかけて設計を行い、1994年4月から施工を開始し1996年8月に完成した。その後、約1年の準備期間を経て1997年11月にオープンした。

⑥ 事業計画上の関連法規

当美術館は、三上・田上・信楽県立自然公園内にあり、森林法保安林区域、砂防法指定区域、自然公園法県立公園第3種特別地域に指定されている場所に建設された。

2 地下施設の概要

1 地形・地質概要

　当美術館周辺の地形は、その大半が信楽高原で占められており、全域が小起伏山地となっている。信楽地区は大部分が花崗岩地帯となっているが、鶏冠山から竜王山の北側にかけての地域や、猪背山周辺から西側一帯はチャート、泥岩・砂岩が分布している。

　この地域の花崗岩は風化がよく進み、古くから森林伐採が行われていたこともあって、広大な露岩地が生じてしまい、土砂の流出が激しく治山・治水に苦労した地域である。信楽では古くから陶器がつくられてきたが、原料となった粘土にはこの風化花崗岩が混入して独特の蛙目粘土となり、信楽焼に趣を醸している。この花崗岩地帯から産する窯業原料としての長石質資源は日本有数のもので、いくつかの採掘地がみられる。

2 地下施設概要

　美術館は大きく2つに分かれている。1つは来館者が最初に立ち寄り、入館手続きの手始めとして、チケットを購入するための施設で「レセプション棟」と呼ばれている三角形の平屋の建物である。この建物は、美術館のサポート拠点としての重要な役割があり、非常時の電源供給はすべてここの電気室から行われる。

　もう1つが「美術館棟」であり、南ウィングと北ウィングからなる。南ウィングは山の稜線に沿った形に配置され、北ウィングは稜線が交差した浅い谷間に埋められたような位置にある。

① 　レセプション棟

　レセプション棟の平面形状は、1辺50mの直角二等辺三角形の形状をしており、斜辺の中心から、半径14.5mの半円でえぐられた部分がエントランススペースとなっている。地下1階は管理・事務室、財団事務室、レストラン事務室、倉庫類、職員等関係者の休憩施設、中央監視室などで構成され、地下2階は、空調機械室、電気室、発電機室などが配置されている。

② 　美術館棟

　南ウィングの地下1階は主に展示室に利用されている。そのほかにレクチャーホール、喫茶室などがあり、地下2階には機械室、事務室がある。また、南ウィングのプラザと呼ばれる部分の下部（地下2階）には電気室および受水槽、消火ポンプ、冷凍機械といった水源関係機械室が配置され、さらにその下層には水深10mの蓄熱水槽がある。これは、美術品を収蔵する本館内部に水源を多量に抱えた計画を避けるためで、結露などを含めた水に引き起こされるアクシデントから収蔵品に悪影響を与えることのないよう、完全に離れた位置に設置されている（**写真2・8・1、2・8・2**）。

　北ウィングの地下1階の多くの部分は美術品の保存を目的としている（収蔵部門）。3つのブロックに分けられた収蔵庫と一時的な保管を目的とした保管庫、美術品の修復や展示用の補助具を制作するための修復室、および主にスチール写真を撮影するための撮影室より構成されている。

写真2・8・1　美術館棟（遠景）
MIHO MUSEUM 提供

写真2・8・2　美術館棟

また、北ウィングの地下1階には中央監視室、搬入室、機械室、事務所が設けられている。

3 地下を利用した理由

　設計者は、敷地が県立自然公園内にあり、自然保護に関わる事項が厳しく条例化されていることから、山の尾根と尾根の間をトンネルと橋で渡すことと、樹影の濃い斜面に建物を埋め込む形で理想郷としてのランドスケープをつくり上げようとした。自然保護という観点で考えると、最小限の開発ということにつながり、自然公園内での高さ制限や、表面から突出する面積が規制されていること等を考慮し、最終的には建物容積全体の80％程度を地中に埋設する設計とした。

4 施設の特性を考慮した設計・施工方法

　当美術館は、自然環境にめぐまれた山林を造成して建設されることになっており、周辺の自然破壊につながる掘削工事と、それから発生する土量を最小限におさえる必要があった。このため、掘削範囲を平面的に見て構造物外壁線と一致させることで最小化できるように検討した。

　一方、美術館の建物全体が土で覆われ、その表面を植栽して自然を修復しようとする計画であったため、建物に大きな土圧がかかることになり、構造的に不利になるという問題があった。この問題を解決する方法として、建物の外周部に擁壁を設置して、建物には一切土圧を作用させない計画とした（写真2・8・3）。

　美術館棟の主体構造は地上1階地下2階の3層の鉄筋コンクリート構造であり、構造体の立ち上がった直上には軽快なスペースフレームの屋根が設置されている。地下構造体は2層で、N値50以上の風化花崗岩層に直接支持されている。主体構造の屋根面はスペースフレーム部分を除くと、掘削前の地形に戻し開発前の自然環境にできるだけ復旧する必要があった。屋根に載荷される土の重量を軽減するため、地形そのものを躯体で形成する異形ラーメンによって構成し、覆土厚をほぼ1mとした。

写真2・8・3　施工中の状況（左右いずれも美術館棟）

MIHO MUSEUM 提供

　屋根面は最大35度の急勾配の斜め屋根になっており、集中豪雨時の土砂流出防止策と、急勾配でも植物が育つ保水性があることの二極面を要求された。

　土留めとして、一般部は屋根斜面と平行に鉄筋金網を2〜5mピッチで配列し、クレーンおよびクラムシェルで土を屋根まで運び、バックホーおよびミニブルドーザーで整形を行う方法とした。一部急勾配の部分には、ネステム工法で対応し、土砂流出に万全を期した。また、雨水による浸透水が保護コンクリート上に滞水すると、覆土の地すべりおよび植栽の根腐れの原因ともなるため、保護コンクリート上に暗渠排水を配置した。

　当敷地では、地表面から約30cmの表土を剝ぐと「マサ土」と呼ばれる風化花崗岩が現れる。このマサ土は、通気性・透水性に乏しく、土壌養分が不足し、また、保肥力が低く、植栽に適さない土質であった。そこで、覆土の上層30cmの厚さまで土壌改良材（無機質系改良材）を混合し、養水分を供給できる土壌状態を整えた。また、下層（深さ30cm以下）は、透水性、排水性の良い土壌となるように整備し、土壌に不足していると考えられる腐食を補給する意味で、有機系改良材（堆肥）を併用した。その他、表面の雨裂防止および緑化のため、全面にわたって厚層基材吹付けを実施した。

　植栽の樹木配置は、自然との調和と、開発前の山の植生などから、千鳥状配置を原則とし、樹種も混植とした。一番の難しさは、現状の樹木のほとんどが、決して肥沃といえない土壌に根を張り、弱々しい幹が密生している状況との調整であった。植栽樹種の選定には、入念な周辺森林の植生、森林の環境調査を行い、5年〜10年先の枝張りなども考慮して決定された。

参考文献
1）MIHO MUSEUM ホームページ（http://www.miho.or.jp/index.htm）
2）日経アーキテクチュア編『日経アーキテクチュアブックス　MIHO MUSEUM』㈱日経BP社、1996
3）滋賀県ホームページ「ふるさと滋賀の自然とのふれあいコーナー」（http://www.pref.shiga.lg.jp/d/shizenkankyo/furusato/park/mikami.html）

8.1.2 大塚国際美術館

1 施設概要（写真2・8・4）

① 施設名称：大塚国際美術館
② 事業者名：一般財団法人大塚美術財団
③ 所 在 地：徳島県鳴門市鳴門町鳴門公園内
④ 施設規模
 ・敷地面積：6万6,630m^2
 ・建築面積：9,282m^2
 ・延床面積：2万9,412m^2
 ・構　　造：鉄筋コンクリート造、一部鉄骨造
 ・階　　数：地下5階、地上3階
 ・設　　計：株式会社坂倉建築研究所
 ・施　　工：株式会社竹中工務店

写真2・8・4　鳴門大橋側（北東）からの建物全景

大塚国際美術館提供

⑤ 事業工程

　大塚国際美術館は、大塚グループが創立75周年を記念して、発祥の地、徳島県鳴門市に設立した「陶板名画美術館」である。陶板名画は限りなくオリジナル作品を再現する美術陶板であり、半永久的な耐久性を持っている。大塚グループ企業がこの技術を有していたことが「陶板名画美術館」設立の背景となっている。展示作品は、西洋美術の専門家6名の選定委員会により選ばれた西洋名画1,000余点を原寸大で陶板に焼き付けたものである。1995年7月着工、1998

年3月に竣工し、1998年3月21日に開館している。

⑥　計画上の関連法規ほか

当美術館は、淡路島から渦潮で有名な鳴門海峡を渡った所にある。瀬戸内海国立公園内で、自然公園法第2種特別地域、文化財保護法の「名勝鳴門」、都市計画法の市街化調整区域に指定されている。また、徳島県環境政策課の行政指導により、建物外壁より水平距離5m以上の木竹を伐採できない条件のもと計画、建設された。

2 地下施設の概要

1 地形・地質概要

当美術館の敷地は標高50mの丘陵地に位置する。地質的な特徴を以下に示す。

・中生代白亜紀に属する和泉層群が分布し、巨視的には砂岩・頁岩の互層が広く分布している。
・岩盤層理の平均的な走向は北東―南西方向、傾斜は南落ちと一定している。
・頁岩は局部的に風化・脆弱化して破砕されており、砂岩中には亀裂が発達している。また、小崩壊地形が多く見られ強度を期待できない箇所がある。
・表層は新生代第四紀の崩積土砂が1～3m堆積している。

2 地下施設概要

当美術館では、「環境展示」「系統展示」「テーマ展示」という3つの展示方法をとっている。

「環境展示」は、教会の天井画・壁画など環境空間をそのまま再現するという特徴的な展示である。一例としては、美術館のエントランス階となる地下3階の中央にシスティーナ礼拝堂を再現したシスティーナ・ホールがある。曲面を陶板で再現することが技術的に困難であったため開館時にはシスティーナ・ホール天井画の一部のみしか再現されていなかったが、2007年完全に再現された（**写真2・8・5**）。

写真2・8・5　システィーナ・ホール

大塚国際美術館提供

「系統展示」は、古代から現代にいたる美術史の変遷が理解できるように順を追って展示したものである。地下3階が古代〜中世、地下2階がルネサンス〜バロック、地下1階がバロック〜近代、地上1階と2階が現代となっており、地下3階から階を上がるごとに時代が進む展示となっている。なお、地下2階ではダビンチの「最後の晩餐」の修復前と修復後が向かい合って展示されている。

「テーマ展示」は、「生と死」や「家族」といった人間にとって根源的テーマに対し古今の画家が描いた作品を展示し、表現方法の違いを比較することができるようにしたものである。

地下3階から地上2階まですべてを鑑賞すると、その距離4kmに及ぶ広大な施設となっている。

3 地下を利用した理由

瀬戸内海国立公園内の敷地であり、法規制による建物高さの制限、景観保護の配慮により建物の大半が地下構造物となっている。

4 施設の特性を考慮した設計・施工方法

丘陵の南西麓にある正面広場から斜面部地下のエスカレーター（長さ約40m）を上がるとエントランスホールのある地下3階に着き、展示がスタートする。地下3、2、1階の展示フロアーでは、システィーナ・ホール等の「環境展示」とセンターホールを中心に「系統展示」が巡り、地下から地上に上がっていくように配置されている。展示のみならず、仕上材としても多くの陶板が用いられている。エスカレータ上の斜面をはじめ建物周囲は緑化され、周辺環境との調和が図られている。

地下の施工では、開削工法により掘削し、建物地下躯体を構築したのち岩盤と地下躯体の間を埋め戻す手順で行われた。建物本体部の岩盤掘削は、平面的におおむね100m四方、最大掘削深度約27mで、掘削周囲4面のうち2面は岩盤の層理走向方向に平行（受け盤と流れ盤）であり、他の2面は層理走向方向に垂直（走向盤）である（図表2・8・2）。国内建築工事で75度以上の勾配で20m以上となる大規模な工事事例が少なく、不確定な岩盤性状に対して確立された設計法がないことが掘削工事計画にあたっての問題点であった。そのため、地盤の安定を図り、安全かつ迅速に掘削工事を行うために、岩盤の崩壊や、

図表2・8・2　平面図における受け盤・流れ盤・走向盤

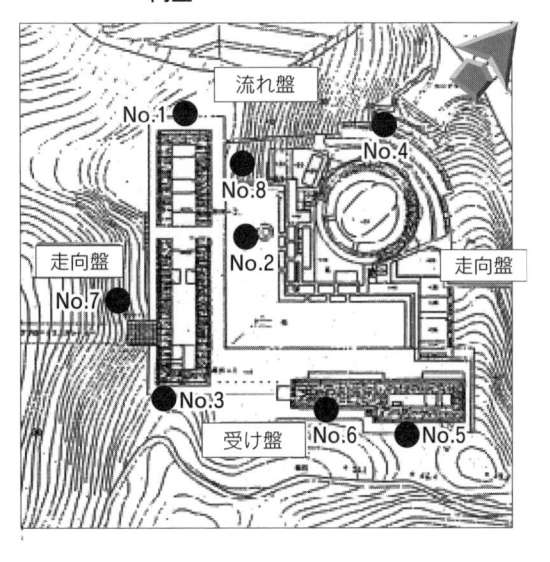

変形パターンを予測することと、流れ方向層理面での適切な地盤強度定数設定の検討が行われた。

　岩盤の崩壊パターンに対する対策工を以下に示す。層理面でのくさび形すべりに対しては地盤アンカーの緊張によるすべり方向摩擦抵抗力の増強、表層部の円弧すべりに対しては安定勾配での法切り掘削、層理と直交する節理面に囲まれたくさびブロックの崩壊と掘削表面の風化による崩落については吹付けモルタルによる表面保護とロックボルトの縫い合わせ効果による岩盤掘削面の一体化を行う、これが当工事における支保工の基本方針とされた。

　岩盤の強度定数の推定については、岩石試験、弾性波探査および孔内水平載荷の結果より推定される粘着力に対して、岩盤内の亀裂頻度等の不確定性を考慮し強度定数が設定された。その結果、流れ盤は層理という連続したすべり面での強度定数が、頁岩の風化程度により極端に低下するため、掘削角度を73度（1：0.3）とし、受け盤、走向盤では90度とされた。また、岩盤支保工は仮設とし、工事完了後の岩塊の安定は本体躯体によるものとなっている。なお、仮想すべり面は水平面に対し、受け盤・走向盤で（$45+\phi/2$）度、流れ盤で45度、地盤アンカーおよびロックボルト設計用摩擦力を$\tau=10\,kgf/cm^2$と設定した。

　掘削工法には支保工を併用しながら切り下げるベンチカット工法を採用し、観測施工が実施された。観測施工に用いられた計測項目は、アンカー軸力、地表面変位量、地盤側方変位、岩盤表面性状、ロックボルト頭部プレート変形、およびロックボルト軸力である。工事着手前には、計測項目への管理基準が設定され、安全に工事を進めるために、関係者で構成された岩判定グループを設置し、異常時の施工管理体制も明確にされた。

　以下のような観測施工により危険を未然に察知し、無事工事を終えたことが報告されている。

　受け盤において、計測開始後、掘削に伴って1～3段アンカー軸力が増加傾向にあり、4次掘削直後に1段アンカーの軸力が初期軸力の1次管理値（105％）を超えたため、異常時の施工管理体制のもと対策工の検討が行われている。軸力増大の直接的な原因は、4次掘削段階で初めて確認された不連続面と推測され、既ボーリング調査でのRQDが0％の深度と一致している。不連続面より上部で生じた緩みが4次掘削底盤からの想定すべり面での強度定数を低下させた、と仮定しアンカー軸力を逆算すると、計測値と同等の結果が得られた。

　その対策として、既施工アンカーの軸力増大防止と、最終掘削時での想定すべり面の強度定数を4次掘削以浅で$C=0\,kgf/cm^2$とした場合の必要抑止力の補強を目的として増打ちアンカーを施工し、最終掘削までを無事完了させた。

参考文献

1) 福田悟「大塚国際美術館」『新建築』1998.8
2) 天神幸安ほか「国立公園内での地下式美術館の施工事例」『地下空間シンポジウム論文・報告集 第4巻』1999.1
3) 中島正毅「徳島景勝丘陵地における美術館建設の掘削工事例」『基礎工』第363号、2003.10
4) 大塚国際美術館ホームページ（http://www.o-museum.or.jp/）

8.1.3 高山祭りミュージアム

1 施設概要

① 施設名称：高山祭りミュージアム（The Takayama Festival Art Museum）
② 事業者名：施　　主…株式会社飛騨庭石
　　　　　　運営管理…有限会社 TOGEI 飛騨
③ 所 在 地：岐阜県高山市千島町
④ 施設規模
・敷地面積：4万4,620m^2
・建築面積：677m^2
・延べ面積：3,412m^2
・階数：地下1階

当ミュージアムは、地表部（管理施設、物品館および昆虫博物館など）の建築構造物と**図表2・8・3**および**図表2・8・4**に示す地表から水平に入るトンネル状の展示空間（以下「展示トンネル」という）、大規模な半球状の展示空間（以下「展示ドーム」という）および周辺の避難トンネルからなっている。

⑤ 事業工程

高山祭りミュージアムは、(株)飛騨庭石が岐阜県高山市のJR高山駅の南2.5kmに位置する丘陵地に開発した総合リゾート「飛騨高山まつりの森」プロジェクトの中核をなして

図表2・8・3　現地との合成イメージ

図表2・8・4　高山祭りミュージアムの平面図

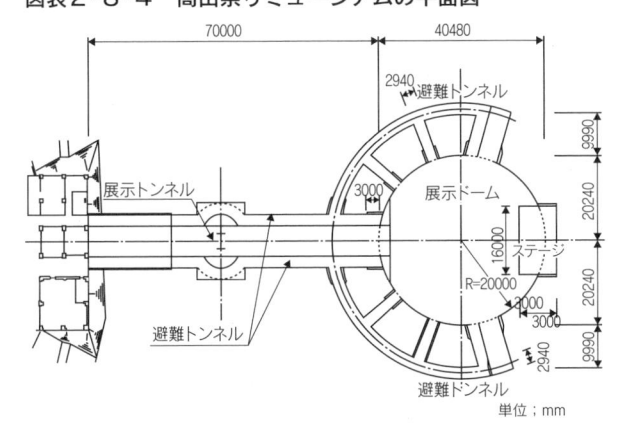

単位；mm

いる。
　建設に先立ち1991年から建設予定地点で地表面から合計5本のボーリング調査を実施し、岩盤地下空洞の建設の可能性と基本設計を行った。そして、1993年9月には、地表面から水平に展示ドーム部に向かって地質調査坑（高さ4m×幅4m）を80m掘削し、詳細な原位置における岩盤の強度・変形試験などを実施した。
　当ミュージアムは、建築基準法38条（計画・建設当時）の規定を受けて、1994年4月に財団法人日本建築センター内に高山屋台洞構造評定委員会と防災性能評定委員会が設置された[1]。構造と防災の各委員会による慎重なる審査の結果、1994年10月に建築構造物としての機能と安全性が認められ評定書を取得後、評定書を付して認定申請書を建設大臣（現 国土交通大臣）に提出して認定書を無事取得した。また、1996年7月に開始された掘削工事は、1997年3月に事故もなく終了した。その後、岩盤空洞内の設備工事と坑外の物品館、管理棟、昆虫博物館などの建築工事および設備工事を実施し、1998年4月にオープンした。その後、周囲には世界民族文化センターなどの構造物が隣接して建設された。

⑥　事業計画上の関連法規
　建築基準法38条（計画・建設当時）の規定に基づく建設大臣（現 国土交通大臣）の認定を受けるとともに、これに並行して開発に関わる都市計画法、森林法および砕石法の許認可を受けた。

2 地下施設の概要

1 地形・地質概要

　当ミュージアムの建設地点は、JR高山駅の南2.5kmに位置する、苔川と阿矢谷川にはさまれた標高720mの尾根地形である。建設地点の北方約25kmには、北東―南西方向に延びる跡津川断層、南側約40kmには北西―南東方向に延びる阿寺断層がある。建設地付近の地質は、上位より表土、崩積堆積物の粘性土および白亜紀後期、古第三紀の濃飛流紋岩と呼ばれる火成岩のうち火砕流起源の溶結凝灰岩により構成されている[2]。

2 地下施設の概要

　当ミュージアムは、地表部の施設と**図表2・8・4**のように地表から水平に入る70mの展示トンネル（**写真2・8・6**）、直径40.5mの展示ドーム（**写真2・8・7**）および周辺の避難トンネルからなっている。
　国内では、これまでは鍾乳洞などの自然にできた、もしくは、他の目的でつくった岩盤地下空洞を用途変更し、不特定多数に解放する施設はあった。しかし、不特定多数の人を対象に新設される本格的な岩盤地下空洞はなかった。この意味から、高山祭りミュージアムは、国内初の建築構造物としての大規模な岩盤地下空洞である。

写真2・8・6 展示トンネル内の状況　　写真2・8・7 展示ドーム内の状況

3 地下を利用した理由

　高山市は、山間部の盆地地形の町であり、平地部が狭く、開発し尽くされているため、新規に大規模な建築構造物を建てようとすると、周辺の山間部の土地造成が必要となる。そして、土地の造成土量を少なくすると階段の多い多階層の建物となり、屋台の曳き出しや人の移動が難しい建造物となる。これを解決するために、地表から水平にトンネルを掘り、地質の良いところで大断面に切り拡げることによって平面空間を確保した。

　図表2・8・4のように建物の主体となる屋台の展示空間をすべて山の中に入れることとしたため、周辺地山の掘削は極力おさえられ、環境保全にも役立つとともに、自然に優しい建物となった。また、建設副産物である掘削された岩石（ズリ）の大部分は、坑口前の土地造成に再利用して、平面地形の確保につなげることができた。さらに、当ミュージアムには、実物大の8台の平成屋台を中心に、大太鼓、大御輿および輪島塗の屏風絵などが展示されている。

　こうした豪華絢爛たる工芸品を展示する場合、展示品に影響を及ぼす紫外線の防止や結露の発生などを防止するため、建物内の温湿度のコントロールが必要になる。この課題に対しては、岩盤地下空洞の特性である遮断性と恒温・恒湿性をうまく生かすことで、経済的な解決法を見出すことができた。

4 施設の特性を考慮した設計・施工方法

① 設計

（1）構造設計[3]

　これまでの国内における地下発電所や地下石油備蓄基地などの大規模な地下空洞は、比較的深くて初期地圧の大きい堅硬な岩盤内に建設されてきたため、安定性に関しては掘削に伴う空洞周辺の応力集中を中心に検討されてきた。

　しかし、当ミュージアムは、完成後に入場する観客の利便性や安全性の見地から、土被りが約30mと浅い地点に建設されることになり、これまで検討されることの少なかった地震時における岩盤地下空洞の構造的安定性について動的解析による詳細な検討を実施した。また、当ミュー

図表2・8・5　大臣認定取得までの流れ

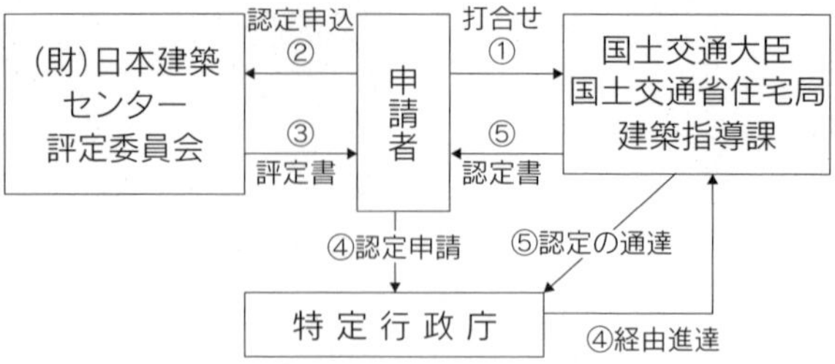

```
                    認定申込②      打合せ①
(財)日本建築    ←――――――    申 ―――――→    国土交通大臣
センター                      請                  国土交通省住宅局
評定委員会    ――――――→    者  ←―――――    建築指導課
                    ③評定書       ⑤認定書
                          │  ↑
                    ④認定申請 │  │ ⑤認定の通達
                          ↓  │
                       特 定 行 政 庁       ④経由進達
```

（注）①～⑤は手続きの手順を示す。

ジアムは、不特定多数の一般客が常時入場するということから、建築基準法38条（計画・建設当時）が適用され、財団法人日本建築センターの構造評定・防災評定の取得をもとに、建設大臣（現国土交通大臣）の認定を受けた（**図表2・8・5**）。

　展示トンネルおよび展示ドームは地下空間であり、地上部の屋外出口に至る歩行距離が建築基準法に抵触するため、**図表2・8・4**に示すように展示ドームと展示トンネルの周辺に避難トンネルを設置することによって2方向避難を確保した。

　構造設計では、有限要素法の応力変形解析によって空洞周辺に発生する緩み領域の発生状況などを調べ、展示ドームの施工位置や周辺の避難トンネルとの離隔などを検討した。特に、展示ドームと展示トンネル、避難トンネルなどとの接合部およびピラー部の応力集中に関しては、三次元有限要素法を用いて、応力変形解析によって詳細に評価した。また、現地の不連続面調査結果をもとにした不連続体解析（DDA）を実施した。そして、空洞周辺の緩み領域の地山が、崩落や滑落したりすることがないように、永久ロックアンカーによって保持できるように設計した。また、繊維補強した吹付けコンクリートは、永久ロックアンカー間の岩盤の部分的な崩落などをおさえ、ロックボルトは永久ロックアンカーが打設されるまでの岩盤を保持することを目的に設計した。

（2）意匠設計

　展示ドームについては、日常空間では味わうことのできない空間を演出するため、原位置調査と構造設計をもとに、岩盤空洞の側壁部に岩盤を剥き出しにした部分を設けた。

（3）設備設計

　排煙設備に関しては、展示ドームは天井が高いことを活用し蓄煙方式、展示トンネルは機械排煙方式、そして、避難トンネルは展示ドームなどに対して正圧となるように加圧防煙方式を付加した特殊な設備を採用している[4]。

② 施工[5]

（1）掘削工

　掘削工は、展示ドームのアーチ部とベンチ部、展示トンネルおよび避難トンネルに大別されるが、それぞれ掘削形状・掘削方法が異なる。このため、経済性・施工性を重視し、各掘削断面に柔軟に対応するような汎用型掘削機を選定した。しかし、150～200MPaを超える硬岩地山にφ135mmの大口径を9～12m削孔することになるロックアンカー孔に関しては、特殊な専用機

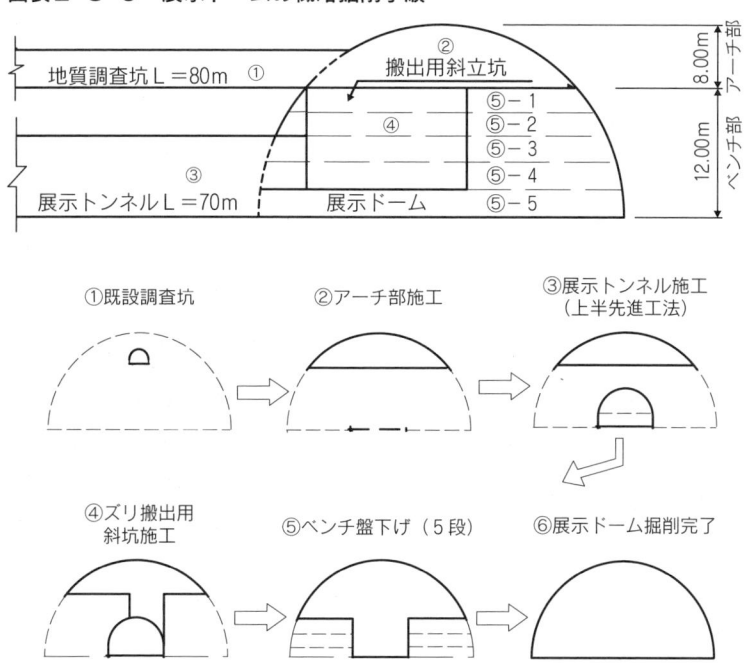

図表2・8・6 展示ドームの概略掘削手順

(KEMCO—TAMROCK社製の油圧ジャンボ)を用いた。

展示ドームの掘削手順を**図表2・8・6**に示す。展示ドームのアーチ部は、ドーム中心を基準として放射状にケーキカットするように掘削し、施工サイクルの標準化を図った。次に、展示トンネルは、展示ドームのアーチ部の掘削が終了した段階で、当ミュージアムの入口となる坑口部から展示トンネル部の掘削を開始した。

施工延長が短いため、上下半ショートベンチカット工法を採用し、上半掘削断面のままで展示ドーム部まで掘削し、切り拡げられた展示ドームのアーチ部とつなげ、展示ドーム部の盤下げ時のズリ出しができるようにした後に下半断面を仕上げた。その後、展示ドームのベンチ部(下部)は、ベンチカット工法(5段下げベンチ高さ2.4m)で掘削し、展示トンネル部からズリの搬出を行った。

(2) 吹付けコンクリート工

吹付けコンクリート工は、8cm厚で3層仕上げとした。一層目吹付けコンクリート工は、発破、ズリ出し後、ただちに、掘削面の地山を保護する目的で、最小厚さ8cmの吹付けコンクリートを施工した。次に、補強金網(ϕ6 ctc150)を設置した後に、最小厚さ8cmの二層目吹付けコンクリートを施工した。さらに、ロックアンカーの最終緊張が終了した後に、補強金網(ϕ6 ctc150)を設置し、最小厚さ8cmの3層目(最終)の仕上げ吹付けコンクリートを施工した。

この仕上げ吹付けコンクリートは、地山の支保だけでなく、表面付近の吹付けコンクリートの剥離防止と長期的な美観を確保する目的で、国内初のドッグボーン型のステンレスファイバーを混入した吹付けコンクリートを用いた。なお、展示ドーム掘削完了後に、施工品質の確保・向上

を目的に、展示ドームの天井部（底盤から約20mの高さ）から側壁下端部まで、仕上げ吹付けコンクリートを連続的に施工するため、AMV社製のAMV7000吹付けコンクリートシステムを採用した（**写真2・8・8**）。

写真2・8・8　AMV7000吹付けコンクリートシステムの全景

（3）ロックボルト工

　ロックボルト工は、永久ロックアンカー施工までの地山の安定性を確保するために、D25の長さ4m（展示ドーム部）の全面接着型のロックボルトを、地山の割れ目などの性状や方向を考慮して打設した。

（4）永久ロックアンカー工

　岩盤地下空洞の安定性を保つために、長さ8.5～11.5mの永久ロックアンカー（PC鋼より線）を施工した。永久ロックアンカーは、掘削に伴う軸力の増加など不確定な要素があるため、展示ドームのアーチ部の切り拡げ後、盤下げが実施される前に仮締めを実施した。そして、その後の盤下げ掘削や周辺の避難トンネルの掘削が終了した段階であらためて設計緊張力の導入を図った。

　なお、永久ロックアンカーは、財団法人日本建築センターで評定を取得しているVSL-J1永久アンカー工法（BCJ-F591）を採用した。

（5）集水工

　展示施設としては、高価な展示物の保護などから湧水などが生じないように地下水対策が極めて重要となる。当ミュージアムは、土被り30m程度の比較的浅い地点に建設されているため、降雨などによる浸透水の影響を直接受けることになる。こうした湧水を処理するために次のような集水工を実施した。

　岩盤の開口亀裂、ロックボルト孔や永久ロックアンカー孔からの集中湧水を集水する樋状集水工は、吹付けコンクリートの各層間に補強金網の施工前に設置した。また、施工途中に確認された湧水は、その都度、集水工を施工したが、最終的な集水工は、仕上げ吹付けコンクリートの施工後に施工した。

（6）情報化施工

　当ミュージアムの建設では、施工に先立って入念な調査や試験を実施して現地の地山状況を確認してきたが、地盤工学の分野ではすべての地山性状や特性を事前に把握することは技術的にも経済的にも極めて難しい。このため、施工の途中段階において実施された現場計測や調査試験によって得られたデータに基づいて、

　①　事前の調査や試験で明確にできなかった地山性状や地山特性を評価

　②　当初設計の妥当性を確認

　③　必要に応じて設計や施工法・手順を修正しながら施工に反映

という情報化施工を取り入れた。

特に、写真測量の手法で得られた岩盤の不連続面の分布状況から、掘削によって不安定な状態になるキーブロックを抽出して、ロックボルトや永久ロックアンカーの打設（方向、長さ、本数など）によって掘削面の安定性の確保に努めたことにより、低拘束圧下の亀裂性岩盤内に大規模な岩盤地下空洞を安全に無事掘削完了することができた。

(7) 維持管理工

当ミュージアムは、1998年4月のオープンから約15年が経過し、空洞内部のコンクリート表面には部分的に白華現象（エフロレッセンス）が見られるが、展示ドームなどの周辺岩盤の変状、周辺地山からの湧水量の増加、吹付けコンクリートの剥落やクラックおよび集排水工の目詰まりなどは見受けられない。また、管理運営面では、同規模の地上建物に比較して、設備類の維持更新の手間が少なく、また、空調エネルギーコストは40％程度で済むとの試算結果も得ており[6]、ランニングコストも安くなっている。さらに、地下空間の特性が有効に機能し、1年を通して展示施設内の温度・湿度のコントロールが容易である。

以上のように、これまでの実績から地下空間を利用した施設は、周辺の自然環境の保護・保全とともに、同規模の地上施設に比較して、維持管理やメンテナンスの容易さなどの大きなメリットがある。

参考文献

1) 小室徳義・近久博志・木村龍司・小林薫「岩盤地下空洞を利用した高山祭屋台美術館」『ビルディングレター』No.326、pp.7-15、1995
2) K.Nakada, H.Chikahisa, K.Kobayashi, S.Sakurai : Plan and Survey of an Underground Art Museum in Japan, Using a Large-Scale Rock Cavern, J of Tunnelling and Underground Space Technology, Vol.11, No.4, pp.431-443, 1996
3) 近久博志・小林薫・松元和伸・中原博隆・筒井雅行「スパン40.5mの大規模地下空洞の構造設計概要」『とびしま技報（土木）』No.46、pp.156-159、1996
4) 近久博志・木村龍司・小林薫「岩盤の中に美術館を築く―大規模地下空洞で初の評定をとった「高山祭屋台美術館」―」『NIKKEI ARCHITECTURE』pp.158-161、1995
5) 細江豊・佐伯憲英・田内義人・山田博・近久博志・小林薫・松元和伸・中原博隆・筒井雅行「高山祭り美術館の施工」『とびしま技報（土木）』No.48、pp.39-46、1998
6) 河野俊樹・近久博志・小林薫・二木龍一郎「地下空間展示施設の空調エネルギーのコスト比較」『土木学会第11回地下空間シンポジウム論文報告集』第11巻、pp.251-256、2006

8.2 実験施設

8.2.1 大強度陽子加速器施設（J-PARC）

1 施設概要

① 施設名称：J-PARC
② 事業者名：大学共同利用機関法人高エネルギー加速器研究機構（KEK）
　　　　　　独立行政法人日本原子力研究開発機構（JAEA）
③ 所　在　地：茨城県那珂郡東海村白方白根
④ 施設規模
　主要加速器トンネルの施設規模を、**図表２・８・７～２・８・９**に示す。
⑤ 大強度陽子加速器施設（J-PARC）の概要

　J-PARC（Japan Proton Accelerator Research Complex）は、素粒子物理、原子核物理、物質科学、生命科学、原子力など幅広い分野の最先端研究を行うための陽子加速器群と実験施設群からなる。J-PARCの最大の特徴は、世界最高クラスの陽子（1 MW）ビームで生成する中性子、ミュオン、K中間子、ニュートリノなどの多彩な２次粒子ビーム利用にある。RCS（3 GeVシンクロトロン）からの陽子の90％以上は、MR（50GeVシンクロトロン メインリング）の中央に位置する物質・生命科学実験施設（MLF：Materials & Life Science Experimental Facility）にある中性子とミュオンを生成するための異なる２つのターゲットに導かれる。MRには２か所の陽子ビーム取り出しポートがある。ハドロン実験施設には、遅い取り出しでビームを導き、K中間子を用いた素粒子・原子核実験を行う。一方、速い取り出しでMRの東側直線部から蹴り出されたビームは、超伝導磁石でMRの内側に曲げられパイ中間子生成用ターゲットに入射される。ニュートリノ実験ではパイ中間子の崩壊でミュオンと一緒にできるニュートリノを300km西方の岐阜県のスーパーカミオカンデに向けて発射している。

　J-PARCは陽子加速器施設であるため、運転中には放射線が発生する。これを遮蔽するために、加速器を配置する構造物は、厚い壁厚のボックスカルバート構造で、さらに地中内に建設されている。また、加速器は精密機械であり、構造物を地中におくことで、外気温の影響による構造物の伸縮・変位が少なくなる効果も期待している。加えてJ-PARCの敷地内は防風林の指定を受けており、環境へも配慮している。

　J-PARCにおける50GeVシンクロトロンMRトンネル等の建設は、2002年に着工し、５年余りの工事期間を経て、2007年３月、付属建屋および設備工事を含め、ほぼすべての工事を終了した。2008年12月から、本格的なビーム運転を開始した。なお、2011年３月に発生した震災によって、多大な損傷を受けたが、2012年１月までに修復を完了し、供用運転を開始した。

図表2・8・7　J-PARC全施設鳥瞰図

図表2・8・8　50GeVシンクロトロン施設配置図

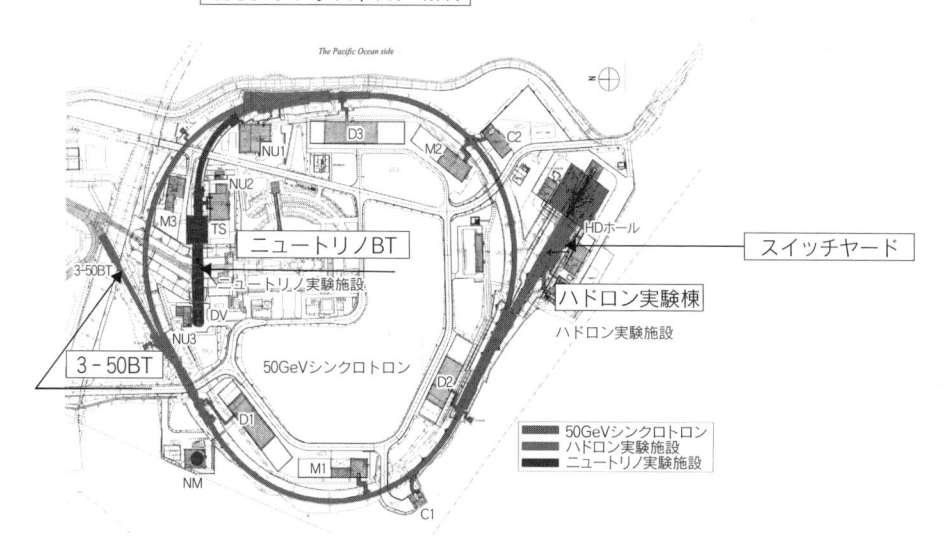

2 地下施設の概要

1 地質・地形の概要

　J-PARC の施設は、東海村にある JAEA 原子科学研究所（原科研）と KEK の共同プロジェクトとして発足したこともあり、サイトは太平洋に面した海岸の原科研敷地の南側に決められた（**図表2・8・7**）。大型加速器建設施設として、フリーに最適条件を探して決定したわけではない。

図表2・8・9　50GeV シンクロトロン MR（メインリング）トンネルの概要

ビームライントンネル		内空（m）		躯体厚（m）	
名称	全長(m)	幅	高さ	床	壁
50GeV-MR	1,568	—	—	—	—
（アーク部）	1,118	5.0	3.5	1.2	1.0
（直線部）	254	7.0	3.5	3.2	2.2
（拡幅部）	196	13.0	6.0	3.5	2.8
3-50BT	134	5.0	4.5	3.5	2.9
スイッチヤード	137	8.0	6.0	4.5	4.5
ニュートリノ BT	112	6.0	3.5	1.6	1.3

［その他緒元］
・トンネル床面深度：TP-2.1m（海面下2.1m）
・掘削土量：80万 m^3　・基礎杭：PC 杭-1,400本　・コンクリート量：11万 m^3
・鉄筋量：1.2万 t

図表2・8・10　敷地周辺の地形図

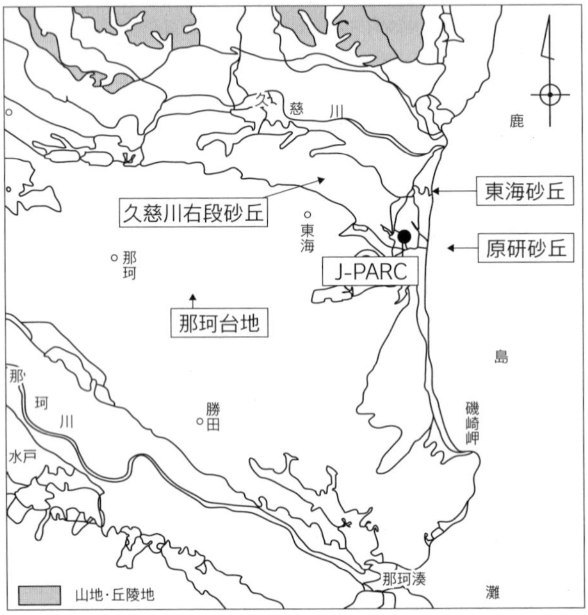

J-PARC の敷地は、**図表2・8・10**に示すように、久慈川と那珂川の間に拡がる那珂台地東端の臨海部に位置している。また、MR 等の主要施設は久慈川河口から阿字ヶ浦まで続く東海砂丘帯に建設された。

このサイトの最大の特徴は、**図表2・8・11**に示すように、氷河性海水準変動による浸食のなごりを残す埋没谷（埋積谷）の存在と、その後の間氷期・海進時に堆積した砂礫や粘性土が互層になって形成された複雑な地層構成である。海岸特有の埋没谷地形の形成過程（推定断面）を**図表2・8・12**に示す。

当該サイト地盤は、約260万年前の新第三紀鮮新世と呼ばれる時代に海底に堆積した砂泥や火

図表2・8・11　東海村海岸部の南北断面

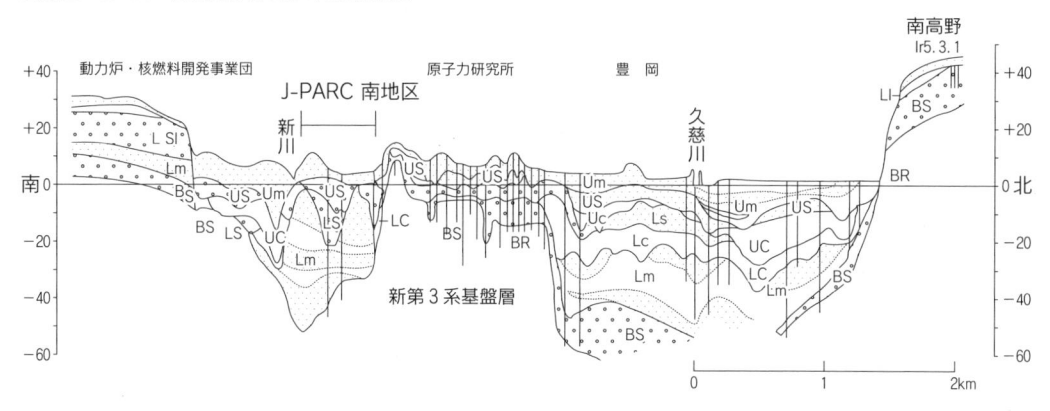

図表2・8・12　埋没谷の形成過程（推定）

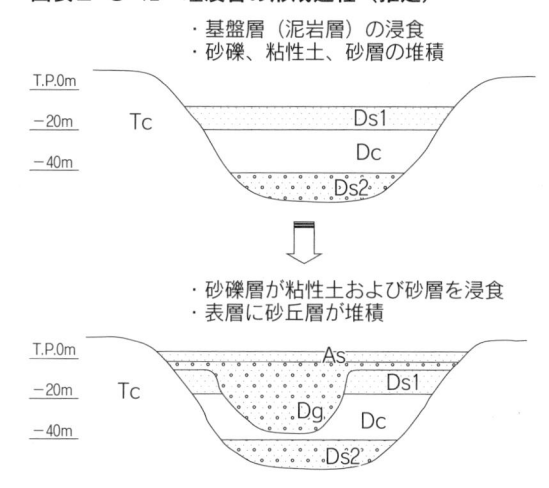

・基盤層（泥岩層）の浸食
・砂礫、粘性土、砂層の堆積

・砂礫層が粘性土および砂層を浸食
・表層に砂丘層が堆積

山灰が固結してできた砂質泥岩（軟岩）層が基盤層を形成している。この基盤層は、氷期の海水準低下により陸化し浸食された。

その後の第四紀更新世（洪積世）に、氷期と間氷期が繰り返されると同時に海水準の変動に伴う浸食と堆積も繰り返され、凹凸の激しい埋没谷地形が形成されたと考えられている。さらに、約1万年前の最終氷期が終わると海水面の急激な上昇がみられ、現在の沖積層が堆積した。この約6千年前の縄文海進によると思われる沖積堆積層が、当該サイト表層部を覆っている東海砂丘層である。

2 基盤層の分布・性状と杭基礎

加速器ビームの制御精度はミクロン級、電磁石の設置精度は100ミクロン級であり、この精度を直接土木工事に求めるものではないが、設置方法の合理性をもって、土木構造物の許容値も決定しなければならない。

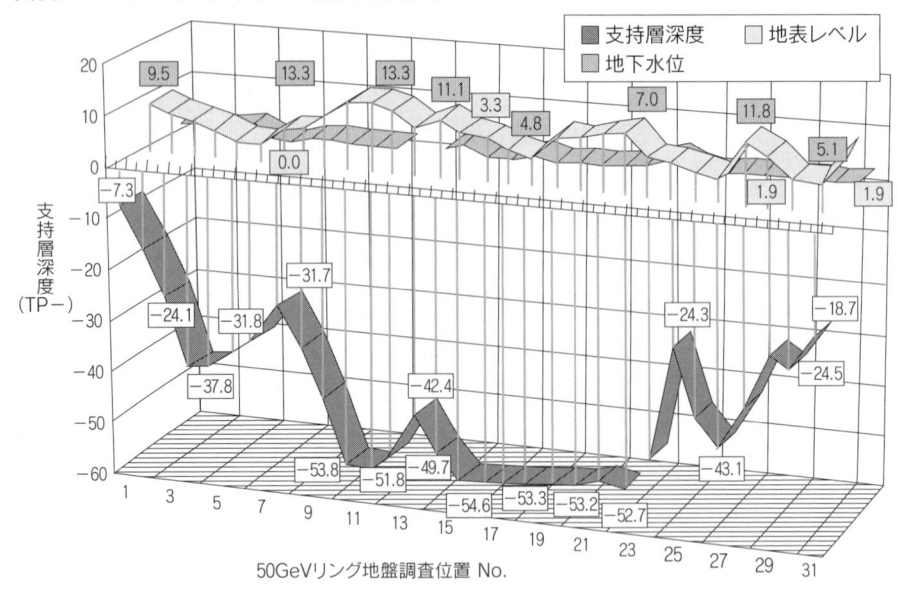

図表2・8・13 MR直下の基盤層の深度分布

基盤層は、J-PARCの主要施設が杭基礎の支持層としている構造的に重要な地層である。しかし、この層の深度レベルは**図表2・8・13**に示すように、TP-7m～TP-55mと極めて激しい起伏を呈している。またエリアによっては、基盤層表層部で風化現象が見られ、土質サンプルによっては指圧で容易に粒化するなど、脆弱な性質を示す部分（軟岩・風化岩）も存在した。総数1,400本に及ぶ杭の長さは支持層の深さにあわせ変化させた。

工事中の構造物のレベル変動は、ほとんど即時の沈下であるが、完成後の経時変化について、特に地下水位の変動による影響は、設計に織り込んでおり、あわせて施設の経時的な挙動を監視している。結果的には、MRは工事中の床レベルの沈下が予想より大きく、周長1.6kmのトンネルの最高点と最低点のレベル差は50mmもある。この高低差は、ライナーと最終的には電磁石架台の調整装置でコントロールしている。

3 地下水対策

トンネル建設中の地下水の排水は、ディープウェル工法によって、工事最盛期には、最大2万t/日以上を排水した。また、ディープウェル工法でも下げきれない箇所もあり、地下水の侵入を防ぐため、外周を連続地中壁で囲む遮水工法を採用した。

4 土木施設におけるVE（バリューエンジニアリング）

J-PARCでは、MRトンネル等の土木工事にあたって、設計段階から契約後の施工期間に及ぶ、あらゆる段階で様々なVEが提案された。ここでは、代表的な事例を取り上げ、VEがもたらした成果とその役割について示す。

① 低発熱コンクリート

加速器トンネルは、実験に伴って発生する強い放射線によって、トンネル周辺の土壌や地下水が放射化するのを防ぐため、3～4mに達するコンクリート厚さが必要となった。

一方、このようなマッシブな躯体は、水和反応時の多大な発熱によって、有害なひび割れを発生させることから、ひび割れ防止策として低発熱セメントを使用することで普通ポルトランドセメントに比べ、ひび割れ発生確率が95％から10％程度に低減できることが判明、設計VEとして採用した。

② 低放射化コンクリート

J-PARCでは、これまでにない大強度の陽子加速器が設置されるため、入射や出射部で発生するビームロスによって、トンネル本体のコンクリートにも強い放射化（コンクリート自体が放射線を出す状態）をもたらす。

従前から、石灰石骨材を使ったコンクリートが低放射化性能を発揮することは知られていたが、計画段階では、国内での生産実績がほとんど皆無の状況であった。そこで、全国の石灰石について市場調査を行うとともに、試験体を製作し、KEKの12GeV陽子シンクロトロンでビーム照射試験を実施した。試験の結果、従来のコンクリートに比べ、トンネル内での被爆線量（放射化したコンクリートから出る放射線による被爆）を10分の1以下に低減できることが実証され、国内で初めて本格的に採用した。

③ 躯体改質防水

滲出水の放射化の防止や加速器設備の健全性を継続させるため、水密性を強く要求される加速器にとって、地下水面下に埋設するトンネル構造物での防水性確保は極めて過酷な要求である。一般的に行われるシート防水や吹付防水では、いったん破れると手の打ちようがない。

本施設では、KEKにおける直近の試験工事などの結果を踏まえ、無機質セメント結晶増殖材（ザイペックス）を設計VEとして採用した。施工後、性能検証のためMR本体から採取したコンクリートを使って、透水試験ならびに電子顕微鏡（SEM）解析を実施、コンクリート表層部の緻密化とひび割れ部の自己修復作用のプロセスが確認できた。

④ パイルド・ラフト基礎

図表2・8・14に示すハドロン実験ホールは、基礎スラブの最大厚が9mにも及ぶ重量構造物で、当初設計では深い基盤を支持層とする長尺の杭基礎で設計された。敷地内の先行工事で、杭基礎構造物の予想を超える沈下の発生が報告され杭基礎の設計思想が議論されていた。その状況下で、同工事を請け負った共同企業体から、基礎構造を杭基礎からパイルド・ラフト基礎に変更するVE案が提案された。

これは、ある程度の沈下を許容することによって、杭基礎と直接基礎が複合して上部荷重を支える（図表2・8・15）というもので、事前の沈下予測解析や載荷試験の実施など、入念な予備検討と詳細な変更設計を行い契約後VEが成立した。本建屋は竣工後3年が経過したが、着工前から継続している地盤と基礎構造体の挙動計測の結果、図表2・8・16に示すとおり、沈下量が予測

第2章　最近の地下空間利用

図表2・8・14　ハドロン実験ホールの平面図、側面図

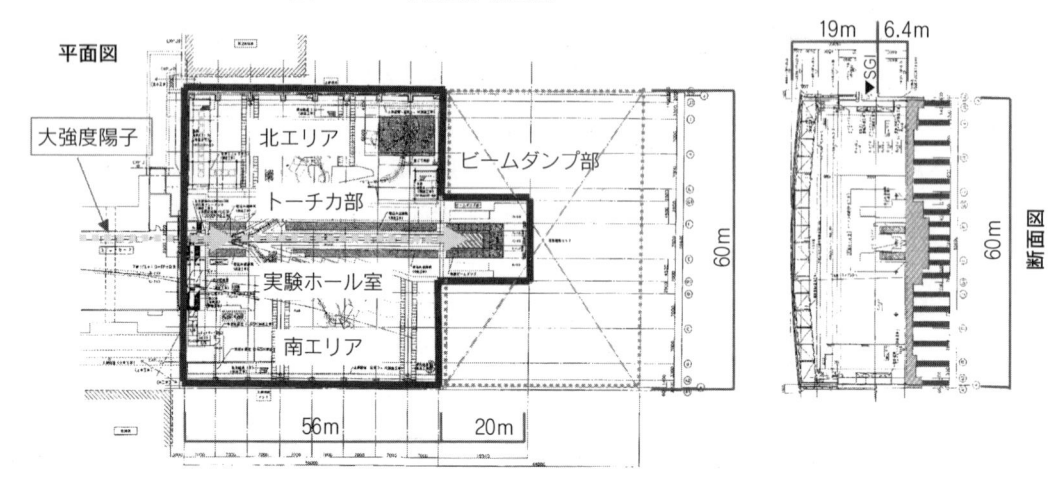

図表2・8・15　パイルド・ラフト基礎の概念

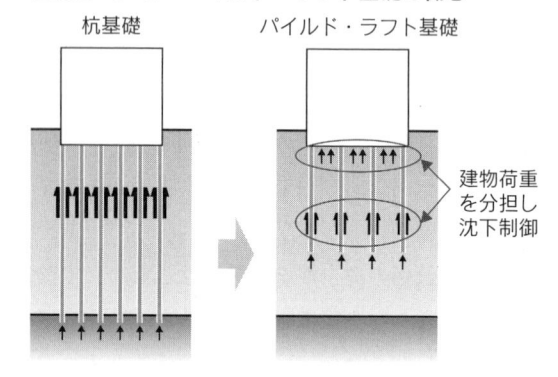

図表2・8・16　基礎層別沈下計の鉛直変位

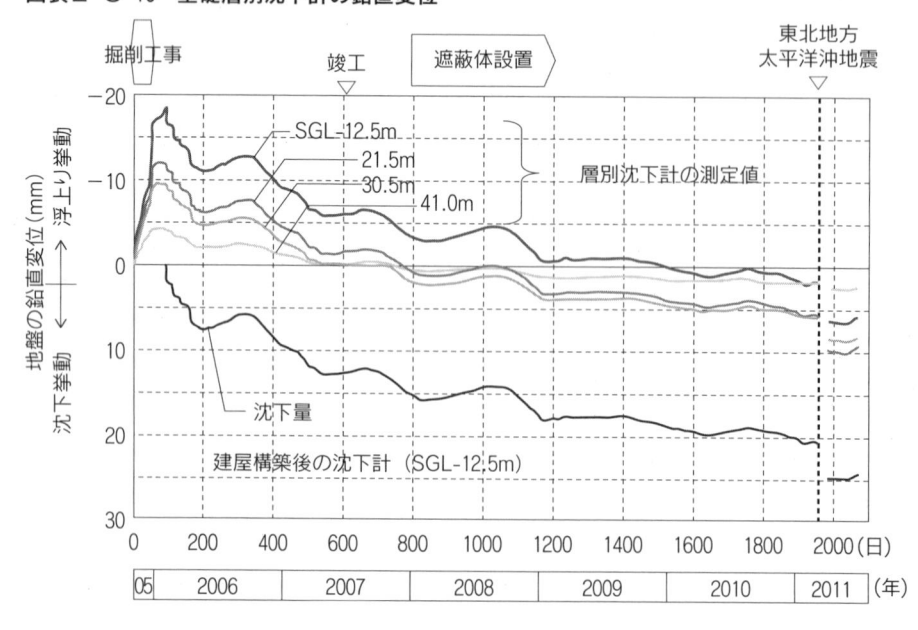

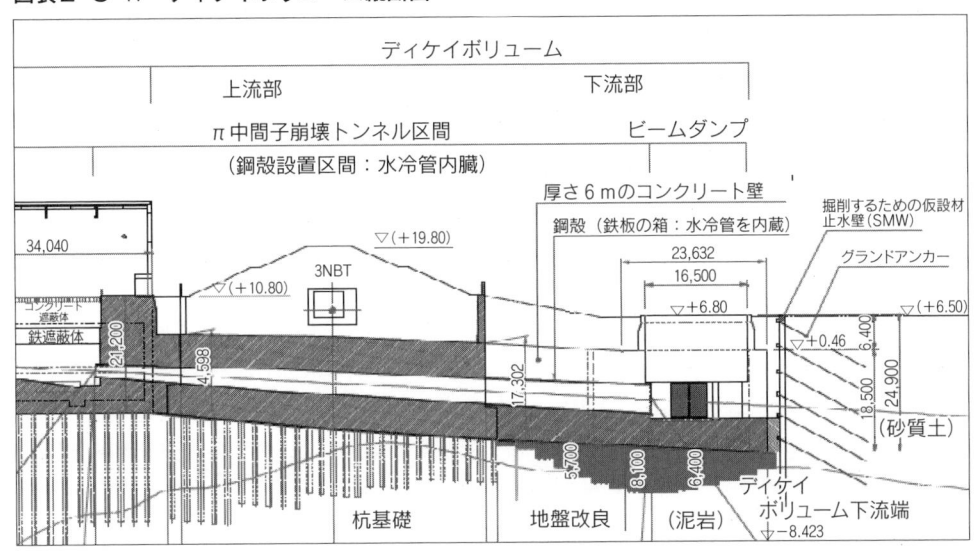

図表2・8・17 ディケイボリューム縦断図

写真2・8・9 トレンチャー型地盤改良専用機

値以下に抑制されており、目標性能を満足していることが確認された。

⑤ 地盤改良基礎（パワーブレンダー）

ニュートリノ実験施設のディケイボリューム部（図表2・8・17）は、様々な微粒子が通過する箱状の鋼製パイプを、約6m厚さの遮蔽コンクリートで囲む特異な実験施設である。構造体を支える基盤層は比較的浅いため、原設計では土砂を無筋コンクリートで置き換える直接基礎が採用された。

パワーブレンダーによる地盤改良基礎案は、総合評価落札方式による入札に際し、現請負会社（入札参加業者）からの提案で、発注者の求める大幅な工期短縮と工事費の低減という厳しい要求条件に対する独創的な技術提案であった。本工法は、掘削可能な深度まで開削し、セメントミルクを地中で噴射しながら現地土を攪拌して地盤強度を改善、不同沈下の少ないマット基礎の構築を目指した工法である。本工法の性能検証のため、地盤や構造体の沈下量を継続的に計測した結果、0.5mm以下の極めて微少な変位に留まっており、地盤改良性能が検証された。

パワーブレンダー工法は、その適用範囲が改良深度2～10m程度で、機械式攪拌工法に噴射力を加味した工法である。本工事では、最大掘削深度GL-24mの床付け盤を施工基盤として地盤改良を施工した。今回の施工場所のように大規模土留め壁内でのトレンチャー型地盤改良専用機（1.9m³級バックホウ、写真2・8・9）を用いての施工事例は初めてであった。

参考文献

1）J-PARC（Japan Proton Accelerator Research Complex）ホームページ（http://j-parc.jp/）
2）吉岡正和「加速器と土木」『加速器』Vol.3、No.3、pp.273-283、2006
3）宮原正信「臨界サイトにおける加速器のトンネルの建設と地盤に関する考察（J-PARC MRトンネルの土木設計と地盤調査）」『第6回日本加速器学会年次講演会』2009
4）宮原正信・板谷聡・若林賢一・島崎悟「J-PARC 50GeV MRトンネル等の建設におけるバリューエンジニアリング（VE）とその評価」『第5回日本加速器学会年次講演会』2008
5）山下清・山田毅・橋場敏雄・伊藤栄俊「J-PARC原子核素粒子物理実験施設のパイルド・ラフト基礎採用と挙動観測：その3」『第6回日本加速器学会年次講演会』2009
6）高橋昌秀・蛭牟田修・松元和伸・平田嘉之・山本弘・宮原正信「J-PARCニュートリノ実験施設建設工事における地盤改良工法と沈下計測」『第5回日本加速器学会年次講演会』2008

8.2.2 スーパーカミオカンデ

1 施設概要

① 施設名称：スーパーカミオカンデ
② 事業者名：東京大学宇宙線研究所
③ 所在地：岐阜県飛騨市神岡町
④ 施設規模（全体規模、内地下施設規模）

　スーパーカミオカンデ施設の規模および鳥瞰図を、**図表2・8・18**および**図表2・8・19**に示す。

⑤ 事業工程（計画調査、立地決定、建設着工、開館等）

　スーパーカミオカンデは、超純水5万tを溜めた大型水チェレンコフ測定器を用いて、超新星や太陽からのニュートリノの観測、陽子崩壊現象の探索に代表される素粒子大統一理論の検証を研究目的とする実験施設である。この概念が提案されたのは1986年のことであり、その後、東京大学宇宙線研究所、高エネルギー物理学研究所を中心として、国内の大学が加わった合同グループにより推進され、1991年4月に建設予算が認められることとなった。

　空洞掘削が始まったのは1991年12月であり、1994年6月に空洞掘削が終了して、水槽の建設が始まった。1995年6月より光電子倍増管の取り付けが始まり、1996年3月に実験施設として完成し、翌1996年4月よりスーパーカミオカンデの実験が開始した。

2 地下施設の概要

1 地形・地質概要

　建設地点の地質は、飛騨片麻岩帯中の角閃石片麻岩、黒雲母片麻岩が卓越する部分で、鉱化変質作用をほとんど受けていないため、非常に新鮮かつ堅固な岩盤である。

　岩盤試験の結果では、一軸圧縮強度は160～180MPa、弾性係数は5万MPa程度と非常に良好な岩盤物性であった。また、各種の方法で初期地圧を測定した結果、最大主応力は約30MPaと

第8節　文化施設・実験施設の事例

図表2・8・18　施設の規模

項　目	内　容
空洞深度	地下1,000m
空洞寸法	φ40.0m×H57.6m
掘削体積	69,000m³
水槽寸法	φ39.3m×H41.4m
水槽容量	50,000t
光電子倍増管	11,200個

図表2・8・19　スーパーカミオカンデ鳥瞰図

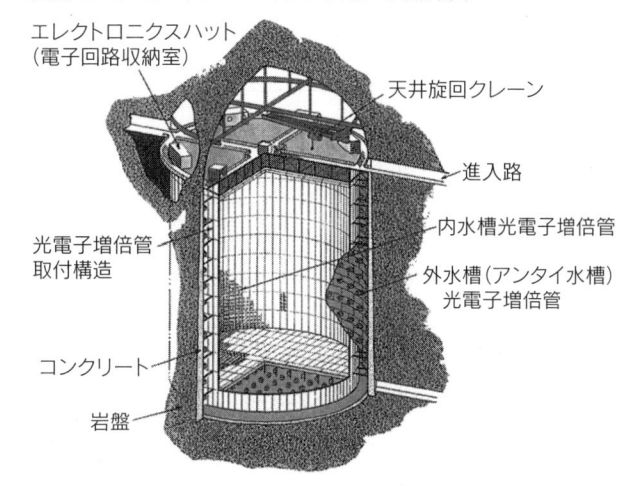

(出典）蓮井昭則・藤井広太郎「1番深い場所にあるコンクリート—スーパーカミオカンデ—」『コンクリート工学』Vol.40、pp.160-162、2002.9

大きく、水平調査坑道を掘削した際には、坑道側壁が片状剥離するという山はね現象が観測された。また、最大／最小主応力比が約5であり、初期地圧の異方性が高いのも当地点の特徴である。

2 地下施設概要（展示室等）

スーパーカミオカンデ空洞は、鉱山の入口からほぼ水平に1.7km進んだところにあり図表2・8・19に示すような施設からなっている。

岩盤空洞の内部は5万tの超純水を蓄えた円筒形の水タンクと、その壁に設置された光電子倍増管と呼ばれる光センサーなどから構成されている。円筒形水タンクの上部の空間には、光電子倍増管の信号をデジタル変換するエレクトロニクスハットや天井旋回クレーンなどがある。空洞の周辺の岩盤内には純水製造装置、受電設備、空調設備、コントロールルームなどの施設がある。

また、坑外には研究棟があり、実験設備の管理、運営を行うとともに研究者が滞在し、データ解析や研究を行っている。

3 地下を利用した理由

スーパーカミオカンデにおける観測では、宇宙線によるバックグラウンドを避けなければならない必要性から、岩盤の遮蔽性が利用できる地下1,000m以上のできるだけ深い位置に実験装置を設置する必要があった。

日本で、この条件を満たす大空洞を、岩盤条件や経済性を考慮して現実的に建設できるのは、神岡鉱山が唯一のものであり、建設場所に選定された。

図表2・8・20　支保工の数量

支保の種類	項目	数量 ドーム部	数量 水槽部	仕様
吹付けコンクリート	厚さ	8cm×2層	8cm×2層	スチールファイバー入り
ロックボルト	長さ (m)	2.0	2.35	φ22mm 異形棒鋼
ロックボルト	配置 (m)	1.0×1.0	1.0×1.0	φ22mm 異形棒鋼
ケーブルボルト	長さ (m)	8.0	8.0	φ15.2mmPC鋼7本より線 2本/孔
ケーブルボルト	配置 (m)	2.0×2.0	2.0×3.0	φ15.2mmPC鋼7本より線 2本/孔

4 施設の特性を考慮した設計・施工方法概要

　実験施設の水槽空洞の形状は、①力学的に安定な形状であること、②実験結果の解析に都合の良い対称性のある形状であること、③経済的に有利な形状であることを考慮して、φ40m×H45.6mの円筒形に設計された。また、水槽上部の空洞天井部は極力応力集中を避けるために、円筒形の水槽部と滑らかに接続するような高さ12mの半回転楕円体のドーム形状とした。

　支保はNATMの設計手法に基づいて行い、**図表2・8・20**に示すような諸元で実施された。天井ドーム部では、掘削直後に1次吹付けコンクリート、長さ2mのロックボルトおよび長さ8mのケーブルボルト、2次吹付けコンクリートの順で施工した。

　水槽部側壁面では、長孔スムーズブラスティングによる掘削完了後、1次吹付けコンクリート、長さ8mのケーブルボルト、2次吹付けコンクリートを施工し、最後に長さ2.35mのロックボルトを打設した。このロックボルトは、頭部の19cmを空洞内に露出させることにより、後のコンクリート水槽設置時の配筋継手の役割を担わせている。

　空洞の掘削手順は、EL-500mより上部の天井ドーム部および、EL-500m以下の円筒部を高さ14mごとに3分割した全4ブロックに大別して、上位ブロックから下に向かって発破工法により掘削した。空洞の模式掘削順序を**図表2・8・21**に示す。

　天井ドーム部ではEL-500mより進入し、らせん状の周回トンネル（①、②）をドームの仕上がり壁面位置の2m内側に掘った後、スムーズブラスティングにより仕上がり位置まで整形掘削を行い、所定の支保を施工した。その後、ずり足場や一部のピラーを利用しながら、水平ベンチをつくり、天頂部の掘削、支保工の施工を行った（③〜⑥）。最後にずり足場を下げながら、中央部ピラー（⑦）を掘削した。

　水槽部では、まずEL.-514mレベルに水槽底向斜坑からの分岐坑によりアクセスし、周回トンネルを掘削した後、最小限のピラーを残して水平追切りで拡幅した（⑧）。その後、ドーム部の掘削が完了した後、EL.-500mレベルから孔長10mの下向孔を平行に穿孔し、長孔発破により掘削を実施した（⑨）。支保工はズリ足場を下げながら、順次上部より施工した。以降、同様にして高さ14mごとに掘削を行った（⑩〜⑬）。

　空洞掘削完了後、純水を溜める水槽の底版と側壁にライニングの鉄筋コンクリートを施工する工事を行った。底版は直径約40mの円形であり外周部で50cm、中央部で40cmの厚さの場所打ち

図表2・8・21 空洞計画図

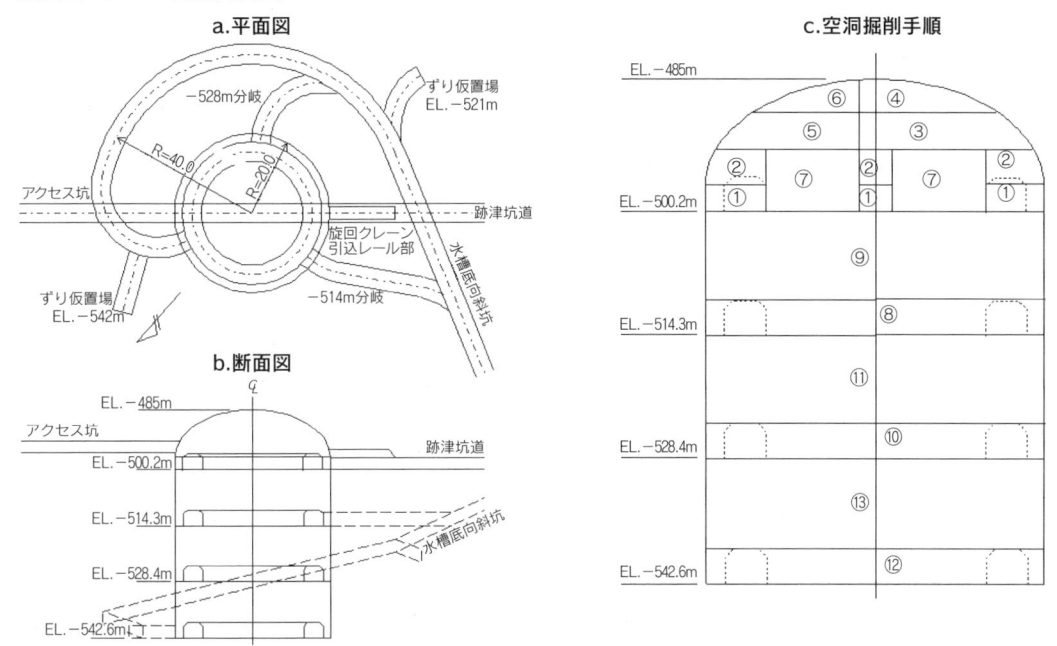

a. 平面図

b. 断面図

c. 空洞掘削手順

(出典) 竹村友之・鶴見憲二・西村毅「スーパーカミオカンデ空洞の掘削」『土と基礎』Vol.46、pp.28-30、1998.6

写真2・8・10 各施工段階における空洞の状態

a. 掘削完了時

b. 内壁ライニング完了時

c. 光電子倍増管設置時

東京大学宇宙線研究所 神岡宇宙素粒子研究施設提供

コンクリートである。側壁では高さ約42m、内壁面の平面形状が1辺約6.2mの正二十角形をした厚さ35～59.2cmの場所打ちコンクリートである。底版、側壁とも表面はSUS304のステンレス鋼版(底版は厚さ3mm、側壁は厚さ4mm)で覆い、内部に溜める純水が漏出しない構造としている。なお、側壁の施工ではステンレス鋼版を内型枠として利用した。コンクリートの設計基準

強度は底版、側壁ともに20.6MPa、粗骨材の最大寸法は25mm、水セメント比55％、スランプ18cmで、混和剤としてAE減水剤を使用した。

水槽完成後は、光電子倍増管の取り付けが始まり、純水を溜めた後に実験が開始された。**写真2・8・10**に空洞掘削完了時、内壁ライニング完了時、光電子倍増管設置時の写真を示す。

参考文献

1) パンフレット「東京大学宇宙線研究所 神岡宇宙素粒子研究施設」(http://www-sk.icrr.u-tokyo.ac.jp/lib/pamph/Kamioka-pamphlet-2012Mar.pdf)
2) 鶴見憲二・藤井伸一郎・中川哲夫「スーパーカミオカンデ空洞掘削について」『資源と素材』Vol.111、No.6、pp.381-386、1995
3) 竹村友之・鶴見憲二・西村毅「スーパーカミオカンデ空洞の掘削」『土と基礎』Vol.46、pp.28-30、1998.6
4) 蓮井昭則・藤井広太郎「1番深いところにあるコンクリート─スーパーカミオカンデ─」『コンクリート工学』Vol.40、pp.160-162、2002.9

8.2.3 幌延深地層研究所

1 施設概要

① 施設名称：幌延深地層研究所
② 事業者名：独立行政法人日本原子力研究開発機構
③ 所 在 地：北海道天塩郡幌延町北進432番2
④ 施設規模

当研究所の主な施設の規模を**図表2・8・22**に示す。

図表2・8・22 施設規模

・研究管理棟	延床面積：約2,000m²
・試験棟	延床面積：約1,000m²
・排水処理設備	処理能力（脱ホウ素・脱窒素処理設備：400m³/日×2台）
・地下施設（研究坑道） 　立坑（換気・東・西立坑）	断面形状：円形 設計内径：4.5m（換気立坑）、6.5m（東・西立坑） 計画深度：500m
水平坑道（140m、250m、350m、500m調査坑道等）	断面形状：三心円馬蹄形 設計全幅：4m（調査坑道・小型試錐座）、7m（大型試錐座）

⑤ 幌延深地層研究計画の概要

幌延深地層研究計画は、原子力発電で使われた燃料を再処理した際に生じる高レベル放射性廃棄物の地層処分に関わる技術の信頼性の向上のために、独立行政法人日本原子力研究開発機構（以下「原子力機構」という）が、日本の代表的な地下深部環境の1つである堆積岩かつ塩水

系地下水を対象として実施する深地層の研究施設計画である。同計画では、「地上からの調査研究段階（第1段階）」「坑道掘削（地下施設建設）時の調査研究段階（第2段階）」「地下施設での調査研究段階（第3段階）」の3つの研究段階を20年程度で進める。

第1段階では、地下施設の建設に先立って、地質構造、岩盤水理、地球化学、岩盤力学に関する地質環境モデルの構築と地下施設の支保設計および施工計画の立案のために、地上での地質調査、物理探査、ボーリング調査等を実施する。第2段階では、坑道掘削時に得られる情報に基づき、第1段階にて構築した各地質環境モデルや地下施設の支保設計の妥当性を検証する。第3段階では、坑道内にて岩盤中の物質移行特性や坑道周辺岩盤の力学・水理・地球化学特性とその変化を調査するとともに、人工バリアやプラグなどの処分場の設計・施工や操業・閉鎖に関わる処分技術や安全評価手法などに関わる技術の適用性を確認する。

同計画を実施するにあたって、2000年11月に、幌延町、北海道および核燃料サイクル開発機構（現 原子力機構）との間で、「幌延町における深地層の研究に関する協定」を締結した。同協定には、研究実施区域に放射性廃棄物を持ち込まないことや使用しないこと、地下施設を将来にわたって処分場としないことなどが定められている。その後、2001年3月から2006年3月までの5年間に第1段階の調査研究を実施し、2005年11月から第2段階の調査研究を開始した。2011年2月からは、地下施設の整備が進んできたため、第2段階と並行して、第3段階の調査研究を開始した。なお、幌延深地層研究計画で建設する地下施設は、研究開発を進めていく施設であるとともに、非専門家を含む幅広い人々に地層処分に関する研究開発の理解を深めていただく場としての意義も有している。このため、一般の方々を対象とした地下施設の見学会を2007年4月から始めている。地下施設の建設状況とともに、施設見学会の具体的な申込み方法は、原子力機構の幌延深地層研究センターのホームページ[1]をご覧いただきたい。

⑥ 事業計画上の関連法規

ボーリング調査等を実施する研究実施区域や地下施設を建設する研究所用地の選定にあたっては、候補地の鉱業権の有無を確認するとともに、自然公園法第二種特別地域を除外した。

2 地下施設の概要

1 地形・地質概要

幌延地域には、下位より新第三系の稚内層、声問層、新第三系～第四系の勇知層、第四系の更別層、更新世末～完新世の堆積物が分布する。地下施設の北東側には、大曲断層が北北西―南南東方向に縦走しており、その近傍には稚内層や声問層を中核とする背斜構造が断層走向と平行～斜交して併走する（図表2・8・23）。また、声問層と稚内層の地質境界付近には、割れ目が顕著に発達した高透水性を示す岩盤（割れ目帯）が分布し、幌延地域の地下水にはメタン等が溶存する。地下施設は、声問層と稚内層に建設される。

図表2・8・23　幌延深地層研究計画の地下施設の概要

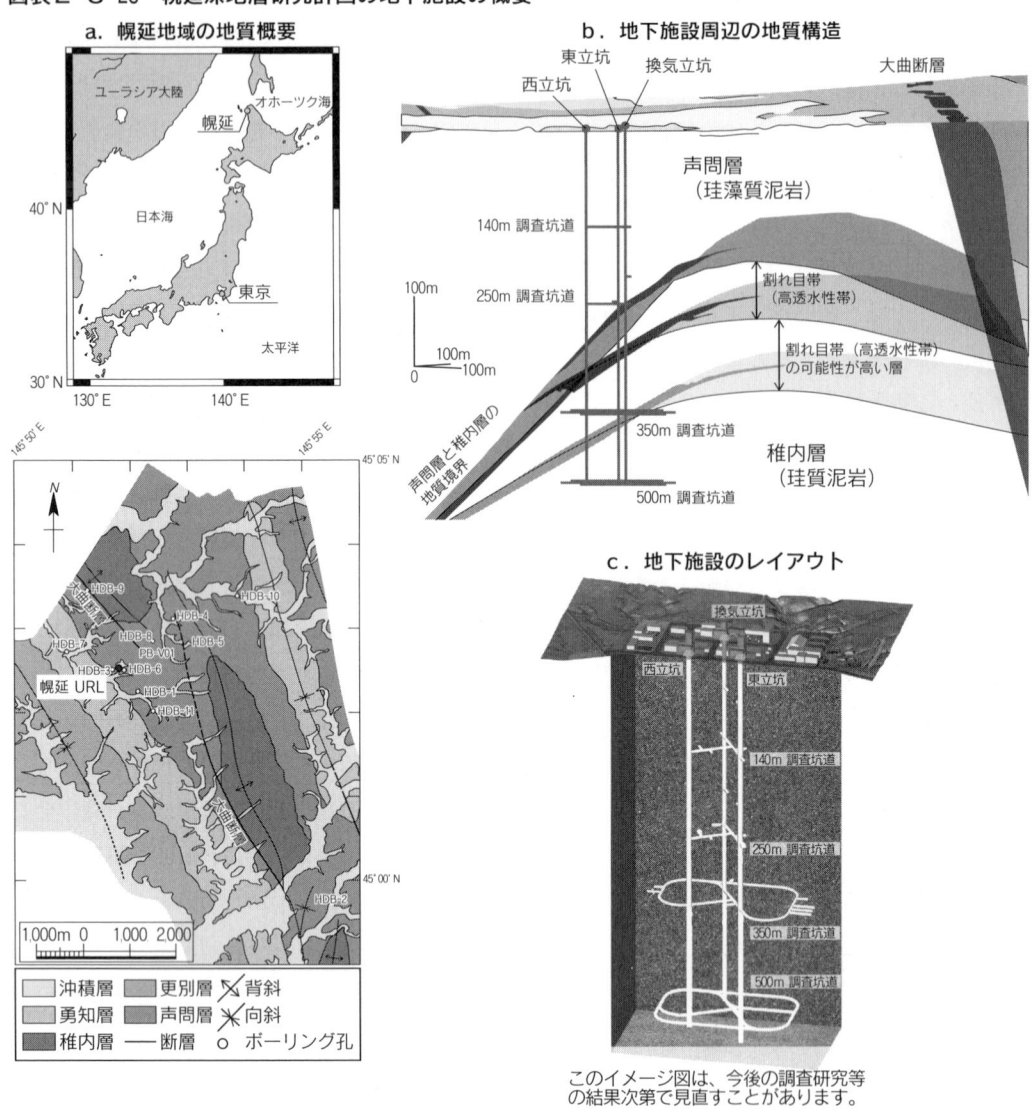

a. 幌延地域の地質概要

b. 地下施設周辺の地質構造

c. 地下施設のレイアウト

このイメージ図は、今後の調査研究等の結果次第で見直すことがあります。

d. 地下施設の仕様

	東・西立坑	換気立坑	水平坑道
標準断面	6.5m	4.5m	R1=2.0m R2=3.6m R3=4.0m
施工法	全断面掘り下がり工法 （発破工法）	全断面掘り下がり工法 （機械掘削）	全断面工法 （機械掘削・発破掘削）
主要な 支保部材	覆工コンクリート ロックボルト 鋼製支保工	覆工コンクリート ロックボルト 鋼製支保工	吹付けコンクリート ロックボルト 鋼製支保工

2 地下施設概要

　計画されている地下施設は、深度500mの3本の立坑（換気立坑1本（内径4.5m）、東・西立坑各1本（内径6.5m））とそれらを結ぶ4つの深度（深度140m、250m、350mおよび500m）での調査坑道からなる（図表2・8・23）。岩盤からの湧水に伴う可燃性ガス（湧水1mℓ当たり約2mℓのガス（全体の約80％がメタンで約20％が炭酸ガス））の発生を念頭において、いかなる箇所で火災等の災害が発生しても、通気制御により安全区画を確保し、入坑者が安全に地表まで避難することができる防災システムを構築するとの基本コンセプトに基づいて、3本の立坑を建設することとした。また、地質環境特性の違う声問層と稚内層の2つの地層を対象として、それぞれの地層に調査坑道を展開するとともに、地下施設の防災基本コンセプト等に基づいて、4つの深度にて調査坑道を建設することとしている。

　2005年4月より、地下施設の建設を開始し、2011年1月末までに、換気および東立坑を深度250.5mまでの範囲と、140m調査坑道の全体と250m調査坑道の一部を施工した。その後、業務の合理化と効率化の観点からPFI（Private Finance Initiative（民間資金等活用事業）の略称）契約を導入した。これは、地下施設の建設等の施設整備業務、施設の点検・保守・修繕等の維持管理業務、各調査坑道等での調査研究を支援する研究支援業務の3つからなる。施設整備業務では、換気および東立坑を深度250.5～380mまで、西立坑を深度365mまで、さらに、250m調査坑道の一部と350m調査坑道の全体を施工する。同業務では、2012年3月末までに、換気立坑を深度350.5mまで、東立坑を深度348mまで、西立坑を深度47mまで掘削し、250m調査坑道を整備した。

3 施設の特性を考慮した設計・施工方法概要

　地下施設の建設における特徴的な施工および維持管理の条件は、以下の3点があげられる。

　1つ目は、地下施設工事に伴う湧水の抑制対策である。原子力機構は、2006年1月に北るもい漁業協同組合と締結した「幌延深地層研究所の放流水に関する協定書」に基づいて、地下施設からの1日当たりの排水量を750m^{3}以下としている。このため、特に、声問層と稚内層との地質境界付近に分布する割れ目が顕著に発達する高透水性を示す岩盤（割れ目帯）中での施工に伴う湧水量を適切に抑制する必要があった。そこで、深度250m以深の地下施設の施工前に、各立坑の底盤および250m調査坑道から、事前のボーリング調査で評価した割れ目帯を対象として、グラウト工を実施している。

　2つ目は、可燃性ガスの対策である。地下施設工事では、地下水の湧出に伴ってメタンを主成分とする可燃性ガス（以下、メタンガスとする）が発生する。このため、地下施設内のメタンガス濃度を低減させるための送風管および吸気風管と風門による通気システムを整備するとともに、特に、切羽と吸気風管との間を「防爆エリア」と設定し、その範囲で使用する電気機器類を防爆仕様としている。また、地下施設内でのメタンガスの湧出箇所や濃度上昇の範囲などを迅速に把握するために、メタンガスや酸素等の濃度を常時監視できるシステムを構築・運用するとともに、日常的な地下施設内のメタンガス濃度に応じた管理体制を設けている。

3つ目は、堆積軟岩中での大深度立坑の施工である。岩石の平均的な一軸圧縮強さが約20MPa以下の地層中に深度500mまで立坑を施工する計画である。このため、施工段階にて、掘削に伴う岩盤の変形や支保部材に生じる応力を逐次計測し、その評価結果に基づいて、設計時の支保構造を、それらの挙動にあわせた最適な支保構造へと変更していく情報化施工技術を積極的に活用している。

参考文献
1）幌延深地層研究センターホームページ（http://www.jaea.go.jp/04/horonobe/index.html）

8.2.4 瑞浪超深地層研究所

1 施設概要

① 施設名称：瑞浪超深地層研究所
② 事業者名：独立行政法人日本原子力研究開発機構
③ 所 在 地：岐阜県瑞浪市明世町山野内1-64
④ 施設規模（地上施設と地下施設の規模）

当研究所の主な施設規模を**図表2・8・24**に示す。

図表2・8・24　施設の規模

地上施設	
瑞浪超深地層研究所管理棟	建築面積：528.57m²、延床面積：1,504.00m²
地下施設（研究坑道）	
立坑（主立坑・換気立坑）	断面形状：円形 設計内径：6.5m（主立坑）、4.5m（換気立坑） 計画深度：1,000m
水平坑道 　深度100m 予備ステージ 　深度200m 予備ステージ 　深度300m 予備ステージ 　深度300m 研究アクセス坑道 　深度400m 予備ステージ 　深度500m 予備ステージ 　深度500m ステージ	断面形状：幌形（幅3〜4m×高さ3m）

⑤ 超深地層研究所計画の概要

超深地層研究計画は、原子力発電で使われた燃料を再処理した際に生じる高レベル放射性廃棄物の地層処分に関わる技術の信頼性向上のために、独立行政法人日本原子力研究開発機構（以下「原子力機構」という）が、日本の代表的な地質環境の1つである結晶質岩かつ淡水系地下水を対象として実施する深地層の研究施設計画である。本計画では、「地上からの調査予測研

究段階（第1段階）」「研究坑道の掘削を伴う研究段階（第2段階）」「研究坑道を利用した研究段階（第3段階）」の3つの研究段階を20年程度で進める。

第1段階では、研究坑道の建設に先立って、地質構造、岩盤水理、地球化学、岩盤力学に関する地質環境モデルの構築と、研究坑道の設計および施工計画の立案のために、地上での地質調査、物理探査、ボーリング調査等を実施する。第2段階では、坑道掘削時に得られる情報に基づき、第1段階にて構築した各地質環境モデルや研究坑道設計の妥当性を評価する。第3段階では、坑道内にて岩盤中の物質移動特性や坑道周辺岩盤の力学・水理・地球化学特性とその変化などを調査するとともに、グラウト等の施工対策が周辺岩盤や地下水に与える影響を評価する技術などの有効性を確認する。

本計画は、当初は機構が所有する瑞浪市明世町の正馬様用地で開始したが、2002年1月に、瑞浪市と瑞浪市明世町の市有地の賃貸借契約および土地賃貸借契約に係る協定を締結し、この用地に研究坑道を掘削することとした。2002年7月に造成工事に、2003年7月に立坑の基礎部の掘削工事に着手した。2004年度から本格的な立坑掘削を開始し、現在（2012年8月）では、深度500mに到達し、水平坑道を展開している。

調査研究については、1996年度から2004年度まで第1段階の調査研究を実施し、2004年度から第2段階の調査研究を開始した。2010年度からは、第2段階と並行して、深度300mの水平坑道において第3段階の調査研究を開始した。なお、瑞浪深地層研究所は、研究開発を進めていく施設であるとともに、地層処分に関する研究開発について、一般の人々との相互理解促進の場として、見学者の受け入れを実施している。

⑥　事業計画上の関連法規

特筆すべき事項はない。

2 地下施設の概要

1 地形・地質概要

瑞浪超深地層研究所が位置する東濃地域は、北西部に美濃飛騨山地、南東部に三河山地が分布し、その間に丘陵地が広がる地形概観を示す。北部の山地には木曽川が流れ、深い谷を刻んでいる。丘陵地の中央部には、北東から南西に向かって土岐川（庄内川）が流れ、その本流および支流の沿岸に段丘が発達して台地をつくり、河川周辺の低地には沖積地が広がっている。

瑞浪超深地層研究所周辺には、白亜紀の花崗岩（土岐花崗岩）を基盤として、新第三紀中新世の堆積岩（瑞浪層群）と、固結度の低い新第三紀鮮新世の砂礫層（瀬戸層群）が分布する。瑞浪超深地層研究所の研究坑道は、主として基盤をなす土岐花崗岩中に建設されている。

2 地下施設概要

地下施設である研究坑道は、計画深度1,000mの2本の立坑（主立坑1本（内径6.5m）、換気立坑1本（内径4.5m））とそれらを深度100mごとに結ぶ予備ステージ、および第3段階の調査研究

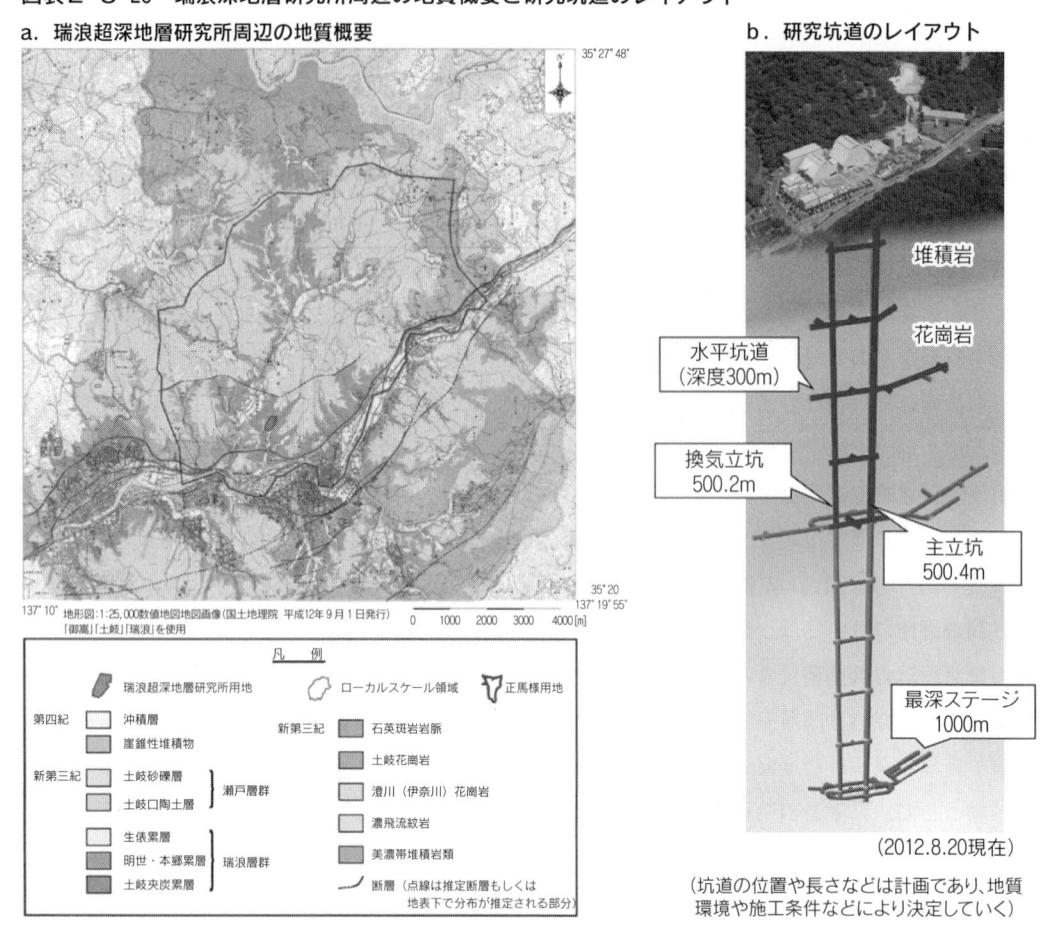

図表2・8・25　瑞浪深地層研究所周辺の地質概要と研究坑道のレイアウト

a．瑞浪超深地層研究所周辺の地質概要

b．研究坑道のレイアウト

（2012.8.20現在）
（坑道の位置や長さなどは計画であり、地質環境や施工条件などにより決定していく）

を行う水平坑道からなる（図表2・8・25）。

　調査研究を行う水平坑道については、これまでに、深度300mステージを整備し、深度500mステージの整備を進めている。深度300m付近は比較的割れ目の多い高透水性の岩盤であり、深度500m以深は比較的割れ目の少ない低透水性の岩盤であることが明らかになっている。このため、このような岩盤の性状の違いに着目した研究開発を行う場として水平坑道を設けている。

3 施設の特性を考慮した設計・施工方法概要

　研究坑道の掘削における特徴的な設計・施工方法としては、以下の2点があげられる。

　1つ目は、大深度立坑を効率的に掘削するための施工方法である。立坑掘削は、掘削サイクルと1回当たりの発破対象深度を検討し、安全かつ最も効率の良い掘削サイクルとして、1.3mの発破掘削とズリ搬出を2回繰り返した後に、2.6mの覆工コンクリートを打設するショートステップ工法を採用している。また、深度500m以深の掘削においては、2つのズリキブルを用いることで、ズリ出しの時間を短縮する方法を検討している。

2つ目は、研究坑道掘削に伴う湧水の抑制対策である。パイロットボーリング調査で湧水が認められた割れ目帯を対象として、探り削孔でグラウトの必要性を最終的に判断してプレグラウトを実施している。具体的には、深度200m付近の換気立坑と予備ステージの連接部、換気立坑の深度420mと450m付近、および深度300mの研究アクセス坑道において、プレグラウトを実施している。

参考文献
1）独立行政法人日本原子力研究開発機構 地層処分研究開発部門 東濃地科学研究ユニット「超深地層研究所 地層科学研究基本計画」『JAEA-Review 2010-016』2010
2）独立行政法人日本原子力研究開発機構 東濃地科学センター「地層を科学する」（パンフレット）2009年9月改訂（http://www.jaea.go.jp/04/tono/pamph/tgcpamph.pdf）

8.2.5 ANGAS（天然ガス高圧貯蔵技術実証試験施設）

1 施設概要

① 施設名称：ANGAS（天然ガス高圧技術実証試験施設）
② 事業者名：施　主…一般社団法人日本ガス協会（経済産業省「次世代天然ガス高圧貯蔵技術開発補助事業」）
　　　　　　運営管理…実証試験施設のため実証試験完了後、廃棄済
③ 所在地：岐阜県飛騨市神岡町東茂住549-9
　　　　　（「神岡鉱山 茂住坑内」であるが現在、該当場所は閉鎖）
④ 施設規模（全体規模、内地下施設規模）

天然ガス高圧技術実証試験施設の主な土木工事の概要を**図表2・8・26**に示す。

図表2・8・26　土木工事の概要

本体掘削工			主要関連工・設備工	
名　称	断面積	長　さ	名　称	数　量
既設トンネル（拡幅）	9.43m²	53m	ボーリング調査工	一式
機器配置室	15.42m²	18m	初期地圧測定・孔内載荷試験・平板載荷試験等	一式
アクセストンネル	9.43m²	65m	計測機器・光ファイバー設置工・貯槽内岩盤評価・排水工	一式
プラグ	28.26m²(max.)	7m	試験装置（空気圧・水圧）設置	一式
貯槽本体	554m³（掘削容積）	11.2m	アクセストンネル・設備封鎖工	一式

⑤ 事業工程（計画調査、立地決定、建設着工等）

本事業は、社団法人日本ガス協会が経済産業省より補助を受け、2004年度より4年間、「次世代天然ガス高圧貯蔵技術開発事業」（ANGAS：Advanced Natural GAs Storage）として実施し

た事業である。その詳細は**図表2・8・27**に示すとおりである。当実証試験施設である「鋼製ライニング式岩盤貯蔵施設」は2006年度までに貯槽を建設し、2006～2007年度にかけて耐圧試験、気密試験を実施した。

図表2・8・27 事業工程

項　目	2004年度	2005年度	2006年度	2007年度
1．鋼製ライニング式岩盤貯蔵施設 　　　　（小規模岩盤貯蔵施設）の建設				
1）地質調査・設計	━━━			
2）貯槽建設	━━━━━━━━━━━			
3）耐圧試験・気密試験等の実施			━━━━━	
2．設計技術の開発（キーテクノロジー）				
1）気密構造の設計開発	━━━━━━━━━━━━━━━━━			
2）高性能プラグの設計開発	━━━━━━━			
3．技術基準規定の試案作成等	━━━━━━━━━━━━━━━━━━━━━			
4．省エネルギー型運用システムの検討	━━━━━━━━━━━━━━━━━━━━━			
5．総合評価（代表モデルの試設計・コスト試算）				━━

⑥　事業計画上の関連法規

当実証試験施設は、高圧ガス保安法に基づく検査を受け合格した施設である。なお、将来、商用機が建設される場合は、ガス供給事業に供する施設であることからガス事業法の適用を受ける場合も考えられるが、現行のガス事業法技術基準では想定していない新たなコンセプトに基づくガス工作物である。

2 地下施設の概要

1 地形・地質概要

試験サイト地は、茂住鉱床群の北部に位置し、周辺に採鉱・採掘坑道が少ない場所を選定した。位置としては、**図表2・8・28**の概念図に示すとおり、茂住坑道から約600mのところを東側に分岐した長棟坑道を約1,000m離れた位置（坑道から約1,600mの位置）にある分岐部から新たに掘削した。空洞掘削位置の標高は海抜360mであり、土被りは約400mである。

神岡鉱山の地質は、日本の地質構造区分上では飛騨帯に属し、建設場所である茂住坑道の近傍には、片麻岩類を主体とした変成岩類（飛騨変成岩類）、花崗岩類（船津花崗岩類）、中生代の堆積岩類（手取層群）などが分布する。試験施設は、このうちの手取層群中に位置する。手取層群は、中部ジュラ～下部白亜系に属する堆積岩類で、富山県東部から福井県東部にかけて分布し、飛騨片麻岩類や船津花崗岩を不整合に覆っている。

試験地には、猪谷互層と呼ばれる手取層群の砂岩・頁岩互層が主体で、礫岩を介在することが知られている。貯槽本体が位置する分岐抗道は、砂岩を主体とし、厚いもので数十cm程度の頁岩をはさんでいる。全体的には、頁岩のはさみを除きCH級（電研式岩盤分類）を主体とするが、

第8節　文化施設・実験施設の事例

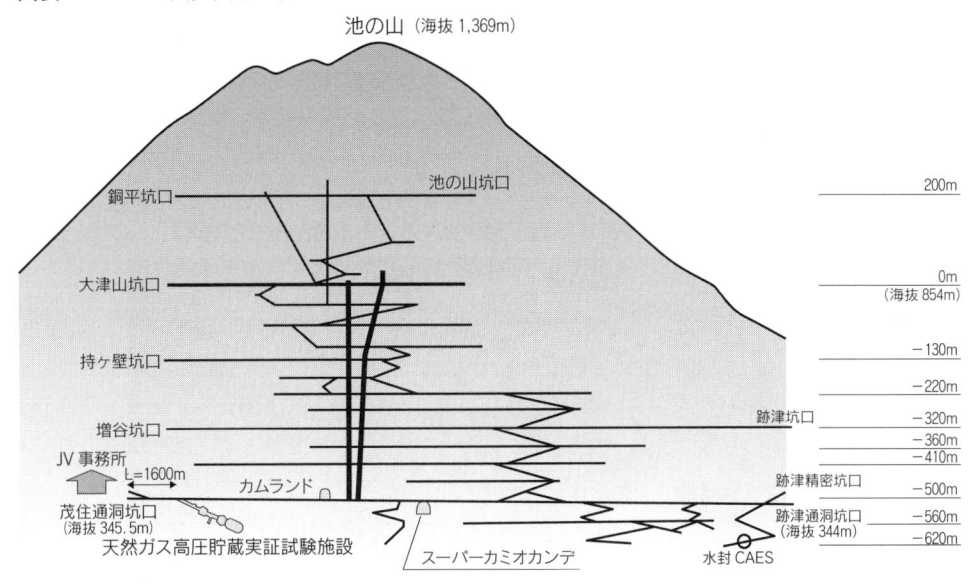

図表2・8・28　実証試験施設　建設位置概念図

頁岩が主となる一部では割れ目が多くCM級となっている。

2 地下施設の概要

　ANGASは、パイプラインから受け入れた天然ガスを圧縮して高圧気体のまま、岩盤内に構築した貯槽に貯蔵するものである。本施設は、商業機建設のための実証試験施設ではあるが、「**4 施設の特性を考慮した設計・施工方法概要**」に示すコンセプトに従って建設した。なお、商用機では縦置きとしている貯槽は、サイズ効果・プラグへの影響度を考慮して横置きとしている。

　実証試験施設の諸元としては、貯蔵流体（加圧流体）として空気および水を貯蔵圧力20MPa、貯槽容積240m³であり、その基本構造を**図表2・8・29**に示す。アクセストンネルと貯槽間には、

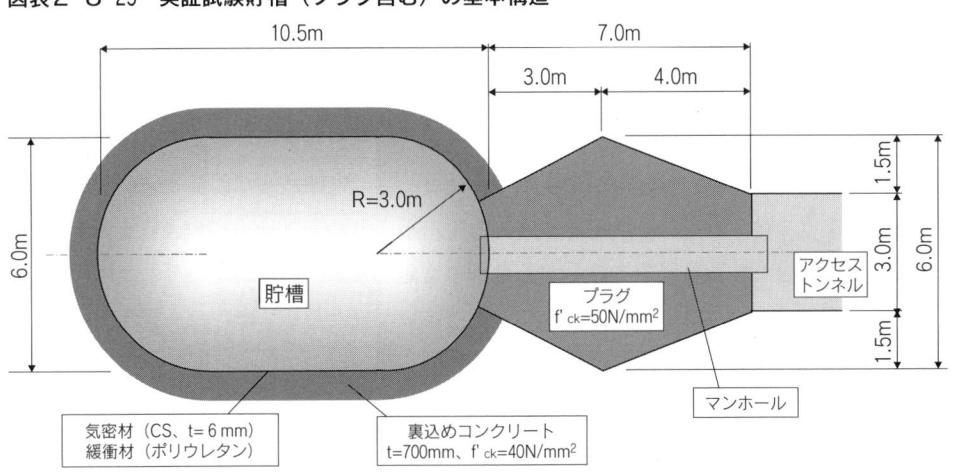

図表2・8・29　実証試験貯槽（プラグ含む）の基本構造

30MPa以上の高圧に耐える構造とするため、長さ7mのプラグを設置している。

気密材の外側の貯蔵圧力を岩盤に伝達する裏込めコンクリートは、気密材側にひび割れ分散鉄筋を配置した高流動コンクリート（$f_{ck}=40N/mm^2$）とし、限界状態設計法にて設計したアーチ構造タイプのプラグは、補強鉄筋コンクリート（$f_{ck}=50N/mm^2$）にて施工した。

完成した実証試験施設の正面写真を**写真2・8・11**に示す。

写真2・8・11　ANGAS完成写真（アクセストンネル側から見た状況）

3 地下を利用した理由

わが国においてエネルギー供給源の多様化等から天然ガスの利用拡大が求められている。特に、天然ガスの利用拡大を推進するためには、沿岸部大都市圏の需要増加だけではなく内陸部への需要拡大も考慮した広域的なパイプラインネットワークの整備・拡大が求められており、さらに日間・季節間の需要変動を吸収してパイプラインの利用効率を上げるための大規模なガス貯蔵施設の必要性が指摘されている。

すでに広域的な天然ガスパイプラインネットワークが発達している欧米では、天然の地質構造を利用した大規模ガス貯蔵施設が実現しているが、同様の地質構造が少ないわが国においては、人工的な施設である「鋼製ライニング式岩盤貯蔵施設」の設置が有効と考えられている。

ANGAS技術開発の対象とする商用機イメージの代表的な施設構造は**図表2・8・30**に示すものである。このような地下貯蔵施設の実証試験施設であることから、商用機の建設が考えられる都市近郊に一般的に存在する堆積岩の存在する地下を選定した。

4 施設の特性を考慮した設計・施工方法概要

本施設の基本コンセプトは以下の3点である。

① 耐圧性は周辺岩盤で支持する（内圧は裏込めコンクリートを介して周辺岩盤に伝える。岩盤を

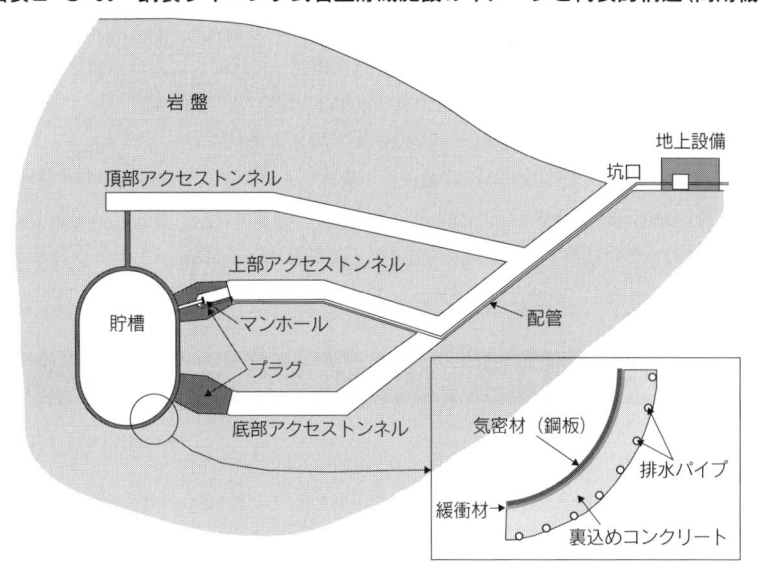

図表2・8・30 鋼製ライニング式岩盤貯蔵施設のイメージと代表的構造（商用機）

耐圧部材とする）
② 気密性は気密材（鋼材）で確保する
③ 排水システムにより、施工時・内圧解放時には気密材に過剰な外水圧を作用させない

以上のコンセプトを成立させるため、前述の**図表2・8・27**に示すように、開発項目として設計技術の開発を行った。この内容を以下に示す。

a. 気密構造の設計技術開発
  ・気密材の塑性変形に基づく設計開発
  ・気密材の座屈検討（局部大変形の設計技術、塑性変形後の残留変位の影響検討）
  ・裏込めコンクリートのひび割れ分散と気密材の疲労検討

b. 高性能プラグの設計技術開発
  ・アーチ構造タイプのプラグ設計開発（コンパクトなプラグ）
  ・構造不連続部の気密構造の形式と設計技術

実証試験では、①耐圧試験、②気密試験、③繰り返し・長期載荷試験、④30MPa耐圧性能試験を実施した。

岩盤は、手取層と呼ばれる堆積岩（砂岩・頁岩の互層）からなり、実証試験施設の設計に先立ち各種の岩石・岩盤の調査・試験を実施した。実施した耐圧試験や気密試験などの結果のほか、貯槽の解体調査による観察も交えて設計解析の予測と実際の挙動結果を比較検討し、設計の妥当性を確認した。今後の天然ガスの需要拡大を鑑み、商用機としての大規模なガス貯蔵施設の建設が望まれる。

参考文献
1) 米山一幸「次世代天然ガス高圧貯蔵技術開発の概要」『土木学会 岩盤力学委員会ニュースレター』2006.3
2) 小松原徹・奥野哲夫「天然ガス高圧貯蔵（ANGAS）技術開発―神岡鉱山における実証試験（200気圧の気密試験、300気圧の耐圧試験）に成功―」『土木学会誌』Vol.93、pp.42-45、2008.4
3) 小松原徹・奥野哲夫「次世代天然ガス高圧貯蔵（ANGAS）技術開発」『クリーンエネルギー』pp.45-51、2009.9
4) 奥野哲夫・小松原徹「次世代天然ガス高圧貯蔵技術＜鋼製ライニング式岩盤貯蔵に関する小規模実証試験の概要＞」『配管技術』pp.27-34、2010.5
5) 今津雅紀・奥野哲夫・小松原徹「国内初の天然ガス高圧岩盤貯蔵実証試験」『トンネルと地下』Vol.41、pp.33-44、2010.7

8.2.6　圧縮空気地下貯蔵発電実証プラント

1　建設の目的

1　計画の背景

　電力の負荷平準化のために揚水発電システムが利用されているが、他の負荷平準化のための発電方式として圧縮空気貯蔵ガスタービン発電システム（CAES-G/T）がある。CAES-G/Tは貯蔵型電源の1つであり、夜間や休日に原子力・火力などの電力を使ってコンプレッサーで圧縮空気を作り、それを地下貯蔵施設に貯蔵しておき、昼間のピーク時に圧縮空気を取り出し燃料とともに燃焼させガスタービンを稼働して発電するものである。すでに欧米では地下貯蔵施設に岩塩ドームを利用して実用化されている。

　CAES-G/Tはガスタービンの性能から出力は数十万kW程度であり揚水発電に比べると小さいが、ダムが不要であり都市近郊にも建設が可能な中規模分散型の貯蔵発電システムである。

　岩塩が存在しない日本でCAES-G/Tを実用化するための方策として、気密ライニング方式と呼ばれる高圧空気の岩盤貯蔵技術の確立が不可欠である。

　そのため経済産業省は1990年度から2000年度まで、財団法人新エネルギー財団に委託し、北海道空知郡上砂川町においてCAES-G/Tのパイロットプラントを建設し、さらに運転を行うことで、本システムの実用性および安全性の検討に取り組んだ。

2　期待する効果

　気密ライニング方式による地下貯蔵施設を利用したCAES-G/Tの実証運転を行い、実用性についての確認がなされること。

3　CAES特有の問題点と解決策

　高圧空気を貯蔵する従来技術は鋼製タンクを用いるものであるが、必要な容量を考慮すると非常に高価なものとなる。合理的な高圧空気貯蔵の方法として、図表2・8・31に示す岩盤の地圧および力学特性を有効に活用したコンクリート覆工版と気密シートから構成される気密ライニング

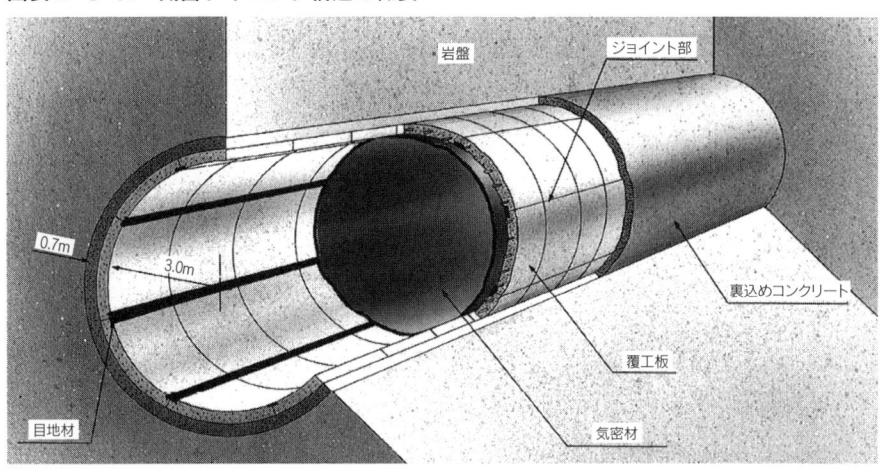

図表2・8・31 気密ライニング構造の概要[1]

構造が考案された。その構造体を実際に構築し耐圧性・気密性が確保できることを実証プラントにより確認するものである。また、数MPaという高圧空気を地下に貯蔵した前例がないため、地下空洞周辺の環境に重大な影響を及ぼさないことを実証する必要がある。

2 事業概要

① 発電所名称：圧縮空気貯蔵発電パイロットプラント
② 事業者名：財団法人新エネルギー財団
③ 所在地：北海道空知郡上砂川町
④ 事業概要・規模

図表2・8・32に示す。

図表2・8・32 パイロットプラントの基本諸元[2]

項目	諸元
出力	2MW
発電時間	4時間
圧縮空気充填時間	10時間
貯蔵方式	変圧方式
気密方式	ゴムライニング方式
貯蔵圧力	4～8MPa
貯蔵空気容量	約1,600m³
貯蔵空気温度	50℃以下

⑤ 事業工程

図表2・8・33に示す。

⑥ 事業計画上の関連法規

電気事業法である。高圧空気を扱うプロジェクトであるが、発電設備を伴うため電気事業法

図表2・8・33　工程表[1]

年　度	1990	1991	1992	1993	1994	1995	1996	1997	1998	1999	2000	2001
調査・設計	■	■	■	■	■	■	■	■				
建設							準備工事		■	■	■	
運転												■

による特認手続きにより進められた。

3 地下発電所の概要

1 地形・地質概要

パイロットプラントを建設する上砂川町は、札幌と旭川の中間に位置し、1987年に閉山した三井砂川石炭鉱山の既設坑道を利用し、地下約-450mの大深度の地下空間を利用したものである（図表2・8・34）。

パイロットプラント建設地点には、古第三系の石狩層群が分布しており、部分的に石炭層をはさむ泥岩から構成されている。地質構造はおおむね南北方向の走向を持ち西へ70度傾斜している。

パイロットプラントの地下貯蔵施設は、石狩層群のうち石炭層を挟在しない若鍋層上部（地表から-450mレベル）に建設した。若鍋層上部は、パイロットプラント地点ではほぼ北北西—南南東方向に走向し、西へ75度程度の傾斜する幅百数十mの地層で砂岩をわずかに挟在した泥岩より構成される。岩質は堅硬であり中硬岩に属する比較的良好な岩盤である（図表2・8・35）。

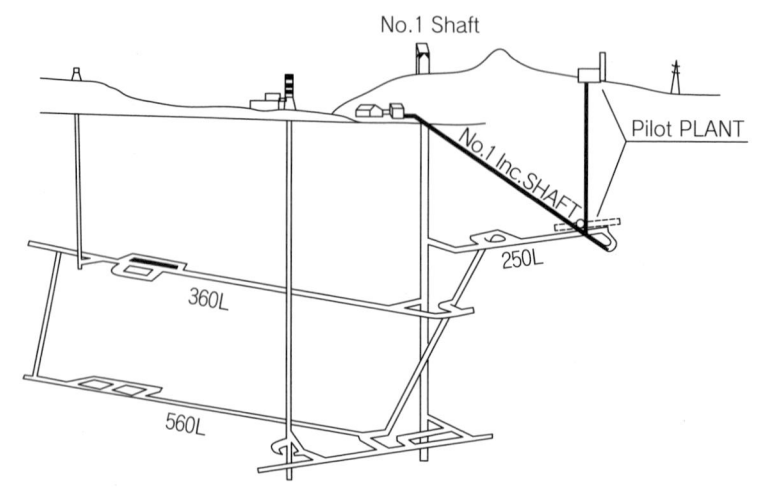

図表2・8・34　パイロットプラントの位置と三井砂川炭坑[1]

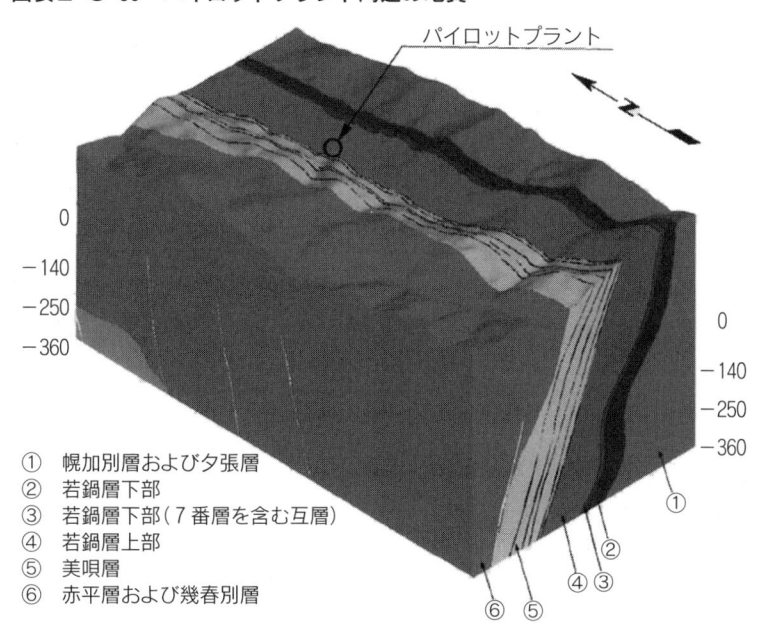

図表2・8・35　パイロットプラント周辺の地質[1]

① 幌加別層および夕張層
② 若鍋層下部
③ 若鍋層下部（7番層を含む互層）
④ 若鍋層上部
⑤ 美唄層
⑥ 赤平層および幾春別層

2 発電施設概要

　発電施設は「地下貯蔵施設」「空気圧縮設備」「ガスタービン発電設備」から構成される。

　地下貯蔵施設は4〜8MPaの高圧空気を貯蔵する空洞である。気密ライニング構造と呼ぶコンクリート覆工版と気密シートの複合構造である。

　耐圧構造は、貯蔵内圧を覆工版および裏込めコンクリートを介して岩盤に100％負担させる方式とし、コンクリート覆工版に大きな引張応力を発生させない構造とした。覆工版の分割数と厚さは構造解析を実施し、経済性・施工性を考慮して16分割、厚さ30cmとした。

　気密性を確保するための気密構造は、厚さ3mmの気密シート（ナイロン繊維で補強した3層構造のブチルゴム）を覆工版の内側にライニングする構造とした。また、覆工版と覆工版の間のジョイント部等に気密シートがくい込むのを防止するため目地材を設ける構造とした（**図表2・8・36**）。パイロットプラントの構造と諸元を**図表2・8・37**と**図表2・8・38**に示す。

　空気圧縮設備は、4段の往復動圧縮機により夜間のオフピーク時の電力を使用し、約10時間をかけて地下貯蔵施設へ空気を圧入する。

　ガスタービン発電設備は、高圧タービン、低圧タービン、空気予熱器、発電機および制御装置類から構成される。地下貯蔵施設の圧縮空気は、通気管を経て地上部の空気予熱器にて暖められ高圧燃焼器へ導かれる。そこで燃料（灯油）が投入され燃焼ガスとなり、まず、高圧タービンを駆動する。その排気はそのまま低圧燃焼器に入り、ここでも燃料が投入され低圧タービンを駆動する。この駆動力が減速機で一軸に合致され発電機を駆動し発電する（**図表2・8・39**）。

図表2·8·36　内圧作用時の気密ライニング構造の挙動[1]

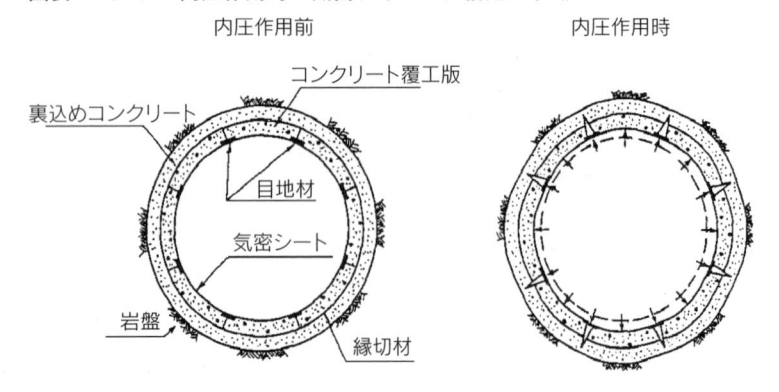

図表2·8·37　パイロットプラントの構造[1]

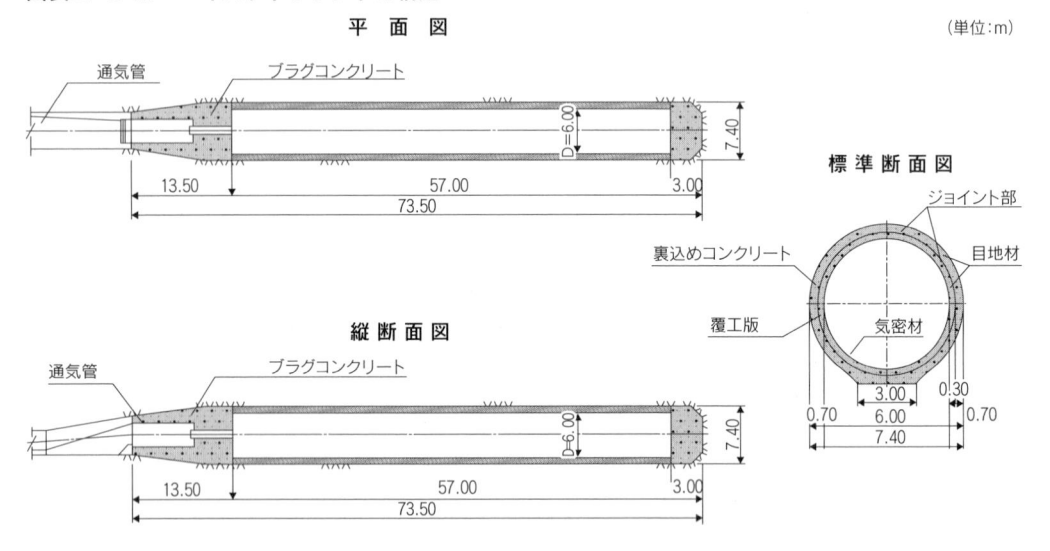

図表2·8·38　パイロットプラントの諸元[1]

項　目	諸　元		
ガスタービン発電設備	1．ガスタービン	型式	単純開放単一サイクル一軸型
		段数	3段
	2．燃焼器	型式	単筒式
	3．空気圧縮機	型式	無給油、4段往復動型
	4．再生機(空気予熱、排熱回収)	型式	鋼管製フィンチューブ方式
	5．脱硝装置		なし（希薄燃焼＋蒸気噴霧）
	6．冷却水冷却装置	型式	空冷ラジエータ方式
圧縮空気貯蔵施設	1．ライニング構造		ゴムシート＋コンクリートライニング
	2．空洞断面		円形（内径6m、外径7.4m）コンクリートライニング厚70cm
	3．空洞延長		57m

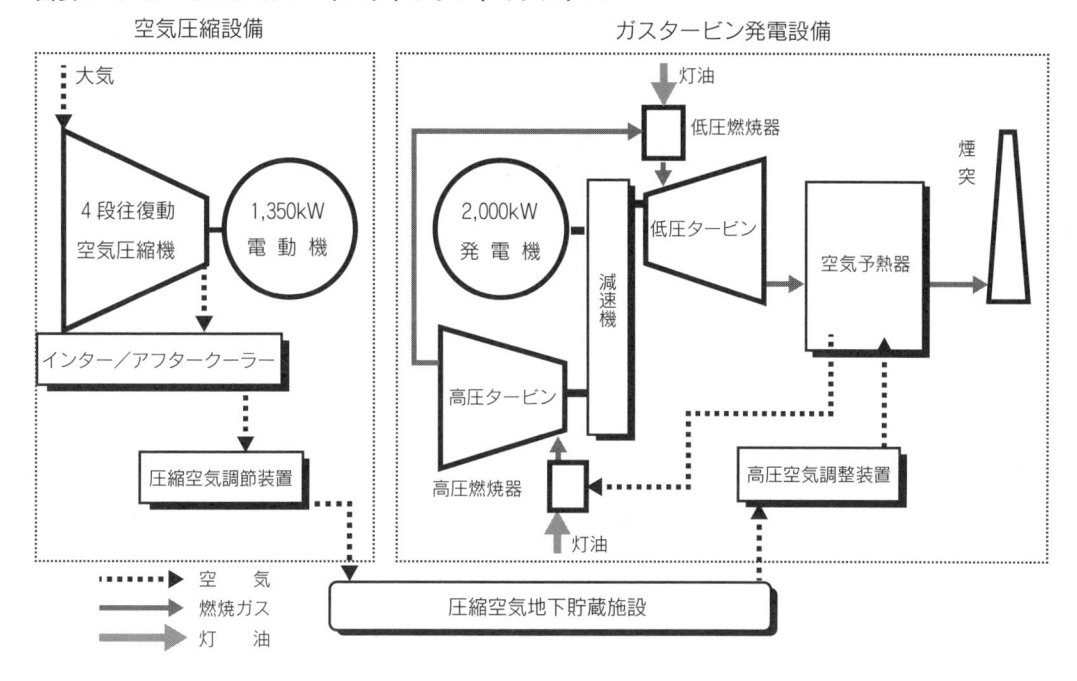

図表2・8・39 CAES-G/T パイロットプラントのシステム[2]

3 施工概要

地下貯蔵施設の掘削は岩盤の緩みを極力おさえるという視点から自由断面掘削機により上半、下半、および底部の3段階掘削で施工した。支保はNATM工法とし吹付けコンクリートおよびロックボルトを用いている。ただし底面については岩盤の緩みが出やすいため、一部FRPボルトを先行打設し仕上げ掘削を行った。

覆工版はシールド工事で用いられるエレクターを利用し、設置後に覆工版背面に裏込めコンクリートを打設しグラウト注入を行い覆工版と岩盤を密着させた。覆工版設置後に内面に気密シートを展帳した。気密シートは粘着剤である両面テープにより覆工版に貼付け気密シート同士は熱融着（加硫処理）により行った。

4 パイロットプラントとしての成果

パイロットプラントの完成後に、約1年間にわたる実証試験運転を行い、同試験運転完了後に地下貯蔵施設の一部を解体し構造体調査を実施し主に地下貯蔵施設の性能確認を行った[2]。

地下貯蔵施設については、長期にわたる繰返し載荷を行ったにもかかわらず、岩盤の変形挙動は安定した状態が保持でき、覆工版を含めた挙動全体は弾性的なものであった。さらに実証試験運転終了後の構造体調査においても、覆工版、裏込めコンクリート、岩盤の異常は認められず、今回採用したライニング方式の耐圧性能は十分満足できることを確認した。

気密性については、実証運転後に貯蔵空気を閉止した状態のシャットイン試験を実施したが、漏気量は0.2Nm³/min（1日当たり重量比で0.2%）であり、本パイロットプラントにおける最大出

力時における必要空気量の40秒相当の漏洩量であり、圧縮・発電を繰り返すCAES-G/Tの利用の点から問題になるレベルではなく、十分に目標を達成できたと判断できる。

　本パイロットプラント実証運転を通じて、耐圧性・気密性・安全性を確認することができ、併せてCAES-G/T発電システム全体の運用性を確認することができた。今後電力需要を鑑み、有効な新しい貯蔵型電源になり得るものと思われる。

参考文献
1）財団法人新エネルギー財団「圧縮空気貯蔵ガスタービン（CAES-G/T）パイロットプラント」
2）横山英和・篠原俊彦・加藤拓一郎「圧縮空気貯蔵発電パイロットプラントの実証試験」『電力土木』300号、pp.150-154、2002.7

第9節 海外における地下空間利用の最新動向

9.1 商業・生活関連施設

9.1.1 カンピ地下バスセンターと地下物流トンネル

　フィンランドの首都ヘルシンキでは、大規模な地下バスセンターの建設が行われ、2006年に開業した。地下バスセンターは、**写真2・9・1**のように多数の長距離バスの案内表示が充実し、空港と同様にバスプラットホームごとに表示される（**写真2・9・2**）。外国人乗客でも利用しやすいバスセンターになっている。

　地下バスセンターの地上部分は、**写真2・9・3**のように公園として整備されている。バスは地下物流トンネルを経由して、市内中心部を少し外れたところで地上に出る（**写真2・9・4、2・9・5**）。地下物流トンネルは、地下駐車場、デパート、ホテルと連絡し、物資の搬入が行えるようになっており、地上の交通緩和に寄与している（**図表2・9・6**）。

　事業概要を**図表2・9・1**に示す。

図表2・9・1　事業概要

施 設 名	Kamppi 地下バスセンターと地下物流トンネル（KEHU）
場　　所	フィンランド　ヘルシンキ（Urho Kekkosen katu 1 ほか）
計画要因	地上の交通緩和、利便性の向上
建設時期	Kamppi 地下バスセンター：2006年開業、地下物流トンネルの一般開放：2009年
規　　模	地下物流トンネルの長さ2km、トンネル断面積110m^2、Kampi バスセンタービルの貸し床面積約43,000m^2
特　　徴	・地下物流トンネルは地下バスセンター、地下駐車場、デパート地下駐車場、ホテル等の資材搬入口と連絡しており、地下物流トンネルを利用することにより市内中心部を通らずにアクセスできる。 ・1,500台収納の地下駐車場と2,000台収納の既存の地下駐車場と地下物流トンネルが地下で連結
備　　考	・フィンランドでは、長距離バスネットワークが発達している。ヘルシンキ発の長距離バスは Kamppi 地下バスセンターから頻繁に発着している。これらのバスは、地下物流トンネルを通るので、ヘルシンキ市内の地上の道路交通は大幅に改善されている。

第2章　最近の地下空間利用

写真2・9・1　地下バスセンターの全体案内表示板

写真2・9・2　Kamppi地下バスセンターの個別バス乗場入口

写真2・9・3　Kamppi地下バスセンターの地上は公園として整備、右はKampi地下バスセンターと連絡するショッピングセンター

写真2・9・4　地下物流トンネルとつながるKamppi地下センターのバス乗場

写真2・9・5　地下物流トンネル西側入口

写真2・9・6　地下物流トンネルとつながるストックマンデパート地下駐車場

参考文献
1) World Tunnel Congress、2011パンフレット

9.1.2 パハン・セランゴール導水トンネル

　マレーシアの首都クアラルンプール、隣接するセランゴール州は1980年代よりマレーシアの政治、商業そして産業の中心として急激に発展している。それに伴う水需要の増加への対応が急務となっている。1997、1998年には水不足が深刻な問題となり、2016年には水供給の不足が予測されている。この地域の水源はすでにほぼ開発が終わっており水源の確保が問題となっていた。マレー半島の中央を縦断するティティワンサ山脈を境に隣接するパハン州のケラウ川水系から、44.6kmの導水トンネルを通して日189百万 m^3 の水を供給する計画が1995年に立案された。**図表２・９・２**と**図表２・９・３**に事業概要を示す。

　プロジェクトは最上流のダム、取水・ポンプ場、鋼製管路そして導水トンネルから構成されJICAの円借款事業として2008年に一般競争入札が行われた。入札の結果、日本、マレーシアの企業連合（清水建設、西松建設、UEMB、IJMJV）が受注し2009年6月に工事を着工した。導水トンネルは完成後世界で11番目の長さとなるトンネルで、最大土被り1,246m（世界で6番目）に達し硬岩タイプのTBM（**写真２・９・７**）、NATMおよび開削工法で施工される。2009年12月には作業坑、2010年7月に導水トンネルの本坑の掘削を開始、順調に工事は進んでいる（**写真２・９・８**）。

図表２・９・２　事業概要

施 設 名	パハン・セランゴール導水トンネル
場　　所	マレーシア パハン州 ～ セランゴール州
計画要因	マレーシアの首都クアラルンプール市、隣接するセランゴール州の水不足解消のため、隣接するパハン州のケラウ川からティティワンサ山脈を貫く44.6kmの導水トンネルを通し日量189百万 m^3 の水を供給する。発注者はマレーシア政府エネルギー・環境技術・水資源省である。
建設時期	2009年6月～2014年5月 2010年7月導水トンネルの掘削開始、2013年1月末現在導水トンネル44.6kmのうち36.4kmの掘削が完了。
規　　模	作業坑総延長4工区、2.5km、幅5.2m、高さ5.2m 導水トンネル総延長44.6km、円形および馬蹄形
特　　徴	・延長44.6kmの導水トンネルの勾配は1/1,900で水は自然流下する。 ・開削工法1工区0.9km、NATM4工区総延長9.1km、TBM3工区総延長34.4kmを単体の工事とし同時施工。 ・NATM工区で平均月進130m、TBM工区で460mの高速施工が要求されている。 ・地質は80％が硬質で亀裂の少ない花崗岩、岩盤強度は200～150MPa、残り20％が頁岩、

	片岩等の堆積岩。断層は6か所確認されている。 ・TBM工区は3工区それぞれ延長11.67km、11.67km、11.218km。 ・TBM-1工区ではトンネル全体の湧水量が最大24.6m³/分、TBM-2工区の高土被り部では最大岩盤温度が53.0℃に達し山はね現象も観測されている。 ・NATM工区では最小土被り11mで幅14mの河川を発破工法で施工。
備　考	TBMは硬岩用オープンタイプを採用。

図表2・9・3　パハン・セランゴール導水トンネル

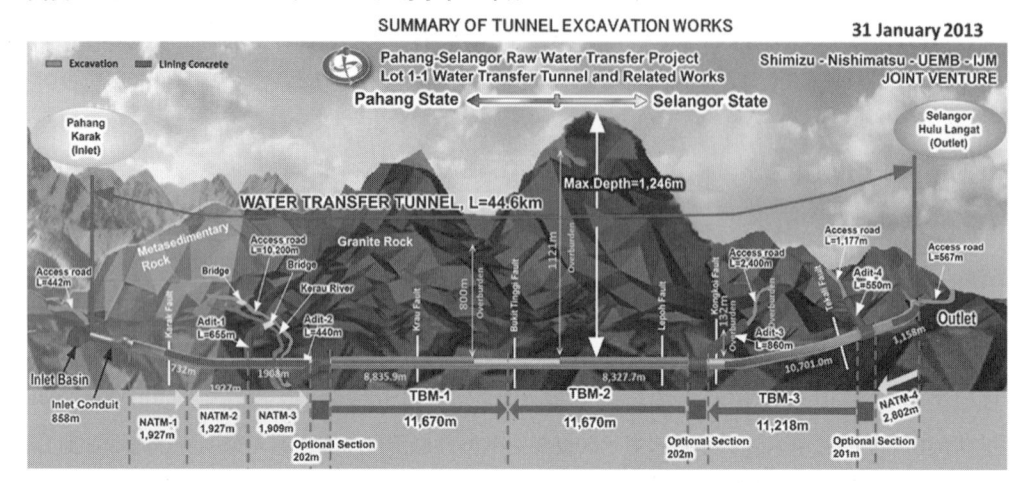

写真2・9・7　トンネルボーリングマシン（TBM）

写真2・9・8　TBM-1工区掘削状況

参考文献

1) JICAホームページ（http://www.jica.go.jp/english/news/jbic_archive/english/base/release/oecf/1999/0428-e.html）

2) Ministry of Energy, Green Technology and Waterホームページ（http://www.kettha.gov.my/en/content/pahang-selangor-raw-water-transfer-ppamps）

9.1.3 ソウル特別市 中区資源再活用処理場

ソウル特別市は、25の区で構成されており、人口約980万人を擁する都市である。中区はその心臓部として経済、文化、マスコミおよび流通の中枢機能が集中しており、昼間・夜間活動人口が最も多い地域である。また、幹線道路、地下鉄1〜6号線が通る交通の要衝でもある。

このような状況から、中区内の生活活動で発生した資源ごみ（ビン、缶、ペットボトル、プラスチック、発泡スチロール）と生ごみ、その他ごみ（不燃、可燃）を分別・回収・仕分け、搬出する中間処理施設建設にあたって地上での用地確保が困難なため、本施設は区の中心部地下に建設された。事業概要を図表2・9・4に示し、処理場全体概要図を図表2・9・5に示す。施設状況を写真2・9・9〜2・9・11に示す。

なお、地上部は西小門公園として市民の憩いの場所として利用されている（写真2・9・12）。

図表2・9・4 事業概要

施 設 名	ソウル特別市 中区資源再活用処理場
場　　所	大韓民国 ソウル特別市中区乙支路2街16-4
計画要因	本施設は、ソウル特別市の中心部に位置し、地上での用地の確保が困難なため、地下に建設された。
建設時期	建設工期：1996年6月〜1999年5月 試験運転：1999年5月〜2001年1月　供用開始：2001年1月
規　　模	鉄骨造　地下3階、敷地面積：4,189m²、床面積：11,708m²
特　　徴	・都市中心部における用地確保解決策の1つ ・ごみ収集運搬経費の削減：40%…年間50億ウォンの削減（2007年時点） ・交通渋滞の緩和：中心部への集積であり、搬送距離も短く、収集時間帯が夜間〜早朝と渋滞方向と逆方向 ・地下構造のため、粉じん、防臭対策が必要となり、その経費が増大
備　　考	・同様な施設が東大門区に2009年12月完成し、試運転の後2010年7月に供用開始された。

写真2・9・9　中区資源再活用処理場入口

写真2・9・10　入口から地下1階への斜路

第2章 最近の地下空間利用

図表2・9・5 中区資源再活用処理場全体概要図

写真2・9・11 防臭・粉じん対策用エアカーテン

写真2・9・12 西小門公園全景

参考文献

1）社団法人全国都市清掃会議「第28回海外廃棄物処理事情調査団調査報告書」2007.11

9.2 交通施設

9.2.1 ボスポラス海峡横断鉄道

　ボスポラス海峡横断鉄道トンネルは、トルコ共和国イスタンブール市のマルマラ海沿いの鉄道を近代化し、同市をアジアとヨーロッパに隔てるボスポラス海峡下を横断して結ぶ総事業路線76kmに及ぶ鉄道整備事業のうち、海峡直下部の沈埋トンネルを含むカズリチュシュメ～アイリリクチュシュメ間の延長13.6kmの地下鉄道トンネルである。

　本プロジェクトのコンサルタントサービスと13.6kmの地下鉄道トンネル工事は、日本の円借款による資金が供与されており、工事契約はターンキーベースを基調とした設計・施工一括の契約形態である。

　トンネル工事は2004年8月に着工し、海峡部直下の延長約1.4kmの沈埋トンネルのほか、陸上部は主としてシールド工法で施工され、ヨーロッパ側シルケジ地下駅など一部の区間は山岳工法で施工されている。事業概要と路線平面図・横断図ならびに海底施工概要図を**図表2・9・6～2・9・8**に示す。また、施工状況を**写真2・9・13～2・9・15**に示す。

図表2・9・6　事業概要

施設名	ボスポラス海峡横断鉄道
場　所	トルコ　イスタンブール
計画要因	ボスポラス海峡をはさみアジアとヨーロッパに跨るイスタンブール市における慢性的な道路交通渋滞と大気汚染を解消することを目的としたイスタンブール大都市圏鉄道システムの向上を図る「マルマライ・プロジェクト」の一部で、海峡を横断しアジア側とヨーロッパ側を結ぶ鉄道トンネルを建設するものである。
建設時期	2004年着工　施工中
規　模	総延長：13.6km（2軌道） 沈埋トンネル：1,387m（沈埋函設置水深：60m） シールドトンネル：9,360m 開削駅：2駅、地下トンネル駅：1駅、地上駅：1駅
特　徴	・地質は砂岩、泥岩を主体とする岩盤の上部を、全線にわたり2～10mの埋土層が覆っている。 ・沈埋トンネル函体を沈設する海峡部の砂質土は流動化しやすく、地震時液状化対策地盤改良が施された。 ・すべての地下構造物が止水構造とされており、山岳トンネル工法区間においてもシールドトンネルとの接合部を含みウォータータイト構造となっている。
備　考	・世界歴史遺産に指定されたイスタンブール市では埋蔵遺跡調査が必須であり、すべての開削範囲について遺跡調査工事が実施された。

第2章　最近の地下空間利用

図表2・9・7　路線平面・縦断図

図表2・9・8　海底トンネル施工概要図

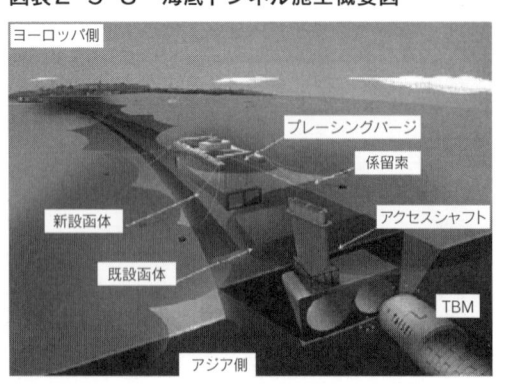

写真2・9・13　沈埋函洋上製作状況

写真2・9・14　函体トンネルへのTBM到達状況　　写真2・9・15　クロスオーバートンネル覆工状況

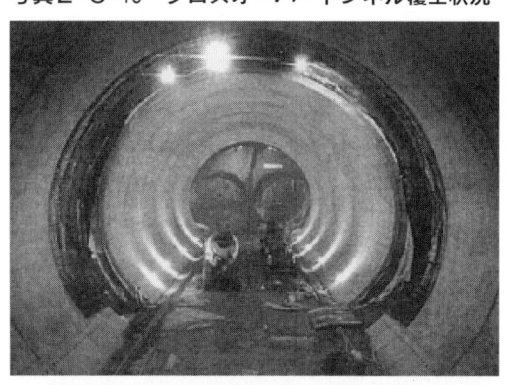

9.2.2　台北地下鉄空港線

　Taiwan Taoyuan International Airport Access MRT System は、台北駅〜桃園国際空港〜新幹線桃園駅を結ぶ交通インフラ整備事業で、2013年の開業が予定されている。路線は、台北市内および空港駅周辺が地下鉄で、その他の区間はほぼ全線が高架鉄道で計画されている。

　本工事は、全長54.5kmの鉄道工事のうち、桃園国際空港直下を縦断する総延長5.52kmの地下鉄トンネル区間において駅3か所を含む開削工事と総延長7,182m（上り線下り線各5本、合計10本）のシールドトンネルを施工したものである。事業概要と工事概要図を**図表2・9・9**と**図表2・9・10**に、施工状況を**写真2・9・16〜2・9・20**に示す。

図表2・9・9　事業概要

施設名	台北地下鉄空港線
場　所	中華民国　桃園県　桃園国際空港内
計画要因	台湾桃園国際空港の交通インフラ整備事業。台北駅〜桃園国際空港〜新幹線桃園駅を結ぶ鉄道建設工事のうち、空港直下を縦断する総延長5.52kmを地下鉄として計画。
建設時期	2007年着工、2011年竣工
規　模	シールドトンネル総延長：7,182m（φ6.24m 泥土圧シールド機8台） NATMトンネル：20m、拡幅トンネル：100m 駅部等開削掘削土量：700,000m^3
特　徴	・路線が、国際線ターミナル、管制塔など24時間稼働の重要施設に近接する。 ・航空機が通行する滑走路直下でシールド掘進を行う。 ・シールド掘削断面の90%が巨礫を含む玉石層である。 　　礫径：φ150〜300mm（最大礫径φ1,000mm） 　　礫分含有率：85% 　　礫の一軸圧縮強度：140〜210MPa 　　石英（SiO$_2$）含有量：50〜60%程度

377

	地下水圧：1.17MPa
備　　考	・第2ターミナル建設時に存置されたアースアンカーがシールド掘削の障害となることから、NATMトンネルにより事前に障害物を撤去。

図表2・9・10　工事概要図

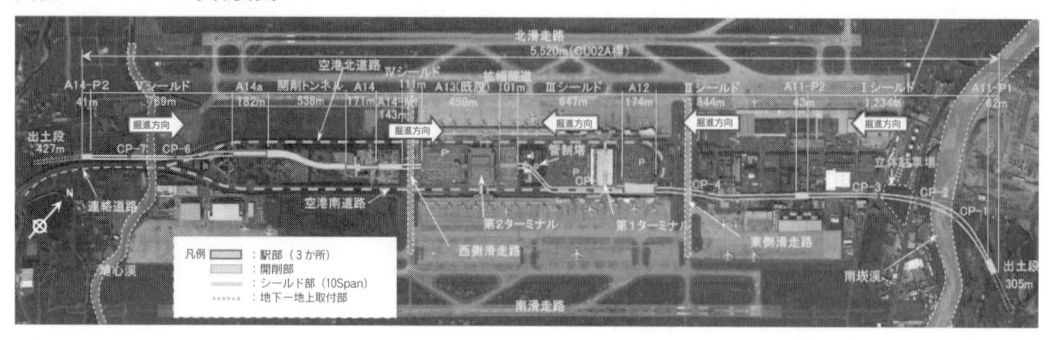

写真2・9・16　玉石対応φ6.24m泥土圧シールド機

写真2・9・17　シールド機到達状況

写真2・9・18　トンネル全景

写真2・9・19　NATMトンネル施工状況

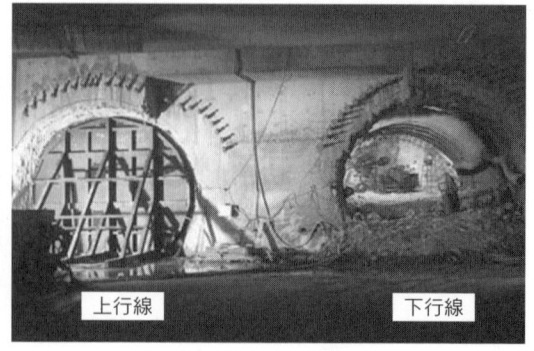

写真2・9・20　開削工事状況

9.2.3　台湾高雄地下鉄

　台湾高雄地下鉄（台湾・高雄都会区大衆捷運系統、KMRT；KAOHSIUNG MASS RAPID TRANSIT）は、台湾第二の都市である高雄市において初めてとなる地下鉄1号線、2号線建設事業で、高雄市街地の交通渋滞の解消、交通利便性の向上による市民生活圏・経済圏の拡大と世界的な港湾・海洋都市である高雄市のさらなる経済発展を目的として、高雄都市圏の交通インフラの整備・拡充のため建設された。事業概要を**図表2・9・11**に示す。

　当事業では、高雄市街地の南北幹線道路・中山路に沿って高雄空港から在来線・高雄駅を経て、市北部郊外の岡山に至る紅線（延長28.3km）と、東西幹線道路である中正路に沿って市東部郊外の鳳山から西仔湾を望む中山大学に至る橘線（延長14.4km）、あわせて42.7kmの地下鉄路線網が建設・整備された。同事業は、台湾新幹線と同様にBOT方式で実施され（**図表2・9・12**、**写真2・9・21、2・9・22**）、全14工区のうち9工区に日本の総合建設請負業者が参入した。

図表2・9・11　事業概要

施 設 名	台湾高雄地下鉄 (高雄都会区大衆捷運系統、KMRT；KAOHSIUNG MASS RAPID TRANSIT)
場　　所	・中華民国（台湾）高雄都市圏（高雄市～高雄県）
事業目的	・高雄市街地の交通渋滞解消、利便性向上による市民生活圏・経済圏の拡大 ・世界的な港湾・海洋都市である高雄市のさらなる経済発展
建設時期	・2001年～2008年3月：紅線（レッドライン）開通 ・2001年～2008年9月：橘線（オレンジライン）開通

規　　模	・紅線（レッドライン）：路線延長28.3km（24駅＋2操車場）
	・橘線（オレンジライン）：路線延長14.4km（14駅＋1操車場）
特　　徴	・紅線（レッドライン）：地下区間19.8km（15駅）、高架区間8.5km（9駅）
	・橘線（オレンジライン）：全線地下区間14.4km（14駅）
	・R11（高雄火車駅）：台鐵・地下鉄乗換駅、R16（高鐵左営駅）：高鐵・地下鉄乗換駅
備　　考	・BOT方式による事業（Built, Operation and Transfer：民間企業が設備を建設・運営し、一定の事業期間後に国等に設備を譲渡する方式）
	・総事業費：1,814億NT＄（計画当時）（公的投資：83％、民間投資：17％）
	・紅線延伸計画、橘線延伸計画、緑線（グリーンライン）、黄線（イエローライン）、棕線（ブラウンライン）、藍線（ブルーライン）の計画あり。

図表2・9・12　位置図および地下鉄路線図

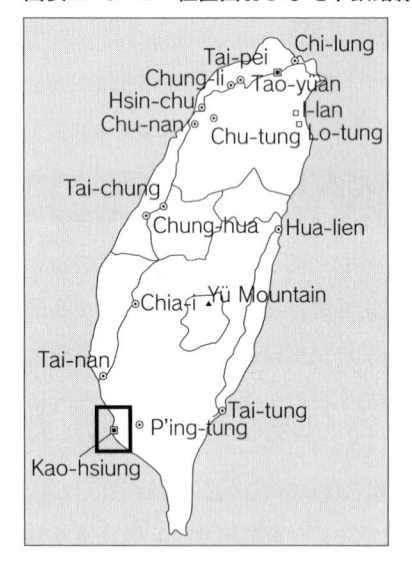

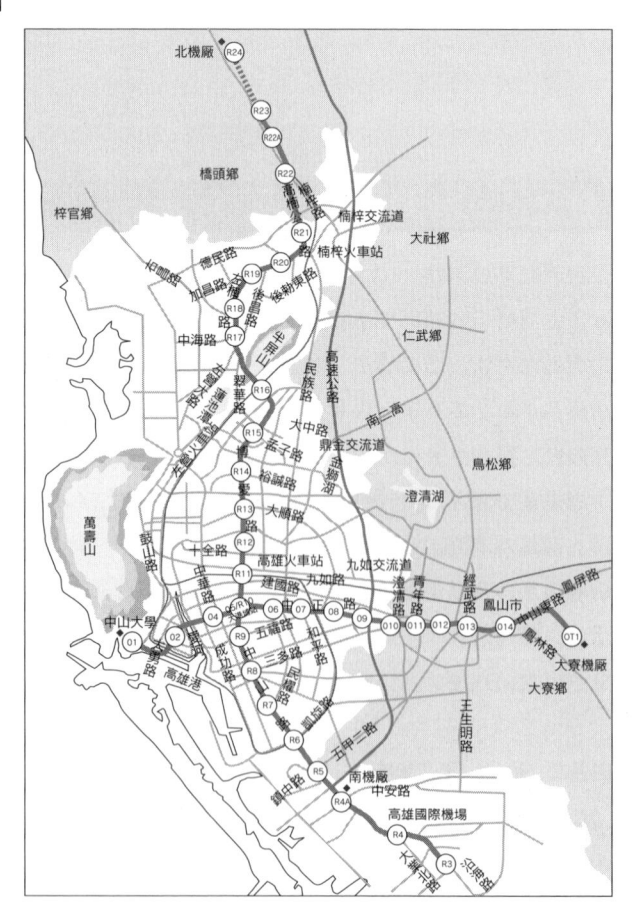

写真2・9・21　紅線（レッドライン）・R10駅（美麗島駅）

写真2・9・22　列車、自動券売機

参考文献

1）事業パンフレット「高雄都會區大眾捷運系統」
2）高雄捷運ホームページ（http://www.krtco.com.tw/）
3）周禮良・多田幸夫・奥本現「技術リポート　市街地幹線道路直下での世界最大級円形連続壁の施工」『土木学会誌』Vol.90、2005.2
4）石塚一郎「特集・海外展開　台湾高雄地下鉄CR4工区建設工事における現場運営」『土木施工』Vol.48、2007.12
5）掲載写真は個人撮影による。

9.3 エネルギー施設

9.3.1 原油・石油（LP）ガス水封式岩盤貯槽

　最初の無覆工の岩盤内貯槽は、1948年にスウェーデンのHärsbackaで長石鉱山の廃坑を再利用してつくられた。その後、油を地下水によって漏洩なく貯蔵する方法（水封式地下貯槽）の特許が1949年に許可され、1951年にガソリンを貯蔵する実証プラントがストックホルム郊外に建設された。この空洞は30m³で、周辺の岩盤へのガソリンの浸透や蒸気の漏洩はなく、製品の品質の変化も認められなかった[1]。

　その後、原油、石油製品の水封式地下貯槽が、フィンランド、ノルウェー、フランスなど欧州各国、米国等で多数建設された。原油、石油製品の水封式貯槽の建設が一段落するとLPガスの水封式貯槽の建設が盛んになった。図表2・9・13に最近20年間のLPガス水封式地下貯蔵施設の一覧を示す。写真2・9・23に、建設事例としてフィンランドのTornio基地の完成後の貯槽内部の写真を、写真2・9・24にインドのVisakhapatnam基地の建設中の状況を示す。近年は欧米のみならず、アジア各国でLPガス水封式地下貯蔵施設が建設されている。

写真2・9・23　フィンランドのTornio基地のLPガス水封式地下貯槽

Neste Jacobs Oy 提供

写真2・9・24　インドVisakhapatnam基地の建設中の状況

Geostock 社提供

図表2・9・13　石油類・LPガスの水封式地下貯蔵施設（1990年以降国別完成順）

	国名	基地名	所有者（発注者）	貯蔵品	貯蔵容量（m³）	岩種	完成年	備考
1	フィンランド	Porvoo	Neste Oil Oy	プロパン	150,000	花崗岩	1993	設計・保有：ネステオイル社
2		Tornio	Neste Oil Oy	プロパン	82,000	片麻岩	1993	〃
3				プロパン	103,000	片麻岩	2003	〃
4	スウェーデン	ピテア	スタットオイル	プロパン	100,000		1992	

5	ノルウェー	コォルスト	—	プロパン	125,000	—	1999	プロジェクト管理：フォルツム
6			—	ブタン	125,000	—	1999	〃
7	フランス	Sennecey	Butagaz	プロパン	8,000	石灰石	1996	コンサルタント：Geostock社
8		Lavera	Primagaz	プロパン	98,000	石灰石	1996	〃
9	韓国	Pyongtaek（平澤）	KNOC	プロパン	420,000	花崗岩	1996	〃
10			SK-GAS	プロパン	300,000	片麻岩	1999	〃
11		Inchon（仁川）	E1	プロパン	400,000	片麻岩	2000	〃
12				ブタン	80,000	片麻岩	2000	〃
13	中国	Shantou（汕頭）	Caltex-Soe	プロパン	100,000	花崗岩	1999	〃
14				ブタン	100,000	花崗岩	1999	〃
15		Ningbo（寧波）	BP-Ningbo Huadong LPG	プロパン	250,000	溶結凝灰岩	2002	〃
16		Qingdao（青島）	Dragon Gas	プロパン	100,000	花崗岩	建設中	〃
17				ブタン	100,000	花崗岩	〃	〃
18	オーストラリア	Sydney	Elgas	プロパン	130,000	砂岩	2000	〃
19	ポルトガル	Sines	Sigas	プロパン	80,000	班レイ岩	2001	〃
20	インド	Visakhapatnam	SaLPG	LPG	120,000	片麻岩	2008	〃
21		Mangalore	EIL/ISPRL	原油	1,500,000	花崗岩	建設中	〃
22	シンガポール	Jurong	JTC	液化炭化水素	1,500,000	砂岩、泥岩	建設中	〃

参考文献

1) Going Underground, Royal Swedish Academy of Engineering Sciences, 1988

9.3.2 LPガス低温岩盤貯槽

　図表2・9・14に世界のLPガスの低温岩盤貯槽の事例を一覧表にして示す。スウェーデンのKarlshamn基地では1999年に水封式の貯槽からプロパンの低温貯槽に転換されているほか、近年、比較的頻繁に低温貯槽が建設されていることがわかる。これらの貯槽には2次覆工は設けず、岩盤を凍結させ、その中にLPガスを貯蔵している。

　LNG等低温岩盤貯槽では、岩盤を凍結させると空洞表面に引張応力が発生し、引張りクラックにアイスレンズができてさらに入熱が多くなり、低温貯蔵が成立しなくなることが懸念される。しかし、LPガスの温度は−42℃までなので、北欧では2次覆工を設けずに岩盤内に低温貯蔵することが可能となっている。

図表2・9・14　LPガス低温岩盤貯槽

	国名	基地名	貯蔵品	貯蔵容量(m³)	幅×高×長さ(m)	温度(℃)	圧力(MPa)	岩種	完成年
1	ノルウェー	Mongstad	プロパン	60,000	21×33×134	−42	0.15	片麻岩	1999
2		Mongstad	プロパン	60,000	21×33×134	−42(プロパン)+8(ブタン)	0.15	片麻岩	2003
3		Sture	プロパン、ブタン混合	60,000	21×30×118	−35	0.1	片麻岩	1999
4		Kårstø	プロパン	2貯槽計250,000	約20×33×190	−42	0.15	千枚岩	2000
5	スウェーデン	Stenungsund	プロピレン	12,000	不明	−40	不明	片麻岩	1965
6			プロピレン	12,000	不明	−40	不明	片麻岩	1967
7			プロパン、ブタン混合	63,000	16×35×172.5	−15	0.15	片麻岩	1972
8			プロパン	80,000	16.5×33×195	−32	0.16	片麻岩	1972
9			プロパン	523,000	20×30×420×2本	−40〜−35	0.14〜0.17	片麻岩	1988
10		Karlshamn	プロパン(水封式軽油貯槽からの転換)	100,000	20×30×185	−30〜−40	0.01〜0.05	片麻岩	1999
11		Lysekil	プロピレン	20,000	不明	不明	不明	花崗岩	2000

参考文献

1）Norwegian Tunnelling Society : Underground Constructions For The Norwegian Oil And Gas Industry, Publication No.16, 2007

9.3.3　デジョンパイロットプラント

　デジョンパイロットプラントは、韓国に建設された世界で初めての覆工方式によるLNG地下貯蔵システムのパイロットプラントである。韓国はLNGの輸入量が日本に次いで多く、天然ガスをLNGにして備蓄することが検討されている。

　デジョンパイロットプラントの実施主体は、SK E&C、GEOSTOCK、SAIPEMで、世界初の覆工方式による低温岩盤貯槽への取組みが意欲的に進められた。一連の実証運転を通して覆工方式のLNG岩盤貯槽の概念の妥当性と実現可能性を証明することができた。事業概要を**図表2・9・15〜2・9・17**に示す。

図表2・9・15　事業概要

施 設 名	デジョンパイロットプラント
場　　所	韓国 デジョン
計画要因	韓国はLNGの輸入国のため、LNGの形態での貯蔵方式がふさわしい。 韓国では、LPガスの地下備蓄など岩盤内備蓄の実績が多く、安全性の高い岩盤内への貯蔵が求められた。
建設時期	2002～2003年
規　　模	貯槽寸法：高さ4m×幅4m×長さ10m 最低貯蔵温度：－196℃（液化窒素ガスによる実験）
特　　徴	・世界初の覆工方式による低温岩盤地下貯槽である。 ・パイロット貯槽の地質は亀裂性の花崗岩である。貯槽へのアクセスは既設の水平トンネルによる。 ・貯槽の天端は地表から約20mの深さであり、貯槽容積は110m^3である。貯槽はコンクリートライニングされ、内面には緻密で柔軟なステンレス製のメンブレンが設置されている。さらに厚さ10cmのポリウレタンフォームを設けることにより温度変化から岩盤を保護する構造となっている。 ・ポリウレタンフォームの厚さは、パイロットプラントプロジェクトにおいて、極低温岩盤空洞における熱―水理―応力連成の影響を考慮して特別に検討したものである。
備　　考	貯槽空洞の上部下部に配置されるボアホールによる排水システムにより、亀裂性岩盤周囲の排水管理を行い含水状態の制御をする。岩盤は建設時および運転時において不飽和状態となり、数か月の運転において凍結範囲は貯槽表面から岩盤の1m程度の範囲まで進展する。排水システムは岩盤が凍結することにより完了する。凍結リングは徐々に壁面から形成され、これにより大きな凍上圧力がライニングに作用するリスクを排除することができる。貯槽は2004年1月初旬に液化窒素ガス封入が行われ、それから1年間の運転を行った。 その後貯槽は解体され、メンブレン、コンクリートライニングのコア、岩盤コアを採取し各種試験が行われた。その結果、運転によりそれらが損傷を受けていなかったことを確認した。

第2章　最近の地下空間利用

図表2・9・16　デジョンパイロットプラント全体図

図表2・9・17　デジョンパイロットプラントの断面図

9.3.4 プルリア揚水式発電所

　インドは12億人を超える人口を擁し、近年の急速な経済成長もあり電力不足が深刻化している。このため同国では電力不足を解消するため2001年からの12年間で150GWの発電設備増強計画が推進されている。

　その一環として建設されたプルリア揚水式発電所は、インド・コルタカから北西に300km内陸へ入った西ベンガル州プルリア地区の標高250～520mの丘陵部に位置する。事業者は西ベンガル州電力公社で、2002年3月に着工してから、2007年2月には土木・建築工事が竣工、2008年1月より商用運転を開始した。事業概要を**図表2・9・18**～**2・9・21**に、施工状況を**写真2・9・25**と**写真2・9・26**に示す。

図表2・9・18　事業概要

施 設 名	プルリア揚水式発電所
場　　所	インド　西ベンガル州プルリア地区
計画要因	インドは慢性的なエネルギー不足の状態であり、特に供給電圧の安定化とピーク時の電力不足の解消が課題とされてきた。この問題を解決するために、新規の電源供給と、総発電量80%以上を占める石炭火力の効率的な運用を目的として最大出力90万kWの地下揚水発電所が建設された。
建設時期	2002年着工　2007年竣工
規　　模	地下発電所：225MW×4基、弾頭型　幅24.5m・高さ48.0m・長さ157m トンネル：総延長5,973m（導水路、水圧管路、放水路など） 上池ダム：総貯水量16.5×10^{6}m^3　堤高71m 下池ダム：総貯水量16.0×10^{6}m^3　堤高95m
特　　徴	・地質は先カンブリア紀の花崗岩が主体であり、一軸圧縮強度100～150MPaと堅硬で地下水湧水も少ない岩盤である。 ・発電所本体空洞は弾頭型の断面を有しており、掘削は頂設導坑、アーチ切拡げの後ベンチ掘削の順で行い、ズリ出しは発電所に接続する上部トンネルからとグローリーホールを用いた発電所下部からの両者を組み合わせて行った。 ・アーチ部および側壁部は吹付けコンクリートとロックボルトにより支保されている。クレーンガーダー部にはPSアンカーが施工されている。

第2章　最近の地下空間利用

図表2・9・19　プロジェクト位置図

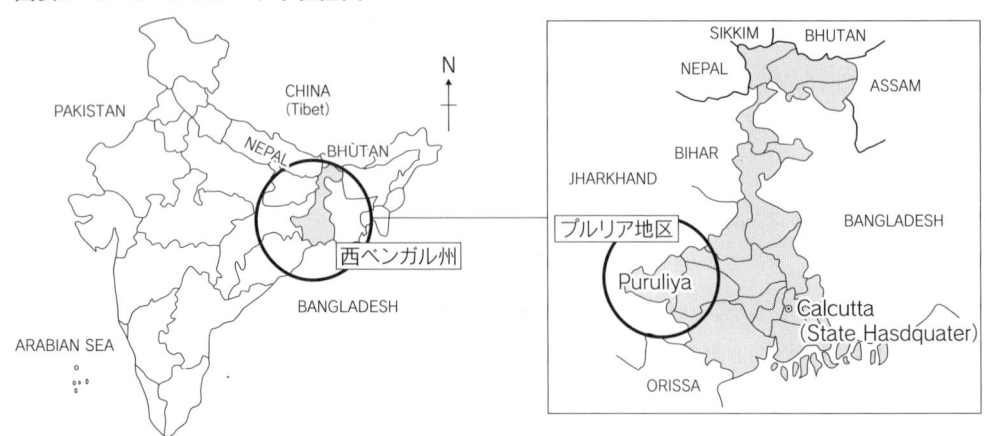

図表2・9・20　プルリア揚水式発電所鳥瞰図

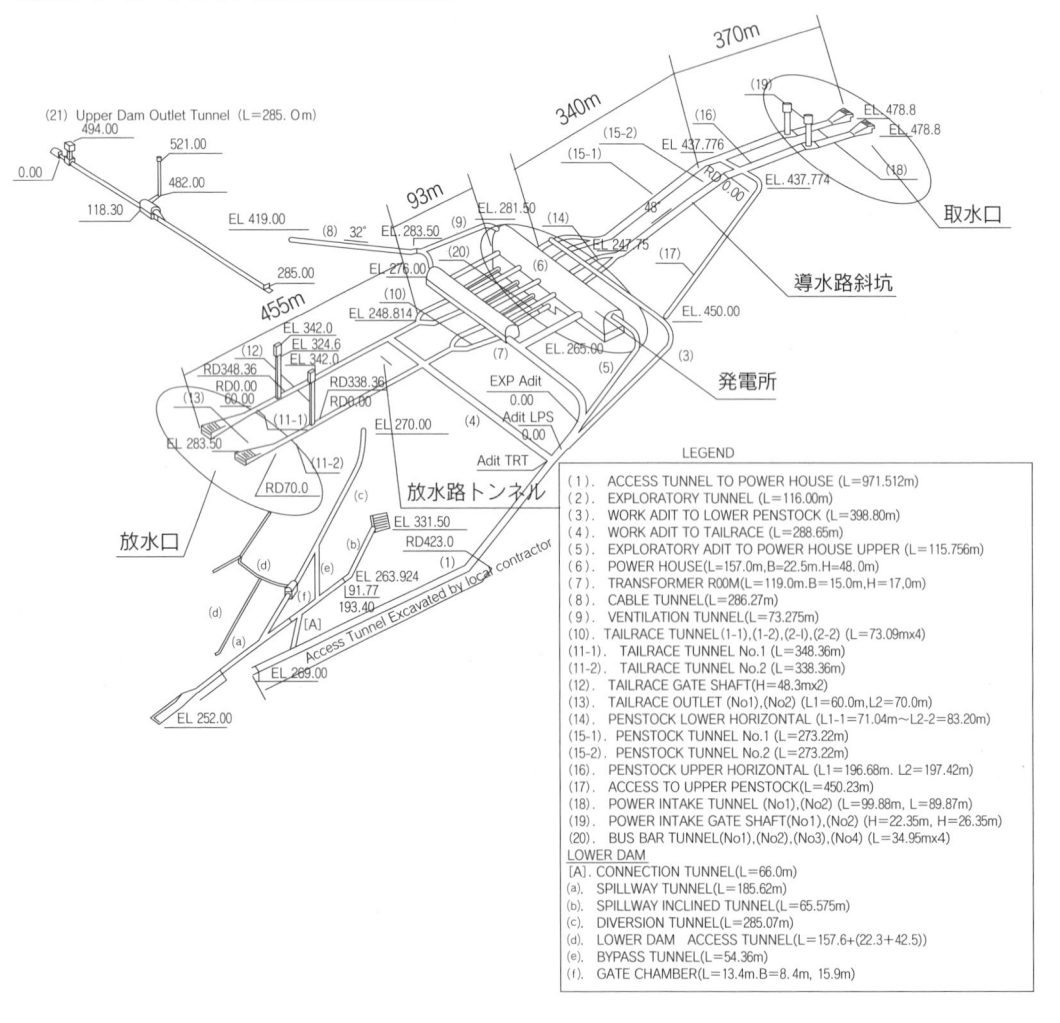

LEGEND
(1). ACCESS TUNNEL TO POWER HOUSE (L=971.512m)
(2). EXPLORATORY TUNNEL (L=116.00m)
(3). WORK ADIT TO LOWER PENSTOCK (L=398.80m)
(4). WORK ADIT TO TAILRACE (L=288.65m)
(5). EXPLORATORY ADIT TO POWER HOUSE UPPER (L=115.756m)
(6). POWER HOUSE(L=157.0m,B=22.5m,H=48.0m)
(7). TRANSFORMER ROOM(L=119.0m,B=15.0m,H=17.0m)
(8). CABLE TUNNEL(L=286.27m)
(9). VENTILATION TUNNEL(L=73.275m)
(10). TAILRACE TUNNEL (1-1),(1-2),(2-1),(2-2) (L=73.09mx4)
(11-1). TAILRACE TUNNEL No.1 (L=348.36m)
(11-2). TAILRACE TUNNEL No.2 (L=338.36m)
(12). TAILRACE GATE SHAFT (H=48.3mx2)
(13). TAILRACE OUTLET (No1),(No2) (L1=60.0m,L2=70.0m)
(14). PENSTOCK LOWER HORIZONTAL (L1-1=71.04m〜L2-2=83.20m)
(15-1). PENSTOCK TUNNEL No.1 (L=273.22m)
(15-2). PENSTOCK TUNNEL No.2 (L=273.22m)
(16). PENSTOCK UPPER HORIZONTAL (L1=196.68m, L2=197.42m)
(17). ACCESS TO UPPER PENSTOCK(L=450.23m)
(18). POWER INTAKE TUNNEL (No1),(No2) (L=99.88m, L=89.87m)
(19). POWER INTAKE GATE SHAFT(No1),(No2) (H=22.35m, H=26.35m)
(20). BUS BAR TUNNEL(No1),(No2),(No3),(No4) (L=34.95mx4)
LOWER DAM
[A]. CONNECTION TUNNEL(L=66.0m)
(a). SPILLWAY TUNNEL(L=185.62m)
(b). SPILLWAY INCLINED TUNNEL(L=65.575m)
(c). DIVERSION TUNNEL(L=285.07m)
(d). LOWER DAM ACCESS TUNNEL(L=157.6+(22.3+42.5)
(e). BYPASS TUNNEL(L=54.36m)
(f). GATE CHAMBER(L=13.4m,B=8.4m, 15.9m)

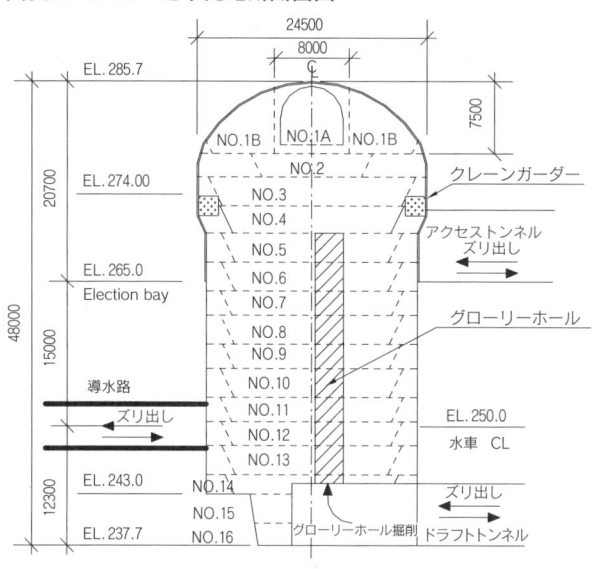

図表2・9・21　地下発電所断面図

写真2・9・25　地下発電所掘削状況

写真2・9・26　取水口〜ゲート部施工状況

参考文献
1）青山博文・高市一馬・柴田勝実「工期を大幅に短縮したインドの地下発電所掘削―西ベンガル州電力公社プルリア地下発電所掘削―西ベンガル州電力公社プルリア揚水発電所―」『トンネルと地下』2006.12

9.3.5　アッパーコトマレ水力発電所

　アッパーコトマレ水力発電所はスリランカの中南部の山岳地域のスリランカ最大の河川であるマハウェリ（Mahaweli）川の支流、コトマレ（Kotmale）川の上流部に位置し、高さ35mのダムを築造して日間調整能力を有するタラワケレ（Talawakelle）調整池を設け、延長約12kmの導水路トンネルおよび水圧管路により地下発電所に導水し、この間の落差約473mを利用した最大出力150MW（75MW×2基）の発電容量を持つ水力発電所である。事業概要を図表2・9・22〜2・9・

24に、施工状況を**写真２・９・27〜２・９・29**に示す。

2007年1月より主要土木建築工事を開始し、2012年7月現在、試験運転を実施中である。

図表２・９・22　事業概要

施 設 名	アッパーコトマレ水力発電所 地下発電所
場　　所	スリランカ ヌワラエリア州コトマレ
計画要因	スリランカの逼迫した電力需給を緩和するとともに、貴重な自国水力資源の活用、従前のピーク対応電源としての割高なディーゼル、ガスタービン発電の代替としての水力発電所設備が計画された。
建設時期	2007年1月着工、2012年度竣工予定
規　　模	地下発電所：長さ65.1m、幅18.8m、高さ36.5m、土被り（発電所天端深度）227.5m 内空容積：約33,000m^3
特　　徴	・岩質は主として柘榴石含有黒雲母片麻岩からなる。 ・掘削は天井部をスムースブラスチングにて掘削後、プレスプリッティングにて盤下げ掘削、アクセス坑道および放水路トンネルより上向きにグローリーホールを設けてズリ出し、天井部および側壁部は吹付コン＋ロックボルトにて支保する。
備　　考	・当プロジェクトはダム周辺の河川や滝の水質モニタリングや、導水路トンネル掘削による地下への影響調査、サイト近傍に生息する希少動物の生息移動など環境対策に積極的に取り組んでいる。

図表２・９・23　土木工事全体概要図

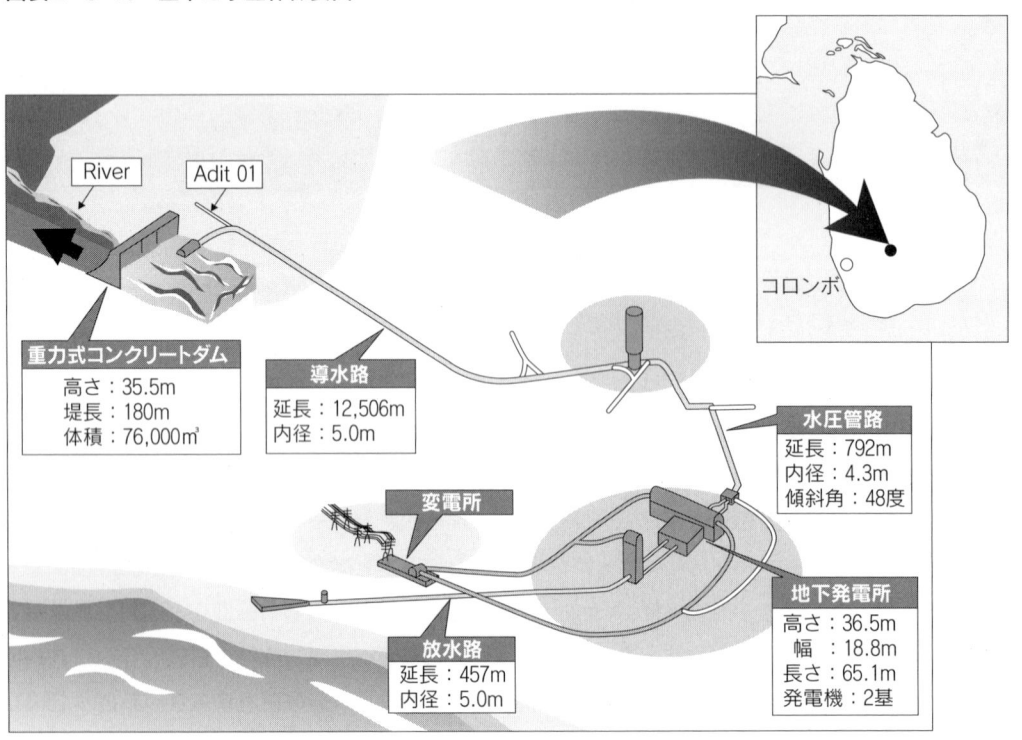

重力式コンクリートダム
高さ：35.5m
堤長：180m
体積：76,000m^3

導水路
延長：12,506m
内径：5.0m

水圧管路
延長：792m
内径：4.3m
傾斜角：48度

変電所

放水路
延長：457m
内径：5.0m

地下発電所
高さ：36.5m
幅　：18.8m
長さ：65.1m
発電機：2基

コロンボ

第9節　海外における地下空間利用の最新動向

写真2・9・27　発電所内全景

図表2・9・24　地下発電所断面図

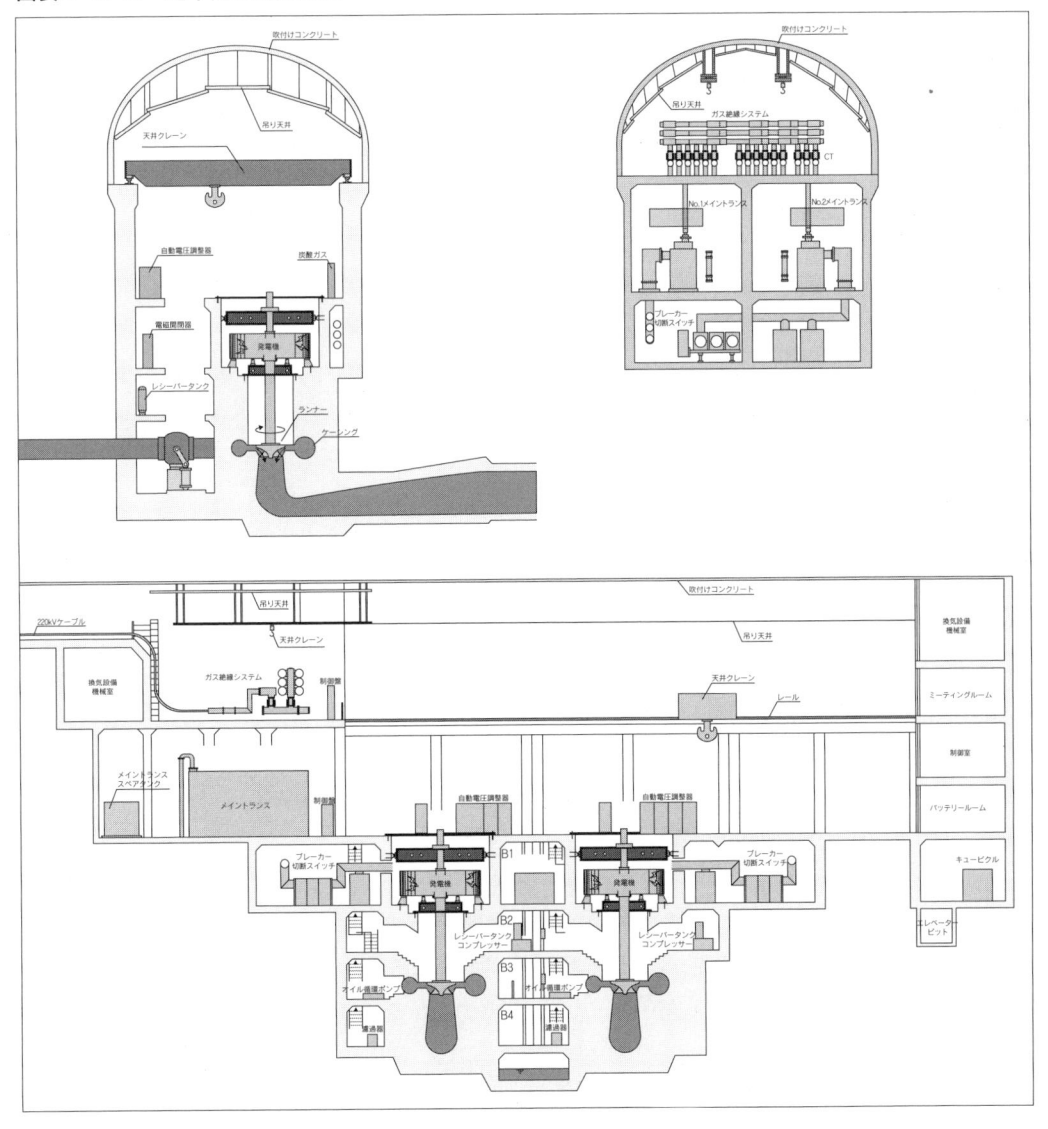

391

写真2・9・28　掘削完了状況

写真2・9・29　二次コンクリート施工中状況

9.3.6　高レベル放射性廃棄物処分地下実験施設（ONKALO）

　フィンランドには4基の運転中の原子力発電所があり、さらに1基が建設中、2基が計画中である。高レベル放射性廃棄物の処分は、原子力発電所を保有するフォルツム社、TVO両社の出資により設立されたポシヴァ社が実施する。

　1983年からサイトの選定が始まり、1999年にフィンランド西岸のオルキルオトに決定した。2020年より操業を開始する予定であり、2004年から地下実験施設（ONKALO）の掘削が始まった。事業概要を**図表2・9・25**と**図表2・9・26**に、施設状況を**写真2・9・30～2・9・33**に示す。2012年にポシヴァ社は処分場の建設許可申請を申請した。地下実験施設では詳細な地質調査と様々な実験が行われている。

図表2・9・25　事業概要

施設名	高レベル放射性廃棄物処分地下実験施設（ONKALO）
場　所	フィンランド　ユーラヨキ自治州オルキルオト
計画要因	使用済み燃料の地層処分の実施。ロビーサ原子力発電所1、2号機、オルキルオト原子力発電所の1、2号機のほか、計画中のオルキルオト3、4号機を含め、発生する使用済み燃料の処分が計画されている。
建設時期	2004年地下実験施設の建設開始、2011年6月アクセス坑道掘削終了
規　模	坑道延長：4,987m、坑道深さ：455m（2012年8月）
特　徴	・フィンランドでは、再処理は行わず使用済み燃料を直接処分する。 ・TVO社のオルキルオト原子力発電所に隣接して立地。 ・地質は、ミグマタイト質雲母片麻岩、花崗岩質ペグマタイト等堅硬な結晶質岩からなる。 ・使用済み燃料は内側が鉄製、外側が銅製のキャニスタに納められ、その周囲をベントナイトで充填する。
備　考	・地下実験施設（ONKALO）を拡張し、将来の放射性廃棄物処分施設とする。使用済み燃料9,000tの処分計画が承認されている。

第9節　海外における地下空間利用の最新動向

写真2・9・30　地下実験施設斜坑入口

Posiva Oy 提供

図表2・9・26　高レベル放射性廃棄物処分施設完成予想鳥瞰図

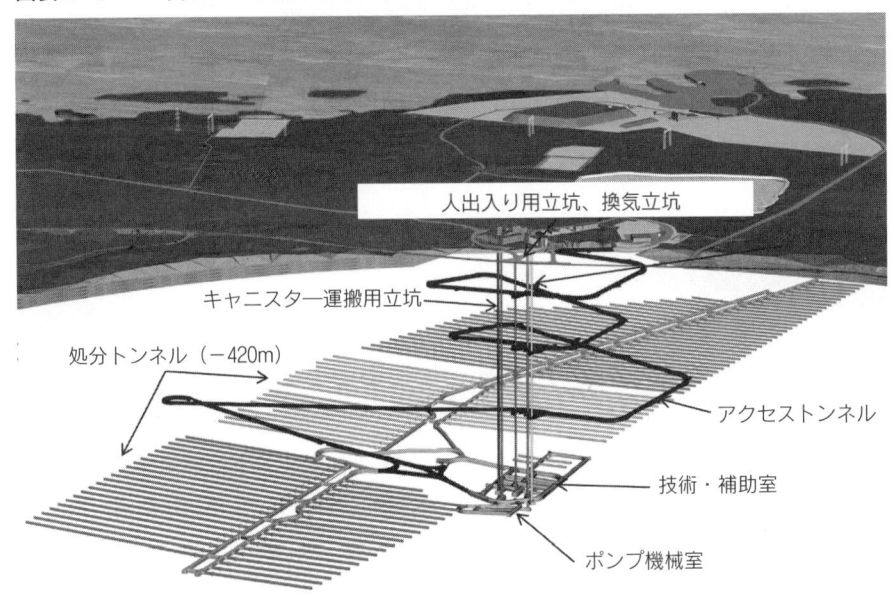

人出入り用立坑、換気立坑
キャニスター運搬用立坑
処分トンネル（−420m）
アクセストンネル
技術・補助室
ポンプ機械室

Posiva Oy 提供

写真2・9・31　高レベル放射性廃棄物処分地下実験施設（ONKALO）坑道

Posiva Oy 提供

写真2・9・32　レイズボーラーにより掘削した立坑

Posiva Oy 提供

写真2・9・33　地下の実験用空洞

Posiva Oy 提供

参考文献

1) Posiva Oy : Nuclear Waste Management at Olkiluoto and Loviisa Power Plants. Review of Current Status and Future Plans for 2010-2012, TKS-2009

9.3.7　ロビーサ低中レベル放射性廃棄物処分場

　フィンランドに建設された低中レベル放射性廃棄物処分場の1つで、ロビーサ原子力発電所の地下100mに建設された。事業概要を**図表2・9・27**に示す。**図表2・9・28**に施設の鳥瞰図を示す。
　2012年現在、低レベル廃棄物の処分空洞（**写真2・9・34**）が操業中である。中レベル廃棄物処分空洞（**写真2・9・35**）は完成し、廃棄物の受け入れを待っている状態である。廃止措置廃棄物の処分空洞が計画されており、将来、使用済みの原子炉圧力容器をそのまま運び込み処分する計画になっている。

図表2・9・27 事業概要

施 設 名	ロビーサ低中レベル放射性廃棄物処分場（フォルツム社所有）
場　　所	フィンランド、ヘルシンキの約80km東のロビーサ市の南部ヘストホルメン島
計画要因	ロビーサ原子力発電所で発生する使用済み燃料は、TVOと共同でPosiva社を設立し、オルキルオトで地層処分されることが決定している。低中レベル廃棄物は各発電所で処分する必要があるため、ロビーサ低中レベル放射性廃棄物処分場を建設した。
建設時期	1993年に建設開始。1997年低レベル廃棄物処分施設の操業を開始。
規　　模	・地下約100mに建設。 ・低レベル廃棄物処分空洞30m²×106m×2基、1基当たり6,000本のドラム管を収容可能。 ・中レベル廃棄物処分空洞300m²×84m、直径高さとも1.3mのセメント固化体3,000個を収容可能。 ・10%勾配の廃棄物搬入用斜坑、人の昇降のためのエレベーターの立坑、非常用階段、排水管の通る立坑が整備されている。
特　　徴	・島部に建設。 ・地下水の移動が少ない塩水域に処分空洞が建設された（塩分濃度は低い）。 ・破砕ゾーンを避け、堅硬な花崗岩（ラパキビ花崗岩）中に建設されている。
備　　考	・アクセストンネルは、原子炉圧力容器をそのまま運び込めるような断面形状50m²に掘削されている。 ・廃止措置廃棄物処分空洞は**図表2・9・28**の鳥瞰図左側に描かれているが、将来計画で今は掘削されていない。

図表2・9・28　ロビーサ低中レベル処分場鳥瞰図[1]

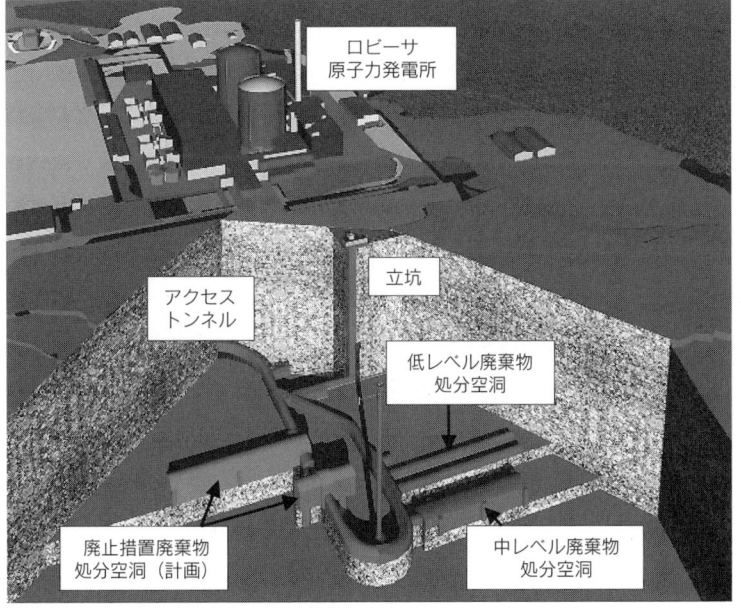

Fortum Oyj 提供

写真2・9・34　中レベル廃棄物処分空洞[2]　　　写真2・9・35　低レベル廃棄物処分空洞[3]

Fortum Oyj 提供　　　　　　　　　　　　　　Fortum Oyj 提供

参考文献
1) 3rd Finnish National Report as referred to in Article 32 of the Convention, STUK-B 96, 2008.10
2) 関口高志・関根一郎・P. Särkkä・P. Anttila「フィンランドにおけるエネルギー分野の岩盤地下利用について」『電力土木』No.344、2009.11
3) Posiva, Nuclear waste management of the Olkiluoto and Loviisa power plants, 2009

9.3.8　オルキルオト低中レベル放射性廃棄物処分場（通称：VLJ処分場）

　フィンランドのオルキルオトに原子力発電所を所有するTVO社が建設した低中レベル放射性廃棄物処分場で、2個のサイロ型の処分空洞を有する（**図表2・9・29、2・9・30**）。**写真2・9・36、2・9・37**に示すように地下60～100mの岩盤内に低レベル廃棄物用と中レベル廃棄物用の2つのサイロが建設されている。低レベル廃棄物用サイロは掘削後、吹付けコンクリートが施工されている。中レベル廃棄物用サイロは鉄筋コンクリートで巻き立てられている。

　サイロの上部には作業空間が設けられ、天井クレーンでサイロの蓋や廃棄物を納めた容器を操作する（**写真2・9・38、2・9・39**）。VLJ処分場での処分量は年間100～180m^{3}であり、これまでに処分容量の半分にあたる約5,500m^{3}の廃棄物が処分されている。処分された廃棄物のうち約3分の2が低レベル放射性廃棄物、約3分の1が中レベル放射性廃棄物である。

　TVO社では、建設中のオルキルオト3号機から発生する低・中レベル放射性廃棄物の処分に対応するために、今後、VLJ処分場の処分容量の拡大を計画している。

図表2・9・29　事業概要

施 設 名	オルキルオト低中レベル放射性廃棄物処分場（TVO社所有、通称：VLJ処分場）
場　　所	フィンランド ヘルシンキの西北約250kmのユーラヨキに位置する。
計画要因	TVO社が所有するオルキルオト原子力発電所から発生する低中レベル廃棄物を処分するため、同原子力発電所近傍の地下に建設された。
建設時期	1988年掘削開始、1992年処分開始
規　　模	地下60～100mに直径24m、高さ34mのサイロ型処分空洞を2個掘削
特　　徴	・地質は結晶質のミグマタイト化した雲母片麻岩。岩盤の良好な部分にサイロを建設。

図表2・9・30　オルキルオト低中レベル放射性廃棄物処分場鳥瞰図

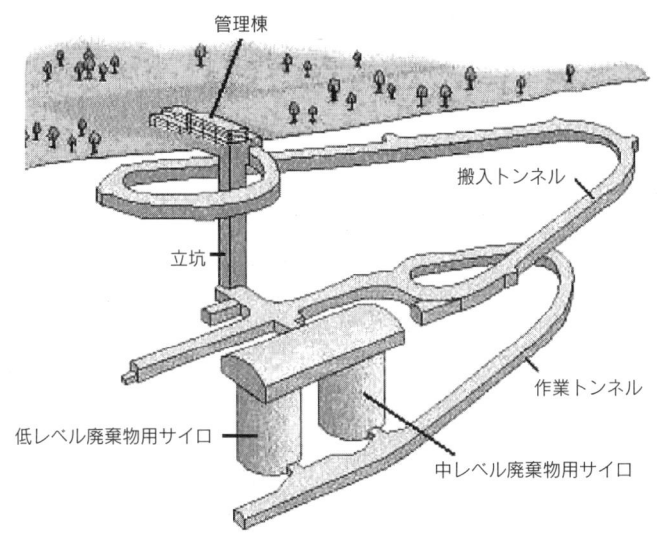

TVO提供

写真2・9・36　低中レベル放射性廃棄物処分施設斜坑入口

TVO提供

写真2・9・37　サイロ型の低中レベル放射性廃棄物処分施設掘削状況

TVO提供

写真2・9・38 サイロ型の低中レベル放射性廃棄物処分施設廃棄物搬入状況

TVO提供

写真2・9・39 低中レベル放射性廃棄物処分用サイロ上部空洞

TVO提供

参考文献
1) 3rd Finnish National Report as referred to in Article 32 of the Convention, STUK-B 96, 2008.10
2) P. Anttila etal, J. Saari, E. Johansson, U. Sievänen, A. Öhberg, M. Snellman : Long-term monitoring of two underground repositories for low-and medium-level reactor waste in Finland, Rock Mechanics-Challenge for Society, 2001

9.3.9 SFR処分場

　スウェーデンで発生する中低レベル放射性廃棄物を処分する地下処分場施設で、原子力発電所の運転廃棄物に加え、医療・産業・研究分野より発生する低レベルおよび中レベル放射性廃棄物も処分される。2基のサイロ型空洞および4基の水平空洞がバルト海沿岸の沖合約1kmの海底下50m以深の岩盤内に建設されている。中レベル放射性廃棄物が貯蔵されるサイロおよび水平空洞は掘削時の支保に加えて鉄筋コンクリート製サイロ、ピットが構築されている。事業概要を**図表2・9・31**と**図表2・9・32**に、施設状況を**写真2・9・40〜2・9・42**に示す。

　総貯蔵容量は6万3,000m^{3}であり、操業開始以来約20年間で約半分にあたる3万3,000m^{3}がすでに処分されている。現在スウェーデンで稼働している原子力発電所の運転廃棄物については、既存施設で処分可能であるが、今後予定されている原子力発電所の廃止措置に伴い発生する廃棄物の処分を行うための施設拡張計画がある。

図表2・9・31　事業概要

施 設 名	SFR処分場
場　　所	スウェーデン ウプサラ県エストハンマル自治体（フォルスマルクの沖合）
計画要因	スウェーデンの原子力発電所などで発生する中低レベル放射性廃棄物を処分するため、フォルスマルク原子力発電所付近の海底下の岩盤内に建設された。 2045年頃より予定されている原子力発電所の廃止措置に伴い発生する既設発電所12基分の解体廃棄物の処分を行うための施設拡張計画がある。
建設時期	建設工事：1981〜1987年、操業開始：1988年
規　　模	・低レベル廃棄物処分空洞（BTF）：幅15m×高さ12.5m×延長160m　2基 ・低レベル廃棄物処分空洞（BLA）：幅15m×高さ12.5m×延長160m　1基 ・中レベル廃棄物処分空洞（BMA）：幅19.5m×高さ16.5m×延長160m　1基 ・中レベル廃棄物処分サイロ：幅φ30m×高さ50m　1基 ・アクセス坑道（2本）：総延長約800m ・処分空洞は海底面下50m以深に建設されている。
特　　徴	・海底下50m以深の花崗岩質の岩盤は安定しており地下水湧水もないが、アクセス坑道入口付近では現在も400ℓ/分程度の湧水がありすべてポンプにより排出されている。 ・中レベル放射性廃棄物処分サイロは、空洞内部に壁厚80cmの鉄筋コンクリートサイロ構造物を構築し、サイロ外壁と周辺岩盤間は平均1.2mのベントナイトが充填され、サイロ底部と岩盤間にはベントナイト混合砂が充填されている。
備　　考	当初計画では2012年までに埋設処分が完了する予定であり、長い間設備投資を行っていなかったため、現在腐食対策を含め作業環境改善や防災規則変更に伴う設備改善が実施されている。

図表2・9・32　鳥瞰図

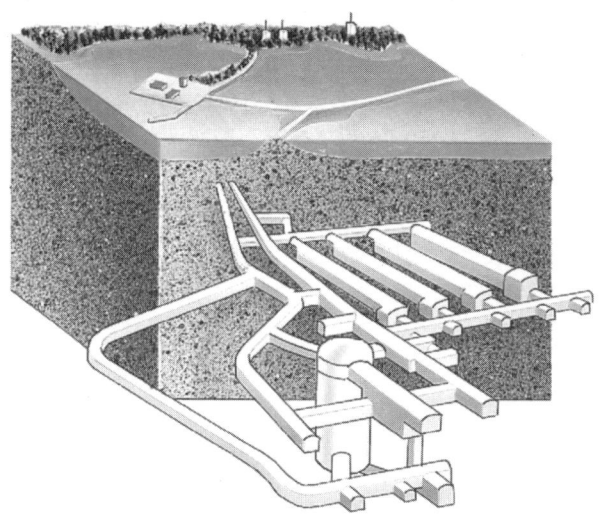

Swedish Nuclear Fuel and Waste Management Co.提供

写真2・9・40　BTF坑道

Swedish Nuclear Fuel and Waste Management Co.提供

写真2・9・41　BMA坑道

Swedish Nuclear Fuel and Waste Management Co.提供

写真2・9・42　サイロ外観（模型）

Swedish Nuclear Fuel and Waste Management Co.提供

参考文献

1) SKB R-07-17 Low and intermediate level waste in SFR1. Reference waste inventory 2007, November 2009
2) SKB TR-07-12, RD&D Programme 2007. Programme for research, development and demonstration of methods for the management and disposal of nuclear waste, 2007

9.4 防災施設

9.4.1 BMA 洪水防護トンネル

　人口800万人といわれるバンコクは、大河チャオプラヤの河口デルタ平原に位置しており、都心と周辺地域は平均海面と同じ高さである。熱帯気候特有の激しい降雨の際は河川への雨水排水が間に合わず、人々は腰まで浸かるような洪水に悩まされてきた。

　地下水の工業利用による地盤沈下や道路整備なども洪水の原因となっており、本工事はその対策工事として運河上流から取水しトンネルを通して本流チャオプラヤ河近くの下流に放水することで、降雨時でも運河の水位を低く保ち道路等から流入する雨水の排水能力を向上させるものである。バンコクでは洪水対策工事を5件施工済みだが、本工事はトンネル径と放水流量ともに最大規模となる。事業概要を**図表2・9・33**と**図表2・9・34**に、施工状況を**写真2・9・43**と**写真2・9・44**に示す。また、洪水対策工事実績と今後の計画を**図表2・9・35**に示す。

図表2・9・33　事業概要

施　設　名	サンサブ運河およびラドプラオ運河からチャオプラヤ河への排水トンネル
場　　　所	タイ国バンコク都内
計画要因	洪水時に主な排水先となる運河の水位を保つ目的で、運河上流に取水口を設置しチャオプラヤ河近くの下流に放水する。
建設時期	2003年着工、2009年竣工
規　　　模	①　シールドトンネル工事 　　一次覆工：RC 内径5.0m・外径5.55m　幅1.2m/0.6m　二次覆工なし 　　施工延長：5,120m（運河下約1.9km、道路下約3.2km）　土被り：25～26m ②　取水口部築造工事 　　内径15m 立坑（オープンケーソン）、取水設備設置 ③　放水場築造工事 　　内径15m 立坑（オープンケーソン）、ボートゲート移設、放水用ポンプ（放水流量60m^3/sec）
特　　　徴	・取水口は2本の運河合流地点に建設。 ・掘進対象土質は発進から約80％区間はほぼ全断面が砂層。到達側20％区間は全断面硬質粘土層。硬質粘土層が不透水層となっていることから、地下水位はトンネル中心から＋6.0～6.5m 程度。 ・放水場は既設運河放水設備に隣接して建設。
備　　　考	同様な洪水対策用排水トンネルは7本が建設済みで、今後2本検討中。

図表2・9・34 洪水対策工事位置

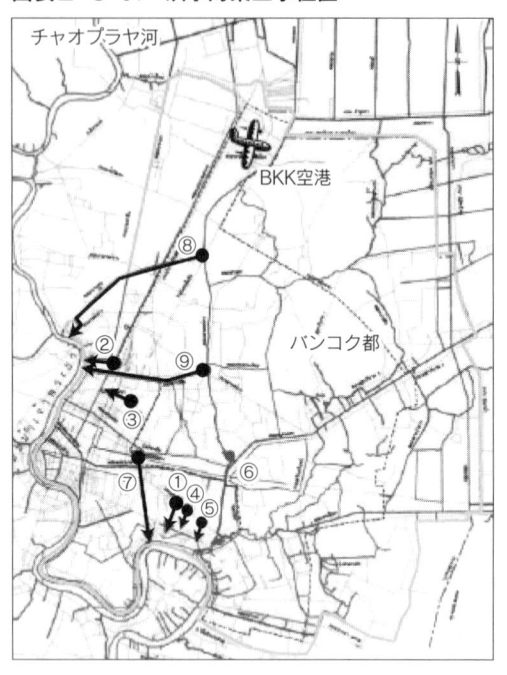

写真2・9・43 取水口建設状況

写真2・9・44 放水場建設状況

図表2・9・35 バンコク都内洪水対策工事実績と今後の計画

	トンネル名称	放水流量 (m^3/sec)	仕上径 (M)	延長 (km)
①	スクンビット26排水トンネル	4	φ1.00	1.10
②	プレムプラチャコーン運河排水トンネル	30	φ3.40	1.88
③	パヤタイ地区排水トンネル	4.5	φ1.50	1.90
			φ2.40	0.68
④	スクンビット36排水トンネル	6	φ2.40	0.03
			φ1.80	1.32
⑤	スクンビット42排水トンネル	6	φ1.50	0.03
			φ1.80	1.10
⑥	サンサブ運河およびラドプラオ運河からチャオプラヤ河排水トンネル	60	φ5.00	5.12
⑦	マカサン貯水池からチャオプラヤ河排水トンネル	45	φ4.60	6.20
⑧	バンケン運河およびラドプラオ運河からチャオプラヤ河排水トンネル(計画)	40	φ3.80	10.00
⑨	バンスー運河およびラドプラオ運河からチャオプラヤ河排水トンネル(計画)	20	φ2.40	5.30

9.4.2 香港放水路

　平地の少ない香港は、豪雨時の雨水が一気に山間部を下り、海岸際の市街地を直撃する。昨今の地球規模での温暖化現象により頻発するゲリラ豪雨の影響もあり、香港特別行政区渠務署（DSD）発注の香港島北西部市街地の洪水を防ぐ同トンネルに寄せられる香港市民の関心は高い。事業概要を**図表２・９・36**に、現場平面図を**写真２・９・45**に、施工状況を**写真２・９・46～２・９・48**に示す。

図表２・９・36　事業概要

施 設 名	香港西雨水トンネル
場　　所	中華人民共和国香港特別行政区　香港島西地区
計画要因	香港島北西部市街地の降雨時の冠水災害を避けるため延長10.5kmの雨水幹線トンネルを山間部内（トンネルインバート標高＋48～＋3mPD）に建設し、地上部には33か所の取水口を設け、立坑と横坑により幹線トンネルに接続する。
建設時期	2007年11月30日着工、2012年６月30日竣工
規　　模	幹線トンネル（ダブルシールド型TBM） 　・西側：外径8,295mm、延長6,579m 　・東側：外径8,295mm、延長3,995m 取水用立坑（レイズボーラー）：32か所（仕上がり内径1.2～2.3m、深度16～175m） 取水用横坑（NATM）：32か所（仕上がり内径2.5m/3.8m（馬蹄形）、延長14～800m） 取水口（コンクリート構造物）：32か所
特　　徴	・延長10.6kmの本坑に、これに接続された32か所の取水立坑と横坑を通じて集水し、香港島西側の海に直接排水するものである。本坑はダブルシールド型TBMで掘削し、全線にRCセグメントで覆工した。横坑は本坑から発破によるNATMで掘削した。取水立坑は市街地や山間部に広範囲に位置し、市民生活への影響や自然環境に配慮したレイズボーラー工法が主に採用されている。 ・地質はおもに西側トンネル部分が石英凝灰岩、珪質凝灰岩、東側トンネル部分が花崗岩からなる。
備　　考	・2011年１月17日幹線トンネルの掘削が完了している。

第2章 最近の地下空間利用

写真2・9・45 現場平面図

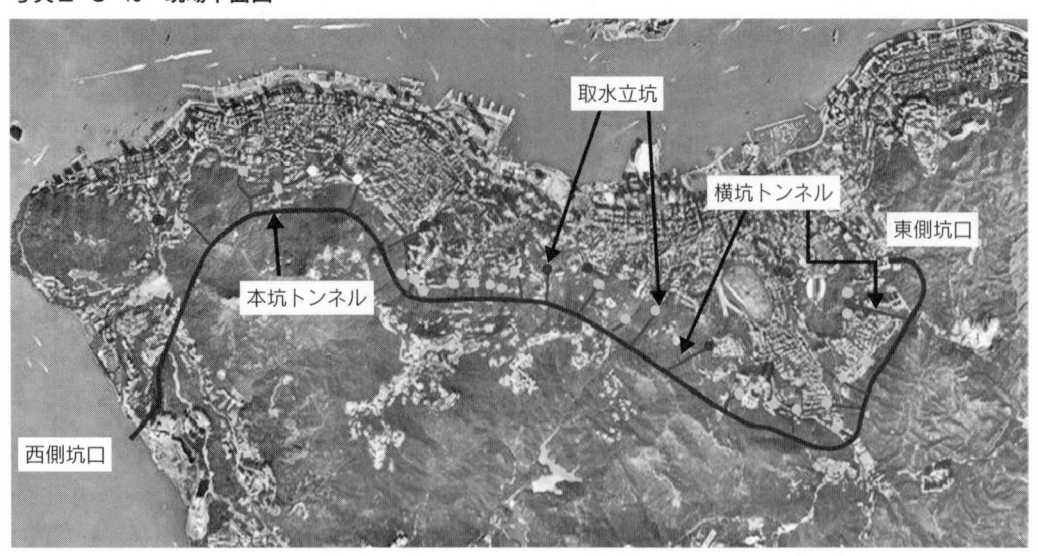

写真2・9・46 本坑トンネル内の作業基地

写真2・9・47 ダブルシールドマシン（東坑口）

写真2・9・48 2台のダブルシールドマシン（左：Nuwa（中国の女神）、右：おしん）

9.5 実験施設

9.5.1 CERN（欧州原子核研究機構）大型ハドロン衝突型加速器(LHC)

　CERNは、スイスのジュネーヴ西方にある、スイスとフランスの国境をまたぐ地域に設けられた素粒子・原子核物理学研究施設である。

　同施設には1984～1989年にLEP（Large Electron-Positron Collider：円形電子陽電子加速器）が建設され、その実験が終了した2000年にLEPの全周26.7kmの地下トンネルを利用し、高エネルギー下で陽子同士を衝突させるLHC（Large Hadron Collider：大型ハドロン衝突型加速器）が新たに設置された。LHC実験施設には加速器トンネルのほか、8 pointの実験空洞があり、Point 1にATLAS実験ホールが、Point 5にCMS実験ホールが新たに設けられている。事業概要を**図表2・9・37**～**2・9・41**に示す。

図表2・9・37　事業概要

施設名	CERN（欧州原子核研究機構）　大型ハドロン衝突型加速器（LHC）
場　所	スイスのジュネーヴ西方にある、スイスとフランスの国境をまたぐ地域 スイス側：メイラン地区、フランス側：プレバサン地区
計画要因	高エネルギー下で陽子―陽子を衝突させ挙動を測定する加速器である。 陽子ビームを7TeVまで加速し、正面衝突させることによって、これまでにない高エネルギーでの素粒子反応を起こすことができる。最大重心系衝突エネルギーは、14TeV付近。
建設時期	1998年7月着工　2005年7月竣工 2008年9月10日稼動開始
規　模	実験ホールは検出器本体を設置するメイン空洞と、付属設備を配置するサービス空洞の2つの空洞からなり、メイン空洞とサービス空洞のそれぞれに地上から立坑が接続する形式になっている。立坑は最大径20m、深度は約65mである。 ①　CMS実験ホール 　　メイン空洞とサービス空洞は平行配置である。 　　　　メイン空洞：直径26m、長さ53m 　　　　サービス空洞：直径18m、長さ85m 　　2つの空洞の離隔距離は7mであり、併設した空洞の全体の幅は58mという幅の広い空洞となっているのが特徴である。 ②　ATLAS実験ホール 　　メイン空洞と直交するサービス空洞から構成される。 　　　　メイン空洞：長さ53m、幅30m、高さ35m 　　　　サービス空洞：長さ65m、直径20m

特　徴	敷地はジュラ山地のふもとからレマン湖に向けて、北西から東南に向けて緩傾斜する地形に位置する。表層部はMoraine層であり、その下位にMolasse層が分布する。また北西部のジュラ山脈に近い部分では、基盤岩である石灰岩が分布している。 加速器実験施設は基本的にMolasse層内に1.4%の勾配で地形に沿うように配置されている。Moraine層は土砂であり固結度は低く透水性の高い地層である。Molasse層は泥岩と砂岩の互層を成している。それぞれの単層は数十cm程度の厚さである。岩石の硬さは25～45MPaである。比較的透水性は低く良好な岩盤とされている。石灰岩は節理の発達した岩盤であり、ジュラ山からの地下水涵養も豊富であり、硬質であるが透水性の高い岩盤である。加速器トンネルが通る場所では湧水量が多い。比較的平坦な地形であり、地下実験ホールへのアクセスはすべて立坑によっている。

図表2・9・38　CERNのLHC実験施設の概要

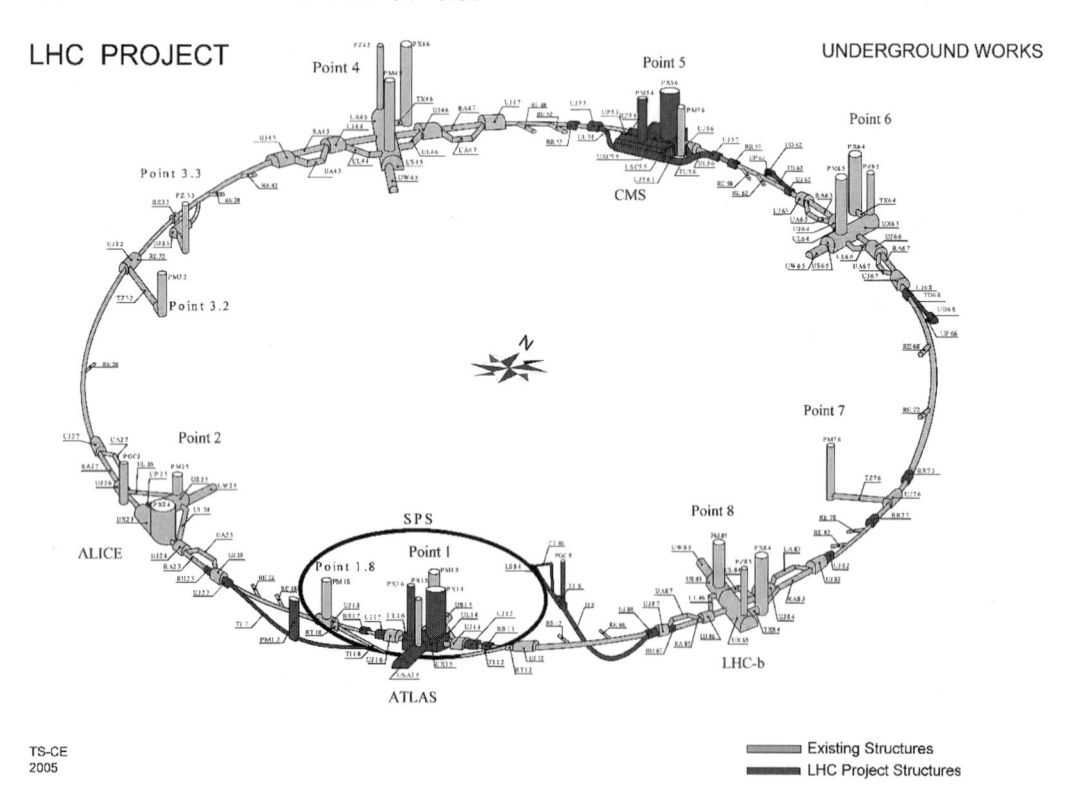

第9節　海外における地下空間利用の最新動向

図表2・9・39　CERN の LHC 実験施設地質断面図

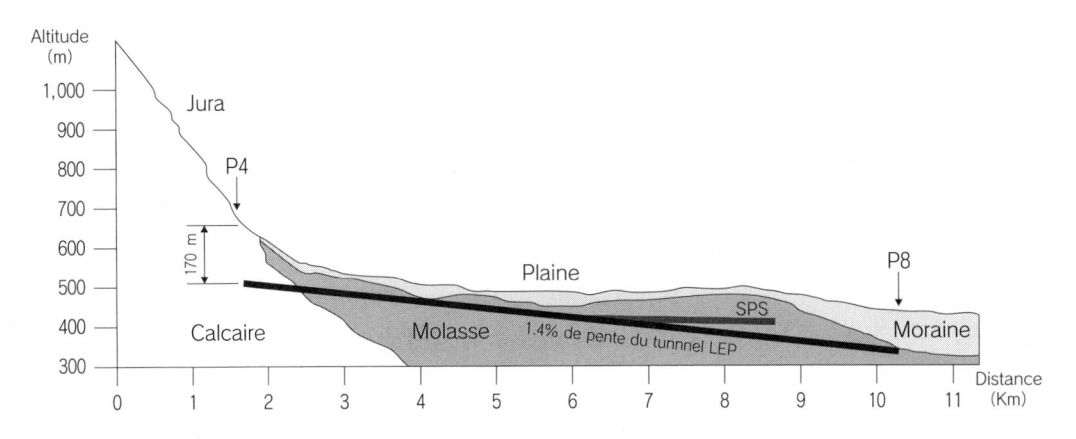

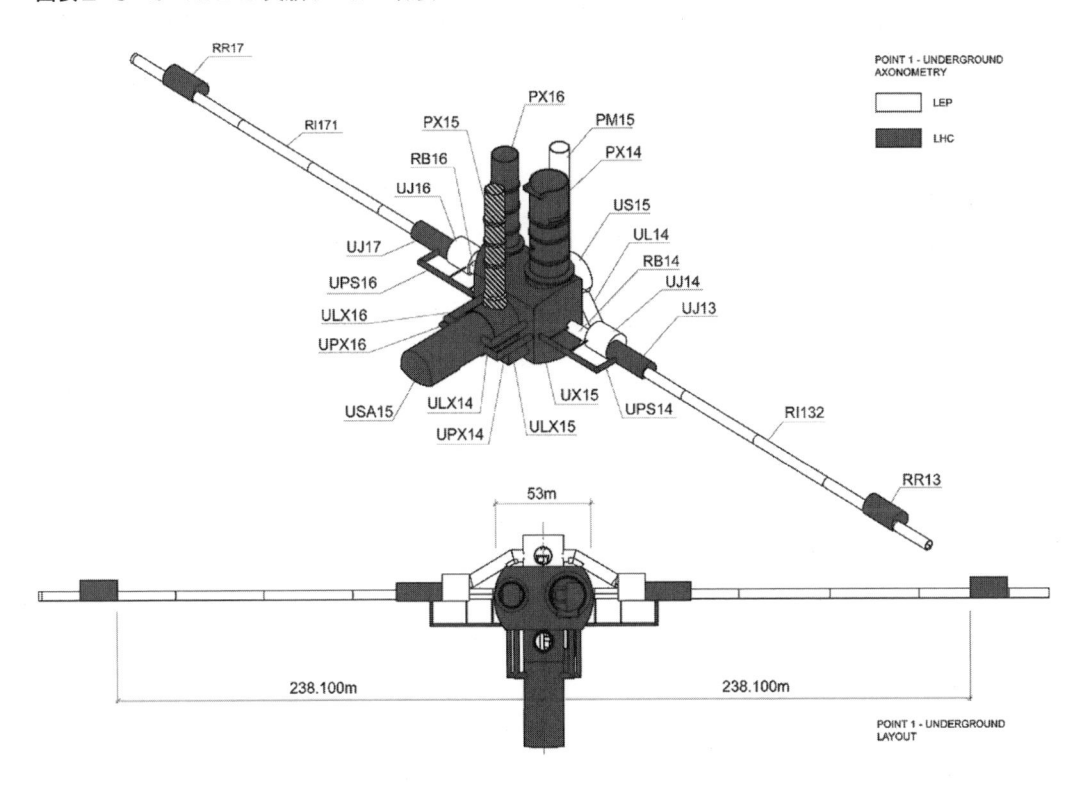

図表2・9・40　ATLAS 実験ホールの概要

407

第2章　最近の地下空間利用

図表2・9・41　CMS実験ホールの概要

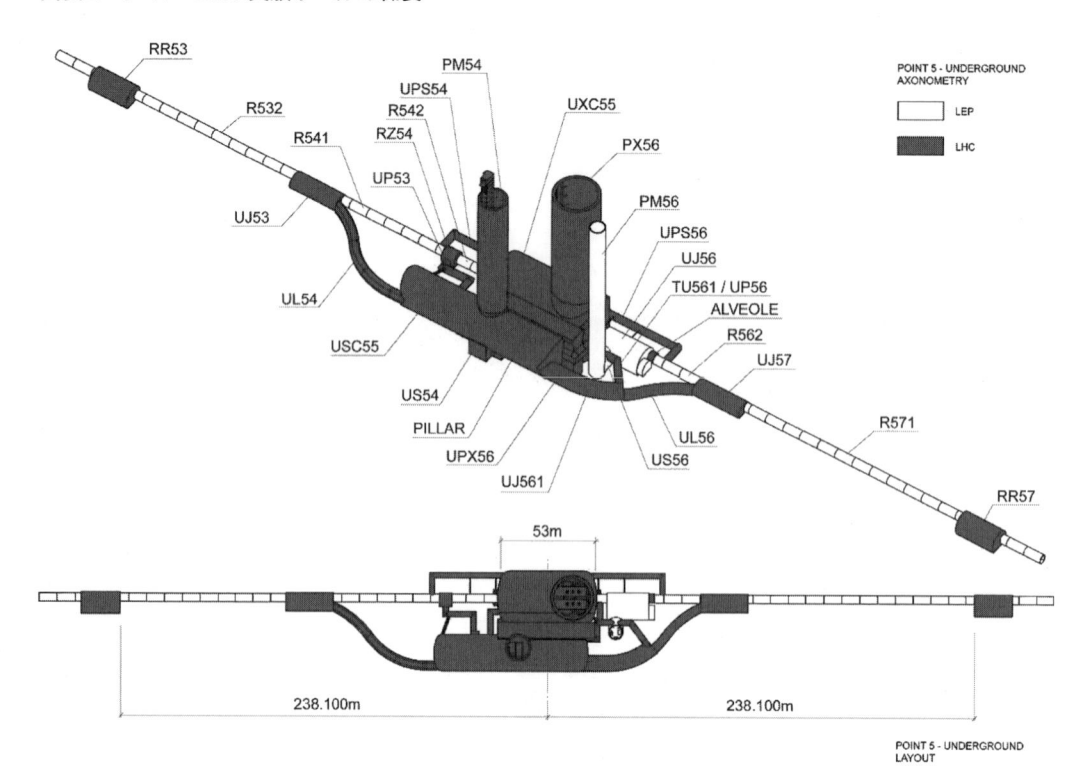

■執筆者一覧 …第2章を執筆いただいた主な方々（敬称略）

■第2節
2.1.1──福岡市 住宅都市局 都市づくり推進部 都心再生課
2.1.2──井下泰具（大阪地下街(株)理事）
2.2.3──横浜市 環境創造局 公園緑地整備課
2.3.1──札幌市 建設局 土木部 道路課
2.4.1──江戸川区 土木部 保全課
2.4.2──台東区 都市づくり部 交通対策課
2.5.1──江戸川区 土木部 駐車駐輪課
2.6.1──神奈川県 葉山町 生活環境部 下水道課

■第3節
3.1.1──長田光正（首都高速道路(株)技術部 技術推進課）
3.1.2──札幌市 建設局 土木部 道路課
3.1.3──内閣府 沖縄総合事務局 那覇港湾・空港整備事務所
3.1.4──国土交通省 北陸地方整備局 新潟港湾・空港整備事務所
3.2.1──東京地下鉄(株)鉄道本部 改良建設部
3.2.2──本間慎一（小田急電鉄(株)複々線建設部）
3.2.3──笠松直生（仙台市 交通局 東西線建設本部 建設課）
　　　　横田春男（同 東西線建設本部 管理課）

■第4節
4.2.2──東京急行電鉄(株)鉄道事業本部 工務部 第一工事事務所
4.2.3──横浜市 都市整備局 都市交通課

■第5節
5.1.1──佐藤文秋（丸の内熱供給(株)）
5.1.2──松塚充弘（関西電力(株)地域開発グループ）
5.2.2──国土交通省 大阪国道事務所・大阪市 建設局
5.3.1──森谷英樹・山口大河（小田急電鉄(株)複々線建設部）
　　　　大島和夫（三菱マテリアルテクノ(株)資源・環境エネルギー事業部）
　　　　石上　孝（同 資源・環境エネルギー事業部 ドリリング部）
5.4.1──今野真一郎・出口　明（(株)東武エネルギーマネジメント）

■第6節
6.1.1──原田憲一（独立行政法人石油天然ガス・金属鉱物資源機構 石油備蓄部 基地管理課）
6.2.1・6.2.2──宅間之紀（独立行政法人石油天然ガス・金属鉱物資源機構 石油ガス備蓄部 企画課）
6.3.1──堤　洋一（東京ガス(株)生産エンジニアリング部 扇島プロジェクトグループ）
6.4.1──千葉一元（石油資源開発(株)技術本部）
6.4.2──吉田繁基（国際石油開発帝石(株)パイプライン建設本部 群馬建設事業所 工事グループ）
6.5.1──小野寺正志（国際石油開発帝石(株)国内事業本部 開発ユニット）
6.5.2──甲州昌和（石油資源開発(株)国内事業本部）
6.6.1──西本吉伸（電源開発(株)土木建築部 審議役）
6.6.2──北海道電力(株)京極水力発電所建設所

■第7節
　7.1.1──国土交通省 関東地方整備局 江戸川河川事務所
　7.1.2──大阪府 都市整備部 河川室、下水道室
　7.1.3──東京都 第三建設事務所 工事第二課
　7.2.1──飯田輝男（(社)水循環研究所）

■第8節
　8.1.2──大塚国際美術館
　　　　　下河内隆文（(株)竹中工務店 原子力火力本部）
　8.1.3──小林　薫（飛島建設(株) 技術研究所 副所長）
　　　　　津川優司（同 建設事業本部 設計グループ）
　8.2.1──宮原正信（大学共同利用機関法人高エネルギー加速器研究機構 先端加速器推進部 リニアコライダー計画推進室）
　　　　　川端康夫（飛島建設(株) 建設事業本部 エンジニアリング事業推進部 インフラ防災 G）
　8.2.2──東京大学 宇宙線研究所 神岡宇宙素粒子研究施設
　　　　　西村　毅（(株)間組 技術・環境本部 技術研究所 技術研究第一部 主席研究員）
　8.2.3──津坂仁和（独立行政法人日本原子力研究開発機構 地層処分研究開発部門 幌延深地層研究ユニット 堆積岩工学技術開発グループ 研究員）
　8.2.4──佐藤稔紀（独立行政法人日本原子力研究開発機構 地層処分研究開発部門 東濃地科学研究ユニット 結晶質岩工学技術開発グループ サブリーダー）
　　　　　見掛信一郎（同 結晶質岩工学技術開発グループ 研究副主幹）
　8.2.5──小松原徹（東京ガス(株) 生産エンジニアリング部 日立プロジェクトグループ グループマネージャー）
　　　　　奥野哲夫（清水建設(株) 技術研究所 社会基盤技術センター 上席研究員）
　　　　　今津雅紀（清水建設(株) 土木事業本部 土木技術本部プロジェクト技術部 担当部長）
　8.2.6──西本吉伸（電源開発(株) 土木建築部 審議役）

■第9節
　9.1.1・9.3.1・9.3.2・9.3.6・9.3.7・9.3.8──関根一郎（戸田建設(株) 岩盤技術部）
　9.1.2──河田孝志（清水建設(株) 国際支店 パハン・セランゴール導水トンネル建設所）
　9.1.3──西原　潔（(株)竹中土木 環境・エンジニアリング本部）
　9.2.1・9.3.4・9.3.9──寺本　哲（大成建設(株) 土木本部 土木技術部 トンネル技術室）
　9.2.2──西口公二（(株)奥村組 土木本部 土木統括部）
　9.2.3──鹿島建設(株)
　9.3.3──Nicolas Gatelier（GEOSTOCK）
　9.3.5──中島良光（前田建設工業(株) 海外事業本部 コトマレ LOT 2 作業所 副所長）
　9.4.1・9.4.2──西松建設(株)
　9.5.1──John Andrew Osborne（CERN GS Department）

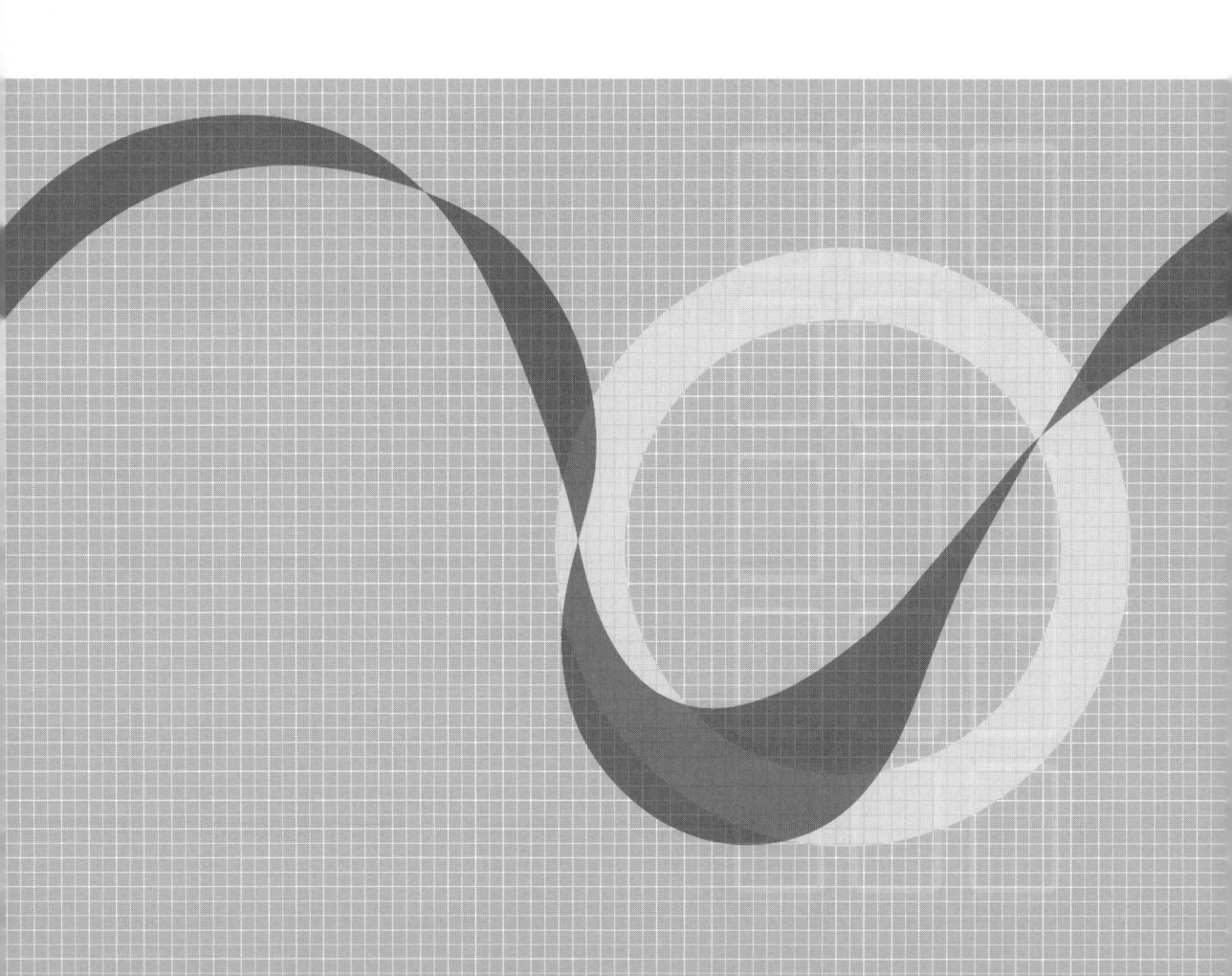

第3章
地下空間利用の将来展望

■第3章担当編集委員

主 査	領家　邦泰	大成建設(株)土木本部 土木技術部 トンネル技術室 参与
委 員	春木　隆	(一社)海洋環境創生機構 プロジェクト推進部長
委 員	野村　貢	(株)建設技術研究所 道路・交通部 部長
委 員	岡田　滋	清水建設(株)土木技術本部 地下空間統括部 担当部長
委 員	川瀬　健雄	千代田化工建設(株)技術顧問 技術開発事業部門付
委 員	関根　一郎	戸田建設(株)土木本部 岩盤技術部 部長
委 員	平野　孝行	西松建設(株)土木事業本部 土木設計部 部長
事務局	秋山　充	(一財)エンジニアリング協会 地下開発利用研究センター 技術開発部 研究主幹

(所属および役職は2012年10月現在)

第1節 今後予測される社会・経済情勢と地下空間利用

　第1章および第2章では1990年代以降の社会・経済情勢や災害状況などの変化をまとめ、これに関わる地下空間利用の現状を紹介した。また、地下空間利用の推進を図るための関連法規・法制度の概要をまとめた。

　こうした中で現在の日本における喫緊の課題は、2012年の国土交通白書に示されているように、「人口減少、高齢社会、財政制約といった社会構造変化や気候変動・地球環境問題への対応の中で、『国民の安全・安心を守る』という社会資本整備の最も重要な使命を再認識するとともに、震災を契機としたエネルギー制約等の困難な課題にも対応した、持続可能で活力ある国土・地域づくりをどう進めるか」(一部修正)である。

　本章では、第1節で各機関により予測されている今後の社会・経済情勢等を整理し、今後の地下空間利用需要を展望する。第2節では、前節の展望を受けて、特に喫緊の課題となっている分野、注目を集める分野として、防災・減災、インフラ再構築、エネルギー、科学技術を取り上げ、それぞれの分野において構想が進められている事例を紹介し、今後の地下空間利用の方向性を探る。第3節では、現在から近未来の課題を整理し、地下空間利用との関わり方について展望しまとめとする。

1.1 今後の社会・経済情勢[1]〜[3]

1.1.1 人口

　今後の社会における最も影響の大きな要因は人口といえる。様々な推計がなされているが、世界人口は2030年には83億人（2010年比20.0％増）、2050年には93億人（2010年比35.0％増）と90億人を超え、環境問題が深刻化し、資源、食糧が不足することが予想されている。アジア・アフリカの一部では若年人口の増加が顕著となり、政治・社会の安定のためには雇用の確保が重要となる。

　一方、欧州等先進国だけではなく、衛生状態の改善などにより新興国でも高齢化が進み、2050年には60歳以上の人口が世界では20億人（世界人口比22％）を超え、中国では4.4億人（全人口比24％）、インドでは3.2億人（全人口比19％）となり、現在ではわが国だけが60歳以上の人口が30％以上を占めるが、2050年には韓国やタイなどを含む65か国に増加すると予測されている。

　特に、わが国は世界最速での少子高齢化・人口減少が進んでおり、総人口は2030年には1.17億人（2010年比9.0％減）、2060年には0.87億人（2010年比32％減）となり、65歳以上の老年人口は2030

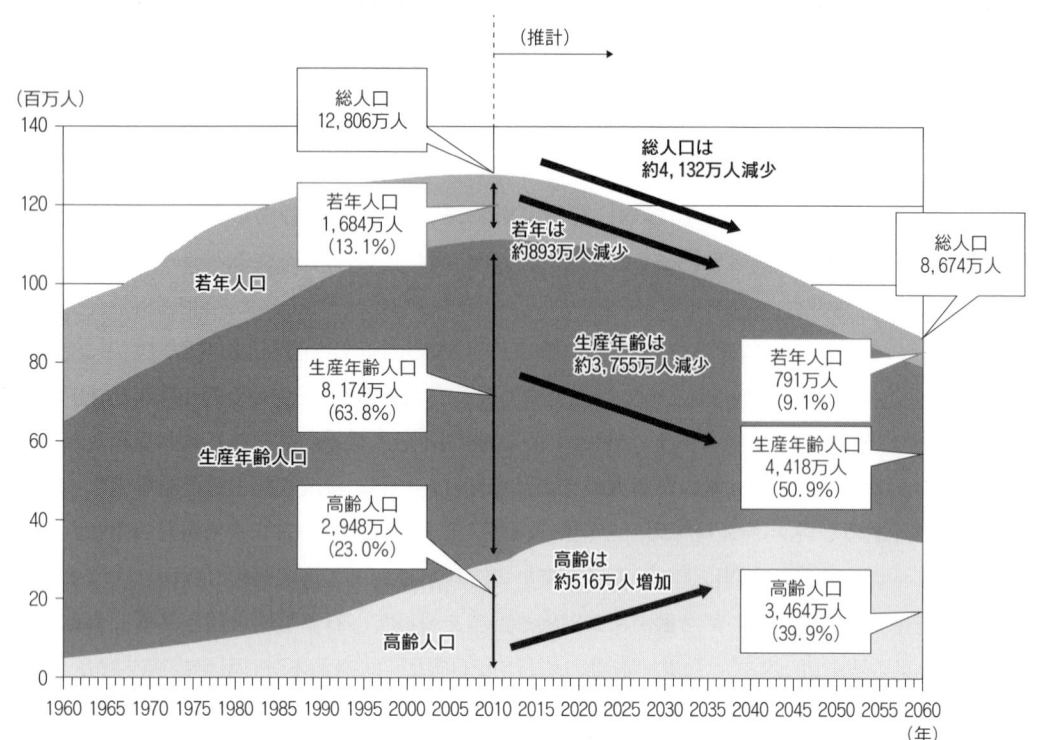

図表3・1・1　わが国の人口推移と推計

(注)　1　「若年人口」は0～14歳の者の人口、「生産年齢人口」は15～64歳の者の人口、「高齢人口」は65歳以上の者の人口
　　　2　（　）内は若年人口、生産年齢人口、高齢人口がそれぞれ総人口のうち占める割合
(資料)　総務省「国税調査（年齢不詳をあん分して含めた人口）」、同「人口推計」、国立社会保障・人口問題研究所「日本の将来推計人口（平成24年1月推計）」における出生中位（死亡中位）推計より国土交通省作成
(出典)　国土交通省「平成23年度 国土交通白書」2012.7

年には全人口の31.6％（2010年23.0％）に達するのに対し、15～64歳の生産年齢人口は58.1％（2010年63.8％）に低下、さらに2060年には老年人口比39.9％、生産年齢人口比50.9％と高齢化・人口減少が顕著化する※。その結果、人口の集中した都市部では高齢者世帯、要介護人口が増加し、地方では過疎化がより急速に進展するものと思われる（**図表3・1・1**）。

※　出生率、死亡率とも中位仮定。

1.1.2　グローバリゼーション

　インターネットやソーシャルメディアの普及が進み、情報コストは限りなく低下することにより、グローバリゼーションはますます進展する。情報だけではなく、ヒト・モノ・カネにおいても国境がなくなり、市場の拡大、生産性の向上、安価な財やサービスの購入など多くのメリットをもたらすとともに、特定地域の政治、社会、経済等すべての面におけるトラブルが、ほとんどタイムラグなくグローバルに伝播するなどのデメリットも顕著なものとなる。

1.1.3　エネルギー・食糧

アジア・アフリカおよび中東を中心とした新興国の成長、人口増大は、一次エネルギー消費量の拡大を招き、2050年には2010年に比して倍増する。今後一次エネルギー消費に占める化石燃料の割合はわずかには低下するものの、化石燃料が中心であることは変わらないが、アメリカを中心とするシェールガス等の開発により、世界のエネルギー需給や地政学・国際政治のバランスに大きな変化を及ぼす可能性もある。

新興国の成長、所得増により、世界の穀物消費量は2010年の約22億tから2050年には約1.35倍の約30億tに増加するとともに、食肉消費量も2050年には2010年の約1.7倍に増加する。食糧生産の増加に伴い、世界の水使用の7割を占める農業用水需要も高まり、世界的な淡水不足が深刻化することが予想される。

1.1.4　経済

1　世界経済

世界経済をGDPでみると、欧米先進国は、ドイツがわが国と同様に少子高齢化の影響により、GDPでイギリスを下回るなど、全体的に低い成長率が予想されるが、一方、中国は順調な発展が続けば、さらに増大して2050年には世界1位、インドも飛躍的な増大により世界3位へ、またインドネシアが2010年の16位から2050年には10位以内へと躍進するなど、世界経済におけるアジアの重要性が一段と高まると予想される。

2　わが国の経済

わが国の財政は2012年現在、GDP比176.4％（1,210兆円超）に上る政府債務残高があり、今後2015年までに消費税を段階的に引き上げたとしても、さらなる収支改善を2050年までに実施しない限り、2050年時点ではGDP比595％前後となり、財政の破綻は必至である。

様々な予想シナリオが考えられるが、少子高齢化・人口減少による労働力人口の減少、貯蓄・投資減少（資本蓄積鈍化）の影響は甚大であり、女性労働力率がスェーデン並みに向上し、生産性上昇率が先進国平均並みに回復するとすればGDP5位以内にとどまるが、財政悪化による成長率の下振れや経済停滞が継続するとかろうじてGDP10位以内にとどまるものの、1人当たりのGDPではトップレベルからの脱落が予想される。

1.1.5　自然環境と災害[4]〜[6]

温室効果ガスによる地球温暖化は、未だ仮説の域を出ないという意見もあるが、今世紀末まで

図表3・1・2　世界平均気温の変化に対応した主要な影響

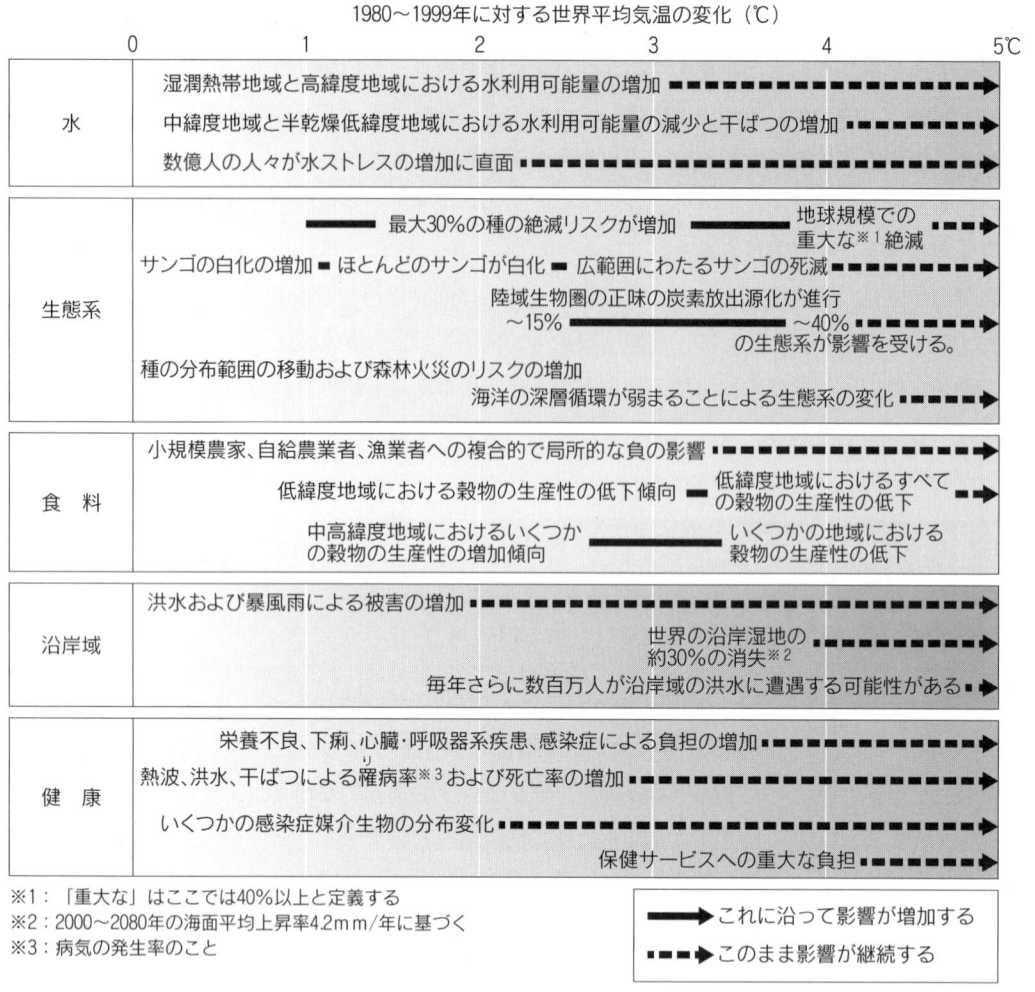

1980～1999年に対する世界平均気温の変化（℃）

分野	影響（気温上昇 0～5℃ に沿った主要な影響）
水	湿潤熱帯地域と高緯度地域における水利用可能量の増加 中緯度地域と半乾燥低緯度地域における水利用可能量の減少と干ばつの増加 数億人の人々が水ストレスの増加に直面
生態系	最大30%の種の絶滅リスクが増加　地球規模での重大な※1絶滅 サンゴの白化の増加　ほとんどのサンゴが白化　広範囲にわたるサンゴの死滅 陸域生物圏の正味の炭素放出源化が進行 ～15% ～40% の生態系が影響を受ける。 種の分布範囲の移動および森林火災のリスクの増加 海洋の深層循環が弱まることによる生態系の変化
食料	小規模農家、自給農業者、漁業者への複合的で局所的な負の影響 低緯度地域における穀物の生産性の低下傾向　低緯度地域におけるすべての穀物の生産性の低下 中高緯度地域におけるいくつかの穀物の生産性の増加傾向　いくつかの地域における穀物の生産性の低下
沿岸域	洪水および暴風雨による被害の増加 世界の沿岸湿地の約30%の消失※2 毎年さらに数百万人が沿岸域の洪水に遭遇する可能性がある
健康	栄養不良、下痢、心臓・呼吸器系疾患、感染症による負担の増加 熱波、洪水、干ばつによる罹病率※3および死亡率の増加 いくつかの感染症媒介生物の分布変化 保健サービスへの重大な負担

※1：「重大な」はここでは40%以上と定義する
※2：2000～2080年の海面平均上昇率4.2mm/年に基づく
※3：病気の発生率のこと

→ これに沿って影響が増加する
⇢ このまま影響が継続する

（出典）内閣府・文部科学省・厚生労働省・農林水産省・国土交通省・気象庁・環境省 企画・監修「適応への挑戦2012」より「IPCC、2007：IPCC第4次評価報告書統合報告書」に基づく資料を使用

に世界平均気温上昇は、最も気温上昇の小さいとする試算（環境の保全と経済発展が地球規模で両立する社会）では1.1～2.9℃、最も気温上昇の大きいとする試算（化石燃料を重視しつつ高い経済成長を実現する社会）では2.4～6.4℃と予測され、それに伴い世界平均海面水位は前者で0.18～0.38m、後者で0.26～0.59mの上昇が生ずると予測されている。

気候変動に関する政府間パネル（Intergovernmental Panel on Climate Change、略称：IPCC）の第4次評価報告書によると気温の上昇量とそれに伴う主要な影響が指摘されており、0～1℃程度の気温上昇であっても、地域や分野によっては温暖化による悪影響が生ずるとされている（図表3・1・2）。

地球温暖化とともに、都市域のヒートアイランド現象、森林と耕地の喪失、砂漠化の進行およ

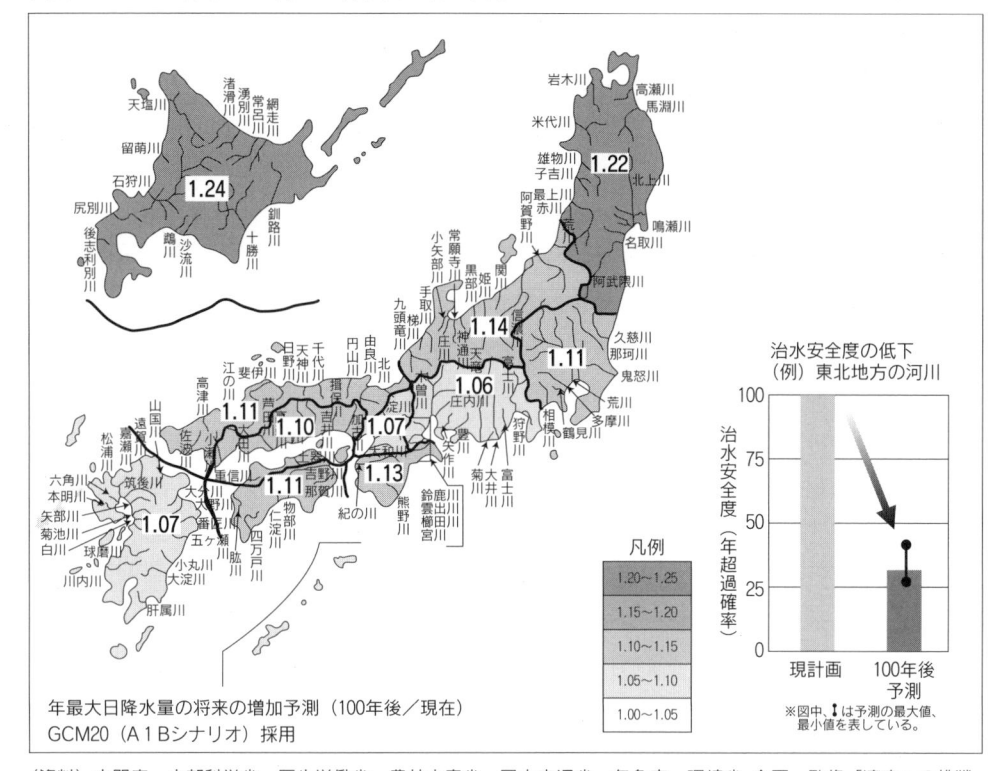

図表３・１・３　降水量の増加と治水安全度の低下

年最大日降水量の将来の増加予測（100年後／現在）
GCM20（Ａ１Ｂシナリオ）採用

凡例
1.20～1.25
1.15～1.20
1.10～1.15
1.05～1.10
1.00～1.05

治水安全度の低下
（例）東北地方の河川
※図中、↕は予測の最大値、最小値を表している。

（資料）内閣府・文部科学省・厚生労働省・農林水産省・国土交通省・気象庁・環境省 企画・監修「適応への挑戦 2012」より国土交通省水管理・国土保全局提供資料に基づく資料を使用

び河川・海岸の浸食等の自然環境の変化が生じており、また、温暖化が進行すると海面の上昇が高潮・高波を増大させるだけではなく、台風等の強度増加や進路の変化が生ずるともいわれており、河口域、沿岸域では、災害に対する危険性がより高いものとなる。

わが国では、温暖化との因果関係が解明されてはいないものの、多雨年と少雨年の偏差が拡大し、年最大日降水量が全国的に増加傾向にあり、特に北日本での増加量が大きいことが予測されている（**図表３・１・３**）。

また、ゲリラ豪雨に代表される極めて大きな降雨強度の出現回数は10年単位で明らかに増加しており、特に都市部における局所的、突発的な豪雨も多発傾向にある。

さらに、南海トラフ巨大地震の発生が危惧されている。長期評価によると南海地震、東南海地震の発生確率は30年以内に60～70％とされており、最悪の場合には、地震と津波による死者が32万人を超えると予測されている。

わが国では、それら自然環境、気候の変化だけではなく、少子高齢化の進行と相まって都市圏の過密化、沿岸域への人口と産業の集中、中山間地域の過疎化、さらには小家族化や１人暮らしの増加等のライフスタイルの変化が地域コミュニティの希薄化を招き、災害に対して脆弱な社会を作り出していることが危惧される。また、国および自治体の財政状況の悪化によって治山・治

水や防災施設等の社会基盤整備が遅滞し、防災・減災対策の不備が懸念される。

1.2 地下空間利用の展望[7)8)]

1.2.1 わが国の国家戦略

　わが国の将来を取り巻く環境は決して楽観視できるものではない。「失われた20年」といわれるように1990年代初頭から続く政治の混乱と経済の低迷は、わが国のすべての面における構造転換を遅れさせ、さらに2011年3月11日に起きた「東日本大震災」とそれに起因する「福島原発事故」が重くのしかかっている。

　日本政府は、2012年7月に東日本大震災以前よりも魅力的で活力にあふれる国家として再生するための進むべき方向性を指し示すとして「日本再生戦略〜フロンティアを拓き、「共創の国」へ〜」を策定した。この「日本再生戦略」では、直面する幾多の困難を、むしろフロンティアとしてとらえ、切り拓いていくことで世界に範を示す社会を築くことによって新たな成長、これまでのようなGDPの増大という「量的成長」のみではなく、「質的成長」も重視する「経済成長のパラダイム転換」を実現していくとともに、社会の多様な主体が、現在使っているあるいは眠らせている能力や資源を最大限に発揮し、創造的結合によって新たな価値を「共に創る」、すなわち「共創の国」づくりを行っていくことを基本理念としている。

　その実現のために「3つの重点分野と日本再生の4つのプロジェクト」、さらには「11戦略と38重点施策〜戦略ごとに重点施策を設定〜」が定められた。

1.2.2 今後の社会資本整備

　2012年の国土交通省白書は冒頭において、「人口減少、高齢社会、財政制約といった社会構造変化や気候変動・地球環境問題への対応の中で、持続可能で活力ある国土・地域づくりをどう進めていくか。(中略)「国民の安全・安心を守る」という社会資本整備の最も重要な使命を再認識するとともに、震災を契機としたエネルギー制約等の困難な課題にも対応した、「持続可能で活力ある国土・地域づくり」に向けて取り組んでいかなければならない。」と述べている。

　東日本大震災を契機として、「防災・減災対策」の重要性が一段と認識され、また、従来からいわれているように、わが国の社会資本は1950年代後半から1970年代前半の高度経済成長期を中心に整備・蓄積され、およそ半世紀を経て老朽化の進行に直面しており、それらの補修や更新を含めた「インフラストラクチャーの再構築」が急務となっていることも見落としてはならない。

　原発事故によってクローズアップされた深刻なエネルギー制約に対しては、再生可能エネルギー等多様なエネルギーの利用環境の整備、さらにはエネルギー貯蔵・輸送システムの構築など

エネルギー・セキュリティーの確立が急がれる。

また、資源の乏しいわが国が国際競争力を持ち、持続可能な社会の構築のために、「科学技術」が果たしていくべき役割の重要性については異論の余地はなく、社会の牽引車、人類の未来を切り拓く力として「科学技術」の進歩、発展を目指すことは不可欠である。

1.2.3 今後の地下空間利用のあり方

今後の地下空間利用も同様に、安全・安心を第一に考え、持続可能で活力ある国土・地域づくりを基調としていく必要がある。また、バブル経済期に散見されたややもすると地下空間ありきの利用ではなく、地下空間の持つ特性・特徴を十分に生かした利用、地下空間ならではの利用を進めていく必要があろう。

次節では、今後の社会におけるキーワードとなり得ると思われる、①防災・減災、②インフラストラクチャーの再構築、③エネルギー、④科学技術、の4つに絞って地下空間利用のあり方を論じる。

なお、わが国における地下空間利用の方向は、海外でも共通性があると思われる。それぞれの国や地域における経済や社会事情により実現への要求の優先度は異なるものの、地下空間の特性・特徴を生かした利用が求められ、特に、これまでのその必要性が顕在化していなかった発展途上国にも地下空間利用のニーズが出てくるものと思われる。

実績と経験に裏打ちされたわが国の地下利用技術への要求も強まってくると思われることから、海外の動きにも継続的に注意を払い、多くの国や地域との連携、協力を長く維持することも今後の課題である。

参考文献

1) 一般社団法人日本経済団体連合会・21世紀政策研究所・グローバルJAPAN特別委員会「グローバルJAPAN―2050年シミュレーションと総合戦略―」2012.4
2) 国連人口基金（UNFPA）「21世紀の高齢化」2012.10
3) 国立社会保障・人口問題研究所「日本の将来推計人口（平成24年1月推計）」
4) 内閣府・文部科学省・厚生労働省・農林水産省・国土交通省・気象庁・環境省 企画・監修「適応への挑戦 2012」2012.9
5) 地震調査研究推進本部（文部科学省研究開発局地震・防災研究課）「【最新版】活断層及び海溝型地震の長期評価結果一覧（2012年1月1日での算定）」
6) 中央防災会議防災対策推進検討会議 南海トラフ巨大地震対策検討ワーキンググループ「南海トラフ巨大地震の被害想定について（第一次報告）」2012.8
7) 内閣官房国家戦略室「日本再生戦略～フロンティアを拓き、「共創の国」へ～」2012.7
8) 国土交通省「平成23年度 国土交通白書」2012.7

第2節 今後の地下空間利用の方向

2.1 防災・減災[1)2)]

2.1.1 近年の災害の現状

　1961（昭和36）年（最終改正：2012（平成24）年）に制定された災害対策基本法は、「国土並びに国民の生命、身体及び財産を災害から保護するため、防災に関し、国、地方公共団体及びその他の公共機関を通じて必要な体制を確立し、責任の所在を明確にするとともに、防災計画の作成、災害予防、災害応急対策、災害復旧及び防災に関する財政金融措置その他必要な災害対策の基本を定めることにより、総合的かつ計画的な防災行政の整備及び推進を図り、もつて社会の秩序の維持と公共の福祉の確保に資する」ことを目的としている。

　この法律では、暴風、竜巻、豪雨、豪雪、洪水、高潮、地震、津波、噴火その他の異常な自然現象や大規模な火事もしくは爆発などにより生ずる被害を対象として、これらの災害を未然に防止するとともに、災害が発生した場合における被害の拡大を防ぎ、災害の復旧を図ることを防災と定義している。

　しかしながら、東日本大震災を契機にこれまで想定されてきた災害環境が大きく変化してきていることが認識されている。たとえば、地震活動期への突入や温暖化の進行によるといわれる気象災害の激化といった外力が変化していること、さらには、これらが広域的にかつ複合的に発生することと、それに伴って災害状態が長期化することが現実のものとして捉えられるようになってきていること、少子・高齢化を含めた社会環境が変化していることなどである。

　具体的には、日本において確認されている約2,000の活断層に対して潜在活断層が約8,000ともいわれるように地震外力設定の困難さとともに広域連動地震発生の危険の高まりと津波対策の限界が再認識され、さらには過去のデータに基づく超過確率を超えた豪雨発生に対する治水対策の限界が認識されるようになってきた。

　従前より、防災対策の計画・設計においては、想定した災害規模を前提として、この災害規模に対する被害最小化の考え方が採用されていた。しかしながら、災害のメカニズムと災害に対する弱点が認識されるようになることで、想定する災害規模の妥当性に対する課題が浮き彫りとなり、災害規模を想定したソフト・ハードな対策だけで被害を抑止する「防災」ではなく、防災計画上想定した災害規模を超えた事象に対しても、ハイテクとローテクの組合せ等によって、災害への即応体制を確立し被害拡大の抑制と早期復旧を行う「減災」の考え方が叫ばれるようになっている。

2.1.2 地下空間における被害事例

1 地震被害

　阪神淡路大震災の際に、神戸高速鉄道「大開駅」における中柱のせん断破壊による躯体構造全体の崩壊による機能損失が報告されているものの、地下街等の多くの地下構造物では他施設との交差部などにクラックなどの軽微な損傷報告はあるが、機能損失を引き起こしたという報告はみられない。

　東日本大震災でも、地域的な特性から大規模地下構造物が少ないとはいえ、管理された地下構造物では機能損失につながる報告はなく、地下空間は総じて地震に対しては安全性が確保されているといえよう。

2 浸水被害

　近年のゲリラ豪雨や降雨継続時間の長期化などにみられる降雨形態の変化や不浸透率が大きい被覆形態などにより、都市の道路冠水や河川の流下能力を超えた溢水などによる地下空間への浸水被害がみられるようになっている。

　主だった事例として、地下鉄丸ノ内線赤坂見附駅（1993年8月　台風11号による冠水）、渋谷地下街（1999年11年8月　集中豪雨による浸水：**写真3・2・1**[3]）、名古屋市営地下鉄（2000年9月　集中豪雨による浸水）、博多駅周辺地下空間（2003年7月　集中豪雨による内水氾濫と河川の溢水：**写真3・2・2**[4]）等があげられる。

　これらの事例では、浸水速度や瞬間的な浸水量の大きさによる地上部への避難の困難さ等から、多くの人的・経済的損失を引き起こしている。このことから、内水氾濫などによる浸水現象は、地下空間利用上避けることのできない大きな課題といえ、外郭放水路の整備や浸透率の回復のための浸透設備の設置といったハード対策に加え、各自治体では浸水対策マニュアルを策定し、被

写真3・2・1　渋谷地下街の浸水
　　　　　　　　（1999年8月29日）

写真3・2・2　博多地下街への氾濫水の流入
　　　　　　　　（2003年7月19日）

（出典）東京都総合治水対策協議会「水害のないまちづくり」2006.4

（出典）財団法人日本河川協会「水害レポート2003」2004.3

害の最小化に努めている。

3 火災被害[5]

　地下空間での火災被害としては、1980年8月静岡ゴールデン街で起きたガス爆発による事例と2003年の韓国大邱地下鉄による放火火災のほか、1999年フランスモンブラン自動車トンネルや1979年東名高速道路日本坂トンネルの交通事故車両火災、1972年の旧国鉄北陸トンネル列車火災があげられる。いずれも火災・煙流動の特殊性や避難・救助の困難さ等の地下空間の特殊性から、多くの貴重な人命を失う大災害となっており、浸水災害同様地下空間利用上、避けることのできない大きな課題である。

2.1.3　防災・減災対策に向けた現行法制度

1 地震対策

　共同溝指針[6]、鉄道構造物設計標準[例えば7]、土木学会トンネル標準示方書[例えば8]、建築基準法などが整備され、これらによって構築された地下空間には、大きな機能損失につながる被害は生じていない。しかし、これらの整備基準などは、主として単体としての地下空間評価であり、大都市圏のように地下構造物が複雑に交錯している事象を適切に評価しているものではない。
　現在、独立行政法人防災科学技術研究所等が主体となって研究を行っている実大三次元震動破壊実験施設（E-defense）を活用した社会基盤研究（**写真3・2・3**）[9]では、このような大都市圏の

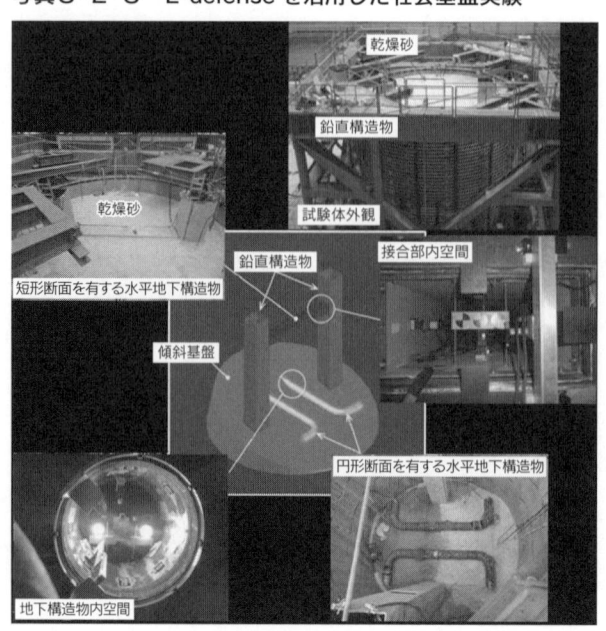

写真3・2・3　E-defenseを活用した社会基盤実験

（出典）川又洋介「E-defence Today」NIED、Vol.8、No.1、2012.4

地下空間が抱える課題を明らかにすることを目的としており、その成果が、地下空間の防災・減災に役立てられることが期待されている。

2 浸水対策[10]

数多くの地下鉄・地下街・地下室への浸水被害事例を受け、「中央防災会議大規模水害対策に関する専門調査会」[11]が行った提言をもとに、住民や管理者が地下空間は浸水に脆弱であることを認識し、被害防止対策に積極的に取り組むことを期待して、国土交通省の「地下空間における浸水対策ガイドライン（2002年3月）」[12]や、東京都の「東京都地下空間浸水対策ガイドライン（2008年9月）」[10]が整備されている。東京都のガイドラインの全体構成は**図表3・2・1**[10]のように示されている。

図表3・2・1　東京都地下空間浸水対策ガイドライン構成

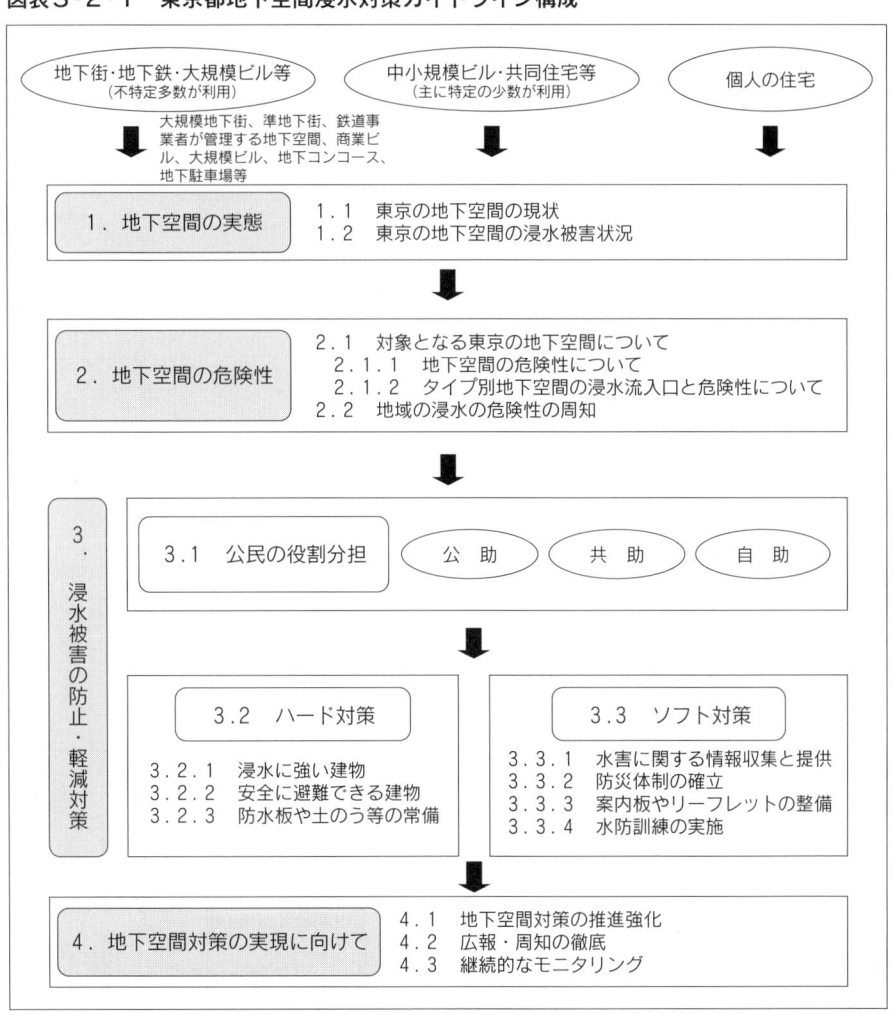

```
地下街・地下鉄・大規模ビル等        中小規模ビル・共同住宅等           個人の住宅
（不特定多数が利用）              （主に特定の少数が利用）
         ↓                              ↓                        ↓
  大規模地下街、準地下街、鉄道事
  業者が管理する地下空間、商業ビ
  ル、大規模ビル、地下コンコース、
  地下駐車場等

1. 地下空間の実態
    1.1 東京の地下空間の現状
    1.2 東京の地下空間の浸水被害状況

2. 地下空間の危険性
    2.1 対象となる東京の地下空間について
        2.1.1 地下空間の危険性について
        2.1.2 タイプ別地下空間の浸水流入口と危険性について
    2.2 地域の浸水の危険性の周知

3. 浸水被害の防止・軽減対策
    3.1 公民の役割分担    公助  共助  自助

    3.2 ハード対策                3.3 ソフト対策
    3.2.1 浸水に強い建物           3.3.1 水害に関する情報収集と提供
    3.2.2 安全に避難できる建物      3.3.2 防災体制の確立
    3.2.3 防水板や土のう等の常備    3.3.3 案内板やリーフレットの整備
                                  3.3.4 水防訓練の実施

4. 地下空間対策の実現に向けて
    4.1 地下空間対策の推進強化
    4.2 広報・周知の徹底
    4.3 継続的なモニタリング
```

（出典）東京都「東京都地下空間浸水対策ガイドライン―地下空間を水害から守るために―」2008.9（図表3・2・2、3・2・3も同じ）

第3章　地下空間利用の将来展望

　また、中央防災会議がとりまとめた「首都圏大規模水害対策大綱（2012年9月）」[13]では、適時・的確な避難の実現による被害軽減を明記している。

　浸水対策に向けては、行政だけにとどまらず、地域一丸となっての対策に向けた取組みが必要であることから、公民の役割分担を**図表3・2・2**[10]のように明確にして推進していくことが示されている。

　図表3・2・3には、地下街が抱える危険性の1つである地下室への浸水例とその対策の一例[10]を示しているが、これは公民役割分担の共助の1つとして**図表3・2・2**[10]に示されている。

図表3・2・2　浸水対策における公民の役割分担

浸水対策項目	公助 都	公助 区	公助 市町村	共助 水防団体等、地下街管理者等、住民自治組織等	自助 民間の地下空間管理者、建築主、設計者、住民、利用者
河川整備	○				
下水道整備	○		○		
流域対策	○	○	○	○	○
地域の浸水に関する情報提供	○	○	○		
浸水対策等の技術情報の提供	○				
区市町村の行う流域対策（雨水流出抑制施設）に対する助成	○				
要綱等による浸水対策等の指導		○	○		
降雨や河川水位等の情報提供	○	○	○		
地域防災計画、水防計画等への地下空間浸水対策の位置付け	○	○	○		
水防訓練の実施や参加への促進	○	○	○	○	
地下浸水の危険性の周知・啓発	○	○	○		
水防活動・水防機能の強化		○	○	○	
地下街・地下鉄等の浸水対策				○	
避難確保計画策定				○	
個別の浸水対策					○
避難行動					○
水防訓練への参加					○
道路雨水ます等の清掃	○	○	○		
側溝・排水口等の清掃					○

図表3・2・3　地下室への浸水例と内部階段を用いた避難対策の例

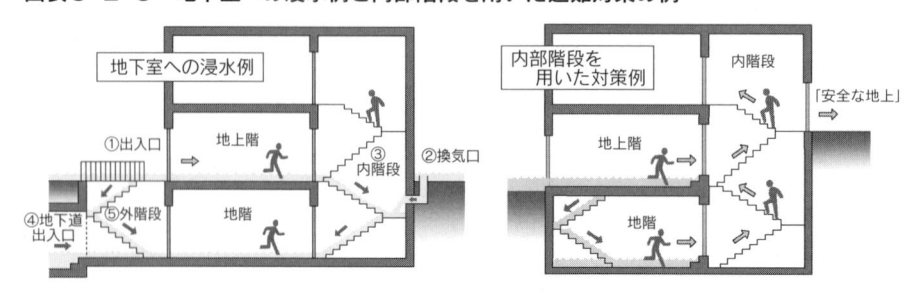

3 防火対策

　消防法、建築基準法、東京都建築安全条例等により、防火対象物やそれぞれの対象物に対する消防用設備設置基準などが示されているが、東京都の「火災予防条例」[14]では、2003年の韓国大邱地下鉄火災を受け地下空間という特殊性の中で利用者のさらなる安全を確保するという観点から、スプリンクラーや無線通信補助設備の設置強化規定や防火管理体制の強化規定が打ち出されている。

2.1.4 事例からみる防災・減災の課題と対策の考え方[13]

1 地下空間利用のための防災・減災

　従来から、災害を抑制し、被害をなくそうという試みは、過去の大災害を教訓としてその都度行われてきた法律や技術基準などの改正によって、一応の成果を上げてきた。

　しかしながら、東日本大震災や、台風の大型化・梅雨前線の活発化等による豪雨災害などにみられるように、これまでの経験則から想定される外力規模を大きく上回るような災害となってきていることから、現状の防災対策の方向性が必ずしも十分であるとは言い難くなってきている。特に、地下空間においては、耐震性、恒温・恒湿性などの優位性がある反面、地上から隔離された閉塞性によって、浸水・火災などの被害の急速かつ広域な拡がり、避難・救助の困難さ、心理的要因によるパニックの発生、停電等による施設内への閉じ込め、空間利用形態の多様さといった特殊性を考慮する必要がある。

　安全・安心な地下空間利用のための地震対策、浸水対策、火災対策には、これらの特殊性を踏まえたハード・ソフト対策が求められており、空間環境整備を伴った各種基準・指針の見直し[14]や提言[15]が行われている。基本的には、浸水防止板や防水ゲート、スプリンクラー設置などによる外力要因を除去するためのハード対策とあわせ、防火・浸水防止のための管理体制強化といったソフト対策が柱となっている。

　ハード対策を設計するためには、人的・経済的損害を含めた災害リスクの評価と国民的なインフォームド・コンセントの確立が重要である。東日本大震災直後に住民避難や防潮堤計画のための津波高さの設定が困難を極めている理由はここにあるともいえる。

　図表3・2・4は、東海豪雨を想定したときの渋谷駅周辺の浸水予想図[10]である。東京都は河川・下水道整備の目標水準時間雨量を50mmの降雨規模で設定しているが、時間最大雨量114mmを記録した2010年9月の東海豪雨を想定すると数多くの地下空間が浸水被害を受けることになる。東京都豪雨対策基本方針では、時間75mmまでは床上浸水を防止する方針となっているが、東海豪雨相当の雨ではこれをはるかに上回り、大規模な範囲が浸水深1mを超えることになることから避難などを含めたソフト的な危機管理対策が講じられている。

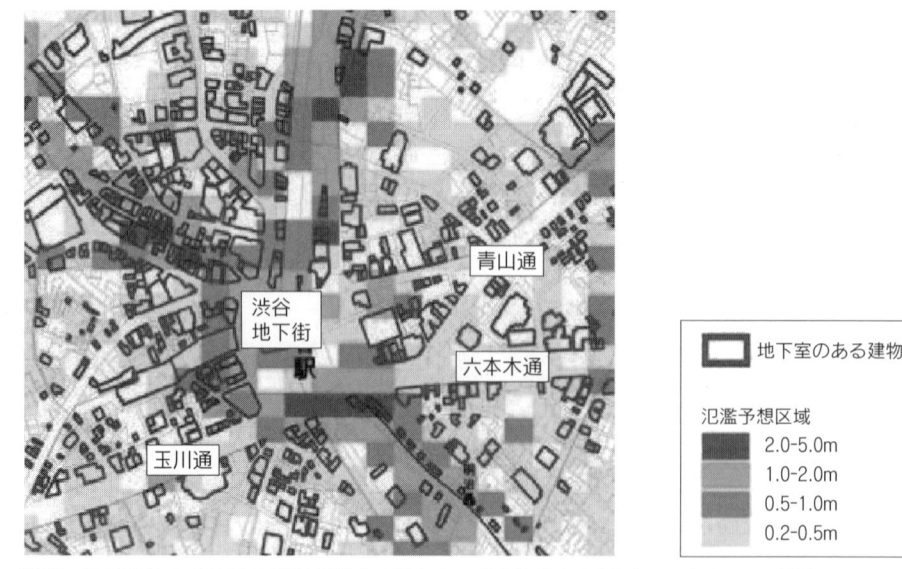

図表3・2・4　地下室への浸水例（渋谷駅周辺）

（出典）東京都「東京都地下空間浸水対策ガイドライン―地下空間を水害から守るために―」2008.9

　ソフト対策[16]では、災害規模の推定や安全な避難のための情報提供システム（ハザードマップ（**図表3・2・5**）[17]、災害シミュレーション（**図表3・2・6**）[11]、防災・退避施設情報）の確立と被災者救援システムの一環としての防災空間・環境整備が行われるようになっているが、これには情報システムの基本となる最低限電源確保や電源喪失などに対するローテク技術によるバックアップ対策（維持管理を含む）等も含まれている。

2 防災・減災のための地下空間利用[16]

　地下空間は構造的な耐震性や恒温・恒湿性などの地下空間の優位性の観点から、洪水対策としての地下調節池や地下河川、非常用の食料、資機材等の貯蔵施設や貯水槽等に利用されている。

　一方、一見不利に思える地下空間の閉鎖性は地上部における社会活動のための防災・減災に有効な面もある。東日本大震災の際、首都圏では多くの帰宅困難者が出たが、千代田区災害対策基本条例[18]に規定される「協助」の理念に基づいて設置されている「東京駅・有楽町駅周辺地区帰宅困難者対策地域協力会（東京駅周辺防災隣組）」の活動の一環として丸ビル地下において帰宅困難者の受け入れが行われた[19][20]。また、新宿区周辺防災対策協議会が中心となった防災対策訓練では、地下が帰宅困難者の一時的避難場所や医師のトリアージ等負傷者対応医療救護施設としても利用された[21]。

　また、「首都高速の再生に関する有識者会議提言書」[22]では、これまでに本節で示してきた浸水対策などの安全性や防災性の確保が重要であると指摘しつつも、老朽化や安全な高速走行、都市環境、首都直下型地震等への対応を考えると地下化による再構築は非常にメリットの高い方策であるとして首都高速道路の地下化による安全・安心な道路の再生を期待している。中でも、災害

第2節　今後の地下空間利用の方向

図表3・2・5　洪水ハザードマップ例（世田谷区）

左下：多摩川版（国土交通省「浸水想定区域図」に対応）、右：全区版（都「浸水予想区域図」に対応）
（出典）世田谷区ホームページ[17]

図表3・2・6　浸水被害シミュレーション例（荒川堤防決壊時の地下鉄などの浸水被害想定）

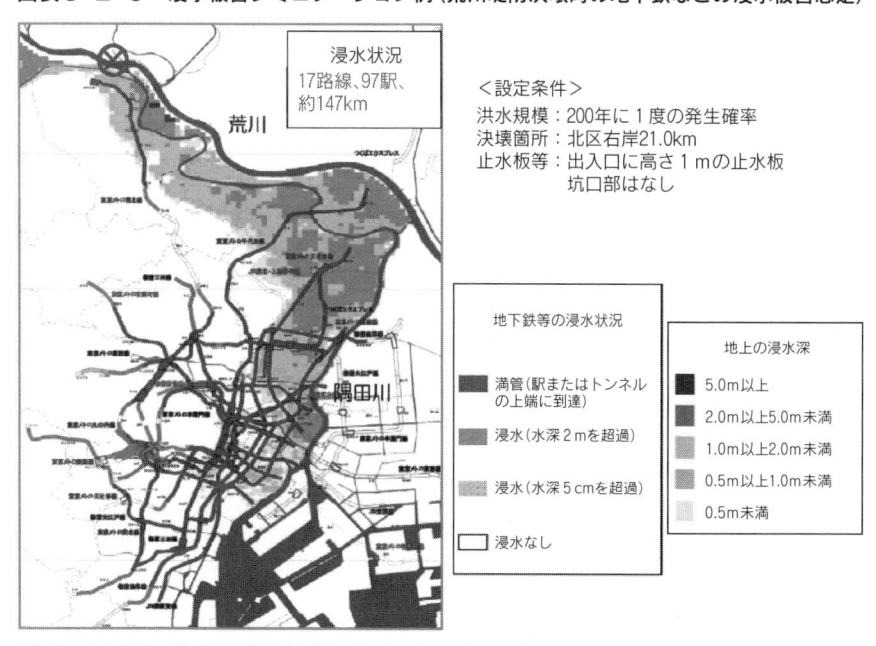

＜設定条件＞
洪水規模：200年に1度の発生確率
決壊箇所：北区右岸21.0km
止水板等：出入口に高さ1mの止水板
　　　　　坑口部はなし

（出典）中央防災会議「大規模水害対策に関する専門調査会報告」2010.4

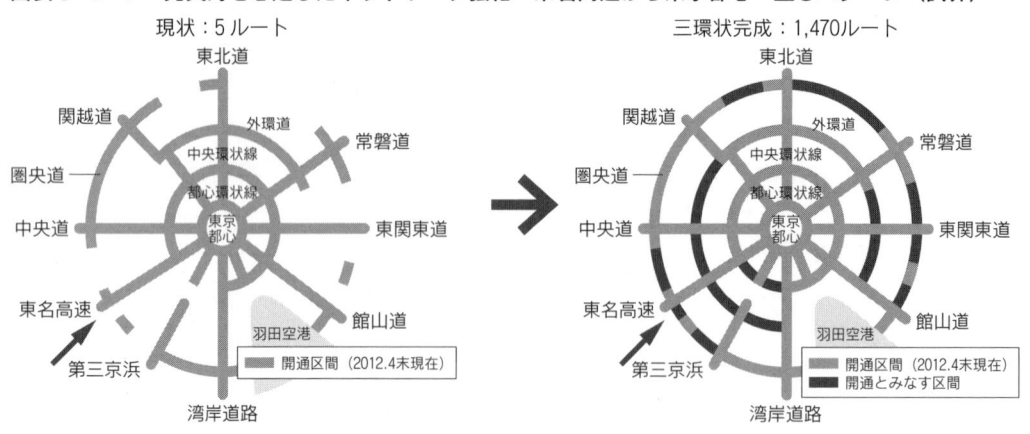

図表３・２・７　発災時を想定したネットワーク強化～東名高速から東京都心へ至るパターン（試算）～

（出典）「首都高速の再生に関する有識者会議提言書」2012.9

への備えという観点で、**図表３・２・７**を示して緊急輸送道路として機能する高速道路ネットワークの重要性を指摘している。東日本大震災発災後の「くしの歯作戦」による早期道路啓開の実現が、救援、復旧活動に向けた緊急輸送道路として大いに役立った事例は記憶に新しいが、現代社会における道路ネットワークの重要性を端的に表したものともいえる。平時における交通・物流が有機的かつ円滑に機能するためのみならず、災害時における首都圏に集中する中枢機能のバックアップ機能の観点からも道路、情報、エネルギーなどを複合的に収容したネットワークを構築することができれば、その有用性は飛躍的に高まるものと期待される。

　災害時のハード的な利用形態では、社会的合意形成や経済性の課題を克服しつつ、いかに速やかに社会資本整備を進めるか、また、ソフト的な利用形態では、就業者数以上かつ不特定多数の流入者を対象とすることから、前項および本項に示す施設利用上の防災・減災対策の周知をいかに速やかにわかりやすく利用者に伝達し実行に移せるようにするかといった課題解決に向けた研究が望まれる。

2.1.5　災害対策の将来構想

1 洪水対策（環七・環八地下河川）

　東京都では、都知事諮問設置の「東京都地下河川構想検討会（1985年９月）」[23]において、当時３年に１回程度の発生確率といわれた１時間50mmの降雨強度に対する規定計画を70年に１回程度の発生確率である１時間100mm程度の降雨強度にまで引き上げることによって区部中小河川流域の備えるべき治水安全度を高める必要があるとしている。

　将来的にはこの諮問に沿った整備を行うものの、段階的な整備としては、計画降雨強度を１時間75mm、河道整備基準を規定計画（１時間50mm）として、河道流下能力を超えることになる降

第2節　今後の地下空間利用の方向

雨強度分の洪水に対しては、白子川、石神井川、神田川、目黒川を結ぶ地下河川と周辺に配置する調節池の複合方式により対処することが定められた。この計画に沿った環七・環八地下河川の概要を**図表3・2・8**[24]に示す。

図表3・2・8　環七・環八地下河川の概要

地下河川計画概要図

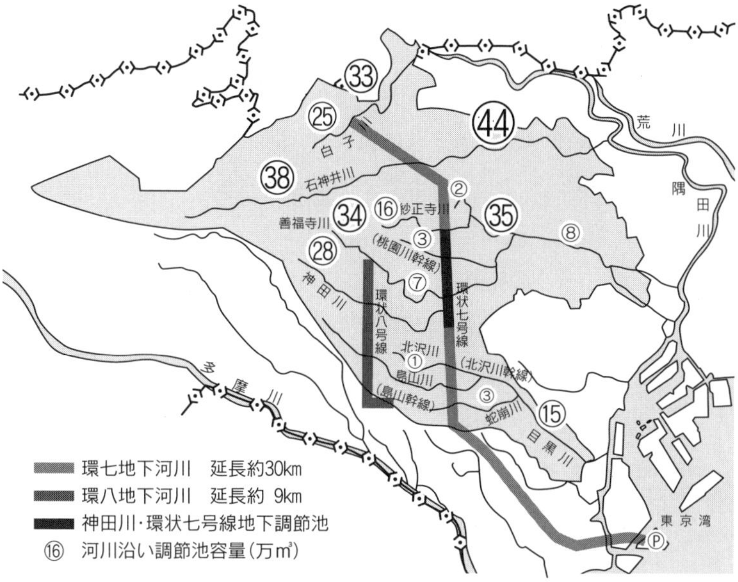

河川計画流量配分図

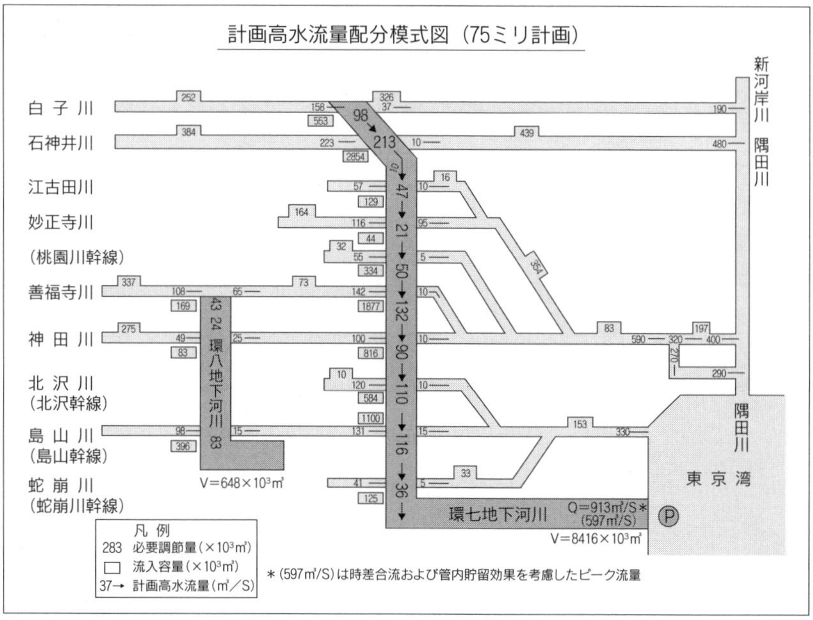

（出典）東京都第三建設事務所「神田川・環状七号線地下調節池工事記録誌（概要版）」2008.3

2 内水氾濫対策、非常時の生活用水確保の一環としての地下貯留[25]

　都市域におけるヒートアイランド現象や、局地的豪雨などによる自然災害等、現代の都市が抱える諸問題の解決が求められる現状を背景として、都市域で生活する住民の安全・安心を確保した豊かな生活環境を提供するとともに、低炭素社会の実現にも寄与することを目的として、地下空間および地下水・再生水・雨水を有効に利活用できる新しい水循環ネットワークについて検討が行われた。

　この検討では施設ネットワークや情報ネットワークによる防災力向上体制の確立を目指して、**図表３・２・９**に示す涵養源創出や余剰地下水の利水化、防災・利水を兼用する地下貯留施設とその連携管等からなる水循環ネットワークの構築を提案している。

図表３・２・９　水循環ネットワークの概要

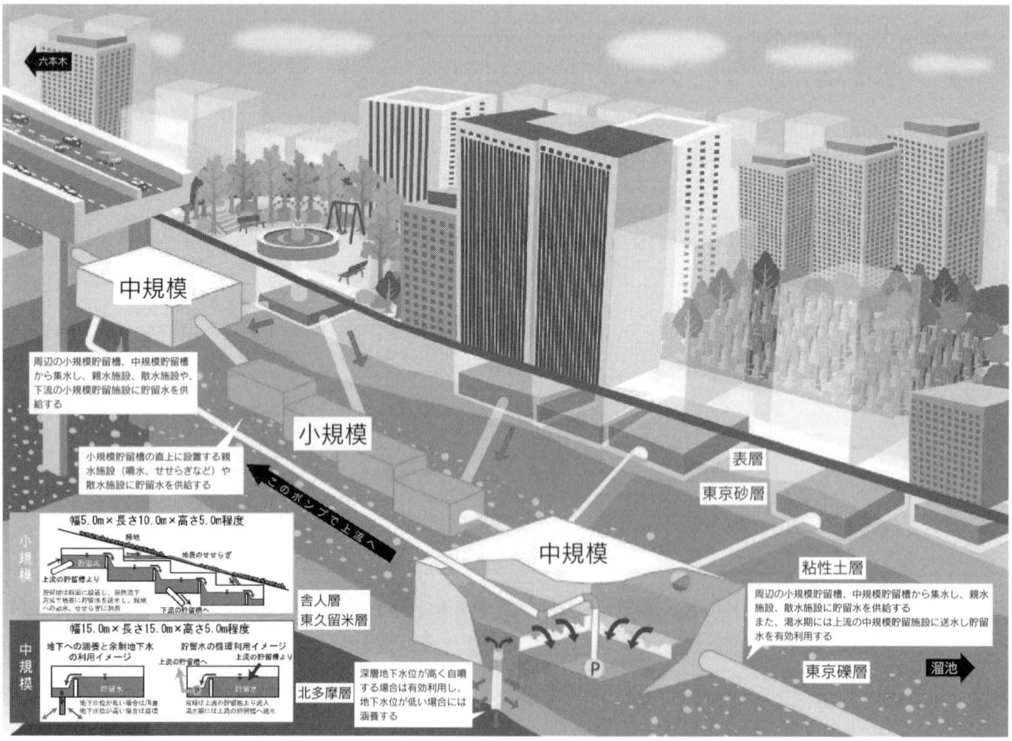

2.2 インフラストラクチャー(社会基盤)の再構築

わが国のインフラストラクチャー（以下「インフラ」という）は、鉄道、道路、港湾、空港、治山・治水、上下水道などの主として公共投資によるもの、電力や都市部の石油類・天然ガス関連施設（ガスパイプライン、LNGタンク）等の民間エネルギー企業によるもの、さらには通信や病院施設など、非常に多岐にわたり、我々の生活や産業などを支えている。また、こうしたインフラが織りなす景観もインフラの1つといえる。

こうしたインフラは、戦後の廃墟の中から急速に整備を進めた結果、近年では経年劣化による老朽化が大量に進んでいる。一方でわが国は、右肩上がりの高度成長から成熟社会を迎え、これからは人口減少と高齢化を主因とする縮小社会に変化していく。そのため現在の巨額財政赤字を除いても、財政制約は厳しくなる一方である。さらに、災害多発の国土や地球規模から身近な住環境までの広範囲な環境を、維持・向上していくことにも迫られている。こうした状況の中では、既存インフラを再構築してわが国の持続可能で活力ある発展に寄与していくことこそが、非常に重要な課題となっている。

わが国のインフラ整備の考え方は、人口高度集積都市域（以下「都市域」という）と地方域（以下「地方域」という）で状況が大幅に異なる。都市域は、地表面に限りがあるため地上および地下までも有効に活用して、立体的な活動環境の整備を図る必要があるのに対して、地方域における地下インフラは、やむを得ず地下構造物になる鉄道や道路、下水道等を除けば、地下の持つ優れた特性を利用した施設に限定されてきた。

地方域の地下インフラについて具体的な例をいえば、展示場、美術館、地下工場（大気変動の影響を受けにくい遮蔽性や恒温・恒湿性）また放射性廃棄物地層処分（地下の物質を閉じ込める特性を特に重視）などがある。しかしこれらの例でわかるとおり、それぞれは単独であって、土地高度利用の目的で複合的に集積させている例はない。今後も、地方域におけるインフラ整備は、地下を利用してインフラの再構築を図るといった大掛かりな事業の必要性は低いといえる。こうした状況を踏まえると、インフラ再構築の対象としては都市域を考えていくことになる。

都市域の代表例として人口100万人以上の都市をあげれば、札幌市、仙台市、東京特別区、横浜市、川崎市、さいたま市、名古屋市、大阪市、神戸市、京都市、広島市、福岡市、の12都市があり、このうち都市高速道路を有する都市は、首都、名古屋、阪神、広島、北九州、福岡の6都市、地下鉄があるのが札幌市、仙台市、東京特別区、横浜市、名古屋市、大阪市、神戸市、京都市、福岡市の9都市である。

こうした都市は、規模や時代背景、人口の増加割合等による違いはあるが、抱える課題は同質であると考えられるので、抱える課題の規模が大きく400年超の重層的な歴史を有する首都東京を例にとって、インフラの再構築の具体例を紹介することとする。

現在の東京にとって特に喫緊の課題は、①老朽化の進む首都高速道路、②発着枠が少なく東アジアのハブ機能を失っている空港（成田、羽田）、③その場しのぎに建設してきた格調のない都市

景観、であろう。さらに、④東京圏ばかりでなく名古屋圏および関西圏の三大都市圏を結ぶ東海道新幹線も、老朽化と巨大地震への対策が重大な課題となっている。

2.2.1 老朽化の進む首都高速道路

　急速に経年劣化が進む首都高速道路（以下「首都高」という）の維持・更新に対し、2012年に首都高速道路(株)が"首都高速道路構造物の大規模更新のあり方に関する調査研究委員会[26]"、国土交通省が"首都高速の再生に関する有識者会議[27]"を開催して検討を進めている。前者は、大規模更新を技術的かつ経済的見地から検討するために設けられた。後者は、首都高の更新にとどまらない世界都市東京にふさわしい再生を目指して設立された。ここでは単なる技術論にとどまらない"首都高速の再生に関する有識者会議"の議論を主として紹介する。

　首都高は、2012年時点で総延長約300km、東京都内延長215.5kmとなっているが、以下のような問題点が顕在化している。

1 老朽化の進展

　首都高は、大型車交通量が東京23区内一般道路の約5倍、走行台キロ・貨物輸送量は2倍を占め、物流の枢要な役割を果たしている。しかし、東京五輪にあわせ緊急的に整備された都心環状線や1号羽田線など、建設から40年以上たつものが約90km（約3割）、30年以上が約140km（約5割）と老朽化が進んでいる。さらに過積載車両の通行等の過酷な利用条件から構造物の劣化が進み、場所によっては更新を検討すべき時期に来ている。

2 安全な高速走行ができない道路構造

　首都高は、東京五輪に間にあわせるべく従前の道路構造令に基づく整備が進められたため、複雑な分合流や路肩幅員が狭小で曲率半径が小さい等で安全な高速走行ができない道路構造となっている。

3 景観への影響・水辺空間の喪失

　首都高は、既存道路や河川の上空に整備された高架橋が周辺に圧迫感を与え、都市景観の阻害や水辺空間の喪失を招いている。

4 首都直下型地震への対応

　緊急輸送道路として構造物の耐震力を強化するとともに、不測の事態に備え環状道路整備などのネットワーク強化が必要である。

　こうした問題点に対し、首都高の更新にとどまらず世界都市東京にふさわしい再生を検討の基本方針とした。検討対象としては、おおむね中央環状線の内側に位置する都心環状線とその関連

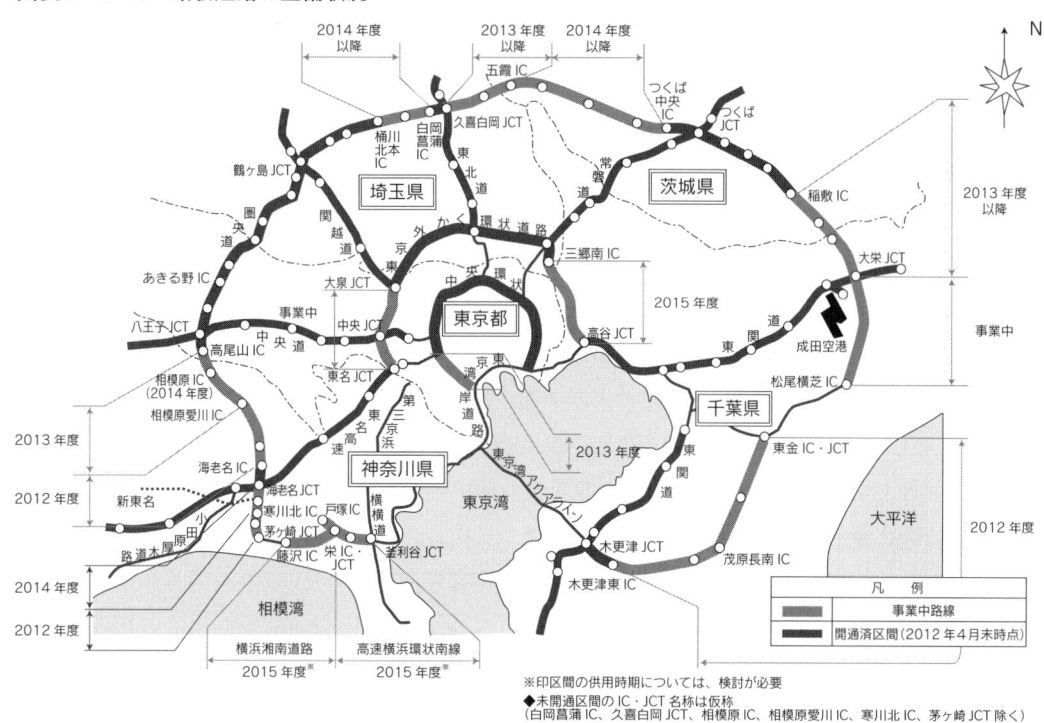

図表3・2・10 環状道路の整備状況

(出典)「第5回 首都高速の再生に関する有識者会議 提言書(案)」

区間とし、将来像として、「案1 単純撤去案」「案2 撤去・再構築案」を主として検討した。

こうした大規模更新の実施時期は、三環状がおおむね完成(外環、圏央道、横浜環状北線・北西線がおおむね供用。小松川JCT、中環拡幅事業完成)して交通ネットワーク整備が進む2022年以降の案となっている(図表3・2・10)。

「案2 撤去・再構築案」においては、国際ロータリー第2750地区の提案する【首都高都心環状線を地下化することにより、「安全・安心で」「環境に良く」「文化価値を回復して」、首都「東京」及び日本の魅力度・競争力強化を実現する。】[28]案をもとに、検討を進めている。

具体的には、築40年を経過して老朽化した中央環状線内側の都心環状線と放射道路に代わる新都心線を建設して、地表の川および通りを覆う既存道路は撤去する。新都心線は、外堀通り等の公共施設の地下で、浅深度地下を基本としてやむを得ない区間のみ大深度地下を活用する。東京に直下型大地震が来た場合に経済被害は約112兆円、都心環状線地下化のコストは約9兆円(首都高速の既存債務、新都心線建設費用、追加補修費の合計)と試算。利用者負担と民間活用等で賄える結果とした。

こうした"首都高速の再生に関する有識者会議"の議論に対し、莫大な整備費用が必要な点から否定的な意見も少なくない。

2.2.2 成田空港、羽田空港、都心のアクセス向上による一体運用

　成田空港は首都圏ばかりでなく日本を代表する国際空港である。しかし、1966年に千葉県成田市三里塚が新空港建設候補地と決定した後、一方的な政府の候補地選定プロセスから三里塚闘争と呼ばれる激しい反対が続いた。当初計画では、滑走路は4,000m、2,500m、横風用3,200mの3本が計画され、1974年4月から全面供用開始の予定であったが、2012年現在でも、滑走路は4,000m、2,500mの2本で、横風用滑走路は建設が凍結されている。

　成田新幹線は、都心と約65km離れた成田空港との旅客輸送を円滑に行うために計画された。先行工事を1974年着工、1976年度開業の予定であった。しかし、東京都江戸川区や千葉県浦安市の住民、東京都知事と千葉県知事、市川市・船橋市・浦安町の各市・町議会等の反対で用地買収もほとんど行えず計画は暗礁に乗り上げ、5年後の1983年工事凍結、1986年成田新幹線計画断念、1987年には国鉄分割民営化により基本計画失効となった。

　こうした空港施設やアクセス整備の遅れから、国際線発着枠が十分に確保できないばかりでなく、騒音対策として23時〜6時までの離発着禁止、都心からのアクセス時間の長さ、国内線乗り入れ便数の少なさ（羽田との連携の悪さ）などの問題で、発展する東アジアのハブ空港の地位を失う結果となった。こうした事態に対し、これまで国内線専用であった羽田空港では、再拡張を行い再国際化が進められている。

　しかし、成田新空港建設を決意する理由となった羽田空港拡張の限界が、建設技術の進歩を考慮してもなくなったわけではない。また、羽田空港だけでは東アジアのハブ空港機能を果たすことはできない。そのため、東京都心とのアクセスを改善して成田と羽田両空港を一体的に運用しようとする動きが出てきている。

　現状は第1ターミナルの下に成田空港駅、第2ターミナルの下に空港第2ビル駅があり、JR東日本の成田エクスプレスと京成電鉄から北総線を経由する成田スカイアクセスが乗り入れている（図表3・2・11）。

　成田スカイアクセスは、成田〜日暮里間を36分で結ぶが、乗り換えての東京駅や羽田空港等までの利便性が悪く、成田・羽田一体運用には程遠い状況である。

　そこで国土交通省は、2009年度および2010年度に「成田・羽田両空港間及び都心と両空港間の鉄道アクセス改善に係る調査」[29]を行い、概要を発表した。

　この調査では、押上駅から東京駅丸の内側の新東京駅を経て京急線・都営浅草線の泉岳寺駅までの延長約11kmの新線建設を想定した（図表3・2・12）。

　この計画が実現した場合には、成田〜羽田間が乗り換えなしで92分⇒59分と33分短縮、概算工事費は3,700億円と試算された。

　課題としては、①関係者間の合意形成、②公的負担を抑制させる事業スキーム等の検討の深度化、③安定的な財源確保とした。さらに、④その他として、既存線への取り付け等の技術的検討

第2節　今後の地下空間利用の方向

図表3・2・11　羽田―都心―成田の現状アクセス

凡例：
- スカイライナー
- 成田エクスプレス
- 都営浅草線
- 成田スカイアクセス
- JR
- 京浜急行線
- 京成本線
- 東京モノレール
- リムジンバス

路　　線	種　　別	問い合わせなど
成田スカイアクセス	スカイライナー アクセス特急	京成電鉄
京成本線	シティライナー モーニングライナー イブニングライナー 快速特急	
JR	成田エクスプレス 快速エアポート成田	成田エクスプレス
京成本線・都営線・京浜急行線の相互乗り入れ	―	京浜急行
リムジンバス	―	東京空港交通

（出典）成田国際空港(株)ホームページ (2012.8) (http://www.narita-airport.jp/jp/access/train/index.html)

図表3・2・12　想定ルート

（出典）国土交通省「平成22年度　成田・羽田両空港間及び都心と両空港間の鉄道アクセス改善に係る調査の概要について」

435

の深度化と既存線の利便性確保を踏まえたサービス水準等の検討の深度化をあげた。

　神奈川県は、成田・羽田一体運用が首都圏にとっていかに大事かを分析したうえで、「成田～羽田超高速鉄道整備構想検討調査」[30]として大深度地下を利用して、両空港をリニアモーターカーで結ぶ超高速鉄道を提案した（**図表３・２・13**）[31]。

　この計画では、成田・羽田両空港が15分で結ばれ、首都圏がより有機的に結ばれるとしている（成田～都心～羽田：１期施工、横浜やさいたま新都心延伸：２期施工、横田飛行場が共用の際：３期施工）。

　どちらの案も首都圏における空港機能の強化・充実を真剣に論議した結果であり、わが国の国際競争力や経済社会活動の向上に非常に重要な考え方である。

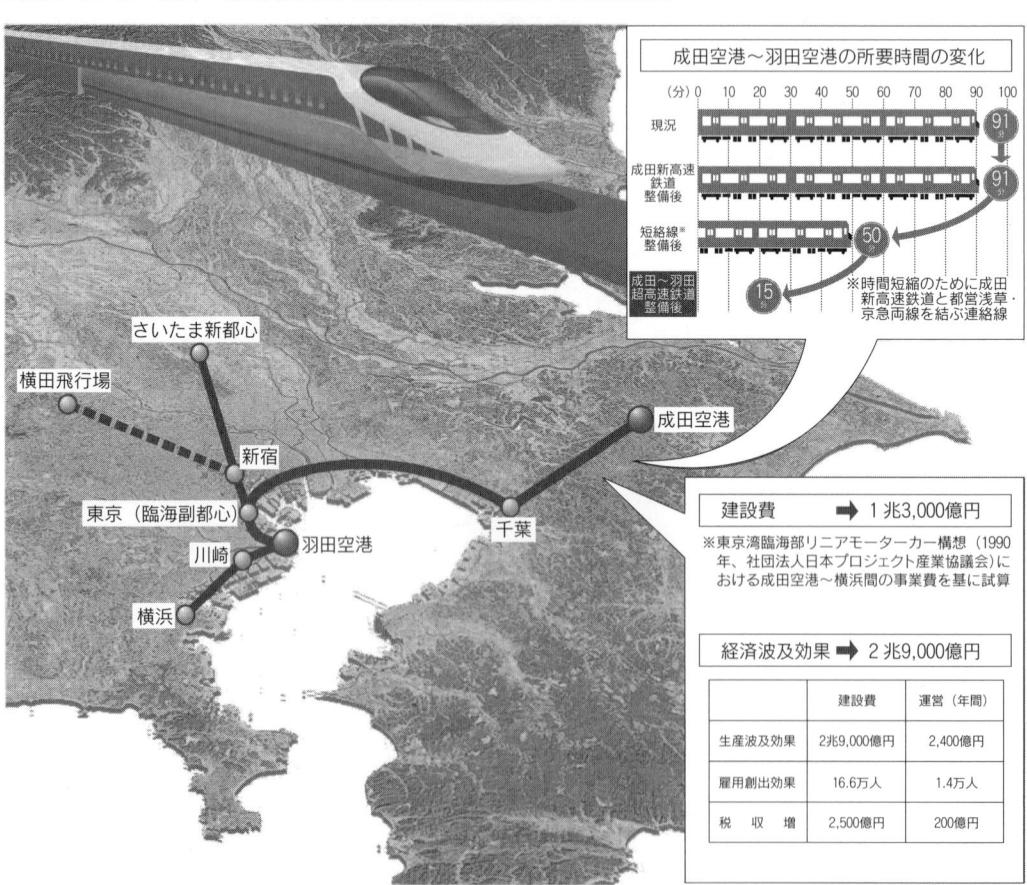

図表３・２・13　成田・羽田両空港の超高速鉄道整備構想　神奈川県案

（出典）神奈川県「成田～羽田を15分で結ぶ　成田～羽田超高速鉄道整備構想～成田・羽田の一体運用の実現に向けて～概要版」

2.2.3 都市景観

東京は、1590年に徳川家康が江戸入府以来、1636年総構え（総縄張り）の完成を経て明治・大正・昭和・平成の現在まで、1868年からの明治維新、1923年の関東大震災、1945年太平洋戦争敗戦等、420年間の歴史が重層的に積み重なっている。

太平洋戦争後の瓦礫処理やその後の急膨張する都市活動に、長期的な都市計画なしにその場しのぎの対応を繰り返した結果、国土交通省が2003年7月に公表した「美しい国づくり政策大綱」[32]に「都市には電線がはりめぐらされ、緑が少なく、家々はブロック塀で囲まれ、ビルの高さは不揃いであり、看板、標識が雑然と立ち並び、美しさとはほど遠い風景となっている。」、「国土づくり、まちづくりにおいて、経済性や効率性、機能性を重視したため美しさへの配慮を欠いた雑然とした景観、無個性・画一的な景観等が各地で見られる。」といった現状になっている。

こうした状況に対し、国土交通省で電線類の地中化を進める等、少しずつ改善が進められている。また、民間からも次のようないくつかの提案がなされている。

1 日本橋地域から始まる新たな街づくりに向けて（提言）[33]

この提言では、「わが国では、特に高度経済成長期において、経済効率性を重視した街づくりが全国で進み、その結果、川は直立護岸で囲まれ、高架道路は公共空間を覆い、不統一に乱立するビルが都市を埋め、潤いと美しさのない街が全国に出現した。1964年の東京オリンピック開催に向け、緊急に整備された首都高速道路はその代表例であり、これは日本経済を支える重要な役割を担ってきたが、一方では貴重な水辺空間を消失するなど都市の景観や快適さを損なうこととなった。」との現状認識のもとに、日本橋川沿いの首都高を撤去、移設（高架化、地下化）する案を交通、景観、まちづくり、建設費の観点から詳細な検討を行った。

その結果、大深度ではない浅い地下化案（**図表3・2・14**）が最善とし、「我が国の都市を自分達も誇りとし、また外国人も魅力を覚え、憧憬をもって見るものとするため」早急な事業の実現を求めた（**図表3・2・15**）。

この提案の理念が、国土交通省「首都高速の再生に関する有識者会議」に強く影響を与えたと考えられる。

図表3・2・14　浅い地下化案

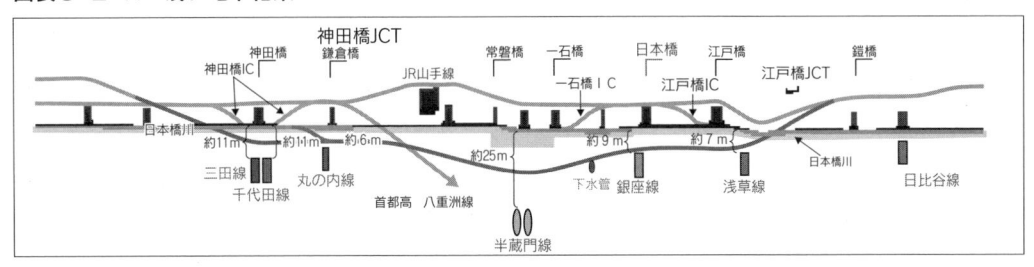

（出典）日本橋川に空を取り戻す会（伊藤滋・奥田碩・中村英夫・三浦朱門）「日本橋地域から始まる新たな街づくりにむけて（提言）」

第3章 地下空間利用の将来展望

図表3・2・15 首都高移設後の日本橋地域将来図

（出典）日本橋川に空を取り戻す会（伊藤滋・奥田碩・中村英夫・三浦朱門）「日本橋地域から始まる新たな街づくりにむけて（提言）」

2 外堀通りの地下化提案

1 都市の大規模リノベーション事例研究[34]

本研究は、四ツ谷駅〜飯田橋まで、すなわち、市ヶ谷堀、新見附堀、牛込堀に面した外堀通りを地下化し、地上プロムナードを創設する（図表3・2・16）。

図表3・2・16 道路・水辺のリノベーション提案

（出典）「都市の大規模リノベーション事例研究—外堀通り地下化の提案—」社団法人日本コンサルタンツ協会インフラストラクチャー研究所、総括 中村英夫武蔵工業大学学長、「日本橋地域から始まる新たな街づくりにむけて（提言）」

さらに、外堀の地下に貯留槽を設けることで降雨時の下水流入防止を図り、外堀水質浄化を実現する提案である。工事費約900億円＋α、期間約7年とした。この提案によって、①快適さ、②安全性、③美しさ、④楽しさ、⑤風格、⑥安らぎの6要素を満たす街づくりを目指した。

2 地上の景観を保全するための地下利用[35]

これは、以下の提案である。
① 外濠、神田川、日本橋川を景観軸とした連続公共空間の構築

第2節 今後の地下空間利用の方向

図表3・2・17 親水公園のイメージ

(出典)財団法人エンジニアリング振興協会(現 一般財団法人エンジニアリング協会)「地上の景観を保全するための地下利用」『平成21年度エコ・ヒューマン・エンジニアリングに関する調査研究報告書 第5分冊＜地下空間関連分野＞』

② "風の道"としてのオープンスペースの創出
③ 濠・川がベースの都市再生誘導
④ 飯田橋―赤坂見附間の外堀通りを地下化することでオープンスペース（親水公園）を創り出す

この提案が実現すれば、長さ約3km、幅10～15mで、遊歩道ともなる約3万m²の親水公園が生まれることになる（**図表3・2・17**）。

また現在の外堀は、合流式下水道の降雨時放流下水等に起因する有機汚濁物質等の流入により、富栄養化が起こりアオコ等の大量発生や汚濁沈殿、腐敗が繰り返されている。こうした水環境を、落合水再生センターの再生水を活用することで改善する案をあわせて提案した。こうして水循環の回復によって景観・水辺・生態系等、多面的な共生による自然恩恵が生かされる環境を創出することができるとした。

これまで述べてきた提案は、都市が経てきた歴史と現在の生活そして社会経済活動との調和を求めていると考えられる。そしてわが国が、歴史、生活、社会経済活動の調和した都市景観を実現していくに従い、訪日外国人旅行者の共感を呼びリピーターとなって幾度も日本に足を運んでくれる真の観光立国になっていくと考えられ、行政と民間が知恵を出し合いながら実現に向かって不断の努力をしていく必要がある。

2.2.4 東海道新幹線代替の幹線鉄道[36)37)]

わが国の人口・産業・観光等の枢要集積地域である三大都市圏(東京圏、名古屋圏および関西圏)の旅客輸送は、これまで主として1964年10月開業の東海道新幹線が担ってきた。この東海道新幹線は、1日当たり列車本数：333本、1日当たり輸送人員：約39.1万人(年間輸送人員：約1億4,300万人)など、世界有数の実績を誇る大動脈鉄道路線である(2012年3月期実績)。

しかし開業後47年が経過して、今後経年劣化への適切な対応として大規模改修工事を考える必要が出てきている。また、阪神・淡路大震災や東日本大震災の経験を踏まえれば、東海地震等の大規模災害に対して抜本的な備えを検討する時期にきている。

こうしたことから、東海道新幹線の役割を代替する鉄道路線を、全国新幹線鉄道整備法に基づく超電導磁気浮上方式中央新幹線として整備する検討が、図表3・2・18に示す手順で進められている。

2011年5月に交通政策審議会陸上交通分科会鉄道部会中央新幹線小委員会の答申を経て、国土交通大臣は、JR東海を東京都・大阪市間の営業主体等に指名するとともに整備計画を決定し建設指示を行った。この整備計画は、超電導磁気浮上方式、最高設計速度505km/h、主要な経過地

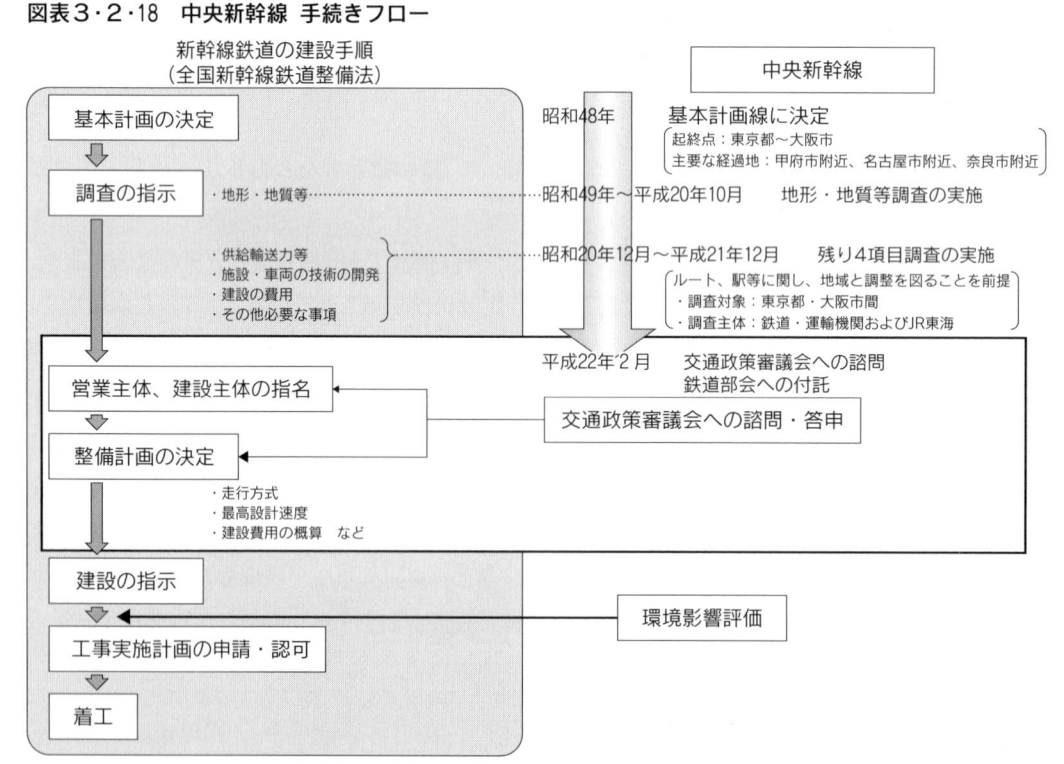

図表3・2・18 中央新幹線 手続きフロー

(出典) 国土交通省交通政策審議会陸上交通分科会鉄道部会中央新幹線小委員会答申「中央新幹線の営業主体及び建設主体の指名並びに整備計画の決定について」2011.5

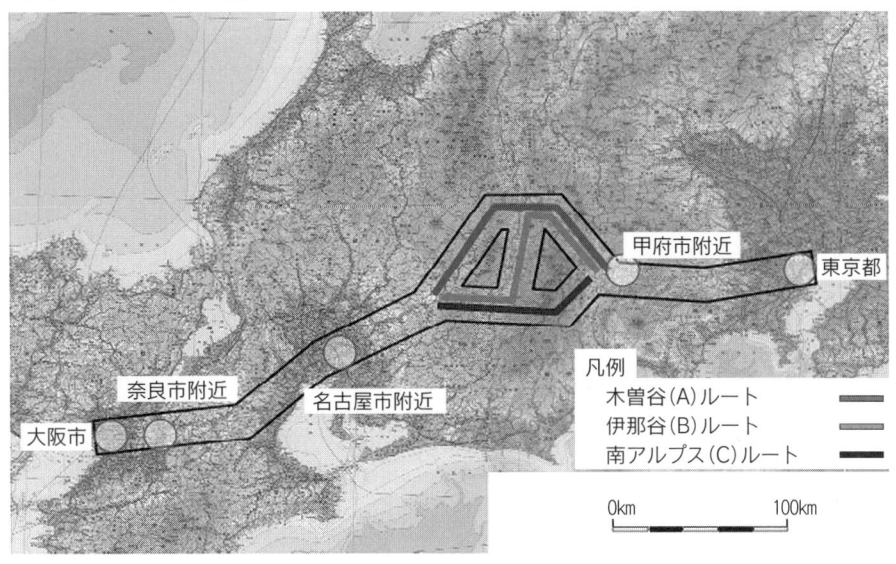

図表3・2・19 中央新幹線3ルート案

（出典）国土交通省交通政策審議会陸上交通分科会鉄道部会中央新幹線小委員会答申「中央新幹線の営業主体及び建設主体の指名並びに整備計画の決定について」2011.5

点として**図表3・2・19**に示す3ルート案のうち南アルプスルートとなっている。2012年8月時点では、JR東海が東京都・名古屋市間において環境影響評価の手続きを進めている。

中央新幹線に超電導磁気浮上方式を採用するまでには、1962年から50年に及ぶ技術開発の歴史があり、宮崎県、山梨県の実験線における走行試験を繰り返してきた結果、2003年12月に鉄道世界最高速度581km/hを記録する等、多くの実績を積み上げている。こうした実績を評価して、国は超電導磁気浮上方式を認可したといえる。

超電導磁気浮上方式による中央新幹線の実現により、東京～大阪間は約1時間で結ばれると想定されている。この新線建設では、地表面通過を少なくして大深度地下も含む地下の大幅な活用が予定されている。環境に優しく用地買収が少なくといった地下特性を最大限に生かす計画といえる。[38]

2.3 エネルギー

エネルギーの需給検討は、化石燃料供給余力の評価、自然エネルギー利用技術の進展、原子力エネルギーの安全性、経済性の再評価などを行いながら、技術の革新によるエネルギー利用効率の向上を得て、社会経済の発展、社会の安全、環境との調和とのコンセンサスを得る方向を目指して進められている。

日本では、長期的には再生可能エネルギーとしての自然エネルギーの利用の拡大を目指すことが模索されている。一方で、セキュリティーの確保によるエネルギーの安定供給と、日本の経済

競争力を保ちながら供給と需要のバランスをキープすべく、化石燃料の継続使用、原子力の利用等とどのように調和をとってゆくかについて議論が続いている。

エネルギー供給のインフラ設備は、エネルギー需給環境を勘案しながら、長期的視野で整備されなければならない。インフラ設備には、エネルギー生産設備、輸送、貯蔵設備、エネルギー変換設備など多くの設備が必要である。これらの設備では、設備立地の環境と設置目的、運用での経済性、利便性、安全性に応じて、最適な立地方法が選択される。地下空間は、以下に示すような利点を有しており、これらのエネルギーインフラの立地では、個別の計画ごとに地上に設置するケースと地下設置の比較検討が行われている。

・地上設置面積を最小限におさえることができ敷地の有効利用が図られる。また、地上の土地利用を継続させながらその地下を有効に利用することができる。
・威圧感がなく設置場所の景観に大きく配慮した、環境への影響を直接的に与えない設備とすることができる。
・地震や気候変動の影響を受けにくく、温度変化が少なく一定温での長期保存が容易である。
・自然岩盤、掘削空洞などを利用し、大容量貯蔵設備として利用できる。
・周辺の火災等の影響を受けにくい。
・テロ等外部からの攻撃に強い。等々

ここでは、地下空間の利用の点で注目されるエネルギー設備関連のいくつかの動きとして、天然ガスインフラの整備、二酸化炭素地下貯留、放射性廃棄物処分施設、地熱発電を取り上げて、計画、構想の背景、目的も含め紹介する。

2.3.1 天然ガスインフラの整備

1 日本のエネルギー環境

2012年6月に総合資源エネルギー調査会総合部会「天然ガスシフト基盤整備専門委員会報告書」では、"今後は、原子力発電への依存度をできる限り低減させる方向性の中で、再生可能エネルギー、コジェネ、自家発等の多様な供給力の最大活用によってリスク分散と効率性を確保する分散型の次世代システムを実現していくとともに、熱需要を含めた最先端の省エネ社会を実現していくこと等が必要となるが、その中で天然ガスシフトは一層重要な課題となると考えられる。"[39)]とうたわれている。

原子力に依存しない低炭素社会を目指す道程を考えると、環境に優しい"天然ガス"の活用が必須である。天然ガスについては、最近、世界各地で従来のガス田に加え、非在来型資源としてシェール（頁岩）層から新採掘技術を利用してのシェールガスの採掘が促進され、天然ガス可採量の大幅な増加の期待が確実視されている。これにより、ガス産出量の増加とともにガス供給国

が大きく変化してきている。

2 わが国の天然ガスインフラ設備の現状

　現状のわが国の天然ガス供給については、約5％が新潟、秋田、北海道等のガス田から産出される天然ガスで、残りはガス産出国で天然ガスを液化しLNGの形でLNGタンカーを利用しわが国のLNG基地に受け入れ、その後、再ガス化し消費者に供給している。

　このようなLNGの形で受入・活用しているガスインフラ設備の実情をみると、第2章6.4で述べたように、消費者が集まる大都市圏の臨海部にLNG基地が立地され、このLNG基地を扇の要として大都市圏のガス消費者にガスを供給するガスネットワークが構築されている。また、LNG火力発電所については、発電所ごとにLNG基地を設けLNGを気化し使用している。これらの設備は地域ごとに独立しているのが現状である。内陸部や大都市圏以外のガス消費者に対しては、上記のLNG基地よりLNGローリ、貨車、内航船等で供給している。

　天然ガスへの依存が大幅に増大する傾向が高まる中、わが国の天然ガスパイプラインは大消費地の大都市圏に設けられたガスネットワークの範囲を越える相互の接続はなされておらず、2011年3月11日の東日本大震災において発生した大津波のように広域に壊滅的な被害を及ぼすような場合の相互融通は難しいのが現状である。

　東日本大震災の場合は第2章「6.4.1　新潟―仙台ライン」で述べたように、中圧管以上の基幹パイプラインは被害を免れたものの仙台市に立地する仙台市ガス局LNG基地は津波により壊滅的な被害を受けガス供給はまったく不可能となり、仙台市圏への長期間のガス供給が停止することが予想された。しかし、東日本大震災の被害を受けなかった新潟からの広域的天然ガスパイプライン「新潟～仙台ライン」と仙台市圏ガスネットワークが接続されていたことにより、震災から約1か月で復旧が完了できている。

　中圧管以上の基幹パイプラインの堅牢性は、阪神・淡路大震災においても証明されている。

　このように早期復旧が可能であったのは、被災地に平常時消費者にガスを供給しているLNG基地を扇の要とする大都市圏ガスネットワークと被災を受けなかった他所のLNG基地等のガス供給源が幹線パイプラインにより接続されていたことによるところが大きいと思われる。

　現状では、仙台の例に示すように幹線パイプラインに接続されバックアップ可能な箇所はまれであり大都市圏相互のガスネットワークが接続されておらず、東日本大震災のようなことが起きた場合、長期にわたり天然ガスの供給が途絶するリスクがあることを顕在化させる結果となっている。

　これらのことは、わが国を網羅する広域天然ガスパイプライン網を構築し個々の都市圏ガスネットワーク相互の連系、LNG基地間連系することの重要性を示している。

3 諸外国の天然ガスインフラ設備の現状[40]

　わが国と同じような国土面積と地形を有し、地理条件、社会条件等々似かよったイタリアにお

ける天然ガスインフラ整備状況は、**図表3・2・20**に示すように国内LNG基地、北アフリカおよびヨーロッパ大陸からの天然ガス幹線を結ぶ広域天然ガスパイプライン網が整備され天然ガスが安定供給されている。

また、日本と同様に天然ガス供給の大部分をLNG輸入に依存している隣国・韓国ではLNG基地間を結ぶパイプライン幹線を敷設し広域天然ガスパイプライン網を整備し天然ガスが供給されている。東海岸で操業中である唯一の国産ガス田・東海ガス田は2017年から貯蔵設備として利用される予定である。

このように、2国とも天然ガスパイプライン網を整備しガス供給の多様化を行い天然ガスの安定供給を図っている。

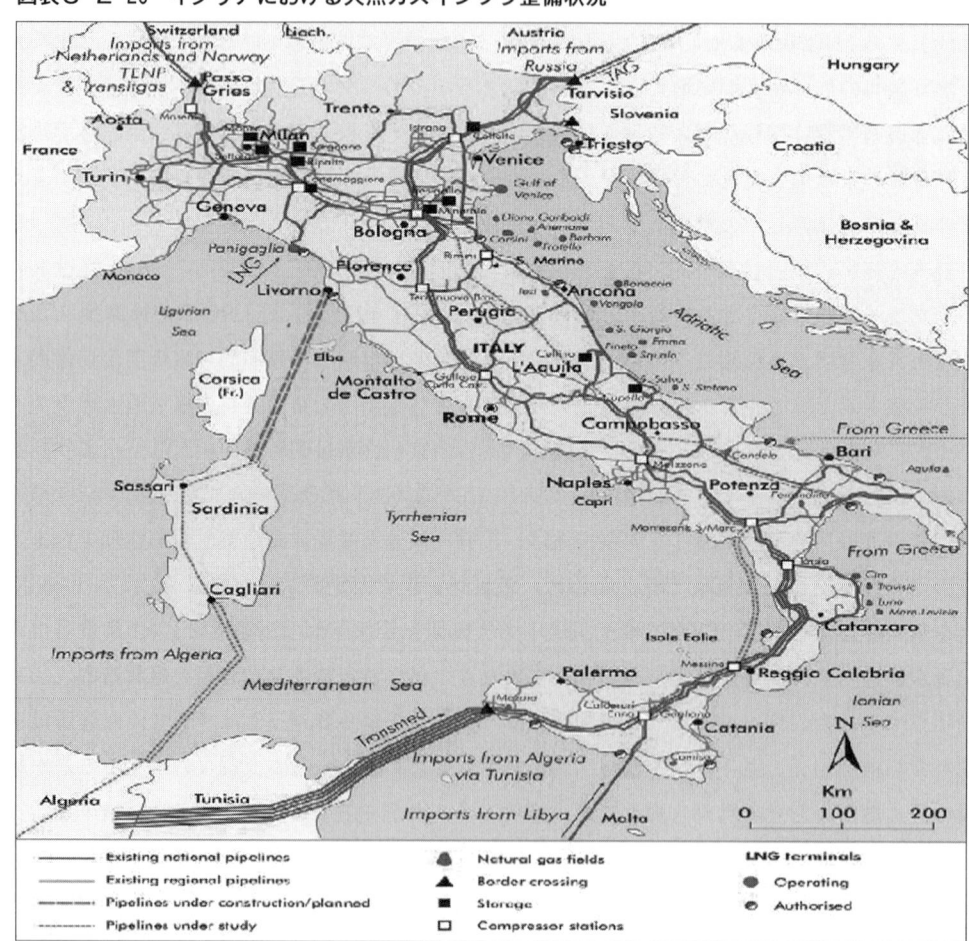

図表3・2・20 イタリアにおける天然ガスインフラ整備状況

（出典）第3回天然ガス基盤整備委員会「諸外国におけるガスインフラ設備の現状」p.33、2012.4

4 今後のわが国の広域パイプラインネットワークの整備と連系した貯蔵設備の整備

　今後、天然ガスシフトへ進み、シェールガス開発等でガス供給源が多様化する中、わが国の天然ガス供給の大部分はLNGの形での受入れでありLNG購入価格は原油輸入価格にリンクした形で決められており、米国・シェールガス価格に比べ、5～6倍の高い購入価格となっている。

　この高い天然ガス購入価格が天然ガス導入の大きな足枷となっている。天然ガス供給先の多様化とともに、広域天然ガス幹線ネットワークを構築することによりLNG基地間での相互融通を行うことにより、共同ガス購入価格交渉を強い立場で図れる可能性が開ける。

　現在のLNGの形での天然ガスの供給に加えて今後のガス供給源の多様化として期待されるものとして、①国際天然ガスパイプラインとの連系、②わが国周辺海域において大量に埋蔵され、将来的には国産エネルギーとして産出が期待されるメタンハイドレートからの天然ガスを**図表3・2・21**に示す広域パイプラインネットワークに接続して供給基盤を強化していくことが考えられる。

　上記広域パイプラインネットワークシステムとして、この広域天然ガス幹線パイプラインに、①季間需要変動対応、②高いスポット価格でのLNG購入回避、③LNG基地間相互融通、④東日本大震災等の自然災害時の緊急時対応等々である。将来のガス供給源の多様化が実現される前に、当面は広域パイプラインネットワークへの貯蔵施設の連系および天然ガス備蓄を充実することが重要となる。

　貯蔵施設の方式として、下記の方式があげられる。
①　地上タンク方式：金属二重殻タンク方式、PC金属二重殻方式
②　地下（地中）タンク方式
③　枯渇ガス田を利用した地下ガス貯蔵設備
　新潟県地区で、昭和40年代より天然ガスの季間需要変動調整用に使用されている。
④　地下岩盤空洞を利用した貯蔵方式：常温高圧ガス貯蔵方式、低温LNG岩盤貯蔵方式

　第2章第6節で天然ガスの貯蔵事業の現状の動きを紹介しているように、これらの方式のいくつかを利用した天然ガスの貯蔵の拡大が検討されている。

5 地下岩盤空洞を利用した貯蔵方式

　前項で述べた貯蔵方式のうち、わが国で実績がない「地下岩盤空洞を利用した貯蔵方式」について、以下紹介する。

　天然ガス地下貯蔵に関して、欧米の現状は季節間や週間等の需要変動を吸収し、パイプラインの利用効率を向上させるために、枯渇ガス田、帯水層、岩塩層に貯蔵されているものが多い。

　しかし、ガス田は新潟県等に偏在し、岩塩層を有しない地質構造に恵まれないわが国の場合、下記の天然ガス（LNG）地下貯蔵の方式が期待できる。

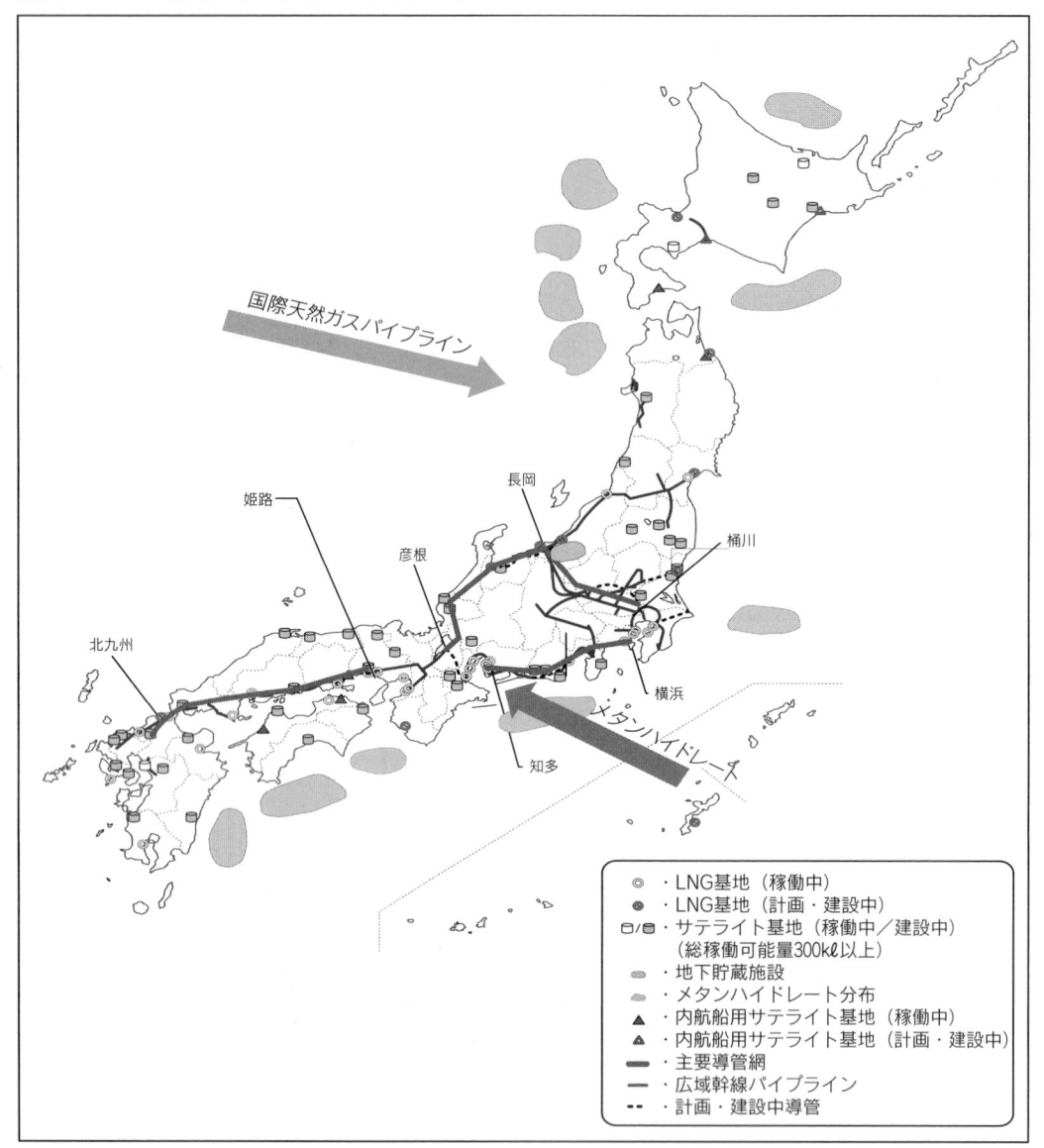

図表3・2・21　広域パイプラインネットワーク

（出典）「天然ガスシフト基盤整備専門委員会報告書 参考資料集 平成24年6月」25頁を参考に作成

1 常温高圧ガス貯蔵方式

　常温高圧ガス貯蔵方式としては、岐阜県・神岡鉱山で実証実験を行った「次世代天然ガス高圧貯蔵 ANGAS」と「CNG水封式」がある。CNG水封式は地下1,000mに大規模貯槽を設け、水封式で貯蔵するもので、わが国の岩盤は深部まで割れ目が発達する可能性があるので、技術的に困難が予想され、わが国では高圧貯蔵 ANGAS への試みが実験、実証として行われた。第2章「8.2　実験施設」の中で、この ANGAS について紹介しているので参照されたい。

2 低温LNG岩盤貯蔵方式

低温岩盤貯蔵方式として、未だいずれの方式も実用化、継続運用されていないが、

・凍結岩盤貯蔵方式
・凍結加圧併用方式
・ガスハイドレート方式
・ライニング方式（不飽和形成方式）
・ライニング方式（ヒーター方式）

等が考えられるが、本方式については技術的に解決しなければならない問題点が多い中、「ライニング方式（ヒーター方式）」については、周辺岩盤への影響が小さく、上記各種方式の中で最も安全な方式と考えられ、既存のLNG地下（地中）タンク技術の延長線上にあるということから実用化が期待できる方式である（図表3・2・22）。

図表3・2・22　ライニング式低温岩盤貯蔵タンク概念図

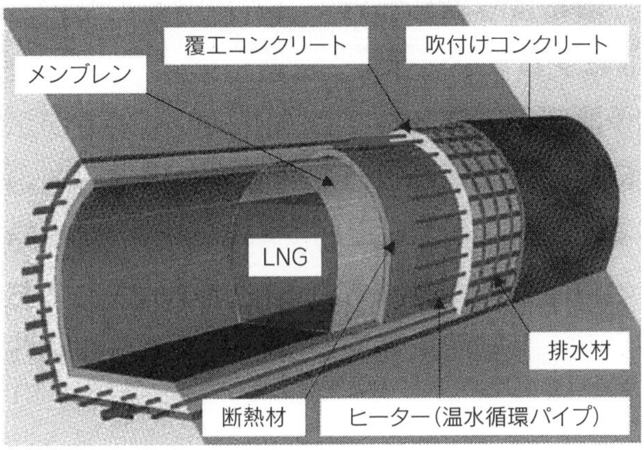

（出典）米山一幸ほか「メンブレン方式の新LNG低温岩盤貯蔵槽の成立性に対する室内モデル実験」『土木学会　第64回年次学術講演会（平成21年9月）』

本貯蔵方式の特徴は下記のとおりである。

・天然ガスを−162℃で貯蔵する。
・地下浅部に貯蔵が可能。
・メンブレン、断熱材、RCライニングで、液密・気密性を確保する。
・保冷材、ヒートパイプで凍結による岩盤損傷を防止する。
・常時排水することにより外水圧がメンブレンに作用するのを防止する。
・ブライン循環により岩盤の熱応力緩和、凍結・凍上防止を図る。

6 天然ガスインフラ整備による効果

このように天然ガスのインフラ整備を実現することにより下記のことが期待され、多岐、広範にわたり日本社会に大きな効果をもたらすとともに、温暖化ガス（CO_2）削減効果も期待できる。

- 東日本大震災等の大規模自然災害時の緊急時対応がスムーズに図れる。
- LNG基地間融通が可能となり基地の貯蔵設備余裕部分を有効活用できる。
- 冬季等需要ピーク時、備蓄を考慮した貯蔵基地のガス備蓄分を払出し使用することによりスポット価格での高値購入を避けることができる。
- パイプラインネットワーク沿いの新たなる企業誘致ができる。
- 家庭用コジェネおよび工場でのコジェネの普及が図れる。
- 内陸地帯に工場誘致および波及効果として雇用の促進、地域振興が図れる。
- 高効率天然ガス火力発電所の内陸部誘致が可能となる。
- 産業分野全般で下記のような天然ガス活用で活性化が図れる。
  - 高負荷価値のある農業の振興
  - ハイテクノポリス等産業団地での天然ガス活用

2.3.2 二酸化炭素地中貯留

1 二酸化炭素地中貯留の目的

人為起源のCO_2排出量は、産業革命以来、上昇を続けており、それに伴って世界の平均気温も顕著に上昇し、海水面の上昇などの地球温暖化リスクが顕在化している。

二酸化炭素地中貯留は、CCS（Carbon-Dioxide Capture and Storage）と呼称され、地球温暖化防止策の有力手法の1つである。地中貯留は、地下800m以深にある深部塩水層などの孔隙へ二酸化炭素を超臨界状態で圧入して貯留するものである。

地球温暖化対策としてIEA（International Energy Agency）によれば、2050年にCO_2排出量を現在量から半減するためには、商業規模（約100万$t-CO_2$/年）のCCSプロジェクトを3,400か所で実施しなければならないとしている。

2 日本における二酸化炭素地中貯留

この動向に対し、日本では、2000～2007年にかけてRITE（公益財団法人地球環境産業技術研究機構）が、ENAA（一般財団法人エンジニアリング協会）と共同で、新潟県長岡市で二酸化炭素地中貯留実証試験を実施した実績がある。約1万tのCO_2を地下1,100mの陸域の深部塩水層に地中貯留し、CO_2を安定して貯留できることを確認した。

また、2010年に策定されたCCSロードマップにより、2020年頃までにCCS関係技術を確立し、商業規模のCCSを開始することとしている。

このロードマップに従って、経済産業省は2011年度に、北海道苫小牧市で実証試験を行うことを決定した。実証試験計画によれば、2012年より地上設備建設、圧入井・モニタリング井の削孔を開始し、2015年から15～25万$t-CO_2$程度/年のCO_2を圧入・貯留する計画である。

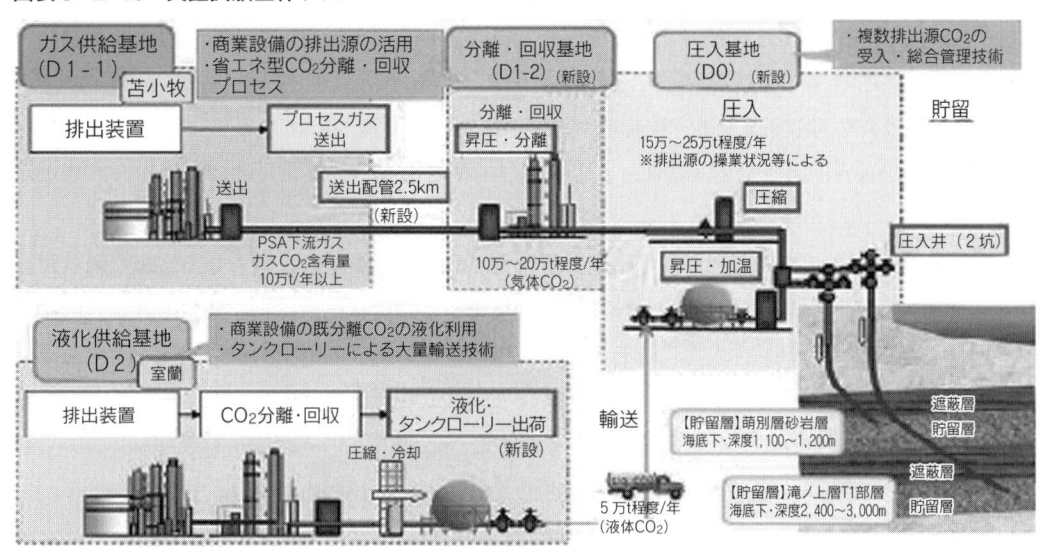

図表3・2・23 実証試験全体フロー

(出典) 経済産業省「苫小牧地点における実証試験計画」2012.2

実証試験の全体フロー図を**図表3・2・23**に示す。

計画では、商業運転中の製油所（2か所）の水素製造装置を排出源とし、一方では、CO_2含有ガスから分離・回収した気体CO_2をパイプラインで、他方では、既分離CO_2を液化した液体CO_2をローリー車で、それぞれ陸上の圧入基地へ輸送する。圧入基地では、これらのCO_2をそれぞれ圧縮、昇圧・加温して統合し、海底下にある2層の貯留層に圧入することになっている。

3 地中貯留の形式

地中貯留の形式として、①枯渇油ガス田利用、②CO_2を利用した石油・ガス増進回収法（EOR：Enhanced Oil Recovery, EGR：Enhanced Gas Recovery）、③深部塩水層、④CO_2を利用した炭層メタンガス増進回収法（ECBM：Enhanced Coal Bed Methane）などがあるが、そのほかにも⑤マイクロバブルを利用した地中貯留（2010～2011年JKA補助事業CO_2マイクロバブル地中貯留の成立性に関する調査研究：一般財団法人エンジニアリング協会）、⑥水和物（CO_2ハイドレード）地中貯留、⑦玄武岩・蛇紋岩地中貯留、⑧高温岩体地中貯留（地熱流体としてCO_2を利用）などが研究されている。

苫小牧の貯留層は、深部塩水層に分類される。

4 CCSの今後の展開

2011年3月の福島原子力発電所事故により、当面、化石燃料を利用した火力発電が主流をなし、CO_2排出量も増大すると懸念されている。地球温暖化防止のためには、CCSを促進する必要があるが、分離回収・輸送・貯留におけるCCSコストを低減し、経済合理性を向上させることが不

可欠である。現状では、分離回収コストが最も高いコストとなっており、排出源からの輸送コストの削減や、設備の簡潔化などコストを圧縮する方法を考えて実用化に備えなければならない。

日本国内には、大量のCO_2を貯留できる貯留層は、全国で1,460億$t-CO_2$（平成17年度 二酸化炭素地中貯留技術開発 全国貯留層賦存量調査：RITE／ENAA）と試算されているが、沿岸海域ではなく、沿岸から20km以上離れた海域にある貯留層が主体であり、二酸化炭素排出源からの離隔が大きいことが、輸送コスト面で不利となっている。

都市圏など排出源近傍に貯留層があることが確認されているものの、さらなる詳細な地質調査を必要としている。分離回収コストや輸送コストを抑えるためには、様々な貯留形式に対応する技術を確立させ、中小規模排出源にも利用が拡大可能なコストの安い地中貯留技術を開発して実用化に向けた努力を怠らないことが望まれる。

2.3.3 放射性廃棄物処分施設

エネルギー分野での地下空間の利用として、計画が進められているものの1つに放射性廃棄物の処分施設がある。地下が持つ物質を閉じ込める性質等を用いて環境への影響を最小限におさえ、放射性廃棄物を安全に処分するために地下を使用するもので、漏えい可能性、地下水系への影響等も含め慎重に科学的検討を行いながら実現に向けた取組みが進められている。

海外の事例では、フィンランド等で地層処分施設が立地決定し、地下実験施設による実証が進められており、本書第2章に内容を紹介している。地盤状況、処分対象物など事情は異なるが、国内でも廃棄物の処分への取組みが進められているので、以下に述べる。

1 放射性廃棄物処分施設の概要

わが国では1966年7月に日本原子力発電（株）の東海発電所が日本で初めての商業用原子力発電所として営業運転を開始して以来、現在までに58基が建設・運転され、福島第一原子力発電所の1～4号機を含む8基が廃止・解体中である。原子炉の運転に伴い、使用済み燃料や運転に伴う低レベル放射性廃棄物が発生する。使用済み燃料は再処理し、発生する高レベル放射性廃液を安定なガラスで固化しガラス固化体にして地層処分する計画である。

地層処分事業を推進するために、法律により2000年10月に原子力発電環境整備機構（NUMO）が発足した。2002年12月から全国の市町村を対象にして、地層処分施設の設置可能性のある地域の公募を開始するとともに、地層処分への理解促進に努めている。

高レベル放射性廃棄物は、半減期の長い核種を含むため、長期にわたって貯蔵管理することは現実的でなく、冷却のため30～50年貯蔵した後、地層処分して管理が不要な状態にする必要がある。高レベル放射性廃棄物の処分は、安全性を十分に確認したうえで、英知を集めてかならず実施しなければならない事業である。

なお、放射性廃棄物処分施設では、低レベル放射性廃棄物の浅地中埋設施設は日本原燃が青森

県の六ヶ所村ですでに操業しているほか、制御棒等の比較的濃度の高い低レベル廃棄物を処分する余裕深度処分施設や医療・研究用放射性廃棄物の処分施設の計画もあるが、ここでは最も大深度で大規模に地下を利用する地層処分に限って記述する。

2 地層処分の仕組み[44)〜46)]

　地層処分は、高レベル放射性廃棄物のガラス固化体を地下300m以上の深部地下に埋設し、様々な人工的なバリアと深部地層が有する物質を閉じ込める性質を組み合わせて、高レベル放射性廃棄物を確実に人間の生活環境から半永久的に隔離する方法である。

　図表３・２・24[44)]に内陸部結晶質岩の場合の地下施設例を、**図表３・２・25**[44)]に沿岸部堆積岩に設けられる処分施設の例を示す。

　これらの例では、内陸部結晶質岩では地下1,000m、沿岸部堆積岩では深度500mを想定しており、立坑や斜坑でアクセスする。地下施設は処分パネルというブロックに分け、建設、廃棄物の定置、埋め戻しの各作業を並行して作業可能とする。処分パネル内には総延長200〜250kmに及ぶ処分坑道を建設し、たとえば**図表３・２・26**[44)]のように処分坑道から処分孔を鉛直に削孔する。処分孔の中には、廃棄体（ガラス固化体）を人工バリアとともに定置する。人工バリアは、**図表３・２・27**[46)]のように廃棄体を収納する鉄製のオーバーパックとその外側の締め固めた粘土の緩衝材からなる。

　なお、処分孔は鉛直に削孔され縦に廃棄物と人工バリアが定置される場合（縦置き）のほか、処分孔を水平方向に設け、その中に廃棄物と人工バリアを定置する場合（横置き）が考えられている。地層処分のさらなる信頼性の向上のために詳細な処分方法の研究開発が行われている。

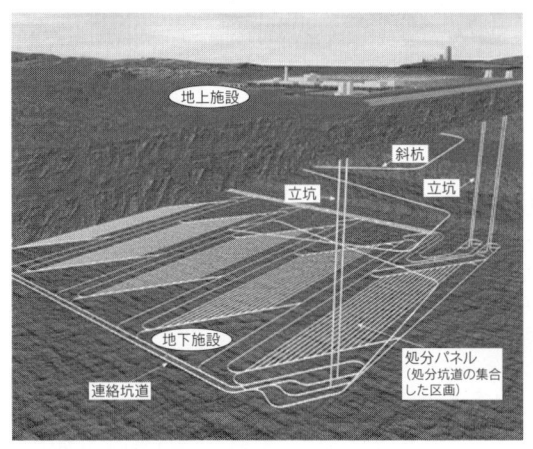

図表３・２・24　内陸部結晶質岩の場合の地下施設例

（出典）原子力発電環境整備機構

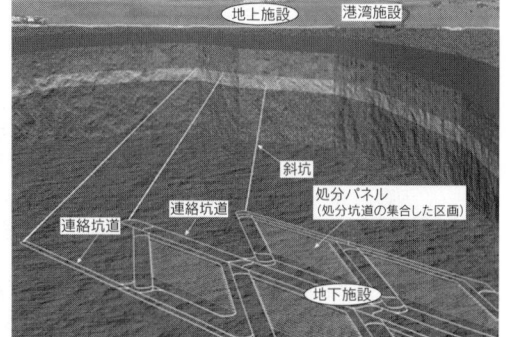

図表３・２・25　沿岸部堆積岩の場合の地下施設例

（出典）原子力発電環境整備機構

図表3・2・26 処分孔竪置き方式

（出典）原子力発電環境整備機構

図表3・2・27 人工バリアの基本概念

- ガラス固化体
- オーバーパック（鉄製の容器）
- 緩衝材（締め固めた粘土）
- 岩盤

（出典）原子力発電環境整備機構

3 世界の放射性廃棄物処分施設整備の動向

図表3・2・28に主要国の地層処分計画の状況を示す。フィンランドでは2001年、世界で初めて使用済み燃料の直接処分施設をオルキルオトに立地決定し、スウェーデンでは2009年、フォルスマルクを処分候補地として選定した。米国ではユッカマウンテンを処分場候補地としていたが、2009年政権交代により白紙に戻され、今後の見通しは立っていない。フランスでは地下深部に定置した廃棄物を100年以上にわたって回収することができる状態に維持するなど、将来の世代に選択肢を残す柔軟な対応がとられている。

図表3・2・28 主要国の地層処分計画の状況 （参考文献45)46)から抜粋し作成）

	フィンランド	スウェーデン	米国	フランス	スイス
廃棄物形態	使用済み燃料	使用済み燃料	使用済み燃料 ガラス固化体	ガラス固化体 使用済み燃料	ガラス固化体 使用済み燃料
候補地層	花崗岩	花崗岩	凝灰岩	花崗岩 または堆積岩	花崗岩 または堆積岩
処分深さ	約500m	約500m	約350m	400〜1,000m	約350m
処分事業の進捗と計画	・2001年：オルキルオトを処分地に決定 ・2004年：地下特性調査施設（ONKALO）建設開始 ・2020年：操業開始予定	・2009年：環境影響評価を経てエストハンマル自治体のフォルスマルク村を処分候補地として選定	・1987年：核廃棄物政策法修正法でユッカマウンテンを処分場候補サイトに選定 ・2009年：政権交代により足踏み状態、操業開始年未定	・2006年：放射性廃棄物等管理計画法が制定され、可逆性のある地層処分が基本方針となる。さらに、処分場はビュール周辺の研究対象地方に限ることを規定 ・2009年：ANDRAはビュール周辺から候補サイトを複数選定	・2006年：連邦評議会が「処分の実現可能性実証プロジェクト」を承認 ・2007年：特別計画「地層処分場」の策定 ・2008年：地層処分場3候補地域を公表

4 わが国の放射性廃棄物処分施設整備の方向

　福島第一原子力発電所事故により、原子力発電所に多数の使用済み燃料が貯蔵されている実態が再認識され、使用済み燃料の処理・処分がわが国の重要課題であることが認識された。今後、十分に安全を確保したうえで、将来の世代に問題を先送りすることがないように、処理・処分を進める必要がある。また、福島第一原子力発電所事故を受けて、今後、総発電電力量に対する原子力発電の比率が低下することは避けられない状況であり、直接処分についても研究開発を開始する方向になっている。フランスのように定置した廃棄物を回収することまで含めて研究開発するなど、柔軟性を確保しながら、進めていく必要があろう。

　地下の岩体には、放射性物質の移行を抑制する機能、地下水にとけている物質を吸着する機能がある。また、大深度地下は酸素が極めて少ないので、廃棄物を覆うオーバーパックの腐食は極めて小さい。地下は地震の揺れも小さく、高レベル放射性廃棄物の処分に地下が適していることは、国際的な合意事項になっている。わが国には優れた地下の調査技術、掘削技術があり、地下を活用した今後の処分事業推進が期待される。

2.3.4　地熱発電

1 地熱発電とは

　日本は、火山の多く点在した島国であり、地下深部にはマグマが存在し、膨大な熱エネルギーが蓄積されている。この熱エネルギーのうち、人類が取り出したり、利用できるエネルギーのことを地熱エネルギーと呼ぶ。地熱エネルギーは、深さ3km程度ぐらいまでの比較的地表に近い場所に蓄えられているもので、地熱発電のほか、温泉、暖房、熱水利用（家庭用、農業用、工業用）といった用途がある。

　日本の地熱発電所は、現在、雨水等の浸透地下水が地熱エネルギーにより高温に加熱された熱水を取り出し、この高温熱水を蒸気と熱水に分け、熱水は地下に戻して蒸気だけをタービンの動力として利用する蒸気発電方式（**図表3・2・29**）が主流である。

　地熱発電の方式には、そのほかに熱水を有効利用するバイナリーサイクル発電（**図表3・2・30**）がある。

　地下利用形態は、地下空洞を掘削し、利用することではなく、地熱流体が岩盤の亀裂・空隙を流動する過程で地熱エネルギーにより温められる場として利用することにある。

　地熱発電の特徴として、①純国産のエネルギー、②設備利用率が高い再生可能エネルギー、④半永久的に安定供給が可能などの長所があるが、地熱エネルギーは⑤その多くが自然公園内に賦存し、開発に規制がかかるなどの短所を有する。

第3章　地下空間利用の将来展望

図表3・2・29　蒸気発電

（出典）資源エネルギー庁ホームページ（http://www.enecho.meti.go.jp/energy/ground/ground02.htm）（図表3・2・30も同じ）

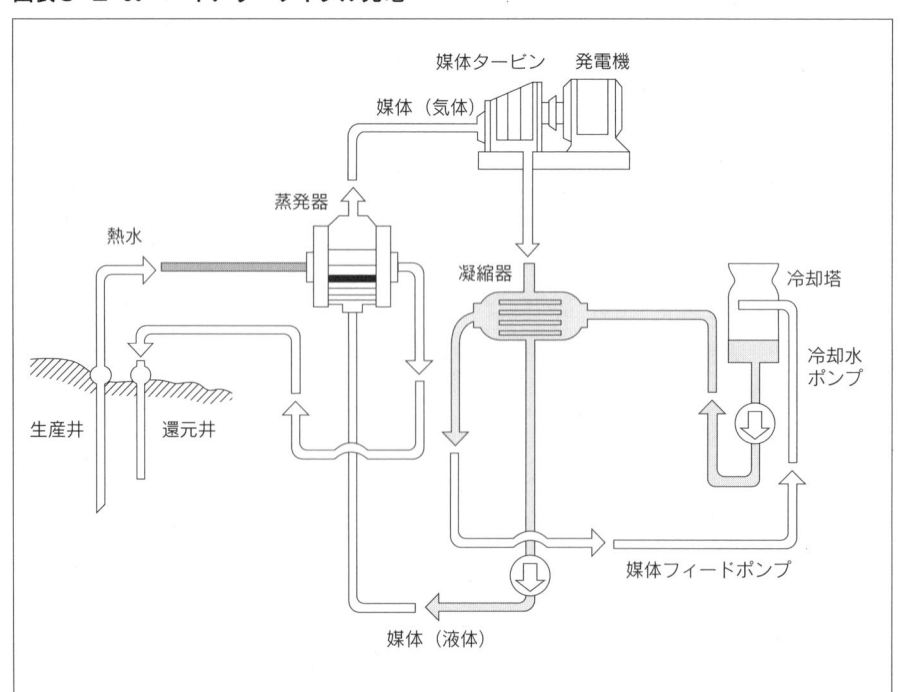

図表3・2・30　バイナリーサイクル発電

2 日本の地熱発電

　日本は資源量として2,347万 kW、世界第3位の地熱資源量を保有しているが、国立公園の規制、温泉事業者の反対などの理由により、設備容量としては17か所計約55万 kW で世界第8位に止まっている。

　2011年3月の東日本大震災以降、脱原子力の機運が高まり、再生可能エネルギー固定価格買取制度の施行、国立公園の規制緩和などの動きにより、地熱開発が促進されつつある。

　従来の地熱発電は、地下水等の地熱流体を循環利用する方法であったが、このような地熱流体が存在しないか量が少ない場合には、高温岩体発電（HDR：Hot Dry Rock）と呼ばれる、生産井と圧入井の間を水圧破砕割れ目で結び、地熱流体を循環させる方法も検討されている。この場合には、地熱流体として CO_2 を利用し、高効率化を図る方法も研究されている。

　地熱発電機器に関しては、日本のメーカーが製造した蒸気タービン・発電機の発電量を合計すると、世界の7割を占めており、主要国における地熱開発に深く関係してきた。2012年春においては、日本の地熱発電機器メーカーが、米国地熱発電プロジェクトへの資本参加するとの話題もあり、これからの世界の地熱開発にも目を向ける必要がある。

2.4　科学技術

　わが国は資源に乏しく、科学技術とそれを支える人材が将来を担う資源であるといえる。中国、韓国、インド等が技術力を高めている現在、基礎的な科学技術とその応用技術の優位性を失えば、わが国の先進国としての立場は極めて危機的な状況になることが危惧される。

　以上の状況から、科学技術創造立国が唱えられ、科学技術の振興が最重要政策課題の1つであるとして、科学技術基本法が1995（平成7）年に施行されている。基本方針として「科学技術イノベーション政策」の一体的展開、「人材とそれを支える組織の役割」の一層の重視、「社会とともに創り進める政策の実現」があげられている。同法に基づいて5年に一度、科学技術基本計画が策定され、平成23年度に策定された第4期科学技術基本計画における課題としては、「震災からの復興、再生の実現」「グリーンイノベーションの推進」「ライフイノベーションの推進」があげられている。また、この実現のために、科学技術イノベーションのシステム改革を推進するとされる。

　科学技術については、東日本大震災で十分その役割を果たせなかったのではないかという反省もしなければならないし、また、科学技術の信頼回復のために何ができるのか考えていかねばならない。しかし、天然資源に乏しい日本が将来にわたって先進国の一員として人類社会の持続的発展に貢献し、豊かな生活を実現するためには、やはり科学技術の振興を図ることが重要であると考える。

　地下空間は、カルチャーノイズの影響が小さく低振動、放射線遮蔽性能、防塵性、耐震安全性

など様々な特徴を有するので、前述したスーパーカミオカンデ、J-PARCのように、科学技術の研究の場の1つとしてしばしば利用されてきた。今後も地下を利用した実験施設の大型化、高度化にともない科学技術分野で大型の研究施設の建設が計画されている。以下に代表的事例として国際リニアコライダー計画を紹介する。

2.4.1 国際リニアコライダー（ILC）計画

1 国際リニアコライダー（ILC）計画とは

　国際リニアコライダー計画は、約30km（将来50kmに延長）の直線トンネル内に設置された超電導加速空洞内で電子と陽電子を加速し、中央部の実験ホールで衝突させ、そこで発生する素粒子を測定、解析する実験施設である。国際プロジェクトで、日、米、欧が立地を働きかけており、世界で1か所、実験施設が建設される予定である[51]。

　図表3・2・31は、世界の主な加速器の発展を年代と衝突エネルギーの関係で整理したものである。加速器には陽子・（反）陽子衝突型のハドロンコライダーと電子・陽電子衝突型のレプトンコライダーがあり、どちらも基本的な新しい物理原理を見出すために必要な加速器とされている。ハドロンコライダーとしてはジュネーブ近郊にあるCERN（欧州原子核研究機構）が、加速器ト

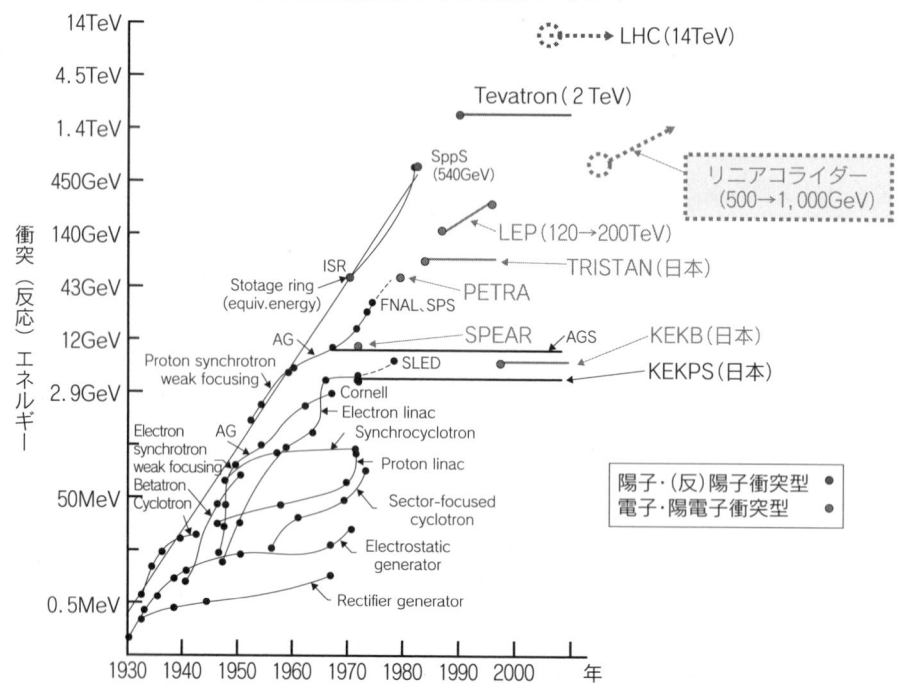

図表3・2・31　世界の主要な加速器施設の年代と衝突エネルギー

（出典）高エネルギー加速器研究機構　戸塚機構長講演配付資料「地下から宇宙の謎へ」『土木学会　平成17年度全国大会研究討論会』2005

ネルの周長27km、衝突エネルギー14TeVのLHCを建設・運転している。

　CERNは、2012年7月4日にヒッグス粒子とみられる新粒子を発見したと発表した。すべての物質に質量（重さ）を与える未知の素粒子「ヒッグス粒子」の存在がほぼ確実となった。ハドロンコライダーでは、陽子を衝突させるために様々な粒子が大量に発生し、その中からわずかな信号・ヒッグス粒子を検出する必要があり、ヒッグス粒子の詳細な実験には適していない。電子・陽電子を直線的に加速して衝突させるリニアコライダーの場合、ノイズが少なくヒッグス粒子の性質解明に適しているといえる。ヒッグス粒子の実験をするためのエネルギーは、約30kmのILCで十分実験できる範囲にあることがわかり、ILCの実現が切望される状況にある。電子の場合、円形加速器ではビームの方向を電磁石で曲げる必要があり、その際、放射光が発生し多大なエネルギーロスが生じる。そのため、電子・陽電子を直線的に加速して衝突させるリニアコライダーが必要である。

2 地下に計画される理由

　ILCは直線状に延長約30kmを有することから、わが国のサイトは緩やかな山岳地域に計画されている。ILCは電子と陽電子のビーム同士を正面衝突させることから、施設は低振動で、長期的に変位が少なく安定していることが求められる。地盤は花崗岩類よりなる地域の岩体内に計画されており、良好で安定している。地下は耐震性にも優れており、特に花崗岩類のような堅硬な岩盤では地表に比較して地震時の最大加速度は小さく、地震の影響は地表に比較して軽微である。

3 ILC計画の概要

　ILCの地下施設全体図を**図表3・2・32**に示す。施設はビームトンネル、サービストンネルからなるメインリニアックトンネル、実験ホール、アクセストンネルおよびアクセスホール、ダンピングリングトンネルなどから構成される。

　メインリニアックトンネルの概念図を**図表3・2・33**に示す。ビームトンネルとサービストンネルは運転時の放射線の遮蔽のため、コンクリートの隔壁で分離されている。ビームトンネルにはビームラインが通る加速空洞を内蔵したクライオモジュール（**図表3・2・34**）を連続的に設置する。加速空洞は、ニオブ金属製で液体ヘリウムにより絶対温度2度に保つことにより超伝導状態となる。サービストンネルには、加速空洞に入力する高周波を供給制御するクライストロンとその電源装置であるモジュレータなどを収納する。

　実験ホールは、**図表3・2・35**に示すように高さ42m、幅25m、長さ142mで計画され、地下発電所並みの大空洞である。実験ホールには2種類のディテクター（検出器）が置かれる。**図表3・2・36**はディテクターの1例のイメージである。

　地表からは、アクセストンネルでメインリニアックトンネルや実験ホールに連絡する。アクセスホールのイメージ例を**図表3・2・37**に示す。アクセスホール内には加速空洞の冷却に必要な装置などが置かれる。

第3章 地下空間利用の将来展望

図表3・2・32 わが国の山岳サイトに計画されるILC施設のイメージ

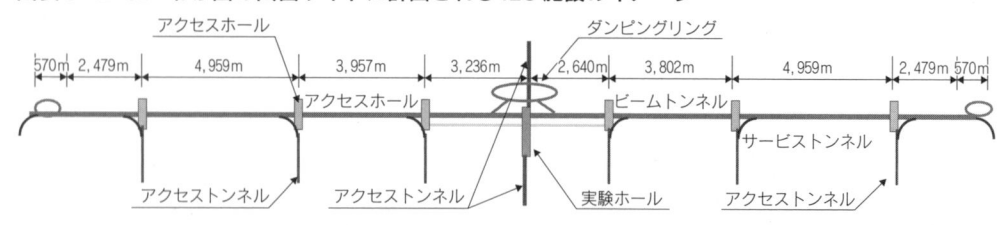

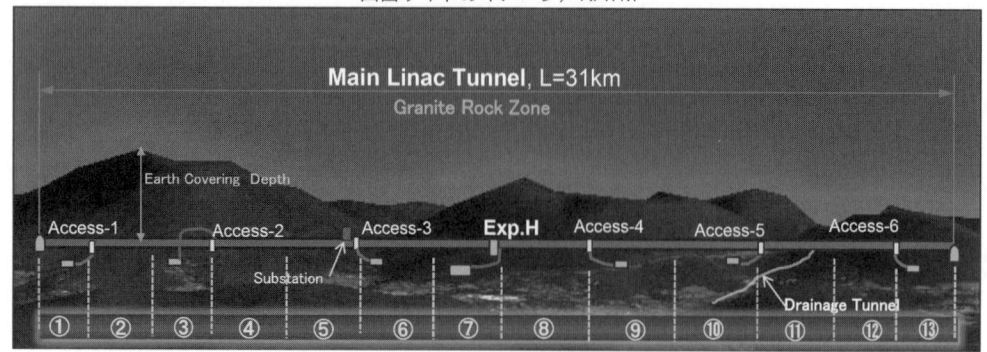

（出典）AAA（Advanced Accelerator Association）, Promoting Science and Technology, Large Project Study Group, Task Force to Study Issues to Construct ILC in Japan : Linear Collider Project, Study Report on Issues to Construct ILC in Japan, January 19, 2012

図表3・2・33 メインリニアックトンネル（左：ビームトンネル、右：サービストンネル）

KEK-CFS 提供

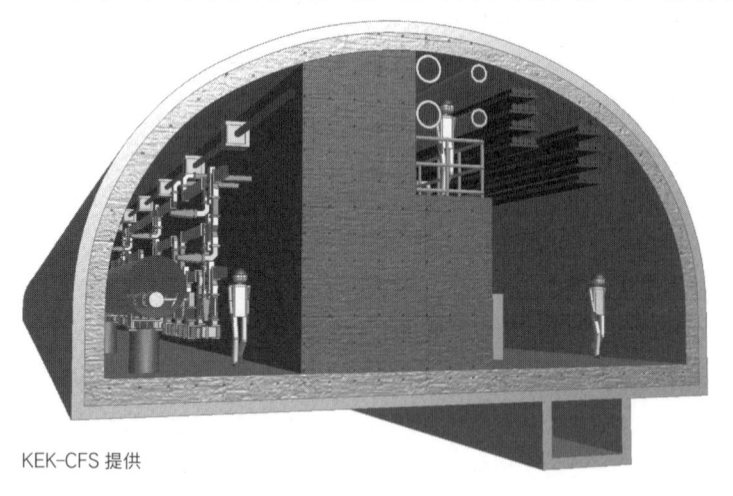

図表3・2・34 クライオモジュール

©Rey. Hori/KEK 提供

図表3・2・35 実験ホール

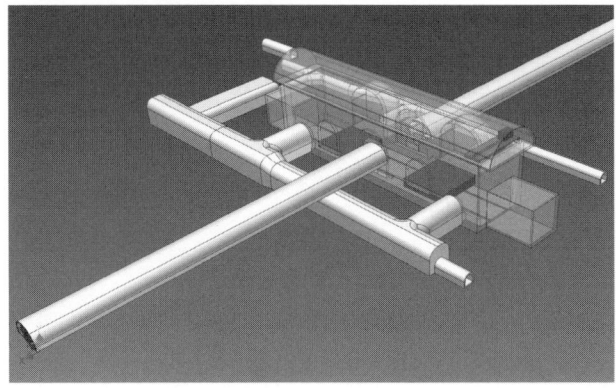

KEK-CFS 提供

図表3・2・36 ディテクター（検出器）

©Rey. Hori/KEK 提供

図表3・2・37 アクセスホール

©Rey. Hori/KEK 提供

4 ILC計画の波及効果

　以上述べたように、多数の地下施設が建設されるが、地下のみならず地上にもILCを核とした国際学術研究都市が整備される。多数の海外からの研究者やその家族を迎えるために、研究施設だけではく、教育施設等を整備する必要がある。また、世界の先端の国際研究機関が来ることにより関連する産業の集積が見込まれ、地域の活性化に大きな役割を果たすと期待される。

　また、わが国に誘致された場合は、わが国のみならずアジア地域でも初めての国際的な研究施設となる。わが国の科学技術の発展に寄与するのみならず、次世代を担う子供たちの教育面でも

第3章 地下空間利用の将来展望

大きな影響を与えると期待されている。

参考文献

1) 地下空間研究委員会「平成24年度全国大会研究討論会 研-09資料―地下空間の防災・減災と災害時避難―」土木学会、2012.9
2) 緊急時水循環機能障害リスク検討委員会：同委員会報告書、2007.3
3) 東京都総合治水対策協議会「水害のないまちづくり」2006.4
4) 財団法人日本河川協会「水害レポート2003」2004.3
5) 森田武「地下空間火災事例から学ぶ地下鉄などの地下空間における防火対策」『予防時報217』pp.42-48、2004
6) 社団法人日本道路協会「共同溝指針」1999
7) 公益財団法人鉄道総合研究所「鉄道構造物設計標準・同解説 基礎構造物・抗土圧構造物 設計の手引き―ボックスカルバート―」1997.10
8) 公益社団法人土木学会「2006年制定トンネル標準示方書シールド工法・同解説」2006
9) 河又洋介「E-Defense Today」NIED, April 26, 2012, Vol. 8 No. 1
10) 東京都「東京都地下空間浸水対策ガイドライン―地下空間を水害から守るために―」2008.9
11) 中央防災会議「大規模水害対策に関する専門調査会報告」2010.4
12) 国土交通省「地下空間における浸水対策ガイドライン」2002.3
13) 中央防災会議「首都圏大規模水害対策大綱」2012.9
14) 例えば、火災予防条例、同施行規則、2004.10
15) 例えば、中央防災会議防災対策推進検討会議「防災対策推進検討会議最終報告―ゆるぎない日本の再構築を目指して―」2012.7
16) 守茂昭「震災を教訓とした今後の帰宅困難者対策について」帰宅困難者対策をテーマとした地域防災フォーラム 基調講演資料（http://www.city.toshima.lg.jp/dbps_data/_material_/_files/000/000/025/957/kityoukouen.pdf）2011.12
17) 世田谷区ホームページ（http://www.city.setagaya.lg.jp/kurashi/104/141/557/d00006073_d/fil/6073_1.pdf）ほか
18) 千代田区「千代田区災害対策基本条例」2006.3
19) 千代田区防災ホームページ（http://www.city.chiyoda.tokyo.jp/disaster/info_020920.html）
20) 大手町・丸の内・有楽町地区再開発計画推進協議会、三菱地所(株)「大丸有地区の防災に関する取り組み」(協議会プレゼンテーション資料）（http://www.toshisaisei.go.jp/yuushikisya/anzenkakuho/231107/2.pdf.）
21) 新宿区 区政情報ホームページ（http://www.city.shinjuku.lg.jp/whatsnew/pub/2012/0113-01.html）
22) 「首都高速の再生に関する有識者会議提言書」2012.9
23) 東京都地下河川構想検討会「神田川再生構想検討会報告」2004.12
24) 東京都第三建設事務所「神田川・環状七号線地下調節池工事記録誌（概要版）」2008.3
25) 財団法人エンジニアリング振興協会地下開発利用研究センター「平成22年度 地下水・再生水利活用の地下空間利用に関する調査報告書」2011.3
26) 首都高速道路構造物の大規模更新のあり方に関する調査研究委員会、首都高速道路(株)、2012
27) 首都高速の再生に関する有識者会議、国土交通省、2012
28) 国際ロータリー第2750地区、第四回首都高速の再生に関する有識者会議「首都高速の再生に関する有識者会議財源についてのご提案」2012.7
29) 国土交通省「成田・羽田両空港間及び都心と両空港間の鉄道アクセス改善に係る調査の概要について」(平成

21年度、平成22年度）
30) 神奈川県「成田〜羽田超高速鉄道整備構想 検討調査報告書（平成21年度）」
31) 神奈川県「成田〜羽田を15分で結ぶ 成田〜羽田超高速鉄道整備構想〜成田・羽田の一体運用の実現に向けて〜概要版」
32) 国土交通省「美しい国づくり政策大綱」2003.7
33) 日本橋川に空を取り戻す会（伊藤滋・奥田碩・中村英夫・三浦朱門）「日本橋地域から始まる新たな街づくりにむけて（提言）」2006.9
34) 「都市の大規模リノベーション事例研究—外堀通り地下化の提案—」社団法人日本コンサルタンツ協会インフラストラクチャー研究所、総括 中村英夫武蔵工業大学学長「日本橋地域から始まる新たな街づくりにむけて（提言）」2006.9
35) 財団法人エンジニアリング振興協会（現 一般財団法人エンジニアリング協会）「地上の景観を保全するための地下利用」『平成21年度エコ・ヒューマン・エンジニアリングに関する調査研究報告書第5分冊＜地下空間関連分野＞』pp.Ⅱ-1-pp.Ⅱ-41、2010.3
36) 東海旅客鉄道(株)（JR東海）「超電導リニアによる中央新幹線」『アニュアルレポート2012』pp.24-25、2012.3
37) 国土交通省「中央新幹線の営業主体及び建設主体の指名並びに整備計画の決定について 交通政策審議会陸上交通分科会鉄道部会中央新幹線小委員会答申」2011.5
38) 東海旅客鉄道(株)「超電導リニアによる中央新幹線の実現について」2010.5
39) 経済産業省「天然ガスシフト基盤整備専門委員会報告書」2012.6
40) 第3回天然ガス基盤整備委員会「諸外国におけるガスインフラ設備の現状」2012.4
41) 第1回天然ガス基盤整備委員会「資料6 我が国の天然ガス及びその供給基盤の現状と課題」2012.1
42) 米山一幸「次世代天然ガス高圧貯蔵技術開発の概要」『土木学会 岩盤力学委員会ニュースレター』2006.3
43) 米山一幸・中谷篤史・高崎英邦「メンブレン方式の新LNG低温岩盤貯槽の成立性に対する室内モデル実験」『土木学会 第64回年次学術講演会』2009.9
44) 原子力発電環境整備機構（NUMO）「高レベル放射性廃棄物地層処分の技術と安全性」2004.5
45) 公益財団法人原子力環境整備促進・資金管理センター「放射性廃棄物ハンドブック（平成24年度版）」
46) 原子力発電環境整備機構（NUMO）「地層処分 その安全性」2003.3
47) 地熱発電に関する研究会『地熱発電に関する研究会 中間報告』2009.6
48) 独立行政法人産業技術総合研究所パンフレット「地熱のちから」2008
49) 資源エネルギー庁ホームページ「施策情報『地熱』」
50) 地熱エンジニアリング(株)ホームページ「地熱発電の基礎知識（1）〜（4）」
51) 大学共同利用機関法人高エネルギー加速器研究機構 戸塚機構長講演配布資料「地下から宇宙の謎へ」『土木学会 平成17年度全国大会研究討論会』2005
52) AAA（Advanced Accelerator Association）, Promoting Science and Technology, Large Project Study Group, Task Force to Study Issues to Construct ILC in Japan: Linear Collider Project, Study Report on Issues to Construct ILC in Japan, January 19, 2012

第3節 地下空間利用の課題と将来展望[1)~8)]

第3章第1節では「今後予測される社会・経済情勢等と地下空間利用の展望」を、第2節では「今後の地下空間利用の方向」について防災・減災、インフラ再構築、エネルギー、科学技術に絞って記述した。

本節では、東日本大震災以降の社会情勢の変化に対応して生じた課題において地下空間利用に関わる要素を整理する。さらに、日本の現在から近未来の喫緊の課題と、同じく世界共通の課題との地下空間利用の関わり方について展望しまとめとする。

3.1 東日本大震災後の課題

東日本大震災後にあらためて再認識、重要視された政策として早急に実行が求められるものに防災・減災対策、災害対策、エネルギー安定供給がある。

3.1.1 防災・減災

防災・減災対策では、深部の地下構造物が地上構造物に比べ地震に対し強い構造物である利点を生かし、従来、地上に設置されてきた重要な社会インフラを耐震化目的で地下化可能なものについては、地下の優位性を活用したインフラ再生が考えられる。一方、地盤の液状化の影響で浅部に設置されたライフラインが被災したことから、今後、液状化対策や耐震化などがBCP・DCP対策として必要となる。また、津波による災害は、地下施設の弱点である浸水に対する懸念をクローズアップさせた。浸水対策は、都心大規模水害氾濫区域内に地下重要施設（鉄道、地下鉄、高速道路、地下街、地下歩道、地下室、等）が多く存在することから、津波に限らず洪水による河川の破堤氾濫、都市部集中豪雨による地表水や下水道の逆流水の地下施設への流入などを想定し、既設地下施設に対する対策の実施と新設時の設計の見直しが急務となる。同時に、火災対策も含め、避難誘導に関するハード・ソフト両面からの再検討が必要である。

災害発生時の対策としての地下空間利用には、まず避難場所・防災拠点・災害拠点病院などにおける燃料や食料、医薬品など備蓄物資等を保管する、地震や津波、浸水・火災対策を施した地下貯蔵庫の装備が考えられる。発災後の救援活動、復旧・応急対策では、広域交通と地域間連携によるバックアップ体制・広域ネットワークが重要である。そのためには交通・物流・情報通信ネットワーク形成、多重ルート化（リダンダンシー）、高速道路のミッシングリンクの解消、災害ロジスティクス、陸・海・空が連携する輸送手段と燃料確保が緊急輸送路機能を確立しておく

ために必要となる。この場合、災害の影響を受けにくい交通トンネルや燃料の地下貯蔵などの地下施設が重要な役割を果たす。また、首都圏が被災地となる場合を想定した東京圏中枢機能のバックアップとしても同様のネットワークが有機的な機能を果たすことになる。ライフライン機能維持では、地下埋設配管等の耐震性能の向上、二次災害防止対策、広域連携、迅速に復旧できるよう配慮した構造とエネルギー供給網の広域化・多重化として広域天然ガスパイプライン網や都市圏ガスネットワーク相互の連携、LNG基地間連携、石油・LPGの備蓄基地などが求められる。

3.1.2 エネルギー安定供給

　エネルギー安定供給については、電力の安定供給が喫緊の課題である。当面は、石油・石炭・天然ガスによる火力発電への依存が高まることは不可避と予想される。このためには燃料の安定供給確保が重要であり、災害対応能力の高い燃料の地下備蓄や物流機能強化面からの広域天然ガスパイプライン網（エネルギー供給システムネットワーク）を整備する必要がある。一方、地球温暖化対策としてCO_2削減も重要な課題であり、低炭素化・再生可能エネルギー利用（太陽光、風力、水力、地熱、温度差エネルギー・廃棄物エネルギーなど未利用エネルギー、等）・負荷平準化対策（ヒートポンプ、蓄熱システム、蓄電池、効率給湯器、スマートグリッド、スマートコミュニティ、など）・コジェネレーション・自家発電・水素エネルギー社会などの開発に地下空間利用技術がどのような関わりが持てるかを追求していく必要がある。

　電力以外のエネルギーでは、ガス供給があり、前述のように天然ガスパイプライン網による供給区域の広域化や地域間連係・ガス備蓄インフラの増強に地下空間利用は貢献するものと推察される。さらに、上記を組み合わせた災害に強い自立・分散・連係型のエネルギー供給システムの構築には地下空間利用は不可欠と考えられる。

3.2 わが国における今後の喫緊の課題

　今日のわが国における社会環境・構造の変化とその特徴は、経済成長の鈍化、国際競争の激化、人口減少局面への転換、財政制約、少子高齢化の進展、大都市部への人口・財の集中、地方部の過疎化などにみられる。そうした中、持続可能で活力ある国土、地域づくりが求められている。ここではわが国における今後の喫緊の課題を3.1で取り上げた項目以外の以下の項目を抽出し、それぞれ地下空間利用との関わり方につき考察する。

3.2.1 環境対策（地球温暖化対策）

　地球温暖化対策としてのCO_2削減・制御の方策には、施設改善として環状道路等幹線道路ネットワークの整備、交差点・踏切の立体化、駐車場の整備などによる都市交通の円滑化による渋滞

解消、到達時間の短縮がある。人の移動・物流に関しては、公共輸送システム利用増進を図るための交通結節点の整備、物流の鉄道や海運へのモーダルシフト実現のためのアクセス道路の整備や共同輸配送、物流拠点集約、物流専用道路などがある。また、地域の省エネ対策として導管ネットワークによる熱供給事業がある。これらを都市再生との一体化で促進実現させていく必要があるが、地下施設として地下道路、物流トンネル、共同溝などをより効率的かつ経済的に構築できる技術・法整備が肝要となる。

3.2.2 景観・地上空間有効活用

　ようやく日本においても美しい国づくり、美しく良好な環境を持つ歴史・生活・社会経済が調和した都市景観の保全、創造が意識される状況になりつつある。観光立国を目指すうえでも景観は重要な要素である。これまでの都市形成やまちづくりにはグランドデザインのないまま、景観への配慮が不足し、より過密化させる開発が不統一に進められてきた結果、景観とはほど遠い環境となっている。しかも、経済的・エネルギー的に非効率で、災害にも弱く安全・安心の暮らしが脅かされる状況にある。

　都市景観の改善には、グランドデザインと地上空間の有効活用が必須となる。そのために都市再生や再開発をいかように進めるかが課題となるが、ここで地下空間利用が大きな役割を担うと考えられる。たとえば、現存の高架道路や幹線道路、鉄道の機能を代替する地下道路や鉄道を先行して立体道路制度などを利用し地中・地上部と一体で建設し、施設跡地に地上空間を確保することが考えられる。また、図書館や運動施設、倉庫、工場、災害対策物品備蓄庫など地下特性活用が省エネや環境上も優位となる施設を地下に設置し、地表部を公園や公共緑地とする、あるいは公園や公共緑地の地下にこうした施設を建設することで、地表の緑地管理を一括して行え、同時に広場は防災拠点や避難所としても利用できる。さらに無電柱化など地下利用は、景観に直接関与するものとなる。

3.2.3 安全・安心の社会構築、高齢化対策・人口減少

　防災・減災対策を除く安全・安心の社会に求められるものには、暮らしやすさ、高齢化にあわせた社会インフラの整備（高齢化対策、ユニバーサル社会）、ライフライン維持、省エネ（環境負荷低減、低炭素社会、公共交通利便性、再生可能エネルギー）、人優先の歩行区間形成（歩車分離）、防犯体制整備、等である。これらに対応するものとして、コンパクトシティあるいはコンパクトコミュニティなどの集約型都市構造が構想されている。

　コンパクトシティは、平面的広がりに代わり地下と地上構造物を連係させた上下移動を中心とし、交通・物流・ライフライン施設などを地下に配置することで地上空間の有効活用を可能とする。地下空間は、地上構造物との一体化による効率化が求められる。なお、同種の地下空間は人

が主に暮らし利用する施設であるが、弱点である閉塞性が存在するため、地下空間部の利用方法や安全に対するソフト・ハード両面からの配慮が必要である。

3.2.4 インフラ老朽化対策

戦後の高度経済成長期前後に建設された社会資本ストック（インフラ）は今後、老朽化の進行が懸念される。地下施設の老朽化対策は、計画的な維持補修や長寿命化、予防保全が必要となる。また、機能面で社会の要求性能を満たさなくなった施設や、地上構造物を含め完全に老朽化した施設については、地下空間活用による社会資本の複合化、集約化、地上施設との連係により再構築を進める需要が今後増加するものと推定される。

3.2.5 競争力のある経済社会構築

今日のわが国は、バブル崩壊後の国内経済停滞と同時に新興国の低コストを背景とする国際経済での台頭により国際競争力の低下に直面している。わが国の国際競争力を強化するためにはコスト競争力のみならず、産業・都市基盤の整備による高付加価値化や信頼される技術・製品の創造、後述の世界共通の課題解決に貢献するリーダーシップと施策策定能力の向上が必要とされる。コスト競争力は、人件費のみの問題ではなく、産業構造および物流の高効率化が重要要素となる。新興国では国家戦略として空港や港湾のハブ化や物流インフラ整備を行い効率的物流が実現している。

これに対しわが国では、総合的・一体的物流施策が立ち遅れており国際空港や港湾の規模的・機能的未整備、45フィートコンテナ対応など国際標準への不適合が依然存在し、国際物流と国内の陸・海・空各輸送モードが有機的に結びついた物流ネットワークが構築されていない状況が続いており、物流の非効率性が顕著化して久しい。解決策として、国際空港・国際コンテナ戦略港湾のハブ機能を満足させるための整備、交通ネットワークの整備では都市鉄道ネットワークの充実、幹線道路ネットワークの整備(主要都市間連絡高規格道路、大都市の環状道路、高規格幹線道路、基幹ネットワーク、災害時の広域的な迂回ルート、ミッシングリンク解消)、空港・港湾へのアクセス強化（高規格道路、高速道路、鉄道）、大都市・ブロック中心都市における道路交通の円滑化による都市内物流の効率化（渋滞等へのボトルネックの解消、環状道路による通過交通の排除、荷捌き施設、駐車場整備、等）が求められている。地下空間は、地下道路・鉄道、各種地下施設の形でこれらの整備に必要とされることは確かである。

国際競争力には、海外からわが国への投資やビジネス拠点としてヒト・物・金が集められるだけの機能・サービス、就労・居住環境、観光としての魅力が国・都市・まちに備わっているかどうかにもかかっている。この点で都市景観も対象となる。社会環境・犯罪等に関する安全性は世界有数である。しかし、東日本大震災以降、自然災害に対する懸念が広まったことは否めない。

今後、防災・減災対策については見える形で世界にアピールしていく必要がある。

3.2.6 インフラ再構築

前節および本節3.1で述べた防災・減災対策、エネルギー安定供給のほか、3.2.1から3.2.5で述べてきた課題の解決策として、インフラ再構築が進められると推測される。災害に強い地域づくりや種々の目的を持った都市再生、循環型社会の形成、水を持続的に活用する社会の実現、インフラ設備の老朽化対策や物流の効率化などに関わるインフラ再構築では、地下空間利用が重要な役割を果たすことは前述のとおりである。

こうした場合、国や地域における政策的将来像に基づくグランドデザインに沿った再構築がなされることが肝要である。

3.2.7 地下利用施設ビジネスの海外展開

新興国やアジア・アフリカ・中東・中南米などの発展途上国ならびにインフラの再整備を必要とする先進諸国などではインフラ整備への大きな需要がある。わが国には環境技術や省エネ技術、上下水道・下水処理システム、鉄道（新幹線、地下鉄）システム、エネルギー供給システム、防災・減災対策など世界的に見て抜きん出た技術・システムを保有しており、地下施設はこれらとの結びつきが強い。

わが国の地下空間建設技術は、複雑で困難な地質条件や諸環境を克服してきた経緯から世界最高レベルにある。つまりこの分野では潜在的な国際競争力が存在する。今後は、官民連携による海外プロジェクト（構想段階から、調査、設計、建設、オペレーション、メンテナンスまで）に上記のようなシステム、パッケージで参画することが期待され、地下空間利用に対する需要も増加するものと考えられる。

3.3 世界共通の課題

世界の人口は、1970年には約37億人であったものが2009年には約68億人、そして2050年には90億人超になると予測されている。経済においてはグローバライゼーションとICT化が進み、BRICsやアジアとりわけ中国の台頭がみられ、地球温暖化対策やエネルギーを含む資源問題が顕著となっている。

こうした世界情勢下において、世界的な規模で影響が及ぶと思われる課題を抽出し地下空間利用との関わりの視点からまとめてみる。

3.3.1　環境対策（地球温暖化対策）

新興国や発展途上国においては、急速な経済産業の発展と人口増加からエネルギー、特に化石燃料の消費量が急激に増加することによる温室効果ガス排出量が増大することは先進諸国の発展経緯をみても自明である。

したがって、事前に省エネや再生可能エネルギー使用の促進のほか、都市部における先進諸国で経験してきた環境や物流の非効率性などの諸問題や解決策の事例などを、発展過程で計画的に取り込むことが必要であり、地下空間利用は有効な方策の1つとなり得る。

3.3.2　人口増加・都市化対策

発展途上国の人口増加、特に中東・アフリカにおける人口爆発、十数億人の人口を抱える中国やインドの人口推移動向によっては、今後も地球上の人口増加に歯止めがかからないことが予測されている。人口増加は若年層の増加を招き、都市への人口集中につながる。一方、先進国のみならず途上国も含め高齢者人口比率の上昇も懸念されている。人口増加と都市高密度化は第3章で述べてきたすべての課題発生原因の根源となっている。

人口施策を除き、都市化対策は上述の対策すべてに配慮して事前に計画的に対処すべきであるが、経済の発展速度と財政的裏付けのギャップが実行性を阻害する懸念がある。地下空間の有効活用は、対策として実効性を高めることが期待される。

3.3.3　食糧問題・水不足問題

人口増加は食糧不足問題を増大化し、新興国等の急速な経済発展は食生活の変化を伴い農業・酪農・漁業への需要が拡大する。同時に世界の水利用の約7割は農業用水需要であることから、水不足問題が深刻化すると予測されている。また、都市部や産業用の水確保も生命線となる。

こうした事態への対処には、水源確保、灌漑用水、上下水道・下水処理施設、水を持続的に活用できる社会、健全な水循環系の構築などに地下空間利活用の場が多く存在する。食糧増産には、既設の未使用地下空間・施設（廃坑、廃鉱、不要となった地下駐車場、等）を自然光に依存しない農園への転用などの地下空間利用も今後の用途として想定される。

3.3.4　エネルギー確保

世界のエネルギー・資源需要は、新興国を中心に急増するものと推定され、今後は資源権益確保を巡る国際競争が熾烈化し、資源国等における地政学的リスクの高まりが懸念される。環境対策、特に地球温暖化対策の観点から再生可能エネルギーへの転換や省エネ技術・蓄電技術の進化

促進、低炭素社会の実現が急務の課題となっているが、エネルギー源として化石燃料への依存は今後も継続するものと推定される。

その中でも石油依存度は高いが、近年の社会情勢や民族紛争などによる原油供給停止や高コスト化、価格変動のリスクが懸念要素となっている。天然ガスはシェールガスの生産増加が見込まれること、LNG の安定供給が得られていることから需給のバランスが維持されるものと推定されているが、緊急時対応能力を充実させておくためには、防災対策も含め石油や LPG、LNG などの地下備蓄化が求められる。石炭については、バイオマス混焼、低品位炭高効率化・メタン化技術、石炭ガス化複合発電（IGCC）効率化、微粉炭火力発電、IGCC と CCS を組み合わせたゼロエミッション石炭火力発電、CO_2回収型石炭ガス化技術など石炭のクリーンな利用に関する研究・技術開発が進められている。メタンハイドレート回収技術も開発が進行中である。

原子力発電に関しては継続・廃止・新設導入などの議論がなされているが、その動向にかかわらず、また老朽化した原子炉の廃炉をするにあたっても放射性廃棄物処分は必要とされる。地下には物質を閉じ込める特性などがあることから、放射性廃棄物地層処分に関する研究開発は今後も継続されるものと思われる。

3.4 地下空間利用の将来展望

本書では、近年の地下空間利用の変遷と現状、地下空間関連法制度ならびに最近の地下空間利用事例の紹介と今後予測される社会・経済情勢と地下空間利用の関わり方について述べてきた。最後に社会情勢と地下空間利用の関わり方の将来展望についてまとめる。

従来の地下空間利用は、交通、エネルギー、ライフライン、地下街、地下駐車場、地下発電所、石油・LPG 地下備蓄、LNG 地下タンク、地下放水路・調整池など単一あるいは少数要素からなる目的、地下特性を利用したものが多かった。

今後の地下空間利用は、第 3 章第 2 節や第 3 節3.1から3.3に示した地下利用施設のプライオリティの高い設置目的・要因・地下特性の優位性を数多く複数の組合せで含み、かつ施設の設置効果が大きく期待されるものが優先的に計画・建設されていくものと推測される。

たとえば、コンパクトシティ（高齢化対策、省エネルギー、効率的物流、安全・安心、景観、環境対策、地上空間有効利用、インフラ再構築など）や環境未来都市（防災・減災機能を付加した災害に強い土地利用・交通体系、集約型都市構造、低炭素まちづくり、地産地消型再生可能エネルギーの活用等）、地表に大きな緑地を持ち、地下は都市機能を担いながら防災拠点となる災害時避難場所などが考えられ、地上と地下、土木と建築を一体化した地下施設の需要が期待される。これらを推進・実現していくためには、第 1 章で述べた地下空間関連法規や事業制度のさらなる活用と整備のほか、多様な主体の参加・連携による合意形成を得やすいグランドデザインの形成と民度の成熟が重要要素となる。

東日本大震災後においては、防災・減災対策の意識の高揚がある。従来型の地下空間利用施設

を新規に建設する場合には、地下特性の優位性利用に加えて防災・減災に有利となる地下特性・施設構造を配慮することが必要になる。さらに、防災・減災対策としての地下空間利用の展開も検討すべき対象となる。災害対策としては、広域交通ネットワークの充実・代替性・多重性とミッシングリンク解消、多様な交通モード間の相互補完などを整備する必要があり、交通トンネルや物資備蓄倉庫など地下施設の需要が見込まれる。

わが国の社会資本ストック・インフラ施設は近々、老朽化対策が大きな課題となる。今後のインフラ再構築は老朽化対策と防災・減災対策を組み合わせた形で機能向上、さらに都市再生・景観向上などを目的に地下空間利用が進められる大きな領域となることが予測される。

エネルギー分野では、シェールガス、地熱発電、メタンハイドレートなどが今後の開発分野として注目されているほか、エネルギー安定供給の意味合いからエネルギー関連施設として地下備蓄が防災・減災の面からも検討が進むものと推測される。また、再生可能エネルギーへの応用については今後、研究開発が必要な分野となる。

科学技術分野では、国際リニアコライダー実験施設の話題が上がっているが、ほかにも地下施設を利用する先端科学研究施設や地下工場のように地下特性を有効に活用した施設の需要は今後、増加するものと思われる。

こうした施設需要の多くはエネルギー、科学技術施設を除いて、都市部での展開となる。都市の地下は圧倒的に未利用な場所が多く、大深度地下はほぼ未開拓の領域であり、今後は、都心における現実的な地下利用の可能性が高まっていると考えられる。また、以上のような地下空間利用の進展は、日本の安全・安心、良好な環境、国際競争力の向上に必ずや大きく貢献するものと期待される。

参考文献

1) 経済産業省『平成22年度 エネルギーに関する年次報告』
2) 中央防災会議『東北地方太平洋沖地震を教訓とした地震・津波対策に関する専門調査会報告』2011.9
3) 中央防災会議『地方都市等における地震防災のあり方に関する専門調査会報告』2012.3
4) 中央防災会議『防災基本計画』2011.12
5) 内閣府『平成24年度 防災白書』
6) 国土交通省『平成23年度 国土交通白書』
7) 国土交通省『平成24年度 国土交通白書』
8) 環境省『平成22年度 環境白書』

あとがき

　財団法人エンジニアリング振興協会（現　一般財団法人エンジニアリング協会）地下開発利用研究センターでは、1994年に『地下空間利用ガイドブック』（初版）を発刊した。
　当書は、これからの地下空間を価値のある社会資本として効果的に利用していくためのガイドブックとして活用されることを目的とし編集の基本命題を、「地下空間の利用構想、計画を策定しようとする官民を問わない計画担当者、開発担当者が計画等を実施する際に、座右において手軽に利用できる本をつくる」としていた。このため、対象読者を必ずしも技術者に限定せず、読者にとってわかりやすく、実務に役立つマニュアルとし、「計画・事業性などの計画に関する一般知識から、地下空間利用事例・関連技術を基礎として具体的な形で計画ができるように、読者が具体的・実践的な計画策定へ、いつのまにか流れに乗れるような本とする」ことを目指した編集方針となっている。当書は、発刊から今日まで地下空間利用に関するガイドブックとしてその計画から建設に至る一連の一般知識から関連法規・法制度、関連技術、利用事例などを学ぶことのできる他に類のないものとして地下空間利用への理解を深めるための実務書として活用されてきた。しかし、当書は絶版となっており新たな入手は困難な状況となっていた。
　一方、初版発刊以降のわが国ではバブル経済崩壊後の低成長期が続く中、ICT化に伴う政治・経済・文化等のグローバル化の加速やBRICsをはじめとする新興国の台頭、欧米や日本での経済成長の鈍化と財政制約などにより、国際競争力が問われる状況に直面し全世界の社会・経済情勢に大きな変化が生じている。また、世界的には地球温暖化をはじめとする環境問題や人口問題も深刻の度合いを増しつつあり、世界各地でこれまでにない大規模災害も発生している。こうした中で2011年3月11日に東北地方太平洋沖地震とそれに伴う津波・余震によってもたらされた東日本大震災により東北地方を中心に甚大な被害が発生し、被災地では早急な復旧・復興が求められる状況となった。その結果、自然災害に対する懸念の広がりから防災・減災対策やエネルギー安定供給の問題が再認識・重要視されるようになった。さらに、わが国のインフラ整備は戦後の復興期から高度成長期、安定成長期にかけて急速に進められてきた経緯があり、近年から近い将来において老朽化対策が喫緊の課題となっている。同時に国際競争力強化・環境改善の面からも都市の効率化、景観・地上空間の有効利用などのためのインフラ再構築には地下空間利用は欠かせない方策となることは想像に難くない。こうした社会・経済情勢の変化と将来予測されている諸情勢の変化を見据えた地下空間利用のあり方や地下空間の果たす役割などについて再検討が必要な時期にあると考えられた。
　一般財団法人エンジニアリング協会は、2010年にガイドブック見直しのため研究企画WG勉強会にて準備作業を進め、これを踏まえて同年10月に「ガイドブック見直し検討会」が組織され改訂の目的と方針についての検討を行ってきた。
　2011年9月には「地下空間利用ガイドブック研究会」を立ち上げ改訂作業が本格化した。研究会では、改訂版の検討にあたり議論の結果、上述のように1990年代以降の社会・経済情勢の変化

と時代的背景が、社会資本整備や地下空間利用需要との関わりにおいても影響を与えているとの共通認識を持つに至った。そこで初版は現時点においてもガイドブックとしての役割を十分に担う内容であるとの判断をもとに、改訂版は初版の追補的な位置付けとし、初版発刊以降（1990年前後以降）の時代的背景や社会・経済情勢の変化、地下空間利用関連法制度の整備と地下空間利用との関わり方を理解しやすくすることに重点を置き、社会・経済情勢が変化する中で開発・実用化された地下空間施設事例を集大成し、地下空間利用がどのように進められてきたか、今後予想される諸情勢に対し地下空間利用はどのような方向に向かうのかを考察する内容とすることに決定した。

2012年4月より、ガイドブック研究会は新たな委員を加え、組織を「地下空間利用ガイドブック編集委員会」とし原稿の作成と編集作業を進めることとなった。執筆作業と編集作業を経て本書の最終的な構成は以下のようになった。

第1章では、1990年代以降の社会・経済と災害状況の変化を概観し、同時期に整備された地下空間利用推進に関係する関連法制度について概説したうえで、年表によりこれらと地下空間施設建設時期との関係をまとめた。第2章では、1990年以降に実用化された地下利用施設を中心に用途別に分類し事例を紹介した。各施設について、事業目的、事業概要、事業計画上の関連法規・制度、施設概要、施工上の課題、施工法概要、事業効果、事業計画・建設中の特筆する留意事項などをまとめた。執筆の多くは事業者側の担当者の方々に依頼して作成いただいた。第3章では、各機関により予測されている今後の社会・経済情勢等を整理し、今後の地下空間利用需要を展望した。その中で特に喫緊の課題となっている分野として防災・減災対策、インフラ再構築、エネルギー対策、科学技術を取り上げ、それぞれの分野において構想が進められている事例を紹介し、今後の方向性を探った。最後に、現在から近未来の課題を整理し、地下空間利用との関わり方について展望した。

本書の編集にあたっては、特に第2章の事例に関し多くの事業者の担当者の方々にご執筆いただいたことに感謝する次第である。また、編集委員会活動の推進に対し積極的にご支援いただいた地下開発利用研究センター事務局の皆様方に厚くお礼申し上げる。

最後に、本書が初版を含め、今後予測される喫緊の課題に対処するために地下空間利用をどのように行っていくべきか、どのような形で貢献可能であるかを考えるきっかけとなり、地下空間利用の事業計画担当者のみならず、研究者、技術者、これから地下空間利用を勉強しようとされる方々の座右の書として活用され、地下空間利用の発展と今後の日本の地下空間利用技術の海外展開に役立てていただけるよう切に希望する次第である。

2013年3月

地下空間利用ガイドブック編集委員会

委員長　領家　邦泰

索 引

【あ行】

RSF セグメント　　223
RQD　　330
RC セグメント　　148, 182
ILC　　456
アクセス整備　　434
圧縮空気貯蔵ガスタービン発電システム　　80
圧入井　　276
圧入／排出坑井　　276
圧入・排出井　　267
アッパーコトマレ水力発電所　　81
阿寺断層　　332
跡津川断層　　332
アポロカッター工法　　195
アメリカ山公園整備事業　　73
ANGAS　　79, 357, 446
アンダーパス連続化　　152
アンダーピニング工法　　190
案内図　　93
位置表示　　93
一般ガス事業者　　272
インダイレクトヒーター　　276
インフラ再構築　　466
インフラストラクチャー再構築　　418, 431
上向きシールド工法　　76, 223
ウォータータイト構造　　375
宇宙線　　347
裏込めコンクリート　　360
エアレージング工法　　252
永久ロックアンカー　　334, 336
液化天然ガス　　253
駅前広場　　200
SFR 処分場　　81
SMW 工法　　166
江戸川層　　218
エネルギー　　415, 419, 441, 468
エネルギー安定供給　　463
エネルギーインフラ　　442
エネルギー確保　　467
エネルギー供給　　442
FFU セグメント　　224
エフロレッセンス　　337

LNG　　443, 445
LNG 岩盤貯蔵システム　　81
LNG 気化ガス　　272
LNG 地下タンク　　249
LP ガス水封式地下貯蔵施設　　81, 382
LP ガス低温岩盤貯槽　　81, 383
円筒形連続地中壁　　252
欧州原子核研究機構　　82
横流換気方式　　148
大阪層群　　222
大塚国際美術館　　79, 327
大橋ジャンクション　　148, 150
オープンケーソン工法　　143
沖縄やんばる海水揚水発電所　　77, 278
押込み工法　　266
小田急線複々線化事業　　76, 173
お茶ノ水ソラシティ　　78, 318
親杭横矢板工法　　181
親子シールド　　170
オルキルオト低中レベル放射性廃棄物処分場　　397
ONKALO　　392
温水循環試験　　229, 230
温暖化　　11
温度差　　224

【か行】

海峡横断鉄道トンネル　　375
開削工法　　76, 148, 169, 175, 181, 190, 195, 196, 223, 329, 371
開削トンネル　　170, 178
海水揚水発電　　77
海水揚水発電所　　77, 278
開水路方式　　78
開析谷　　195
快適空間　　172
街路事業　　185, 187
CAES-G/T　　80
科学技術　　419, 455, 469
火災被害　　422
ガス工作物技術基準　　263
上総層　　177
上総層群　　175, 195
ガス事業法　　20, 252, 256, 263, 358

473

ガス貯蔵設備	273		221
ガス貯蔵層	273	京橋口	300
ガスパイプライン	264	巨大地震	417
河川水	210	巨礫	377
河川占用許可制度	73	切開き工法	148, 150
河川法	23, 259, 287	亀裂性岩盤	337
河川立体区域制度	50	緊急遮断装置	258
片貝ガス田	272, 277	緊急輸送道路	428, 432
滑走路直下	377	杭基礎	341
可撓性継手	161	空気熱源ヒートポンプ	226
下部調整池	287	久慈国家石油備蓄基地	76, 237, 241
可変速揚水発電システム	285	躯体改質防水	343
神岡鉱山	357	クッションガス	271, 276
カルミネーション	268	区分地上権	186
簡易FT工法	266	雲出ガス田	272, 277
環境影響評価	247, 249	グラウト	355
環境影響評価法	180	倉敷基地	76
環境保全	333	倉敷国家石油ガス備蓄基地	243, 247
関西電力	210	繰り返し・長期載荷試験	361
環状第二号線	183	グローバリゼーション	414
環状第二号線新橋・虎ノ門地区市街地再開発事業 74		KEK	338
幹線ガスパイプライン	77, 260	景観	432, 437, 464
幹線パイプライン	253, 261	下水道雨水調整池	75, 220
観測井	276	下水道増補幹線	300
神田川・環状七号線地下調整池	78	下水道法	39
関電ビルディング	210	ゲリラ豪雨	95, 403
関東ローム層	175, 195	限界状態設計法	360
岩盤貯槽気密試験	245, 248	権原	186
カンピ地下バスセンター	369	減災	420
官民連携複合施設	73	原子核物理	338
キーエレメント工法	160	原子力など幅広い分野の最先端研究	338
キーブロック	337	建築基準法	79, 175, 184, 189, 194, 237, 245, 248, 332
機械式	125, 127	建築構造物	332
気候変化	417	コイル型熱交換器	225
技術基準	259	鋼―RC合成床板	150
基礎杭方式	225	鋼―RC合成セグメント	150
帰宅困難者	426	高圧ガスパイプライン	259
気密材	361	高圧ガスパイプライン技術指針（案）	256, 259
気密試験	358	高圧ガス保安法	76, 245, 248, 358
気密ライニング方式	80	高圧導管指針	263
キャップロック	268, 272	広域天然ガスパイプライン網	443
京極発電所	78, 287, 292	広域パイプラインネットワーク	445
共創の国	418	高エネルギー加速器研究機構	338
共同溝	75, 215	高温岩体発電	455
――の整備等に関する特別措置法 40, 215, 218,		恒温性	225
		鋼管	258

鋼管スライド工法　265
公共事業　4
鉱業法　256, 268, 273
坑口圧力　277
交差点広場　117
鉱山保安法　256, 263, 268, 273
洪水対策　428
洪水対策用排水トンネル　401
鋼製セグメント　148, 150
鋼製ライニング式岩盤貯蔵施設　79, 358
鋼繊維補強鉄筋コンクリートセグメント　223
厚層基材吹付け　326
高速道路ネットワーク　428
交通結節点　200
交通広場　200
坑底圧力　277
光電子倍増管　347
高圧噴射攪拌工法　219
神戸市大容量送水管整備事業　74
高流動コンクリート　360
　　――の浮遊打設　162
高齢化　413
高レベル放射性廃棄物　79, 350, 450
　　――の地層処分　354
高レベル放射性廃棄物処分施設　81
高レベル放射性廃棄物処分地下実験施設　392
航路横断道路　74
航路横断トンネル　74
港湾法　36, 74
氷蓄熱　212
国際競争力　465
国際リニアコライダー計画　456
国産天然ガス　272
国家石油ガス備蓄基地　242
国家石油備蓄　243
国家備蓄制度　76, 243
こぼれだし　272
ゴムガスケット工法　161
コンクリート中詰鋼製セグメント　182
コンパクトシティ　464

【さ行】

災害　11, 415, 418, 420
再開発事業　185, 187
最終継手工法　160
再生可能エネルギー　224, 229, 441, 453

砕石法　332
サインシステム　93
逆打ち工法　213
砂岩・頁岩互層　358
札幌駅前通地下歩行空間　73
砂防法指定区域　323
山岳工法　375
産業用需要家　272
CNG 水封式　446
CO_2 削減　228
CCS　448
CDM 工法　190
GTO 方式　285
椎谷層　273
シールド工事　195
シールド工法　147, 169, 175, 181, 375
シールドトンネル　177, 182, 195, 377, 401
紫雲寺ガス田　273
JR 総武快速線地下水利用　78
JAEA　338
J-PARC　338
シェールガス　442
GeoHP システム　225, 230
市街化調整区域　328
事業費　169
資源ごみ　373
資源再活用処理場　373
地震　420
地震対策　422
地震被害　421
次世代天然ガス高圧貯蔵　79, 446
自然エネルギー　441
自然環境　415
自然公園法　247, 259
自然公園法県立公園第3種特別区域　323
自然公園法第2種特別地域　328
実証実験施設　358
地盤改良基礎　345
渋谷と代官山間を地下化　192
渋谷ヒカリエ　197
シミュレーション　277
市民開放型の換気塔　167
下北沢　175
社会資本整備　9
遮水工法　342
遮蔽　338

重金属含有土	182	水封ボーリング	245
12kmの導水路トンネル	389	水平方式	225
縦流換気方式	150	スーパーカミオカンデ	79, 346
重力式流体輸送方式	259	ステンレスファイバー	335
首都圏外郭放水路	78	STRUM工法	196
首都高速中央環状新宿線	74	スピルアウト	272
首都高速中央環状線	146, 149	スムーズブラスティング	348
首都直下型地震	432	スリランカ	389
順巻き工法	251	スルーホール	115
純揚水式発電	277, 287	生命科学	338
純揚水式発電所	78, 286	世界経済	415
省エネ効果	225	関原ガス田	77, 268
常温高圧ガス貯蔵方式	446	石油コンビナート等災害防止法	237, 245, 248
蒸気発電方式	453	石油パイプライン技術基準	259
上下半ショートベンチカット工法	335	石油パイプライン事業法技術基準	263
少子高齢化	413	CERN	82
上部調整池	279, 284, 287	全周半自動溶接	192
上部調整池内	279	仙台市営地下鉄	74
情報化施工	291	仙台市高速鉄道東西線	179
消防法	76, 175, 189, 194, 245, 248	送ガスステーション	257
食糧	415, 416	素粒子物理	338
食糧問題	467		
新川地下駐車場	73	【た行】	
シンクロトロン メインリング	338		
人口	413	耐圧試験	358
人口減少	413	大強度陽子加速器施設	338
人工水封	241	耐震性	260
人口増加	467	大深度地下使用	144
人工バリア	451	大深度地下使用制度	58, 74
浸水	425	大深度地下使用法	32, 143
浸水対策	423, 462	大深度地下の公共的使用に関する特別措置法	142
浸水被害	421	大臣認定	334
浸水防御対策	95	大断面シールド工法	147
親水緑地空間	152, 153	大断面NATM	181
深礎工法	191	第二洪積砂礫層	212
新東京ライン	255, 263	ダイビル	210
新横浜駅北口周辺地区総合再整備事業	75	ダイビル本館	210
森林法	38, 287, 332	台北地下鉄空港線	80, 377
森林法保安林区域	322	台湾高雄地下鉄	80, 379
森林・林業基本法	38	高山祭りミュージアム	79, 331
推進管内浮力式簡易配管工法	266	ダグタイル鋳鉄製セグメント	148
推進工法	175, 265	立坑	352
水道法	39	ダブルシールド型TBM	403
水封機能	241	タワーポンツーン方式	166
水封式地下貯槽	382	淡水不足	415
水封トンネル	239, 245	端ブロック止水パネル工法	166
		地域共通サイン	93

地域冷暖房　75
地下街　73
地下河川　300, 429
地下岩盤空洞　445
地下岩盤貯蔵方式　76
地下空間避難確保計画　97
地下空間利用　62, 419
地下処分場　398
地下水封式岩盤貯蔵方式　76, 242
地下水利用　313
地下石油ガス備蓄基地　243
地下石油備蓄　242
地下石油備蓄基地　333
地下石油備蓄方式　76, 236, 240
地下タンク方式　76
地下駐車場　73
地下駐輪場　73
地下貯蔵　273, 277
地下貯留施設　430
地下トンネルの床版下　225
地下の治水ネットワーク　302
地下バスセンター　369
地下発電所　277, 287, 333, 389
地下物流トンネル　369
地下放水路方式　78
地下歩行空間　115, 118
地下利用施設ビジネス　466
地球温暖化　62, 415
地球温暖化対策　210, 224, 463, 467
蓄煙方式　334
地上空間有効活用　464
地上権　186
地上タンク方式　76
地上低温タンク方式　76, 243
治水安全度　417
治水対策　300, 420
地層処分　350, 450
地中熱　225
地中熱交換器　225, 228
地中熱交換効率　230
地中熱交換井　226
地中熱利用　224, 229
地中熱利用システム　76
地中熱利用施設　76
地中熱利用ヒートポンプシステム　225
地熱エネルギー　453

地熱発電　453, 455
チャネルサンド　273
中央環状品川線　146, 149
中央環状新宿線　146
中央新幹線　440
中低レベル放射性廃棄物　81, 398
柱列式連続地中壁　195
柱列式連続地中壁工法　181
長距離掘進対策　150
長孔発破　348
超微粒子セメント　246, 248
直接処分　392
貯蔵圧力　359
貯蔵施設　445
直下地下切替工法　196
貯留槽　438
沈埋函　166
沈埋トンネル　74, 166, 375
津波　260, 420
TL-22 LNGタンク　77
ディープウェル工法　342
低温LNG岩盤貯蔵方式　447
泥岩層　273
低拘束圧　337
泥水式シールド　170, 218
泥水式シールド工法　177, 222
低中レベル放射性廃棄物　81
低中レベル放射性廃棄物処分場　81
DDA　334
泥土圧シールド機　377
泥土圧式シールド工法　143, 195
低発熱コンクリート　343
TBM　259, 371
低放射化コンクリート　343
低レベル放射性廃棄物　450
出口番号　94
デザイン　170
デジョンパイロットプラント　81
鉄道事業法　20, 175, 180, 189, 194
電気事業法　20, 175, 189, 194, 279, 287
電気通信事業法　20
展示ドーム　332
電線共同溝整備等に関する特別措置法　40
天然ガス　360
天然ガスインフラ　442
天然ガスインフラ整備　447

天然ガス高圧技術実証試験施設 357	中之島 209
天然ガスシフト 442	中之島ダイビル 210
天然ガス地下貯蔵 77, 267, 273, 445	中之島2・3丁目地区 210
天然ガスパイプライン 253, 443	NATM 246, 284, 348, 371, 403
天然ガス備蓄 445	NATMトンネル 181, 377
電力ピークカット 225	七谷期グリーンタフ 273
土圧式シールド 170	那覇うみそらトンネル 158
東急東横線 192	ナビシステム 93
東急東横線地下化事業 75	生ごみ 373
東京ガス(株)扇島工場 77	波方基地 76
東京層 175	波方国家石油ガス備蓄基地 244
東京層群 195	新潟港 162
東京礫層 175	新潟―仙台の天然ガスパイプライン 255
凍結工法 219	新潟―仙台ライン 77, 256, 260
東西線 74	新潟みなとトンネル 163
堂島川 210	二酸化炭素地下貯留 448
動的解析 333	西山層 273
東北地方太平洋沖地震 253, 260	二重ビット 224
道路運送法 37	日本原子力研究開発機構 338
道路事業協働型再開発事業 149	日本建築センター 336
道路の附属物 126	日本再生戦略 418
道路法 15, 175, 184, 186, 189, 194, 259	ニュートリノ 346
道路法32条 259	ネイティブガス 270
特定建築者 185, 187	ネステム工法 326
特定工作物 27	熱媒体 226
土佐堀川 210	寝屋川流域 300
都市化対策 467	寝屋川流域総合治水対策 300
都市計画決定 183	粘土による自然浸透グラウト 239
都市計画法 26, 73, 175, 180, 184, 186, 189, 194, 259, 328, 332	農振法 259
	農地法 259
都市景観 437	NOMST壁 143
都市公園法 30, 73	
都市再開発法 41, 184, 186, 187	【は行】
都市再生特別措置法 41	配給導管 253
都市部山岳工法 150	背斜構造 268, 273
土壌汚染対策法 182	排出井 276
都心の回遊性 115	バイナリーサイクル発電 453
土丹層 252	パイプライン 360
土地改良法 38	パイプライン専用橋 259
ドライガス層 273	パイプライン専用トンネル 259
Tornio基地 382	パイプルーフ工法 192
トンネル式下水処理場 74	パイルド・ラフト基礎 343
トンネル熱交換システム 231	箱型トンネル 175, 196
	場所打ち工法 191
【な行】	白華現象 337
内水氾濫 421, 430	発破工法 372

パハン・セランゴール導水トンネル　371
葉山浄化センター　74, 135
バリューエンジニアリング　342
バルブステーション　259
パワーブレンダー　344
阪神・淡路大震災　140
PSアンカー　283
PFI契約　353
BOT方式　379
ピークシェービング　77, 268, 273
ヒートアイランド　76, 78
ヒートアイランド現象　75, 225, 229
ヒートアイランド対策モデル　210
非開削掘削　150
非開削工法　148
東日本大震災　76, 77, 236, 253, 255, 267
光壁　116
Visakhapatnam基地　382
飛騨片麻岩　346
避難計画　95
日比谷共同溝　75, 216, 220
評定委員会　332
VLJ処分場　397
副都心線　74, 167
複々線化事業　173
敷設方法　258
物質科学　338
不凍液　226
Private Finance Initiative　9, 353
プラグ　360
プルリア揚水式発電所　81, 387
不連続体解析　334
文化財保護法　328
ベローズ継手　161
ベンチカット工法　283, 330, 335
ボアホール方式　225
防火対策　425
防災　420
防災・減災　418, 420, 425, 462
防災・減災対策　468
放射性廃棄物処分施設　450, 453
放射線透過試験　259
放射線　338
放射冷房システム　197
防水型トンネル　182
防潮扉　240

ポシヴァ社　392
ボスポラス海峡横断鉄道　80
ポリプロピレン　150
掘割区間　196
幌延深地層研究計画　350
幌延深地層研究所　79

【ま行】

埋設式地下タンク　250
埋蔵遺跡調査　375
水　416
水循環　439
水循環ネットワーク　430
瑞浪超深地層研究所　79
水不足問題　467
三井ガーデンホテル　210
密集市街地　300
御堂筋共同溝　76, 220
みなとみらい線　75, 168, 188
MIHO MUSEUM　79, 323
未利用エネルギー　214
民間資金等活用事業　352
民間石油ガス輸入基地　242
メインリニアックトンネル　457
メタンハイドレート　445

【や行】

山手トンネル　146, 150
山止め壁　213
山はね　347, 372
有機繊維　150
Uチューブ　225
誘導サイン　93
輸送力増強策　173
陽子加速器群　338
揚水発電所　77, 277, 387
溶接施工法確認試験　258

【ら行】

ライナープレート　265
立体道路制度　44, 74, 149, 183, 186
立体都市計画　200
立体都市計画制度　53, 73, 200
立体都市公園制度　55, 73, 110
立地決定　244, 248
臨港交通施設　74

臨港道路　163
レイズボーラー工法　403
レザーバースタディ　273, 277
連続地中壁　251, 342
連続立体交差化　228
連続立体交差事業　74, 173
漏洩検知システム　258
老朽化　431, 432, 465
老朽化対策　469
漏水　128
労働安全衛生法　237, 245, 248

ローラスライド工法　220
路線選定　257
ロックアンカー　336
ロビーサ低中レベル放射性廃棄物処分場　395

【わ行】

ワーキングガス　271, 276
わが国の経済　415
渡辺橋駅　210
湾岸戦争　76, 243

地下空間利用ガイドブック2013

2013年4月15日　発行

編　者	一般財団法人エンジニアリング協会 地下開発利用研究センター　ガイドブック編集委員会　Ⓒ
発行者	小泉　定裕
発行所	株式会社　清文社 東京都千代田区内神田1-6-6（MIFビル） 〒101-0047　電話 03(6273)7946　FAX 03(3518)0299 大阪市北区天神橋2丁目北2-6（大和南森町ビル） 〒530-0041　電話 06(6135)4050　FAX 06(6135)4059 URL http://www.skattsei.co.jp/

印刷：亜細亜印刷㈱

■著作権法により無断複写複製は禁止されています。落丁本・乱丁本はお取り替えします。
■本書の内容に関するお問い合わせは編集部までFAX（03-3518-8864）でお願いします。

ISBN978-4-433-58222-7